抗虫转基因植物环境风险评价和监测

刘 标 等 著

中国环境出版社·北京

图书在版编目（CIP）数据

抗虫转基因植物环境风险评价和监测/刘标等著. —北京：
中国环境出版社，2014.12
ISBN 978-7-5111-2125-7

Ⅰ. ①抗⋯　Ⅱ. ①刘⋯　Ⅲ. ①抗虫性—转基因植物—
环境质量评价—风险评价②抗虫性—转基因植物—环境监
测　Ⅳ. ①X8

中国版本图书馆 CIP 数据核字（2014）第 256378 号

出 版 人　王新程
责任编辑　张维平
封面设计　宋　瑞

出版发行　中国环境出版社
　　　　　（100062　北京市东城区广渠门内大街 16 号）
　　　　　网　　　址：http://www.cesp.com.cn
　　　　　电子邮箱：bjgl@cesp.com.cn
　　　　　联系电话：010-67112765（编辑管理部）
　　　　　　　　　　010-67112738（管理图书出版中心）
　　　　　发行热线：010-67125803，010-67113405（传真）
印　　刷　北京中科印刷有限公司
经　　销　各地新华书店
版　　次　2014 年 12 月第 1 版
印　　次　2014 年 12 月第 1 次印刷
开　　本　787×1092　1/16
印　　张　29.25
字　　数　686 千字
定　　价　115.00 元

前　言

　　转基因技术目前已经在世界范围内广泛用于农业、制药、食品、环保等产业，产生了巨大的经济效益和社会效益。在农业领域，2013 年全球转基因作物的种植面积是 1996 年的 100 多倍，转基因抗虫棉也已经在我国进行了近 20 年的大规模生产。总之，转基因技术、转基因生物已经在国内外的社会经济发展中产生了显著的效益。

　　但是，转基因生物安全性问题一直是转基因产业发展的最主要制约因素。转基因生物安全性问题主要包括食品安全和环境安全两个方面，很多国际组织（如联合国环境规划署、联合国粮农组织）和国家（如美国、日本、欧盟成员国）颁布了转基因生物安全管理的法律法规或指南、规范，实施了以转基因生物的风险评估和风险管理为主要内容的管理措施。科学界也开展了大量的基础研究和调查，积累了丰富的数据。在公益性环保科研专项"转基因大宗农作物环境风险评价技术研究"课题的资助下，我们针对抗虫性状转基因植物环境安全性开展了一些基础研究和调查，本书的内容主要是该课题的阶段性研究成果。

　　虽然目前科学界已经开展了转基因生物的食品安全、环境安全方面的研究、评价，增进了人类对于转基因生物安全问题的认识，但是，很多人对于转基因生物的安全问题仍然疑虑重重，转基因产品的社会接受程度仍然还有很大的提升空间。我们认为应该从以下 3 个方面看待这个问题。首先，零风险的事物是不存在的，期待某个技术或者产品没有一点点风险是不现实的，转基因技术、转基因产品存在某些风险是一种正常现象。其次，转基因作物替代的是常规的农业生产技术和常规作物，只要前者所产生的效益高于后者、风险低于后者，而且这些风险可以通过采取管理措施加以克服、解决，我们就应该接受转基因技术和转基因作物。最后，转基因植物的大规模应用历史不足 20 年，其食品安全和环境安全都是需要进行长期的研究和跟踪的。所以，片面地强调转基因技术的安全性与片面地突出转基因生物的不安全性都不是科学的态度。我们的阶段性研究结果也表明，与常规的非转基因作物相比，抗虫转基因植物在某些方面表现出更好的环境效益，也会产生一些环境风险。

本课题立项和研究过程中，得到了环境保护部科技标准司、生态司有关领导的大力支持，课题实施过程中也得到了环境保护部南京环境科学研究所有关领导的鼓励和支持，在此表示衷心感谢。

本书前言由刘标编写，各章的作者分别在每章末尾处注明，全书由刘标统稿。受水平、时间所限，错误之处在所难免，敬请读者不吝指正。

编者

目 录

第一篇 转基因抗虫植物的环境风险评价

第二篇　转 *Bt* 基因抗虫植物对农业生产方式的影响

第一篇
转基因抗虫植物的环境风险评价

第1章　植物转基因技术

1.1　植物基因转化受体系统

一般情况下，外源基因不能主动转移到植物细胞中，外源基因的成功转化必须依赖于一个良好的植物基因受体系统。植物的基因转化受体系统就是指用于转化的外植体通过组织培养等途径，能高效、稳定地再生无性系，并接受外源基因整合的一种再生系统。在进行基因转化前，首先必须建立起一个高效的植物基因转化受体系统。

1.1.1　植物基因转化受体系统应具备的基本条件

（1）高效稳定的再生能力

从理论上说植物体细胞都具有全能性，但实践中发现并非所有的体细胞都能再生出完整植株。细胞的分化程度不同，去分化的能力也不同。用于植物基因转化的外植体必须易于再生、有高的再生频率，并且有良好的稳定性和重复性；同时具备成熟的组织培养条件，保证外源基因转化过的细胞能继续分化成完整的植株，才能作为基因转化的受体系统。

（2）较高的遗传稳定性

植物受体系统接受外源 DNA 后应不影响自身的分裂和分化，并能稳定地将外源基因遗传给后代，同时保持遗传的稳定性，减少变异。已发现在组织培养中，体细胞无性系常常会发生变异，这种变异与组织培养的方法、再生途径及外植体的基因型等因素密切相关，因此在建立基因转化受体系统时应充分考虑到这些方面的因素。

（3）具有稳定的外植体来源

由于基因转化的频率很低，需多次反复实验，故需消耗大量的外植体。因此外植体必须容易得到并且可以大量获得。外植体一般采用无菌实生苗的子叶、胚轴、幼叶等。

（4）对选择抗生素敏感

由于外源基因的转化率低，外源基因转化后需对细胞和植株进行筛选。目前采取的方法多是检查转化细胞或植株是否对某抗生素产生抗性。表达载体上已具有能分解某抗生素的蛋白质分子的基因，该基因就是筛选转化细胞的标记基因。在添加抗生素的培养基上能够生长发育的转化细胞基本可判定为外源基因已经成功转入，同时非转化细胞的生长发育会受阻而最终死亡。受体系统中使用的受体材料要对选择抗生素有一定的敏感性，但该抗生素对受体植物的毒性又不能很大，不能很快杀死细胞，否则即使转化了的细胞也无法存活长大。

此外，植物基因转化的受体系统还应该满足其他的一些要求，如除拟南芥等模式植物外，是否具有经济价值或具有潜在的生产应用价值等。

（5）能够被农杆菌侵染

如果是利用农杆菌质粒为载体进行植物转化，还要求植物受体材料能够被农杆菌侵染，这样才能接受外源基因（王关林，方宏筠，2002）。

1.1.2 植物基因转化受体系统的类型及特性

1.1.2.1 愈伤组织再生系统

愈伤组织再生系统是指外植体经诱导产生去分化的愈伤组织，然后通过分化培养获得再生植株的受体系统。本系统具有以下特点：①外植体细胞易于接受外源基因，转化率高；②获得的转化愈伤组织通过继代扩繁培养，短时间内就可以得到大量的转化植株；③外植体来源广泛，多种组织、器官均可产生愈伤组织；④适用范围广，几乎可以适用于每一种通过离体培养途径能再生植株的植物。⑤再生植株无性系常会发生变异，转化的外源基因遗传稳定性较差；⑥后代植株中纯合体少，嵌合体多，为获得纯合转基因植株，还需从嵌合体后代中再次筛选。

1.1.2.2 直接分化再生系统

本系统是指外植体细胞不经过产生愈伤组织而直接分化出不定芽获得再生植株。叶片、幼茎、子叶、胚轴等外植体，均可以直接分化出芽而再生成植株。本系统的特点有：①获得再生植株的周期短，操作简单；②体细胞无性系变异少，遗传稳定，外源基因也能稳定遗传；③对可以通过无性繁殖的园艺植物，如果树、花卉及某些木本植物来说，本系统效率很高。④由于外植体直接分化芽比诱导愈伤组织困难，因此本系统的转化频率低于愈伤组织再生系统；⑤由于不定芽的再生常起源于多细胞，因此后代中也会出现较多的嵌合体。

1.1.2.3 原生质体再生系统

原生质体是没有细胞壁的细胞，它同样能在适当的培养条件下诱导出再生植株。本系统的特点有：①原生质体无细胞壁，摄取外源 DNA 的效率高；②通过原生质体培养形成的细胞群体基因型一致，因此获得的转基因植株嵌合体少；③原生质体转化受体系统的条件相对稳定和易于控制；④原生质体培养要经过再生细胞壁、诱导愈伤组织及分化芽等过程，细胞无性系的变异程度大，遗传稳定性差。⑤原生质体培养周期长、难度大、再生频率低，很多植物的原生质体培养系统尚未建立，因此本系统的使用范围有限。

1.1.2.4 胚状体再生系统

自然条件下有些植物的珠心组织或助细胞可以形成体细胞胚，这些胚状体可以发育成完整的植物。这种体细胞不经过类似性细胞结合的过程就发育成一个新个体的过程称为体细胞的胚胎发生。在组织培养下任何的体细胞或单倍体细胞都可以产生胚胎细胞，从而可以进一步培育成完整的植株。该系统是最为理想的基因转化受体系统，特点如下：①胚状体由胚性细胞发育而来，而胚性细胞接受外源 DNA 的能力很强，故本系统转化率很高。②胚状体的发生多数是单细胞起源，因此获得的转基因植株嵌合体少。③胚状体具有两极性，在发育过程中同时可分化出芽和根，形成完整植株，没有一般组织培养过程中较难的生根步骤。④体细胞胚个体间遗传背景一致、无性系变异小、胚的结构完整、成苗快、数量大等许多优点都有利于转基因植株的大面积生产和推广。本系统还是研究体细胞胚胎发生及转化基因表达调控的最佳实验系统。

1.1.2.5　生殖细胞受体系统

生殖细胞受体系统是以花粉粒、卵细胞等生殖细胞为受体进行基因转化的系统，又称种质系统。主要有两种方法：一是单倍体转化系统：将单倍体细胞（如小孢子和卵细胞）进行组织培养，诱导出胚性或愈伤组织，再发育成植株；二是直接利用花粉和卵细胞受精过程进行基因转化，如花粉管导入法、花粉粒浸泡法、子房微注射法等。本系统的特点有：①生殖细胞有很强的接受外源 DNA 的能力，故本方法转化效率非常高；②受体细胞是单倍体，有利于转化后的性状筛选，通过人工加倍即成为纯合的二倍体，极大加快选育进程；③利用植物自身的授粉过程进行，操作方便简单。④该受体系统要受到季节的限制，只能在短暂的开花期内进行，无性繁殖的植物无法采用。

1.1.2.6　叶绿体转化系统

叶绿体转化系统就是将外源基因转入叶绿体基因组中，并使外源基因得到表达。本系统具有如下特点：①外源基因转化效率高，后代表达稳定，有利于多基因的转化。②每个植物细胞都含有多个叶绿体，外源基因导入叶绿体基因组中会使外源基因在细胞中的拷贝数大大增加，与外源基因转入核基因组相比，可大幅提高转化基因的表达效率。③叶绿体的遗传方式不遵循孟德尔遗传规律，是母系遗传，外源基因可在子代中稳定遗传和表达。④目前多种农作物的叶绿体基因序列仍未知，因此无法将外源基因准确插入叶绿体基因组中。⑤多数禾谷类作物是从胚性细胞发育而来，而这些胚性细胞中只含前质体或未成熟的叶绿体，不适于基因转化。⑥许多农作物的组织培养及筛选技术不完备，难以满足叶绿体转化的需要。因此虽然目前可以成功将外源基因转入部分植物的叶绿体中，但难以广泛推及其他植物（肖尊安，2005）。

1.1.3　植物基因转化受体系统的建立程序

受体系统的建立包括外植体的选择制备、高频再生系统的建立、抗生素的敏感性试验及农杆菌的敏感性试验（以农杆菌介导转化的植物）等，与植物组织培养技术密切相关，但又比一般的组织培养过程更为复杂且要求更高。

1.1.3.1　外植体选择及高频再生系统的建立

在建立高频再生系统中要注意两个方面的问题：一是外植体的选择。要注意到不同种类的外植体在离体培养条件下的反应差异很大，培养的效果也不同。一般外植体主要选择胚、幼穗、顶端分生组织、幼叶、幼茎等。二是最佳培养基成分的确立。培养基是组织培养中最关键的成分，为了获得最佳再生效果，选择合适的培养基是预实验中的一项非常重要的内容。

高频再生系统必须至少具备以下条件：①外植体的组织细胞有再生愈伤组织和完整植

株的能力；②芽的分化率在90%以上；③易于离体培养，重复性高；④体细胞无性系变异小等。

1.1.3.2　抗生素敏感性试验

使用农杆菌转化外源基因时，需将农杆菌与外植体在无抗生素的培养基上共培养一段时间，让农杆菌将外源基因送入外植体。共培养结束后，需将农杆菌杀死或抑制其生长，因为过度生长的农杆菌会妨碍幼嫩的外植体生长，这一步需加入抑制农杆菌生长的抗生素。这类抗生素要能有效抑制农杆菌的生长，又不影响植物的正常生长。外植体形成愈伤组织并分化后，又需要对分化出的组织进行检查，筛选出已被转化的愈伤或组织，这时也需加入抗生素。因此在预实验中需要对抗生素进行试验，确定正式实验中使用的抗生素种类和浓度。

1.1.3.3　农杆菌的敏感性试验及菌种的选择

通过农杆菌转化外源基因是目前使用最多的，也是最成功的转化系统，但不同植物或同一植物的不同组织对菌株的敏感性都大不相同。因此在预实验中需通过试验找到最合适的菌株（周鹏，2008）。

1.2　植物外源基因的转化方法

目前转基因的系统和方法主要可分为三类：一是利用载体系统的转化。先将外源基因与载体在体外连接成重组分子，再通过农杆菌和/或病毒将重组分子转入植物细胞。这是目前使用最多的方法。二是直接导入法。外源基因可不必先与载体连接，可直接以"裸露"状态被送入植物内。这类方法又可分为物理和化学方法两类，物理方法如电击法、基因枪法、超声波法等；化学方法如聚乙二醇法、脂质体法等。三是利用种质进行转化的系统，即通过植物的花粉、卵细胞、子房、幼胚等种质细胞将外源基因转入植物细胞内，也称为生物媒体转化系统。

目前使用的植物转化的表达载体有两类，即以农杆菌质粒为基础的质粒载体系统和病毒载体系统，实际使用中还是以前者为主，故这里只介绍农杆菌质粒载体系统。目前以病毒作载体的表达系统均为瞬时表达系统，一般不能把外源基因整合到植物基因组中，因此目前病毒载体目前应用不广，多数还处在研究阶段。

1.2.1　根癌农杆菌 Ti 质粒介导的转化法

1.2.1.1　根癌农杆菌的生物学特性

在目前各种植物转基因方法中，利用根癌农杆菌（*Agrobacterium tumefaciens*）的 Ti 质粒进行的转化系统是目前研究最多、理论机理最清楚、技术方法最成熟的。第一批能表达外源基因的转基因植物就是用根癌农杆菌介导转化获得的，至今为止所获得的几百种转基因植物中也大多数是利用此系统产生的，如大豆、番茄、棉花、水稻等。

根癌农杆菌是革兰氏阴性菌，属根瘤菌科（*Rhizobiacease*）、土壤杆菌属（*Agrobacterium*）。

土壤杆菌属还包括毛根（发根）农杆菌、放射形农杆菌和悬钩子农杆菌 3 种。土壤杆菌属都是土壤习居菌，农杆菌细胞呈杆状，大小 0.8 μm×（1.5～3.0）μm，以 1～4 根周生鞭毛进行运动，主要生活在植物生长过的土壤中，好氧，最适温度 25～30℃，pH 4.3～12.0，最适 pH 6.0～9.0。农杆菌侵染植物是通过植物本身具有的病斑或伤口进入的，但细菌本身不进入植物细胞，只将 Ti 质粒中的一段 DNA 序列插入植物细胞的基因组中。根癌农杆菌可以侵染双子叶植物、单子叶植物和裸子植物。

　　自然条件下根癌农杆菌通过植物靠近地表的受伤部位侵染植物。根癌农杆菌中含有致瘤质粒（tumor inducing plasmid），简称 Ti 质粒（pTi），农杆菌丢失 Ti 质粒后则无致瘤能力，Ti 上含有的基因还具有控制冠瘿碱合成及其他功能。农杆菌侵染植物后能诱导植物产生冠瘿瘤，冠瘿瘤中的植物细胞能合成一些特殊的氨基酸衍生物，常见的是章鱼碱（octopine）和胭脂碱（nopaline），总称为冠瘿碱（opines）。冠瘿碱是由侵染了植物细胞的农杆菌基因产物利用植物细胞中的原材料而合成的，不同的菌株合成不同种类的冠瘿碱。近年来人们通过对农杆菌和 Ti 质粒的研究，进一步了解了 Ti 质粒的特征及农杆菌入侵植物的过程，并已将 Ti 质粒改造成为植物基因工程载体。

1.2.1.2　Ti 质粒的结构和功能

　　Ti 质粒为双链共价闭合环状的 DNA 分子，大小约 200 kb。目前已分离得到多种不同的 Ti 质粒，它们的大小和致瘤能力等各不完全相同。根据植物冠瘿瘤中含有的冠瘿碱种类不同，将 Ti 质粒分成四种类型：章鱼碱型、胭脂碱型、农杆碱型和农杆菌素碱型（agrocinopine）或称琥珀碱型（succinamopine）。

　　Ti 质粒的主要功能总结如下：①为农杆菌提供附着植物细胞壁的能力；②参与寄主细胞合成植物激素吲哚乙酸和细胞分裂素；③诱导植物产生冠瘿瘤；④决定农杆菌合成并利用冠瘿碱的能力；⑤决定农杆菌对土壤杆菌产生的细菌素的反应性；⑥决定农杆菌能侵染植物的种类等。

　　各种 Ti 质粒结构类似，都可分为四个区：①T-DNA 区（transferred DNA region）：这是农杆菌侵染植物细胞时从 Ti 质粒上切割下来并转移到植物细胞内的一段 DNA。②Vir 区（virulence region）：又叫毒性区，该区基因负责激活 T-DNA 的转移，使农杆菌表现出植物的毒性。T-DNA 区与 Vir 区相邻，合起来占 Ti 质粒 DNA 的 1/3，是 Ti 质粒上最重要的两个区。③Con 区（regions encoding conjugations）：此区段上存在与细菌间接合转移有关的基因，故称接合转移编码区。④Ori 区（origin of replication）：该区段是 Ti 质粒自我复制的起始区。以上几个区中，T-DNA 区和毒性区在基因转移中最为重要。

　　T-DNA 长约 23 kb，含有激发和保持肿瘤状态所必需的若干基因，其中含一段长 8～9 kb 的保守区，不同来源的 Ti 质粒中的 T-DNA 结构和拷贝数略有不同。T-DNA 的两端左右边界各为 25 bp 的同向重复序列，称为边界序列（border sequence），分别称为左边界（LB 或 TL）和右边界（RB 或 TR），两边界序列之间是生长素和细胞分裂素合成基因（致瘤基因）及冠瘿碱合成基因等。该 25 bp 边界序列为保守序列，左边界（TL）缺失突变仍能致瘤，但右边界缺失则不再能致瘤，这时几乎完全没有 T-DNA 的转移，这说明右边界（RB）在 T-DNA 转移中更为重要。但两边界序列之间有什么基因完全不妨碍 T-DNA 的转移。这也是将 Ti 质粒改造成植物基因工程载体的理论基础。

另外，在章鱼碱型 T-DNA 的右边界的右边约 17 bp 处有一个 24 bp 的超驱动序列，称为 OD 序列（overdrive sequence），是有效转移 TL、TR、T-DNA 所必需的，起增强子作用。OD 序列与农杆菌转化效率有关，除去 OD 序列导致农杆菌诱导肿瘤能力降低。

Ti 质粒上的 Vir 区也是农杆菌侵染植物所必需的，Vir 区位于 T-DNA 左侧，两者之间的间隔距离随 Ti 质粒类型不同而异。章鱼碱型农杆菌 Ti 质粒的 Vir 区大小 40 kb，含 8 个操纵子，分别称为 virA、virB、virC、virD、virE、virF、virG 和 virH，每个操纵子中含有 1 至多个基因，共 24 个基因，组成一个调节子（regulon）。这些基因编码的蛋白是 T-DNA 加工和转移的主要介导因子。T-DNA 转移与 T-DNA 区域的其他基因和序列无关。

1.2.1.3　农杆菌侵染植物细胞的机制

根癌农杆菌侵染植物时首先要通过植物表面的伤口附着在细胞的表面，随后产生细微的纤丝将自身束缚在细胞壁的表面。实验发现只有在创伤部位生存了 16 h 之后的农杆菌才能诱发肿瘤，这一段时间称为"细胞调节期"。在调节期内农杆菌 Ti 质粒上的基因被激活开始表达，随后 Ti 质粒上的 T-DNA 被送入细胞并插入染色体中，T-DNA 区上的基因表达导致正常的植物细胞形成肿瘤细胞并形成冠瘿瘤。要注意的是，农杆菌本身并不会进入植物细胞内。

根癌农杆菌侵染植物细胞的过程很复杂，包括农杆菌和植物合成和释放化学信号分子以及基因的表达和相互作用。一开始受伤的植物细胞分泌一些酚类化学物质，农杆菌被这些化学物质所吸引，向植物的伤口位置迁移。农杆菌 Ti 质粒上的一些基因受这些化学物质的诱导而表达，从而开启侵染植物的过程。整个侵染过程可以分为以下步骤：

（1）受伤植物的细胞分泌酚类等化合物，如乙酰丁香酮（AS）和羟基乙酰丁香酮（OH-AS）等，这些创伤部位分泌的物质可当做信号分子吸引农杆菌向植物受伤部位移动并附着在伤口表面。

（2）创伤信号分子被 Ti 质粒编码的蛋白因子 VirA 和 VirG 识别，并诱导其他 vir 基因表达，其中基因产物 VirD1 和 VirD2 可对 T-DNA 进行加工剪切。由 T-DNA 右边界开始，向左边界切割，产生一条 T-DNA 单链（SS T-DNA），简称 T-链。

（3）T-链 5'末端与 VirD2 共价结合，组成 T 复合体。

（4）virB 基因产物是跨膜蛋白或膜结合蛋白，在植物细胞的质膜上形成类似接合孔的结构，通过类似细菌接合转导的方式，将 T-复合体和 VirE2 蛋白从农杆菌转入植物细胞。

（5）在植物细胞内 T-复合体被 VirE2 蛋白包裹并和多种植物蛋白结合，这些植物蛋白有利于 T-DNA 的运输和整合。

（6）VirD2 和 VirE2 蛋白带有核定位信号，引导 T-复合体经核孔复合物进入细胞核内，并整合到植物染色体上，完成 T-DNA 由农杆菌向植物细胞转移。

T-DNA 进入细胞核后优先整合到染色体的转录活跃区，在 T-DNA 的同源区和 DNA 富含 AT 碱基对的高度重复区中 T-DNA 的整合率也较高。研究发现 T-DNA 整合进入植物的染色体是通过植物 DNA 和 T-DNA 间短的同源区段发生重组而完成的，同时在接口附近有 DNA 顺序的转换和重复。T-DNA 右末端在靶序列的识别及连接中是必需的，T-DNA 左末端和两个靶 DNA 末端则参与部分配对和 DNA 的修复。整合进植物基因组的 T-DNA 会有一定程度的缺失、重复和超界现象发生，说明 T-DNA 的整合也与植物的重组系统有关。

　　T-DNA 插入染色体上的位点不同，转基因植物产生的表型和遗传特性就不同，这就是位置效应（position effect）。通过对 T-DNA 插入事件的研究发现，T-DNA 的插入不会引起植物 DNA 大的重排，但多数会导致靶位点处 DNA 小片段的缺失。在植物的整合位点无须特异性的序列存在，但若在 T-DNA 两端与植物靶位之间有一段 5～10 bp 的短序列同源，则利于整合。

1.2.1.4　根癌农杆菌 Ti 质粒的改造

　　目前已有的各种植物基因转化系统中，利用载体进行的转化系统是植物基因工程最重要的转化系统。根据植物基因工程载体的功能，可将载体分为以下几种类型：一是克隆载体：以大肠杆菌质粒为载体，功能是保存和克隆目的基因。二是中间克隆载体和中间表达载体：前者是由大肠杆菌质粒插入 T-DNA 片段及目的基因、标记基因等构建而成，是构建中间表达载体的基础。中间表达载体就是含有植物基因表达元件的中间载体，用作构建转化载体的质粒。三是卸甲载体：是指删除了致瘤基因的 Ti 质粒或 Ri 质粒。四是植物基因转化载体：是最后用于将目的基因导入植物细胞的载体，也称工程载体，又可分为一元载体系统和双元载体系统。以上各种载体中，Ti 质粒转化载体是最重要和主要的，下面就主要介绍 Ti 质粒。

　　野生型 Ti 质粒虽然是农杆菌基因的天然载体，但是由于以下原因不能直接作为人类植物基因工程的载体使用：①Ti 质粒分子量是 160～240 kb，实验室中难以操作；②野生 Ti 质粒上难以找到可利用的单一限制性内切酶位点，外源基因无法插入 Ti 质粒；③T-DNA 区内含有的许多基因产物干扰植物内源激素的平衡，使受感染细胞长成肿瘤，阻碍细胞的分化和植株的再生；④野生型 Ti 质粒不能在大肠杆菌中复制，而农杆菌的接合转化率也太低（大约 10%）。在常规分子克隆条件下几乎不能构建在 T-DNA 中只有单一切点的载体。

　　为使 Ti 质粒成为有效的基因工程载体，必须对野生型 Ti 质粒进行改造，即将 T-DNA 上的致瘤的基因删除，即"解除" Ti 的"武装"，这样构成的载体称为"卸甲"或称"缴械"载体（disarmed vector），或称为无毒的（non-oncogenic）Ti 质粒载体（但有时为了一些特殊的需要，也可以保留致瘤基因）。T-DNA 中被删除的部位可由大肠杆菌的质粒序列取代，因此任何克隆到大肠杆菌质粒上的 DNA 片段，都可以被整合到卸甲载体上。

　　用改造过的 Ti 质粒克隆外源基因的基本步骤是先将 T-DNA 片段克隆到大肠杆菌质粒中，再插入外源基因，最后通过接合转移将外源基因再引入到农杆菌的 Ti 质粒上。改造后的 Ti 质粒载体包含以下各种基本元件：①T-DNA 的左右边界序列，特别是右边界序列对 T-DNA 的转移和整合是必不可少的；②能分别在大肠杆菌和农杆菌中发挥功能的复制起点；③标记基因；④多克隆位点；⑤一套完整的 *vir* 基因。

　　研究还发现 T-DNA 左右两边界序列之间的 DNA 片段可被任何 DNA 序列代替而不影响转移，故可在保留边界序列的同时删去 T-DNA 中的部分或全部 DNA 序列，代之以目的基因。另外还发现 *vir* 基因的蛋白质产物是通过扩散到达 T-DNA 区而激活 T-DNA 转移的，因此可以将 *vir* 区和 T-DNA 区分别放在两个不同的质粒上而不影响它们的相互作用，这一发现为双元载体系统的构建奠定了理论基础。

　　由于无法将外源基因直接连接到 Ti 质粒上，科学家们构建了中间载体（intermediate vector）来解决这个问题。中间载体是在普通大肠杆菌的克隆载体中插入一段 T-DNA 片段而构成的，外源基因可以通过插入大肠杆菌载体而到达中间载体上，虽然这种中间载体仍不能直接用来转化植物，但可以与 Ti 质粒配合进行植物的转化。

有两种类型的中间载体，即共整合系统的中间载体和双元载体的中间载体。共整合系统的中间载体必须含有与 Ti 质粒 T-DNA 区同源的序列，在中间载体被引入根癌农杆菌后即可与受体中的 Ti 质粒的 T-DNA 重组。另外它还有细菌选择标记，便于筛选共整合的质粒；还具有可使中间载体在不同细菌细胞内转移的 bom 位点，还应该有植物选择标记，以利于植物转化细胞的筛选。此外还有多克隆位点，但可以没有 Ti 质粒的边界序列。双元载体系统的中间载体不要求系统中的两质粒具同源序列，但载体具有 LB 和 RB 边界序列，必须具有在农杆菌中自主复制的复制子。

如果中间载体是由大肠杆菌广谱质粒（如 pRK290）克隆 T-DNA 片段后构建而成的，则这种中间载体既能在大肠杆菌中复制又能在农杆菌中复制，称为广谱中间载体。这种中间载体不带有启动子等表达元件，因此外源基因不能表达。如果在中间载体中加上能在植物细胞中表达的启动子以及选择标记等元件，便成为中间表达载体，中间表达载体构建的过程较为复杂。

基于农杆菌 Ti 的质粒载体系统有两类：一元载体系统和双元载体系统。一元载体系统（也叫共整合载体系统）是由大肠杆菌中含有目的基因的中间载体质粒和农杆菌中卸甲的 Ti 质粒经过同源重组产生的一种载体，这种载体可直接用来感染植物转化外源基因。但这种载体分子量较大，感染植物时基因的整合频率较低，且构建过程比较复杂困难，故目前使用较少。

双元载体系统是指在同一个农杆菌中含有两个彼此分离的 Ti 质粒，一个是无 *vir* 基因，但在 T-DNA 区插入了目的基因和植物选择标记基因，在 T-DNA 区外含有细菌选择标记基因的质粒，这个质粒既能在大肠杆菌中复制又能在农杆菌中复制，是一种穿梭质粒，也称双元载体质粒。另一个质粒是删除了全部 T-DNA 区，但含有一整套 *vir* 基因和农杆菌复制起始子的质粒，它始终存在于农杆菌中，作用是为表达载体的 T-DNA 提供 *vir* 基因产物，帮助其向植物细胞的转移和整合，因此这种质粒被称为辅助质粒（helper Ti）。表达载体构建、克隆和鉴定等所有操作都在大肠杆菌中进行，完成克隆后将其转移到一种含有合适 Ti 辅助质粒的农杆菌菌株中，构成双元载体系统。在双元载体系统中，带有目的基因的表达载体质粒可以和含有不同 *vir* 基因的辅助质粒任意搭配，为研究者挑选高效的转化组合提供方便。双元载体比共整合载体小得多，目的基因的插入操作方便，而且双元载体不需要经过两个质粒的共整合过程，转化农杆菌比较容易，整合频率和植物的转化效率较高，操作步骤也比较简单。因此目前绝大多数研究者都是利用双元载体系统进行植物基因转移。

基于双元系统已经开发出许多专用的载体系统。如 BIBAC 和 TAC 载体设计供转化大片段基因组 DNA 插入。通过删除质粒一半骨架序列，以便在多克隆位点上产生更多的单一酶切位点，由此构建出了一系列微型的双元载体。如 pMV TBP 是专门为小麦而设计的一个模块载体（modular vector），带有核糖体结合位点，有利于提高翻译效率；FLAG 和组氨酸标签便于免疫检测和蛋白纯化等。

1.2.1.5　影响农杆菌介导基因转移的因素

农杆菌介导的外源基因转移效率与受体植物种类、基因型以及外植体类型和发育阶段、农杆菌菌株、载体结构、共培养和转化体筛选条件等诸多因素有关。

（1）农杆菌菌株

不同的农杆菌菌株用于转化的效率各不相同，这可能与 vir 区的基因表达水平不同有关，因此在正式进行转化之前必须用不同的农杆菌菌株进行试验比较，以确定最终转化时使用的菌株。

（2）受体植物

农杆菌虽然可以感染双子叶植物、单子叶植物以及裸子植物，但不同种属的植物、同一植物的不同品种以及同一植物中不同的外植体类型对农杆菌侵染的反应都有明显的差异，因此在预实验阶段也必须对受体植物的类型、外植体类型进行测试，以确定最终使用的外植体类型。即使在用农杆菌转化效率较高的拟南芥和马铃薯中，不同品种或基因型之间的转化效率差异也是非常明显的。

另外，转化成功率的高低与外植体的种类及所处的发育阶段也有直接相关。同一植物的不同组织或器官的外植体或同一外植体的不同发育阶段，对农杆菌感染均具有不同的反应。常用的外植体有叶片、子叶、下胚轴、叶柄、子叶柄、茎、花茎、茎尖、根、幼胚、体细胞胚、成熟种子的盾片、幼穗等，其中叶、茎、下胚轴和上胚轴、子叶等最常用、成功率也最高。不同物种所适用的外植体的类型要通过对比实验来确定。

外植体的选择原则一般有以下几个：第一，以叶片、子叶、胚轴为首选。第二，尽可能选择幼年的外植体，同一外植体还要考虑其最佳感受态时期。第三，以幼胚、体细胞胚及成熟胚作为外植体时应考虑转化的最佳感受期。第四，基因转化外植体和组织培养外植体的选择基本一致。在切割外植体时要注意暴露分生组织细胞以及尽量增加农杆菌与分生组织的接触面。

（3）共培养条件

第一，农杆菌的生长状态和菌液浓度。一般来说，利用对数生长期的农杆菌进行菌种的保存、筛选、繁殖和转化效果最好。用于感染外植体的农杆菌，也最好是处于对数生长期的。农杆菌培养一般用 LB、YEP、YEB、MinA 等培养基。在农杆菌快速生长的过程中，常出现质粒丢失或基因突变，因此对保存的菌种要定期检查。

第二，外植体的预培养和感染时间。外植体的预培养是指在用农杆菌感染前，将外植体放在含有激素的培养基上培养一段时间，目的是刺激外植体细胞进行去分化细胞分裂，处于分裂状态的细胞易于接受外源 DNA，使转化率提高，但也报道称外植体经预培养后转化效率反而下降的。因此是否需要预培养不能一概而论。

第三，农杆菌感染外植体。共培养结束后，就可以将农杆菌接种到外植体的损伤切面。具体方法一般是将切割成小块的外植体浸泡在制备好的农杆菌工程菌液中，浸泡一定时间后，吸去菌液以及外植体表面的菌液，即开始共培养。要注意农杆菌感染外植体的时间不宜太长，如果浸泡时间太长，会因农杆菌毒害缺氧而软腐，故常采用低农杆菌 OD 值和较短的浸泡时间。

第四，外植体和农杆菌的共培养。外植体被农杆菌侵染后即置于培养基上进行共培养，由于农杆菌附着在外植体伤口表面要超过 16 h 后才能诱发肿瘤，因此共培养时间必须长于 16 h。但共培养时间太长又会导致农杆菌过度生长，引起外植体死亡。因此最佳共培养时间对转化率也有很大影响。

在共培养阶段，发生农杆菌在外植体上的附着、T-DNA 的转移及整合等重要事件，另外农杆菌 Ti 质粒上的 *vir* 基因也必须表达才能促进 T-DNA 的转移。为了刺激 *vir* 基因的表达，共培养时常用乙酰丁香酮（acetosyringone，AS）和羟基乙酰丁香酮（hydroxyacerosyringone，OH-AS）等作为诱导物。另外，*vir* 基因的活化还要求较低的培养基 pH 值（5.0～5.6）和不超过 28℃的较低温度。

（4）转化体的选择

与农杆菌共培养后，外植体切口处的少数细胞可成为转化细胞，但大部分外植体细胞仍是未被转化的野生型细胞，且生长速度较转化细胞快。为了抑制非转化细胞的生长和增殖，需在共培养后的培养基中加入与载体上的选择标记基因相应的抗生素，转化细胞能在含有相应抗生素的培养基上存活并生长增殖，而非转化细胞会被杀死或生长受抑制。

由于转化体对抗生素的抗（耐）性是有一定限度的，且植物的不同种类对同一种选择剂的耐受性和敏感性也不同，因此在使用抗生素前要先确定最适浓度，否则转化的细胞在含有过高浓度抗生素的培养基上也难以生长和分化。

1.2.1.6 根癌农杆菌 Ti 质粒的转化方法

目前农杆菌介导的外源基因转移方法主要有原生质体共培养法、叶盘法和整体植株接种共感染法等，这些方法程序和特点各有不同。

（1）原生质体共培养转化法

本方法是将农杆菌同刚刚再生出新细胞壁的原生质体作短暂的共培养，从而使农杆菌将外源基因导入原生质体细胞。由转化的原生质体再分化发育形成的植株就是转基因的纯合体，这也是本方法的最大优点。但由于多数植物从原生质体分化形成植株的再生率不高，因此除烟草等茄科植物之外，本方法在其他植物上难以推广。近来有人将悬浮培养细胞（小细胞团）作为外植体使用，虽然提高了转化率但是会产生嵌合体，又必须增加筛选程序。

（2）叶盘转化法

本方法最初是用打孔器等将叶片切成圆盘状作为外植体与农杆菌共培养进行遗传转化，实际操作中也可将叶柄、下胚轴、子叶、茎、根、成熟胚或幼胚等切成小块（不一定是圆形）作为外植体进行转化。本方法操作简便，取材方便，外植体选择余地大，获得转化植株的周期短，尤其是不需要原生质体分离和培养等复杂的操作，目前已成为植物外源基因转移的主要方法。

（3）整体植株接种共感染法

本方法就是模拟大自然中农杆菌侵染植物的过程，以整株植物为受体，进行农杆菌接种转移外源基因。如人为在植物表面制造伤口，将农杆菌涂抹在伤口，或将农杆菌注入植物体内，使农杆菌侵染植株。也有将带有外源基因的重组病毒插入农杆菌 Ti 质粒的 T-DNA 区，通过农杆菌感染的方法把重组病毒导入植物细胞，可得到被系统感染的植株。还有在拟南芥上使用的"真空渗入转化法"，就是直接将农杆菌菌液洒在拟南芥叶面上，然后将拟南芥植株放在密闭容器中抽气，农杆菌就会被渗透入叶肉细胞，后经改进又省去了真空抽气步骤，使操作更为简便。这种方法目前成为拟南芥遗传转化的常规方法。但本方法最大的问题是转化组织中嵌合体较多，为得到纯合体还需要进行大量的筛选工作，其次是需要大量的无菌苗材料。

目前利用农杆菌 Ti 质粒的转化系统已获得众多的转基因植物。与其他转化体系相比，本系统具有许多突出的优点：一是该系统模拟了或者说是利用天然的基因转化系统，成功率高，效果好。二是在各种转化系统中，农杆菌 Ti 质粒转化系统是机理研究得最清楚的，方法最成熟，应用也最广泛的。三是 Ti 质粒的 T-DNA 区可以容纳相当大的外源 DNA 片段，目前已把长达 50 kb 的外源 DNA 通过 T-DNA 完整地转移到植物细胞中。四是在通过农杆菌 Ti 质粒转化系统得到的转基因植物中，外源基因多为单拷贝插入，遗传稳定性好，多数符合孟德尔遗传规律，这也是本方法的最大优点（王关林和方宏筠，2002；肖尊安，2005）。

1.2.2　发根农杆菌 Ri 质粒介导的转化法

发根农杆菌（*Agrobacterium rhizogenes*，*Ar*）也是革兰氏阴性菌，属根瘤菌科，侵染植物细胞后产生许多不定根，不定根生长迅速，并分枝成毛状，故称毛状根（hairy root），也称发状根，简称毛根或发根。发根农杆菌含有的质粒为 Ri，为根诱导质粒（root inducing plasmid）。与根癌农杆菌的 Ti 质粒相比，Ri 质粒有许多特点：①Ri 质粒可以直接用作载体使用，且转化产生的发根能再生出植株；②一个发状根就是一个单细胞克隆，不会产生嵌合体；③可直接作为中间载体，④Ri 质粒和 Ti 质粒可以配合使用，建立双元载体系统；⑤发根适于进行离体培养，且在离体培养条件下可表现出原植株次生代谢产物的合成能力，因此 Ri 质粒还可能应用于产生有价值的次生代谢物。

1.2.2.1　发根农杆菌的生物学特性

发根农杆菌的寄主广泛，能够侵染双子叶植物、单子叶植物和裸子植物。发根农杆菌感染植物伤口后 1 到数周即出现毛状根，毛状根能在无激素培养基上迅速生长，并产生许多分枝，1 个月可增殖几百倍之多。可将毛状根进行培养可获得再生植株，或先诱导出愈伤组织再分化出植株。

利用发根农杆菌得到的转化体有一些共同特征：①能在无激素培养基上生长。②分生不定根和侧根的能力极强，呈现毛状根。③根的向地性消失，处于水平生长状态。④转化植株在形态、生理及发育特性上表现出一系列异常，如转化植株的叶缘缺刻变浅、叶片皱缩、节间缩短、顶端优势减弱、侧根和不定根分生能力增强等。一些转化植株的渗透势降低，细胞液中 K^+ 减少，呼吸速率降低等，这些形态变异称为"发根综合征"（hairy-root syndrome），在转化植株中较为常见，如在烟草、番茄、马铃薯、甘薯、百脉根、刺槐等中均已发现。这可能与 Ri 质粒的 TL-DNA 上的 *rol A*、*B*、*C* 基因有关，这些位点参与发根的形成。

Ri 质粒感染植株产生病症的过程与 Ti 质粒类似，首先是发根农杆菌感染植物伤口，受伤的植物细胞合成一种特殊的小分子化合物（如酚类化合物等），诱导 Ri 质粒中的 Vir 区基因表达；随后 T-DNA 被切下转移到植物细胞并整合到植物染色体上。随后 T-DNA 中的基因在植物中表达，受感染植物出现病症。

发根农杆菌的质粒可根据转化根中出现的冠瘿碱来分类，并根据质粒的分解代谢途径来分级。发根农杆菌可分为农杆碱型（agropine type）、甘露碱型（mannopine type）和黄瓜碱型（cucumopine type）三种，每个类型中包含若干种菌株，共可合成出 7 种冠瘿碱。

但也有的农杆菌菌株可合成多种类型的冠瘿碱，故在分类上也可属于不同类型。

研究表明，一个毛根就是单个转化细胞的克隆体，每个毛根的 T-DNA 结构是非常稳定的，单个根尖的分枝也具有像亲本根系一样的 T-DNA 基因结构，毛根克隆的这种特性以及它们表现的特殊表型非常有利于转化体的分离。

1.2.2.2　Ri 质粒的基因结构与功能

Ri 质粒大小为 200～800 kb，一种菌体中可能有几种质粒。Ri 质粒的基本结构与 Ti 质粒相似，也具有两个与致病有关的重要区域，即致瘤区（Vir 区）和转移的 T-DNA 区。它们均含有多个基因，分别决定肿瘤的表型、冠瘿碱的类型等。

Vir 区距离 T-DNA 约 35 kb，Vir 区包含 7 个基因，通常只有 $virA$ 基因表达。发根农杆菌感染植物时，被损伤的植物细胞能合成一些特殊的小分子合物与 $virA$ 基因产物结合，并激活其他基因，从而开始感染过程。与 Ti 质粒类似，Vir 区的基因对于发根农杆菌的感染来说是必不可少的。

虽然 Ri 质粒与 Ti 质粒的 T-DNA 转移过程极为相似，但它们的基因产物和表型却相差很大。如农杆碱型 Ri 质粒（如 pRiA4b、pRil5834、pRil5855 等）的 T-DNA 有两个边界区域，即 TL-DNA 和 TR-DNA 可分别插入植物基因组中。TR-DNA 区域含有与农杆碱合成有关的基因（ags）和生长素 IAA 合成有关的基因（tms1、tms2），TL-DNA 含有与农杆碱素合成有关的基因和决定形成毛状根及其形态特征的 $rolA$、D、C、D 基因群。这些基因群在各种菌株中均有，它们决定了毛状根生长和再生植株某些形态特征。T-DNA 两端各有 25 bp 的重复序列，是 T-DNA 从 Ri 质粒上切下的酶识别位点，缺此序列则不能形成毛状根。T-DNA 右端边界（TR）存在三叶草式的碱基结构时，则侵染效率极高。TL-DNA，尤其是其中的 $rolB$ 基因在 Ri 质粒转化植物细胞产生发根过程中起着关键作用。

Ri 的 T-DNA 的整合机理与 Ti 质粒的 T-DNA 相似，整合到植物细胞中的 T-DNA 数目在转化的毛根中各不相同，有的毛根中会出现多拷贝的 T-DNA。

1.2.2.3　发根农杆菌基因转化策略

使用根癌农杆菌的 Ti 质粒进行基因转化时，必须首先解除其"武装"，也就是删除 Ti 质粒上 Vir 区，但发根农杆菌 Ri 质粒则无须此步骤，野生的 Ri 质粒可直接作为转化载体使用。因此 Ri 质粒的转化策略与 Ti 质粒略有不同，但基本程序一致，包括以下步骤：①构建中间表达载体（intermediate expression vector），将目的基因导入 T-DNA；②构建 Ri 质粒的转化载体，将中间载体导入发根农杆菌；③用发根农杆菌菌液转化植物细胞，诱导毛状根产生；④对毛状根进行筛选；⑤从毛状根诱导转基因植株。

构建的转化载体与根癌农杆菌的 Ri 质粒转化时构建的转化载体原理类似，也可以构建成共整合载体和双元载体两类。

1.2.2.4　影响 Ri 质粒基因转化的因素

（1）不同菌株的发根农杆菌侵染能力不同

一般来说，强侵染力的菌株自身带有合成生长素的基因，可刺激植物细胞根的形成和生长，而弱侵染力的菌株自身不能合成生长素。

（2）Vir 区基因的影响

vir 基因表达的强弱直接与菌株的侵染力强弱有关，*virA* 的基因表达产物能感受到植物细胞分泌的酚类化合物，并激活其他基因的表达。如 *virD* 编码的蛋白可以将 T-DNA 从 Ri 质粒上切下，然后配合其他基因产物将 T-DNA 整合到植物核基因组中。由于 *vir* 基因的表达受启动子的调控，故菌株的致病力强弱与启动子的强弱以及周围是否存在增强子有关。

（3）发根农杆菌染色体基因对侵染也有一定的影响

实验发现农杆菌附着到植物细胞壁上，受伤的植物细胞释放的酚类物质激活 *vir* 基因过程有农杆菌的核基因参与。目前知道农杆菌核基因组 DNA 中至少 *chvA* 和 *chvB* 两个基因与纤维素β-D-1，2-葡聚糖合成有关。*chv* 基因缺失感染率则降低；此外农杆菌核基因组中的色氨酸合成酶基因也与感染率有关。

（4）宿主敏感性是发根农杆菌侵染的重要因素

同一农杆菌菌株感染不同植物或者同一植物的不同组织的结果都大不一样，主要原因可能与两个因素有关：一是植物细胞产生的酚类诱导物的性质、种类及数量差异；二是植物的生理状态及基因表达的差异。实验表明植物的感染与病症的出现与植物的种类、感染部位、生理状态、年龄、植物自身合成抗性物质及感染时环境条件等均有关。如用 Ri 质粒感染葡萄时，只出现肿瘤不出现毛状根；感染荞麦时，在干旱条件下只在节上产生肿瘤而不出现毛状根；感染某些健壮的药用植物植株，则出现典型的毛状根。

1.2.2.5　发根农杆菌基因转化的方法及操作

目前发根农杆菌转化的方法很多，转化的程序主要包括：①发根农杆菌的纯化培养；②被转化植物材料的预培养和切割；③菌株在植物外植体上的接种和共培养；④诱导毛根的分离和培养；⑤转化体的确认和选择；⑥转化体毛状根的植株再生培养；⑦转化体的鉴定和分析等（王关林和方宏筠，2002）。

1.2.3　直接导入的基因转化法

直接导入转化法就是不依赖载体和其他生物媒体，直接将目的基因的 DNA 分子导入植物细胞，实现基因转化的技术，也称无载体介导的 DNA 转化，也可用于将目的基因和载体连接好的重组分子导入植物细胞。常用的 DNA 直接转化技术可分为化学法和物理法两大类。具体的方法可分为聚乙二醇（PEG）法、脂质体法、电激法、基因枪法、超声波法、激光打孔法等。总的来说，直接导入法的成功率较低，且转化植物易形成多拷贝的嵌合体。

1.2.3.1　化学法诱导的直接导入法

化学法诱导的直接导入法是以原生质体为受体，在某些化合物的诱导下，DNA 直接被导入植物细胞的方法，目前使用最多的诱导剂是聚乙二醇和脂质体。

（1）聚乙二醇介导的基因转化

研究发现聚乙二醇（PEG）、聚乙烯醇（PVA）和多聚 L-鸟氨酸可以促进细胞膜之间或 DNA 与细胞膜之间的接触和粘连；聚乙二醇可引起膜表面电荷的紊乱，干扰细胞间的识别，有利于细胞膜间的融合和外源 DNA 进入原生质体。同时高 pH 可诱导原生质体的融合和摄取外源 DNA,但 pH 大于 10 时则会损伤原生质体,另外高钙离子浓度对外源 DNA 进入细胞也有帮助。

本方法的操作步骤主要包括:先从农杆菌中提取 Ti 质粒 DNA(这种 Ti 质粒 DNA 中已携带着外源目的基因,也可直接使用不连在载体上的裸 DNA 基因),然后制备植物的原生质体,将新制备的原生质体悬浮液与 Ti 质粒或裸 DNA 一起培养,同时加入聚乙二醇使细胞转化。随后对转化细胞进行筛选,获得转化细胞。

聚乙二醇法是植物遗传转化研究中较早建立、应用广泛的一个转化系统,在水稻、高粱、玉米、烟草、绿豆、杨树、火炬松、白云杉等植物中都获得过成功。本方法具有以下特点:①原生质体本身就具有摄取外来物质的特性,聚乙二醇对细胞的伤害少,转化顺利。②本方法获得的转化再生植株来源一个原生质体,这样就避免了嵌合转化体的产生。③原生质体转化系统还是进行理论研究的一个极好的实验系统,如早期分析转化动态、外源基因在细胞内的表达调控等。④受体植物不受种类的限制,只要能建立原生质体再生系统的植物都可以采用本方法转化。但总的来说聚乙二醇法的使用不广,主要是植物建立原生质体再生系统比较困难,同时转化率低。

(2)脂质体介导的基因转化

脂质体(liposome)是根据生物膜的结构功能特性人工合成的膜,是由磷脂酰胆碱或磷脂酰丝氨酸等脂质构成的双层膜囊。脂质体转化法就是把 DNA 包裹在这种双层膜囊内,通过植物原生质体的吞噬或融合作用把内含物转入受体细胞。脂质体可分三种结构类型:小型单一双层膜(SUV)型、大型单一双层囊(LUV)型和复合双层囊(MLV)型。

脂质体的形成原理是先将 MLV 型的磷脂经超声波处理制成 SUV,然后加入 Ca^{2+} 使 SUV 分子相互融合成卷曲状,再加入 DNA,最后加入 EDTA 除去 Ca^{2+},即可制成包裹 DNA 的 LUV 脂质体。将脂质体与原生质体在适当的培养基中混合,加入 PEG 或 PVA,再用高 pH、高 Ca^{2+} 溶液漂洗,通过原生质体的吞噬或融合可将外源 DNA 导入受体细胞。

脂质体基因转化的步骤包括:①制备脂质体;②制备 RNA 或 DNA;③纯化脂质体;④脂质体和原生质体一起保温培养转化。⑤将转化的原生质体进行选择培养。

脂质体可用来直接转化外源的 RNA 或 DNA,也可用于基因的瞬时表达检测。Ti 质粒 DNA 也可以用脂质体包装后导入原生质体获得转化。

本方法的优点在于包在脂质体内的核酸分子在转移过程中免受细胞内核酸酶的降解,并能更有效地进入原生质体;核酸内包后能在 4℃ 稳定保持数月。由于细胞器也能包装在脂质体内,本方法也可用于对细胞器的转化。

脂质体转化法常与 PEG 法、电击法联合使用。影响脂质体转化率的因素有脂质体的制备类型和方法、PEG 的浓度和加入时间、pH 和 Ca^{2+} 浓度、保温培养及转化时的条件等。

1.2.3.2 物理法诱导的直接转入法

物理转化法的原理是通过物理因素对细胞膜施加影响,或通过暴力方法将细胞膜造成暂时损伤而将外源 DNA 直接送入细胞。它的使用范围很广,原生质体、植物细胞、组织甚至器官都可以作为靶受体,因此比化学法更具有广泛性和实用性。

(1)电击法介导的基因转化

电击法(electroporation),又叫电穿孔法,是利用高压电脉冲在原生质体膜上形成可逆的瞬间通道，使外源 DNA 进入细胞的方法。本方法在动物细胞、微生物以及植物细胞的基因转化中被广泛应用。

细胞膜主要由两性的脂类组成，当细胞处在一定的外加电场中时，膜会被击穿形成微孔，DNA 就会从这种微孔中进入细胞，但这种微孔在一定时间后会重新封闭，细胞膜恢复原状。

电击法的主要步骤包括：在电击缓冲液中加入适量的原生质体、质粒 DNA 和鲑鱼精 DNA，混合后分装于电击槽内；调整合适的电击参数进行电击；离心除去电击缓冲液，用液体培养基洗涤；将原生质体包埋于固体培养基中，28℃黑暗条件下进行选择培养等。

本方法的转化效率与若干因素有关：第一，电击时的电压和时间对转化率有非常重要的作用，一般用高电压短时间进行电击。第二，电场强度、波形及处理时间对转化率也有极为重要的影响。一般来说，增强电场、延长脉冲持续时间能提高转化率，但也会导致原生质体存活率下降。第三，电击处理时有 PEG 存在对转化率有重要促进作用。第四，加入载运 DNA 对于提高转化率是必要的，它可能在质粒 DNA 与植物基因组 DNA 重组中起一种媒介作用。一般使用蛙鱼精子 DNA 作载运 DNA 用。第五，原生质体所处的介质成分同样有重要作用，原生质体应悬浮在电击缓冲液中。第六，Ca^{2+}浓度、pH、质粒 DNA 浓度等对转化率都有影响，不同的植物种类要求的各种条件也有很大差异。

电击法优点是操作简便，DNA 转化效率较高，特别适于瞬时表达的研究。但由于是使用暴力将细胞膜造成孔洞，同时容易损伤到原生质体，使植板率降低，且仪器也较昂贵。近年来电击法的使用又有新的发展，即直接电击带壁的植物组织和细胞，使外源基因直接导入植物细胞，这种技术称为"电注射法"。该技术无须制备原生质体，简便易行，已在水稻上获得成功。

（2）显微注射介导的基因转化

通过显微注射（microinjection）进行基因转化是一种比较经典的技术，在动物细胞或卵细胞的基因转化、核移植及细胞器的移植方面应用很多。近年来本方法发展很快，已成为一个重要的植物基因转化的新途径。

本方法的原理比较简单，它是利用显微注射仪将外源 DNA 直接注入受体的细胞质或细胞核中。显微注射中的一个重要问题是必须把受体细胞进行固定，所以植物细胞的显微注射必须首先建立固定细胞技术。目前有三种方法固定植物细胞：①琼脂糖包埋法。将细胞悬浮液与熔化冷却后的低熔点琼脂糖混合。注意包埋时将细胞体的一半埋在琼脂糖中，起固定作用，暴露的一半细胞用于显微注射。②多聚 L-赖氨酸粘连法。将细胞或原生质体固定在用多聚 L-赖氨酸处理过的玻片表面。③吸管支持法，用一固定的毛细管将原生质体或细胞吸着在管口，起到固定作用，然后再用微针进行 DNA 注射。显微注射用的微针通常用拉针机制备，针尖直径以 0.5 μm 左右。受体材料最早仅用原生质体，现在带细胞壁的悬浮细胞，甚至组织或器官中的某一细胞都可以直接注射。

显微注射法的实验步骤包括：首先制备原生质体或细胞悬浮液；提取质粒 DNA；固定原生质体或细胞；显微注射；注射过的细胞放入培养皿中进行悬浮培养，最后将愈伤组织或细胞团转入固体培养基进行培养选择。

显微注射虽然操作繁琐耗时，但转化效率很高，平均转化率可高达 6%～26%。注意选择那些启动分裂、细胞壁开始形成的原生质体进行注射。线性 DNA 比环形 DNA 的转化率高，操作要迅速敏捷，使细胞的损伤减少到最小，固定技术要可靠，不能损伤细胞。

显微注射法的特点是方法简单、转化率高，可适用于各种植物和各种材料；整个操作过程对受体细胞无药物等毒害，有利于转化细胞的生长发育；转化细胞的培养过程无需特殊的选择系统。但缺点是需要有精细操作的技术及低密度培养的基础，注射速度慢、效率低，要求研究者有耐心。近年来这一技术已发展为以培养细胞或胚性细胞团为受体，DNA 直接注射花粉粒（花粉注射）、卵细胞（合子注射）、子房（子房注射）等均获理想结果。

（3）基因枪法介导的基因转化

基因枪法又称做霰弹轰击法，就是将外源 DNA 黏附在微小的金粒或钨粒表面，然后在高压的作用下微粒被高速射入受体细胞或组织。微粒上的外源 DNA 随着重金属颗粒一起进入细胞后整合到植物染色体上。

根据动力系统基因枪可分为三类，分别以火药爆炸力、高压气体以及高压放电为驱动力，以火药爆炸力为驱动力的是最早出现的类型，不能调整发射的速度，可控性较差；以高压放电为驱动力的基因枪可以做到无级调速，通过变化工作电压，粒子速度及射入浓度可准确控制，因此效果最好。总的来说，不同受体植物、不同组织、器官、外植体材料应选用不同类型的基因枪。

DNA 微粒载体的制备原理是利用 $CaCl_2$ 对 DNA 具有沉淀作用和亚精胺、聚乙二醇具有黏附作用，将这些化合物与 DNA 混合后再与钨粉或金粉混合，吹干后，DNA 就沉淀在载体颗粒表面。

实验步骤主要包括：使用超声波振荡洗涤钨粉或金粉；将准备好的钨粉或金粉与 $CaCl_2$、PEG、亚精胺等混合，加入到 DNA 溶液中，使 DNA 沉淀到微粒体上。在无菌条件下截取靶外植体，放入基因枪的样品室；按照基因枪说明书设定参数，进行轰击，DNA 微弹轰击后立刻将外植体转入相应的培养基中培养，获得再生植株。

影响基因枪法转化率的因素很多，如金属微粒的种类（钨粉或金粉）、DNA 的纯度、浓度以及沉淀辅助剂的种类、微粒的发射速度，以及植物材料所处的生理状态、细胞潜在的再生能力、轰击前后的培养条件等都会影响到最后的转化效率，甚至不同研究者的报道也大相径庭。

基因枪转化法的特点：无宿主限制，对植物、动物、微生物均可使用；靶受体类型广泛，原生质体、叶片、悬浮培养细胞、茎或根切段以及种子胚、分生组织、幼穗、幼胚、愈伤组织、花粉细胞、子房等都可以用于轰击转化。另外实验的可控度高，如高压放电或高压气体基因枪已可以根据实验需要无级调控微弹的速度和射入浓度，能以较高的命中率把 DNA 微粒射入特定层次的细胞。最后是操作简便快速，甚至可克服无菌的困难。但基因枪转化的转化频率低，目前大多数只报道转化后的瞬时表达，而稳定表达的比例甚低。

（4）超声波介导的基因转化

超声波基因转化的基本原理是利用低声强脉冲超声波的物理作用，击穿细胞膜造成通道，使外源 DNA 进入细胞。超声波的生物学效应主要是机械作用、热化作用及空化作用。生物组织在超声机械能的作用下吸收超声并转化为热能，使生物组织的温度上升，结构发生改变，这种形变随着超声波强度的增强而增大，当增加到一定强度时，细胞就被击穿。在超声波的作用下，还会产生空化作用。小泡内部产生高温高压，甚至电离效应及放电，这可能是导致空泡周围细胞壁和质膜破损或可逆的质膜透性改变的主要机理，从而使细胞内外发生物质交换。

超声波法的操作过程主要包括准备无菌材料、提取质粒 DNA、配制超声缓冲液、使用超声处理、超声处理后的外植体处理以及随后接种在 MS 或其他培养基上培养等。

实验发现，超声波的强度以及对外植体产生的热化作用、机械作用及空化作用强度等对转化率有很大影响；另外转化缓冲液中加入适量的二甲基亚砜（DMSO）也有助于提高转化效率。转化时加入鲑鱼精 DNA 对质粒 DNA 有一定的保护作用，也有利于转化率的提高。

超声波所特有的机械作用、热化作用和空化作用、穿透力大、在液体和固体中传播时衰减小、界面反射造成叶片组织受超声波作用的面积较大等特点，可能是造成高效短暂表达和稳定转化的重要原因，这些特点使超声波转化操作简单，设备便宜，不受宿主范围限制，转化率高等，与其他直接转化方法相比具有更大的应用潜力，但该方法尚待进行更深入的研究，使之更加完善。

（5）激光微束介导的基因转化

激光微束（laser microbeam）基因转化法，又称激光导入法，是将激光引入光学显微镜聚焦成微米级的微束照射培养细胞后，在细胞膜上可形成能自我愈合的小孔，使培养基里的外源 DNA 流入细胞，实现基因转移。激光在细胞膜上形成的孔大小取决于激光的能量和细胞膜的能量阈值，能量越小，形成的孔径也越小。

本方法的基本操作包括：提取 DNA；将欲照射的植物细胞或组织用高渗缓冲液浸泡数分钟；配制转导细胞悬浮液；用激光微束照射；激光照射后，将样品用新鲜的培养液冲洗后接种在培养皿中培养。

激光导入法的特点有：第一，操作简便，实验过程需要的时间短；第二，基因转移效率较高，激光微束系统甚至可用光笔在电视屏幕上指点细胞发射激光；第三，可适用于各种动植物细胞、组织或器官；第四，对受体细胞正常的生命活动影响小，且不需加抗生素；第五，由于激光微束直径小于细胞器，它可以在显微水平上直接对细胞器击孔，实现外源 DNA 对细胞器的转移；第六，穿透力强，深度方向可作调整。但本方法需要昂贵的仪器设备，转化效率与电激法、基因枪轰击法相比较低；在稳定性和安全性等方面比电击法和基因枪法差（王关林和方宏筠，2002；周鹏，2008）。

1.2.4　种质系统介导的基因转化

除了以上介绍的转化系统外，有一类原理完全不同的转化系统，即外源 DNA 借助生物自身的种质细胞为媒体，尤其是生殖系统的细胞（如花粉、卵细胞、子房、幼胚等）来实现转化，可称为种质转化系统（germ line transformation），它既不同于载体转化，也不同于直接转化，有人也将其称为生物媒体转化系统。这类转化系统的特点有：第一，转化的 DNA 可以是裸露的，也可以重组在质粒 DNA 上；第二，转化过程不是依靠化学物理过程，而是依靠生物自身的种质系统或细胞结构功能来实现；第三，不需要植物组织、细胞、原生质体等离体培养；第四，是植物整体水平上的转化，且方法简便易行，与常规育种方法结合，是一种很有潜力的转化系统。目前外源 DNA 直接导入整体植物的方法主要是花粉管导入法。

1.2.4.1 花粉管通道法介导的基因转化

（1）花粉管通道导入法的原理

利用花粉管通道导入外源 DNA 的技术，称花粉管通道法（pollen-tube pathway）。花粉管通道法的主要原理是授粉后使外源 DNA 能沿着花粉管渗入，经过珠心通道进入胚囊，转化尚不具备正常细胞壁的卵、合子或早期胚胎细胞。这一技术原理可以应用于任何开花植物。很多人对这一技术怀有疑问，如外源 DNA 怎样进入卵细胞？外源 DNA 能否整合到卵细胞核 DNA 上？整合的机理是什么？等等。尽管有各种质疑和争论，其中的机理也还没有完全搞清楚，但这丝毫没有妨碍这一技术在实践中的推广应用，目前通过这种技术已经培育出多种植物转基因新品种。

（2）花粉管通道导入法的基本步骤

第一，外源 DNA 的制备。直接获取的基因 DNA 片段或载体与基因连接成的重组分子等均可以用作转化的外源基因。

第二，分析受体植物受精过程及时间，确定导入外源 DNA 的时间及方法。

第三，外源 DNA 导入受体植物。外源 DNA 导入有多种方法：第一种是柱头涂抹法：未授粉前，先用 DNA 导入液涂抹柱头，然后人工授粉，迅速套袋。第二种是柱头切除法：当受体植物自花授粉一定时间后（一般 2～3 h），切去花柱，将 DNA 导入液滴于切口，迅速套袋 1 h 后复滴 1 次。第三种是花粉粒吸入法：提前去雄套袋隔离，花粉粒授粉首先用 DNA 导入液处理，使外源 DNA 吸入花粉粒，然后对受体植物进行人工授粉套袋。

第四，后代材料处理。经外源 DNA 处理获得的种子与供体、受体植物的子代均点播在同一试验田，进行田间试验。

花粉管导入的关键在于精确掌握受体植物的受精过程及时间规律，恰当地应用花粉管途径，才能达到外源 DNA 导入的目的。以水稻为例，水稻自花授粉一般 1 h 以内花粉管伸进胚囊，2 h 左右完成双受精，3～6 h 初生胚乳和合子先后开始分裂，这一阶段是接受外源 DNA 的敏感时期，因此一定要掌握导入 DNA 的时期。另外 DNA 导入液的浓度、pH 等均与转化率有关。DNA 的分子结构及大小对转化率也有重要影响。环状分子难以转化，大片段 DNA 容易断裂，转化率低，片段太小不能保证完整基因存在，因此要使用适宜的 DNA 片段。

（3）花粉管通道导入法的特点及存在的问题

花粉管通道法转化外源基因的特点：第一，利用整体植株的卵细胞、受精卵或早期胚细胞转化 DNA，无需细胞、原生质体等组织培养和诱导再生植株等人工培养过程。第二，方法简便，可以在大田、盆栽或温室中进行，一般常规育种工作者易于掌握。第三，适用范围广泛，单双子叶植物均可应用，可以任意选择生产上的主要品种进行外源 DNA 的导入，达到目的性状基因的转移。第四，可缩短育种时间。第五，通过外源总 DNA 片段的导入可以了解一些具有重大经济价值，而遗传背景极差的农艺性状是否能够通过 DNA 片段进行转移，这些性状是否为单基因或单基因控制的多基因决定性状，从而为进一步进行基因工程做好基础研究。本方法存在的主要问题有：首先，如果使用总 DNA 片段作为外源基因转化，子代中可能有带有少量的非目的基因片段。其次，只能在开花时才能操作，要求正确掌握操作时间，要求极高。第三，本方法操作虽然简单，但必须有遗传育种和分子遗传学、分子生物学方面的基础知识，才能恰当地进行 DNA 供受体的组合和判断基因导入的结果。

1.2.4.2 生殖细胞浸泡法介导基因转化

（1）浸泡转化法的原理

浸泡法就是将外植体如种子、胚、胚珠、子房、花粉粒、幼穗悬浮细胞培养物等直接浸泡在外源 DNA 溶液中，利用植物细胞自身的物质运转系统将外源 DNA 直接导入受体细胞并稳定地整合表达与遗传。由于种子具有自然的形态建成能力和遗传传递能力，不存在再生植株的困难，且取材方便，因此种子是浸泡法转化的最佳材料。

现在已经发现植物细胞可以多种途径吸入外源 DNA，通过植物体内的质外体、共质体联合组成的体内运输系统，外源 DNA 可被运送到植物的每一个细胞，甚至达到生长锥的分生细胞。此外植物体内的传递细胞与跨膜运输系统以及内吞和外排作用的运输系统均具有吸收外源 DNA 的能力。

（2）浸泡转化法基本步骤

首先，准备 DNA。植物的总 DNA 或质粒 DNA 均可作为转化用的外源 DNA 使用；其次，在浸泡液中加入外源 DNA 和消毒的种子；最后，用无菌缓冲液冲洗种子，随后将种子接种在无激素的固体培养基上。也可以把浸泡液（含外源 DNA）直接注射到子房、胚珠或包裹幼穗的颖壳内，浸泡胚达到转化的目的。

（3）浸泡转化法技术评价

成熟种子浸泡法可以说是高等植物遗传转化技术中最简单、快速、便宜的一种转化方法。但是本方法的分子生物学方面的证据不足，因为没有确凿无疑的实验证据表明外源 DNA 仅仅通过浸泡就转移到植物细胞内；另外 DNA 是怎样通过多层细胞壁的阻碍到达分生细胞的？这一切都尚需进一步的实验证明。因此这种方法目前只处于研究阶段。

1.2.4.3 胚囊、子房注射法介导的基因转化

（1）胚囊、子房注射法的原理

胚囊、子房注射法是指使用显微注射仪把外源 DNA 溶液注入子房或胚囊中，由于子房或胚囊中产生高的压力及卵细胞的吸收使外源 DNA 进入受精的卵细胞中，从而获得转基因植株。本方法的依据是植物的胚囊具有较大空隙的空腔，能够容纳一定的外源 DNA 溶液；胚囊中的卵细胞有一侧没有细胞壁只有一层质膜，易于吸收外源 DNA。外源 DNA 溶液注入胚囊后对卵细胞造成一个较大的渗透压，迫使外源 DNA 进入卵细胞。如果外源 DNA 注入子房，则可以通过花粉管进入胚珠，使外源 DNA 从子房进入胚囊。注入的外源 DNA 可以是含有目的基因、启动子等的重组分子，因此导入卵细胞后可整合到核基因组上并得到表达。

（2）实验的基本操作步骤

第一，制备外源 DNA。与花粉管导入相同，植物的总 DNA、重组质粒等均可使用。

第二，外源 DNA 的注射时间和部位。分析受体植物受精过程及时间，确定注射外源 DNA 的时间。原则上注射的时间应在卵细胞受精后，到第一次细胞分裂前这一段时间，因为这一段时间是卵细胞第一次分裂的准备期，外源 DNA 易于整合。从授粉、花粉粒萌

发到受精这一段时间不同的植物差异很大，因此要严格掌握注射的时间。理论上最好把外源 DNA 注射在胚囊中，以利于卵细胞吸收。但实际上难以精确控制 DNA 的注射部位，如子房注射时有可能将外源 DNA 注射到房室内、胚囊内或胎座中等。

第三，当受体植物授粉后一定时间（不同植物有很大差异），用自制的玻璃毛细针在膨大的子房上部先扎一小孔，再插入胚珠部位，用微量进样器注入 DNA 导入液，并标记。

第四，后代材料的筛选。若导入的基因是从植物中提取的总 DNA，则将获得的种子全部播种在同一试验田中，进行田间试验和筛选。

（3）胚囊、子房注射法的评价

尽管胚囊、子房注射法的理论机理尚未完全清楚，但实际上已进行了大量的实验，证明这种方法在实际中运用是没有任何问题的。已经有人采用本方法将外源基因成功转入黑麦、龙葵、大豆等植物中，并获得转基因后代。

在微生物和哺乳动物中，已有利用改造过的病毒作为载体进行基因转化的成功实例，但在植物中还没有成功的先例。这可能与几个因素有关，首先，虽然感染植物的病毒种类也非常多，但多数是 RNA 病毒，感染植物后不将自己的基因组插入植物的基因组，只在植物的细胞质中生存；这点与逆转录病毒感染动物细胞不同。其次可能是由于高效的农杆菌等转化系统的存在，某种程度上抑制了人们开发病毒作为载体的热情。但是植物病毒的研究并没有停止，主要研究集中在对 DNA 双链病毒如花椰菜花叶病毒 CAMV、单链 DNA 病毒以及逆转录病毒的改造上，但距广泛应用还有一段距离。也许不久的将来我们会看到将植物病毒用于转基因的成功实例（王关林和方宏筠，2002；孙敬三，2006）。

1.3 植物基因工程载体上的基因种类及其安全性分析

1.3.1 目的基因及其安全性分析

1.3.1.1 目前转基因植物中使用的目的基因

按照目的基因的功能，目前转基因植物中使用的目的基因有以下几类：

第一类 抗植物虫害、病害和植物病毒的基因

植物的虫害和病害很多，会严重影响植物的生长和作物产量。在目前的转基因作物中，这种类型的转基因最多，主要包括以下几种：

（1）*Bt* 基因

Bt 基因来自属于革兰氏阳性菌的苏云金芽孢杆菌（*Bacillus thuringiensis*，*Bt*），广泛存在于土壤、水、植物、昆虫尸体等中。1901 年日本学者石渡从染病的家蚕体液中首次分离出苏云金芽孢杆菌，并证明部分其对鳞翅目昆虫有杀虫活性。1915 年，Berliner 注意到苏云金芽孢杆菌在芽胞形成过程中体内会出现一种结晶体。到了 20 世纪 50 年代人们发现苏云金芽孢杆菌的杀虫活性与这种晶体有关，并发现晶体由蛋白质组成，这种蛋白通常被称作δ-内毒素（δ-endotoxins）或杀虫晶体蛋白（insecticidal crystal protein，ICP）。Bt 毒素是较早被利用的生物杀虫剂，在 1992 年，全世界应用的生物杀虫剂中，有 90%属于 Bt 毒素（朱新生和朱玉贤，1997）。

Bt 蛋白的分子量一般为 130～160 kD，由 1 000 多个氨基酸残基组成。蛋白本身对昆虫并无毒性，当 Bt 蛋白进入昆虫体内后，在碱性环境和还原性的消化道内被溶解，再被肠道内的蛋白酶降解成 60 kD 左右的小肽并与昆虫消化道的上皮细胞膜上的特异受体结合，导致膜上形成孔洞，细胞因内外渗透压不平衡而破裂，昆虫由此会停止进食并死亡。

一般认为 *Bt* 基因位于杆菌的质粒上，苏云金芽孢杆菌菌株通常含有多种 Bt 蛋白基因；而同种 Bt 蛋白基因也可在多种不同的菌株中出现。目前已分离出近 180 个对不同昆虫（如鳞翅目、鞘翅目、双翅目、螨类等）和无脊椎动物（如寄生线虫、原生动物等）有特异毒杀作用的 Bt 蛋白。根据 Bt 蛋白的抗虫谱以及序列的同源性将其分为若干种，类型 I（Cry I）具有抗鳞翅目（Lepidoptera）昆虫的活性，对其幼虫有特异的毒性作用；类型 II（CryII）抗鳞翅目和双翅目（Diptera）昆虫；类型 III（CryIII）抗鞘翅目（Coleoptera）昆虫；类型 IV（CryIV）抗双翅目昆虫；类型 V（Cry V）既抗鳞翅目又抗鞘翅目。还有抗膜翅目（Hymenoptera）以及抗线虫（Nematodes）等多种类型。在每种主要类型中，又根据序列的同源性，ICP 再可划分为若干小组，如 Cry I 划分为 IA（a）、IA（b）、IA（c）、IB、IC 等等，合计有几十种之多（王关林和方宏筠，2002）。

目前的转 *Bt* 基因植物分为两代，第一代的转 *Bt* 基因植物（如烟草、番茄）中使用未经改造过的原始 *Bt* 基因，但转基因成功后发现烟草中 Bt 蛋白的表达量都很低，甚至检测不到，无法起到有效的抗虫效果（朱新生和朱玉贤，1997）。

随后科学家们通过对 *Bt* 基因进行改造以及使用新型的强启动子，使得第二代转 *Bt* 基因棉花、烟草、番茄和玉米等植物内的 Bt 蛋白表达水平有显著的提高，起到良好的抗虫效果。如 Monsanto 公司的 Perlak 等人在不改变 Bt 蛋白氨基酸序列的情况下，对 *cry IA*（b）和 *cry IA*（c）基因进行修饰（主要是去除富含 A、T 碱基序列），使 *cry IA*（b）和 *cry IA*（c）在植物中表达水平提高了 100 倍，获得良好的抗虫效果，其中转基因棉花植株对棉铃虫（*Heliothis armigera*）的抗性达 80%（Perlak *et al.*，1990）。

Koziel 等（1993）合成了一个 *cry IA*（b）基因，该基因编码 *B. thuringiensis* var. *kurstaki* HD-1 的 *cry IA*（b）的部分氨基酸。该合成基因与野生型的 *cry IA*（b）基因有 65% 的同源性。合成基因富含 G、C 碱基，并且以适合在玉米中表达的密码子替代原细菌密码子，一个转基因玉米品系的 *cry IA*（b）基因携带 CaMV35S 启动子，另一个转基因玉米品系的 *cry IA*（b）基因携带玉米磷酸烯醇式丙酮酸羧化酶（PEPCase）启动子和玉米花粉特异性启动子。田间试验结果表明玉米转基因品系能够抵御欧洲玉米螟（*Ostrinia nubilalis*）的危害。

目前 *Bt* 基因的各类型已经被转入多种作物，如烟草、番茄、棉花、玉米、苹果等，并表现出良好的抗虫效果，*Bt* 基因是目前实际生产中使用最多的抗虫基因。

（2）蛋白酶抑制剂基因

蛋白酶抑制剂是一类蛋白质，在大多数植物的种子和块茎中，含量可高达总蛋白的 1%～10%，蛋白酶抑制剂可与昆虫消化道内的蛋白消化酶相结合，形成酶抑制剂复合物，可阻断或减弱蛋白酶对外源蛋白的水解作用，导致进食的蛋白不能被正常消化；同时酶抑制剂复合物还能刺激昆虫过量分泌消化酶，使昆虫产生厌食反应，导致昆虫发育不正常或死亡。另外蛋白酶抑制剂分子还可能通过消化道进入昆虫的血淋巴系统，严重干扰昆虫的发育过程和免疫功能。

植食性昆虫消化系统中的消化酶可分为以丝氨酸类蛋白酶为主的以及以巯基类蛋白

酶为主的类型，还有的昆虫消化道中不含任何蛋白酶。蛋白酶抑制剂和昆虫消化酶的特异性相互作用，决定了不同类型蛋白酶抑制剂的抗虫谱。植物中存在三类蛋白酶抑制剂，它们是丝氨酸蛋白酶抑制剂、巯基蛋白酶抑制剂和金属蛋白酶抑制剂。其中以丝氨酸蛋白酶抑制剂与抗虫关系最为密切，因大多数昆虫所利用的蛋白消化酶正是丝氨酸类蛋白消化酶，特别是类胰蛋白酶。而巯基类蛋白酶抑制剂则对于利用巯基类蛋白消化酶的鞘翅目昆虫具有独特抗性。研究表明重组巯基蛋白酶抑制剂对杂拟谷盗、米象（*Sitophilus oryzae*）、赤拟谷盗（*Tribolium castaneum*）和大谷盗（*Tenebroides mauritanicus*）、马铃薯甲虫、豇虫象等均有明显的抑制作用（Liang *et al*.，1991）。

目前已经有许多种蛋白酶抑制剂的基因或 cDNA 被克隆，其中有些表现出明显的抗虫作用。丝氨酸类蛋白酶抑制剂有 6 个家族，其中豇豆胰蛋白酶抑制剂（cowpea trypsin inhibitor，CpTi）和马铃薯蛋白酶抑制剂 II（potato proteinase inhibitorII，Pi-II）的抗虫效果最为理想，它们是迄今在植物抗虫基因工程中应用广泛且研究比较深入的蛋白酶抑制剂基因。蛋白酶抑制剂基因的抗虫谱比 *Bt* 广泛，但为了要达到理想的抗虫效果，在转基因植物中对蛋白酶抑制剂所要求的表达量远远高于对 Bt 所要求的表达量。

A．豇豆胰蛋白酶抑制剂（CpTI）

CpTI 由 80 个氨基酸组成，一个分子有两个抑制活性中心。CpTI 通过氢键和范德华力与胰蛋白酶紧密结合，使酶活性中心失活。CpTI 抑制的活性位点都是 Lys-Ser。

CpTI 对于许多给农业生产造成重大经济损失的害虫都具有抗性，包括鳞翅目的烟草芽蛾（*Heliothis virescens*）、棉铃虫、黏虫（*Spodoptera littoralis*）和亚洲玉米螟[*Ostrinia furnacalis*（Guenee）]，鞘翅目的玉米根叶甲（*Diabrotica undecimpunctata*）、四纹豆象（*Callosobruchu J maculatus*）和杂拟谷盗（*Tribolium confusum*），直翅目的蝗虫（*Locusta migratoria*）等。CpT1 的广抗虫谱是其最主要的优点。

Vaughan 等（1987）获得了转 *CpTI* 基因烟草植株。在转基因植株中 *CpTI* 的表达量最高可占总可溶性蛋白的 0.9%以上。刘春明等（1992，1993）分别获得了转 *CpTI* 基因的烟草和棉花，也表现出较好的抗虫性，转 *CpTI* 基因的水稻对玉米螟和水稻三化螟都有一定的抗性。

目前 *CpTI* 基因已经被转移到许多具有重要经济价值的植物中，包括烟草、水稻、油菜、白薯、苹果和杨树等。

B．马铃薯蛋白酶抑制剂（P$_i$）

马铃薯蛋白酶抑制剂分为两个家族：①Pi-I 家族，包括马铃薯和番茄蛋白酶抑制剂 I，只有一个活性中心，主要抑制胰凝乳蛋白酶；②Pi-II 家族，包括马铃薯和番茄蛋白酶抑制剂 II，有两个活性中心，可分别抑制胰蛋白酶和胰凝乳蛋白酶。Johnson（1989）将马铃薯 *Pi-I* 基因和 *Pi-II* 基因分别导入烟草。两种蛋白酶抑制剂基因都能在烟草中得到有效表达，转基因植株表现出了良好的抗虫能力。

除了 *Bt* 基因和蛋白酶抑制基因外，其他可用于抗虫的基因类型还包括植物凝集素基因（Boulter D *et al*.，1993）、淀粉酶抑制剂基因（Altabella and Chrispeels，1990）、胆固醇氧化酶基因（Purcell *et al*.，1993）、营养杀虫蛋白基因（Estruch *et al*.，1996）以及系统肽基因（McGarl *et al*.，1992）等，这些基因有的来自植物，有的来自动物或微生物，但这些抗虫基因的研究还只是处于初步阶段，无法与已经广泛推广的 *Bt* 基因相比（Vaughan *et al*.，

1999；Schuler *et al.*，1998）。

（3）抗病毒基因

实验表明，在植物中表达来自病毒、植物或者干扰素等基因能有效或一定程度上抑制病毒对植物的感染，其中病毒外壳蛋白基因的转化是一种抗性效果较好、技术较成熟、机制最清楚，并且已进入大田生产阶段的有效策略（王关林和方宏筠，2002）。

转基因植株的田间试验表明，凡是表达病毒外壳蛋白（coat protein，*cp*）的植株都在一定程度上延缓或减轻病毒症状。转基因植株和对照株相比，很少失绿或有坏死病斑，侵染病毒的扩展被阻止、推迟或减轻，而且 *cp* 在植株中的表达不影响植株的生长发育、孕性表现和生理表现。这种抗性可稳定地遗传给植株子代或几代以上。

转基因植株获得的抗性与整合到植物细胞的 *cp* 拷贝数有关，含有多拷贝的转基因植株比只含一个拷贝的植株有更高的抗性。*cp* 的抗性还可扩展至抗该病毒的其他株系或相关病毒上。如表达烟草花叶病毒（tobaco mosaic virus，TMV）的 U1 株系 *cp* 的转基因植株，可防御 TMV 其他株系的侵染等。许多种类病毒基因组中的 *cp* 具有同源结构，在一定的条件下一种 *cp* 能抗多种病毒。

目前已经有多种病毒的 *cp* 被克隆，如烟草花叶病毒（tobaco mosaic virus，TMV）、马铃薯 X 病毒（Potato virus X，PVX）、黄瓜花叶病毒（Cucumber mosaic virus，CMV）、马铃薯 Y 病毒（Potato virus Y，PVY）、水稻条纹叶枯病毒（Rice stripe virus，RSV）、苜蓿花叶病毒（Alfalfa mosaic virus，ALMV）、洋李痘疱病毒（Plum poxvirus，PPV）和番木瓜环斑病毒（Papaya ring spot virus，PRV）等。现已获得多种植物的转 *cp* 植株，包括双子叶植物中的烟草、马铃薯、番茄、欧洲李和杏等作物及单子叶植物中的水稻等。

如 Monsanto 公司在 1988 年获得了表达 TMV 的 *cp* 的番茄品种 VF36 的转基因植株。田间试验表明，转基因植株在接种后表现出延迟发病，发病率小于 5%，产量几乎不受影响；而对照植株则 100%发病，果实减产 26%～35%。该公司还于 1990 年把 PVX 和 PVY 的 *cp* 同时导入北美最重要的马铃薯品种 Russet Burbank，其中筛选出的一个转基因株系在机械接种条件下完全抗 PVX 和 PVY，而田间试验表明，传毒蚜虫接种 16 周后，转基因植株只有 8%的发病率，而对照植株的发病率却高达 79.3%。

中科院微生物研究所等单位获得了烟 NC89 的双抗株系（抗 TMV+CMV）和单抗株系（抗 TMV）。纯合系的大田试验表明，转基因植株的保护效果达 70%；转基因 NC89 不仅保持了原有品种的优良性状，而且生长整齐，生长势好。

除了向植物中转入病毒的 CP 蛋白外，也有的研究者采用转入病毒的复制酶基因来抵抗病毒的感染，并取得良好的抗性，虽然详细的机理还不十分清楚。如 Mac Farlane 等（1992）把豌豆早期棕色病毒（PEBV）的 54 kDa 蛋白基因导入烟草。Braun 等（1992）把 PVX 复制酶全长基因（165kDa 基因）导入马铃薯。Anderson 等（1992）把 CMV 复制酶成分 97kDa 蛋白基因的一部分导入烟草。这些转基因植株都表现了不同程度的抗性。其中有些植株表现出完全的抗性，显示出这种抗病毒策略在农业生产中的巨大潜力。本方法的最大优点是病毒复制酶基因所介导的抗性远远强于 *cp* 介导的抗性，即使对转基因植株使用很高浓度的病毒或其 RNA，抗性仍然明显。但这种策略的缺点是抗性比较专一，如何使抗性拓宽成为广谱抗性是研究者们今后的努力方向。

番木瓜环斑病毒（PRSV）是一种由蚜虫介导的 RNA 病毒，对番木瓜具有毁灭性的危害，造成巨大的经济损失。第一例抗番木瓜环斑病毒的转基因番木瓜是由康奈尔大学的研究人员于 1996 年研发而成。他们通过基因枪转化方法，将番木瓜环斑病毒（PRSV）的外壳蛋白（CP）的编码序列导入番木瓜的栽培种中，获得抗番木瓜环斑病毒转基因番木瓜品系 55-1/63-1。这种转基因番木瓜受到病毒感染时，通过病毒交叉保护机制使植株不形成病灶或者不表现出病理症状。

2006 年，中国华南农业大学的研究人员研发出抗番木瓜环斑病毒（PRSV）的转基因番木瓜株系 Huanong No.1，他们通过农杆菌介导的转化技术给受体中导入了番木瓜环斑病毒（PRSV）的外壳蛋白（CP）的编码序列，从而赋予转基因植物对病毒的抗性，尤其是对 Vb 和 Ys 两个株系的抗性。

2008 年，美国佛罗里达州立大学的研究人员分离到夏威夷的番木瓜环斑病毒 HA5-1，并将其外壳蛋白的编码序列进行了修饰，在起始密码子后插入了胸腺嘧啶脱氧核苷后造成了移码突变，通过农杆菌阶段的植物转化方法将修饰后的基因导入番木瓜栽培种中，获得了转基因番木瓜株系 UFL-X17CP-6（X17-2）。这种转基因番木瓜对夏威夷地区的番木瓜环斑病毒具有高抗性，但对其他地区的番木瓜环斑病毒不一定具有抗性。因为这种抗性是由 RNA 介导的转录后的基因沉默机制形成的，具有序列特异性，只有当其他地区的番木瓜环斑病毒的外壳蛋白编码序列和 HA5-1 的外壳蛋白编码序列具有较高的相似性，才能导致抗性的产生。基因修饰后造成移码突变，使转基因植物中不能合成真正的外壳蛋白，但是对第五代转基因植株的分析发现，这种移码突变已经被修复。

目前只有美国和中国批准种植转基因番木瓜，我国市场上销售的番木瓜几乎都是这种转基因的。另外还有日本和加拿大批准了转基因番木瓜的进口和食用。

抗甲虫（*Leptinotarsa decemlineata* Say，CPB）转基因马铃薯 Russet Burbank 品系（商品名 NewLeaf）携带来自 *B. thuringiensis*（*Bt*）编码 *Cry3A* 的基因，该基因编码 *Cry3A* 杀虫晶体蛋白（delta-内毒素蛋白）。NewLeaf 转基因马铃薯同时携带具有卡那霉素抗性的选择标记基因（*neo*），编码新霉素磷酸转移酶（*nptII*）。1994 年美国食品与药物管理局已经通过了 NPTII 的食品安全评价。

马铃薯病毒性病害是导致马铃薯产量下降、品质变劣的主要原因之一，可导致马铃薯的利用价值大大下降。目前商业化种植的转基因马铃薯主要是抗马铃薯卷叶病毒和马铃薯 Y 病毒。

马铃薯卷叶病毒（PLRV）是 RNA 病毒，是引起马铃薯退化的主要病毒，主要靠桃蚜（*Myzus persicae*）传播，PLRV 分布广泛。通过基因沉默技术，选取马铃薯卷叶病毒外壳蛋白基因、PLRV 复制酶基因、部分阅读框 DNA 序列等，获得相应的抗卷叶病毒转基因马铃薯品系，可有效抑制该病毒的感染和病斑的形成，从而减少马铃薯卷叶病毒的危害。

马铃薯 Y 病毒属（Potyvirus）是植物病毒中最大的属，有大约 200 种，马铃薯 Y 病毒为 RNA 杆状病毒，主要靠蚜虫传播，可侵染茄科、葫芦科等多种植物。将 Y 病毒外壳蛋白基因序列导入马铃薯基因组，介导了病原物衍生抗性。转外壳蛋白基因马铃薯表现了对该病毒转染及病症的抗性。

第二类　耐除草剂类基因（旭日干等，2012）

杂草是农作物生产的主要危害因素之一，将耐除草剂基因转入栽培作物，能有效地提高防治田间杂草的效率。从 1996 年转基因作物首次大规模商业化种植以来，耐除草剂性状始终是转基因作物的主要性状。在 2010 年，耐除草剂性状被运用在了大豆、玉米、油菜、棉花、甜菜及苜蓿中，种植面积为 8930 万 hm^2，占全球 1.48 亿 hm^2 的转基因作物面积的 61%。目前已经从植物和微生物中克隆出多种耐不同类型除草剂的基因。

草甘膦（Glyphosate）是一种目前广泛使用的非选择性的有机磷除草剂，对植物产生毒性的机理主要是竞争性抑制莽草酸途径中催化磷酸烯醇式丙酮酸（PEP）和 3-磷酸莽草酸（S3P）合成 5-烯醇式丙酮莽草酸-3-磷酸（EPSP）的合成酶（EPSPS）。草甘膦是 PEP 的类似物，它能与 PEP 竞争 EPSPS 的活性位点，抑制 EPSP 合酶的活性导致分枝酸合成受阻，阻断植物体内芳香族氨基酸和一些芳香化合物的生物合成，从而导致植物死亡。

目前使作物具有抗草甘膦特性的策略有三种，第一种方法是使植物细胞过量表达 5-烯醇式丙酮莽草酸-3-磷酸合酶（epsps）基因。由于 5-烯醇式丙酮莽草酸-3-磷酸合酶是草甘膦的作用靶点，因此编码 EPSPS 酶的基因 epsps 突变或过量表达，能抑制草甘膦与 EPSP 的结合，从而使植物产生草甘膦抗性。

转基因植物中 epsps 的过量表达，不仅能解除草甘膦的结合限制，而且还具有足够的酶活性满足生物合成代谢的需要，从而维持了植物正常的生理代谢活动，使植物能抵抗一定浓度的草甘膦。但实际上抗草甘膦作物普遍出现生长受到抑制的现象，因此目前通过 EPSP 合成酶过量表达策略还未能获得可以在生产上应用的抗草甘膦作物。

第二种策略是基因修饰或突变策略。通过修饰或突变 epsps 基因，产生与草甘膦亲和性较低的 EPSP 合成酶，可以避免草甘膦的竞争性抑制从而使植株解除草甘膦毒害。目前大多数的抗草甘膦 epsps 基因都是从微生物突变菌株中克隆得到的。Comai（1985）等最先从鼠伤寒沙门氏菌的突变体中克隆出突变基因 aroA，发现在大肠杆菌中表达菌株获得了草甘膦抗性，随后将 aroA 基因与章鱼碱合成酶或甘露碱合成酶的启动子连接并导入烟草，获得了抗草甘膦转基因烟草。美国孟山都公司从根癌农杆菌 CP4 中克隆出具有良好动力学参数和草甘膦抗性的 cp4-EPSPS 基因（Genebank 登记号 AF464188-1），此基因表现出对草甘膦的高抗性和对底物（PEP）的高亲和力，能赋予植物耐草甘膦的特性。目前商业化应用的耐除草剂大豆、玉米、棉花中都有 cp4-epsps 基因（Barry et al.，1992）。

Vande 等（2008）从细菌菌系 ATX1398 中克隆出新型的抗草甘膦基因 aroA1398，对草甘膦的抗性水平比玉米 epsps 高出 800 倍，转 aroA1398 基因玉米的草甘膦耐受性超过田间正常使用量的 8 倍。此外来源于植物的 epsps 基因经过特异位点的突变，也能获得草甘膦抗性。如 Howe 等（2002）通过对玉米 epsps 基因第 582 位和第 583 位的定点突变，获得对草甘膦敏感性降低的 epsps 基因，从而获得了抗草甘膦转基因玉米并实现了商品化。Zhou 等（2006）从水稻中克隆出突变的 epsps 基因，突变位点在第 106 位（脯氨酸被置换为亮氨酸），导入烟草后转化植株的草甘膦抗性提高了 4.6 倍。

第三种策略是酶降解策略（旭日干等，2012）。就是引入新的酶系统，在草甘膦发生作用前将其降解或解毒，使植物获得抗除草剂功能。目前常用的两种基因是 gox 基因和 gat 基因。草甘膦氧化酶（glyphosate oxidase，GOX）可使草甘膦加速降解成为对植物无毒的氨甲基膦酸（aminomethylphosphonic acid，AMPA）和乙醛酸（glyoxylate）。将 gox 在植物中单独表达，或 gox 和 cp4-epsps 在转基因植物中共同过量表达，均能使转基因产生对草甘膦的抗性。

gat 基因是编码 N-乙酰转移酶（glyphosate N-acetytransferase，GAT）的基因，产物可以使草甘膦乙酰化而失活，从而使植物获得对草甘膦的抗性。GAT 酶在大肠杆菌、拟南芥、烟草和玉米中表达使植物表现出了明显增强的草甘膦抗性。目前已经将 *gat* 基因导入大豆、棉花、油菜等中获得了相应的抗草甘膦植物。如 Peñaloza-Vazquez 等（1995）从类鼻疽假单胞菌（*Pseudomonas pseudomallei*）中克隆出包含两个能够降解草甘膦的 *Goxa* 和 *Goxb* 基因，导入大肠杆菌，最终获得抗草甘膦表达菌株。

美国孟山都公司克隆出编码草甘膦氧化还原酶的基因，可使草甘膦的 C—N 键裂解，生成对植物没有危害的氨甲基膦酸（AMPA）和乙醛酸，转化该基因获得抗草甘膦玉米（Green *et al.*，2008）。

Castle（2004）和 Siehl 等（2005）从地衣芽孢杆菌（*B. licheniformis*）中克隆出草甘膦乙酰转移酶基因，通过基因改造优化后，其乙酰化活性增加了近 7 000 倍。

美国先锋公司将草甘膦氧化还原酶基因与抗 ALS 抑制剂的 *hra* 基因共转化玉米，获得了同时对咪唑啉酮和草甘膦两种除草剂具有耐受性的转基因玉米（Green，2007）。

Athenix 公司编码同源的脱羧酶基因 *GDC-1* 与 *GDC-2* 能够将草甘膦代谢为无活性化合物（Hammer *et al.*，2007）。

相比 EPSP 合成酶基因的作用原理，酶降解的原理更加简单明确，寻找和挖掘能够降解或解毒草甘膦的相关酶基因，进而培育出抗草甘膦作物，将是抗草甘膦转基因育种的另一条有效途径。

除了能对抗草甘膦的基因外，还有能对抗其他除草剂的一些基因。

乙酰乳酸合酶基因　乙酰乳酸合成酶（acetolactate Synthase，ALS）基因在植物中广泛存在，是植物和微生物支链氨基酸（缬氨酸、亮氨酸、异亮氨酸）合成途径中的第一个关键酶，催化丙酮酸转化为乙酰乳酸。ALS 抑制剂类除草剂共有约 13 类 50 余种，包括磺酰脲类（sulfonylureas，SU）、咪唑啉酮类（imidazolinones，IMI）、三唑并嘧啶类（triazolopyrimidines，TP）、嘧啶水杨酸类（pyrimidinylthio -benzoates，PTB）等（Mallory *et al.*，2003）。这些 ALS 抑制剂具有选择性强、杀草谱广、低毒高效等特点，其中具有代表性的是磺酰脲类和咪唑啉酮类除草剂。这类除草剂能抑制 ALS 的活性，导致 ALS 的毒性底物 2-酮丁酸及其衍生物积累，最终引起植物体内氨基酸的失衡，植株死亡。研究者们从不同植物中分离了 *als* 基因，并通过在植物体内过量表达 *als* 基因而赋予多种转基因植物抗磺酰脲类和咪唑酮类除草剂的特性（旭日干等，2012）。

草铵膦乙酰转移酶基因　草铵膦（glufosinate）是铵盐草胺磷（glufosinate ammonium）的简称。它是一种广谱接触式除草剂，用来控制作物生长后的大范围杂草生长。草铵膦的活性成分是 L-草丁膦（phosphinothricin），是谷氨酰胺合酶的抑制剂。谷氨酰胺合酶能催化谷氨酸和氨合成谷氨酰胺，它的活性被抑制后将导致氨的积累和谷氨酸水平降低，从而抑制光合作用，使植物在几天内死亡。草铵膦乙酰转移酶能通过乙酰化使 L-草丁膦转变为乙酰-L-草丁膦，从而失去除草剂活性。

从链霉菌（*Streptomyces*）分离出的编码乙酰 CoA 转移酶的基因被称作 *bar* 基因。科学家把 *bar* 基因导入烟草、马铃薯和番茄中，获得抗除草剂 Basta（有效成分为草丁膦）的转基因植株，其中转基因烟草植株能够耐受除草剂的量为田间用量的 4～10 倍。Murakami 等还发现，只要乙酰 CoA 转移酶在叶中的表达量能达到叶蛋白总量的 0.000 1%的水平，转基因植株就能耐受除草剂的处理，而转基因植株的产量并未受施用除草剂的影响。

pat 基因来自产绿色链霉菌，也编码草丁膦乙酰 CoA 转移酶（PAT）的基因。*bar* 与

pat 两种基因产物有相似的催化能力，氨基酸序列同源性为 86%。

后来人们又构建人工合成的 *bar* 基因，该合成基因保留了天然 *bar* 基因的基本氨基酸序列，但选用了更适宜于植物系统的密码子。利用此基因，科学家获得了烟草、番茄和苜蓿等植物的转基因植株（王关林和方宏筠，2002）。

腈水解酶基因　苯腈类除草剂[主要是溴苯腈（Bromoxynil），商品名为 Buctril]作用于双子叶植物，通过抑制光合系统 II 的电子链传递而使组织坏死，对于生长素 2,4-D 不能控制的杂草特别有效。细菌编码腈水解酶的 *bxn* 基因，能将苯腈类除草剂中的活性成分水解为无毒的化合物，如将溴苯腈分解为 3,5-二溴-4-羟基苯甲酸（DBHA），从而使植物对苯腈类除草剂产生耐性。

Stalker 等（1987）从土壤细菌臭鼻杆菌（*Klebsiella ozaenae*）中分离出腈水解酶（nitrilase）基因 *bxn* 并在大肠杆菌中表达目前通过基因工程的方法，已经获得了抗溴苯腈转基因棉花、烟草、向日葵、油菜、小麦等（王小军等，1996；钟蓉等，1997；苏少泉，1998；Stalker *et al.*，1988）。

麦草畏 O-脱甲基酶基因　麦草畏（dicamba）属安息香酸系除草剂，具有内吸传导作用，对一年生和多年生阔叶杂草有显著杀灭效果。麦草畏多集中在分生组织及代谢活动旺盛的部位，阻碍植物激素的正常活动，从而使其死亡。禾本科植物吸收药剂后能很快地进行代谢分解使之失效，故表现较强的抗药性，因此对小麦、玉米、谷子、水稻、芦笋、高粱、甘蔗等作物比较安全，也可用于防除耕作区的木本灌木丛。麦草畏在土壤中经微生物较快分解后消失，用后一般 24 h 阔叶杂草即会出现畸形卷曲症状，15～20 d 死亡。

麦草畏 O-脱甲基酶（dicamba O-demethylase）能将麦草畏转化成对植物无害的化合物。植物体内表达麦草畏 O-脱甲基酶基因能使植物对麦草畏产生抗性。目前该基因在棉花等作物中得到应用，如孟山都公司研发的 Dicamba 和 Glufosinate，含有 *bar* 基因和麦草畏 O-脱甲基酶基因，具有草铵膦和麦草畏两种除草剂耐性，是由 Mark R.Behrens 和同事将来源于嗜麦芽假单胞菌 DI-6 的麦草畏 O-脱甲基酶基因导入棉花，获得了耐麦草畏除草剂的转基因棉花株系，将它和含 *bar* 基因的转基因棉花进行杂交而获得的。

第三类　改善作物品质，优质高产基因

作物的高产、优质一直是人们所追求的目标，如何提高作物产量，是农业科学和生物学家所面临的重要课题。随着我国人民生活总体水平的提高，人们对食物的营养和品质的要求也越来越高，这就迫使植物育种工作者去培育富含营养（特别是一些特定的蛋白质和氨基酸）、品质优良的作物新品种。

提高作物产量的途径可归为两个方面：一是培育高产品种，二是科学种田。近年来随着生物技术的飞速发展，人们对光合作用的机制特别是其分子机制的认识越来越清楚，对控制果实成熟和种子贮藏物质的基因的结构、功能和表达调控的认识也越来越深。现已克隆了一些有关基因，这些研究工作为获得高产、优质、高效益的基因工程作物打下了坚实的基础。

目前改良作物产品质量的基因可分为如下几类：控制果实成熟期的基因、谷物种子贮藏蛋白基因、控制脂肪酸合成的基因以及提高作物产量的基因（旭日干等，2012）。

（1）控制果实成熟期的基因

目前实际中应用的控制果实成熟的基因有 PG 反义基因、ACC 合成酶反义基因、ACC

氧化酶反义基因、ACC 脱氨酶基因、乙烯合成酶反义基因等。

- PG 反义基因

多聚半乳糖醛酸酶（polysalacturonase，PG）是成熟过程中新合成的蛋白之一，它具有降解细胞间果胶质的作用，对于果实软化有很大影响。1992 年，美国农业部和食品与药物管理局批准了转基因耐贮藏番茄 FLAVR SAVR（Calgene，美国）的环境释放，并于 1994 年发放了食品安全证书，允许可用作食品及饲料，这是全世界被批准上市的第一例转基因作物。

FLAVR SAVR 的研发思路就是通过调控 PG 酶的活性，延迟番茄软化过程，达到耐贮藏、保鲜的目的。原理如下：利用农杆菌介导法，将番茄 PG 基因的反义基因导入番茄（由单拷贝或双拷贝 35S 启动子驱动表达），获得表达反义 PG 基因片段的转基因番茄。反义 PG 基因片段与番茄内源 PG 基因的 mRNA 结合，抑制或介导 PG mRNA 的降解，从而降低果实中 PG 蛋白的含量，延长了果实的软化过程，并增加了果肉的黏度，对于番茄的采收、销售、加工都非常有利，减少了以往生产过程中不可避免的损失。

随后的几年间里，美国先后有 1345-4（DNA Plant Technology，1994）、8388（Monsanto，1994）、B、Da、F（Zeneca Seeds，1994），351 N（Agritope，1996）六例转基因延熟保鲜番茄通过了环境安全和食品安全评价。其中转基因番茄 B、Da、F 研发思路与 FLAVR SAVR 基本一致，也是通过调控 PG 基因的表达，以延迟果实软化，达到保鲜的目的。其他 3 种转基因番茄则是通过调控乙烯前体 ACC（1-amino-cyclopropane-1-carboxylic acid），干扰其乙烯的正常合成，从而延迟果实的成熟过程。

我国华中农业大学和中国科学院微生物研究所也进行了相关的转基因耐贮藏延熟番茄的研究，并获得成功。

- ACC 合成酶反义基因

1-氨基环丙烷-羧酸（aminocyclopropane carboxylic acid，ACC）是乙烯生物合成的直接前体，ACC 合成酶（ACC synthase）是一种以磷酸吡哆醛为辅基的酶，对底物 S-腺苷蛋氨酸的磺酰中心和蛋氨酸半体的 α-碳具有立体专一性，在乙烯合成过程中起关键作用。已从苹果、番茄等许多植物中克隆了 ACC 合成酶基因。番茄果实成熟期间表达两种 ACC 合成酶，编码它们的基因分别是 LE-ACC2 和 LE-ACC4，其中 LE-ACC2 既与成熟有关，又被创伤诱导。利用 LE-ACC2 的 cDNA 构建的反义 RNA，导入番茄后能几乎完全抑制上述两个基因 mRNA 的积累。正常番茄果实在授粉后 50 d 开始形成乙烯，并在随后的 10 d 中成熟。而转基因植株的果实内乙烯合成被抑制了 99.5%，叶绿素降解和番茄红素合成也都被抑制。果实成熟的启动延迟，果实不能自然成熟，即没有香味、不变红、不变软。当用外源乙烯或丙烯处理后，这种抑制过程可以逆转。外源乙烯催熟的果实与自然成熟的果实的色、香、味及抗压性没有显著差异。这表明通过反义 RNA 技术来抑制 ACC 合成酶活性，可以抑制乙烯的生物合成，从而培育出果实耐贮运的作物品种。

1994—1996 年有三种转基因延熟番茄就是利用这种原理获得的：美国的 1345-4（DNA Plant Technology，1994）、8388（Monsanto，1994）和 351 N（Agritope，1996）。

- ACC 氧化酶反义基因

ACC 氧化酶也叫乙烯形成酶（EFE），是乙烯生物合成途径中最后一个酶，催化 ACC 向乙烯转化。编码 efe 的 cDNA 已被从番茄、苹果等不同的植物中分离，氨基酸的同源性高达 90%。Hamilton 等（1995）用 *efe* 反义 RNA 抑制了 EFE 活性。在纯合的转基因番茄果实中，乙烯的形成被抑制了 97%。转基因植株果实的着色时间与正常果实基本相同，但着色的速度变慢。贮存在室温下的反义番茄比正常对照果实更耐过熟和皱缩，而 PG mRNA 水平和其他酶的酶活与对照没有差异。当用外源乙烯处理时，果实的成熟与对照组一样。

- ACC 脱氨酶基因

ACC 在植物体内除生成乙烯外，还可以在丙二酰转移酶的作用下生成丙二酰 ACC（MACC）。丙二酰转移酶对 D 和 L 构型的氨基酸底物具有立体专一性，它可能与乙烯的生物合成调节有关。

Monsanto 公司的 Klee 等（1991）从土壤样品中分离到了降解 ACC 的假单胞菌。这些细菌具有 ACC 脱氨酶，此酶将 ACC 降解为丁酮酸和氨，他们从其中假单胞菌 6G5 中获得了 ACC 脱氨酶基因，并转化番茄，结果转基因番茄的成熟过程变慢，而其他表现正常。该基因的超表达减少了 90%～97%的乙烯产生。转基因植株的果实成熟期被明显推迟，保持相同硬度的时间比正常对照长 6 周。ACC 的降解抑制了乙烯的合成，但并没有干扰果实对乙烯的感受能力，当用外源乙烯处理果实时，其成熟正常。

最后需要提及的是目前转基因番茄的现实。虽然 1992 年 FLAVR SAVR 在美国获得环境安全证书，1994 年在美国获得食品安全证书，成为全球第一例批准商业化生产的转基因农作物。随后，FLAVR SAVR 在墨西哥（1995）、日本（1996）也相继通过环境安全评价，并分别于 1995 年、1997 年发放了食品安全证书；加拿大则于 1995 年对 FLAVR SAVR 发放了食品安全证书。但由于产量低、抗病表现不佳等原因，Calgene 公司目前已经终止了 FLAVR SAVR 的商业化。

由于转基因番茄本身商业开发价值以及其他各种因素的影响，目前转基因番茄的商业化处于低谷状态。美国已于 2002 年停止种植转基因番茄，而欧盟一直没有批准转基因番茄的种植以及食/饲用，但相关的研发工作一直在进行（旭日干等，2012）。

（2）油料作物中油脂含量和油脂组成成分的改良基因

基因工程技术在油料作物上的主要应用一是增加总作物总油脂的含量，二是改善油脂的组成，降低饱和脂肪酸的含量，提高不饱和脂肪酸的含量。

脂肪酸根据饱和程度分为饱和脂肪酸和不饱和脂肪酸，不饱和脂肪酸又分为单不饱和脂肪酸和多不饱和脂肪酸，脂肪酸的平衡摄入对维持人体健康具有十分重要的关系。饱和脂肪酸被认为是膳食中使血液胆固醇含量升高的主要脂肪酸。C18 饱和脂肪酸几乎不升高血液胆固醇，而棕榈酸（C16）、月桂酸（C14）、豆蔻酸（C12）有升高血胆固醇的作用，并抑制对人体有害的低密度脂蛋白的受体的活性，提高血液低密度脂蛋白含量。

油酸是单不饱和脂肪酸，具有降低人体血液中有害的低密度脂蛋白的作用，而对有益的高密度脂蛋白没有影响，同时油酸比多不饱和脂肪酸对防止动脉硬化更为有效。高油酸油指油酸含量接近 90%的油，对健康非常有益，此外，高油酸油中多不饱和脂肪酸含量低，一般不需要加氢除去多不饱和脂肪酸即可符合某些食品加工的需要，从而避免了有害的反式脂肪酸的产生。高油酸油还具有良好的氧化稳定性，可替代动物脂肪用于煎炸或烹调。

油酸也是脂肪酸合成的一个重要代谢分支点，调配着种子中不同脂肪酸的组成和比例。编码 $\delta'2$-油酸去饱和酶（delta-2 oleate desaturase FAD2）的 *fad2* 基因是植物产生多聚不饱和脂肪酸的关键基因，对 *fad2* 基因表达进行抑制，则可使油酸脱饱和产生亚油酸的步骤受阻，导致种子中油酸的积累，得到高油酸的转基因油料作物。

- 高油酸大豆和油菜（旭日干等，2012）

杜邦公司利用反义技术，将大豆中编码 δ′2-油酸去饱和酶的基因 *Gmfad2-1* 导入大豆中，导致内源 *fad2* 基因沉默，阻断了脂肪酸生物合成途径，引起油酸的积累，获得了转基因高油酸大豆 G94-1，G94-19，G168，这些转基因大豆中油酸的含量可高达 80%，而传统大豆中油酸含量只有 24%左右。G94-1，G94-19，G168 于 1997 年经美国农业部批准开始商业化种植。

杜邦公司将编码大豆微粒体ω-6 去饱和酶的 *gm-fad2-1* 基因片段和编码大豆乙酰乳酸合成酶的 *gm-hra* 基因通过共转化的方法导入大豆品种 Jack 中，获得转基因大豆 DP305423，在此转基因大豆中，油酸向亚油酸的转换受阻，大豆种子中油酸含量提高，同时导入的 *gm-hra* 基因可以赋予植物抵抗磺酰脲类草甘膦的特性。DP305423 自 2002 年开始田间试验，并于 2009 年允许商业化种植。

Hitz 等（1995）将反义 *fad2* 基因转入油菜体内，获得了油酸含量 83.3%的品系，然后将此转基因油菜和另一个油酸含量为 77.8%突变体油菜 IMC129 杂交，培育出油酸含量达 88.4%的油菜新材料。

除了目前实际推广种植的转基因油菜和转基因大豆外，还有多种研究也得到类似的结果，如：石东乔等（2001）与熊兴华等（2002）先后通过反义抑制技术获得油酸含量提高的转基因甘蓝型油菜。陈苇等（2006）应用 RNAi 获得了只含有油菜原有基因，但 *fad2* 基因表达受抑制、油酸含量显著升高达到 83.9%的转基因植株。陈松等（2011）将油菜 *fad2* 基因反向重复序列表达框通过农杆菌介导途径转入甘蓝型油菜，获得转基因植株 W-4；经过气相色谱分析，转基因油菜种子油酸含量高达 80%以上，亚油酸、亚麻酸分别减低至 4%和 3%左右。Stoutjesdijk 等（2000）利用 FAD2 的共抑制性质来转化甘蓝型油菜和芥菜型油菜品种，降低其内源 FAD2 活性，从而使油酸含量分别升到 89%和 73%。Liu 等（2012）等把肌醇聚磷酸激酶基因（*ThIPK2*）导入到大豆中，同样也获得了高油酸含量的大豆，并提高了大豆的质量和产量。

- 高油酸、低亚麻酸转基因油菜（旭日干等，2012）

1996 年，美国先锋公司用 8mM 乙烷基亚硝基脲的二甲基亚砜溶液进行化学诱变，筛选获得脂肪酸去饱和酶突变体，获得具有高油酸性状的油菜突变体，将突变体分别与低亚麻酸油菜品种 Stellar 和 Apollo 进行回交，育成具有高油酸、低亚麻酸性状的材料 45A37、46A40，利用 45A37、46A40 加工的菜籽油称为 P6 油菜籽油，其油酸含量与花生油和橄榄油相近。1996 年加拿大批准 45A37、46A40 用于食品。

先锋公司利用乙烷基亚硝基脲的二甲基亚砜溶液进行化学诱变获得的高油酸亲本 NS699 与源自欧洲种植广泛的春油菜品种 NS1172 的杂交获得 46A12，与源自加拿大、被广泛种植的品种 NS1167 杂交获得 46A16，1996 年加拿大批准 46A12 和 46A16 用于食品。

- 高月桂酸和高豆蔻酸转基因油菜

月桂酸是一种制造表面活性剂的理想原料，在工业生产中具有重要作用，但有限的来源制约了其产量，导致生产成本较高。油菜种子可以作为月桂酸合成的载体，利用转基因技术将控制月桂酸合成的基因导入油菜，提高油菜种子中月桂酸含量，将有效扩大月桂酸产量，降低工业生产成本。

Pollard 等（1991）将从富含月桂酸的加州月桂树（*Umbellularia california*）的种子中分离出的酰基-ACP 硫激酶 cDNA 转入 canola 油菜中，使其种子中月桂酸含量达到 40%；此后 Voelker 等（1992）与 Knutzon 等（1995）相继利用转基因技术进一步提高了油菜种子中月桂酸的含量；段英姿等（2003）已将油菜种子中月桂酸含量提高到 70%，他们的方法是将可可（Coconut）植物中的酰基转移酶基因（*lpet*）与 12：0-ACP 硫脂酶基因同时导入油菜。

美国卡尔金公司（Calgene Inc.）以新霉素磷酸转移酶 II（neomycin phosphotransferase II，*nptII*）即卡那霉素抗性为筛选标记，将来自加州月桂（*Umbellularia californica*）的硫酯酶 thioesterase 编码基因（*te*）转入双低油菜（*Brassica napus*），获得了高月桂酸和高豆蔻酸转基因油菜 23-18-17 和 23-198。1994 年，美国批准 23-18-17 和 23-198 种植，并批准其作为食品和饲料，1996 年，加拿大批准了 23-18-17 和 23-198 的种植，并批准其作为食品和饲料（旭日干等，2012）。

- δ6-脂肪酸脱氢酶基因

改善大豆中 γ-亚麻酸含量的基因一般是从菌株（如高山被孢霉、蓝细菌）中或利用反转录方法获得的 δ6-脂肪酸脱氢酶基因。李明春等（2004）从高山被孢霉 M6-22 菌株中分离克隆出 δ6-脂肪酸脱氢酶的结构基因，并导入了大豆中获得了高 γ-亚麻酸植株。宋丽雅等（2012）、王广科等（2010）以及张秀春等（2003）分别采用 RT-PCR 方法从海南玻璃苣克隆出了 6-脂肪酸脱氢酶基因，并且构建了 δ6-脂肪酸脱氢酶基因共转化的表达载体，成功培育出无选择标记的转基因大豆，除去了标记基因 *bar* 基因，保证了转基因植物的安全性。陈晟等（2012）评估表达 γ-亚麻酸的转基因大豆的遗传稳定性发现，经多次传代后，近一半的外源目的基因在后代中丢失，说明此类基因在传代中不是很稳定。

- 芥酸合成基因

芥酸是油菜油脂中一种很受重视的脂肪酸，一方面，芥酸是一种重要的化工原料，在工业上有广泛的用途；另一方面，食用富含芥酸的菜籽油对人体健康不利。因此工业用高芥酸油菜和食用低芥酸油菜育种均具有重要意义。脂肪酸延长酶基因（*fae1*）是芥酸合成的限速酶基因，其在油菜芥酸改良中具有重要作用。

在工业用高芥酸油菜育种中，Zou *et al.*等（1997）通过转基因技术表达拟南芥的脂肪酸延长酶 FAE1 或酵母的 *Slc1-1* 基因，不仅将油菜种子芥酸和长链脂肪酸含量提高了 10%，还显著提高了油脂含量达 3%～5%。

Kanrar 等（2006）从芥菜型油菜中克隆得到 *fae1* 基因，与 CaMV 35S 启动子融合后再在芥菜型油菜中过量表达，纯合 T$_4$ 代种子的芥酸含量提高了 36%。同时他还将克隆自芥菜型油菜的 *fae1* 基因与 CaMV 35S 启动子构建反义表达载体，然后转化芥菜型油菜品种，检测后代转基因株系，发现芥酸含量从 36% 下降至 5%。

Nath 等（2009）在高芥酸油菜中过量共表达油菜 *fae1* 和荷包蛋花溶血磷脂酸酰基转移酶基因（*Ld-LPAAT*），在转基因后代中筛选得到芥酸含量为 63% 的转基因高芥酸株系。然后将此转基因高芥酸株系与一个亚油酸和亚麻酸等多不饱和脂肪酸含量很低的非转基因高芥酸突变品系进行杂交，成功地从其 F$_2$ 代中筛选鉴定出了芥酸含量高达 72% 且多不饱和脂肪酸低至 4% 的株系。

● 使油料作物含油量提高的其他基因

油菜油脂含油量每提高 1%，相当于加工过程中油脂的产量提高 2%（傅廷栋，2008），提高油菜油脂含量是解决油菜生产效益低的重要途径之一。目前通过基因工程技术提高油菜种子含油量的研究主要集中于调控脂肪酸和三酰甘油合成过程中的关键酶上，综合起来主要有三种基本方法：

第一种方法是通过抑制蛋白质合成关键酶等方法增加脂肪酸生物合成前体乙酰辅酶A 的供应。如陈锦清等（1999）利用反义基因技术，将反义磷酸烯醇式丙酮酸羧化酶（PEPCase）基因导入油菜中，抑制 PEPCase 的活性，使种子油脂含量明显提高。汪承刚等（2006）构建 PEPC-hpRNA 载体，专一性抑制种子 pepc 基因的表达，提高了种子的含油量。

付绍红等（2011）通过 PCR 扩增从甘蓝型油菜中克隆油菜 pepc 基因酶活性位点的 DNA 片段，然后通过 RNA 干扰技术，构建抑制油菜种子形成过程中 PEPCase 基因表达的 pCAMNapin-BBN 遗传表达载体，再将该载体转化到甘蓝型油菜 F008 中，发现 F008 转化植株含油率比野生型植株平均提高了 2.41%，相对提高了 5.97%。

除了抑制 PEPCase 的活性方法外，Marillia 等（2003）从另一角度增加了乙酰辅酶A 的合成量。他们发现线粒体型丙酮酸脱氢酶复合体（PDC）可将丙酮酸转化成脂肪酸合成的底物乙酰辅酶 A，而丙酮酸脱氢酶复合体激酶（PDHK）是 PDC 的负调控因子，所以他们利用反义 RNA 方法降低 PDHK 的活性，减少其对 PDC 的抑制作用，从而提高丙酮酸转化成乙酰辅酶 A 的能力，最终能显著提高转基因植物种子的含油量。

第二种方法是通过过量表达脂肪酸合成关键酶乙酰辅酶 A 羧化酶（ACCase）基因 acc 以提高脂肪酸合成能力。ACCase 为脂肪酸生物合成限速酶，对植物油脂合成起着重要的作用。在油菜中，已有不少研究表明过量表达拟南芥 acc 基因有助于种子油脂量的提高（王伏林等，2011；Burgal et al.，2008；Weselake et al.，2008；Ohlrogge and Brown，1995；Roesler et al.，1995）。

第三种方法是通过基因工程技术提高三酰甘油组装酶活性以提高脂肪酸与甘油骨架结合成油脂的能力。三酰甘油组装酶包括 GPAT、LPAT 和 DGAT，在油菜中对于 GPAT 的研究较少。zpat 是 TAG 组装过程中的一个重要的酶。该酶活性的强弱影响脂类的合成，其活性的提高可减轻合成过程中反馈抑制的作用。

Zou 等（1997）将突变酵母中表达 LPAT 的基因 Slc-1 导入油菜种子中，使油脂含量提高 7.6%～13.5%。Katavic 等（2000）利用转基因技术发现超表达酵母的 Slc1-1 基因显著提高油菜籽油脂含量 3%～5%。

Maisonneuve 等（2010）利用种子特异性启动子在拟南芥中过量表达油菜的 2 种微粒体（Microsomal）LPAT 基因，其转基因后代种子的重量和脂肪酸含量分别较对照增加 6% 和 13%。DGAT 是催化 TAG 生物合成的最后一步关键酶，也可能是 TAG 生物组装过程中的限速酶。

多项研究表明抑制 DGAT 的活性会使含油量下降，而过量表达 DGAT 基因则可以明显提高植物的含油量（He et al.，2006；Lock et al.，2009）。

Tang 等（2007）从播娘蒿（Descurainia sophia）中克隆到一个二酰基甘油酰基转移酶基因 DsDGAT，转入油菜后，T2 代转基因植株在南京种植，种子平均含油量（48.26%）比野生型植株（39.86%）提高了 8.4 个百分点。因此，通过转入外源 DGAT 基因并使其过量表达，可能是进一步提高油菜品种含油量的有效手段。

Zou 等（1997）将来自酵母的 sn-2 酰基转移酶基因转入到拟南芥和油菜中，种子含油量可提高 8%～48%。

（3）雄性不育性状的转基因作物

利用作物杂种优势是农业生产中培育高产、优质、抗病、抗逆新品种的最主要手段。雄性不育性是迄今为止利用杂种优势最经济、最有效的途径之一。植物的雄性不育性是指由于生理上或遗传上的原因造成植物花粉败育，而雌蕊正常，仍能接受外来花粉的特性。

植物的雄性育性是由基因控制并受特定生态环境因素影响的一系列有时有序的生理过程、生化反应、形态构建的最终表型结果。雄性器官发育过程中任何一个环节受阻或异常，都有可能产生雄性不育。通过基因工程的方法，在植物基因组中引入特定的外来基因，以阻断、干扰、抑制或破坏小孢子发育过程，可导致雄性不育。目前人工构建雄性不育基因的技术路线主要有以下几种。

第一种策略：利用植物花粉花药特异启动子控制表达毒素基因获得雄性不育。该路线的原理是利用细胞毒基因在花药花粉特异启动子的调控下选择性地破坏花粉、花药结构，阻断花粉发育的正常进程。Mariani 等（1990）利用本方法构建了第一例人工雄性不育植株。他们将从烟草中分离的花药绒毡层特异表达基因 TA29 的启动子区域（pTA29）分别与两个不同的核糖核酸酶（Rnase）基因融合，转化烟草和油菜。pTA29-Rnase 基因选择性地破坏了花药绒毡层的 RNA，导致绒毡层细胞过早降解死亡，成功得到了工程雄不育植株。此后该方法被广泛采用产生雄不育植株，我国的第一个基因工程雄不育基因就是由李胜国等（1995）用相似的方法成功在烟草中构建的。后来研究者们（陆桂华等，2000；刘大文等，2000；Zhan et al.，1996；Block et al.，1997）将 barnase 与来自多种作物的花粉、花药特异表达启动子 A9、pCA55、pE1、pZM13、pT72、pS1、pRTS 等融合转化植物，多数成功得到雄性不育株。该途径是最早也是目前应用最广、最成熟的一种产生基因工程雄不育的办法。pTA29 表达特异性好，并在多种双子叶及单子叶植物上都表现了良好的生物活性、未发现对植物其他性状有不良影响，是该途径应用最多的启动子。利用花药花粉特异启动子与 barnase 之外的其他细胞毒素基因相连，也可用于培育工程不育株，但目前 barnase 仍是培育工程雄不育株的最佳细胞毒素基因（缪颖等，2000）。

转基因玉米 MS3 和 MS6，是拜耳作物科学公司 1996 年选育的兼有对草铵膦抗性和雄性不育性状的转基因玉米品种，用于人类消费及牲畜饲料。1996 年美国批准了 MS3 和 MS6 的食用饲用和田间种植。MS3 和 MS6 品种包含来自解淀粉芽孢杆菌（B. amyloliquefaciens）的雄性不育基因 RNase 基因，通过与组织特异性启动子连接，转入玉米后该基因仅在花粉发育阶段的花粉囊的绒毡层细胞中表达。RNA 酶影响 RNA 的生产，扰乱正常的细胞功能，阻止早期的花粉发育，最终导致雄性不育（旭日干等，2012）。

1998 年美国批准了先锋公司研制了雄性不育和耐除草剂性状的玉米 676、678、680 的食用、饲用和田间种植。2011 年美国批准了先锋公司的雄性不育玉米 DP32138-1/2。

Bejo Zaden BV 公司将 bar 基因和解淀粉芽孢杆菌（B. amyloliquefaciens）的编码核糖核酸酶的 barnase 基因导入菊苣中，获得了耐除草剂和雄性不育的转基因菊苣 RM3-3、RM3-4 和 RM3-6。1996 年，欧盟批准了 RM3-3、RM3-4 和 RM3-6 的商业化种植，1997 年，美国也批准了这三个转基因菊苣的商业化种植、食用和饲用。

1994 年，德国拜耳公司研发的转基因油菜，在美国被批准种植、食用和饲用，这是第一例商业化应用的耐草铵膦油菜，之后相继在加拿大、欧盟、日本、南非、新西兰、澳大利亚、墨西哥、中国、韩国等 9 个国家批准食用、饲用、进口或种植。MS8×RF3 由雄性不育系，育性恢复系和授粉控制系统组成，是在 MS8 和 RF3 转基因油菜的基础上育成的，对草铵膦具有耐药性。MS8 是用农杆菌介导的遗传转化法获得的对草铵膦具有耐药性雄性不育系油菜，所携带的外源基因包括：来自解淀粉芽孢杆菌的雄性不育基因 barnase；来自吸水链霉菌编码草铵膦 N 乙酰转移酶 pat 基因和卡那霉素抗性筛选基因 npt II。1997 年，日本批准 MS8 转基因油菜用于食品，1998 年批准用于饲料和种植。

第二种策略：通过提前降解胼胝质壁导致雄性不育。在花粉发育过程中，花药绒毡层分泌胼胝质酶的时间非常关键。如胼胝质壁过早降解，会影响小孢子外壁形成，造成小孢子败育。Worrall 等（1992）将β-1,3-葡聚糖酶基因分别与拟南芥菜花粉发育早期表达基因 A3、A9 启动子及 CaMV 35S 启动子嵌合后转化矮牵牛，Tsuchiya 等（1995）利用大豆中的 1 个 PR-β-1,3-葡聚糖酶基因与水稻花药绒毡层特异启动子 Osg6B 嵌合后转化烟草，均获得了雄不育植株。目前应用该路线产生雄性不育的研究还比较少。

第三种策略：导入使线粒体结构或功能异常的基因获得雄性不育。研究发现了天然细胞质雄性不育植株线粒体基因组中存在嵌合基因并确定它们和细胞质雄性不育（cytoplasmic male sterility，CMS）存在某种联系（刘良式，1997），故通过基因工程的手段扰乱线粒体功能，可获得雄性不育。

如在植物体中，线粒体 ATP 合成酶（ATPase）亚基 9 基因（atp9）转录产物需进行编辑后才能形成成熟的 mRNA；Hernould 等（1993）将未编辑的 atp9 基因（u-atp9）与酵母 coxIV 转导肽编码序列融合转化烟草，获得了雄不育株。He 等（1996）将烟草线粒体 ATP 合酶β-亚基靶序列与玉米细胞质雄性不育有关的线粒体基因 T-urf13 融合后转化烟草也获得了胞质不育植株。

第四种策略：通过反义技术阻断花粉发育有关基因表达获得雄性不育。如 Vander Meer 等（1992）在矮牵牛花药中特异表达查尔酮合成酶（CHS）反义基因（as-chs）导致雄性不育。阎隆飞等（1999）和李艳红等（1999）将反义肌动蛋白基因（actin）与花药花粉特异启动子连接转化小麦、番茄和烟草，反义基因特异性地封闭或抑制了花药和花粉中内源肌动蛋白的表达，导致花药和花粉细胞畸形或无活力，花粉粒中微丝明显减少，产生雄性不育。

通过反义技术对很多基因进行遗传操作均可获得雄性不育。反义技术操作简单、准确、高效，适用范围广泛；反义 RNA 具有特异的阻抑对象，本身不能翻译成蛋白质，具有很大的安全性，是实现基因工程雄性不育很好的技术路线。

另外用农杆菌 rolc、rolB 基因转化植物（Spena et al.，1992）、通过转座子突变的方式（Aarts et al.，1993）、模拟化学杀雄的过程将特异启动子与化学诱导表达的毒素相连转化植物（Kriete et al.，1996；O'Keefe et al.，1994）均可产生雄性不育株。

（4）其他基因

● 高赖氨酸转基因玉米

cordapA 基因克隆自谷氨酸棒状杆菌（Corynebacterium glutamicum），该基因编码对赖氨酸不敏感的二氢吡啶二羧酸合酶（cDHDPS），cDHDPS 是一种在赖氨酸合成途径中的调控酶，天然玉米 DHDPS 的活性受到赖氨酸反馈抑制的调节。因 cDHDPS 酶对赖氨酸反馈抑制不敏感，它在玉米中的表达导致了籽粒中游离赖氨酸的含量提高。*CordapA* 基因的表达受到玉米 Glb1 启动子的调控，Glb1 启动子指导 *cDHDPS* 主要表达于籽粒的胚中，使赖氨酸在籽粒中积累。

Falco 等（1995）将突变的天冬氨酸激酶（asparto kinase）*ak* 基因与对赖氨酸不敏感的谷氨酸棒状杆菌编码 DHDPS 的 *dapA* 基因转入大豆，种子中游离赖氨酸增加了几百倍，总赖氨酸含量增加了 5 倍。Brinch-Pedersen 等（1996）将突变的大肠杆菌的 *ak* 基因和 *dhdps* 基因转入大麦中引起叶片中游离赖氨酸增加了 14 倍。

高赖氨酸转基因玉米 LY038 2005 年首次在美国批准食用和饲用，目前已在澳大利亚、加拿大、日本、菲律宾、墨西哥、中国台湾批准食用、饲用和田间释放。LY038 是由孟山都公司和 Cargill 有限公司组建的合资企业 Renessen LLC 培育，该产品能够提高赖氨酸的含量，提高饲料的营养价值，降低生产成本（Lucas *et al.*，2007）。

● 转植酸酶基因玉米

中国农业科学院生物技术研究所的研究者将黑曲霉来源的 *phyA2* 基因通过基因枪法转化至玉米，转基因植株植酸酶表达量是野生型菌株的 30 倍，并能分泌到玉米植株根组织周围，高效利用植酸磷。2009 年中国批准了转基因植酸酶玉米的安全证书，这也是中国第一批转基因玉米种子产品。转基因植酸酶玉米的出现，免去了生产中分别购买玉米和植酸酶，并将这两者混合起来的麻烦，为动物饲料生产商节约了时间和劳力（旭日干等，2012）。但后来由于各种原因，该转植酸酶基因玉米没有进行商业推广种植。

● 金稻

金稻（golden rice）是利用遗传工程方法产生的能合成β-胡萝卜素（维生素 A 前体）的栽培稻品种。该品种在维生素 A 摄入量不足的地区作为一种功能食品被开发，目的是为了满足部分以水稻为主食的人群对维生素 A 的摄入量，以避免他们由于维生素 A 缺乏而导致的各种疾病。2005 年新品种金稻 2（Golden Rice2）研发成功，产生的β-胡萝卜素是金稻的 23 倍。

金稻的研发由瑞士联邦理工学院植物科学研究所的 Ingo Potrykus 教授和德国弗莱堡大学的 Peter Beyer 于 1992 年共同启动，2000 年正式对外公布，它是通过向水稻中转化 2 个β-胡萝卜素合成基因，即水仙花（*Narcissus pseudonacissus*）的 *psy* 基因（phytoene synthase）和土壤欧文氏细菌的 *crt1* 基因。*psy* 和 *crt1* 基因被转化入水稻核基因组并由胚乳特异启动子控制，故它们只在胚乳中表达。

2005 年先正达（Syngenta）生物技术公司将金稻中的 *crt1* 基因与玉米中的番茄红素合成酶基因（phytoene synthase）结合，研发出了金稻 2。该品种能产生超金稻 23 倍的胡萝卜素，达到 37 μg/g，其中β-胡萝卜素达到 31 μg/g。2005 年 6 月，金稻研发者 Peter Beyer 得到了比尔和梅丽达盖茨基金会的资助用于进一步改良金稻，增加维生素 A 前体、维生素 E、铁和锌的水平，但由于各种因素，目前金稻品种还没有被批准用于食用（旭日干等，2012）。

● 品质改良转基因杨树

近年来，随着生物质能源的发展，利用杨树作为木质纤维材料进行工业酒精生产得到了广泛的重视，有关木质素、纤维素和半纤维素合成调控的材性改良成为国际上杨树转基因研究的热点。

2008 年比利时政府允许一种木质素减少 20%、纤维素增加 17%的转基因杨树进入田间试验，温室试验中可多生产 50%的工业乙醇。

我国利用反义 RNA 技术，通过抑制编码木质素合成关键酶基因的表达，获得了木质素显著降低的毛白杨转基因植株，其中表达反义 4-香豆酸辅酶 A 连接酶（*4CL*）基因和咖啡酰-辅酶 A-O-甲基转移酶（*CCoAOMT*）的转基因植株木质素含量均有不同程度的降低，其中木质素含量下降幅度较大的株系比非转基因对照下降最高达 41.73%。目前木质素含量降低的转基因杨树已进入环境释放阶段（旭日干等，2012）。

- 抗旱的转基因玉米

孟山都将来源于枯草芽孢杆菌的冷激蛋白 B（*cspB*）基因转入玉米，获得可抗旱的转基因玉米品种 MON87460。2010 年 12 月 MON87460 获美国食品与药物管理局批准用于食品和饲料，2013 年在美国开始种植，面积超过 5 000 hm^2（旭日干等，2012）。

- 提高品质的转基因马铃薯（Amflora）

Amflora 马铃薯是巴斯夫公司利用反义 RNA 技术开发的一种转基因品种，通过敲除直链淀粉关键合成酶-颗粒结合型淀粉合成酶（granule-bound starch synthase，GBSS）降低直链淀粉的含量，目前欧盟已经批准将该作物用于工业淀粉生产。Amflora 马铃薯是一个创新型的品种，其淀粉全部为支链淀粉。该项技术的推广可减少对资源、能源的需求，降低生产成本（旭日干等，2012）。

第四类 其他类，包括调节植物外形、花色以及延长花卉衰老的基因等

花色是一种复杂的性状，主要由类黄酮（flavonoids）、类胡萝卜素（carotenoids）和甜菜色素（betalains）三大类色素决定。这三大类色素的合成均涉及多种酶，与之相关的结构基因和调控基因也较多。目前对类黄酮的花色素苷的合成代谢及其基因研究得比较深入，目前已在矮牵牛和金鱼草中分离到多个花色素苷生物合成的关键酶基因。

- *pal* 基因

合成类黄酮前体 4-香豆酰-CoA 的关键酶是苯丙氨酸脱氨酶（*pal*），它催化苯丙氨酸脱氨形成肉桂酸的反应。*pal* 是一个多基因家族，其中 *pal2* 基因使花色素呈粉红色，它只在花瓣的粉红色区域表达。*pal* 基因家族成员在表达上的差异是由于它们启动子所包含的顺式作用元件不同所引起（Sablowski *et al.*，1994）。

- *chs* 基因

查尔酮合成酶（chalcone synthase，CHS，EC 2.3.1.74）是植物类黄酮物质合成途径中的第一个酶。它催化该途径的第一步，即 3 个分子的丙二酰-CoA 和 1 个分子的对香豆酰-CoA 结合形成第一个具有 C15 架的黄酮类化合物——查尔酮。该产物进一步衍生转化构成了各类黄酮化合物（程水源等，2000）。此中间物的异构化和功能基团的进一步取代都能导致黄酮、异黄酮和花色素苷的合成。这些化合物为自然界提供了颜色，并参与了植物的多种生理过程，包括防紫外线辐射、抗病、生长素运输、花粉的育性等（Koes *et al.*，1994）。自从第一个荷兰芹的 *chs* 基因在 1983 年发表以来，到目前为止，已从多种双子叶、单子叶和裸子植物中克隆了 *chs* 基因，如玉米、高粱、兰花、矮牵牛、拟南芥、金鱼草、豆类和松树等（王燕等，2007）。

在大多数植物种类中，类黄酮化合物是最重要的花色素。类黄酮生物合成基因的克隆，为遗传工程手段改变花色奠定了基础。目前，遗传工程技术可以从两个方面来改变花的颜色。第一，抑制类黄酮生物合成基因的活性，导致中间产物的积累和花色的改变；第二，引入新基因来补充某些品种缺乏合成某些颜色的能力（邵莉等，1996）。

抑制类黄酮生物合成基因的活性有 2 种方法：一是通过反义 RNA 技术将目的基因的反义链连接在启动子后面转化植物，使目的基因的表达受到抑制；二是通过向植物中引入额外数量的目的基因拷贝，以共抑制技术方式，使目的基因的表达受到抑制。chs 基因的反义抑制和共抑制技术已经在牵牛、天竺葵、菊花和玫瑰中取得了成功（赵云鹏等，2003）。

Gutterson 等（1994）通过根癌农杆菌介导将一个从菊花中分离的 chs 基因以反义和正义方向分别导入开粉红色的菊花中，结果得到了浅红色和白色花。Alexander 等（1988）把 chs 反义基因导入矮牵牛中，结果使矮牵牛的花色发生变化，呈现深浅不同的花色。

- dfr 基因

二氢黄酮醇-4-还原酶（DFR）是将二氢黄酮醇转变成花色素苷反应的第一个酶，该反应需要 NADPH，产物是不稳定的无色花色素，在玉米、金鱼草以及矮牵牛里均已经克隆得到该基因。Meyer 等（1987）利用遗传工程技术将玉米的 dfr 基因转化进入开白花的牵牛中，使该 dfr 基因在牵牛中表达，产生的 DFR 酶能使二氢黄酮醇转化为相应的中间产物，进一步合成花葵素糖苷，培育出了橘红色的牵牛花。

日本三得利公司从 1990 年起和一家澳大利亚公司合作（旭日干等，2012），通过把三色紫罗兰中编码类黄酮 3′,5′-羟化酶的 F3′, 5′H 基因和蝴蝶草中编码花青素 5-酰基转移酶的 5AT 基因导入玫瑰，成功培育了蓝色玫瑰 wks82/130-4-1（IFD-524Ø1-4）和 wks92/130-9-1（IFD-529Ø1-9），并于 2008 年获日本政府批准，开始加工和种植。澳大利亚也于 2009 年批准了 wks82/130-4-1 的种植，2011 年美国批准了 IFD-524Ø1-4 及 IFD-529Ø1-9 杂交种的商业化种植。其后，International Flower Developments PTY 研发的含有 F3′5′H 基因和 5AT 的蓝色玫瑰 pSPB130 于 2010 年批准在哥伦比亚种植。

在延缓花卉衰老方面，Aanhane 等（1995）将 ACC 合成酶基因反向导入康乃馨中，转基因植株的观赏寿命比对照组延长了 2 倍。Savin 等（1995）将反义 acc 基因 cDNA 导入香石竹，结果抑制了内源 accmRNA 的表达，进而抑制了乙烯生成，使瓶插寿命延长了将近 1 倍。

Bovy 等（1999）将拟南芥 etr-1 等位基因，导入香石竹中，降低了花卉对乙烯的敏感性，延长了瓶插寿命，是对照瓶插寿命的 3 倍左右。Kosugi 等（2002）将正义 acc 基因 cDNA 导入香石竹，也延缓了花瓣衰老。

余义勋和包满珠（2004）从香石竹基因组中克隆到 acc 基因，构建了 acc 基因的多种 T-DNA 结构植物表达载体，分别导入香石竹不同品种，使香石竹瓶插寿命延长 2 倍以上。

1.3.1.2 复合性状的转基因作物

据国际农业生物技术应用服务组织（International Service for the Acquisition of Agri-biotech Applications，ISAAA）统计（Clive James，2014），全球转基因作物的种植面积从 1996 年刚开始的 170 万 hm² 增加到 2013 年的 1.75 亿 hm²，有 13 个转基因作物种植国在 2013 年种植了两个或以上性状的转基因作物，2013 年复合性状转基因作物种植面积为 4 700 万 hm²，占全球转基因作物种植面积的 27%，比 2012 年的 4 370 万 hm² 有所增加，更多性状转基因作物的种植将稳定增长。至 2013 年已有 27 种转基因作物被批准进行商业化种植，混合基因的表达在转基因植物中具有明显的优势，如多种毒素蛋白基因的表达可提高作物持久的抗虫性，或将不同的抗病、抗虫、抗除草剂基因融合可获得多功能转基因植株，以及利用多基因转化调控代谢途径实现植物复杂性状的有效改良等。

获得双价及多价转基因植物的方法主要有以下几种（李艳萍等，2007）：

（1）杂交，即将含有不同功能转基因植物的植株在授粉时进行杂交，从而使后代含有两个功能基因。利用杂交方法是聚合两个基因最简便的方法，在多种作物育种中广泛应用。杂交方法的缺点是费时和繁琐，含有不同基因的亲本需要2～3代达到纯合，若需要聚合3～4个基因，将需要4～6代，甚至更长的时间。

（2）两次或多次转化，即将两个或多个不同功能的基因构建在不同的表达载体上，通过两次或多次转化导入同一株植物体中。两次或多次转化对于一些不适用于杂交方法获得双价或多价转基因的植物是一种很好的方法。

（3）共转化。共转化是目前多基因转化常用的一种方法，通过共转化方法获得抗虫和耐除草剂的玉米已经商品化，如 MON802、MON810 等（Halpin 2005）。用来共转化的方法包括基因枪转化和农杆菌转化，可以同时转化多个质粒载体，也可以在同一个双元载体中引入两个或多个 T-DNA 转移区，共转化方法在转移多个基因时，不同基因以不同的拷贝数转移到宿主植物。

（4）连锁基因转化。即将不同功能的基因构建在同一个表达载体上，各自使用单独的调控序列，经一次转化就可以获得具有两个或多个功能基因的转基因植株。连锁基因转化在多基因转化中应用也比较多，但双价载体可能造成两基因的不同步表达，并且可能引起基因沉默（吴才君和范淑英，2004）。

（5）利用融合基因获得转基因植物。融合基因是指将两个或两个以上基因的编码区首尾相连，置于同一套调控序列（启动子、增强子和终止子等）控制之下构成的嵌合基因（武东亮和郭三堆，2001）。这一方法不但省时省力，可以让多个功能基因同步表达，而且减少了启动子的数目，可以降低基因沉默的概率。同时，将多个基因置于一套调控元件控制之下，也便于对外源多基因进行时空表达的调控。将两个功能基因构建成融合基因表达载体转化植物就可以得到双价转基因植物。基因融合可通过将功能基因直接首尾相连，或利用一些连接多肽将两功能基因连接起来，然后置于同一表达盒内而完成。

复合性状转基因作物的研发是目前转基因植物研究的方向，目前已有多种复合性状转基因作物进行商业化种植，这些复合性状一般是多重抗除草剂抗性或是一种抗除草剂抗性加上一种或多种品质改良特性。下面仅介绍几种目前已经推广进行大面积种植的双价和多价转基因作物。

2010 年在美国和加拿大上市的转基因玉米 Smartstax™ 即为孟山都公司和陶氏公司通过有性杂交的方法将 8 个抗虫抗除草剂基因（包括两个抗除草剂基因 *pat* 和 *epsps/cp4*，4 个抗鳞翅目昆虫的基因 *cry1A.105*、*cry1Ab*、*cry2Ab*、*cry1Fa* 和两个抗根部害虫的基因 *cry34Ab* 和 *cry35Ab*）聚合到一起，从而实现了对多种昆虫和除草剂的抗性（Storer *et al.*，2012）。

杜邦公司将编码大豆微粒体ω-6 去饱和酶的 *gm-fad2-1* 基因片段和编码大豆乙酰乳酸合成酶的 *gm-hra* 基因通过共转化的方法导入大豆品种 Jack 中获得转基因大豆 DP305423，此转基因大豆油酸含量提高同时具有抗磺酰脲类草甘膦除草剂的特性。DP305423 自 2002 年开始田间试验，并于 2009 年允许商业化种植。

先锋国际种子公司通过 DP305423 和孟山都公司研发的 GTS40-3-2 杂交，获得了转基因高油、耐除草剂的大豆 DP305423 × GTS40-3-2，并于 2009 年批准商业化种植。

孟山都公司的转基因大豆 MON8705 含有编码大豆 FATB（脂酰基-ACP 硫酯酶 B）和 FAD（Delta-12 脱饱和酶）的部分基因序列，以及 *cp4 epsps* 基因，具有高的油酸含量（可达 70%）以及草甘膦抗性。MON8705 于 2011 年经美国农业部批准开始商业化种植。

在转基因玉米中，有兼有抗虫与耐除草剂的转基因玉米，大部分玉米是通过抗虫转基因玉米与耐除草剂转基因玉米有性杂交获得的，也有同时含有两个、三个、四个、五个抗虫基因的转基因玉米。孟山都公司 2009 年选育的耐除草剂抗虫性复合性状的 MON 89034 DAS1507-1×DAS 59122-7，含有 5 个抗虫基因 *cry1A.105*、*cry2Ab2*、*cry1F*、*cry34Ab1*、*cry35Ab1* 和一个除草剂抗性基因 *pat*。先正达种子公司 2011 年选育的抗虫耐除草剂复合性状的 *Bt*11 × DAS 59122-7 × MIR604 × TC1507 × GA21，含有 5 个抗虫基因 *cry1Ab*、*cry34Ab1*、*cry35Ab1*、*cry3Aa2*、*cry1F* 和 2 个除草剂抗性基因 *pat*、*mEPSPS*。

孟山都的转基因马铃薯品种 NewLeaf™ Plus 和 NewLeaf™ Y 具有复合性状，具备抗甲虫性状和抗马铃薯卷叶病毒和马铃薯 Y 病毒。

田颖川等（2000）将 Bt 毒蛋白基因和慈姑蛋白酶抑制剂基因导入杨树 741，首次获得双价抗虫杨树，对杨扇舟蛾和舞毒蛾具有高抗虫性，对美国白蛾的幼虫均有显著的抗虫作用，对低龄幼虫的毒杀作用和对高龄幼虫生长发育的抑制作用，可导致昆虫幼虫死亡和发育速率、体重增长速率与取食增长率显著下降。2002 年获得商品化生产许可（田颖川等，2000）。

孟山都公司 Mark R.Behrens 和同事将来源于嗜麦芽假单胞菌 DI-6 的麦草畏 O-脱甲基酶基因导入棉花中，获得了耐麦草畏除草剂的转基因棉花株系，再将它与含 *bar* 基因的转基因棉花进行杂交，获得同时具有抗草铵膦和抗麦草畏两种除草剂的转基因棉花品系 Dicamba 和 Glufosinate。拜耳公司研发的转基因棉花 LLCotton25 × GHB614，含有 *bar* 基因和 *2mepsps* 基因，具有草铵膦和草甘膦两种除草剂抗性。中国农业科学院研发了一种双价抗虫棉，含有编码 Cry1A 和 CpTI（豇豆胰蛋白酶抑制剂）两种蛋白的基因。此外，孟山都等公司有多种含有复合性状的转基因棉花，包括抗虫复合基因、耐除草剂复合基因以及抗虫和耐除草剂复合性状等。2010 年共计种植的 350 万 hm² 的复合性状转基因棉花占转基因棉花总面积的 17%。其中美国种植的转基因棉花中 67% 为复合性状。

在油菜中，目前也有多种复合性状的转基因油菜在大面积种植，如前文提到的高油酸、低亚麻酸转基因油菜以及高油酸、高豆蔻酸的转基因油菜[美国卡尔金公司（Calgene Inc.）的转基因油菜 23-18-17 和 23-198]等。

1988 年，中国科学院微生物所与河南农科院合作，获得抗 TMV 和 CMV 的双抗转基因烟草烤烟品种 NC89，这是我国烟草主栽品种，能同时对黄瓜花叶病毒（Cucumber mosaic virus，CMV）和烟草花叶病毒（Tobacco mosaic virus，TMV）产生抗性。

1.3.1.3　外源基因的工程化改造

根据 1997 年的新分类方法，将所发现的 176 个 Bt 蛋白分为 28 群（其中 Cry 蛋白 26 群，Cyt 蛋白 2 群），53 类，89 亚类。其中第一群（Cry1A-类）为最大群，共 11 类 33 亚类（黄大昉和林敏，2001）。到 2014 年 4 月为止，Bt 蛋白已增至 76 群共 778 个成员，其中 Cry 蛋白 73 群，Cyt 蛋白 3 群（详细信息可查阅网站 http://www.lifesci.sussex.ac.uk/home/Neil_Crickmore/Bt/toxins2.html）。

1987 年，首次报道了转 *Bt Cry* 基因烟草和番茄研制成功。早期研究使用的是细菌直接来源而未经修饰的 *Bt* 基因，在转基因植株中 Bt 蛋白的表达量很低，难以达到预期的杀虫效果（Fischhoff *et al.*，1987；Vaeck *et al.*，1987；Perlak *et al.*，1991）。后来发现外源基因低表达的原因主要是原核生物和真核生物在基因表达调控方面的差异所致，如植物基因中富含 GC，而 *Bt* 基因则富含 *AT*，GC 含量较低。植物与细菌在密码子偏爱性方面不同（在三联体密码子第三位摆动位置上，植物基因使用 *GC* 的比率大些，而微生物基因更多地使用 AT）、细菌基因中存在较多的类似植物中代表转录终止的信号的 ATTTA 序列、细菌基因中富含 A+T 的区域与植物的内含子特点类似等。

有的实验表明，将植酸酶基因中的稀有密码子进行改造可以提高植酸酶在毕赤酵母中的表达量（陈惠等，2005）。罗会颖等（2004）通过研究也证实了外源基因的密码子优化能够提高其表达量。在转基因烟草、番茄和马铃薯中都证明了外源基因的密码子优化可以提高基因的表达（Perlak *et al.*，1991，1993）。

目前增强 Bt 蛋白活性、提高其杀虫效果的方法包括密码子的优化、选用好的调控元件和转化策略以及对 *Bt* 基因和蛋白进行修饰改造，如氨基酸代换、功能域置换、在特定区域内引入蛋白酶识别或结合位点以及删除 N 端的部分序列等方法，下面就以 *Bt* 基因为例讲述这方面的进展。

李秀影等（2013）将来自苏云金芽孢杆菌菌株 *Bt*8 的 *cry1Ah* 基因进行了密码子优化，改造过的 *cry1Ah* 基因（*m1-cry1Ah*，*m2-cry1Ah*，*m3-cry1Ah*）与原始 *cry1Ah* 基因进行比对：GC 含量由 37% 分别提高到 48%、55% 和 63%。优化后的 *cry1Ie* 基因（*mcry1Ie*）的 GC 含量提高到 55%。随后将改造后的基因转入玉米，并将基因产物定位于玉米细胞的叶绿体中，提高了转基因玉米的抗虫效果。根据 *Cry1Ah* 基因所预示的氨基酸序列，将其 DNA 序列按照水稻密码子偏爱性设计了 5 种不同的密码子优化方案（分别为将密码子全部替换为每个氨基酸中的最高频密码子；只将稀有密码子转变为最高频密码子；按照密码子频率使用表中各密码子使用频率优化；将序列中的密码子换为中等频率的密码子以及使用每个氨基酸最高频的两种密码子），通过分子手段分析后表明全部采用最高频率密码子的优化方案效果最好，*Cry1Ah* 蛋白平均表达量可以占到可溶性蛋白的 0.104%（周宗梁等，2012）。

如 Perlak 等（1991）将编码 Cry1Ab 和 Cry1Ac 蛋白的基因进行修饰导入烟草和西红柿，与没有优化的野生型基因在植物中的蛋白表达量相比，部分修改（修改量达到基因核苷酸总数的 3%）的 *cry1Ab* 的蛋白表达量比原来高了 10 倍，而修改量达到基因总核苷酸数目 21% 的完全修改的基因版本的蛋白表达量则提高了 100 倍，Cry 蛋白表达量占植物可溶性蛋白总量的 0.02%。他们使用了两种方法改变编码 *Cry1Ab* 和 *Cry1Ac* 的基因序列，第一种方法是通过定点突变技术将有可能对基因的转录和翻译有抑制作用的序列换掉，但不改变蛋白的氨基酸组成。第二种方法是对整个基因序列进行修改，然后进行基因的人工合成，但最后的产物蛋白质的氨基酸序列与野生型的也是几乎一致。在对基因的序列进行修改时，要考虑到一些因素，例如植物中密码子的偏好性、mRNA 有可能形成的二级结构域、植物基因中转录终止区特征等调控序列。他们的研究发现野生型编码 Cry1Ab 和 Cry1Ac 蛋白的基因无法在植物中高效表达的原因不在于基因的转录水平，而在于翻译水平受到了抑制。他们对基因序列的改造正好消除了这些抑制因素，因此改造后的基因能在植物中得以高效表达。

Strizhov 等（1996）采用模板指导的连接 PCR 突变技术，将野生型 *CryIC* 基因的 N 端编码长度为 630 个氨基酸的部分基因序列进行改造，并转入苜蓿和烟草，结果在转基因植物中获得高表达，表达的蛋白质占总的可溶性蛋白的 0.01%～0.2%，转基因作物获得抗埃及棉叶虫灰翅夜蛾（*Spodoptera littoralis*）和甜菜夜蛾（*Spodoptera exigua*）的能力。他们进行的基因改造包括更换了细菌 *cryIC* 基因（全长 1 890 bp，Genebank 中该基因的序列号为 X96682）的 286 对碱基，结果编码氨基酸的 630 个密码子中有 249 个密码子根据双子叶植物中密码子的偏好性进行了改变和修饰。这些修饰同时也去除了 21 个潜在的植物多聚腺苷酸化信号位点，12 个 ATTTA 基序（motif），68 个含有 6 个或更多的保守的 AyTs 序列的序列块（sequence blocks），以及所有含有 5 个或更多 GC 或 AT 核苷酸的基序。翻译起始位点附近的序列被更换成真核中的保守共有序列，在最后的一个氨基酸（第 630 位）密码子下游引入一个终止密码子 TAG，基因 *cryIC* 的 G+C 含量从 36.6% 增加到了 44.8%。

除了改造 DNA 序列外，利用强启动子以及合适的终止子，Cry 蛋白含量可以增加到可溶蛋白的 0.2%～1%（Koziel *et al.*，1993）。

将 Cyt2Aa 蛋白与蚜虫肠道受体结合肽 GBP3.1 结合，使得 Cyt2Aa 获得了除对双翅目昆虫有毒杀作用外，对同翅目昆虫蚜虫也有毒杀效果（Chougule *et al.*，2013）。将蓖麻毒素 B 链中的半乳糖结合结构域与 Cry1Ac 融合后转化水稻和玉米，转基因植物均表现出了更强的抗虫性（Mehlo *et al.*，2005）。而昆虫中肠受体钙粘蛋白 CR12-MPED 多肽对 Cry1A 类蛋白的杀虫活力有显著的增强作用（Chen *et al.*，2007）。

我国的华恢一号水稻品种含有的抗虫基因 *cry1Ab/c*，是由 *cry1Ab* 和 *cry1Ac* 融合而成，也就是把 Cry1Ab 的第一和第二个结构域保留，而把第三个结构域替换为 Cry1Ac 的第三个结构域而得到的融合蛋白（Tu *et al.*，2000）。因第一个结构域与蛋白毒性相关，第二个和第三个结构域与蛋白的结合能力有关，经过结构域之间的重新组合，可以使新蛋白同时具有高结合力和高毒性，增强了蛋白的杀虫活力。

孟山都公司的转基因玉米 MON89034 含有的外源基因名为 *cry1A.105*，实际上是将 Cry1Ab 的第一结构域、Cry1Ac 的第二结构域和 Cry1F 的第三结构域进行了重新组装。另外将 Cry1Ba 截短后与 Cry1Ia 的第二结构域融合后可以产生对鳞翅目和鞘翅目昆虫双抗的效果（Naimov *et al.*，2003）。

在 Cry3A 的第 3 个和第 4 个 α-螺旋之间进行修饰，使之包含一个胰凝乳蛋白酶 G 识别位点，从可以增强 Bt 蛋白的毒性以及对玉米根虫中肠的特异识别（Walters *et al.*，2008），而 Cry3A 与 Cry1Ab 融合后得到的蛋白 eCry3.1Ab 可以使得对玉米根虫的毒性变得更强（Walters *et al.*，2010）。将 Cry3 的 N 端第 1～32 位氨基酸删除，可以使 Bt 蛋白获得或增强对玉米根甲虫的杀虫能力，或将 Cry3 的 N 端第 32～33 位氨基酸 Val-Val 替换为 Gly-Pro-Gly-Lys，可有助其 N 端氨基酸多肽在靶昆虫的肠中被昆虫肠蛋白酶切除。改良后的 Cry3A 对西方玉米根虫和北方玉米根虫的杀虫能力远高于野生型 Cry3A，改良后的 Cry3B 对南方玉米根虫的杀虫能力远高于天然 Cry3B（沈志成等，2008）。

另外也有的科学家利用体外分子进化技术使 *cry* 基因序列突变，有目的地筛选新的高抗蛋白。如通过易错 PCR 将编码 *Cry1Ac* 的基因进行诱变，发现位于第三结构域的 524 位点上的苏氨酸变成天冬酰胺后，Cry 蛋白对鳞翅目昆虫的杀虫活性显著增强（Shan，*et al.*，2011）。

利用 DNA shuffling 诱变技术将 *cry8Ka* 序列突变后，筛选到了对鞘翅目昆虫棉花象鼻虫（*Anthonomus grandis*）有高毒性的新杀虫蛋白（Oliveira, *et al.*, 2011），从而拓宽了 Bt 蛋白的杀虫谱。

美国和法国科学家对 *B. thuringiensis* var *kurstaki* HD-73 菌株 Cry1A 的 N 端杀虫蛋白部分进行改造优化，利用 35S 启动子驱动该基因在烟草中表达，证明获得的转基因植株能够有效防治美洲棉铃虫的危害（Hoffmann *et al.*, 1992）。

随着植物基因工程技术的不断积累，一些新的技术应用大大提高了 Cry 杀虫蛋白在植物中的表达量。例如在构建植物表达载体过程中引入了强启动子、增强子、强终止信号以及异源内含子等元件后，转基因植物中杀虫蛋白表达量可以提高至植物可溶性蛋白的 0.2%～1%（Michael *et al.*, 1993）。而通过叶绿体转化技术将 *Cry* 基因表达载体导入叶绿体后，Bt Cry 杀虫蛋白表达量可以增加至植物可溶性蛋白的 5%（McBride *et al.*, 1995）。

当前，利用以上技术已经获得了多种含有不同外源基因的转基因农作物，并且得到了大面积的商业化生产应用。其中，转 *Bt* 基因作物的外源基因主要是 3D-Cry 类。同时由于转入叶绿体中的 Bt 蛋白将不会存在于花粉和籽粒中，这将进一步降低人们对转基因作物危害环境和人畜安全方面的担心，从而能够更好地增强 Bt 作物的商业价值。除了转录水平的提升，某些特殊的起始序列（kozak、Ω）和信号肽（PR1a、KDEL）具有增强基因翻译水平的作用，因而也可以起到增加表达效率，提高杀虫活力的作用（Weng *et al.*, 2014）。

郭三堆等（2000）对 *Cry 1A* 杀虫基因进行了改造，完全除去了基因序列中类似植物加尾信号的一段序列，而构成杀虫蛋白结构域 1 的 1～286 位氨基酸最大程度地保持了与 Cry1Ab 相一致，构成杀虫蛋白结构域 2 和 3 的 287～608 位氨基酸则以 Cry1Ac 为参照模板。这是由于前者被证明具有较好的细胞穿孔能力而后者与昆虫细胞膜的结合性较好。改造后的整个基因全长是 1824 bp，蛋白产物由 608 个氨基酸组成。他们对此基因进行了人工全合成，并将基因转入烟草，获得的转基因阳性植株对棉铃虫初孵幼虫具有显著抗性。

郭三堆等（2012）将 *GFM Cry1A* 基因进行结构改造，缺失该基因 Domain I 的第一个 α螺旋并与 *CpTI* 基因融合，转化烟草。借助于导肽，他们将改造后的基因产物定位于叶绿体或线粒体，结果表明改造后的基因能在烟草中表达且具有高效的杀虫活性。

贾晶月等（2013）利用定点突变技术获得了杀线虫活性增强的 *cry6 Aa2*（GenBank 登录号为 DQ257287）突变体，参照拟南芥密码子使用情况和植物基因组特点，全基因合成了去除稀有密码子和不稳定元件的突变基因并将修饰改造后的 *cry6 Aa2* 突变基因转入拟南芥（*Arabidopsis thaliana*），获得了表达 *Cry6 Aa2* 突变蛋白的植株。用南方根结线虫（*Meoidogyne incognita*）侵染转基因拟南芥，结果显示转基因植株具有一定抗根结线虫的作用。

1.3.1.4 常见目的基因的安全性分析

对转基因植物进行安全性评价的主要原因有：一是转基因植物中导入的外源基因通常来源于非近缘物种，甚至是跨越物种或人工合成的基因。由于受到基因互作、基因多效性等因素的影响，人们很难精确预测外源基因在新的遗传背景中可能产生的效应，也不了解它们对人类健康和环境会产生何种影响。二是由于转基因作物进入商业化种植阶段，转基因植物的大面积释放，就有可能使得原先小范围内不太可能发生的潜在危险得以表现出来。三是为相关法规的制定和执行提供明确的依据，进一步完善目前的生物安全管理法规。四是还可以通过科学的安全性评估，向有疑问的大众证明转基因植物是建立在坚实的科学基础之上的。

转基因植物及其产品的安全性评价主要包括三个方面：第一是导入的外源基因及其产物对受体植物是否有不利影响。第二是有关转基因作物释放或使用带来的生态学上的安全性，主要包括四个方面内容：①转基因作物本身转变为杂草；②转入的基因可能转移至近缘物种，从而使其变为杂草；③转入基因在水平方向上转移至其他物种而带来生态学上的问题；④基因以其他不明的方式使作物和其他野生近缘物种之间的生态关系紊乱。第三是有关毒理学方面的安全性问题。毒理学方面的安全性集中体现在食品、饲料和其他消费领域的安全性。主要有三方面的内容：①转入的基因可能使植物变得不易加工或消化；②可能影响作物的毒理学特性；③可能以不明的方式产生某种有害物质（刘谦和朱鑫泉，2001）。

目前有关目的基因的安全性评估做的较多的是应用范围最为广泛的抗草甘膦的基因和 *Bt* 抗虫基因，下面就对这两个基因的安全性分析进行一些叙述（旭日干等，2012）。

1.3.1.4.1　*cp4 epsps* 基因的安全性分析

cp4 epsps 基因已经被转入多种植物中，如大豆、玉米、油菜、棉花和苜蓿等。如含有 *cp4 epsps* 基因的转基因耐除草剂苜蓿 J101 和 J163 在 1998—2004 年在美国的多个实验点进行了田间试验，结果证明 J101 和 J163 与非转基因对照在抗病性、抗虫性、表型等效性、种子的繁殖、种子萌发、出苗、幼苗活力、营养体活力、干重、收割后的再生等方面与对照之间没有明显差异。而且不具有杂草特性，不会对非靶标生物产生负面影响，不会破坏生物多样性。营养成分分析表明，J101 和 J163 与传统品种相比并没有添加新的成分，成分含量在传统苜蓿品种间的差异范围之内。另外，J101、J163 与对照和商业化品种中抗营养雌性激素 Coumestrol 的含量没有明显差异，也不具有比传统苜蓿品种更高的毒性和过敏性。鉴于以上研究结果，专家认为耐除草剂转基因苜蓿与非转基因苜蓿具有实质等同性，因此，2005 年美国农业部批准了转基因苜蓿 J101 和 J163 的商业化种植（旭日干等，2012）。

● 对非靶标生物的影响

研究表明：CP4 EPSPS 对传粉昆虫、土壤中的有益节肢动物没有毒性；CP4 EPSPS 对底物具有高度的特异性，该蛋白不会催化其他物质而产生有毒物质。抗草甘膦转基因大豆、玉米、棉花、油菜等的田间试验证明，转基因品种与传统非转基因栽培品种在其他的农艺性状上相似。小鼠急性口服饲喂试验和蛋白消化研究认为抗草甘膦转基因作物对非靶标生物不会产生不利的影响。

● 毒性

通过氨基酸同源性比较、小鼠急性口服毒性试验和蛋白特性分析，发现 CP4 EPSPS 蛋白的氨基酸序列与作物内源的 EPSPS 酶很相近；氨基酸序列分析也表明 CP4 EPSPS 蛋白与已知的哺乳动物的毒蛋白没有同源性，不会对哺乳动物产生毒性。急性口服毒性试验也表明，小鼠饲喂剂量为 572mg/kg 体重的纯 CP4 EPSPS 蛋白后，没有产生任何毒性反应，这个剂量大约相当于转基因大豆中 CP4 EPSPS 最高含量的 1 300 倍。另外由于 EPSPS 酶普遍存在于植物、真菌和微生物中，因此一般认为也不会对上述生物产生毒性或过敏性。

- 过敏性

CP4 EPSPS 蛋白不可能变成过敏原。通过分析比较 CP4 EPSPS 蛋白和已知过敏原之间的氨基酸序列，发现它们之间没有明显的同源性。另外根据已知食品过敏原的特性（消化稳定性，加工稳定性）对 CP4 EPSPS 的潜在过敏性进行分析发现，与已知的过敏原蛋白不同，当 CP4 EPSPS 处于模拟的胃或肠液环境中时，很快就会被酸或/和酶解反应所降解，而且 CP4 EPSPS 不具有已知过敏蛋白的特征。因此一般认为 CP4 EPSPS 蛋白不可能变成过敏原。

- 与非转基因植物形成杂交种的可能性以及杂草化

根据植物的生殖特性，抗草甘膦转基因作物中的抗草甘膦基因有可能通过基因漂移进入非转基因植物而产生抗草甘膦杂交种。但一般情况下，杂交种具有的草甘膦抗性并不会使它比没有草甘膦抗性的植物有更强的生存竞争性，除非杂交种生长的环境中经常使用草甘膦。即使出现草甘膦抗性的杂交种，也很容易通过传统的杂草管理或其他种类的除草剂得以控制。此外根据现有资料表明，转 *cp4 epsps* 基因的抗草甘膦作物不会有变成杂草的危险。

- 对生物多样性的影响分析

研究分析表明：*cp4 epsps* 基因可能通过基因漂移进入邻近种植的、能与转基因植物进行有性杂交的近缘种中，但只要受体不是一种入侵物种，就不会增加这些物种的生存适合度和杂草特性，也不会对生物多样性产生影响。

1.3.1.4.2　Bt 蛋白的安全性分析

Bt 蛋白的抗虫机理是它能特异性的与目标昆虫的肠上皮细胞的受体蛋白结合，引起膜穿孔，破坏细胞渗透平衡，导致细胞肿胀甚至破裂，最后昆虫瘫痪或死亡。不同类型的 Bt 蛋白只对目标昆虫具有杀虫活性，由于哺乳动物的肠细胞膜上不含该蛋白，所以理论上 Bt 蛋白应该对人和家畜没有毒性。在农田中喷施苏云金芽孢杆菌孢子体防治害虫已有很长的安全使用历史，含有 Bt 蛋白的有机生物杀虫剂也已有至少 45 年的安全使用记录。

抗虫转基因植物商业化种植已有 10 多年，1987 年世界上有 4 个实验室首次报道获得了转 *Bt* 基因的烟草或番茄（Vaeck *et al.*，1987；Barton，1987；Adang *et al.*，1985）。国内有关转 *Bt* 基因作物的研究虽然起步较晚，但进展很快。1992 年中国农科院首先合成了 *Cry I A* 基因，并与江苏农科院合作用花粉管通道法将 *Bt* 基因导入棉花，获得高抗棉铃虫的转 *Bt* 抗虫棉花（倪万潮等，1998），随后转 *Bt* 基因的烟草，甘蓝、大豆和水稻等也相继问世。目前我国只批准了转 *Bt* 基因的抗虫棉花进行商品化种植（王进忠等，2001）。

在食品安全方面，商业化种植的 *Bt* 基因作物，杀虫的专化性很强，主要是针对目标害虫，对人及家畜无害。虽然迄今为止的研究表明来自遗传改良生物的食品无毒性，或营养上的无毒性，但仍然缺少长期实验的结果和更深入细致的研究（FAO，2004）。

在基因漂移和生态安全方面，*Bt* 基因可以通过有性杂交，进入非转基因作物栽培种及野生近缘种中，造成基因污染。如沈法富等（2001）研究表明，转基因棉花 *Bt* 基因流在陆地棉品种间以及陆地棉和海岛棉间发生了转移。害虫在多代食用转 *Bt* 基因植物后可以产生抗性，而且转 *Bt* 基因作物对非靶标昆虫也有一定的影响，转 *Bt* 基因作物可以通过根系向土壤中释放 Bt 毒蛋白，对土壤生态系统产生影响（陆小毛等，2006）。

1.3.2　载体构建中常用的启动子及其安全性分析

植物基因工程中的一个关键是控制外源基因在转基因植物体内的表达量，启动子在其中具有非常重要的作用。植物基因工程中使用的启动子可分为组成型、组织特异性型和诱导型启动子等。

1.3.2.1　组成型启动子

组成型启动子是植物基因工程中应用最早、最广泛的一类启动子，特点是表达具有持续性、无器官和组织特异性，表达量一般较高且大体恒定，在多数组织中均可使用，在不同组织部位表达水平没有明显差异，又称为非特异性表达组成型启动子。目前使用最广泛的组成型启动子是来自花椰菜花叶病毒（CaMV）的 35S 启动子、来自根癌农杆菌 Ti 质粒 T-DNA 区的胭脂碱合酶基因启动子（*Nos*）和章鱼碱合酶基因启动子（*Ocs*）、水稻肌动蛋白-1 启动子（*Actin*-1）以及玉米泛素-1 启动子（*Ubi*-1）等。

（1）CaMV35S 启动子　来自花椰菜花叶病毒（CaMV）的 35S 启动子，启动整个 CaMV 基因组转录，得到的转录产物大小为 35S。研究表明，35S 启动子可为两个区域：从 $-90 \sim +8$ 为 A 区域，主要负责在胚根、胚乳及根组织内表达；区域 B（$-343 \sim -90$）主要控制基因在子叶、成熟植株的叶组织及维管束组织内表达。在 B 区域内的增强子序列可以提高基因的表达水平。如果 35S 启动子中存在两个 B 区就能使 35S 启动子的活性提高 10 倍。

（2）*Nos* 和 *Ocs* 启动子　来自根癌土壤农杆菌的胭脂碱合成酶基因（*Nos*）和章鱼碱合成酶基因（*Ocs*）启动子具有与植物基因启动子相似的共有序列。这两个启动子都含有 TATA 盒同源的序列，该序列位于转录起点上游 $-30 \sim 40$ bp 处；上游 $-60 \sim -80$ bp 处也有类似的 CAAT 盒序列。研究表明，*Nos* 和 *Ocs* 启动子也有一定的创伤诱导和激素诱导活性，含有由六个聚体花纹（hexamer motifs）序列 TGACTG 组成的反向重复序列，中间由八个核苷酸序列隔开。六个聚体花纹序列可以与含有亮氨酸拉链基序（motif）的转录因子作用。*Nos* 启动子的强度依组织部位及器官位置不同而异，在老组织内通常比幼嫩组织中强，在生殖器官内的表达强度随发育状态而异，而 *Nos* 启动子在禾本科植物中几乎没有活性。

（3）双向启动子（dual promoter）　在 TR-DNA 上有 5 个基因，从基因 1 和基因 2 之间分离出一个具有启动子作用的 479 bp 片段，它能以两个相反的方向启动转录，表现出双向启动子的作用。特点有：①组成型表达；②由于在 479 bp 片段中包含两个不同的启动子，故它与 *npt* II 及另一个目的基因融合后，将使选择标记基因与目的基因之间的距离最短，大大降低仅有标记基因被整合而丢失目的基因的概率；③由于两个嵌合基因在 5′末端直接相连，故影响其中一个基因转录效率的因素也同样会影响另一个基因的有效表达，抗性标记的选择将与目的基因的选择呈现出很高的协同性。

（4）玉米泛素 1 基因启动子　玉米泛素 1（maize ubiquitin 1，*Ubi*-1）基因 *Ubi*-1 的启动子驱动外源基因在转基因的单子叶植物中组成型强表达。

（5）FMV 35S 启动子　这是来源于玄参花叶病毒（figwort mosaic virus，FMV）的 35S 启动子。虽然玄参花叶病毒与花椰菜花叶病毒同为花椰菜花叶病毒组（Caulimovirus group），但它们在碱基组成上相差较大，同源性较差。如孟山都的转基因棉花品种 MON88913 中就使用了 FMV35S 的启动子。

另外，甘露碱（mannopine）合成酶基因的启动子、泛素-3（ubiquitin 3，*Ubi-3*）基因的启动子、来源于玉米的 HSP70 内含子区的启动子等也有应用（周鹏，2008；胡廷章等，2007；张春晓等，2004）。

1.3.2.2　组织特异性启动子

在抗虫基因工程研究中，为使外源基因在受体生物中高效表达，须借助高活性的启动子。但在许多情况下，外源基因在受体植物中非特异性地持续高表达，不但造成浪费，而且也为耐受害虫种群的产生提供了持续的选择压力。为了有效地发挥外源基因的作用，避免基因产物对受体生物及环境产生副作用，需要针对害虫侵害部位的不同，选择组织或器官特异性（tissue or organ specific）启动子，如韧皮部特异、块茎特异、叶特异、种子特异和根特异等启动子，使抗虫基因只在特定的组织或器官中表达，达到更为有效的抗虫目的。在以后的植物抗虫、抗病基因工程研究中，这类启动子将会越来越广泛地得到应用。

组织特异性启动子除了具备一般启动子的结构特点之外，还具有一些特殊的结构。如富含 AT 序列，该序列一般都有核心序列 ATTA（T）AAT，且一般都与转录活性有关。组织特异性启动子中控制基因组织特异性表达的序列一般位于紧靠 TATA box 的上游。决定组织特异性的序列一般不超过 30bp，且不同种属间的同源基因的启动子含有保守的序列。已报道的组织特异性启动子可分 4 类：

（1）韧皮部组织特异性启动子　韧皮部是许多植物病原微生物及害虫侵害植物的靶组织，利用韧皮部特异启动子使抗病、抗虫基因在韧皮部高效表达，有助于防治病虫害。已发现的韧皮部特异启动子有竹节花黄斑驳病毒启动子、笋瓜 *pp2* 基因启动子、玉米和水稻蔗糖合酶基因启动子、豌豆谷氨酰胺合酶基因启动子等。

（2）块茎组织特异性启动子　马铃薯块茎蛋白 Patatin 由多基因家族编码，通常只在块茎中表达。该基因家族中有些基因的 5′端上游区调控序列与马铃薯块茎蛋白的组织特异性表达有关。马铃薯 *Patatin* 启动子可驱动 *gus* 基因在转基因马铃薯的块茎中高水平表达。

（3）花药特异性启动子　番茄的晚期花药基因 *Lat52* 和 *Lat59*、烟草的花药表达基因 *Ntp303*、烟草花药绒毡层中特异表达的 *TA29* 基因和玉米的花药表达基因 *Zml3* 等都是花药特异性表达的，它们均含有花药特异性启动子。这类启动子都含有一个 30～32 bp 的花药特异性元件，位于 TATA 盒上游-20～-40 bp。在花药特异性元件的上游还存在类似增强子作用的特异序列，能增强基因在花药组织中的表达，被称为数量元件。数量元件的增强作用仅局限于花药中，在其他组织中无效，并且其作用不能被 CaMV35S 增强子等其他增强子元件所代替。使用花药特异启动子可驱动外源基因在转基因植物的花药中特异表达从而实现特殊的功能。

（4）果实特异性启动子　番茄 *E4* 基因与果实成熟有关。外源乙烯可迅速诱导其在未成熟的果实和叶中表达，*E4* 基因启动子具有果实特异性。番茄 *E8* 基因在叶中表达较弱，而在果实和花药中有高水平的表达，其启动子也是果实特异性的。番茄多聚半乳糖醛酸酶（PG）基因 *Pg* 在非成熟果实中不表达，其 mRNA 只在果实成熟过程中才能被检测到；*Pg* 基因的 4.8 kb 启动子片段可驱动报告基因在转基因植物的果实成熟过程中高水平表达。

此外，还有一些组织特异性启动子如来自普通小麦（*Triticum aestivum*）在根中表达的过氧化物酶基因的启动子等也有应用（周鹏，2008；胡廷章等，2007；王淼等，2010；于翠梅等，2006；张海利等，2003；张春晓等，2004）。

1.3.2.3　诱导型启动子

诱导型（inducible）启动子是指在某些物理或化学信号的刺激下，启动子所驱动的目的基因的转录水平可以大幅度地提高。诱导型启动子具有几个特点：第一，受物理或化学信号的诱导；第二，含有诱导特异性序列；第三，含有增强子和沉默子或类似功能的序列元件；第四，某些诱导型启动子同时也是组织特异性启动子；第五，常以诱导信号命名，如光、热、冷、创伤、生长素诱导启动子和真菌诱导启动子等。

（1）伤诱导（wound inducible）启动子　植物损伤后会产生一些小分子物质和多糖成分，这些物质进一步作为损伤信号诱导一系列防御基因的表达，如马铃薯蛋白酶抑制-II 基因（Pi-II）等，从而抵抗昆虫和其他病原菌对植物的再度攻击。

（2）光诱导启动子　植物的两个与光合作用有关的基因核酮糖二磷酸羧化酶小亚基基因 rbcS 和光捕获复合物 a/b 结合蛋白（LHCP a/b）基因均含有光诱导启动子，受光的调节。将豌豆 rbcS 基因的 973bp 启动子接上报告基因 Cat 在转基因植物中得到表达，并表现出叶绿体依赖性和光的诱导活性。叶绿体的核糖体蛋白 L21（rpl21）基因启动子以及丙酮酸正磷酸双激酶（pyruvate orthophosphated ikinase，PPDK）启动子属于绿叶特异性表达的启动子。

（3）化学物质诱导启动子（chemicals inducible promoter）　许多化学物质如酸、碱、水杨酸、脱落酸、茉莉花素等，以及各种植物激素都能影响或诱导植物基因的表达。

（4）乙烯诱导启动子　乙烯是一种植物内源激素，在果实成熟期、花瓣衰老期或受到病菌感染时乙烯均可被诱导表达。目前在各种植物中发现的由乙烯诱导表达的基因已有上千种。其中研究得最多的是一类防御基因，当有病原菌入侵时，乙烯能激活这类基因的表达。目前研究的重点主要是使用外源乙烯诱导表达编码 I 类碱性几丁质酶（class I basic chitinase）、I 类β-1，3-葡聚糖酶（class I β-1，3-glucanase）和其他一些碱性致病相关蛋白（basic typepathogenesis related protein）（周鹏，2008；胡廷章等，2007；张春晓等，2004）。

1.3.2.4　启动子的人工改造

在植物转基因研究中，通过基因工程手段对现有启动子进行改造和修饰，以及选择不同类型的启动子组合串联，可提高其表达效率。这种经修饰的复合型启动子可以通过多种因素激活，并根据不同转化目的和表达目标进行选择和优化组合，从而更好、更高效地调控外源基因的表达效率和表达稳定性。这种手段已逐渐受到重视并得到广泛的研究和应用。如来自 CaMV 的 35S 启动子也被改造过，孟山都公司研发的抗虫转基因玉米 MON810 使用增强型的 CaMV35S 启动子，利用它启动抗虫基因进行表达，大大提高抗虫基因的表达效率，增强了转基因植株的抗虫效果（胡廷章等，2007；彭舒等，2011；张春晓等，2004）。

1.3.2.5　启动子的安全性分析

目前在转基因植物中使用最多、最广泛的启动子是来自 CaMV 的组成型表达的启动子35S。有关 35S 启动子的潜在风险最初源于 Kohli 等于 1999 年的研究。Kohli 等用霰弹法将由 35S 启动子控制的 3 个基因转入水稻，发现在得到的转基因水稻基因组中出现多拷贝串联的外源 DNA，并发现基因组中存在重组位点，11 个重组位点中有 4 个是 35S 启动子内的同一位点，该位点是一个长 19bp、包括 TATA box 在内的回文序列，他们认为这一位点就是 35S 启动子中的重组热点。随后有的科学家根据这一研究推论，认为这一热点会使转基因不稳定，导致 35S 启动子具备较大的移动性，有可能插入到植物基因组的不同位置（董志峰等，2001）。

来自 CAMV 的 35S 启动子的潜在风险存在于以下几点（Kohli *et al.*，1999；Cummins *et al.*，2000；Vaden and Melcher，1990）：

（1）病毒体内的启动子与基因工程使用的启动子表现不完全相同。病毒体内的启动子是整个病毒基因组不可分割的一部分，是受控的，植物病毒虽然可以入侵植物，但不会单独将启动子留在植物细胞内。而基因工程中使用的启动子是从病毒的基因组中切割下来的，因此它的表现行为与作为病毒基因组组成成分的启动子不同，它有可能将植物体内的原本沉默的基因启动。

（2）35S 启动子不仅能使外源基因大量过度表达，而且可能使基因组上完全不相关的其他基因也过度表达。

（3）35S 启动子可能开启植物基因组中的潜伏病毒。一些病毒常常入侵植物细胞，并将它们的基因组整合到植物的基因组中。随着时间的推移，绝大多数早已插入的病毒序列会发生变异，但有些病毒的序列可能仍是完整的，只是启动子或增强子失去了功能导致病毒基因无法表达。理论上来说，如果转基因启动子或增强子插入到这样的前病毒附近，前病毒就可能会被重新激活，从而产生潜在危害的病毒，导致潜在灾难。在许多不同种类的细胞中，已经观察到了潜伏的（内源的）逆转录病毒重新活跃起来的例子。当然我们可以认为潜伏病毒被启动子激活的机会是相当小的，但是如果转基因作物大量种植推广，即使是极小的、有限的可能性，只要给予足够时间和规模，它们也可能会变成为现实。

（4）启动子可能造成基因不稳定和基因突变。CaMV 35S 启动子有"重组热区"，就是说它尤其容易分裂并同其他 DNA 结合，这极有可能会导致基因序列的分裂和重组，产生不可预测的影响。由于 CaMV 35S 启动子是目前使用最多的启动子，因此这种风险极大且根本无法控制。

（5）如果启动子插入到某一编码毒素蛋白的基因上游，有可能会增强该毒素的合成。

（6）当转基因植物被动物或人类食用时，35S 启动子有可能会通过基因的水平转移插入到某一致癌基因上游、活化并且导致癌症的发生。

目前 CaMV 35S 所引起的基因不稳定程度尚不明确，一般来说，转基因作物的特性在大规模商业化之前，所经历的数代都是稳定的。但基因组中小范围内的、局部的重组可能会导致植物产生预料之外的 mRNA 和蛋白质。

但有的研究人员对上述担心提出自己不同的意见（彭舒等，2011），认为虽然在理论上存在这些 35S 启动子的潜在风险，但实际上是不存在的。迄今为止，争论的双方都没有能够拿出确凿的实验数据证明这些风险的存在或不存在。但目前不存在或看不到的风险并不代表未来也不存在，鉴于历史的教训，我们对这种可能存在的风险还是提高警惕为好，目前应该加强这方面的研究工作。有关其他启动子潜在风险的研究还未见报道，这也说明我们目前对这方面的研究还远远不够。

1.3.3　载体构建中常用的终止子及其安全性分析

在植物基因工程载体中使用最多的终止子是来自农杆菌胭脂碱合成酶 *nos* 基因的 3′端非编码区的序列以及来自花椰菜花叶病毒的 35S 终止子。其他出现在转基因植物中的终止子序列还包括：来自农杆菌章鱼碱合酶基因的终止子、章鱼碱型农杆菌中的 *Tr* 终止子以及 *Tr7* 终止子、菜豆蛋白的终止子、马铃薯（*Solanum tuberosum*）蛋白酶抑制剂基因 *PinII* 的转录终止区序列、豌豆中的 Rubisco *E9* 基因的终止子 E9、编码豌豆 Rubisco 小亚基基因的非翻译区序列、小麦热激蛋白基因 *Tasph17* 的终止子序列、来自根癌农杆菌的 ORF25 终止子、大豆β-conglycinin 基因的 3′端非编码区序列、大豆β-conglycinin 基因α亚单位基因的转录终止子序列 7S、来自拟南芥的 97 终止子以及 rbscS 基因的终止子、Mas 终止子等（王关林和方宏筠，2002；周鹏，2008）。

目前转基因植物载体中最常见的终止子是来自农杆菌的 *NOS* 终止子，但目前我们对高等生物中终止子的作用机制了解还不是非常透彻，所以载体上有时将 2 个或更多的终止子串联起来使用，就是为了防止单个终止子失效而引起基因的过度转录。但是终止子的效果不是万无一失的，一旦终止子失去作用，细胞将转录出包含宿主 DNA、比预期长的 mRNA 序列，长的 mRNA 序列或许会被裂解成众多小的 mRNA 片段，进而会被翻译成多种非目标蛋白质，其对细胞的作用及其存在的潜在危险是无法预测的（杰弗里等，2011）。

在种植转基因大豆数年后的 2004 年，科学家们在大豆的基因组中发现了两个额外的抗除草剂转基因片段（杰弗里等，2011）。其中一个长 254 个碱基对的片段恰好位于 *NOS* 终止子后面。2005 年的研究进一步确定，*NOS* 终止并不是如预期的那样发挥作用。在转基因大豆中，*NOS* 终止信号失去作用，结果产生过长的 mRNA，这个超长的 mRNA 中含有大豆的 DNA 序列。那个作物 DNA 实际上就是基因片段（534 个碱基对）的一部分，该基因片段发生了明显变异（很可能是由于插入引起的），它不像任何已知天然大豆序列（杰弗里等，2011）。由于一些未知因素使事情更加复杂，这种比预期更长的 RNA 链被细胞加工成四种不同变体。从 368 个碱基到 413 个碱基的四段遗传编码被删除了，剩余的 RNA 重新附着在不同长度的四个链上。四个 RNA 变体带来一种风险，也就是说这些短片段可能会变成具有调控基因表达功能的 RNA，能抑制大豆的基因表达，或抑制食用大豆的人的基因。生物安全性综合研究中心（INBI）指出："RNA 进行后转录，加工成四种变体，这标志着进入了产生控制功能的 RNA 通道中。"目前尚无人来研究这种风险出现的可能性。总的来说，目前还没有关于终止子安全性系统研究的报告，也说明这方面的工作还需要大力开展。

1.3.4　载体中常用的选择标记基因和报道基因及其安全性分析

载体上的选择标记基因和报道基因应该具备的条件是：①基因编码的产物在正常植物细胞中不存在；②基因本身小；③能在转化体中得到充分表达；④容易检测，且能定量分析。

1.3.4.1　选择标记基因

选择标记基因的功能是在选择压力下把转化体选择出来，选择标记基因的产物能对抗选择剂的作用，使转化细胞不受选择剂的影响而正常生长发育。当选择剂对植物细胞具有强毒害时，细胞将很快死亡。死亡的或将要死亡的细胞对于邻近细胞的生长起抑制作用，即使邻近细胞是转化细胞，其生长也会受到抑制。因此能抑制细胞生长但不立即导致细胞死亡的化合物常被选择为转化系统的选择剂。不同的选择标记基因产物对转化细胞的生长和分化率有不同的影响。如矮牵牛转化细胞用抗卡那霉素和抗潮霉素标记选择时，再生频率很高，当用其他抗生素进行选择转化体时再生频率显著降低。

（1）抗生素抗性类基因

第一，新霉素磷酸转移酶基因（neomyxin phosphotransferase II，*npt-II*）。这是目前在植物基因转化中最广泛应用的选择标记，又称氨基糖苷磷酸转移酶II基因（*aph- II*）。此酶最早是从细菌转座子 Tn5 中分离得到的，产物能使某些氨基葡糖苷类抗生素，如卡那霉素、新霉素和 G418 等失活，原理是 *npt-II* 基因产物使氨基葡糖苷类抗生素磷酸化而失活，常用的浓度是 50～500 mg/L。

第二，潮霉素磷酸转移酶基因（hygromycin phosphotransferase，*hpt*）。潮霉素 B（hygromycin B）对许多种植物都有很高的毒性，它是氨基环醇类抗生素，干扰蛋白质的合成，比卡那霉素的毒性大。潮霉素磷酸转移酶基因来自大肠杆菌，通过使潮霉素 B 磷酸化而失活。此基因和强启动子嵌合在一起，已在多种植物中使用。

第三，庆大霉素抗性基因（gentamycin acetyltransferase，*gent*）。此基因编码氨基糖苷乙酰转移酶[aminoglycoside-3-*N*-acetyltransferases，ACC（3）]，通过乙酰化作用使氨基糖苷类（aminoglycoside）抗生素如庆大霉素失活。将此酶基因与 CaMV35S 启动子联合使用，使植物转化细胞产生对庆大霉素抗性。该标记系统已在多种植物如矮牵牛、烟草、番茄等中使用。

第四，链霉素和壮观霉素抗性基因（streptomycin and spectinomycin resistance）。氨基糖苷腺苷酸转移酶（aminoglycoside-3′-adenyltransferases）基因（*aadA*）和来自细菌转座子 Tn5 的链霉素磷酸转移酶基因（*spt*）能使链霉素和壮观霉素失活。链霉素和壮观霉素抗性标记与其他标记的不同之处在于敏感细胞变白但不死亡，而抗性细胞仍然保持绿色，很容易分辨。

（2）抗代谢物标记（antimetabolite marker）

氨甲喋呤是一种抗代谢物，能抑制二氢叶酸还原酶（DHFR）的活性，从而干扰 DNA 的合成。从突变鼠中分离得到一种二氢叶酸还原酶突变体，此酶对氨甲喋呤的亲和力很低，从而可以抵抗氨甲喋呤的毒性。将此突变的酶基因与 35S 启动子连接，构成能在植物中使用的氨甲喋呤抗性标记，已在矮牵牛、烟草等中获得成功。

（3）除草剂抗性标记（herbicide resistance marker）

第一，*Bar* 基因。双丙胺膦（bialaphos）、膦化麦黄酮（PPT）等是非选择性除草剂，抑制细胞内谷氨酸合成酶（glutamine synthase，GS）的活性，导致氨积累引起细胞死亡。*Bar* 基因编码 PPT 乙酰转移酶（PAT），该酶将乙酰 CoA 的乙酰基团转到膦化麦黄酮和双丙胺膦的游离氨基上，导致除草剂失活。从两种不同的链霉菌 *Streptomyces hygroscopicus* 和 *S. viridochromogenes* 中均克隆到了该基因。

第二，某些除草剂。除草剂草甘膦（glyphosate，*N*-phosphonomethy-glycine）能抑制光合作用过程中的 EPSP 合酶（5-enolpyruvyl-shikimate 3-phosphate），而另一种除草剂磺脲

能抑制支链氨基酸（如缬氨酸、亮氨酸和异亮氨酸）合成途径中的乙酰乳酸合酶（ALS）的活性而杀死植物。通过寻找 EPSP 合酶以及乙酰乳酸合酶的突变基因，将这些突变基因导入转化细胞而使转化细胞获得对这些除草剂的抗性，这些基因均已在实验中使用。

（4）非抗生素选择标记

目前在植物基因转化中使用的选择标记基因大多是抗生素或除草剂的抗性基因，鉴于当前世界范围内公众对转基因植物的安全性已经产生担心，于是许多研究者转向寻找其他类别的标记基因，因此这类标记基因又被称为安全标记基因。已经报道的有糖类代谢酶、耐胁迫酶基因和对转化细胞或组织进行实时监控的绿色荧光蛋白基因等。

第一类，糖类代谢酶基因。大肠杆菌的 *manA* 基因编码磷酸甘露糖异构酶(phosphomannose isomerase，PMI)。该酶能将 6-磷酸甘露糖转化为 6-磷酸果糖，使大肠杆菌能利用甘露糖。一般的植物细胞无 *manA* 基因，如果将 *manA* 基因导入植物细胞，则转化细胞能利用甘露糖作为碳源而正常生长，而非转基因细胞则死亡。本标记系统的选择剂是糖类，对人体无害，选择效率高于抗生素和除草剂类标记基因，且对动物、植物和微生物均可起作用，已成功应用于玉米、甜菜、水稻、小麦等的遗传转化。其他的糖类标记基因还有木糖异构酶基因（xylose isomerase，*xylA*）和核糖醇操纵子等基因。

第二类，甜菜碱醛脱氢酶（BADH）基因。甜菜碱醛脱氢酶（betaine aldehyde dehydrigenase，BADH）能催化有毒的甜菜碱醛转变成无毒的甜菜碱。

第三类，汞离子还原酶 *merA* 基因。环境中的汞有单质汞、离子汞和有机汞（如甲基汞）3 种形态，其中无机汞的毒性最低，有机汞（如甲基汞）的毒性是单质汞的数千倍，汞容易通过食物链富集，最后对人类造成极大的危害。土壤中有一种细菌可将甲基汞转变成离子汞、将离子汞转变成单质汞并排出体外，人们已从细菌中分离出基因 *merA*、*merB*。*merA* 编码汞还原酶，催化离子汞转化单质汞，*merB* 编码甲基汞裂解酶，催化甲基汞转化为离子汞。两个基因联手就会将有机汞转化为气态的单质汞，将汞的毒性降到最低。将 *merA* 基因用于标记时，在培养基中加入离子态的汞盐，如氯化汞（$HgCl_2$）作为筛选剂，转化的细胞可以存活，而非转化细胞死亡，有人在将 *merA* 作为标记基因放入花生中表达获得成功。

在选择标记的使用中要注意没有哪一种标记对所有的植物都有效，不同的标记基因对不同植物转化细胞的生长发育及转化率有不同的影响，即使是同一种标记基因，在不同浓度的选择压力下表现也不同。当开始转化一种新植物时，设计几种可替代的选择标记是非常有必要的（王关林和方宏筠，2002；周鹏，2008）。

1.3.4.2　报道基因

转基因载体中还有一类标记基因，称为筛选标记基因，作用与选择标记基因有所不同。在理想状态下，所有在选择压力下再生的植株都应是转化体。但实际并非如此，因此对转化株或组织细胞都应进行进一步筛选，这是筛选标记基因的第一个作用。有时外源基因虽然的确转入植物或细胞但基因却没有表达（基因沉默），因此筛选标记基因的第二个作用是用于检查外源基因是否的确在转化细胞中表达，起到"报道"的作用，故也称为报道基因。此外报道基因还可用于启动子表达特性的评估和亚细胞区间的研究分析等。

理想的植物报道基因具有以下特征：第一，产物唯一，对宿主植物细胞无毒性；第二，产物稳定；第三，检测方法方便、成本低、灵敏度高且专一；第四，产物能耐外源多肽的干扰且在检测时能保持活力。虽然选择标记基因与筛选标记基因的作用不同，但两者在某些情况下可以共存，甚至互相替代。如 npt-II 在检测新霉磷酸转移酶的活性及定量分析时，同样可以起到报道基因的作用。在转化目的基因的情况下常常省略附加的报道基因，仅使用选择标记基因。目前已有多种筛选标记基因在使用。

（1）冠瘤碱（opine）合成酶基因

各种农杆菌菌株在它们的 T-DNA 基因中均包含有合成植物细胞中不存在的生物碱的基因，基因 nos 和 ocs 已被整合到许多植物转化载体中。这些基因不在细菌中表达，它们在植物组织中的出现，通常是转化已发生的很好证据。而且冠瘿碱的检测和分析非常快速、成本低且简单方便。但值得注意的是受伤的植物组织有时也会产生冠瘿碱，即所谓"本底"，因此须进行对照样品的分析做比较。

（2）氯霉素乙酰转移酶基因（cat 基因）

是报道应用得较多、较早的基因。cat 来自细菌转座子 Tn9，在真核细胞中的本底很低。细菌的 CAT 能将乙酰基从乙酰辅酶 A 转移到氯霉素上，使其失活。因此 cat 基因的活性可以通过反应底物乙酰辅酶 A 的减少或反应产物乙酰化氯霉素及还原型 CoA-SH 的产生来测定，但检测需要使用放射性同位素或使用 ELISA 检测，较复杂，且不方便，因此应用受到一定的限制。

（3）葡萄糖醛酸酶基因（gus）

gus 基因来自大肠杆菌染色体的 uidA 位点，产物检测容易、迅速并能定量，只需少量植物组织即可在短时间内测定完毕。GUS 活性的检测有两种方法：第一是组织化学分析法，最常用的底物是 X-gluc（5-bromo-4-chloro-3 indolyl glcuronide）。GUS 水解 X-gluc 产生无色吲哚衍生物，再与空气中氧气发生反应，形成蓝色沉淀，可直接观察到植物组织中出现的这种蓝色斑点。但植物体内的过氧化物酶也起氧化作用会使反应颜色增强，这虽然不会导致假阳性的发生，但相对的颜色深浅不能反映 GUS 活性的高低。为克服这一问题，可以用铁氰化钾、亚铁氰化钾混合物作氧化剂。第二是荧光法。荧光检测是一种灵敏的定量检测方法，底物为 4-甲基伞形酮酰-β-葡萄糖醛苷（4-methyl umbelliferyl-beta-D-glucuronide，MUG）。反应产物为 4-甲基伞形酮（4-methyl umbelliferone，MU），在激发光 365nm、发射光 455nm 条件下检测。由于荧光强度高，本底低，故荧光检测极为灵敏。

（4）绿色荧光蛋白基因（green fluorescent protein，GFP）

绿色荧光蛋白与流式细胞仪联用，可对转化细胞进行进一步的实时检测。来源于维多利亚水母（Aequorea victoria）的 GFP 是由 238 个氨基酸残基组成的单体蛋白，分子质量 27 kDa，它无须额外添加任何物质，只要暴露于 395nm 的远紫外光或 490nm 的蓝光下便可受激而发出绿色荧光（508nm）。但人们觉得野生型 GFP 发出的荧光不够强，于是对 GFP 基因进行改造，得到了发出更强荧光以及不同颜色的 GFP 突变体，极大方便了 GFP 的使用。

（5）荧光素酶（luciferase）基因

荧光素酶是一类催化荧光素或脂肪醛氧化发光的酶的总称。荧光素酶检测简便、灵敏、快速，故使用广泛。目前研究较多的是来自萤火虫的荧光素酶及细菌产生的荧光素酶。荧光素酶的底物是 6-羟基喹啉类，在镁离子、ATP 及氧的作用下酶使底物脱羧，生成激活态的氧化荧光素，发射光子后转变为常态的氧化荧光素。荧光素酶与反应底物混合后，立即产生荧光，荧光持续数秒到数分钟即消失，因此反应体系混合后应尽快测定。检测时使用闪烁计数器和荧光计，也可用照相胶卷曝光。

（6）谷氨酸-1-半醛转氨酶（GSAAT）基因

此基因是植物叶绿素合成途径中的关键酶，而 3-氨基-2,3-二氢苯甲酸（3-amino-2,3-dihydrobenzoic acid，Gabaculine）是植物毒素，能强烈地抑制谷氨酸-1-半醛转氨酶（GSAAT）的活性，导致叶绿素生物合成中断。目前已分离出了许多抗 Gabaculine 的突变体，发现了此酶的一个突变基因 *heml*，用 *heml* 基因转化烟草，然后用 Gabaculine 进行筛选，结果携带有标记基因 *heml* 的都为绿苗，缺乏标记基因 *heml* 的都为白化苗，显示了用 *heml* 作为标记基因的应用前景。

（7）与激素代谢相关的基因

在离体条件下培养植物需加入外源激素。若将激素代谢相关基因转入植物，转化细胞能自己合成激素，转化植株就能在不添加外源激素的培养基中继续正常生长，达到筛选出转化植株的目的，这种选择效果要优于某些抗生素抗性基因。这种类型的标记基因主要有异戊烯基转移酶（isopentenyl transferase，IPT）基因（催化形成细胞分裂素类物质异戊烯腺苷酸）、吲哚乙酰胺水解酶（indole-3-acetamidehydrolase，IAAH）基因（将色氨酸转化为吲哚乙酸）和 β-D-葡糖醛酸酶（β-glucuronidase，GUS）基因（能水解葡糖醛酸（glucuronide），释放出激动素（kinetin，KT）等。但这些选择标记基因通常会产生激素过量的副作用，形成瘤状组织，使转化体难以再生出形态正常的植株，所以最终必须被敲除或使其功能失活。

（8）与氨基酸代谢相关的基因

某些氨基酸如赖氨酸、苏氨酸、甲硫氨酸和异亮氨酸的合成需要经过天冬氨酸合成途径，而天冬氨酸激酶（aspartokinase，AK）和二氢吡啶二羧酸合酶（dihydrodipicolinate synthase，DHPS）能催化赖氨酸的合成，但毫摩尔级的微量赖氨酸就会对这两种酶产生反馈抑制作用，限制赖氨酸的积累，最终耗尽甲硫氨酸而使细胞死亡。科学家从大肠杆菌中发现了对赖氨酸不敏感的这两种酶，可用做植物转化研究中的筛选标记，使生长在含有赖氨酸培养基中的转基因植株能够存活，而非转基因植株则死亡。

一些植物中不存在的氨基酸会对植物细胞产生毒性，因此能将有毒氨基酸转化为无毒产物的酶也可以作为选择标记基因。植物中不存在对 D-氨基酸氧化脱氨的代谢途径，故较低浓度的 D-氨基酸便会引起细胞死亡。将大肠杆菌中编码 D-丝氨酸氨解酶（DSD）的 *dsdA* 基因在植物中表达，DSD 催化 D-丝氨酸转化为丙酮酸、水和氨，从而消除 D-丝氨酸的毒性。因此以 D-丝氨酸为选择剂，将 *dsdA* 作为安全标记导入拟南芥，可达到与 *npt* II 相同的转化效率。

（9）解除化合物毒性（或胁迫）的基因

化合物解毒酶可以将对细胞生长有毒（或胁迫）的化合物转变成无毒（或胁迫）的化合物，将这类基因作为标记基因转入植物体内后，只有转化的细胞才能够在有毒（或胁迫）的化合物培养基上正常生长，而非转化细胞则最终被杀死。有关的基因包括甜菜碱醛脱氢酶（betaine aldehyde dehydrogenase，BADH）基因[能够将有毒的甜菜碱醛（betaine aldehyde，BA）转变成无毒的甜菜碱（glycinebetaine，GA）]、有机汞裂解酶（organomercurial lyses，merB）基因和汞离子还原酶（mercurius reducase，merA）基因（可将高毒性的甲基汞转化为低毒的二价离子汞和甲烷，继而还原为金属汞，达到降低毒性的目的）、谷氨酸-1-半醛转氨酶（glutamate-1-semialdehyde-aminotransferase，GSA-AT）基因 [能够催化谷氨酸-1-半醛（glutamate-1-semialdehyde）转化成δ-氨基-δ-酮戊酸（amino lavulinic acid，ALA），保障叶绿素生物合成的正常进行] 等。这些基因均在不同的实验中被初步验证了作为筛选标记的可行性，显示了其广阔的应用前景。

（10）利用颜色差异性筛选转化体的相关基因

在转化研究中通过直接观察转化受体及细胞的颜色来判断转化子是一种非常直观简便的筛选手段。各种植物均具有合成花色素苷的能力，而花色素苷生物合成调节基因能在组织内促进花色素苷的生物合成，而花色素苷基因能够在植物的不同器官和组织中表达，使细胞产生红色素。在基因转化过程中，若将这种调节基因转入植物体内，会使细胞变成红色，很容易就可以观测到转化结果，是一种不需要任何生色底物的活体显色。目前能作为筛选标记使用的调节因子主要有 C1/Lc 和 C1-R，通过基因枪（或农杆菌介导）的转化方法使转化体的不同器官或组织显红色，这些基因已被应用到植物遗传转化研究中。

（11）微管蛋白基因

微管蛋白是组成微管的主要成分，最常见的是α-微管蛋白和β-微管蛋白。二硝基苯胺类除草剂是抑制微管的典型代表，它们与微管蛋白结合，抑制微管蛋白的聚合作用，造成纺锤体微管丧失，使细胞有丝分裂停留于前期或中期，导致形成多核细胞。使用二硝基苯胺类除草剂氟乐灵（trifluralin，TFL）作为选择剂，被转入突变的α-微管蛋白基因 *TUAm* 的转基因植物可以抵抗 TFL 的毒性，因此可将 *TUAm* 作为选择标记基因使用（王关林和方宏筠，2002；周鹏，2008）。

1.3.4.3 标记基因和报道基因的生物安全性分析

目前使用的标记基因和报道基因主要是抗生素抗性基因和除草剂抗性基因，由于细菌可以通过质粒的转移扩散获得对多种抗生素的抗性，因此人们也开始怀疑转基因植物中的抗性基因是否会转移到细菌中而产生安全性问题（谢杰等，2006）。

人们担心的标记基因和报道基因的潜在危险性主要包括三个方面：第一是食用安全性方面。人们担心转基因食品中的标记基因的表达产物是否具有毒性或过敏性以及表达产物进入肠道内是否继续保持稳定的催化活性，进而影响到人体的健康。第二，人们担心转基因植物中的抗生素抗性基因会通过基因的水平转移而转移到人类肠道中的细菌体内，形成能抵抗多种抗生素的超级细菌，从而降低抗生素在临床治疗中的有效性。第三是生态环境的危害方面。一方面是编码除草剂或抗生素的抗性基因标记会不会通过花粉或种子等途径在种群之间扩散传播到野生亲缘种中或向其他植物中转移，使杂草获得除草剂或抗生素的抗性，变成现有除草剂无法杀灭的"超级杂草"，这种杂草在自然环境中与其他野生种相比获得生长优势，进而给整个生态系统的生物多样性带来危害。

有研究证实，油菜、甘蔗、莴苣、草莓、向日葵、马铃薯以及禾本科作物均有向其近缘野生种的自发基因转移的现象。自 20 世纪 90 年代以来，已经有多例试验证实外源基因可以通过花粉逃逸到非转基因的对照植株中，转基因作物也可能对生物产生不良影响。如研究人员发现，一种 Bt 玉米能向周围散布大量转基因花粉，高剂量时足以杀死黑脉金斑蝶幼虫。后来虽然研究者又证明目前已商业化的大多数 Bt 玉米花粉对黑脉金斑蝶种群还不会构成威胁，但其风险依然存在。另外，抗除草剂转基因作物收获后的落粒再次萌发会成为轮作后茬作物田间难以消灭的杂草，这已经成为一个严重的问题。如加拿大抗除草剂转基因油菜成为后茬小麦田的杂草。在美国中北部地区，抗除草剂玉米成为后茬大豆田的重要杂草。所以，对于那些原本就具有杂草特性的植物在进行基因遗传转化时，应该重视可能出现的杂草化问题（Hancock *et al.*，2003）。

总的来说，有关筛选标记基因和报道基因的安全性研究还刚刚开始，研究的对象也没有涉及所有的标记基因和报道基因，研究的内容还有待深入。就目前的结果来看，似乎大多数的基因都不存在风险，但也有个别基因还是存在潜在风险的。下面就几个常见的标记基因的风险评价做一简单介绍（刘苗霞等，2011）。

（1）潮霉素标记基因（*hpt*）（沈立明等，2006）

通过对转基因大米加工食品中标记基因 *hpt* 片段大小的变化以及用转基因大米饲喂大鼠并跟踪 *hpt* 基因及表达产物蛋白在大鼠体内的代谢发现，*hpt* 基因已经被降解成小片段，发生基因水平转移的可能性很低，而蛋白质的致敏性也很低，因此 *hpt* 标记基因可能是安全的。

（2）卡那霉素抗性基因（*Kan*）（王紫萱和易自力，2003；徐茂军，2001）

针对卡那霉素抗性基因的研究表明，第一，卡那霉素抗性基因从转基因植物向土壤微生物以及相关野生种中扩散的概率很低，几乎不会发生，另外扩散与诸多因素有关，与杂交完全不同；第二，食用安全性。该蛋白在转基因植物中的含量极低，而且被食用后很快就被降解。到目前为止，还没有有关卡那霉素抗性基因编码蛋白对人兽有直接毒性的报道。第三，杂草化的风险。由于土壤中的卡那霉素含量极低，因此，即使有一些带有卡那霉素抗性基因的植物遗漏在环境中成为杂草，这些含卡那霉素抗性基因的植物具有的优势也没有发挥的机会，因此杂草化难以实现。第四，在抗生素医疗安全性方面。一方面卡那霉素已被更安全有效的氨基糖苷类抗生素所取代，另一方面，卡那霉素抗性基因向潜在的病原微生物转移本身几乎不可能，因此不会导致更有害的微生物出现。另外，自然界中天然存在卡那霉素抗性细菌，所以由于转基因的扩散造成抗性细菌的产生并不会显著改变抗性细菌数量。

（3）草丁膦抗性基因（*bar* 基因）（薛大伟等，2005；林鸿生等，2000）

在食用安全性方面，使用含 *bar* 基因的转基因稻米饲喂大、小鼠，并做各种生理指标测定及毒性试验，发现大、小鼠并无明显变化，表明转 *bar* 基因水稻的食用安全性。在基因水平转移方面，研究发现由于使用除草剂 Basta 后，转基因水稻田内及周边的杂草和野生稻均被杀死，说明转基因水稻的花粉没有向杂草和野生稻转移，而转基因水稻与非转基因水稻田的距离在 10 m 时就足以防止它们进行天然的杂交。

（4）草甘膦抗性基因（吕晓波等，2009；陈新等，2002；浦惠明，2003）

在基因水平转移方面的研究发现，在自然条件下通过大豆花粉进行的漂移几乎是不可能的，但如人为加大虫媒传播（每平方米大于10头），抗草甘膦基因的漂移概率接近0.05%，漂移距离为0.7m。草甘膦的抗性受一对显性核基因控制，通过杂交可把它转移到其他大豆品种中去，而抗草甘膦转基因大豆与非转基因大豆杂交结实正常，外源目标基因可漂移至野生大豆中。另有研究指出，转基因抗除草剂油菜抗性基因在自然栽培条件下"漂移"到近缘作物的可能性极大。

科研人员在农田生态环境下比较了抗草甘膦转基因大豆、亲本非转基因品种和当地常规品种的生存竞争力、繁殖能力、自生苗、种子落粒性和延续能力等，结果显示，该转基因大豆在南京地区环境条件下演化为杂草的可能性较小。而种植一种从阿根廷引进的抗草甘膦大豆后，在南京实验点检测到了一株发生基因漂流的野生大豆，提示该事件是可能发生的。

（5）报告基因 *gus*（王忠华等，2000）

第一，有关生态方面的风险。由于 *gus* 基因在动植物和微生物中普遍存在，因此不会存在 *gus* 基因的扩散与漂移问题。含有 *gus* 的转基因植物及其后代与非转基因亲本相比，也不存在田间竞争性优势。

第二，食品安全性。转基因植物中的 *gus* 基因本身无毒，编码的蛋白质也无毒性。GUS蛋白在加热等条件下会失活，在人的胃中极易降解。因此转基因植物中的 *gus* 基因不存在直接毒性问题。由于 *gus* 基因分布广泛，人体常与这类蛋白接触，而转基因植物中的 GUS蛋白进入人体后在胃中会迅速被降解，因此转基因植物中 GUS 蛋白不会具有过敏性。同时由于人们食用转基因植物食品后，绝大部分核酸已被分解并在肠胃道中失活，剩下的是极小部分，目前尚不知道在消化系统中有植物 DNA 转至微生物的机制，而上皮细胞的更新很快，因此 *gus* 基因水平转移并表达的可能性极小。转基因植物中 GUS 酶通常存在于细胞质中，与 GUS 酶的底物结合的可能性很小，转基因植物中 GUS 酶水解的葡糖苷酸产量很低。只有 GUS 葡糖苷化作用迟钝型的突变体与转运肽结合，才有可能使酶与底物结合导致葡糖苷酸的大量水解。另外，在饮食过程中葡糖苷酸可能与转基因植物中的 GUS酶结合。由于葡糖苷化作用与脱葡糖苷化作用的不断循环，使葡糖苷酸的含量相对稳定，不会出现很大的变化。因此，转基因植物中大肠杆菌 GUS 酶的代谢物不存在毒性反应。

在表达载体上，除了启动子、终止子、筛选标记基因、报道基因等重要的元件之外，有时还会有其他一些用于增强基因表达的元件，如增强子序列、内含子序列以及染色体上的细胞核基质支架附着区序列等。目前这些序列的应用还不十分普遍或还刚刚处在研究初级阶段，但已有的研究表明，这些元件的序列可能会出现在未来的载体上，对植物基因工程的发展将起到推动作用。目前尚无有关对它们进行安全性评估的报道。

1.3.5 载体骨架序列的生物安全性分析

研究表明，T-DNA 向植物染色体上插入的过程表现出一些特点：如 T-DNA 的插入是通过非正常重组进行的，整个过程中发生了复杂的 DNA 重排，不是简单的序列交换过程；T-DNA 的转移是从右边界重复序列开始的，在植物染色体上的插入位点是随机的；T-DNA右边界序列在染色体上的插入及稳定过程是精确的，但左边界序列不精确；在 T-DNA 转移过程中会产生一些 T 链中间产物，这些中间产物偶尔能整合到植物染色体上。在植物染色体上的靶位点处 T-DNA 的拷贝数一般为 1~2 个，但有时可多达 20~50 个，呈现出正向、反向、完全的或不完全的重复（王关林和方宏筠，2002；董志峰等，2001；Ohba *et al.*，1995）。

由于 T-DNA 是自然界中存在的载体，大家一般会理所当然地认为当进行转基因时，载体上只有 T-DNA 序列（包括报道基因、标记基因、多克隆位点和启动子、目的基因以及终止区结构）被转移到植物细胞内，而从不考虑或检测 T-DNA 外部的载体序列是否也会被转入植物中。但从 1994 年起，有多起报道表明在植物的基因组中检测出转基因载体的"骨架"序列，即 T-DNA 边界以外的部分 DNA 序列，甚至是全部载体序列，并发现这与 VirD 蛋白（切割 T-DNA 右侧边界序列）的错误切割有关，因此载体的骨架序列整合到植物染色体上是 T-DNA 转移过程的一部分，是不可避免的（Clus *et al.*，1994；Martineau *et al.*，1994；Wenck *et al.*，1997；Kononov *et al.*，1997；Jake *et al.*，1998）。

近年来的研究表明载体骨架序列可能存在以下问题（王利华等，2004）：

（1）载体骨架含有回文结构，这些回文结构能使质粒之间形成稳定的二级结构，导致异常重组发生。

（2）当载体骨架序列被转录成 RNA 后，这些 RNA 很可能会干扰目的基因 RNA 的合成加工。当由于转录速率高或 RNA 不正常加工而导致细胞中含有大量特异 RNA 时，会诱导特异性同源 DNA 的甲基化，从而诱导基因沉默现象发生。

（3）载体骨架序列与转基因的多拷贝有关。当外源基因以多拷贝的形式正向或反向串联整合在染色体某一位点或分散整合在染色体的不同位置上时，常常导致外源基因不同程度的失活，这称为重复诱导的基因沉默（repeat induce gene silencing，RIGS）。

（4）当外源载体序列和目的基因序列一起整合时，会带来非常大的转基因插入位点，这种大的转基因位点结构上非常不稳定，在转基因后代中易导致位点的丢失和表达的沉默。

（5）载体骨架序列上含有细菌来源的复制子也有可能整合进植物的基因组中，引起食品安全问题。

（6）载体骨架序列上含有抗生素抗性基因整合进植物的染色体中，会引起植物不必要的性状。

（7）这些载体骨架序列有可能会逃逸到环境中。

虽然存在这样的风险和问题，但目前在这方面的研究资料还尚少，正反双方均缺乏一些实质性的证据。

1.3.6　转基因植物中 CRE/LoxP 系统的安全性分析

CRE/LoxP 系统作为重组系统，在转基因动物及微生物载体上应用较为广泛，近来也有人将其用于转基因植物的定向插入研究以及转基因事件后的标记基因等非目的基因片段的去除。该系统来源于大肠杆菌的温和噬菌体 P1，对转基因植物载体上的 CRE/LoxP 系统安全性的评价主要包括以下几个方面，第一是要考虑与 CRE/LoxP 系统的安全评价有关的各种因素，如重组的分子机制；第二是要考虑不正确重组发生的风险和可能的后果评价；第三是还必须考虑到天然植物基因组的可塑性；第四是要对 CRE/LoxP 系统进行评价所获得的一套数据进行详尽的描述，从而进一步用于转基因作物的安全性评价。

从来源上来说，P1 噬菌体的宿主范围很广，如大肠杆菌、沙门氏菌、假单胞菌、根瘤菌和土壤杆菌等。人类接触 P1 噬菌体的最可能途径是通过肠杆菌类，而大肠杆菌本身就是人体和动物肠道的主要微生物类群，因此从这个角度考虑，CRE/LoxP 系统不会对人体构成危害。有关食用安全性问题要必须研究消化道中 CRE 蛋白的降解速率、比较其氨基酸序列与过敏原或者毒素蛋白序列的相似性等。

另外一个要考虑的问题就是 CRE 重组蛋白是否会引发植物或人体内的基因重组。

CRE 重组蛋白分子量为 38.5 kD，专一识别 LoxP 序列进行位点特异性重组，在不同的情况下分别会导致 DNA 序列的缺失、倒位、易位、断裂等。因此，CRE 蛋白的活性以及保留时间、植物基因组中是否存在 LoxP 位点等都是必须考虑的因素。采用分子生物学技术如 PCR、分子杂交等都可以鉴定出在最终的转基因植物中是否存在 *cre* 基因以及 CRE 蛋白是否会引起植物基因组的重排等。

在标记基因切除后的目的基因旁依然留有 LoxP 位点，该位点对目的基因的稳定性的影响需长期观察才能下结论。虽然从碱基分布的概率上看，高等植物中不可能存在野生型的 LoxP 位点，但不能排除实际上的这种可能性。例如在酵母以及动物基因组中都已经发现若干隐性的 LoxP 位点或序列同源区，这会使重组的概率大大增加，但在植物中还未见有关报道。体外研究已经证实，CRE 能催化动物基因组中 2 个隐性的假 loxP（cryptic pseudo LoxP）位点之间的重组以及在小鼠精子细胞内 CRE 能催化不同于野生 LoxP 的重组，说明 CRE 可以与动物体内的隐性 loxP 位点相互作用。在体细胞内也有可能进行类似的由 CRE 介导的不同于 LoxP 位点的重组。

CRE 属于 DNA 结合蛋白，在转基因植物中 CRE 的过量表达可能会干扰正常的 DNA 活性。在烟草、矮牵牛和拟南芥中，过量表达的 CRE 蛋白可能与叶子卷曲和（或）可育性降低有关；但幸好这些非正常表型与 *cre* 基因不连锁，CRE 引起的这些变化不会遗传。最近发现在转基因小鼠精子细胞中 CRE 的高水平表达会导致不育，可能是 CRE 与宿主 DNA 相互作用导致了额外的重组或形成某种 DNA 蛋白质复合物所致。这些研究说明在转基因植物中有必要对 CRE 的活性进行限制，否则有可能产生意料之外的重组。对于这种非预期重组进行的安全性评价需与常规育种实践相比较进行。因为在植物的进化过程中也不断发生基因重组，在育种实践中基因重排也是经常发生的。在常规育种包括诱变育种中，我们不关心是否发生了基因重排，是否产生有毒物质以及主要的营养物质和抗营养物质在组成上是否发生变化，即使发生了一些变化，仍然保留这些经过改良的作物。在对 GMO 包括 CRE/LoxP 系统进行安全性评价时，一般遵循国际上认可的实质等同性原则（substantial equivalence）进行。总之，目前各种去除标记基因的方法还都处于发展阶段，CRE/LoxP 系统的安全性还需要进一步的认识研究（董志峰等，2001）。

目前转基因载体上的启动子、终止子、标记基因、报道基因以及骨架序列的安全性正在引起大家的关注，但是受人们目前掌握的知识所限，对这些 DNA 进行全面准确的安全性评估不是一件容易的事。从历史上来看，生物安全和风险评估本身也是一个进化的过程，随着科学的发展，生物安全的概念、风险评估的手段和内容、风险的大小以及人们所能接受的能力都将发生变化，而且每一个人都有自己对待各种安全和风险的观点。与此同时，植物转化技术将不断在转化效率和精确度等方面得到改进。因此，非常有必要定期地利用新的科学知识对安全性和潜在风险进行再评价。最后需要强调的是，我们对转基因植物的风险只能做到力所能及的控制，但是不可能将风险降为零，因为所有努力都受到当时科学发展水平的限制。

1.4 安全转基因技术

由于转基因工程中使用的非目的基因片段，包括启动子、标记基因、报道基因、载体骨架等序列都有可能带来一系列潜在的风险，因此有的科学家从技术角度出发，设计了一些方法试图彻底解决这些问题，这就是"安全转基因技术"。目前安全转基因技术的策略主要有：①减少或消除载体上的非目的基因片段，将除了表达目的基因必需的启动子、基因的编码区以及终止子之外的其他序列全部删除或尽量减少；②采用无标记转基因技术、转基因后将标记基因删除技术以及采用无争议的生物安全标记技术等；③从防止目的基因逃逸角度出发，采用叶绿体基因转化系统、终止子技术、雄性不育技术以及彻底删除外源基因技术等（张茜等，2011；王艳辉等，2009；魏毅东等，2010；孙婷婷等，2007；李文凤等，2010；董文琦，2004）。

1.4.1　减少或消除载体上的非目的基因片段

这种方法就是只保留表达外源基因所必需的启动子、编码区和终止子，将其他的非目的基因序列尽量减少或全部除去，具体的方法有以下几个方面：

（1）对表达载体进行改造

本方法就是除去那些功能未知或者不必要的序列，将植物转化载体小型化。如有的微型植物表达载体大小只有 3.5 kb，由于载体序列变小，反而有利于外源 DNA 克隆。但这种小载体不能利用土壤农杆菌进行转化，但可借助于霰弹法等方法转化。

使用小的载体但并不能完全避免载体骨架序列在植物染色体中的出现，这些额外的序列同样会在转基因植物的田间释放和在商业化过程中带来潜在的风险。有一种方法可以部分解决这个问题，就是在构建载体时，将芽孢杆菌 RNA 酶（*barnase*）基因插入到左边界外的载体骨架上，超出左边界序列的整合将导致芽孢杆菌 RNA 酶基因表达，转化细胞将会死亡。这种改变使农杆菌介导的基因转化会严格按照从右边界开始，左边界终止，由此可以部分解决左边界外载体序列整合进植物染色体中的问题。

（2）筛选只含有 T-DNA 的转基因植物

小载体的使用并不能保证外源非目的基因片段进入植物染色体，在转化植物后筛选或富集只含有 T-DNA 序列的转基因植物会进一步增加可靠性。

（3）将只含有转基因表达所需的基本元件

将只含有转基因表达所需的基本元件（启动子、编码区和终止子）而不含有载体骨架序列的线形 DNA，利用霰弹法等直接转移进入受体细胞。在哺乳动物的转化中，进行 DNA 微注射前去除载体序列已经有许多工作报道，在植物中报道得较少。研究表明载体骨架序列在促进转基因重排、转基因沉默以及整合拷贝数增多等方面起着负面影响，采用基本元件转化植物可以获得低拷贝的转基因植物并减少基因重排。采用基因枪等直接转化法将去除载体骨架序列的基本元件转化植物，可以获得较为安全的转基因植株。

基本元件转化尽管能够有效解决转基因植物中载体骨架序列带来的安全性隐患，但也存在一定的风险。如向细胞中导入裸露的 DNA 分子可以进入大部分细胞，但是能进入到细胞核中的却很少，且在整合前裸露的 DNA 分子易发生扩散、重排等，使整合进基因组中的外源基因拷贝数增多，排列复杂化等。此外，只转化基本元件在未来的商业应用中可能仅限于抗除草剂基因、耐盐碱基因等少数功能基因的转化。

（4）利用植物基因的原位修饰或基因打靶技术

利用植物基因的原位修饰或基因打靶技术将外源基因准确定向地插入到受体基因组中，避免载体骨架序列的整合。这一类方法根据载体的设计可以将植物中的基因敲除（knock-out），或者只插入新的外源基因（knock-in），或者修复植物体内突变的基因（gene therapy）。这类方法都是依赖于 DNA 序列之间的重组作用。在转基因植物中，基因打靶的例子已经很多，所用的载体多为 T-DNA 载体，尚未见只使用含有外源目的基因的 DNA 片段进行基因打靶的报道。基因打靶的基本设想是利用同源重组将目的基因准确定向插入受体基因组，但结果往往还会导致靶位点的重排如 DNA 缺失等，说明基因打靶过程的基因重组并不是一个单纯的双交换过程，还存在着我们可能还不太了解的其他重组机制。

目前已经或者正在发展许多方法去除载体骨架序列并同时优化转基因的功能，鉴于大多数减小载体非必需的 DNA 序列的方法还在发展中，主要用于烟草、拟南芥等模式植物，真正用于转基因作物还需要很长一段时间。

1.4.2　标记基因和报道基因的清除

标记基因和报道基因是最有可能引起潜在安全风险的成分，科学家们设想了一系列办法来去除这些基因，主要有三种方法：采用无争议的生物安全标记、将转基因成功的植株中的标记基因和报道基因删除系统以及采用无标记基因的裸基因直接转化方法等（魏毅东等，2010；董文琦，2004）。

1.4.2.1　采用无争议的生物安全标记

目前这些无争议的安全生物标记主要包括几大类别：①与糖代谢相关的基因；②与氨基酸代谢相关的基因；③与激素相关的基因；④化合物解毒酶基因；⑤抗逆基因；⑥叶绿体合成中的关键酶基因等。这些标记基因在前面载体组成章节中已介绍，这里不再介绍。

1.4.2.2　标记基因和报道基因删除系统

在获得转基因植物后，标记基因和报道基因的存在就成为多余甚至有害成分，基因删除技术可将标记基因和报道基因完全从转基因植物基因组中除去，不仅消除了人们对转基因植物的担心，而且有利于对植物进行多次转化和多个基因整合。目前删除系统主要有四种：共转化系统、转座子系统、同源重组系统和位点特异性重组系统。

（1）共转化系统

原理是将选择标记基因和目的基因分别放置在两个不同的 DNA 分子上或 T-DNA 片段上，经基因转化进入植物后，目标基因和选择标记基因将被整合在不同的位置上（基因组上两个非连锁位点）。这两类基因在随后的植株杂交（或自交）及减数分裂中分离，通过筛选获得不含有标记基因的转基因植物。

比较成熟的共转化法有以下 3 种：第一是双菌株系统，即两个 T-DNA 分别位于不同菌株的载体上，第二是双载体系统，两个 T-DNA 位于同一个菌株的不同质粒载体上，第三是双 T-DNA 法，即两个 T-DNA 位于同一个质粒中。三种方法中由于菌株和受体植物不同，共转化效率差异较大，有研究表明双 T-DNA 法的共转化效率比双菌株要高。

此方法要求植物能进行有性生殖，且需从大量的转基因群体中筛选转基因植株。在使用基因枪转化中，两个分子有时会共整合在连锁位点上，仍然不能有效地获得切除标记基因的植物，此乃本方法的不足之处。

（2）转座子系统

原理是利用转座子可以移动的特点使标记基因和目的基因分离。在玉米的 Ac/Ds 转座系统中，当 Ac 转座酶存在的情况下，非自主型 Ds 转座成分可被激活并发生转座，在玉米和其他双子叶植物中连锁位点和非连锁位点的转座频率大致相等。利用 Ac/Ds 转座系统的这些特性，发展出了一系列消除转基因植物中标记基因的策略。如将选择标记基因 *ipt*（isopentenyl transferase）插入 Ac 中组成载体系统的元件，转化植物后 *ipt* 基因表达会产生细胞分裂素，转基因植株表现为丛枝状；而当 Ac 转座失败（即从染色体上切下而又未能重新插入到另一位点）时，*ipt* 基因就被除去，转基因植株的丛枝状消失。因此很容易辨别转基因植株及除去标记基因的转基因植株，且 T1 代就可得到除去标记基因的个体。

但转座子转座后插入的位点不能确定，并且不同物种转座频率差异很大，因此获得的除去标记的转基因植株较少，也容易产生突变体，操作繁琐、周期一般较长，故而使用受到限制。

（3）同源重组系统

本方法是在没有引入外源重组酶的情况下，仅通过对插入的 DNA 序列进行改造，利用细胞自身的重组系统删除标记基因。如将选择标记基因 *npt* II 和负选择标记基因 *tms2* 插入到两对 attp 同源序列之间（attp 序列是噬菌体的重组识别位点序列，富含 AT），attp 之间的序列在转化后发生染色体内的同源重组，再经过两次筛选即可获得无标记基因的转基因植株，此方法不需要后代杂交分离，可以应用于无性繁殖植物。但 attp 引发的重组可能是通过诱导双链断裂而发生的，会导致序列的不稳定，同时由于同源重组的重组频率低，故本方法使用受到一定的限制。

（4）位点特异性重组系统

本系统由重组酶和它的识别位点组成，当识别位点正向排列时，重组酶会导致它们之间的所有序列被切除。位点特异性重组系统包括 Cre/LoxP 系统、FLP/FRT 系统、R-RS 系统等，当前研究较清楚的是来自噬菌体 P1 的 CRE/LoxP 重组系统。在该系统中，*cre* 基因可通过转化或有性杂交整合到事先整合有 LoxP 位点的植物基因组上，CRE 重组酶专一性识别 34 bp 的 LoxP 位点，引发 DNA 的剪切和倒位，从而切除位于 LoxP 位点之间的选择标记基因。如可将潮霉素抗性基因 *hpt* 作为选择标记基因插入到两个同向的 LoxP 序列之间，经过一次转化后，利用含有 *cre* 基因和选择标记基因 *npt* II 的载体进行二次转化删除 *nptII*，后代通过有性杂交分离删除了 *npt* II 的无选择标记的转基因植株。还有人对这些重组系统进行改进，使重组酶的表达可受外界化合物或热等条件的诱导，从而控制重组的发生；也有通过采用细胞组织特异性启动子来控制重组酶表达的删除系统。

比较这几种方法可看出，共转化和转座子法删除效率不高，而且大部分都需要有性杂交分离，故应用不广。而位点特异性重组，尤其是可诱导的重组系统近年来发展很快，这种方法不但可以精确控制重组，而且不必经过二次转化和有性杂交即可获得无选择标记的转基因植物。但在特异性重组系统中，在删除两个特异性识别位点之间的 DNA 序列后，会在删除位点上留下一个特异识别序列，在后续导入新的目的基因后，再使用相同的重组系统删除选择标记基因将受到影响。而同源重组法虽然删除效率很低，但此体系不借助外源蛋白，仅利用植物自身重组删除选择标记。如果能通过改善重组序列增加重组效率，将会是一种十分有效的删除系统。总之，标记基因的删除技术目前仍有许多不足之处，有待进一步发展和完善。

1.4.2.3　采用无标记基因的裸基因直接转化的方法

最经济和最理想的转基因方法是不使用任何的选择标记基因，只使用包含启动子、编码区和终止子的线性 DNA 片段的基本元件进行转化，这样不仅去除了转基因中的不必要序列，而且可获得低拷贝的转基因植物并减少基因重排发生。但由于基本元件是裸露的 DNA 分子，整合前易发生扩散、重排，会导致整合到基因组中的外源基因拷贝数增多，排列复杂化等。此外基本转化元件不含筛选标记基因，将给后期检测筛选带来一定的困难。因此，采用基本转化元件进行的转基因操作可能仅限于抗除草剂基因、耐盐碱基因、抗冷冻蛋白基因、纤维素酶基因等少数功能基因的转化。

如何将这种线性 DNA 送入植物细胞呢？可以采用前面叙述的基因枪法以及花粉管通道法等，目前已在小麦、马铃薯、大豆等作物中获得成功。也有使用来自农杆菌超强毒株 *A. tumefaciens* A281 的质粒 pTiBo542 的 Ti 区的 DNA 片段进行转化的，这个 Ti 区的 DNA 片段的转化效率高。

在转基因植物中清除选择标记基因和报道基因是可行的策略，它不仅可以完全消除抗性选择标记基因带来的隐患，而且有利于将多个基因转入植物，降低了目的基因沉默的概率。但目前技术本身还存在很多不足，如精确性差，程序繁琐，应用范围受限等，还有大量工作要做。但是，这应该是一个非常有潜力的发展方向，值得大力研究。

1.4.3　防止目的基因逃逸的技术

1.4.3.1　叶绿体转化系统

叶绿体转化就是将外源基因插入叶绿体基因组里。由于叶绿体的遗传方式是母系遗传，所以外源基因整合进叶绿体基因组后，花粉中不会有外源基因，也不会出现外源基因随花粉转移扩散到环境中的现象。由于目的基因仅在叶片中表达，在转基因植物的果实中就不会大量积累。由于叶绿体具有母系遗传性，整合的目的基因可在子代中稳定地遗传和表达。

叶绿体遗传转化的原理主要是：外源基因通过同源片段的双交换，定点整合到叶绿体基因组中。目前叶绿体转化方法主要有基因枪法、玻璃珠搅拌法、紫外激光微束法、气溶胶基因导入法等，其中基因枪法是叶绿体转化技术中转化效率最高的。

但叶绿体转化法有很大的局限性。首先是转化率较低，基因枪激发的金粉穿透细胞后再穿透叶绿体膜较困难。因此，虽然叶绿体转化技术已经开展有 10 多年了，但是仅在少数植物上获得成功，如烟草、西红柿、油菜等。其次，目前大多数植物的叶绿体基因组序列还不清楚，无法确定重组的同源片段序列，严重限制了该技术的广泛应用。第三是转化叶绿体难以同质化，转化叶绿体活力较低，在细胞质的随机分裂中难以与众多非转化叶绿体竞争而被逐渐淘汰。第四，研究发现在有的转化叶绿体的转基因植物中（如烟草、油菜等），出现叶绿体基因向核基因转移的现象以及叶绿体基因向野生近缘种转移的现象。这说明叶绿体基因组没有原来想象的那么绝对稳定，有关叶绿体基因组与核基因组之间的交流还需进一步研究（贾婕等，2008；孙婷婷和胡宝忠，2007；毛健民和李季平，2002）。

1.4.3.2　终结者技术

　　终结者技术是美国 Delta 和 Pine Land 公司研发，与美国农业部联合申请、经美国专利局 1998 年 3 月批准的一项专利技术。该专利技术解决了转基因植物以种子为媒介的基因转移问题，显著提高了转基因植物的安全性。这项技术的原理是利用 Cre-LoxP 重组系统，在种子的某个特定发育阶段激活种子里的致死基因，从而杀死种子。

　　在终结者技术中，一个胚胎发生后期的特异性启动子与一个致死基因相连，致死基因的启动子由于被插入一段阻碍序列而失活，故致死基因无法表达，这个阻碍序列两侧是重组酶 CRE 的识别位点 LoxP。致死基因被引入亲本家系 A，将 cre 基因与特异性启动子连接，然后转入另一个亲本家系 B，这两个亲本如果各自自花授粉的话均能产生可育的种子。如果亲本 A 与亲本 B 杂交，那么后代就会含有受阻的致死基因和 cre 基因。重组酶基因 cre 通过杂种种子萌发而表达，使阻碍序列被精确删除，致死基因的启动子恢复活性，启动致死基因的表达，结果致死基因在第二代种子成熟的时候具有活性，这样的杂种种子就无法萌发（钱迎倩等，1999；Craig，1988）。

1.4.3.3　雄性不育技术

　　由于基因的转移主要是通过花粉传播的，因此雄性不育技术可以解决基因扩散的问题。目前利用分子手段创造植物雄性不育的途径有：①通过绒毡层和花粉特异表达细胞毒素，提早降解四分体间的胼胝质壁，破坏花药的发育，从而获得雄性不育植株。该技术在烟草、油菜、水稻、番茄等中获得成功。②通过反义 RNA 技术创造雄性不育。由于在花粉发育过程中涉及多个基因的表达，阻断这个过程中任何一个基因的表达或使其失活均能导致配子体发育异常，造成雄性不育。

　　尽管不育的转基因植物可以有效地减少或消除以花粉或种子为媒介的转基因流动，但这可能会产生另外一个问题：如果在大范围情况下种植这些转基因植物，它们不能产生花、花粉、种子、果实或是球果，没有食物供昆虫和依赖这些为食的动物，会减少该地区的生物多样性。这样看来，在某些情况下，雄性不育技术并不是控制转基因植物的基因转移的最好方法（贾婕等，2008）。

1.4.3.4　特异性表达启动子

　　在早期的作物转基因工作中，一般使用组成型表达的启动子来启动目的基因的表达，如 CaMV35S、水稻的肌动蛋白基因 Actinl 启动子、玉米泛素基因 Ubi 启动子等。这些启动子的表达不仅会对营养器官的发育造成影响，也给转基因作物在食用安全方面带来隐忧。最近发展起来的组织特异性启动子或诱导性表达的启动子可能会解决这个问题（贾婕等，2008；王艳辉等，2009）。在转基因植物中使用这些特异性启动子使外源基因的表达仅限定在某些特定组织器官中，或者在特定条件下才被诱导表达。已有报道由花药、种子、韧皮部、胚乳、叶片和髓部等组织特异性启动子驱动的外源基因在转基因作物中成功实现了组织器官的特异性表达（李永春等，2003），因此，利用组织特异表达启动子代替组成型表达启动子来解决转基因植物的安全性问题已成为转基因研究中的另一热点。

1.4.3.5 染色体组的特异性选择

对于异源多倍体作物来说，只有某一套染色体和近缘杂草具有杂交亲和性，因此染色体组的特异性选择在防止转基因逃逸也有一定的作用。例如小麦的 D 染色体组和有芒山羊草（*Aegilops cylindrica*）的 D 染色体组具有亲和性，因而定位于小麦 D 染色体上的外源基因很容易转移到这种杂草中。同样油菜 B 染色体组中的外源基因很容易转移到芸薹属（*Brassica*）的野生杂草中。我们可以通过对转基因定位后，只选择那些外源基因插入到安全性较高染色体组的转基因作物进行产业化，这样就可以降低产生超级杂草的生态风险。但这种方法不适用于表现为同源重组的植物，目前这种方法并没有在转基因植株中得到证实（贾婕等，2008；Gresse，1999）。

1.4.3.6 应用 TM 基因

自然界中杂草间及杂草和作物之间都存在着激烈的竞争，即使是温和的不利性状也会使植物的杂草化受到极大的限制。Gress 提出的一种防止超级杂草产生的策略是将那些控制对杂草生存不利性状（如防止种子散落和降低种子二次休眠等）的 TM（transgenic mitigation）基因和目的基因连接，这样使转基因植物失去了有利杂草形成的竞争优势。即使发生了转基因逃逸，也会因 TM 基因伴随漂移而使得超级杂草的形成受到限制（李永春和孟凡荣，2003；Gresse，1999）。

1.4.3.7 彻底的外源基因删除技术

外源基因删除技术是对位点特异性重组技术的一种改进，基本原理是将花粉或种子等表达的器官特异性基因的启动子与重组酶基因连接，使转入的基因只在花或种子等特异器官中被删除，从而可以防止基因通过种子扩散而逃逸。而转基因植株的其他器官由于没有启动这一套删除系统，依然保留外源基因，继续发挥抗逆性强、高产优质等由目的基因带来的优良性状。

该技术是构建一个盒式结构，所有的功能性外源基因都包括在该盒式结构里。盒式结构的两侧分别接着重组酶识别位点序列如 LoxP、FRT，在植物发育的某个特定阶段，FLP 或 Cre 重组酶基因表达，删除一个 LoxP-FRT 以及所有位于两个 Lox-FRT 之间的 DNA 序列，在主基因组里只留下一个 LoxP-FRT。离体的 DNA 序列在植物细胞里，会被细胞内的 DNA 酶降解。

这项技术的要点是在转基因植物中加入了受器官特异性表达的基因启动子控制的特殊基因（重组酶基因），该特殊基因在启动子的作用下，可在研究者期望的部位和时间将外源基因和自身从转基因植物中切除，使转基因作物的果实、花粉、种子不再含有外源基因，或将外源基因从人们所需食用的部分（如植物的茎、叶、块茎）中彻底清除，达到用转基因作物生产出非转基因食品的目的。因此，这项技术可使长期困扰人们的转基因食品安全性问题和外源基因逃逸问题从根本上得以解决。

实验表明这项技术在温室条件下的删除率可达 100%，但在野外条件下的删除率尚不清楚，而野外条件下的删除率是该技术商业推广应用的关键（Luo *et al.*，2007）。

以上介绍的这些技术虽然都能够在一定程度上防范目的基因的逃逸，但都不能是绝对的有效，对于将来如何更好地防范转基因逃逸，可以依靠技术手段的不断进步来逐步解决。同时还要严格管理和监控，做好隔离措施，最大限度控制转基因对环境造成的污染。

（胡文军）

参考文献

[1] 陈金中，薛京伦. 载体学与基因操作[M]. 北京：科学出版社，2007.

[2] 陈晟，郭丽琼，宋景深，等. T5 代γ-亚麻酸转基因大豆的遗传稳定性分析[J]. 大豆科学，2012，31（1）：25-28.

[3] 陈惠，赵海霞，王红宁，等. 植酸酶基因中稀有密码子的改造提高其在毕赤酵母中的表达量[J]. 中国生物化学与分子生物学报，2005，21（2）：171-175.

[4] 陈锦清，郎春秀，胡张华，等. 反义 PEP 基因调控油菜籽粒蛋白质/油脂含量比率的研究[J]. 农业生物技术学报，1999（7）：316-320.

[5] 陈松，张洁夫，浦惠明，等. 转基因高油酸甘蓝型油菜新种质研究[A]//现代分子植物育种与粮食安全研讨会论文集[C]. 2011.

[6] 陈新，朱成松，顾和平. 抗草甘膦大豆的遗传研究[J]. 江苏农业科学，2002（6）：21-23.

[7] 陈苇，李劲峰，董云松，等. 甘蓝型油菜 Fad2 基因的 RNA 干扰及无筛选标记高油酸含量转基因油菜新种质的获得[J]. 植物生理与分子生物学学报，2006，32（6）：665-671.

[8] 程水源，顾曼如，束怀瑞. 银杏叶黄酮研究进展[J]. 林业科学，2000，36（6）：110-115.

[9] 董文琦. 消除转基因植物中选择标记的研究进展[J]. 中国生态农业学报，2004，12（3）：29-35.

[10] 董志峰，马荣才，彭于发，等. 转基因植物中外源非目的基因片段的生物安全研究进展[J]. 植物学报，2001，43（7）：661-672.

[11] 段英姿，牛应泽，郭世星. 油菜基因工程研究进展[J]. 中国农学通报，2003，19（5）：92-98.

[12] 付绍红，张汝全，李云，等. RNA 干扰甘蓝型油菜 PEPC 基因研究[A]//中国作物学会 50 周年庆祝会暨 2011 年学术年会论文集[C]. 2011.

[13] 傅廷栋. 油菜杂种优势研究利用的现状与思考[J]. 中国油料作物学报，2008，30（Z）：1-5.

[14] 郭三堆，崔洪志. 中国抗虫棉 GFMCrylA 杀虫基因的合成及表达载体构建[J]. 中国农业技术导报，2000，2（2）：21-26.

[15] 胡廷章，罗凯，甘丽萍，等. 植物基因启动子的类型及其应用[J]. 湖北农业科学，2007，46（1）：149-151.

[16] 黄大昉，林敏. 农业微生物基因工程[M]. 北京：科学出版社，2001.

[17] 贾婕，张金凤，王斌，等. 植物防范转基因逃逸的分子策略[J]. 农业资源与环境科学，2008，24（4）：390-393

[18] 贾晶月，刘学钊，王霞，等. 苏云金芽孢杆菌杀线虫晶体蛋白在拟南芥中的表达[J]. 南开大学学报（自然科学版），2013，46（5）：86-91.

[19] 杰弗里• M. 史密斯（Jeffrey M. Smith）. 转基因赌局[M]. 苏艳飞译. 南京：江苏人民出版社，2011.

[20] 李明春，卜云萍，王广科，等. 深黄被孢霉δ6-脂肪酸脱氢酶基因在大豆中的表达[J]. 遗传学报，2004，31（8）：858-863.

[21] 李胜国, 刘玉乐, 康良仪, 等. 烟草花药特异启动子的克隆、活性测定及雄性不育基因和恢复基因的构建[J]. 农业生物技术学报, 1995, 3（3）: 25-31.

[22] 李文凤, 季静, 王罡, 等. 提高转基因植物标记基因安全性策略的研究进展[J]. 中国农业科学, 2010, 43（9）: 1761-1770.

[23] 李秀影. 农杆菌介导的转 *Bt cry1Ah* 和 *cry1Ie* 基因抗虫植物的研究[D]. 东北林业大学, 2013.

[24] 李艳红, 肖兴国, 赵广荣, 等. 将新的人工雄性不育基因导入小麦栽培品种的研究初报[J]. 农业生物技术学报, 1999, 7（3）: 255-258.

[25] 李艳萍, 郎志宏, 李敏, 等. 融合基因在转基因植物中的应用[J]. 中国生物工程杂志, 2007, 27（5）: 137-141.

[26] 李永春, 孟凡荣. 提高转基因作物生物安全性的分子策略[J]. 中国生物工程杂志, 2003, 23（9）: 30-33.

[27] 林鸿生, 华志华, 张祥喜. *bar* 基因在杂交水稻制种中的应用及其安全性分析[J]. 江西农业学报, 2000, 12（2）: 6-10.

[28] 刘春明, 朱祯, 周兆斓, 等. 豇豆胰蛋白酶抑制剂 cDNA 在大肠杆菌中的克隆与表达[J]. 生物工程学报, 1993, 9: 152-157.

[29] 刘大文, 王守才, 谢友菊, 等. 转 Zm13-Barnase 基因玉米的获得及其花粉育性研究[J]. 植物学报, 2000, 42（6）: 611-615.

[30] 刘良式. 植物分子遗传学[M]. 北京: 科学出版社, 1997: 105-117.

[31] 刘苗霞, 张颜睿, 付凤玲. 标记基因在植物转基因中的安全性研究[J]. 安徽农业科学, 2011, 39（28）: 17186-17187.

[32] 刘谦, 朱鑫泉. 生物安全[M]. 北京: 科学出版社, 2001.

[33] 陆桂华, 孙海涛, 张景六, 等. 由 RTS-barnase 嵌合基因的表达导致的雄性不育水稻植株[J]. 植物生理学报, 2000, 26（2）: 171-176.

[34] 陆小毛, 朱路青, 曹越平. 转 *Bt* 基因作物及其安全性研究[J]. 上海交通大学学报（农业科学版）, 2006, 24（2）: 214-220.

[35] 吕晓波, 王宏燕, 刘琦. 抗草甘膦转基因大豆（RRS）在黑土生态系统种植的安全性研究[J]. 大豆科学, 2009, 28（2）: 260-265.

[36] 罗会颖, 姚斌, 袁铁铮, 等. 来源于 *Escherichia coli* 的高比活植酸酶基因的高效表达[J]. 生物工程学报, 2004, 20（1）: 78-84.

[37] 毛健民, 李季平. 高等植物的叶绿体转化系统及研究进展[J]. 生命的化学, 2002, 22（1）: 63-65.

[38] 孟志刚. Bt 杀虫基因的结构改造与功能研究[D]. 中国农业科学院, 2012.

[39] 缪颖, 伍炳华, 陈德海. 植物雄性不育基因工程的研究及应用[J]. 亚热带植物通讯, 2000, 29（1）: 55-60.

[40] 倪万潮, 张震林, 郭三堆. 转基因抗虫棉的培育[J]. 中国农业科学, 1998, 31（2）: 8-13.

[41] 彭舒, 黄真池, 欧阳乐军, 等. 植物基因工程中人工启动子的研究进展[J]. 植物生理学报, 2011, 47（2）: 141-146.

[42] 浦惠明. 转基因抗除草剂油菜及其生态安全性[J]. 中国油料作物学报, 2003, 25（2）: 89-93.

[43] 钱迎倩, 马克平, 桑卫国. 终止子技术与生物安全[J]. 生物多样性, 1999, 7（2）: 151-155.

[44] 邵莉，李毅，杨美珠，等. 查尔酮合酶基因对转基因植物花色和育性的影响[J]. 植物学报，1996，38（7）：517-524.

[45] 沈法富，于元杰，张学坤，等. 转基因棉花的 *Bt* 基因流[J]. 遗传学报，2001，6：562-567.

[46] 沈立明，吴永宁，张建中. 不同加工条件下转基因大米潮霉素标记基因（*hpt*）稳定性研究[J]. 卫生研究，2006，35（4）：431-434.

[47] 沈志成，方军. 改良 Cry3 的方法、改良 Cry3、质粒及其应用. 中国，CN200810059372. 6. 2008-01-24.

[48] 石东乔，周奕华，张丽华，等. 农杆菌介导的油菜脂肪酸调控基因工程研究[J]. 高技术通讯，2001（2）：1-7.

[49] 宋丽雅，盖燕，何聪芬. 向大豆导入琉璃苣δ6-脂肪酸脱氢酶基因的初步研究[J]. 大豆科学，2012，31（2）：173-177.

[50] 苏少泉. 转基因抗除草剂作物品种的现状与展望[J]. 世界农业，1998，8：21-23.

[51] 孙敬三，朱至清. 植物细胞工程实验技术[M]. 北京：化学工业出版社，2006.

[52] 孙婷婷，胡宝忠. 转基因植物及其安全性研究进展[J]. 黑龙江农业科学，2007（2）：72-74.

[53] 田颖川，郑均宝，虞红梅，等. 转双抗虫基因杂种 741 毛白杨的研究（英文）[J]. 植物学报，2000，42（3）：263-268.

[54] 汪承刚，谢好，李长春，等. 甘蓝型油菜三种种子储藏蛋白和丙酮酸羧化酶基因片段的克隆及 hpRNA 表达载体的构建[J]. 中国油料作物学报，2006，28（3）：245-250.

[55] 王伏林，郎春秀，刘仁虎，等. 大肠杆菌乙酰辅酶 A 羧化酶 *accD* 亚基表达载体的构建及遗传转化研究[J]. 核农学报，2011，25（6）：1129-1134.

[56] 王关林，方宏筠. 植物基因工程（第 2 版）[M]. 北京：科学出版社，2002.

[57] 王广科，李明春. 高山被孢霉δ6-脂肪酸脱氢酶基因转化大豆的研究[J]. 成都医学院学报，2010，5（2）：93-96.

[58] 王进忠，孙淑玲，杨宝东. 转 Bt 毒蛋白基因作物的应用与前景[J]. 蔬菜，2001，6：34-35.

[59] 王利华，苏乔，包永明. 转基因植物中载体骨架序列的安全性隐患及解决方案[J]. 中国生物工程杂志，2004，24（5）：38-42.

[60] 王淼，王旭静，唐巧玲，等. 高等植物绿色组织特异表达启动子研究进展[J]. 中国农业科技导报，2010，12（2）：33-37.

[61] 王小军，刘玉乐，Huang Yong. 可育的抗除草剂溴苯腈转基因小麦[J]. 植物学报，1996，38（12）：942-948.

[62] 王燕，许锋，程水源. 植物查尔酮合成酶分子生物学研究进展[J]. 河南农业科学，2007，8：5-9.

[63] 王艳辉，张晓东. 转基因作物安全性的解决方法研究进展[J]. 生物技术通报，2009（8）：50-55.

[64] 王忠华，夏英武. 转基因植物中报告基因 *gus* 的表达及其安全性评价[J]. 生命科学，2000，12（5）：207-210.

[65] 王紫萱，易自力. 卡那霉素在植物转基因中的应用及其抗性基因的生物安全性评价[J]. 中国生物工程杂志，2003，23（6）：9-13.

[66] 魏毅东，许惠滨，张建福，等. 转基因植物选择标记基因删除技术[J]. 分子植物育种，2010，8（4）：804-809.

[67] 吴才君，范淑英. 植物转基因沉默[J]. 江西农业大学学报，2004，26（1）：154-158.

[68] 武东亮，郭三堆. 融合基因研究进展[J]. 生物技术通报，2001（2）：5-7.

[69] 肖尊安. 植物生物技术[M]. 北京：化学工业出版社，2005.

[70] 谢杰，余沛涛，王全喜. 转基因植物的安全性问题及其对策[J]. 上海农业学报，2006，22（1）：801-804.

[71] 熊兴华，官春云，李枸，等. 甘蓝型油菜 *FAD2* 基因 cDNA 片段的克隆和序列分析[J]. 湖南农业大学学报：自然科学版，2002，28（2）：97-99.

[72] 徐茂军. 转基因植物中卡那霉素抗性标记基因的生物安全性[J]. 生物学通报，2001，36（2）：18-19.

[73] 旭日干，范云六，等，转基因30年实践[M]. 北京：中国农业科学技术出版社，2012.

[74] 薛大伟，马丽莲，姜华. 抗除草剂转基因水稻的安全性评价[J]. 农业生物技术学报，2005，13（6）：723-727.

[75] 阎隆飞，刘国琴，肖兴国. 从花粉肌动蛋白到作物雄性不育[J]. 科学通报，1999，44（23）：2471-2475.

[76] 于翠梅，马莲菊，张宝石. 特异性启动子在植物基因工程中的应用[J]. 生物工程学报，2006，22（6）：882-890.

[77] 余义勋，包满珠. 通过转重复的 ACC 氧化酶基因延长香石竹的瓶插期[J]. 植物生理与分子生物学学报，2004，30：541-545.

[78] 张春晓，王文棋，蒋湘宁，等. 植物基因启动子研究进展[J]. 遗传学报，2004，31（12）：1455-1464.

[79] 张海利，吕淑霞，田颖川. 韧皮部特异性启动子研究概述[J]. 中国生物工程杂志，2003，23（11）：11-15.

[80] 张茜，张金凤，付文锋，等. 安全转基因技术研究进展[J]. 遗传，2011，33（5）：437-442.

[81] 张秀春，林俊扬，彭明. 表达γ-亚麻酸的无筛选标记转基因大豆的鉴定[J]. 热带亚热带植物学报，2006，14（6）：460-466.

[82] 张秀春，彭明，吴坤鑫，等. 利用双 T-DNA 载体系统培育无选择标记转基因大豆[J]. 大豆科学，2006，25（4）：369-372.

[83] 赵云鹏，陈发棣，郭维明. 观赏植物花色基因工程研究进展[J]. 植物通报，2003，20（1）：51-58.

[84] 钟蓉，朱峰，刘玉乐，等. 油菜的遗传转化及抗溴苯腈转基因油菜的获得[J]. 植物学报，1997，39（1）：22-27.

[85] 周鹏. 转基因生物反应器[M]. 北京：中国农业出版社，2008.

[86] 周宗梁，林智敏，耿丽丽，等. 水稻中 *cry1Ah1* 基因密码子优化方案的比较[J]. 生物工程学报，2012，28（10）：1184-1194.

[87] 朱新生，朱玉贤. 抗虫植物基因工程研究进展[J]. 植物学报，1997，39（3）：282-288

[88] Aanhane T，Affrs DR，Florigene BV，et al. First rDNA flower to debut in Australia this summer [J]. Biotechnology News，1995，15（14）：3-7.

[89] Aarts MG，Dirkse WG，Stiekema WJ，Pereira A. Transposon tagging of a male sterility gene in *Arabidopsis*[J]. Nature，1993，363：715-717.

[90] Adang ML，Staver MJ，Rockeleau T A，et al. Characterized full-length and truncated plasmid clones of the crystal protein of *Bacillus thuringiensis* subsp. *kurstaki* HD- 73 and their toxicity to *Manduca sexta* [J]. Gene，1985，36（3）：289-300.

[91] Alexander R. Van Der Krol，Peter E. Lenting，et al. An anti-sense chalcone synthase gene in transgenic plants inhibits flower pigmentation [J]. Nature，1988，333：866-869.

[92] Altabella T，Chrispeels MJ. Tobacco Plants Transformed with the Bean αai gene express an inhibitor of insect α-Amylase in their seeds[J]. Plant Physiol，1990，93：805-810.

[93] Anderson JM. et al. A defective replicase gene induces resistance to cucumber mosaic virus in transgenic tobacco plants[J]. Proc Natl Acad Sci USA，1992，89：8759-8763.

[94] Barry G，Kishore G，Padgette S. et al. "Inhibitors of Amino Acid Biosynthesis：Strategies for Imparting Glyphosate Tolerance to Crop Plants"，in：Biosynthesis and Molecular Regulation of Amino Acids in Plants，Singh et al.（eds.），American Society of Plant Physiologists，pages 139-145，1992.

[95] Barton KA，Whiteley HR，Yang NS. *Bacillus thuringiensis* δ-Endotoxin expressed in transgenic *Nicotiana tabacum* provides resistance to lepidopteran insects[J]. Plant Physiology，1987，85：1103-1109.

[96] Block MD，Debrouwer D，Moens F，et al. The development of a nuclearmale sterility system in wheat：Expression of the barnase gene under the control of tapetum specific promoters[J]. Theor Appl Genet，1997，95：125-131.

[97] Boulter D et al. Sixth Annual Meeting of the International Program on Rice Biotechnology. Chiang Mai，Thailand. 1993.

[98] Bovy AG，Agenent GC，Dons HJM，et al. Heterologous expression of the *Arabidopsis* etr1 -1 allele inhibits the senescence of carnation flowers[J]. Mol Breed，1999，4：301-308.

[99] Braun CJ，Hemenway CL. Expression of amino-terminal portions or full-length viral replicase genes in transgenic plants confers resistance to potato virus X infection[J]. Plant Cell，1992，4：735-744.

[100] Brinch-Pedersen H，Galili G，Knudsen S，Holm PB. Engineering on the aspartate family biosynthetic pathway in barley（*Hordeum vulgare* L.）by transformation with heterologous genes encoding feed-back-insensitive aspartate kinase and dihydrodipicolinate synthase[J]. Plant Mol Biol，1996，32：611-620.

[101] Burgal J，Shockey J，Lu C，et al. Metabolic engineering of hydroxyl fatty acid production in plants：RcDGAT2 drives dramatic increases in ricinoleate levels in seed oil[J]. Plant Biotechnology Journal，2008，6（8）：819-831.

[102] Castle LA，Siehl DL，Gorton R. Discovery and directed evolution of a glyphosate tolerance gene[J]. Science，2004，304：1151 -1154.

[103] Chen J，Hua G，Jurat-Fuentes JL，et al. Synergism of *Bacillus thuringiensis* toxins by a fragment of a toxin-binding cadherin[J]. Proc Natl Acad Sci USA，2007，104（35）：13901-13906.

[104] Chougule NP，Li HR，Liu SJ，et al. Retargeting of the *Bacillus thuringiensis* toxin Cyt2Aa against hemipteran insect pests[J]. Proc Natl Acad Sci USA，2013，110（21）：8465-8470.

[105] Clive James，2013 年全球生物技术/转基因作物商业化发展态势[J]. 中国生物工程杂志，2014，34（1）：1-8.

[106] Clus PD，O'Dell M，Metzlaff M，et al. Details of T-DNA structural organization from a transgenic *Petunia* population exhibiting co-suppression[J]. Plant Mol Biol，1994，32（6）：1197-1203.

[107] Comai L，Facciotti D，Hiatt W R，et al. Expression in plants of a mount *aroA* gene from *Salmonella typhimuriumconfers* tolerence to glyphosate[J]. Nature，1985，317：741-744.

[108] Craig NL The mechanism of conservative site-specific recombination[J]. Annu. Rev. Genet. ，1988，22：77-105.

[109] Cummins J，Ho M W，Ryan A. Hazardous CaMV promoter？ [J]. Nature Biotechnology，2000，18：363.

[110] Estruch JJ, Warren GW, Mullins MA, et al. , Vip3A, a novel *Bacillus thuringiensis* vegetative insecticidal protein with a wide spectrum of activities against lepidopteran insects [J]. Proc Natl Acad Sci USA, 1996, 93: 5389-5394.

[111] Falco SC, Guida T, Locke M, et al. Transgenic canola and soybean seeds with increased lysine[J]. Biotechnology (N Y), 1995, 13: 577-582.

[112] FAO (Food and Agriculture Organization). The state of food and agriculture 2003-2004 [A]. Agricultural Biotechnology: Meeting the needs of the poor? [C]. Food and Agriculture Organization of the United Nations: Rome, 2004.

[113] Fischhoff DA, Bowdish KS, Perlak FJ, et al. Insect tolerant transgenic tomato plants[J]. Nature Biotechnology, 1987, 5, 807-813.

[114] Goutterson NC, et al. Modification of flower color in florist's Chrysanthemum: production of a white-flowering variety through molecular genetics[J]. Nature Biotechnology, 1994, 12: 268-271.

[115] Green JM. Review of glyphsate and ALS-inhibiting herbicide crop resistance and resistant weed management [J]. Weed Technology, 2007, 21: 547 -558.

[116] Gresse J. Tandem constructs: preventing the rise of super weeds[J]. Trends Biotechnol, 1999, 17 (9): 316-366.

[117] Halpin C. Gene stacking in transgenic plants-the challenge for 21st century plant biotechnology [J] . Plant Biotechnology J., 2005, 3 (2): 141-55.

[118] Hamilton AJ, Fray RG, Grierson D. Sense and antisense inactivation of fruit ripening genes in tomato[M]. Curr Top Microbiol Immunol, 1995: 197: 77-89.

[119] Hammer PE, Hinson TK, Duck NB, et al. Methods to confer herbicide resistance [P]. United States Patent, 20070107078 A1, 1 -53.

[120] Hancock JF. A framework for assessing the risk of transgenic crops[J] . BioScience, 2003, 53 (5): 512-519.

[121] Hernould M, Suharsono S, Litvaks, et al. Male-sterility induction in transgenic tobacco plants with an unedited *atp9* mitochondrial gene from wheat[J]. Proc Natl Acad Sci, USA, 1993, 90: 2370-2374.

[122] He S, Abad AR, Gelvin SB, et al. A cytoplasmic male sterility-associated mitochondrial protein causes pollen disruption in transgenic tobacco[J]. Proc Natl Acad Sci, USA, 1996, 93 (21): 11763-11768.

[123] He X, Chen GQ, Lin JT, et al. Diacylglycerol acyltransferase activityand triacylglycerol synthesis in germinating castor seed cotyledons[J]. Lipids, 2006, 41 (3), 281-285.

[124] Hitz WD, Yadav NS, Reiter RS, et al. Reducing polyunsaturationin oils of transgenic canola and soybean. Plant Lipid Metabolism[M]. Wilmington, Kluwer Academic Publishers, 1995: 506-508.

[125] Hoffmann MP, Zalom FG, Wilson LT, et al. Field evaluation of transgenic tobacco containing genes encoding *Bacillus thuringiensis* delta-endotoxin or cowpea trypsin inhibitor: efficacy against Helicoverpa zea (*Lepidoptera: Noctuidae*) [J]. Journal of Economic Entomology, 1992, 85, 2516-2522.

[126] Howe AR, Gasser CS, Brown SM, et al. Glyphosate as an elective gene for the production of fertile transgenic maize (*Zea mays* L.) plants[J]. Molecular Breeding, 2002, 10: 153 -164.

[127] Jake C. , Andy P. , Fiona W, et al . The detection of non T2DNA sequences in transgenic fruit plant . ADASPDETR Conference, Leicester, 8 December 1998.

[128] Johnson R，Narvaez J，An G，et al. Expression of proteinase inhibitors I and II in transgenic tobacco plants：effects on natural defense against Manduca sexta larvae [J]. Proc Natl Acad Sci USA，1989，86：9871-9875.

[129] Kanrar S，Venkateswari J, et al. ，Modification of erucicacid content in Indian mustard（*Brassica juncea*）by up-regulation and down-regulation of the *Brassica juncea* fatty acid elongation1（*Bj FAE1*）gene[J]. Plant Cell Reports，2006，25（2）：148-155.

[130] Katavic V，Friesen W，Barton DL. Utility of the Arabidopsis FAE1 and yeast SLC1-1 genes for improvements in erucicacid and oil content in rape seed[J]. Biochem Soc Trans，2000，8，935-937.

[131] Klee HJ. Hayford MB. Kretzmer KA，et al. Control of ethylene synthesis by expression of a bacterial enzyme in transgenic tomato plants[J]. Plant Cell，1991，3（11），1187-1193.

[132] Knutzon DS，Lardizabal KD，Nelsen JS，et al. Cloning of a coconut endosperm cDNA encoding a 1-acyl-sn glycerol-3-phosphate acyltransferase that accepts medium-chain-length substatrates [J]. Plant Physiol，1995，109（3）：999-1006.

[133] Koes RE，Francesca Q，Joseph NM. The flavonoid biosynthetic pathway in plants：function and evolution [J] . Bioessays，1994，16：123- 132.

[134] Kohli A，Griffiths S，Palacios N，et al. Molecular characterization of transforming plasmid rearrangements in transgenic rice reveals a recombination hotspot in the CaMV 35S promoter and confirms the predominance of microhomology mediated recombination[J]. Plant J，1999，17：591-601.

[135] Kononov ME，Bassuner B，Gelvin SB. Integration of T-DNA binary vector "backbone" sequence into the tobacco genome: evidence for multiple complex patterns of integration[J]. Plant J, 1997, 11: 945-957.

[136] Luo K，Duan H，Zhao D，Zheng X，et al. "GM-gene-deletor": fused loxP-FRT recognition sequences dramatically improve the efficiency of FLP or CRE recombinase on transgene excision from pollen and seed of tobacco plants [J]. Plant Biotechnology J，2007，5（2）：263-274.

[137] Kosugi Y，Waki K，Iwazaki Y. Senescene and gene expression of transgenic non ethylene -producing carnation flowers[J]. J Jpn Soc Hortic Sci，2002，71：638-642.

[138] Koziel MG，Beland GL，Bowman C，et al. Field performance of elite transgenic maize plants expressing an insecticidal protein derived from *Bacillus thuringiensis*[J]. Nature Biotechnology，1993，11（2）：194-200.

[139] Kriete G，Niehaus K，Perlick AM，et al. Male sterility in transgenic tobacco plants induced by tapetum-specific deacetylation of the extemally applied non-toxic compond N-acetyl-L-Phosphinothricin [J]. Plant J，1996，9（6）：809-818.

[140] Liang C，Brookhart G，Feng GH，et al. Inhibition of digestive proteinase of stored grain coleoptera by oryzacystatin，a cysteine proteinase inhibitor from rice seed [J]. FEBS Lett，1991，278（2）：139-42.

[141] Liu M，Li DM，Wang Z K，et al. Transgenic expression of ThIPK2 gene in soybean improves stress tolerance，oleic acid content and seed size[J]. Plant Cell Tissue Organ Cult，2012，111（3）：277-289.

[142] Lock YY，Snyder CL，Zhu W，et al. Antisense suppression of type 1 diacylglycerol acytransferase adversely affects plant development in *Brassica napus*[J]. Physiol plant，2009，137（1）：61-71.

[143] Lucas DM，Taylor ML，Hartnell GF，et al. Broiler performance and carcass characteristics when fed diets containing lysine maize（LY038 or LY038 × MON 810），control，or conventional reference maize[J]. Poultry Science，2007，86（10）：2152-2161.

[144] MacFarlane SA，Davis JW. Plants transformed with a region of the 201-kilodalton replicase gene from pea early browning virus RNA1 are resistant to virus infection[J]. Proc Natl Acad Sci USA，1992，89：5829-5833.

[145] Naimov S，Dukiandjiev S，de Maagd RA. A hybrid *Bacillus thuringiensis* delta-endotoxin gives resistance against a coleopteran and a lepidopteran pest in transgenic potato[J]. Plant Biotechnol J，2003，1（1）：51-57.

[146] Maisonneuve S，Bessoule JJ，Lessire R，et al. Expression of rapeseed microsomal lysophosphatidic acid acyltransferase isozymes enhances seed oil content in *Arabidopsis*. [J]. Plant Physiol，2010，152（2）：670-684.

[147] Mallory - Smith C A，James E R. Revised classification of herbicides by site of action for weed resistance management strategies [J]. Weed Technology，2003，17：605 - 619.

[148] Mariani C，De Beuckeleer M，Truettner M，et al. Induction of male sterility in plants by a chimaeric ribonuclease gene[J]. Nature，1990，347：737-741.

[149] Marillia EF，Micallef BJ，Micallef M，et al. Biochemical and physiological studies of *Arabidopsis thaliana* transgenic lines with repressed expression of the mitochondrial pyruvate dehydrogenase kinase[J]. J Exp Bot，2003，54：259-270.

[150] Martineau B，Voelker T A，Sanders R A. On defining T-DNA[J]. Plant Cell，1994，6：1032-1033.

[151] McBride KE，Svab Z，Schaaf DJ，et al. Amplification of a chineric bacillus gene in chloroplasts leads to an extraordinary level of an insecticidal protein in tobacco [J]. Biotechnology（NY），1995，13（4）：362-365.

[152] McGarl B，Ryan CA. The organization of the prosystemin gene[J]. Plant Mol Biol，1992，20（3）：405.409.

[153] Mehlo L，Gahakwa D，Nghia P T，et al. An alternative strategy for sustainable pest resistance in genetically enhanced crops[J]. Proc Natl Acad Sci USA，2005，102（22）：7812-7816.

[154] Meyer P，Heidmann I，For kmann G. A new petunia flower colour generated by transformation of a mutant with a maize gene [J] . Nature，1987，330：677- 688.

[155] Murakami E，Ragsdale S W. Evidence for Intersubunit Communication during Acetyl-CoA cleavage by the mutienzyme CO dehydrogenase/Acetyl-CoA synthase complex from *Methanosacina thermophila* [J]. Journal of Biological Chemistry，2000，275（7）：4699-4707.

[156] Nath UK，Wilmer JA，Wallington EJ，et al. Increasing erucic acid content through combination of endogenous low polyunsaturated fatty acids alleles with Ld-LPAAT + Bn-fae1 transgenes in rapeseed（*Brassica napus* L. ）[J]. Theor Appl Genet，2009，118（4）：765-773.

[157] Ohba T，Yoshioka Y，Machida C，et al. DNA rearrangement associated with the integration of T-DNA in tobacco：an example for multiple duplications of DNA around the integration target[J]. Plant J，1995，7：157-164.

[158] Ohlrogge J，Brown J. Lipid biosythesis[J]. Plant Cell，1995（7）：957-970.

[159] O'Keefe DP，Tepperman JM，Dean C，et al. Plant expression of a bacterial cytochrome p450 that catalyzes activation of a sulfonylurea Pro-herbicide[J]. Plant Physiol，1994，105：473-482.

[160] Oliveira GR，Silva MC，Lucena WA，et al. Improving Cry8Ka toxin activity towards the cotton boll weevil（*Anthonomus grandis*）[J]. BMC Biotechnol，2011，11：85.

[161] Peñaloza-Vazquez A，Mena G L，Herrera-Estrella L，et al. Cloning and sequencing of the genes involved in glyphosate utilizationby *Pseudomonas pseudomallei*[J]. Appl Environ Microbiol，1995，61（2）：538-543.

[162] Perlak FJ，Deaton RW，Armstrong TA，et al. Insect resistant cotton plants[J]. Biotechnology（N Y），1990，8（10）：939-943.

[163] Perlak, FJ, Fuchs, RL, Dean, DA, McPherson, SL and Fischoff, DA. Modification of the coding sequence enhances plant expression of insect control genes[J]. Proc Natl Acad Sci USA, 1991, 88 (8), 3324-3328.

[164] Perlak FJ, Stone TB, Muskopf YM, et al. Genetically improved potatoes: protection from damage by Colorado potato beetles[J]. Plant Molecular Biology, 1993, 22 (2): 313-321.

[165] Pollard MR, Anderson L, Fan C, et al. A specific acyl-Acp-thioesterase in plicatedin mediumchainfatty acidproduction in immature cotyledons of Umbellularia California [J]. Archivea of Biochemistry and Biophysics, 1991 (284): 306-312.

[166] Purcell JP, Greenplate JT, Jennings MG, et al. Cholesterol Oxidase: A potent insecticidal protein active against boll weevil larvae[J]. Biochem Biophys Res Commun, 1993, 196: 1406-1413.

[167] Roesler K, Shintani D, Savage L, et al. Targeting of the *Arabidopsis* homomeric acetyl-coen-zyme a carboxylase to plastids of rapeseeds [J]. Plant Physiol, 1995 (113): 75-81.

[168] Sablowski RW, Moyano E, Culianez-Macia FA, et al. A flower-specific Myb protein activates transcription of phenylpropanoid biosynthetic genes [J]. EMBO Journal, 1994, 13: 128-137.

[169] Savin KL, Baidoette SC, Graham MW. Antisense ACC oxidase RNA delays carnation petal senescene[J]. HortScience, 1995, 30: 970-972.

[170] Schuler TH, et al. Insect-resistant transgenic plants[J]. Trends in Biotechnology, 1998, 16: 168-175.

[171] Shan SP, Zhang YM, Ding XZ, et al. A Cry1Ac toxin variant generated by directed evolution has enhanced toxicity against Lepidopteran insects[J]. Curr Microbiol, 2011, 62 (2): 358-365.

[172] Siehl DL, Castle LA, Gorton R, et al. Evolution of a microbial acetyltransferase for modification of glyphosate: A novel tolerance strategy[J]. Pest Manag Sci, 2005, 61: 235 -240.

[173] Spena A, Estruch JJ, Prensen E, et al. Anther-specific expression of the rolB gene of *Agrobacterium* rhizogenes increase IAA content in anthers and alters anther development in whole flower growth[J]. Theor Appl Genet, 1992, 84, 520-527.

[174] Stalker DM, McBride KE, Malyj LD. Herbicide resistance in transgenic plants expressing a bacterial detoxification gene [J]. Science, 1988, 242: 419-423.

[175] Stalker DM, McBride KE. Cloning and expression in Escherichia coli of a *Klebsiella ozaenae* plasmid-borne gene encoding a nitrilase specific for the herbicide bromoxynil[J]. Journal of Bacteriology, 1987, 169 (3): 955-960.

[176] Storer NP, Thompson GD, Head GP. Application of pyramided traits against Lepidoptera in insect resistance management for *Bt* crops[J]. GM Crops Food, 2012, 3 (3): 154-162.

[177] Stoutjesdijk PA, Hurlestone C, Singh SP, et al. High oleic acid Australian *Brassica napus* and *B. juncea* varieties produced by co-suppression of endogenous Delta 12-desaturases[J]. Biochemical Society Transactions, 2000, 28 (6): 938-940.

[178] Strizhov N, Keller M, Mathur J, et al. A synthetic cryIC gene, encoding a *Bacillus thuringiensis* delta-endotoxin, confers Spodoptera resistance in alfalfa and tobacco[J]. Proc. Natl Acad Sci USA, 1996, 96: 15012-15017.

[179] Tang S Y, Guan R Z, Huang J, et al. Molecular cloning and characterization of key genes related to lipid biosynthesis from *Descurainia Sophia*[A]. Proceedings of the 12th International rapeseed congress II: 195-198[C]. Science Press USA Inc, 2007.

[180] Tsuchiya T，Toriyama K，Yoshikawa M，et al. Tapetum-specific expression of the gene for an endo-beta-1，3-glucanase causes male sterility intransgenic tobacco[J]. Plant Cell Physiol，1995，36（3）：487-494.

[181] Tu J，Zhang G，Datta K，et al. Field performance of transgenic elite commercial hybrid rice expressing *Bacillus thuringiensis* delta-endotoxin[J]. Nature Biotechnology，2000，18（10）：1101-1104.

[182] Vaden VR，Melcher U. Recombination sites in cauliflower mosaic virus DNAs：implications for mechanisms of recombination[J]. Virology，1990，177：717- 726.

[183] Vaeck M，Reynaerts A，Hofte H，et al. Transgenic plants protected from insect attack[J]. Nature. 1987，328，33-37.

[184] Vande BBJ，Hammer PE，Chun BL，et al. Characterization and plant expression of a glyphosate-tolerant enolpyruvylshikimate phosphate synthase[J]. Pest Manag Sci，2008，64：340 -345.

[185] Vander Meer IM，Stam ME，van Tunen AJ，et al. Antisense inhibition of flavonoid biosynthesis in petunia anthers results in male sterility[J]. The Plant Cell，1992（4）：253-262.

[186] Vaughan AH，Angharad MR，Gatehouse，et al. A novel mechanism of insect resistance engineered into tobacco [J]. Nature，1987，330：160-163.

[187] Vaughan AH，Donald Boulter. Genetic engineering of crop plants for insect resistance – a critical review [J]. Crop Prot，1999，18：177-191.

[188] Voelker TA，Worrell A C，Anderson L，et al. Fatty acid biosynthesis redirected to medium chains in transgenic oilseed plants [J]. Science，1992，257：72-74.

[189] Walters FS，Stacy CM，Lee MK，et al. An engineered chymotrypsin/cathepsin G site in domain I renders *Bacillus thuringiensis* Cry3A active against Western corn rootworm larvae[J]. Appl Environ Microbiol，2008，74（2）：367-374.

[190] Walters FS，deFontes CM，Hart H，et al. Lepidopteran-active variable-region sequence imparts coleopteran activity in eCry3. 1Ab，an engineered *Bacillus thuringiensis* hybrid insecticidal protein[J]. Appl Environ Microbiol，2010，76（10）：3082-3088.

[191] Wenck A，Czako M，Kanevski I，et al . Frequence collinear long transfer of DNA inclusive of the whole binary vector during *Agrobacterium* mediated transformation[J]. Plant Mol Biol，1997，34：913-922.

[192] Weng LS，Deng LW，Lai FX，et al. Optimization of the *cry2Aa* gene and development of insect-resistant and herbicide-tolerant photoperiod-sensitive genic male sterile rice[J]. Czech J. Genet. Plant Breed.，2014，50（1）：19-25.

[193] Weselake RJ，Shah S，Tang M，et al. Metabolic control analysis is helpful for informed genetic manipulation of oilseed rape（*Brassica napus*）to increase seed oil content[J]. J Exp Bot，2008，59（13）：3543-3549.

[194] Worrall D，Hird DL，Hodge R，et al. Premature dissolution of the microsporocyte callose wall causes male sterility in transgenic tobacco [J]. Plant Cell，1992，4（7）：759-771.

[195] Zhan XY，Wu HM，Cheung AY，et al. Nuclear male sterility induced by pollen specific expression of a ribonuclease [J]. Sex plant Reprod，1996，9（1）：35-43.

[196] Zhou M，Xu H，Wei X，et al. Identification of a glyphosate resistant mutant of rice 5-enolpyruvylshikimate 3-phosate synthase using a directed evolution strategy[J]. Plant Physiol. 2006，140：184-195.

[197] Zou J，Katavic V，Giblin EM，et al. Modification of seed oil content and acyl composition in the brassicaceae by expression of a yeast sn-2 acyltransferase gene[J]. Plant Cell，1997，9（6）：909-923.

第2章 转 *WSA* 基因抗蚜棉花的环境风险评价

2.1 绪言

随着转 *Bt* 基因棉花的大规模商业化种植，棉铃虫的危害已经得到了较好的控制。但同时，其他一些棉花害虫（如棉蚜）的数量逐渐上升，棉蚜暴发时，会造成棉花发育滞后，铃蕾脱落，严重影响棉花产量。同时，由于棉蚜分泌蜜露，也会影响棉花品质（雒珺瑜等，2010）。鉴于常规育种方法不能从根本上解决棉蚜爆发问题，一系列的转基因抗蚜棉花陆续出现。

目前，转基因抗蚜棉花主要是以转雪莲凝集素（*GNA*）、野生荠菜凝集素（*WSA*）、半夏凝集素（*PTA*）、天南星凝集素（*ArAA*）等外源基因为主（孟玲等，2000；肖松华等，2001；王冬梅等，2001；肖松华等，2005）。植物凝集素是一类具有高度特异性糖结合活性的蛋白，存在于许多植物的种子和营养器官中（梁峰，2002）。凝集素在植物的防御反应中扮演着重要的角色，植食性昆虫消化道表皮膜的主要成分是糖蛋白，因而在肠的内表皮上有凝集素作用的结合位点。当凝集素随着食物进入昆虫肠道后，结合到这些糖蛋白的受体上，从而阻碍昆虫的生长发育，甚至杀死昆虫（周兆斓等，1994；王志斌等，1998；路子显等，2002）。

转凝集素基因抗蚜棉花的出现对于棉蚜的危害起到了很好的控制作用，但同时对于这些新出现的转基因棉花也需要做好环境风险评价工作。本章就以转野生荠菜凝集素基因（*WSA*）的抗蚜棉为对象，研究了其棉田种植情况，对土壤微生物群落多样性的影响以及对非靶标经济昆虫的影响。

2.2 转 *WSA* 基因抗蚜棉花环境风险评价

2.2.1 转 *WSA* 基因抗蚜棉花棉田种植情况调查

2.2.1.1 材料与方法

以转野生荠菜凝集素（*WSA*）抗虫棉"抗蚜8017"与常规棉对照品种"苏研032"为研究对象，在盐城市亭湖区南洋镇新洋村棉田开展调查。试验设计为两个因素，即抗虫棉与常规棉、不施药和施药，共4个处理，即 A 区：抗蚜不施药，B 区：常规对照不施药，C 区：抗蚜施药，D 区：常规对照施药。大区种植，共4个小区。各试验区周围均设保护行，采取相同的耕作栽培管理措施。

在棉花整个生长周期中，分别调查了①转 *WSA* 抗蚜棉棉田节肢动物数量，包括靶标害虫棉蚜量、棉铃虫等鳞翅目昆虫数量、棉盲蝽等刺吸式害虫数量以及捕食性天敌和寄生性天敌数量。②转 *WSA* 抗蚜棉花生长状况调查了出苗率、竞争性生长势以及繁育能力；③转 *WSA* 抗蚜棉花花粉漂移情况。

2.2.1.2　结果与分析

2.2.1.2.1　转 *WSA* 抗蚜棉对棉田节肢动物群落的影响

2.2.1.2.1.1　对靶标害虫棉蚜的影响

苗期全株调查记载蚜虫数，伏蚜期调查棉株上中下各 1 片叶片上的蚜虫数。调查统计数据见表 2-1。

表 2-1　棉蚜消长动态情况

处理	重复	5 月 9 日				5 月 25 日				6 月 8 日				总蚜量/头	有蚜株/株
		蚜量	有翅	无翅	蚜株	蚜量	有翅	无翅	蚜株	蚜量	有翅	无翅	蚜株		
A 处理	I	2	2	0	1	24	15	9	3	0	0	0	0	26	4
	II	0	0	0	0	0	0	0	0	1	0	1	1	1	1
	III	1	1	0	1	36	27	9	6	3	0	3	1	40	8
	IV	1	1	0	1	33	24	9	3	2	0	2	1	36	5
	V	1	1	0	0	0	0	0	0	0	0	0	0	1	0
	累计	5	5	0	3	93	66	27	12	6	0	6	3	104	18
B 处理	I	4	2	2	1	33	24	9	3	3	0	3	1	40	5
	II	0	0	0	0	60	36	24	6	1	0	1	1	61	7
	III	4	2	2	1	0	0	0	0	1	0	5	1	5	2
	IV	1	1	0	0	33	27	6	3	0	0	0	0	34	4
	V	3	3	0	1	39	24	15	3	3	0	3	1	45	5
	累计	12	8	4	4	165	111	54	15	12	0	12	4	189	23

表 2-1 数据表明，与常规对照棉相比，抗蚜棉品种对棉蚜的抗虫效果明显。但是近几年来因盐城地区棉蚜发生较轻，虫口压力很小，仅在棉花苗床期及移栽后出现少量蚜虫。因此，有必要在棉蚜虫口压力较大的情况下，进一步监测抗蚜品种效果。

2.2.1.2.1.2　对棉铃虫等鳞翅目昆虫、棉盲蝽等刺吸式害虫的影响

（1）棉铃虫：每次调查棉株上卵、幼虫（分龄期）数、蕾铃被害数等。绘制不同处理和品种间的虫量消长动态曲线，统计累计虫量数据，发现抗蚜棉品种棉铃虫虫量远低于常规棉，在不施药和施药区表现一致。棉铃虫害蕾数量消长曲线与棉铃虫虫量波动相似，表现为抗蚜棉低于常规棉品种。

（2）造桥虫、斜纹夜蛾、甜菜夜蛾和玉米螟、卷叶虫、红铃虫：记载调查株上幼虫数，发现虫口密度较低，仅在施药区常规对照棉上发现百株棉花 2 头造桥虫，其他几乎可以忽略不计。

（3）棉盲蝽：本试验以中黑盲蝽和绿盲蝽为优势种群的棉盲蝽发生较重，虫口压力较

大。因此详细记载调查株上中黑盲蝽、绿盲蝽的成虫、若虫头数、混合种群数量和虫量消长动态曲线以及棉株被害、蕾铃被害率等。结果发现，两类盲蝽种群数量与单种盲蝽呈现相同的趋势，即不施药处理区的累计虫量高于施药区，抗蚜棉的虫量高于常规棉品种。而且棉株被害株率、蕾铃被害累计值与盲蝽虫量相似，不施药处理区的累计值高于施药区，并且抗蚜棉高于常规棉品种。

（4）红蜘蛛、棉叶蝉和臭椿：调查害虫数，发现累计虫量仍以不施药区的虫量高于施药处理区，除棉叶蝉施药区品种间差异不明显外，其他抗蚜棉品种的虫量高于常规对照棉。

2.2.1.2.1.3　对捕食性天敌和寄生性天敌的影响

调查棉株及附近地上七星瓢虫、龟纹瓢虫、异色瓢虫以及瓢虫总量、草间小黑蛛、三突花蛛与其他捕食蜘蛛总量、食蚜蝇、小花蝽、草蛉等天敌。结果发现：除异色瓢虫处理和品种间差异不明显，三突花蛛施药区品种差异不明显外，其他瓢虫、瓢虫总量、蜘蛛以及蜘蛛总量都表现为不施药处理区高于施药区，抗蚜棉品种虫量高于常规棉。其他草蛉、食蚜蝇、小花蝽和猎蝽类天敌都没有明显差异。

2.2.1.2.2　转 *WSA* 抗蚜棉花生存竞争能力研究

田间开展抗蚜转基因棉花和亲本对照棉花出苗率，竞争性生长势，繁育能力等生存竞争能力相关的指标研究。

2.2.1.2.2.1　出苗率

采用营养钵育苗移栽的方式，分别在种植后 3 d、5 d、7 d、14 d 调查播种后的出苗率，棉花移栽前调查一次棉苗成钵率、株高和真叶数。结果发现：抗蚜转基因棉花品种的出苗率及移栽前的成钵率、株高和真叶数等指标均低于常规对照棉。

2.2.1.2.2.2　竞争性生长势

分别于种植后 1 个月、2 个月和 3 个月，调查和记录包括棉花单株株高、叶片数、果枝数、叶面积四项生长指标。结果发现：除单株叶片数处理间差异不明显外，单株株高、果枝数和叶面积都表现为施药处理高于不施药处理，抗蚜棉高于常规对照。

2.2.1.2.2.3　繁育能力

自棉花移栽活棵后，调查统计各项生育指标。结果发现，单株累计蕾数、小铃、大铃和成铃数量均以施药处理高于不施药处理，抗蚜棉高于对照。单株脱落率和累计脱落数量则呈现施药区低于不施药区的相同趋势，抗蚜棉和对照棉的脱落率差异不明显，但是抗蚜棉的累计脱落数量要略高于对照。施药区的棉桃单铃重高于不施药区，抗蚜棉和对照的差异不明显，棉铃衣分率也相近。

上述研究表明，与常规对照棉相比，抗蚜转基因棉花仅在出苗以及苗期生长前期体现弱势，其竞争性生长以及繁育能力在施药和不施药的情况下，都没有出现明显的生存竞争劣势，多项生长和繁育指标甚至优于常规对照棉。

2.2.1.2.3　转 *WSA* 抗蚜棉花花粉漂移研究

2009 年 7 月 16—21 日，在棉田四周的东、南、西、北四个方向，每个方向选择 5 个点，分别距离棉田 1 m、3 m、6 m、15 m、20 m。每点放置 3 块均匀地涂上凡士林的载玻片（7.5 cm×2.5 cm）。载玻片平放在距离地面 0.5 m 处，载玻片之间彼此相距 10 cm。每天早晨 8：30 之前把载玻片放好，6 d 后用解剖镜统计每个点的 3 块载玻片上棉花花粉的总数目。实验结果见表 2-2。

表 2-2　6 d 不同方向和距离棉花花粉的自然扩散数量

方向	距离棉田不同距离的花粉粒数量/个				
	1 m	3 m	6 m	15 m	20 m
东	0	0	0	0	0
西	1	0	0	0	0
南	0	1	0	0	0
北	20	0	0	0	0
总计	21	1	0	0	0

调查期间为棉花的盛花期，棉田附近风力 3～4 级，风向自东南向西北。从表 2-2 可以看出，6 d 累计 1 m、3 m、6 m、15 m、20 m 处的花粉总数分别为 21、1、0、0、0。从每天的调查结果看，花粉的分布没有规律性。从总的统计结果看，花粉数量集中在距离棉田 1 m 处，其他距离几乎没有花粉。以距离棉田最近、飘落到载玻片上的花粉粒数量最多的数据计算，距离棉田 1 m 处每平方厘米载玻片上棉花花粉粒的最大数目为 21÷3÷（7.5cm×2.5cm）= 0.37 个/cm^2。由此可见，抗蚜转基因棉花以风力自然扩散的方式传播的花粉量和距离是相当有限的。

2.2.2　转基因抗蚜棉花对土壤微生物群落多样性的影响

2.2.2.1　材料与方法

2.2.2.1.1　试验材料

以转野生荠菜凝集素抗虫棉"抗蚜 8017"与常规棉对照品种"苏研 032"为试验供试品种。在棉花的不同生长阶段，分四次采集土壤样品，即 6 月底（苗期）、8 月中旬（花铃期）、10 月中旬（吐絮期），在常规棉田、抗蚜棉田两个处理区进行采样，采用 S 行法采集 9 个土样，采取棉花根际土壤。采样的时候，去除表面落叶层，靠近根部挖采 2～10 cm 处土壤，尽快带回实验室处理。

2.2.2.1.2　实验方法

（1）平板计数法

根际细菌、放线菌和真菌数量的测定采用稀释平板测数法，混菌接种培养，培养基分别为牛肉膏蛋白胨、高氏 1 号和马丁培养基。12 种土壤细菌功能群中，好气固氮菌、好气性纤维分解菌用稀释平板法分离记数；厌气纤维素分解菌、亚硝酸菌、反硝化细菌用 MPN（most probable number）法分离计数。细菌生理群的培养基参照《土壤微生物的研究方法》介绍的方法进行配制。

（2）BIOLOG TM 生态测试技术

称取 5g 干土，加入 45 ml 无菌生理盐水后，200 r/min 振荡 30min，再用无菌生理盐水 10 倍稀释到 10^{-3}，用 8 通道移液器加液到 BIOLOG ECO 板，各个孔 150 μl，28℃培养，每隔 24 h 用 E_{max} 读数仪读取 590nm 下的数值。计算各多样性指数，选取平均吸光度值变化率最大的时间点的多样性指数进行主成分因子分析。

（3）磷脂脂肪酸谱（PLFA profile）技术

PLFA 谱图分析方法的原理是基于磷脂作为几乎所有生物细胞膜的重要组成部分，细胞中磷脂的含量在自然生理条件下恒定，约占细胞干重的 5%。不同微生物具有不同的磷脂脂肪酸种类和含量水平，其含量和结构具有种属特征或与其分类位置密切相关，能够标志某一类或某种特定微生物的存在，是一类最常见的生物标记物。

由于磷脂不能作为细胞的贮存物质，一旦生物细胞死亡，其中的磷脂化合物就会迅速分解，因而磷脂脂肪酸可以代表微生物群落中"存活"的那部分群体。由于各种菌群的微生物生物量和群落组成不同，不同菌群具有独特的 PLFA 特征谱图（包括 PLFA 总量、组成），为此磷脂脂肪酸构成的变化能够说明环境样品中微生物群落结构。

2.2.2.2　结果与分析

2.2.2.2.1　平板计数法结果

土壤中可培养的细菌、真菌和放线菌是反映土壤微生物区系的常用指标。

表 2-3　苗期抗蚜棉及其对照土壤中可培养微生物　　　　　　　　单位：lg CFU/g 干物质

处理	真菌	放线菌	亚硝酸菌	反硝化菌	好气性纤维素分解	嫌气性纤维素分解菌
对照	2.92±0.09a	4.55±0.06a	2.92±0.10a	5.55±0.39a	4.9±0.01a	1.94±0.13a
抗蚜棉	2.92±0.10a	4.49±0.05a	3.89±0.12a	5.52±0.87a	4.9±0.01a	2.19±0.18a

注：表中的数值为 5 个重复的平均值。同一列中不同的字母代表显著差异（$p < 0.05$）。

从表 2-3 可以看出，抗蚜棉与其对照的土壤中可培养细菌的数量变化不大，抗蚜棉土壤中放线菌的数量低于对照，反硝化菌的数量也低于对照，而亚硝酸菌的数量高于对照。好气性纤维素分解菌的数量在两者中相差不大，抗蚜棉土壤中的嫌气性纤维素分解菌略高于对照。

2.2.2.2.2　土壤酶活性

土壤酶活性反映了土壤中各种生物化学过程的强度和方向。土壤脲酶能促进土壤有机物氨的分解，脱氢酶是细菌群落平均活性的一个指标。

如表 2-4 所示，在苗期，抗蚜棉土壤脱氢酶活性低于对照，不存在显著差异；花蕾期抗蚜棉土壤脱氢酶活性高于对照，也不存在显著差异；而吐絮期抗蚜棉土壤脱氢酶活性显著高于对照。

表 2-4　各生长期抗蚜棉及其对照土壤酶活性比较

（脲酶单位：mg NH$_3$-N/kg 干壤±24h，脱氢酶单位：mg TPF/kg 干壤±24h）

时期	处理	脱氢酶	脲酶
苗期	对照	43.12±2.15a	20.0377±1.8928a
	抗蚜棉	36.03±2.360a	20.2891±1.6512a
花蕾期	对照	11.24±4.36a	16.0553±2.0769a
	抗蚜棉	18.25±3.324a	15.0814±1.4034a
吐絮期	对照	13.00±3.38a	11.6905±0.5586a
	抗蚜棉	20.04±9.60b	11.3573±1.2368a

注：表中的数值为 5 个重复的平均值。同一列中不同的字母代表显著差异（$p<0.05$）。

在苗期抗蚜棉土壤脲酶活性略高于对照，其他各生长期均低于对照，但都未达到显著性差异。

土壤酶活性的影响因素较多，主要是土壤黏粒、pH、有机质、微生物数量和施肥等，运用排除法发现其主要影响因素是土壤微生物含量。这与平板计数法得到的数据一致，即抗蚜棉及其对照土壤中三大主要微生物的数量也不存在显著性差异。

2.2.2.2.3　BIOLOG 数据结果

由于 BIOLOG ECO 板中样品的孔平均吸光度（AWCD）可以评判微生物群落对碳源利用的总能力，因此，实际上反映了各棉田土壤样品中微生物群落对碳源利用的总能力。一般来说，碳源利用能力强意味着微生物群落对碳源的总体代谢活性高，也从一个侧面反映了该微生物群落的总体活性高。

BIOLOG ECO 板中样品的孔平均吸光度（average well color development，AWCD）变化情况如下：

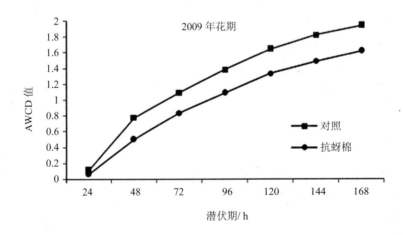

图 2-1　花期抗蚜棉及其对照的 AWCD 值随时间的变化

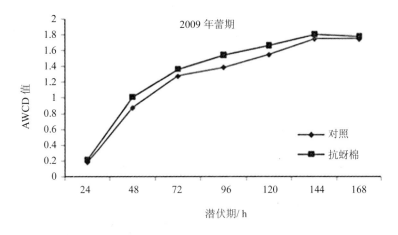

图 2-2　蕾期抗蚜棉及其对照的 AWCD 值随时间的变化

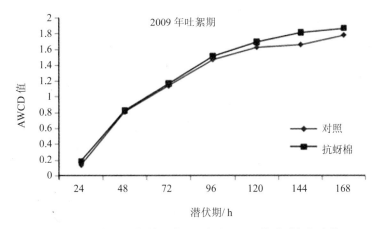

图 2-3　吐絮期抗蚜棉及其对照的 AWCD 值随时间的变化

图 2-1 至图 2-3 反映了不同生长期生态板中样品的平均吸光值（AWCD）随时间的变化情况，变化曲线符合一般微生物利用基质的规律，即存在较明显的适应期、对数期和迟缓期。在 24 h 之内 AWCD 值变化很小，表明在 24 h 之内碳源基本上未被利用；而在 48 h 之后，AWCD 值急剧升高，反映出此后碳源开始被大幅度利用。

在棉花的花期，对照土壤中微生物对碳源的利用明显高于抗蚜棉，且每个时间点的差值较固定；在棉花的蕾期，培养中期抗蚜棉土壤的 AWCD 值高于对照，到培养后期则趋于一致；在棉花的吐絮期，前 96 h 抗蚜棉及其对照土壤的 AWCD 值几乎相同，之后对照的 AWCD 值略低于抗蚜棉。

根据对吸光度变化曲线分析发现，48 h 前后的平均吸光度（AWCD）的变化率最大，能够最大限度地反映不同微生物群落的代谢特征，因此被用于微生物代谢特征的分析。用培养 48 h 的数据进行主成分分析（PCA），31 个主成分因子中，前 5 个主成分方差贡献率和累计贡献率见表 2-5。从中提取可以聚集单一碳源变量的前 2 个主成分 PC1、PC2 来分析细菌群落功能多样性（图 2-4 至图 2-6）。

表 2-5　前 5 个主成分特征值的贡献率和累计贡献率　　　　　单位：%

时期	贡献率	PC1	PC2	PC3	PC4	PC5
花期	贡献率	33.09	20.74	19.19	18.48	8.49
	累计贡献率	33.09	53.84	73.03	91.51	100.00
蕾期	贡献率	25.04	22.45	21.74	15.50	15.27
	累计贡献率	25.04	47.49	69.24	84.74	100.00
吐絮期	贡献率	25.23	21.58	21.10	18.02	14.06
	累计贡献率	25.23	46.81	67.91	85.94	100.00

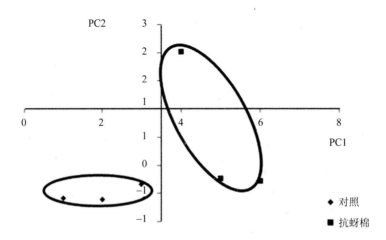

图 2-4　花期抗蚜棉及其对照土壤微生物群落多样性主成分分析

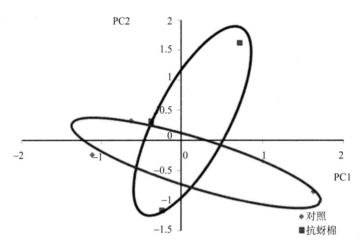

图 2-5　蕾期抗蚜棉及其对照土壤微生物群落多样性主成分分析

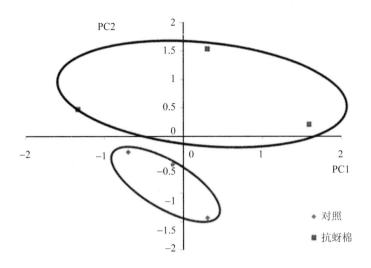

图 2-6　吐絮期抗蚜棉及其对照土壤微生物群落多样性主成分分析

结果表明，不同时期抗蚜棉及其对照在 PC 轴上出现了明显的分异，所在象限也不一样。在花期，对照处于第三象限，抗蚜棉处于第一、第四象限；在蕾期，对照主要分布在第二、第四象限，抗蚜棉主要分布在第一、第三象限；在吐絮期，对照全部处于第三、第四象限，抗蚜棉则主要分布在第一、第二象限。总体看来，每个采样期抗蚜棉分布变化较大，但大部分分布在第一象限，而对照则分布变化较小，主要分布在第三象限。说明抗蚜棉及其对照土壤中微生物稳定性相对来说比较一致。

计算各阶段测得的 48h 前后的　多样性指数如下：

表 2-6　棉花花期土壤中微生物多样性指数

处理	Shannon 指数	Simpson 指数	Mcintosh 指数
对照	1.3024±0.3355	0.9930±0.003178	6.1403±1.34901
抗蚜棉	1.2354±0.8125	0.9897±0.01093	4.3355±2.3876

表 2-7　棉花蕾期土壤中微生物多样性指数

处理	Shannon 指数	Simpson 指数	Mcintosh 指数
对照	1.3714±0.0803	0.9935±0.0007	25.0653±1.5443
抗蚜棉	1.3895±0.1269	0.994±0.0009	25.646±2.5968

表 2-8　棉花吐絮期土壤中微生物多样性指数

处理	Shannon 指数	Simpson 指数	Mcintosh 指数
对照	1.3822±0.0322	0.9940±0.0009	6.2708±0.4453
抗蚜棉	1.4058±0.0114	0.9944±0.0010	7.0169±0.6136

表 2-6、表 2-7 和表 2-8 分别列出了抗蚜棉及其对照不同生长期的多样性指数：Shannon 指数可以表征土壤中微生物群落丰富度，Simpson 指数评估土壤中微生物群落优势度；Mcintosh 指数反映土壤微生物之间的均匀度。在棉花生长的花期，抗蚜棉土壤中三种多样

性指数均低于对照；但在蕾期，抗蚜棉土壤中的多样性都超过对照，并且在吐絮期差值保持稳定。总体来说，抗蚜棉田土壤中微生物多样性与对照之间不存在显著性差异。

2.2.2.2.4 磷脂脂肪酸（PLFA）数据结果

结果见表 2-9。

表 2-9　表征微生物的 PLFA 生物标记物

微生物类型	磷脂脂肪酸标记
细菌	含有以酯链与甘油相连的饱和或单不饱和脂肪酸（如 15：0、i15：0、a15：0、16：0、i16：0、16：1w5、16：1w9、16：1w7t、17：0、i17：0、a17：0、cy17：0、18：1w5、18：1w7、18：1w7t、i19：0、a19：0 和 cy19：0 等）
革兰氏阳性细菌	含有多种分枝脂肪酸
革兰氏阴性细菌	含有多种羟基脂肪酸
厌氧细菌	cy17：0，cy19：0
好氧细菌	16：1w7、16：1w7t、18：1w7t
硫酸盐还原细菌	10Me16：0、i17：1w7、17：1w6
甲烷氧化细菌	16：1w8c、16：1w8t、16：1w5c、18：1w8c、18：1w8t、18：1w6c
嗜压/嗜冷细菌	20：5，22：6
黄杆菌	i17：1w7，Br 2OH-15：0
芽孢杆菌	各种支链脂肪酸
放线菌	10Me16：0、10Me17：0、10Me18：0 等
真菌	含有特有的磷脂脂肪酸（如 18：1w9、18：2w6、18：3w6、18：3w3）
蓝细菌	含有多不饱和脂肪酸（如 18：2w6）
微藻类	16：3w3
原生动物	20：3w6、20：4w6

注：表中 a、i、cy 和 Me 分别表示反异（anteiso）、异（iso）、环丙基（cyclopropyl）和甲基（methyl）分枝脂肪酸。

由表 2-10 可见，2010 年苗期两者只有在真菌的 PLFA 量上存在显著差异，花蕾期则有总 PLFA、细菌、放线菌、革兰氏阴性菌、革兰氏阳性菌、厌氧菌以及好氧菌存在显著差异。2010 年吐絮期中，抗蚜棉和对照在总 PLFA 量和革兰氏阴性菌上存在显著差异，可培养微生物均不存在显著差异。

真菌 PLFA/细菌 PLFA 的比例可反映真菌和细菌相对含量的变化范围和两个种群的相对丰富程度。真菌 PLFA/细菌 PLFA 比值较高的微生物群落可驱动土壤内源碳底物进一步矿化，即真菌破坏高抗性碳复合物，所得简单产物又被细菌消耗。因此，土壤真菌 PLFA/细菌 PLFA 比值越高，暗示土壤生态系统更为持续稳定。

表 2-10　抗蚜棉及其对照土壤微生物 PLFA 种类与质量摩尔浓度

单位：nmol/g

时期	总 PLFAs 抗蚜棉	总 PLFAs 对照	细菌 抗蚜棉	细菌 对照	真菌 抗蚜棉	真菌 对照	放线菌 抗蚜棉	放线菌 对照	G^+细菌 抗蚜棉	G^+细菌 对照	G^-细菌 抗蚜棉	G^-细菌 对照	厌氧菌 抗蚜棉	厌氧菌 对照	好氧菌 抗蚜棉	好氧菌 对照	真菌/细菌 抗蚜棉	真菌/细菌 对照
苗期	7.59±1.65a	8.97±1.77a	6.23±1.34a	7.56±1.42a	0.45±0.33a	0.42±0.11a	0.91±0.32a	0.98±0.31a	3.04±0.76a	3.58±0.51a	3.189±0.67a	3.98±0.93a	1.86±0.41a	2.43±0.51a	4.36±1.03a	5.129±0.96a	0.07±0.06a	0.06±0.01b
花蕾期	38.49±75.79a	12.97±2.21b	29.67±58.31a	10.03±1.75b	2.53±4.89a	0.97±0.29a	6.28±12.61a	1.95±0.46b	13.41±26.69a	4.43±1.02b	16.27±31.62a	5.60±0.79b	10.17±19.89a	3.39±0.65b	13.41±26.69a	4.43±1.02b	0.09±0.02a	0.09±0.03a
吐絮期	5.61±0.76b	5.96±1.53a	3.33±0.49a	3.67±0.92a	0.92±0.13b	0.98±0.32a	1.36±0.19a	1.31±0.31a	1.51±0.29a	1.63±0.37a	4.86±0.32b	4.92±1.37a	1.16±0.25a	1.29±0.43a	1.71±0.19a	1.88±0.46a	0.279±0.01a	0.26±0.03a

注：表中的数值为 9 个重复的平均值。同一列中不同的字母代表显著差异（$p < 0.05$）。

2.2.3　转基因抗蚜棉对非靶标经济昆虫的影响

2.2.3.1　抗蚜转基因棉花花粉对家蚕的影响

2.2.3.1.1　材料与方法

供试蚕种：家蚕 640 只

桑叶：实验所用新鲜、无污染的嫩桑叶采自在国家环境保护总局南京环境科学研究所种植的实验专用桑林，采摘后用自来水清洗，自然晾干后剪成细长条形用于实验。

其他实验器材：培养皿 32 个，定性滤纸，烧杯，塑料框，培养箱，显微镜，解剖镜，天平，高速冷冻离心机等。

急性毒性实验：采用食下毒叶法。将棉花花粉加入 4 ml 蒸馏水中，配制成不同浓度的花粉溶液，再放入 5 g 被剪成细长条状的新鲜桑叶，充分搅拌，使花粉均匀地分布在桑叶的表面，自然晾干后备用。在 ϕ 9 cm 培养皿内垫以定性滤纸，用上述表面沾有花粉的桑叶饲喂家蚕一龄蚁蚕。每天更换滤纸和桑叶，并及时清理死亡的家蚕幼虫。实验分为 8 组：处理组为混有 0.25 g/5 g 桑叶，0.5 g/5 g 桑叶，1 g/5 g 桑叶的三组转基因棉花的花粉的桑叶；阴性对照为混有 0.25 g/5 g 桑叶，0.5 g/5 g 桑叶，1 g/5 g 桑叶的三组亲本棉花的花粉的桑叶；空白对照为不含花粉的桑叶；阳性对照为浸泡在三唑磷乳油溶液中并晾干的桑叶。每个处理放 20 头大小一致的健康家蚕蚁蚕。每组 4 个重复。实验在 25℃±2℃、通风的培养箱中进行。SOD 酶活的测定：在家蚕的急性实验结束后，从各处理组中随机取家蚕 3 条，取其中肠用 0.7%的冷生理盐水洗净，沥去水分后称重后在研钵中低温匀浆，按每 0.1 g 生物量加 0.9 ml 0.7%冷却过的生理盐水，制成 10%匀浆液。在 2℃、3 000 r/min 条件下离心 12 min，取上清液，测定上清液中 SOD 酶活性。

慢性毒性实验：一直用 5 g 桑叶混以 0.25 g、0.125 g、0.0625 g 棉花花粉剂量的桑叶分别饲喂家蚕蚁蚕，直至 5 龄以及 5 龄蚕吐丝、结茧和蚕蛾羽化并产卵。

2.2.3.1.2　结果与分析

- ❖ 急性实验观察。
- ❖ 观察记录实验开始后 24h、48h、72h 的家蚕幼虫中毒或死亡情况，体重变化。
- ❖ 急性实验结束后测定各组家蚕的 SOD 酶活。
- ❖ 从家蚕尾部取没有沾上外源花粉粒的新鲜粪便，在显微镜下观察。
- ❖ 慢性实验观察。
- ❖ 观察记录家蚕各龄期的体重和发育情况。
- ❖ 观察记录家蚕结茧率，茧重，羽化率。

由表 2-11 可知转基因花粉对家蚕幼虫没有急性毒杀效应，除了三唑磷乳油处理组的家蚕在 24 h 内全部死亡之外，其余 3 个实验组的家蚕在 72 h 内都没有出现死亡现象，这说明本实验的测试系统既能够保证家蚕幼虫在正常生长，又可以测试出家蚕对有毒物质的反应。与对照常规棉一样，本实验所给予家蚕幼虫的 3 个转抗蚜基因棉花花粉剂量都没有导致家蚕幼虫出现急性致死效应。

表 2-11　棉花花粉对家蚕幼虫的急性毒性

受试物	实验剂量/ （g 花粉/5 g 桑叶）	死亡率/%		
		24 h	48 h	72 h
对照组	0	0	0	0
抗蚜转基因花粉组	0.25	0	0	0
	0.5	0	0	0
	1	0	0	0
亲本花粉组	0.25	0	0	0
	0.5	0	0	0
	1	0	0	0
42%三唑磷乳油	8×10^{-6}	100	100	100

表 2-12　急性实验 72 h 内家蚕体重的变化

受试物	剂量/ （g 花粉/5 g 桑叶）	家蚕个体平均体重		
		24 h	48 h	72 h
对照组	0	0.0035±0.0001a	0.0060±0.0001a	0.0068±0.0001a
抗蚜转基因花粉组	0.25	0.0036±0.0001a	0.0056±0.0002a	0.0070±0.0002a
	0.5	0.0035±0.0002a	0.0054±0.0003a	0.0069±0.0002a
	1	0.0035±0.0001a	0.0055±0.0003a	0.0067±0.0003a
亲本花粉组	0.25	0.0034±0.0002a	0.0060±0.0001a	0.0068±0.0001a
	0.5	0.0034±0.0002a	0.0059±0.0002a	0.0066±0.0002a
	1	0.0034±0.0001a	0.0056±0.0001a	0.0069±0.0003a

注：同一列中不同的字母代表显著差异（$p < 0.05$）。

由表 2-12 可知，家蚕在接受花粉 72 h 内各组体重没有显著性差异，这说明家蚕幼虫接受较高剂量的转基因抗虫棉花粉也不会出现中毒症状。

表 2-13　急性毒性试验结束后家蚕体内 SOD 酶活

受试物	剂量/（g 花粉/5 g 桑叶）	SOD 酶活性/（U/g 蛋白质）
对照组	0	140.48±12.33 a
抗蚜转基因花粉组	0.25	120.42±10.43a
	0.5	128.48±10.82a
	1	136.93±12.49a
亲本花粉组	0.25	131.49±9.23a
	0.5	123.48±14.29a
	1	125.29±13.92a

注：同一列中不同的字母代表显著差异（$p < 0.05$）。

从表 2-13 可知，3 个剂量的非转基因棉花花粉组和转基因棉花花粉组家蚕的 SOD 值都低于没有花粉的对照组，造成这种现象的原因可能是花粉中含有丰富的蛋白质和糖类等营养成分，因此，与有花粉的桑叶相比，没有花粉对家蚕来说是一种相对不利的刺激，导致后者的 SOD 值高于前者。但是转基因花粉与亲本花粉以及花粉组与对照组，同一花粉组各浓度之间 SOD 酶酶活差异不显著。说明抗蚜转基因花粉对家蚕 SOD 酶酶活无急性影响且无剂量关系。

用显微镜观察家蚕粪便，可见视野中有很多家蚕没有消化完全的桑叶残渣，还能够看到很多形状和结构完整的花粉粒，也有花粉粒的小碎片。根据目测的情况进行粗略估计，保持完整形状的棉花花粉粒大约占视野中花粉粒总数的 50%。

可见，在家蚕取食桑叶时所摄入的花粉粒中，约一半花粉粒的形状和结构被破坏，花粉粒中的毒素蛋白将随着其他物质一道释放进入家蚕的中肠，从而对家蚕产生毒性。但是，还有约一半花粉粒保持完整的形状和结构，其中的毒素蛋白则随着花粉粒被排出家蚕的中肠，无法对家蚕造成任何影响。因此，本实验结果说明，家蚕幼虫无法完全破碎棉花花粉，花粉中的毒素蛋白无法释放出来，这是高剂量的转基因棉花花粉对家蚕幼虫没有造成急性毒杀效应的原因之一。

表 2-14　不同龄期家蚕的个体重量

受试物	剂量/ (g 花粉/5g 桑叶)	家蚕个体平均体重/g				
		1 龄	2 龄	3 龄	4 龄	5 龄
对照组	0	0.0068±0.0001a	0.043±0.001a	0.282±0.003a	0.901±0.033a	3.327±0.214a
抗蚜转基因 花粉组	0.0625	0.0070±0.0001a	0.044±0.001a	0.299±0.004a	0.948±0.025a	3.563±0.143a
	0.125	0.0069±0.0001a	0.043±0.002a	0.299±0.002a	0.945±0.043a	3.743±0.324a
	0.25	0.0067±0.0001a	0.040±0.001a	0.297±0.002a	0.894±0.026a	3.574±0.269a
亲本花粉组	0.0625	0.0068±0.0001a	0.047±0.001a	0.301±0.002a	0.985±0.034a	3.674±0.275a
	0.125	0.0066±0.0001a	0.046±0.002a	0.295±0.001a	0.953±0.024a	3.564±0.258a
	0.25	0.0069±0.0001a	0.049±0.001a	0.294±0.002a	0.917±0.016a	3.434±0356a

注：同一列中不同的字母代表显著差异（$p < 0.05$）。

由表 2-14 可知，不同实验组家蚕在各个龄期的个体重量之间都没有显著性差异（$p > 0.05$），这说明家蚕幼虫长时间接受较高剂量的转基因抗虫棉花粉也不会出现中毒症状。

表 2-15　各处理组家蚕的结茧率、茧重及羽化率

受试物	剂量/ (g 花粉/5g 桑叶)	结茧率/%	平均茧重/g	羽化率/%
对照组	0	93.45±1.3a	1.635±0.012a	88.45±1.2a
抗蚜转基因 花粉组	0.0625	90.08±1.3a	1.632±0.006a	88.67±1.3a
	0.125	95.58±2.0a	1.642±0.021a	89.45±1.4a
	0.25	89.73±1.2a	1.654±0.007a	84.94±1.3a
亲本花粉组	0.0625	87.06±1.2a	1.623±0.020a	84.96±1.5a
	0.125	90.74±1.3a	1.652±0.014a	85.56±1.3a
	0.25	96.38±1.6a	1.642±0.009a	88.57±1.3a

注：同一列中不同的字母代表显著差异（$p < 0.05$）。

由表 2-15 可知，不同实验组家蚕在结茧率、平均茧重和羽化率三个指标上没有显著差异。

2.2.3.2　抗蚜转基因棉花花粉对蜜蜂成虫的影响

2.2.3.2.1　材料与方法

蜜蜂：采用意大利蜜蜂480只，个体大小要均匀。花粉：在花盛期分别收集转基因抗蚜棉"抗蚜88017"与常规对照品种"苏研032"的花粉，迅速带回实验室，置于–20℃冰箱备用。蔗糖溶液：自配50%蔗糖溶液。蜂笼：24个，实验蜂笼为木制长方体框架（10 cm×8.5 cm×5.5 cm），上下两面为塑料网纱，通风良好。

试验方法：实验设置四个处理：化学农药组；转基因棉花花粉组（设0.04 g 花粉/0.4 ml 50%蔗糖溶液、0.08 g 花粉/0.4 ml 50%蔗糖溶液和0.16 g 花粉/0.4 ml 50%蔗糖溶液三个剂量）；对照棉花花粉组（设0.04 g 花粉/0.4 ml 50%蔗糖溶液、0.08 g 花粉/0.4 ml 50%蔗糖溶液和0.16 g 花粉/0.4 ml 50%蔗糖溶液三个剂量）；50%纯蔗糖溶液组；每个处理3个重复。将蜜蜂分为20只一组，共24组，分别以以上各处理饲料饲养。蜜蜂饲养温度为25℃±2℃，在50%~70%湿度的黑暗条件下饲养，将含有受试物的蔗糖溶液放入装在蜂笼内的塑料管中，该塑料管一排有10个孔，共3排，每孔高1.1 cm，内径0.7 cm。添加饲料时先用加样枪在孔中加入蔗糖溶液，再用一个玻璃管导入花粉，最后用牙签拌匀。

在每个蜜蜂实验组中，加入0.4 ml 含有各种不同浓度受试物的蔗糖溶液，使20只蜜蜂能够在3~4 h 内消耗完所提供的食物。一旦这种食物消耗完，立即换上只含有蔗糖的食物，并随时添加蔗糖溶液。如果蜜蜂拒绝进食，从而导致食物消耗很少或者几乎没有消耗，最多延长到6h后，用纯的蔗糖溶液替换掉剩余的食物。在用纯蔗糖溶液替换实验溶液后，实验持续48h。

2.2.3.2.2　结果与分析

在饲喂实验开始后4、24、48、96 h 记录蜜蜂死亡率。在急性毒性实验结束后，从0.16 g/0.4 ml 蔗糖溶液和0.08 g/0.4 ml 蔗糖溶液剂量组中选择存活意大利蜂个体各6只进行中肠蛋白酶、SOD 酶活性的测定。

表 2-16　急性实验 96 h 内蜜蜂死亡率

受试物	实验剂量/（g 花粉/0.4ml 蔗糖溶液）	死亡率/%				
		4h	24h	48h	72h	96h
对照组	0	1.5	1.5	1.5	1.5	1.5
抗蚜转基因棉花花粉组	0.04	3	3	3	3	3
	0.08	0	0	0	0	0
	0.16	1.5	1.5	1.5	1.5	1.5
亲本棉花花粉组	0.04	1.5	1.5	1.5	1.5	1.5
	0.08	1.5	1.5	1.5	1.5	1.5
	0.16	3	3	3	3	3
42%三唑磷乳油	$8×10^{-6}$	100	100	100	100	100

注：同一列中不同的字母代表显著差异（$p < 0.05$）。

由表 2-16 可知转基因花粉对蜜蜂没有急性毒杀效应，除了三唑磷乳油处理组的蜜蜂在

4 h 内全部死亡之外，其余 3 个实验组的蜜蜂在 4 h 内出现个别死亡现象，可能由于在转移蜜蜂过程中使这些蜜蜂受伤，而在接下来的 96 h，各组蜜蜂都不再死亡。这说明本实验的测试系统既能够保证蜜蜂的正常生长，又可以测试出蜜蜂对有毒物质的反应。与对照常规棉一样，本实验所给予蜜蜂的 3 个转抗蚜基因棉花花粉剂量都没有导致蜜蜂出现急性致死效应。

表 2-17　急性毒性试验结束后蜜蜂体内 SOD 酶活性

受试物	剂量/（g 花粉/0.4ml 蔗糖溶液）	SOD 酶活性/（U/g 蛋白质）
对照组	0	164.32±30.35593a
抗蚜转基因棉花花粉组	0.04	177.06±11.94111a
	0.08	167.93±23.49505a
亲本棉花花粉组	0.04	187.84±19.75753a
	0.08	169.39±9.43034a

注：同一列中不同的字母代表显著差异（$p<0.05$）。

由表 2-17 可知，两种浓度的转抗蚜基因棉花花粉对蜜蜂 SOD 酶活性无显著影响。转抗蚜基因棉花花粉组与亲本棉花花粉组以及对照组蜜蜂 SOD 酶活性均无显著性差异。

表 2-18　急性毒性试验结束后蜜蜂体内中肠蛋白酶总酶酶活性

受试物	剂量/（g 花粉/0.4 ml 蔗糖溶液）	中肠蛋白酶总酶酶活性/（U/g 蛋白质）
对照组	0	1.4346±0.146503a
抗蚜转基因棉花花粉组	0.04	1.2493±0.292014a
	0.08	1.3043±0.192034a
亲本棉花花粉组	0.04	1.0693±0.145043a
	0.08	1.2904±0.354598a

注：同一列中不同的字母代表显著差异（$p<0.05$）。

由表 2-18 可知，两种浓度的转抗蚜基因棉花花粉对蜜蜂中肠蛋白酶总酶酶活性无显著影响。转抗蚜基因棉花花粉组与亲本棉花花粉组以及对照组蜜蜂中肠蛋白酶总酶酶活性均无显著性差异。

2.3　讨论

抗蚜转基因棉花的培育对于控制棉蚜的危害有着良好的前景，但是作为一种重要的转基因作物，必须在其大规模商业化种植前进行环境风险评价。本章就以转野生荠菜凝集素（WSA）基因的棉花为材料，从其生长情况、对靶标与非靶标昆虫影响、对土壤微生物多样性影响以及对重要经济昆虫影响等方面进行了系统的研究。实验结果表明，转 WSA 基因抗蚜棉与常规棉相比对棉蚜有显著的抗性，生长情况没有显著差异，对非靶标昆虫、土壤微生物及重要经济昆虫（家蚕、蜜蜂）无明显不利影响。

由于转基因植物对环境的影响可能是累积性的，因此对转 WSA 棉花的环境风险评价还需要进行长期的实验监测。

（方志翔　刘标）

参考文献

[1] 梁峰，常团结. 植物凝集素的研究进展. 武汉大学学报，2002，48（2）：232-238.

[2] 路子显，常团结，朱祯. 植物外源凝集素及其在植物基因工程中的应用[J]. 生物工程进展，2002，22（2）：3-9.

[3] 雒珺瑜，崔金杰，吴冬梅.转半夏凝集素基因抗蚜棉花材料对棉蚜的控制效果[J]. 中国棉花，2010，28（9）：12-14.

[4] 孟玲，王利萍，何微，等. 转基因抗虫棉的初选和抗虫鉴定（Ⅱ）[J]. 新疆农业大学学报，2000，23（4）：52-55.

[5] 王冬梅，孙严，孟庆玉，等. 新疆抗棉铃虫、蚜虫转基因棉花的初步筛选[J]. 新疆农业科学，2001，38（3）：153-154.

[6] 王志斌，李学勇，郭三堆. 植物凝集素与抗虫基因工程[J]. 生物技术通报，1998，2：5-10.

[7] 肖松华，刘剑光，黄骏麒，等. 转基因抗蚜虫棉花新种质的培育[J]. 中国棉花，2001，28（3）：19-20.

[8] 肖松华，刘剑光，吴巧娟，等. 转外源凝集素基因棉花对棉蚜的抗性鉴定[J]. 棉花学报，2005，17（2）：72-78.

[9] 周兆斓，朱祯. 植物抗虫基因工程研究进展[J]. 生物工程进展，1994，14（4）：18-24.

第3章 抗虫转 *Cry1Ac+Cry2Ab* 双价基因棉 环境风险评价研究

3.1 绪言

苏云金芽孢杆菌（*Bacillus thuringiensis*）δ-内毒素晶体蛋白基因简称 *Bt* 基因（Schnepf E *et al.*，1998）。其在芽孢形成期可产生有杀虫活性的伴孢晶体——δ-内毒素，这种晶体毒素蛋白可毒杀多种鳞翅目、双翅目和鞘翅目等昆虫，是世界上应用最为广泛的生物杀虫剂（关雄，2006）。据统计已报道的 *Bt* 基因有 60 种以上。根据它们的杀虫范围和基因序列的同源性的不同，又可大致分为六大类：*Cry1*、*Cry2*、*Cry3*、*Cry4*、*Cry5*、*Cryt*。每一类中又包含不同的亚类，前 5 类称为晶体蛋白基因家族，第六类称为细胞外溶性晶体蛋白基因（张洪瑞等，2008）。1981 年 Shnepf 和 Whiteley 等首次从苏云金芽孢杆菌中分离并克隆了 *Bt* 基因，美国孟山都公司将 *Bt* 基因经过启动子改造后转入棉花中，于 1995 年获得了 2 个转 *Bt* 基因抗虫棉 NUCOTN33B 和 NUCOTN35B（谢德意，2001）。1991 年谢道昕等从苏云金芽孢杆菌亚种 aizawai7-29 和 KurstakiHD-1 中分离克隆了 *Bt* 基因，1992 年谢道昕（谢道昕等，1991）、郭三堆等（1993）对 *Bt* 基因进行了改造，并由中国农科院生物工程中心、中棉所等单位将改造了的 *Bt* 基因转入国产棉花品种中，于 1994 年成功获得了第一批国产单价抗虫棉（张锐等，2007）。由于美国孟山都公司转 *Bt* 基因抗虫棉——33B、35B 和中国第一批转 *Bt* 基因抗虫棉都是单价的转 *Bt* 基因抗虫棉，经棉田多年种植实践表明，这种单价 *Bt* 基因抗虫棉仅抗棉铃虫、红铃虫等少量鳞翅目害虫，对鳞翅目中其他害虫——斜纹夜蛾、甜菜夜蛾基本无抗虫性，更不抗鳞翅目以外的棉花害虫，如棉盲蝽、棉蚜、棉蓟马、棉叶螨、烟粉虱等（顾中言，2008）。为了提高转基因抗虫棉的抗性，中国农科院棉花研究所等国内棉花育种单位近几年又推出了双价转 *Bt* 和豇豆胰蛋白酶抑制抗虫基因（*Cry1Ac+CPTI*）棉（Wu *et al.*，2005）、双价双 *Bt* 抗虫基因（*Cry1Ac+Cry2Ab*）棉（雒珺瑜等，2011）。转双价双 *Bt* 抗虫基因（*Cry1Ac+Cry2Ab*）棉 MON15985 已于 2002—2009 年先后在美国、南非、印度、澳大利亚、布基纳法索、哥斯达黎加、巴西等国家商业化种植（刘晨曦等，2011），目前研究大多集中在 *Cry1Ac* 抗性棉铃虫对 *Cry2Ab* 的交互抗性方面，其中罗术东（2007）、Luo 等（2007）、Mahon 等（2007）、高玉林（2009）等认为棉铃虫对 *Cry1Ac* 基因和 *Cry2Ab* 基因之间不存在交叉抗性，推断这两个基因在棉铃虫中肠上皮细胞膜上的结合位点不同，提出培育转双价双 *Bt* 基因（*Cry1Ac+Cry2Ab*）抗虫棉有利于延缓棉铃虫对 *Cry1Ac* 的抗性；Bruce 等（2009）的试验结果表明，这两个基因对红铃虫存在非对称交叉抗性，在进行抗性管理中纳入对这种交互抗性潜在风险的考虑可以帮助研究者保持这种金字塔式的 *Bt* 作物的有效性。同时 Addison 和 Rogers（2010）认为，低温胁迫对 *Cry1Ac* 和 *Cry2Ab* 基因表达量的影响可以忽略不计，保证其在低温胁迫下有效表达。中国在这方面的研究相对落后，目前仍无商品化生产的转双价双 *Bt* 抗虫基因（*Cry1Ac*+*Cry2Ab*）棉花品种。中国在转基因抗虫棉环境安全评价技术上仅在 2007 年公布了一项技术标准，即农业部 953 号公告。这项环境安全评价检测技术标准仅适用于单价转 *Bt* 基因抗虫棉，对于双价转基因抗虫棉国内暂缺环境安全评价技术标准。

本研究就是为转双价双 *Bt* 抗虫基因（*Cry1Ac*+*Cry2Ab*）棉环境安全评价技术的建立提供依据而进行的，以转 *Cry1Ac*+*Cry2Ab* 双价基因抗虫棉和非转基因棉为研究材料，从生态环境、非靶标昆虫、土壤动物和微生物等角度入手，对新型转 *Cry1Ac*+*Cry2Ab* 双价基因抗虫棉进行了较全面的环境风险评估工作。

3.2 转 *Cry1Ac*+*Cry2Ab* 双价基因抗虫棉的生存竞争能力研究

以转 *Cry1Ac*+*Cry2Ab* 双价基因抗虫棉与常规棉对照品种"苏研 032"为研究对象，在盐城市亭湖区南洋镇新洋村棉田开展研究。试验设计为两个因素，即抗虫棉与常规棉、不施药和施药，共 4 个处理，即 A 区：常规不施药，B 区：抗虫不施药，C 区：抗虫施药，D 区：常规施药（图 3-1）。大区种植，共 4 个小区。各试验区周围均设保护行，采取相同的耕作栽培管理措施。

东←南→西

A 区 苏研 032 （不施药）	B 区 *Cry1Ac*+*Cry2Ab* （不施药）	C 区 *Cry1Ac*+*Cry2Ab* （施药）	D 区 苏研 032 （施药）

北

图 3-1 各处理区域排布情况

表 3-1 各区农药使用情况

用药时间	施药区用药品种	亩用量/（ml、g）	不施药区用药品种	亩用量/（ml、g）
5 月 26 日	苗床出嫁药：毒死蜱+杀螨醇	40 g+300 ml	苗床出嫁药：毒死蜱+杀螨醇	40 ml+300 ml
6 月 19 日	毒死蜱+马拉松	100 ml+150 ml	毒死蜱+马拉松	100 ml+150 ml
6 月 28 日	毒死蜱+马拉松	100 ml+150 ml		
7 月 10 日	毒死蜱+马拉松	100 ml+150 ml		
7 月 19 日	毒死蜱	100 ml	毒死蜱+马拉松	100 ml+150 ml
7 月 26 日	毒死蜱+马拉松	100 ml+150 ml		
8 月 5 日	毒死蜱+功夫	100 ml+80 ml	毒死蜱+功夫	100 ml+80 ml
8 月 10 日	毒死蜱+功夫	100 ml+80 ml		
8 月 18 日	毒死蜱+功夫	100 ml+80 ml		
8 月 23 日	毒死蜱+辛硫磷	100 ml+100 ml	毒死蜱	100 ml
8 月 31 日	毒死蜱+功夫	100 ml+80 ml		

田间开展转双价基因抗虫棉花和亲本对照棉花出苗率，竞争性生长势，繁育能力等生存竞争能力相关的指标研究。

3.2.1 出苗率调查

出苗率调查采用营养钵育苗移栽的方式，分别在种植后 3、5、7、14 d 调查播种后的出苗率，棉花移栽前调查一次棉苗成钵率、株高和真叶数。结果发现：转基因抗虫棉花品种的出苗率与常规对照棉无差异（图 3-2，图 3-3，图 3-4）。

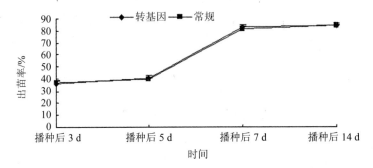

图 3-2　转基因抗虫棉花生存竞争能力

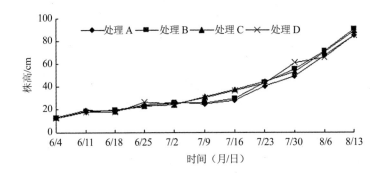

图 3-3　转基因抗虫棉花株高

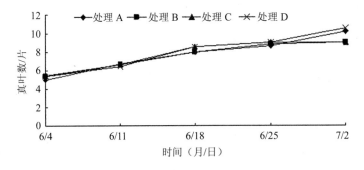

图 3-4　转基因抗虫棉花真叶数

3.2.2 竞争性生长势调查

分别于种植后 1 个月、2 个月和 3 个月，调查和记录包括棉花单株株高、叶片数、果枝数、叶面积四项生长指标。见图 3-3，四个区域棉花在生长的各个时期内的株高数均无显著差异。如图 3-4 所示，四个区域棉花在生长的各个时期内的叶片数均无显著差异。四个区域棉花在生长的各个时期内的果枝数差异不显著（图 3-5）。对棉花叶面积共进行两次调查，7 月 30 日和 8 月 30 日调查结果均表明叶面积在各处理组无显著性差异（图 3-6 和图 3-7）。在两次调查中发现，7 月 30 日时转基因施药区的叶面积要显著大于不施药区，常规施药区的叶面积也要显著大于常规不施药区。8 月 30 日四区域则无明显差异。由此分析农药控制虫害可能是造成虫害高峰期叶面积差异的主要原因。

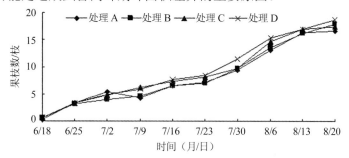

图 3-5 转基因抗虫棉花果枝数

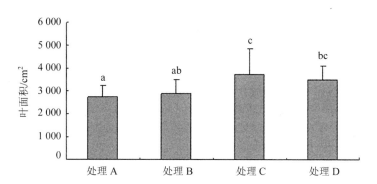

图 3-6 转基因抗虫棉花叶面积（7 月 30 日）

注：含有相同字母表示无显著性差异（$p > 0.05$）。

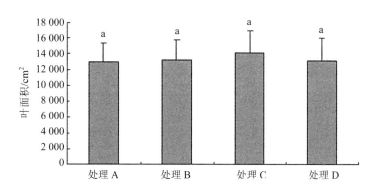

图 3-7 转基因抗虫棉花叶面积（8 月 30 日）

注：含有相同字母表示无显著性差异（$p > 0.05$）。

3.2.3 繁育能力调查

自棉花移栽活棵后，调查统计各项生育指标。包括蕾数、脱落数以及脱落率。结果发现，转 *Cry1Ac+Cry2Ab* 双价基因抗虫棉的单株蕾数、脱落数、脱落率，单铃毛重以及衣分率在其生长的各个时期均与常规棉均无显著差异（图 3-8 至图 3-12）。

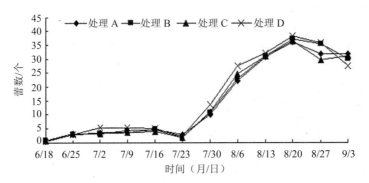

图 3-8　转基因抗虫棉花蕾数

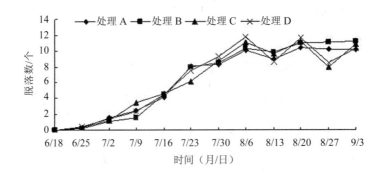

图 3-9　转基因抗虫棉花脱落数

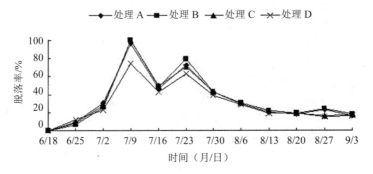

图 3-10　转基因抗虫棉花脱落率

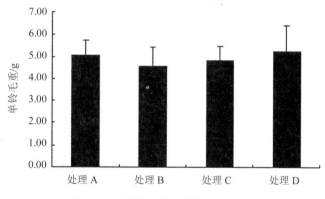

图 3-11　转基因抗虫棉花单铃毛重

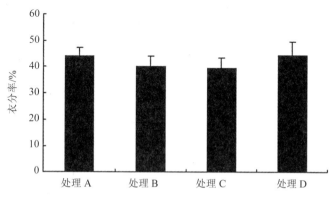

图 3-12　转基因抗虫棉花衣分率

3.2.4　棉田杂草调查

在 7 月 24 日及 8 月 24 日两次对棉田杂草进行了调查，结果发现，除了在 7 月 24 日调查中常规棉田莎草的数量要显著高于转基因棉田外，其余棉田杂草数量在各区中均无显著差异（图 3-13 和图 3-14）。

上述研究表明，在施药和不施药的情况下，与常规对照棉相比，转 *Cry1Ac+Cry2Ab* 双价基因抗虫棉的竞争性生长以及繁育能力都没有表现出显著差异。

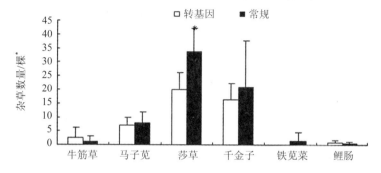

图 3-13　转基因抗虫棉田杂草（7 月 24 日调查结果）

* 表示有显著性差异。

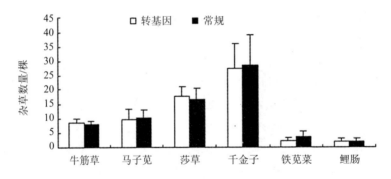

图 3-14　转基因抗虫棉田杂草（8 月 24 日调查结果）

3.3　转 *Cry1Ac+Cry2Ab* 双价基因抗虫棉对靶标和非靶标害虫的影响

从 5 月至 9 月，调查了田间虫害情况，包括百株虫量、累积百株虫量，以及害蕾害铃数，累积害蕾害铃数等。

3.3.1　对靶标害虫棉铃虫的影响

根据图 3-15 至图 3-20 的结果，发现转 *Cry1Ac+Cry2Ab* 双价基因抗虫棉棉铃虫虫量远低于常规棉，在不施药和施药区表现一致。棉铃虫害蕾数量消长曲线与棉铃虫虫量波动相似，表现为抗虫棉低于常规棉品种。

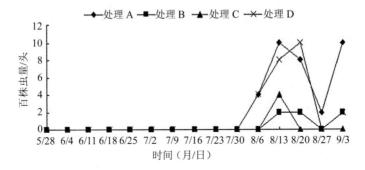

图 3-15　转基因抗虫棉对靶标害虫的防治效果（百株虫量）

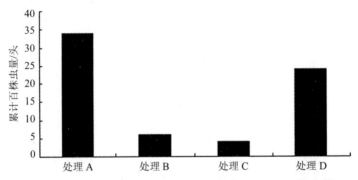

图 3-16　转基因抗虫棉对靶标害虫的防治效果（累计百株虫量）

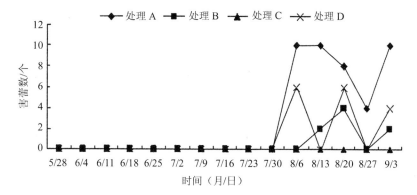

图 3-17　转基因抗虫棉对靶标害虫的防治效果（害蕾数）

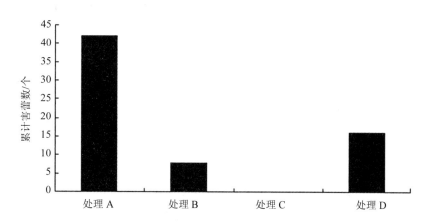

图 3-18　转基因抗虫棉对靶标害虫的防治效果（累计害蕾数）

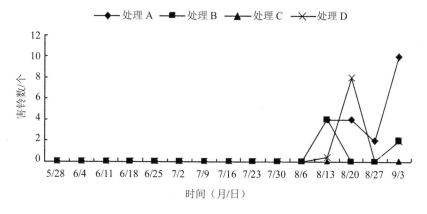

图 3-19　转基因抗虫棉对靶标害虫的防治效果（害铃数）

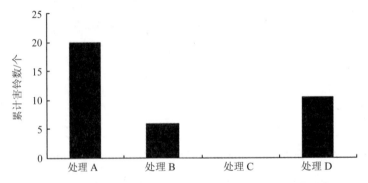

图 3-20　转基因抗虫棉对靶标害虫的防治效果（累计害铃数）

与常规对照棉相比，转 *Cry1Ac+Cry2Ab* 双价基因抗虫棉对棉铃虫的抗虫效果明显。

3.3.2　对非靶标害虫的影响

我们调查包括了虫口压力较大的棉盲蝽、棉蚜及烟粉虱，以及一些零星发生的虫害。

试验区以中黑盲蝽和绿盲蝽为优势种群的棉盲蝽发生较重，虫口压力较大。因此详细记载调查株上中黑盲蝽、绿盲蝽的虫量消长动态曲线以及棉株被害、蕾铃被害率等（图 3-21～图 3-32）。

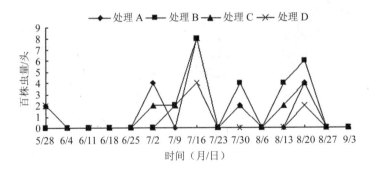

图 3-21　转基因抗虫棉对黑盲蝽的影响

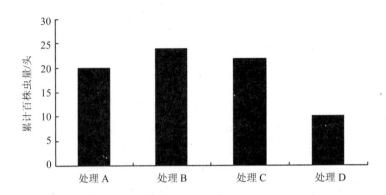

图 3-22　转基因抗虫棉对黑盲蝽的影响（累计百株虫量）

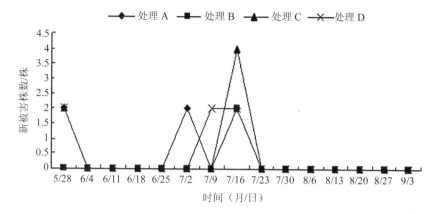

图 3-23　转基因抗虫棉对黑盲蝽的影响（新被害株数）

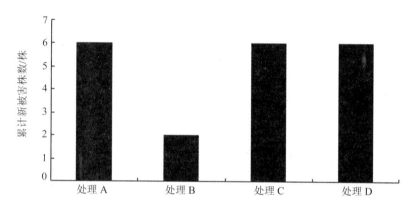

图 3-24　转基因抗虫棉对黑盲蝽的影响（累计新被害株数）

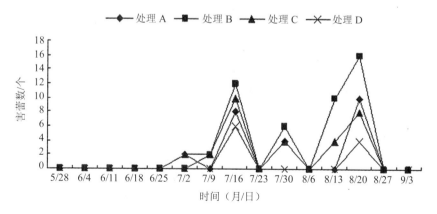

图 3-25　转基因抗虫棉对黑盲蝽的影响（害蕾数）

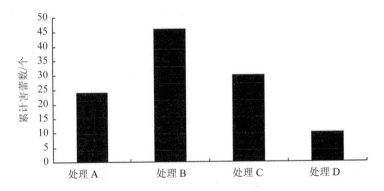

图 3-26　转基因抗虫棉对黑盲蝽的影响（累计害蕾数）

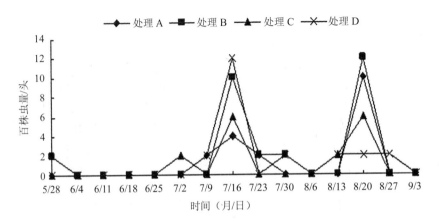

图 3-27　转基因抗虫棉对绿盲蝽的影响（百株虫量）

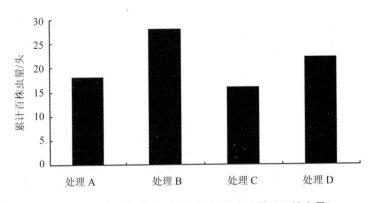

图 3-28　转基因抗虫棉对绿盲蝽的影响（累计百株虫量）

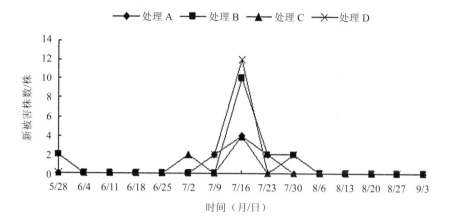

图 3-29　转基因抗虫棉对绿盲蝽的影响（新被害株数）

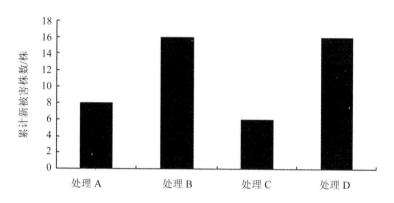

图 3-30　转基因抗虫棉对绿盲蝽的影响（累计新被害株数）

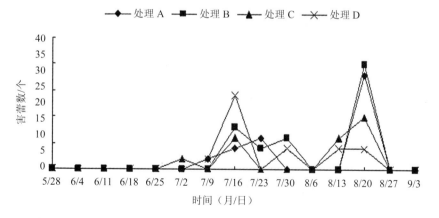

图 3-31　转基因抗虫棉对绿盲蝽的影响（害蕾数）

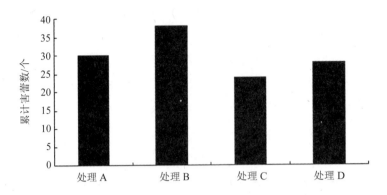

图 3-32　转基因抗虫棉对绿盲蝽的影响（累计害蕾数）

　　结果发现，两类盲蝽种群数量与单种盲蝽呈现相同的趋势，即不施药处理区的累计虫量高于施药区，抗虫棉的虫量高于常规棉品种。而且棉株被害株率、蕾铃被害累计值与盲蝽虫量相似，不施药处理区的累计值高于施药区，并且抗虫棉高于常规棉品种。

　　棉蚜量从 8 月起开始呈爆发趋势，且不论施药区与不施药区的转基因棉花棉蚜虫量均显著高于常规棉（图 3-33 和图 3-34）。烟粉虱的虫量变化情况与棉蚜类似，也是转基因棉区高于常规棉区（图 3-35 和图 3-36）。

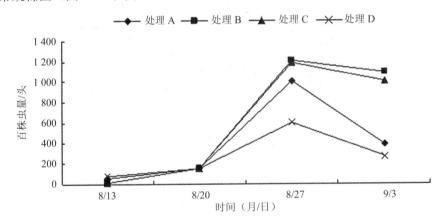

图 3-33　转基因抗虫棉田的棉蚜动态变化

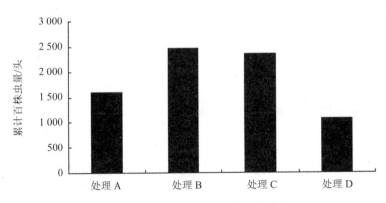

图 3-34　转基因抗虫棉对棉蚜的影响

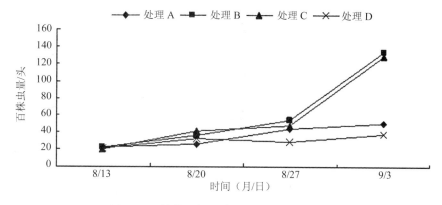

图 3-35 转基因抗虫棉田的烟粉虱动态变化

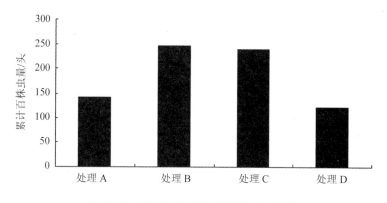

图 3-36 转基因抗虫棉对烟粉虱的影响

同时也对其他非靶标生物如红蜘蛛、棉叶蝉、臭椿、造桥虫、卷叶虫、斜纹夜蛾、甜菜夜蛾和玉米螟：记载调查株上幼虫数，发现虫口密度较低，几乎可以忽略不计。

3.4 对捕食性天敌和寄生性天敌的影响

调查了草间小黑蛛和龟纹瓢虫的发生情况（图 3-37～图 3-40），转基因抗虫棉对这两种昆虫的影响类似，虫量削减曲线上无显著差别，转基因抗虫棉的累计虫量略高于常规棉。

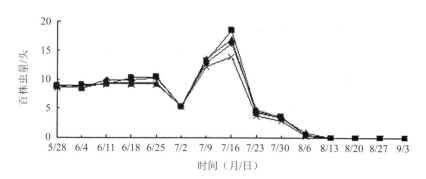

图 3-37 转基因抗虫棉田的草间小黑蛛动态变化

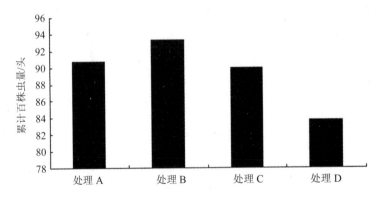

图 3-38　转基因抗虫棉对草间小黑蛛的影响

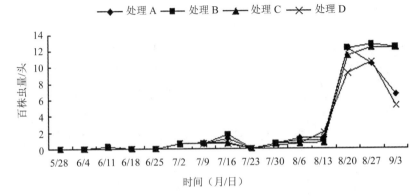

图 3-39　转基因抗虫棉田的龟纹瓢虫动态变化

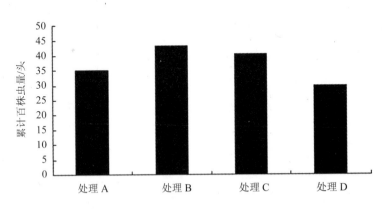

图 3-40　转基因抗虫棉对龟纹瓢虫的影响

　　其他捕食和寄生性天敌（如七星瓢虫、三突花蛛、食蚜蝇、小花蝽、草蛉等）天敌虫量较少，几乎可以忽略不计。

　　上述研究表明，转 *Cry1Ac+Cry2Ab* 双价基因抗虫棉品种对棉铃虫有较好的控制效果，对棉田天敌也没有发现明显的不良影响，但是棉盲蝽、棉蚜、烟粉虱等次要害虫数量有所上升。

3.5 花粉漂移情况调查

采用田间花粉沉积量测定转基因棉花花粉的自然扩散规律。2011 年 8 月 27 日—9 月 1 日，在棉田四周的东、南、西、北四个方向，每个方向选择 5 个点，分别距离棉田 1、2、3、5、15、20m。每点放置 3 块均匀地涂上凡士林的载玻片（7.5cm×2.5cm）。载玻片平放在距离地面 0.5m 处，载玻片之间彼此相距 10cm。每天早晨 8：30 之前把载玻片放好，3d、6d 后用解剖镜统计每个点的 3 块载玻片上棉花花粉的总数目。

试验期间的天气情况：

8/27：风向→东南风，风力→3～4 级，阴有阵雨→28℃，夜间多云→22℃。

8/28：风向→东南风，风力→3～4 级，阴有阵雨→29℃，阴有阵雨→23℃。

8/29：风向→东南风，风力→3～4 级，白天多云→30℃，夜间多云→24℃。

8/30：风向→东南风，风力→3～4 级，白天阵雨→29℃，夜间阴→24℃。

8/31：风向→东南风，风力→3～4 级，白天阴→23℃，夜间多云→30℃。

9/01：风向→东南风，风力→3～4 级，白天阴→23℃，夜间多云→29℃。

调查期间为棉花的盛花期，棉田附近风力 3～4 级，风向自东南向西北。8 月 27—29 日调查结果见表 3-2。8 月 27 日—9 月 1 日调查结果见表 3-3。从表 3-3 可以看出，6d 累计 1、3、6、15、20 m 处的花粉总数分别为 21、1、0、0、0。从每天的调查结果看，花粉的分布没有规律性。从总的统计结果看，花粉数量集中在距离棉田 1m 处，其他距离几乎没有花粉。以距离棉田最近、飘落到载玻片上的花粉粒数量最多的数据计算，距离棉田 1 m 处载玻片上棉花花粉粒的最大数目为 0.33 个/cm^2。由此可见，抗虫转基因棉花以风力自然扩散的方式传播的花粉量和距离是相当有限的。

表 3-2 花粉的沉积量及其分布研究（8 月 27—29 日 3 d 累积）

方向	距离棉田不同距离的花粉粒数量/个																	
	1m			2m			3m			5m			15 m			20m		
	A	B	C	A	B	C	A	B	C	A	B	C	A	B	C	A	B	C
东	2	1	1	1	0	1	0	0	0	0	0	0	0	0	0	0	0	0
西	6	8	5	2	2	1	1	1	2	0	1	0	0	0	0	0	0	0
南	2	0	0	1	1	0	0	0	0	0	0	0	0	0	0	0	0	0
北	7	6	8	5	3	5	3	2	2	1	0	1	0	0	0	0	0	0
总计	17	15	15	9	6	7	4	3	4	1	1	1	0	0	0	0	0	0

注：表中每个单格数据均为 3 个重复的观察数据，每个点放 3 块载玻片（分别以 A，B，C 表示），片间距离 10 cm，下同。

表 3-3 花粉的沉积量及其分布研究（8 月 27 日—9 月 1 日 6 d 累积）

方向	距离棉田不同距离的花粉粒数量/个																	
	1m			2m			3m			5m			15 m			20m		
	A	B	C	A	B	C	A	B	C	A	B	C	A	B	C	A	B	C
东	1	2	1	1	1	0	0	1	0	0	0	0	0	0	0	0	0	0
西	5	6	5	3	2	2	2	1	1	1	0	1	0	0	0	0	0	0
南	4	5	4	2	4	3	1	0	1	0	0	0	0	0	0	0	0	0
北	6	5	7	3	2	5	2	1	1	1	1	1	0	0	0	0	0	0
总计	16	18	17	9	9	10	5	3	3	1	1	2	0	0	0	0	0	0

3.6 对非靶标经济昆虫的影响

3.6.1 转双价基因抗虫棉花花粉对家蚕的影响

3.6.1.1 材料与试剂

供试蚕种：家蚕 640 只

桑叶：实验所用新鲜、无污染的嫩桑叶采自在国家环境保护总局南京环境科学研究所种植的实验专用桑林，采摘后用自来水清洗，自然晾干后剪成细长条形用于实验。

其他实验器材：培养皿 32 个，定性滤纸，烧杯，塑料框，培养箱，天平，高速冷冻离心机等。

3.6.1.2 实验方法

急性实验：采用食下毒叶法。将棉花花粉加入 4 ml 蒸馏水中，配制成不同浓度的花粉溶液，再放入 5 g 被剪成细长条状的新鲜桑叶，充分搅拌，使花粉均匀地分布在桑叶的表面，自然晾干后备用。在 ϕ 9cm 培养皿内垫以定性滤纸，用上述表面沾有花粉的桑叶饲喂家蚕一龄蚁蚕。每天更换滤纸和桑叶，并及时清理死亡的家蚕幼虫。实验分为八组：处理组为混有 0.25 g/5 g 桑叶，0.5 g/5 g 桑叶，1 g/5 g 桑叶的三组转基因棉花的花粉的桑叶，阴性对照为混有 0.25 g/5 g 桑叶，0.5 g/5 g 桑叶，1 g/5 g 桑叶的三组亲本棉花的花粉的桑叶；空白对照为不含花粉的桑叶；阳性对照为浸泡在三唑磷乳油溶液中并晾干的桑叶。每个处理放 20 头大小一致的健康家蚕蚁蚕。每组 4 个重复。实验在 25℃±2℃、通风的培养箱中进行。

SOD 酶活的测定：在家蚕的急性实验结束后，从各处理组中随机取家蚕 3 条，取其中肠用 0.7% 的冷生理盐水洗净，沥去水分称重后在研钵中低温匀浆，按每 0.1 g 生物量加 0.9 ml 0.7% 冷却过的生理盐水，制成 10% 匀浆液。在 2℃、3 000r/min 条件下离心 12 min，取上清液，测定上清液中 SOD 酶活性。

慢性毒性实验：一直用 5g 桑叶混以 0.25 g、0.125 g、0.0625 g 棉花花粉剂量的桑叶分别饲喂家蚕蚁蚕，直至 5 龄以及 5 龄蚕吐丝、结茧和蚕蛾羽化并产卵。

3.6.1.3 实验结果

观察记录实验开始后 24h、48h、72h 的家蚕幼虫中毒或死亡情况，体重变化，急性实验结束后测定各组家蚕的 SOD 酶活。慢性实验记录家蚕结茧率，茧重，羽化率。由表 3-4 可知，转基因花粉对家蚕幼虫没有急性毒杀效应，除了三唑磷乳油处理组的家蚕在 24 h 内全部死亡之外，其余 3 个实验组的家蚕在 72h 内都没有出现死亡现象，这说明本实验的测试系统既能够保证家蚕幼虫的正常生长，又可以测试出家蚕对有毒物质的反应。与对照常规棉一样，本实验所给予家蚕幼虫的 3 个转基因双价棉花花粉剂量都没有导致家蚕幼虫出现急性致死效应。

表 3-4 棉花花粉对家蚕幼虫的急性毒性试验

受试物	实验剂量/（g/5 g 桑叶）	死亡率/%		
		24h	48h	72h
对照组	0	0	0	0
转基因双价棉花花粉组	0.25	0	0	0
	0.5	0	0	0
	1	0	0	0
亲本棉花花粉组	0.25	0	0	0
	0.5	0	0	0
	1	0	0	0
42%三唑磷乳油	8×10^{-6}	100	100	100

表 3-5 急性实验 72 h 内家蚕体重的变化

受试物	剂量/（g/5 g 桑叶）	家蚕个体平均体重		
		24 h	48 h	72 h
对照组	0	0.0039±0.0001a*	0.0059±0.0001a	0.0070±0.0002a
抗虫棉花花粉组	0.25	0.0039±0.0001a	0.0058±0.0002a	0.0069±0.0003a
	0.5	0.0040±0.0001a	0.0056±0.0002a	0.0069±0.0001a
	1	0.0040±0.0001a	0.0055±0.0002a	0.0068±0.0002a
亲本棉花花粉组	0.25	0.0038±0.0001a	0.0060±0.0003a	0.0070±0.0002a
	0.5	0.0040±0.0002a	0.0058±0.0002a	0.0067±0.0002a
	1	0.0039±0.0002a	0.0057±0.0001a	0.0068±0.0001a

注：* 相同字母表示两组数值间没有显著性差异。

由表 3-5 可知，家蚕在接受花粉 72 h 内各组体重没有显著性差异，这说明家蚕幼虫接受较高剂量的转基因双价抗虫棉花粉也不会出现中毒症状。从图 3-41 可知，3 个剂量的非转基因棉花花粉组和转基因棉花花粉组家蚕的 SOD 值都低于没有花粉的对照组，这可能是花粉中含有丰富的蛋白质和糖类等营养成分，因此，与有花粉的桑叶相比，没有花粉对家蚕来说是一种相对不利的刺激，导致后者的 SOD 值高于前者。但是转基因花粉与亲本花粉相比，同一花粉组各浓度之间 SOD 酶酶活性差异不显著，说明转基因双价棉花粉对家蚕 SOD 酶酶活性无急性影响且无剂量关系。

由图 3-42 可知，不同实验组家蚕在各个龄期的个体重量之间都没有显著性差异（$p > 0.05$），这说明家蚕幼虫长时间接受较高剂量的转基因双价棉花粉也不会出现中毒症状。由表 3-6 可知，不同实验组家蚕在结茧率、平均茧重和羽化率三个指标上没有显著差异。

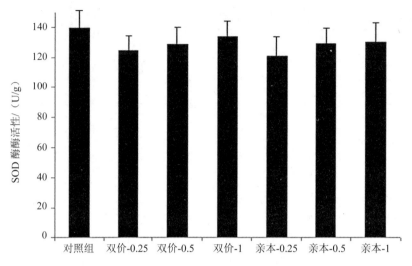

图 3-41　急性毒性试验结束后家蚕体内 SOD 酶活性

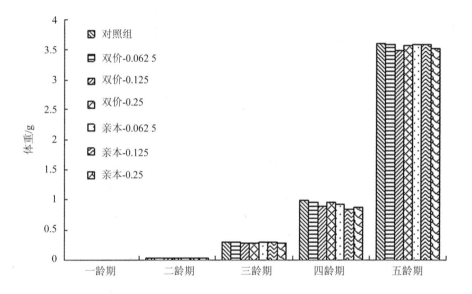

图 3-42　不同龄期家蚕的个体重量

表 3-6　各处理组家蚕的结茧率、茧重及羽化率

受试物	剂量/（g/5 g 桑叶）	结茧率/%	平均茧重/g	羽化率/%
对照组	0	100	1.659±0.17a*	92.38±3.5a
抗虫棉花花粉组	0.062 5	100	1.637±0.22a	89.16±2.9a
	0.125	100	1.621±0.15a	89.27±6.2a
	0.25	100	1.593±0.13a	88.91±2.3a
亲本棉花花粉组	0.062 5	100	1.657±0.20a	88.97±4.8a
	0.125	100	1.639±0.13a	90.62±2.7a
	0.25	100	1.626±0.14a	89.64±2.6a

注：* 相同字母表示两组数值间没有显著性差异。

上述对家蚕毒性实验结果表明,即使喂饲高剂量转 *Cry1Ac+Cry2Ab* 双价基因抗虫棉花粉,家蚕也没出现死亡现象,对家蚕各生理阶段的正常指标也没有影响。

3.6.2　对蜜蜂成虫的影响

3.6.2.1　材料与试剂

采用意大利蜜蜂 480 只,个体大小要均匀。花粉:在花盛期分别收集转双价基因抗虫棉花与常规对照品种"苏研 032"的花粉,低温储存,迅速带回实验室,置于−20℃冰箱备用。蔗糖溶液:自配 50%蔗糖溶液。实验蜂笼为木制长方体框架(10 cm×8.5× cm5.5 cm),上下两面为塑料网纱,通风良好。

3.6.2.2　试验方法

花粉喂饲实验:实验设置四个处理:化学农药组;转基因棉花花粉组(设 0.04 g 花粉/0.4 ml 30%蔗糖溶液、0.08 g 花粉/0.4 ml 30%蔗糖溶液和 0.16 g 花粉/0.4 ml 30%蔗糖溶液三个剂量);对照棉花花粉组(设 0.04 g 花粉/0.4 ml 30%蔗糖溶液、0.08 g 花粉/0.4 ml 30%蔗糖溶液和 0.16 g 花粉/0.4 ml30%蔗糖溶液三个剂量);50%纯蔗糖溶液组;每个处理 3 个重复。将蜜蜂分为 10 只一笼,每处理组 5 笼,分别以以上各处理饲料饲养。蜜蜂饲养温度为 25℃±2℃,湿度 50%～70%,8 h 光照,16 h 黑暗条件下饲养,将含有受试物的蔗糖溶液放入装在蜂笼内的塑料管中,塑料管每孔高 1.1 cm,内径 0.7 cm。添加饲料时先用加样枪在孔中加入蔗糖溶液,再用一个玻璃管导入花粉,最后用牙签拌匀。

在每个蜜蜂实验组中,加入 0.4 ml 含有各种不同浓度受试物的蔗糖溶液,使 20 只蜜蜂能够在 3～4 h 内消耗完所提供的食物。一旦这种食物消耗完,立即换上只含有蔗糖的食物,并随时添加蔗糖溶液。如果蜜蜂拒绝进食,从而导致食物消耗很少或者几乎没有消耗,最多延长到 6 h 后,用纯的蔗糖溶液替换掉剩余的食物。在用纯蔗糖溶液替换实验溶液后,实验持续 96 h。

蜜蜂选择性进食定量实验:设置三组蜂笼,分别放入为 0.08 g 花粉/0.4 ml 纯水,0.08 g 花粉/0.4 ml 10%蔗糖溶液,以及 0.08 g 花粉/0.4 ml 30%蔗糖溶液各两管,加入转基因花粉与常规花粉的两小管溶液放置于对角线两端,放入前分别称量。选择健康活跃日龄相同的工蜂饥饿 2 h 后放入笼中,每笼一只。4 h 后取出小管进行称量。

3.6.2.3　实验结果

在饲喂实验开始后 4 h、24 h、48 h、96 h 记录蜜蜂死亡率,在急性毒性实验结束后,从各剂量组中选择存活意大利蜂个体各六只进行中肠蛋白酶、SOD 酶活性的测定。

由表 3-7 可知转基因花粉对蜜蜂没有急性毒杀效应,除了三唑磷乳油处理组的蜜蜂在 4 h 内全部死亡之外,其余 3 个实验组的蜜蜂在饲养过程中出现个别死亡现象,可能由于在转移蜜蜂过程中使这些蜜蜂受伤,90%以上蜜蜂在接下来的 96 h 不再死亡。这说明本实验的测试系统既能够保证蜜蜂的正常生长,又可以测试出蜜蜂对有毒物质的反应。与对照常规棉一样,本实验所给予蜜蜂的 3 个双价抗虫棉花粉剂量都没有导致蜜蜂出现急性致死效应。

表 3-7   急性实验 96 h 内蜜蜂死亡率

受试物	实验剂量/	死亡率/%				
	（g 花粉/0.4 ml 蔗糖溶液）	4 h	24 h	48 h	72 h	96 h
对照组	0	2	4	4	4	6
双价抗虫棉花粉组	0.04	2	2	2	4	4
	0.08	2	2	4	4	4
	0.16	0	0	2	2	2
常规棉花花粉组	0.04	0	0	2	2	2
	0.08	0	4	4	4	6
	0.16	2	2	4	4	4
42%三唑磷乳油	8×10^{-6}	100	100	100	100	100

由表 3-8 可知两种浓度的双价抗虫棉花粉对蜜蜂 SOD 酶活性无显著影响。双价抗虫棉花粉组与常规棉花花粉组以及对照组蜜蜂 SOD 酶活性均无显著性差异。

表 3-8   急性毒性试验结束后蜜蜂体内 SOD 酶活性

受试物	剂量/（g 花粉/0.4 ml 蔗糖溶液）	SOD 酶活性/（U/g prot）
对照组	0	170.65±20.12a*
双价抗虫棉花粉组	0.04	167.48±23.57a
	0.08	171.33±17.16a
	0.16	170.93±21.45a
常规棉花花粉组	0.04	162.79±18.31a
	0.08	167.98±11.64a
	0.16	173.23±18.81a

注：* 相同字母表示两组数值间没有显著性差异。

由表 3-9 可知两种浓度的转双价基因抗虫棉花花粉对蜜蜂中肠蛋白酶总酶活性无显著影响。双价抗虫棉花粉组与常规棉花花粉组以及对照组蜜蜂中肠蛋白酶总酶活性均无显著性差异。

表 3-9   急性毒性试验结束后蜜蜂体内中肠蛋白酶总酶酶活性

受试物	剂量/（g 花粉/0.4 ml 蔗糖溶液）	中肠蛋白酶总酶酶活性/（U/g prot）
对照组	0	1.57±0.21a*
双价抗虫棉花粉	0.04	1.61±0.19a
	0.08	1.49±0.14a
	0.16	1.42±0.11a
常规棉花花粉	0.04	1.52±0.15a
	0.08	1.71±0.21a
	0.16	1.51±0.12a

注：* 相同字母表示两组数值间没有显著性差异。

由表 3-10 可知，每组中的转基因花粉与常规花粉食物消耗量均没有显著差异，但是剂量组之间差异显著，可以看出蜜蜂对两种花粉上没有选择性差异，但是对于不同浓度的蔗糖溶液有选择偏好性。

表 3-10　蜜蜂选择性进食量结果

受试物	喂饲食物	食物消耗量	
		双价抗虫棉花粉	常规棉花粉
纯水组	0.08 g 花粉/0.4 ml 纯水	0.16±0.06a*	0.14±0.08a
低浓度蔗糖组	0.08 g 花粉/0.4 ml 10%蔗糖溶液	0.21±0.11b	0.23±0.09b
高浓度蔗糖组	0.08 g 花粉/0.4 ml 30%蔗糖溶液	0.31±0.15c	0.31±0.07c

注：* 相同字母表示两组数值间没有显著性差异。

常规棉花花粉和转双价基因抗虫棉花花粉中氨基酸总含量分别为 23.52 g/100 g 和 23.55 g/100 g，转双价基因抗虫棉花花粉略高于常规棉花花粉，但无显著性差异。两种花粉中各氨基酸含量见图 3-43，由图中可看出，常规棉花花粉和转双价基因抗虫棉花花粉各氨基酸含量比例基本相同。

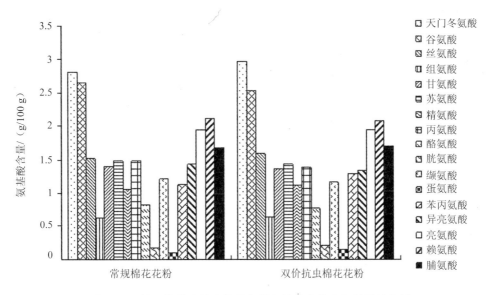

图 3-43　转双价基因抗虫棉花与常规棉花花粉中氨基酸的分析

3.6.3 对蚯蚓的影响

3.6.3.1 材料与方法

3.6.3.1.1 棉花品种

本实验采用的转 *Cry1Ac+Cry2Ab* 双价基因抗虫棉由中国农科院棉花所提供，常规对照品种为盐城当地普遍种植的品种"苏研 032"。于 2012 年 4 月在江苏省盐城市民航新村种植。

在转基因棉花及其对照品种成熟期（距离种植 185 d）采集棉花衰老叶片，带回实验室于桌面上平铺自然风干，常温保存。实验开始前用植物粉碎机（KX-11A 济南科翔）将其粉碎，供试。

3.6.3.1.2 蚯蚓

赤子爱胜蚯蚓（*Eisenia foetida*）实验种群由环境保护部南京环境科学研究所养殖基地提供；同时选用 2 月龄以上、有环带、体重 250～350 mg 的健康赤子爱胜蚯蚓作为实验材料。实验开始前，先将采集到的蚯蚓以每 10 条一组分别放入 1L 的敞口圆柱形玻璃培养瓶中，并添加相应的测试基质，所喂食物与实验中即将饲喂的食物相同。将培养瓶置于 20℃±2℃，湿度 80%～85% 的培养箱（C150 BINDER）内，并一直提供适量光照（400～800 lx），使蚯蚓处于测试基质中适应 24 h。再用蒸馏水将蚯蚓洗净并在滤纸上吸干水分，将其放在测试基质表面，用于实验。

3.6.3.1.3 土壤

为了避免自然环境中复杂条件的影响，我们采取了 OECD Guideline No.207 建议的人工土壤法（Artificial Soil Test）供试土壤：人工土壤，按照 OECD（1984）标准，进行人工土壤的配制，成分如下：石英砂 70%，高岭土 20%，泥炭土 10%。

配制好后加入 $CaCO_3$ 调节土壤的 pH 值为 6.0，然后加入土壤干重 30% 的水，充分混匀。

3.6.3.1.4 室内饲喂棉叶实验

土壤介质中棉花叶片添加剂量的计算方法：每亩土地的耕层土壤（0～20 cm）重量按照 150 000 kg 计算，每亩田地平均栽培按 4 000 株棉花计算，每株棉花可进入土壤部分的鲜重按 250 g 计算，测得棉叶含水量为 80%，本实验中设定的土壤含水量为 30%，则每千克干燥土壤中平均含有棉花风干组织的重量为：4 000×0.25×0.2÷15 000÷0.7=0.019 1 kg 棉花组织/kg 土壤，或者 9.55 g 棉花组织/500 g 土壤。本实验按照 10 g 棉花叶片/500 g 土壤作为棉花残体在土壤中的最大残留量，选择 10 g 棉花叶片/500 g 土壤和 20 g 棉花叶片/500 g 土壤两种浓度处理。

实验处理分为如下几组：

棉花叶片组：将风干粉碎后的转基因棉花叶片和其亲本对照棉花叶片分别取 10 g、20 g 添加入 500 g 干燥的土壤中，加入去离子水 150 ml（土壤最大持水量的 30%），搅拌并使棉叶均匀地分布在土壤中。

阴性对照牛粪组：将采自南京奶牛场的新鲜牛粪发酵处理后再灭菌（121℃，20 min）处理，称取 500 g 供试。

阳性对照农药组：将 42% 三唑磷乳油（华北制药）先溶于蒸馏水中，然后与 10 g 供试土壤充分混匀，再与 490 g 供试土壤充分混匀，并加水至规定含量（土壤最大持水量的 30%）。

上述 3 组共六个处理完成后，再将这些处理中的测试基质分别放入 1L 玻璃圆柱形敞口培养瓶中供试，每组中的每个处理均设 3 个重复。

用蒸馏水将准备好的赤子爱胜蚯蚓小心冲洗干净并在滤纸上吸干水分，在每个培养瓶中各放入 10 条，用纱布扎好瓶口，在实验条件下培养，每隔 14 天分别向棉花叶片组培养瓶中加入 10 g 和 20 g 的棉花叶片，向各培养瓶中加入 25 ml 去离子水，并使其含水量约保持在土壤最大持水量的 30%。

3.6.3.1.4.1　急性毒性实验

将三组共 18 个培养瓶分别接入赤子爱胜蚯蚓各 10 条后培养，于第 7 天和第 14 天倒出检查，观察蚯蚓的生长情况，记录蚯蚓的死亡数目。蚯蚓死亡鉴定方法：将测试基质全部倒在一个白瓷盘中，拣出所有蚯蚓，检查其中毒症状和是否死亡，以机械刺激（针刺）其前端无反应为死亡标准。记录后将所有存活的蚯蚓和测试基质放回原来的培养瓶中。其中，在第 7 天，从每个瓶子中随机选出 3 条活蚯蚓，测定其谷胱甘肽硫转移酶、超氧化物歧化酶、纤维素酶的酶活性。具体测定方法如下：

谷胱甘肽硫转移酶的测定方法：随机取 1 条活蚯蚓，称重后处死洗净，按体积重量比 10 倍比例加入 4℃ 的 pH 7.2 的磷酸盐缓冲液，放入超声波匀浆机中，冰浴匀浆 2 min，即得到蚯蚓组织匀浆。全部样品匀浆完毕，将匀浆样品置于高速冷冻离心机（CENTRIFUGE 5810R，EPPENDOFF）上离心 10 min（1 000 r/min，4℃），取上清液，用谷胱甘肽硫转移酶试剂盒测定其酶活。

超氧化物歧化酶的测定方法：随机取一条活蚯蚓，称重后处死洗净，按体积重量比 10 倍加入 0.7% 的生理盐水（2℃）。在 2℃、3 000 r/min 条件下离心 12 min，取上清液，用超氧物歧化酶试剂盒测定。

以上两种测酶活性试剂盒均在南京建成生产。

纤维素酶的测定方法：随机取一条活蚯蚓，称重后处死洗净，按体积重量比 10 倍放入 0℃ 蒸馏水中用匀浆机在 0℃ 条件下匀浆。匀浆液放入冷冻离心机内在 0℃ 条件下以 2 500 r/min 离心，吸出上清液在同样条件下以 3 000 r/min 进行第二次离心。用 Mishra 和 Dash 的方法测定该上清液的纤维素酶活性（Mishra，Dash，1980）。

3.6.3.1.4.2　慢性毒性实验

在短期毒性实验条件下继续饲养蚯蚓，每隔 14 天取出蚯蚓，观察蚯蚓的活性，记录死亡个体的数量，称量每处理组中所有蚯蚓的总重量，观察和记录每组蚯蚓产生的蚓茧和小蚯蚓的数目，并移出所有小蚯蚓。连续培养 49d。蚯蚓体重的测定和蚓茧与小蚯蚓的计数：将测试基质全部倒在一个白瓷盘中，拣出所有实验蚯蚓，用蒸馏水洗净，再用滤纸吸干水分，将一组蚯蚓放在电子天平（AL204 METTER TOLEDO）上称量。同时用钝头镊子轻轻翻动土壤，观察并清点其中蚓茧和小蚯蚓的数目，并将小蚯蚓移出，记录数据后将所有实验蚯蚓和测试基质放回原来的培养瓶中。最终统计数据时蚯蚓茧数以最后一次记录数据为准，小蚯蚓数为每次计数之和。

3.6.3.1.5　野外大田原位饲养实验

野外实验时，将蚯蚓饲养笼预先埋入大田，填入土壤时注意筛选出土著蚯蚓，之后移栽入棉花，并在每笼中投放健康且大小相仿的赤子爱胜蚯蚓各 20 条，如土壤较干可适当补充水分，使蚯蚓尽快适应。

实验开始后每月从各笼中随机取出 3 条蚯蚓，测定其谷胱甘肽硫转移酶、超氧化物歧化酶、纤维素酶的酶活性。具体测定方法如上所述。

棉花种植完毕后将笼移出，倒出土壤，清点蚯蚓及蚓茧数目，并对所有成熟蚯蚓进行称重。

3.6.3.2　实验结果

3.6.3.2.1　转 Cry1Ac+Cry2Ab 双价基因抗虫棉花叶片对赤子爱胜蚯蚓的短期致死效应

从表 3-11 可以看出，在实验进行的第 7 天，阳性对照农药组蚯蚓全部死亡，在实验的第 7 天和第 14 天，阴性对照牛粪组和各棉花叶片组蚯蚓没有出现死亡现象。

表 3-11　转 Cry1Ac+Cry2Ab 双价基因抗虫棉花叶片对赤子爱胜蚯蚓的短期致死效应

受试物	浓度	死亡率	
		7d	14d
42%三唑磷乳油	50 mg/500 g 土	100%	100%
牛粪		0	0
苏研 032	10 g/500 g 土	0	0
	20 g/500 g 土	0	0
双价抗虫棉	10 g/500 g 土	0	0
	20 g/500 g 土	0	0

3.6.3.2.2　转双价基因抗虫棉花对赤子爱胜蚯蚓 3 种酶活性的影响

表 3-12 显示在培养后第 7 天，转基因棉花叶片组蚯蚓 SOD 酶酶活性与亲本棉花叶片组蚯蚓无显著差异（$p>0.05$）；同一棉花叶片组不同浓度饲养的蚯蚓 SOD 酶酶活性也无显著差异（$p>0.05$）；而两个加入棉叶的处理组蚯蚓 SOD 酶酶活性都显著高于牛粪组的蚯蚓（$p<0.05$）。

转基因棉花叶片组蚯蚓 GST 酶酶活性与亲本棉花叶片组差异不显著（$p>0.05$）；同一棉花叶片组不同浓度饲养的蚯蚓 GST 酶酶活性也无显著差异（$p>0.05$）；两个加入棉叶的处理组蚯蚓 GST 酶酶活性都高于牛粪组的蚯蚓，但差异不显著（$p>0.05$）。

转基因棉花叶片组蚯蚓纤维素酶活性与亲本棉花叶片组无显著差异（$p>0.05$）；同一棉花叶片组不同浓度饲养的蚯蚓纤维素酶活性也无显著差异（$p>0.05$）；两个加入棉叶的

处理组蚯蚓纤维素酶活性都高于牛粪组的蚯蚓，但差异不显著（$p>0.05$）。

表 3-12 转双价基因抗虫棉花叶片对赤子爱胜蚯蚓 SOD 酶、GST 酶、纤维素酶酶活性的影响

受试物	剂量/ （g/500 g 土壤）	SOD 酶酶活性/ （U/g pro）	GST 酶酶活性/ （U/g pro）	纤维素酶酶活性/ （U/g pro）
牛粪	0	100.15±11.31a*	320.58±25.36a	489.56±67.38a
苏研 032	10	151.97±21.36b	319.61±31.79a	521.44±61.27a
	20	155.45±15.64b	338.17±27.62a	537.11±81.93a
双价抗虫棉	10	160.23±26.17b	355.34±27.13a	521.26±75.33a
	20	150.62±20.15b	325.79±21.92a	553.84±83.46a

注：* 同列数值后字母相同表示差异不显著（$p>0.05$）。

3.6.3.2.3 转双价基因抗虫棉花叶片对赤子爱胜蚯蚓体重的影响

图 3-44 数据显示，在 49 d 的试验中，各组蚯蚓平均体重一直在增长，其中牛粪组蚯蚓在实验开始后每次测得的平均体重显著高于两种棉花叶片组蚯蚓（$p\leqslant0.05$）。而两种浓度的转基因棉花叶片组与亲本棉花叶片组蚯蚓体重增长无显著性差异（$p>0.05$）。

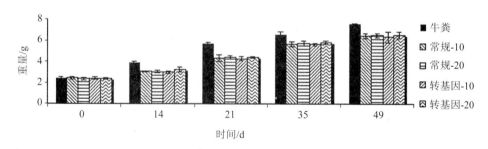

图 3-44 转双价基因抗虫棉花叶片对赤子爱胜蚯蚓体重的影响

不同时间各处理组的数据比较，字母相同表示差异不显著（$p>0.05$）；图中"-10"表示每 500 g 土壤混有 10 g 棉花叶片，其他同。

3.6.3.2.4 转双价基因抗虫棉花叶片对赤子爱胜蚯蚓生殖的影响

由图 3-45 可知，在饲养赤子爱胜蚯蚓的 49d 内牛粪中蚓茧数和新产生小蚯蚓的数目显著地高于各棉花叶片处理组（$p\leqslant0.05$）。在棉花叶片各处理组，20 g/500 g 土浓度的棉花叶片组中的蚓茧数与小蚯蚓数都略多于 10 g/500 g 土浓度的棉花叶片组，但都无显著性差异（$p>0.05$）；同浓度的转基因棉花叶片组与亲本棉花叶片组中蚓茧数与新产生的小蚯蚓数目均无显著性差异（$p>0.05$）。

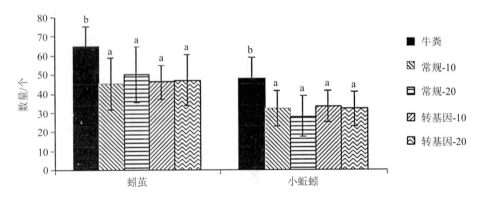

图 3-45 转双价基因抗虫棉花对赤子爱胜蚯蚓生殖的影响

不同处理组的数据比较，字母相同表示差异不显著（$p>0.05$）；图中"-10"表示每 500 g 土壤混有 10 g 棉花叶片，其他同。

3.7 对土壤微生物多样性的影响

3.7.1 土壤微生物的 Biolog 分析

土壤微生物的群落水平生理图谱（community level physiological profiling，CLPP）采用美国 BIOLOG 公司生产的 Microstation^{TM} 微孔板鉴定系统进行测定。

称取 10 g 新鲜土样于 100 ml 已灭菌的 0.85%生理盐水中，振荡 30 min，制成 10^{-1} 稀释度的土壤悬浊液。取 1 ml 该土壤悬浊液于 9 ml 无菌生理盐水中，稀释成 10^{-2}，同样操作得到 10^{-3} 稀释液，用八通道加样器吸取 150 μl 10^{-3} 稀释液加入 BIOLOG ECO 微孔板（Biolog，Hayward，CA，USA），30℃下培养，每隔 24 h 用 E_{max} 精密微型酶标仪（Biolog，Hayward，CA，USA）测定 590 nm 波长下的吸光值。将数据进行标准化操作后得到 AWCD 值。根据 AWCD 变化曲线，选取变化率最大的时间点 72 h 的数据计算多样性指数：Shannon-Wiener 指数（H'）、Simpson 指数（D）和 Evenness（E）。计算公式如下：

$$AWCD = \frac{\sum(A_i - A_{A1})}{31}$$

$$H' = -\sum P_i \cdot \ln(P_i)$$

$$D = 1 - \sum(P_i)^2$$

$$E = H / \ln S$$

式中，A_i 为第 i 孔的相对吸光度；A_{A1} 为 A_1 孔的相对吸光度；P_i 为第 i 孔的相对吸光值与整个平板相对吸光值总和的比率；n_i 是第 i 孔的相对吸光值。

3.7.1.1 土壤微生物群落碳源代谢活性-平均吸光值变化（AWCD）

平均颜色变化率是微生物群落利用单一碳源能力的一个重要指标，反映了微生物活性、微生物群落生理功能多样性。不同时期棉田土壤微生物群落的 AWCD 变化见图 3-46、图 3-47，从图中可以看出，所有土壤样品的 AWCD 值遵循相同的变化模式，均随温育时间的延长而增加。开始培养的 24 h 内 AWCD 值变化较小，这是因为微生物对接种环境有个适应期，此时 Biolog Eco 板上的碳源基质未被充分利用；24～48 h 之间，AWCD 值快速升高，碳源基质开始被微生物利用；72 h 后 AWCD 值升高速率逐渐减慢，到 168 h 曲线趋于平缓。

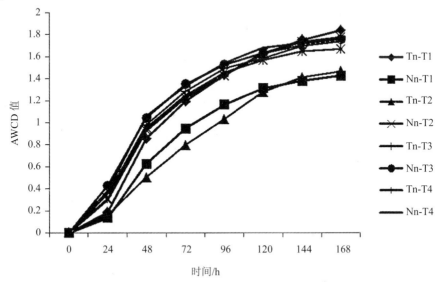

图 3-46 不同生长期转基因棉花及其对照土壤微生物的 AWCD 值随时间的变化（根际）

T1、T2、T3、T4 分别对应棉花苗期、蕾期、花铃期、吐絮期，T、N 分别对应转基因棉（*Cry1Ac+Cry2Ab*）和对照棉苏研 032，n 表示土壤样品均为不施药处理。

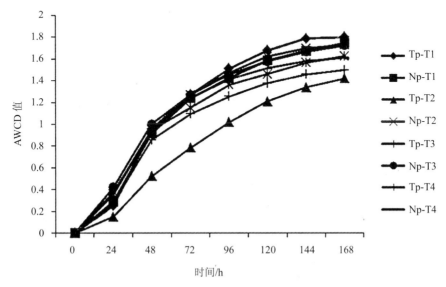

图 3-47 不同生长期转基因棉花及其对照土壤微生物的 AWCD 值随时间的变化（非根际）

T1、T2、T3、T4 分别对应棉花苗期、蕾期、花铃期、吐絮期，T、N 分别对应转基因棉（*Cry1Ac+Cry2Ab*）和对照棉苏研 032，p 表示土壤样品均为施药处理。

苗期，各种土壤样品的 AWCD 值差异不明显，这是因为棉花刚移栽不久对土壤微生物的影响不大。蕾期，转基因棉花土壤样品的 AWCD 值明显低于对照，而施药与否对 AWCD 值的影响不明显。花铃期，各种土壤样品的 AWCD 值差异缩小。吐絮期，施药土壤样品的 AWCD 值明显低于不施药土壤样品，而棉花品种对 AWCD 值影响不显著。对于各时期土壤样品的 AWCD 值来说，苗期和蕾期偏低，而花铃期和吐絮期略高。总体来说，转基因棉花土壤样品的 AWCD 值与对照无明显差异，施药土壤样品的 AWCD 值略低于不施药土壤样品。

3.7.1.2　土壤微生物群落代谢功能多样性指数

表 3-13 中列出了转基因棉花与对照土壤微生物在培养 72 h 的 Shannon-Wiener 指数、Simpson 指数和 Evenness 指数。结果表明在棉花三个生长阶段，转基因棉（*Cry1Ac*+*Cry2Ab*）和对照棉土壤微生物功能多样性指数均没有明显差异。从苗期到花铃期，施药棉田土壤微生物的 Shannon-Wiener 指数略有下降，整个生长阶段 Simpson 指数和 Evenness 指数均无显著变化。

表 3-13　不同时期转基因棉花及其对照土壤微生物群落多样性指数（72 h）

	品种	Simpson	Shannon-Wiener	Evenness
不施药	Tn-T1	0.9504±0.0060a*	3.1272±0.0845ab	0.9213±0.0201a
	Nn-T1	0.9469±0.0059a	3.0391±0.1160b	0.9282±0.0304a
	Tn-T2	0.9218±0.0272a	2.7867±0.2849a	0.8298±0.0858a
	Nn-T2	0.9478±0.0086a	3.0636±0.1152a	0.9098±0.0300a
	Tn-T3	0.9519±0.0059a	3.1212±0.1071a	0.9381±0.0286a
	Nn-T3	0.9565±0.0034a	3.2238±0.0215a	0.9503±0.0150a
	Tn-T4	0.9523±0.0104a	3.1456±0.1706a	0.9343±0.0433a
	Nn-T4	0.9561±0.0065a	3.2187±0.1134a	0.9408±0.0303a
施药	Tp-T1	0.9531±0.0036a	3.1541±0.0595a	0.9351±0.0188a
	Np-T1	0.9527±0.0030a	3.1543±0.0526a	0.9333±0.0109a
	Tp-T2	0.9055±0.0482a	2.7008±0.3743a	0.8136±0.1020a
	Np-T2	0.9528±0.0071a	3.1722±0.0887a	0.9373±0.0307a
	Tp-T3	0.9521±0.0030a	3.1179±0.0434b	0.9511±0.0152a
	Np-T3	0.9532±0.0036a	3.1349±0.0775a	0.9484±0.0147a
	Tp-T4	0.9501±0.0038a	3.0882±0.0661a	0.9273±0.0159a
	Np-T4	0.9554±0.0053a	3.1572±0.0640a	0.9515±0.0205a

注：*表中的数值为五个重复的平均值。同一列中不同的字母代表显著差异（$p<0.05$）。

3.7.1.3　土壤微生物的主成分分析

对不同处理土壤样品培养 72 h 测得的吸光值标准化处理后进行主成分分析，评价不同类型棉田土壤微生物群落在碳源利用水平上的差异及对特定碳源的利用上是否存在差异。

根据贡献率最大的两个主成分因子作主成分分析，土壤微生物代谢特征如图 3-48 所示。由图中可以看出，不同生育期各种土壤样品在主成分坐标体系中分布较分散，反映了不同生育期土壤微生物对 Biolog-Eco 板中各类碳源利用水平差异较大；而同一生育期（苗期、花铃期、吐絮期）各种土壤样品在主成分坐标体系中分布比较集中，说明了在苗期、花铃期和吐絮期，棉花品种（转基因 *Cry1Ac+Cry2Ab* 与苏研 032）、不同处理（施药与否）土壤微生物利用 Biolog-Eco 板中各类碳源的方式接近；蕾期转基因 *Cry1Ac+Cry2Ab* 和对照苏研 032 在 PC 轴上分异较大，说明了本时期转基因棉花与对照土壤微生物在碳源利用水平上差异较大。总体来说，不同生育期土壤微生物群落利用各类碳源的差异较大，而不同品种（转基因与对照）与处理（施药与否）对其影响不大。

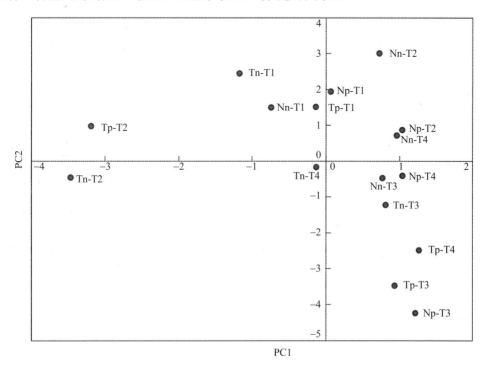

图 3-48　不同生长期转基因棉花及其对照根际土壤微生物群落主成分分析

3.7.2　土壤 DNA 提取及 PCR-DGGE 分析

　　由于土壤环境极其复杂，传统的平板培养方法等又很难全面地反映出土壤微生物的群落结构构成及变化，基于 rDNA 的 PCR-DGGE（Denaturant gradient gel electrophoresis）不依赖于微生物培养就可以直观地反映出土壤微生物的多样性及特征。DGGE 具有分离长度相同而序列组成不同的 DNA 片段的能力，利用 DGGE 分离细菌的 16S rDNA V3 区及真菌的 18S rDNA 的 PCR 产物，电泳后泳道上的每一个条带大致与群落中的一种优势菌群或操作分类单位相对应，条带数目越多说明微生物多样性越丰富，染色后条带的荧光强度可以反映该种类菌种的丰富度，条带信号强度越亮表示该种菌种在土壤中的数量越多，本研究利用 PCR-DGGE 技术研究了盐城实验地转 *Cry1Ac+Cry2Ab* 基因棉田与常规棉田土壤细菌、真菌群落多样性，为转基因抗虫棉种植对土壤微生物多样性的影响评价提供了一个有效的方法。本研究以 D-Code（Bio-Rad Laboratories，Hercules，CA）系统用于 16S rRNA 细菌基因的 DGGE 分子指纹图谱分析。

3.7.2.1 实验材料与方法

3.7.2.1.1 土壤 DNA 的提取

土壤 DNA 使用 Fast DNA® SPIN Kit for soil 试剂盒和 Fast PrepTM FP120 核酸提取仪提取。具体操作步骤详见试剂盒说明书。

3.7.2.1.2 土壤微生物总 DNA 纯度及含量的检测

用超微量核酸蛋白检测仪（NanoDrop-1000，USA）测量提取的 DNA 溶液在波长为 230 nm、260 nm、280 nm 下的 OD 值和 DNA 含量（ng/μl）。

3.7.2.1.3 细菌 16s rDNA 的 PCR 扩增

土壤细菌 16S rDNA V3 区的 PCR 扩增采用细菌通用引物对：F338GC：5'-CGCCCGC CGCGCGCGGCGGGCGGGGCGGGGGCACGGGGGGGACTCCIACGGGAGGCAGCAG-3'；R518：5'-ATTACCGCGGCTGCTGG-3'。

PCR 反应体系为：50μl 反应体系中，dNTP 0.2 mmol/L、5 μl 10×PCR 缓冲液（Mg^{2+} Plus）、上下游引物 0.1 μmol/L、1.25 U TaKaRa rTaq 聚合酶（TaKaRa Biotech, Dalian, China）以及 1 μl 土壤 DNA 模板。

扩增程序如下：94℃ 7 min；94℃ 30 s、60℃ 30 s 和 72℃ 30 s，35 个循环；最后，72℃ 7 min 链延伸。用 1.2%的琼脂糖凝胶电泳检测 PCR 特异性扩增产物长度。

3.7.2.1.4 变形梯度凝胶电泳

土壤样品每个重复取 150～200 ng PCR 产物，加样到 8%（质量/体积）聚丙烯酰胺凝胶中（丙烯酰胺-双丙烯酰胺[37.5∶1]），其中变性剂的浓度梯度为 40%～60%（100%的变性剂包含 7 mol/L 尿素和 40%甲酰胺）。电泳先在 60℃预热好的 1× TAE 缓冲液中 200 V 运行 10 min，再在 60℃的条件下隔夜运行 17 h。凝胶用 SYBR Green I 染料染色 30 min，用分子成像器 FX（Bio-Rad Laboratories，Hercules，CA）扫描。

3.7.2.1.5 特异条带克隆与序列分析

将 DGGE 图谱中的优势条带和特异性条带分别切下，置于 0.5 ml 灭菌的 EP 管中，用 200 μl 灭菌枪头捣碎，加入 25 μl 超纯水，4℃浸泡过夜，取 1 μl 上清作为模板进行 PCR 扩增，但所用的引物不含 GC-clamp。所得 PCR 产物用 2%琼脂糖凝胶电泳进行切胶回收，回收胶用 AxyPrep DNA 凝胶回收试剂盒进行纯化，将纯化的 PCR 产物连接到 pMD®18-T Vector （TaKaRa），转化大肠杆菌 JM109，得到克隆文库。克隆经 M13 通用引物 PCR 鉴定和酶切鉴定后，每个条带随机挑 3 个克隆进行测序。测序结果经去载体序列处理后，与 NCBI 数据库中的序列进行比对，寻找同源性最高的序列，同源性以一致序列所占的百分比作为标准。

3.7.2.1.6 DGGE 图谱分析

DGGE 图像用 Quantity One 软件进行分析，获得图谱中各条带的相对位置和相对强度。

图谱聚类分析采用 Ward 方法，采用欧氏距离平方（squared euclidean distance）指数表示不同处理之间的差异程度。

3.7.2.2　结果与分析

3.7.2.2.1　花铃期土壤细菌 16S rDNA V3 区 PCR‐DGGE 分析

3.7.2.2.1.1　土壤微生物总 DNA 的琼脂糖凝胶电泳
见图 3-49。

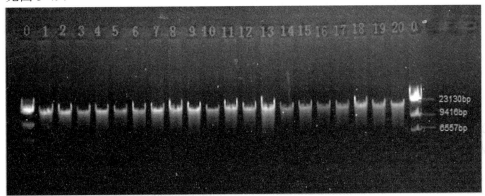

图 3-49　花铃期土壤微生物总 DNA 的琼脂糖凝胶电泳（0.8%）

注：图中标号 0 的条带为 Marker（λ-Hind III digest DNA Marker），1-5、6-10、11-15、16-20 分别为转基因不施药（Tn）、转基因施药（Tp）、常规不施药（Nn）、常规施药（Np）四种处理土壤总 DNA 的五个重复。

3.7.2.2.1.2　土壤微生物总 DNA 的纯度及浓度
见表 3-14。

表 3-14　花铃期土壤微生物总 DNA 的纯度及浓度

处理	样品号	A260/280	DNA 含量/（ng/μl）
Tn	1	1.76	95.3
	2	1.73	73.4
	3	1.67	78.5
Tp	4	1.61	72.9
	5	1.75	74.8
	6	1.64	82.2
Nn	7	1.71	71.2
	8	1.71	78.2
	9	1.73	76.2
Np	10	1.65	71.2
	11	1.74	85.1
	12	1.72	75.2

注：Tn、Tp、Nn、Np 分别指转基因不施药、转基因施药、常规不施药、常规施药四种土壤样品。

3.7.2.2.1.3 土壤细菌 16S rDNA V3 区 PCR 产物的琼脂糖凝胶电泳

见图 3-50。

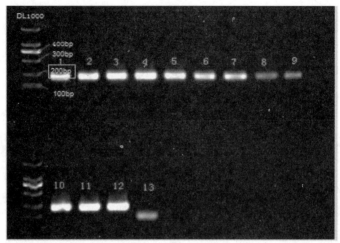

图 3-50　花铃期土壤细菌 16S rDNA V3 区 PCR 产物的琼脂糖凝胶电泳（1.2%）

注：图中标号 1-3、4-6、7-9、10-12 的条带分别为转基因不施药（Tn）、转基因施药（Tp）、常规不施药（Nn）、常规施药（Np）四种处理土壤细菌 16S rDNA V3 区 PCR 产物；13 号条带为阴性对照。

3.7.2.2.1.4 土壤细菌 16S rDNA V3 区 PCR 产物的 DGGE 电泳图谱

转基因棉和常规棉土壤细菌的 DGGE 图谱（基于 16S rDNA 基因的 V3 区域）见图 3-51，图 3-52。所有处理中 Tp 的条带数量最多，亮度最高，共检测到 48 条条带。根据戴斯系数 Cs（Dice –coefficient）一般认为相似值高于 60% 的两个群体均有较好的相似性。因而，根据图 3-53 聚类分析结果表明，花铃期转基因抗虫棉棉田土壤 Tp 与其他三种土壤样品有显著性变化。对细菌花铃期 DGGE 图谱条带进行测序结果显示，四种土壤样品中共有的优势菌群有厚壁菌门（Firmicutes）、杆菌类（Bacilli；Acidobacteria）、放线菌类（Actinobacteria）以及未知菌类（Unknown）等；Tn、Tp 样品中的特有序列分别属于 γ-变形杆菌（γ-proteobacteria）、δ-变形杆菌（δ-proteobacteria）。

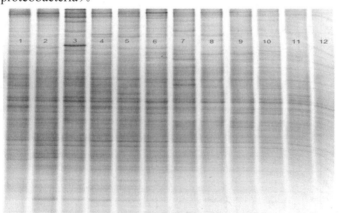

图 3-51　花铃期土壤细菌 16S rDNA V3 区 PCR 产物的 DGGE 电泳图谱

注：图中标号 1-3、4-6、7-9、10-12 的条带分别为转基因不施药（Tn）、转基因施药（Tp）、常规不施药（Nn）、常规施药（Np）四种处理土壤细菌 16S rDNA V3 区 PCR 产物。

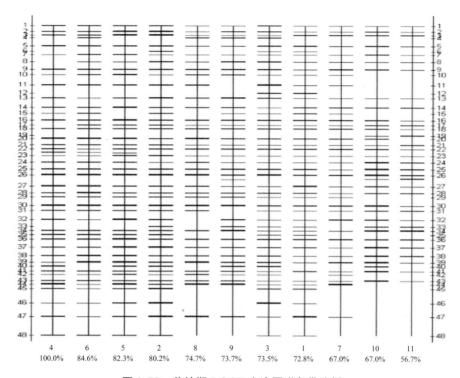

图 3-52 花铃期 DGGE 电泳图谱条带分析

注：图中标号 1-3、4-6、7-9、10-11 的条带分别为转基因不施药、转基因施药、常规不施药、常规施药四种处理土壤细菌 16S rDNA V3 区 PCR 产物。

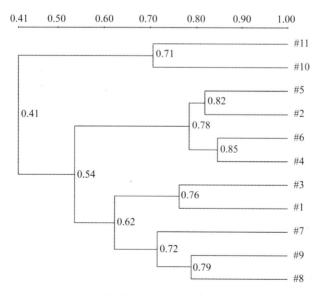

图 3-53 花铃期 DGGE 电泳图谱聚类分析

注：图中标号 1-3、4-6、7-9、10-11 的条带分别为转基因不施药、转基因施药、常规不施药、常规施药四种处理土壤细菌 16S rDNA V3 区 PCR 产物。

3.7.2.2.2 吐絮期土壤细菌 16S rDNA V3 区 PCR‐DGGE 分析

3.7.2.2.2.1 土壤微生物总 DNA 的琼脂糖凝胶电泳

见图 3-54。

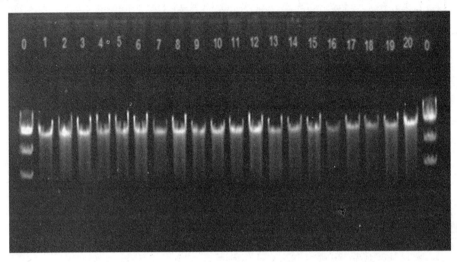

图 3-54 吐絮期土壤微生物总 DNA 的琼脂糖凝胶电泳（0.8%）

注：图中标号 0 的条带为 Marker（λ-Hind III digest DNA Marker），1-5、6-10、11-15、16-20 分别为转基因不施药（Tn）、转基因施药（Tp）、常规不施药（Nn）、常规施药（Np）四种处理土壤总 DNA 的五个重复。

3.7.2.2.2.2 土壤微生物总 DNA 的纯度及浓度

见表 3-15。

表 3-15 吐絮期土壤微生物总 DNA 的纯度及浓度

处理	样品号	A260/280	DNA 含量/（ng/μl）
Tn	1	1.86	105.9
	2	1.83	101.6
	3	1.77	118.4
Tp	4	1.79	94.1
	5	1.81	96.5
	6	1.79	96.2
Nn	7	1.84	89.4
	8	1.86	88.9
	9	1.81	94.1
Np	10	1.75	79.9
	11	1.77	89.3
	12	1.78	97.9

注：Tn、Tp、Nn、Np 分别指转基因不施药、转基因施药、常规不施药、常规施药四种土壤样品。

3.7.2.2.2.3 土壤细菌 16S rDNA V3 区 PCR 产物的琼脂糖凝胶电泳
见图 3-55。

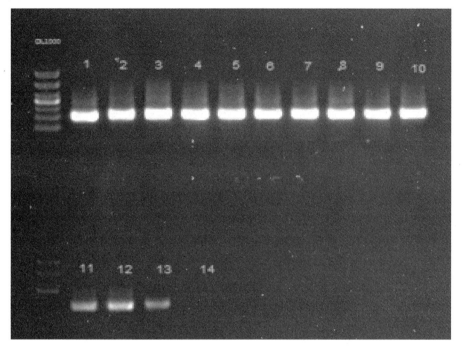

图 3-55 吐絮期土壤细菌 16S rDNA V3 区 PCR 产物的琼脂糖凝胶电泳（1.2%）

注：图中标号 1-3、4-6、7-9、10-13 的条带分别为转基因不施药（Tn）、转基因施药（Tp）、常规不施药（Nn）、常规施药（Np）四种处理土壤细菌 16S rDNA V3 区 PCR 产物；14 号条带为阴性对照。

3.7.2.2.2.4 土壤细菌 16S rDNA V3 区 PCR 产物的 DGGE 电泳图谱
转基因双价棉和常规棉土壤细菌的 DGGE 图谱（基于 16S rDNA 基因的 V3 区域）见图 3-56 和图 3-57。所有处理中 Tn 的条带数量最多，亮度最高，共检测到 63 条条带。根据戴斯系数 Cs（Dice-coefficent）一般认为相似值高于 60%的两个群体均有较好的相似性。因而，根据图 3-58 聚类分析结果表明，吐絮期转基因抗虫棉棉田土壤与常规棉田各处理土壤细菌群落多样性未发生显著性变化。对细菌吐絮期 DGGE 图谱条带进行测序结果显示，四种土壤样品中共有的优势菌群有厚壁菌门（Firmicutes）、杆菌类（Bacilli；Acidobacteria）、放线菌类（Actinobacteria）、拟杆菌类（Bacteroidetes）以及未知菌类（Unknown）等；Nn 样品中特有序列属于脂鞘菌类（Gemmatimonadetes）、Tp 样品中特有序列属于α-变形杆菌（α-proteobacteria）。

在利用 DGGE 方法对转 *Cry1Ac+Cry2Ab* 双价基因抗虫棉花铃期及吐絮期棉田土壤细菌多样性进行监测后，我们发现除了在转基因棉花施药区花铃期的土壤细菌多样性发生显著性变化外，其余时期的各处理区结果均未显示显著性差异。经过测序获得的部分细菌有望作为指示菌种在今后用来监测转基因植物种植对土壤细菌多样性的影响。

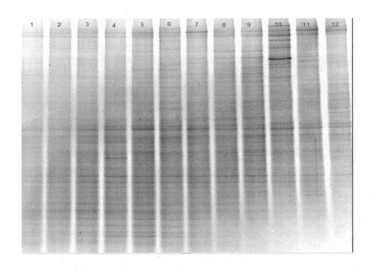

图 3-56　吐絮期土壤细菌 16S rDNA V3 区 PCR 产物的 DGGE 电泳图谱

注：图中标号 1-3、4-6、7-9、10-12 的条带分别为转基因不施药（Tn）、转基因施药（Tp）、常规不施药
（Nn）、常规施药（Np）四种处理土壤细菌 16S rDNA V3 区 PCR 产物。

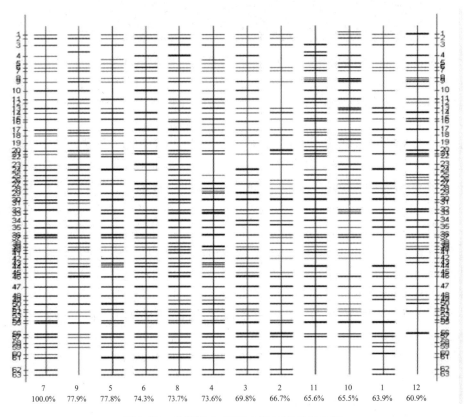

图 3-57　吐絮期 DGGE 电泳图谱条带分析

注：图中标号 1-3、4-6、7-9、10-12 的条带分别为转基因不施药（Tn）、转基因施药（Tp）、常规不施药
（Nn）、常规施药（Np）四种处理土壤细菌 16S rDNA V3 区 PCR 产物。

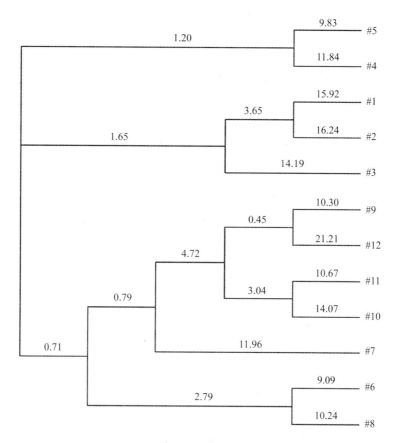

图 3-58　吐絮期 DGGE 电泳图谱聚类分析

注：图中标号 1-3、4-6、7-9、10-12 的条带分别为转基因不施药（Tn）、转基因施药（Tp）、常规不施药（Nn）、常规施药（Np）四种处理土壤细菌 16S rDNA V3 区 PCR 产物。

（方志翔　刘标）

参考文献

[1] 高玉林. 田间棉铃虫对 *Bt* 棉花的耐性演化分析[D]. 北京：中国农业科学院植物保护研究所，2009.

[2] 关雄. 苏云金芽孢杆菌研究回顾与展望[J]. 中国农业科技导报，2006，8（6）：5-11.

[3] 顾中言. 农药在有害生物综合治理中的作用[J]. 江苏农业科学，2008（5）：1-3.

[4] 郭三堆，洪朝阳，徐琼芳，等. 苏云金芽孢杆菌 aizawai7-29δ-内毒素基因改造后的杀虫活性研究[J]. 中国农业科学，1993，26（5）：77-82.

[5] 郭三堆. Cry1A 杀虫基因的人工合成[J]. 中国农业科学，1993，26（2）：85.

[6] 刘晨曦，吴孔明. 转基因棉花的研发现状与发展策略[J]. 植物保护，2011，37（6）：11-17.

[7] 雒珺瑜，崔金杰，张帅，等. 转 Cry1Ac+Cry2Ab 基因棉对棉田节肢动物群落的影响[J]. 植物保护，2011，37（6）：90-92.

[8]   罗术东. *Bt*-Cry1Ac 棉花抗性棉铃虫对 Cry2Ab 的抗性风险研究[D]. 北京：中国农业科学院植物保护研究所，2007.

[9]   张洪瑞，朱其松，高苓昌，等. *Bt* 基因及其在转基因抗虫植物中的研究进展[J]. 河北农业科学，2008，12（6）：87-89.

[10] 谢德意. 转基因抗虫棉研究进展、问题与对策[J]. 中国棉花，2001，28（2）：6-8.

[11] 谢道昕，范云六. 苏云金芽孢杆菌（*Bacillus thuringiensis*）杀虫晶体蛋白基因导入棉花获得转基因植株[J]. 中国科学（B 辑），1991（4）：367-373.

[12] 张锐，王远，孟志刚，等. 国产转基因抗虫棉研究回顾与展望[J]. 中国农业科技导报，2007，9（4）：32-42.

[13] Bruce E T，Unnithan G C，Masson L，et al. Asymmetrical cross-resistance between *Bacillus thuringiensis* toxins Cry1Ac and Cry2Ab in pink bollworm[J]. Proceedings of the National Academy of Sciences（USA），2009，106（29）：11889-11894.

[14] Luo S，Wu K，Tian Y，*et al*. Cross-resistance studies of Cry1Ac-resistant strains of *Helicoverpa armigera*（Lepidoptera：Noctuidae）to Cry2Ab[J]. Journal of Economic Entomology，2007，100（3）：909-915.

[15] Mahon R J，Olsen K M，Downes S，*et al*. Frequency of alleles conferring resistance to the *Bt* toxins Cry1Ac and Cry2Ab in Australian populations of *Helicoverpa armigera*（Lepidoptera：noctuidae）[J]. Journal of Economic Entomology，2007，100（6）：1844-1853.

[16] Mishra P C，Dash M C. Digestive Enzymes of Some Earthworms [J] .Experientia，1980，36：1156-1157.

[17] Schnepf E，Crickmore N，Van Rie J，*et al*.. *Bacillus thuringiensis* and its pesticidal crystal proteins[J]. Microbiology and Molecular Biology Reviews，1998，62（3）：775-806.

[18] Addison S J，Rogers D J. Potential impact of differential production of the Cry2Ab and Cry1Ac proteins in transgenic cotton in response to cold stress[J]. Journal of Economic Entomology，2010，103（4）：1206-1215.

[19] Wu K M，Guo Y Y. The evolution of cotton pest management practices in China[J]. Annual Review of Entomology，2005（50）：31-52.

第4章 转基因玉米的环境风险评价

近年来，我国进口了越来越多的转基因玉米，主要为抗虫和抗除草剂性状。根据我国的转基因生物安全管理法规，这些国外的转基因产品在进口到我国之前，必须根据我国的有关技术标准进行必要的安全性检测，包括环境安全检测。

4.1 材料与方法

4.1.1 转基因玉米外源基因通过花粉漂移的频率和距离

4.1.1.1 材料

转基因玉米材料为抗除草剂玉米 GA21，所有转基因玉米种子及其亲本对照均由孟山都公司提供，抗性基因均为纯合，普通玉米为鲁玉 10 号。

4.1.1.2 方法（参照农业行业标准 NY/T 720.2—2003）

4.1.1.2.1 基因漂移的距离和频率测定

试验地点位于济南市济阳县崔寨，2007 年 5 月播种。选择一平整地块，在中央种植 5 m×5 m 的转基因玉米（为保证花期相遇，转基因玉米各行分 2 期播种，间隔 7d），在外围播种非转基因玉米鲁玉 10 号，按常规播量播种、管理。在玉米花期记载风向、风力和降雨等天气情况，在玉米成熟期分东南、东北、西南、西北四个方向在离转基因玉米 1、5、10、15、30、60 m，在北方向 50、100、150、200 m 处随机各收取 20 个玉米果穗（第一果穗），晾干后待检测用。

4.1.1.2.2 检测方法

生物测定：选取 10 个玉米果穗的玉米种子分类全部播种，播种部分鲁玉 10 号玉米种子和非转基因亲本对照作空白对照，待玉米长到 3～4 叶时，先调查玉米株数，然后按规定浓度喷施农达除草剂（孟山都公司生产，200 g/667 m^2），待 2 周后调查成活株数。调查各小区玉米存活株数，测定不同方向、距转基因玉米不同距离收获的玉米籽粒中表现转基因玉米特性的数量，初步确定花粉传播的距离和不同距离的异交率。

PCR 测定：对初步确认的转基因籽粒或植株进行检测，将玉米植株分类别（生长完全正常、植株黄化、植株生长受抑制、植株死亡）随机各采取 20 株，用 CTAB 法提取 DNA，设计 4 对引物进行 PCR 反应，检测样品中是否含有抗除草剂基因。

引物序列如下：

Cp4-epsps 基因：CE-F：5′CCTTCATGTTCGGCGGTCTCG3′；

CE-R：5′GCGTCATGATCGGCTCGATG3′；

预期扩增片段为 498bp。

4.1.2 对农田生物多样性的影响

4.1.2.1 材料

转基因抗虫玉米 MON810、MON810 亲本对照、当地栽培品种鲁玉 10 号。

4.1.2.2 试验设计（参照农业行业标准 NY/T 720.3—2003）

试验玉米分别为转基因抗虫玉米 MON810、MON810 亲本对照、当地栽培品种鲁玉 10 号。试验区四周均有 10 m 隔离带，各小区之间设 10 m 隔离带，隔离玉米品种均为鲁玉 10 号。每个小区面积为 400 m² （20 m×20 m）。

4.1.2.3 调查方法（参照农业行业标准 NY/T 720.3—2003）

直接观察调查法：从定苗后 10 d 到成熟，每 7 d 调查 1 次，每小区采用对角线 5 点取样，每点调查 20 株玉米。记载整株玉米（蚜虫、叶螨记载上、中、下 3 叶）及其地面各种昆虫和蜘蛛的数量、种类和发育阶段。开始调查时，首先要快速观察活泼易动的昆虫/蜘蛛的数量。田间不易识别的种类编号，带回室内鉴定。

吸虫器调查法：在玉米定苗 15 d 后调查第 1 次，以后在玉米心叶中期、心叶末期、花丝盛期和灌浆后期各调查一次，共计 5 次，每小区采用对角线 5 点取样。每点用吸虫器抽取 5 株玉米（全株）及其地面 1 m² 范围内的所有节肢动物种类。将抽取的样品带回室内清理和初步分类后，放入 75%乙醇溶液保存，供进一步鉴定。

表 4-1　玉米心叶受玉米螟危害程度判断标准

食叶级别	症状描述
1	仅个别心叶上有少量针刺状（≤1 mm）虫孔
2	仅个别心叶上有中等数量针刺状（≤1 mm）虫孔
3	少数心叶上有大量针刺状（≤1 mm）虫孔
4	个别心叶上有少量绿豆大小（≤2 mm）虫孔
5	少数心叶上有中等数量绿豆大小（≤2 mm）虫孔
6	部分心叶上有大量绿豆大小（≤2 mm）虫孔
7	少数心叶上有少量直径大于 2 mm 的虫孔
8	部分心叶上有中等数量直径大于 2 mm 的虫孔
9	大部心叶上有大量直径大于 2 mm 的虫孔

表4-2 玉米对玉米螟抗性水平判定标准

虫害级别	心叶期食叶级别平均值	抗性类型
1	1.0～2.0	高抗 HR
3	2.1～4.0	抗 R
5	4.1～6.0	中抗 MR
7	6.1～8.0	感 S
9	8.1～9.0	高感 HS

表4-3 玉米叶斑病分级标准

病情分级	症状描述
1	叶片上无病斑或仅在穗位下部叶片上有少量病斑，病斑占叶面积少于5%
3	穗位下部叶片上有少量病斑，占叶面积6%～10%，穗位上部叶片有零星病斑
5	穗位下部叶片上病斑较多，占叶面积11%～30%，穗位上部叶片有少量病斑
7	穗位下部叶片有大量病斑，病斑相连，占叶面积31%～70%，穗位上部叶片病斑较多
9	全株叶片基本为病斑覆盖，叶片枯死

表4-4 玉米矮花叶病分级标准

病情分级	症状描述
0	全株无症状
1	少数叶片出现轻微花叶症状
3	较多叶片出现轻微花叶症状
5	穗位以上叶片出现典型花叶症状，植株略矮，果穗略小
7	全株叶片出现典型花叶症状，植株矮化，果穗小
9	全株花叶症状显著，病株严重矮化，果穗不结实

转基因抗虫玉米对靶标害虫（亚洲玉米螟）的抗虫作用：每小区采用对角线5点取样，每点连续调查相邻四行的20株玉米，在心叶末期和穗期（收获前）各调查1次。心叶末期调查玉米心叶被害情况，收获前剖秆（包括雌穗）调查玉米植株被害情况。

对玉米主要病害的调查：玉米主要病害发生期调查病害株率和病级，计算病情指数。

4.1.3 生存竞争能力检测（参照农业行业标准 NY/T 720.1—2003）

4.1.3.1 材料

转基因抗除草剂玉米 GA21 及其亲本对照，当地栽培品种鲁玉10号。

4.1.3.2 荒地（或按荒地管理）试验设计

每个小区面积为 6 m²（2 m×3 m），四次重复，分地表撒播和5 cm深度播两种方式，播种量按 37.5 kg/hm² 计算，播种后不进行任何栽培管理。

玉米调查方法：于玉米播种后30 d开始，至玉米成熟，每月调查一次。调查整个小区内的玉米出苗率和玉米覆盖度（按植株垂直投影面积占小区面积的比例估算覆盖度）。并于每个小区内随机取10株玉米，调查玉米叶数和株高。

杂草调查方法：采用对角线 5 点取样，每点调查 0.25 m²。分别于播前和玉米播种后 30 d 开始，至玉米成熟，每月调查一次。调查记录试验小区的杂草种类、数量，按植株垂直投影面积占小区面积的比例估算出覆盖率。

试验结束后试验地的监管和转基因玉米自生苗产生率调查：试验调查结束后，任其保持自然状态，不收获，并保留试验地边界标记。当年和第二年不再种植玉米，由专人负责监管。在种植后第二年 5 月和 6 月，各调查一次前一年种植转基因玉米的试验小区内自生苗情况，记录每小区自生苗的数量，并对自生苗进行生物学测定或分子检测，保留转基因玉米植株，下一年继续调查出苗情况并进行检测。

4.1.3.3　栽培地试验设计

设转基因玉米、亲本对照、当地品种对照（鲁玉 10 号）三个小区，每小区面积为 200 m²。按当地夏玉米常规播种方式和播种量进行播种。按当地常规耕作管理的模式进行。

玉米调查方法：在玉米苗期（定苗后 7 d）、心叶中期（即小喇叭口期）、心叶末期（即大喇叭口期）、抽雄期以及吐丝期，每点调查 10 株玉米的株高。在成熟期每小区收获 20 株玉米果穗，比较转基因玉米与受体玉米在种子产量方面的差异。

种子发芽率测定：对收获的玉米种子进行发芽率检测，按 GB/T 3543.3 规定的方法进行。

4.1.4　转 Bt 基因玉米花粉对家蚕影响作用

4.1.4.1　转 Bt 基因玉米花粉在桑叶上的飘落浓度

4.1.4.1.1　玉米花粉在桑叶上的自然飘落浓度研究

烟台：在山东省农科院蚕桑研究所试验基地内选择一块玉米和桑园间作的平整地块，周围 500 m 内没有夏玉米种植，转基因玉米品种为 MON810（美国 Monsanto 公司），于 2004 年 8 月夏玉米开花期，在距玉米地 0.5、1、2.5、4、5.5、7、8.5、10、20、40、60 m 处随机选取 5 株桑树，在每株桑树上中下各取 3 个叶片，在每个叶片上放置 2 个涂有凡士林的盖玻片（2.2 cm×2.2 cm），于玉米盛花期的 1～10 d 分别调查不同距离的盖玻片上捕捉到的花粉量（每次调查后更换新的盖玻片），同时按相同的方法采集桑叶，实际调查桑叶上的玉米花粉浓度。

泰安：在桑园的中间种植 5 m×5 m 的转基因玉米 Bt176，分别在东、南、西、北四个方向距玉米地 1、5、10 m 处随机选取 5 株桑树，在每株桑树上中下各取 3 个叶片，在玉米花粉期 1～10 d 内实际调查桑叶上的玉米花粉浓度。

4.1.4.1.2　花粉观测方法

本研究采取直接将盖玻片或桑叶放到 10 倍放大镜下观察进行花粉浓度记数。检测前，首先在放大镜下识别玉米花粉，此作为鉴别花粉的参照物。观察整个盖玻片面积或 1/4 盖玻片面积（花粉数量多时）的玉米花粉颗粒数，观察桑叶时，每桑叶调查 2 个点，每点调查整个盖玻片面积（2.2 cm×2.2 cm）或 1/4 盖玻片面积（花粉数量多时）的玉米花粉颗粒数。根据调查的数据，折算出单位面积的玉米花粉数。

4.1.4.2　转 *Bt* 基因玉米花粉对家蚕的影响

4.1.4.2.1　供试家蚕

试验用家蚕由新泰市蚕业中心提供，2 龄幼虫。

4.1.4.2.2　供试玉米

供试玉米分别为先正达公司的 Bt11 和 Bt176，均为转 *Bt* 基因抗虫玉米，以它们的非转基因玉米品种 NX4906 作对照。供试玉米品种种植在山东省农科院植保所温室内，在玉米花期套袋收集花粉，采集后冷冻保存备用。

4.1.4.2.3　试验方法

4.1.4.2.3.1　不同花粉浓度对家蚕的影响

将供试玉米花粉按 0、15、30、45、60、75 粒/cm² 的浓度涂抹到桑叶上，饲喂 2 龄幼虫，10 d 后改成没有花粉的正常桑叶，到 5 龄后期测量家蚕的体重，每处理重复 4 次，每组用 50 只家蚕幼虫。

4.1.4.2.3.2　花粉浓度对家蚕出茧量的影响

将田间带有转基因玉米花粉的桑叶（距转基因玉米 5～10 m）直接饲喂 2 龄幼虫，10 d 后改喂没有花粉的桑叶，到 5 龄后期测量家蚕的体重，每处理重复 4 次，每组用 50 只家蚕幼虫，出茧后测量出茧量的差异。

4.2　结果与分析

4.2.1　转基因玉米外源基因通过花粉漂移的频率和距离

当喷施农达除草剂 2 周后，玉米植株出现了生长完全正常、植株黄化、植株生长受抑制、植株死亡 4 种主要类型，其中以生长正常和植株死亡两种为主，PCR 检测结果（图 4-1）表明，生长正常玉米植株中含有 *EPSPS* 基因，植株生长受抑制和植株死亡两种类型均不含有 *EPSPS* 基因，黄化玉米植株中 90%不含有 *EPSPS* 基因。

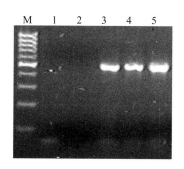

图 4-1　转基因抗除草剂玉米的 PCR 检测

M—marker；1—阴性对照；2—生长受抑制样品；3—阳性对照；4—生长正常样品 a；5—生长正常样品 b

结合生物测定和 PCR 测定的结果，不同距离不同方向玉米花粉的漂移率见表 4-5，玉米的漂移率与距离呈正相关，在 1 m 时漂移率均在 40% 以上，5 m 以内玉米的漂移率较高，均在 9% 以上，15 m 外漂移率明显降低，在 60 m 时最大漂移率仍达到 1%，玉米花粉的最大漂移距离为 150 m，在 200 m 处没有检测到外源基因。显著性检验结果表明，不同距离上玉米的漂移率差异显著。因此我们建立漂移率与距离相关方程为：

$$y = 0.317\,03 - 0.072\,39\ln x, \quad r = -0.880\,91$$

不同方向（东北、西北、西南、东南）上玉米花粉的传播频率存在差异，以东北方向最高，西北、东南次之，西南最低，在 1 m 处差异不明显，在 5 m 处不同方向漂移率差异显著，东北方向最高为 19.58%，西南方向最低为 9.32%，相差 1.10 倍，到 15 m 时差别为 1.15 倍，到 30 m 时相差 2.05 倍，到 60 m 时相差 4 倍，距离越大差异越明显，显著性检验表明，在 0.05 水平上，东北与东南和西南方向上漂移率差异极显著，西北与西南差异显著。不同方向上漂移率的差异与试验地玉米花期风向直接相关，根据试验记载，当时风向主要为东和北方向，所以东北和西北方向漂移率大些。

表 4-5　不同距离不同方向玉米花粉漂移率

距离/m	方向	药前玉米株数	药后玉米株数	漂移率/%	显著性 0.05	显著性 0.01
1	东北	4210	1893	44.96	a	A
	西北	3806	1657	43.54		
	西南	4090	1733	42.37		
	东南	3978	1794	45.10		
5	东北	2865	561	19.58	b	B
	西北	2756	509	18.47		
	西南	2791	260	9.32		
	东南	2974	323	10.86		
10	东北	2796	363	12.98	c	BC
	西北	2651	329	12.41		
	西南	2650	160	6.04		
	东南	2568	179	6.97		
15	东北	2954	197	6.67	d	C
	西北	2910	158	5.43		
	西南	2389	74	3.10		
	东南	2380	117	4.92		
30	东北	3109	54	1.74	d	C
	西北	2960	31	1.05		
	西南	2456	14	0.57		
	东南	2658	41	1.54		
60	东北	2699	27	1.00	e	D
	西北	2743	24	0.87		
	西南	2467	5	0.20		
	东南	2290	8	0.35		
50	北	3678	65	1.77		
100	北	3980	5	0.13		
150	北	4026	2	0.05		
200	北	3510	0	0.00		

4.2.2　对玉米田生物多样性的影响

4.2.2.1　直接观察法

4.2.2.1.1　亚洲玉米螟

　　整个玉米生长季节内，转基因抗虫玉米、转基因玉米亲本对照、当地栽培玉米品种主要玉米害虫及天敌有一定差异。由图 4-2 看出，7 月底以前玉米生长前期，玉米螟数量极少，转基因玉米亲本对照在 8 月 14 日、当地品种鲁玉 10 号在 8 月 21 日均有一个小高峰期，百株虫量达 14 头；玉米生长后期，鲁玉 10 号玉米螟数量在 9 月 18 日又达到高峰，百株虫量为 24 头，此时玉米为灌浆乳熟期，玉米螟危害严重；转基因抗虫玉米 MON810 玉米螟发生高峰期较晚，为 9 月 29 日，百株虫量为 7 头，此时玉米已经成熟，大多数玉米螟仅为害果穗顶部，危害大大减轻。MON810 亲本对照亚洲玉米螟危害高峰期最早，为 9 月 11 日，百株玉米螟虫量为 18 头。整体来看，当地对照品种亚洲玉米螟为害最重，转基因抗虫玉米亲本对照次之，转基因玉米受害最轻，害虫数量少，且仅在生长末期危害重，基本对产量不构成影响。

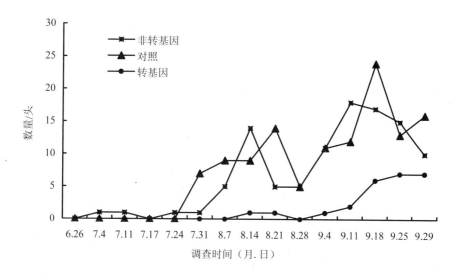

图 4-2　转基因玉米对亚洲玉米螟的影响

4.2.2.1.2　蚜虫

　　8 月 14 日以前，三种处理玉米田蚜虫数量较低，8 月 21 日—9 月 18 日蚜虫发生较为集中，9 月 18 日以后蚜虫数量急剧减少。前期三种玉米植株上蚜虫数目无明显差异，到 8 月底同时出现一次蚜虫高峰，以后蚜虫逐渐减少，其中转基因抗虫玉米 MON810 蚜虫数量在 9 月 11 日达到最高峰，百株蚜虫数量达 6540 头，而鲁玉 10 号最高峰百株虫量为 3855 头，转基因抗虫玉米亲本对照高峰期百株蚜虫为 3030 头，均显著低于转基因抗虫玉米。同时 3 个处理田间天敌数目达到高峰，蚜虫数量迅速降低（图 4-3）。

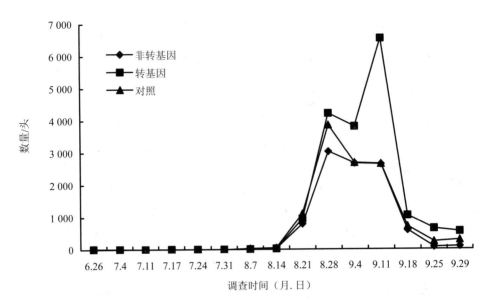

图 4-3　转基因玉米对蚜虫的影响

4.2.2.1.3　叶蝉

由图 4-4 可以看出，试验地叶蝉共有四次高峰，三种处理叶蝉高峰期相同，但峰值有较大差异，在初期转基因玉米亲本对照和转基因玉米植株上的叶蝉数目差异不大，百株虫头数均在 5 头以内，而非转基因玉米鲁玉 10 号百株虫头数在 10 头以上，两者差异显著。从 7 月底到 9 月中下旬，三种玉米的叶蝉数量无明显差异，百株虫头数均在 5 头以内，转基因抗虫玉米及转基因抗虫玉米亲本对照在 9 月 25 日达高峰，百株叶蝉量分别为 18 头、11 头，而当地品种鲁玉 10 号百株虫量很低，三者差异显著。这种差异可能是品种特性造成的，与转基因无明显关系。

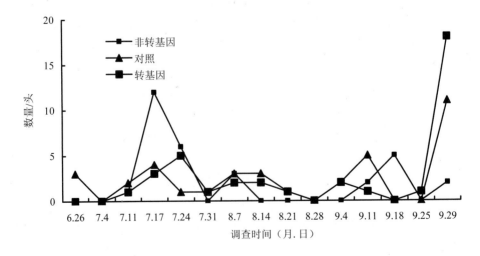

图 4-4　转基因玉米对叶蝉的影响

4.2.2.1.4 蓟马

三种处理蓟马发生期集中在 7 月 4—24 日。转基因玉米 7 月 24 日达到高峰，百株虫量为 76 头；鲁玉 10 号在 7 月 11 日、7 月 24 日各有一个高峰，百株虫量分别为 78 头、81头；转基因玉米亲本对照 7 月 11 日、7 月 24 日各有一个高峰，虫量分别为 49 头、50 头。7 月 24 日以后，三种处理蓟马数量急剧下降。转基因玉米及其亲本对照的蓟马数量明显高于当地品种鲁玉 10 号，转基因玉米和亲本对照的蓟马数量差异不显著（图 4-5）。

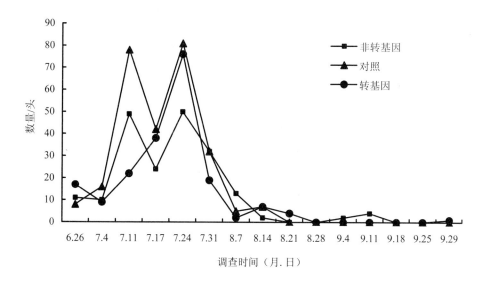

图 4-5　转基因玉米对蓟马的影响

4.2.2.1.5 瓢虫

作为一种主要害虫天敌，试验中发现其消长与蚜虫数量相关性较强。瓢虫在玉米生长期有两个发生高峰期，三种玉米规律相同。瓢虫发生主要在 8 月底到 9 月份，转基因玉米及其亲本对照玉米植株上的瓢虫数目明显高于当地对照品种（图 4-6），9 月 11 日转基因玉米达到高峰期，百株虫量为 44 头，其亲本对照 9 月 4 日达到高峰期，百株瓢虫数量 35 头，而鲁玉 10 号玉米的最高百株瓢虫数量仅为 20 头。同期的蚜虫调查，转基因玉米及其亲本对照玉米植株上的蚜虫数目明显高于当地对照品种，瓢虫数量的多少与植株上蚜虫数量呈正相关。

其他昆虫发生数量较少，三种处理之间没有明显差别。

4.2.2.2　吸虫器调查法

通过对吸虫器在玉米不同生育期吸取的样本进行整理分类后，可以看出，转基因玉米 MON810 及其非转基因对照田以及当地非转基因玉米鲁玉 10 号田中的节肢动物的种类和优势度没有明显差异，上述三种玉米田间主要捕食性天敌为瓢虫类、蜘蛛类、小花蝽类、瓢虫类、蚂蚁类、螳螂类及蓟马类；寄生蜂以小蜂类及茧蜂类为主。瓢虫类则以龟纹瓢虫为主。主要害虫为玉米蚜和叶螨。转基因玉米田和对照田的各物种的生态优势度无明显差别，说明转基因玉米对玉米田昆虫群落没有明显的影响（表 4-6）。

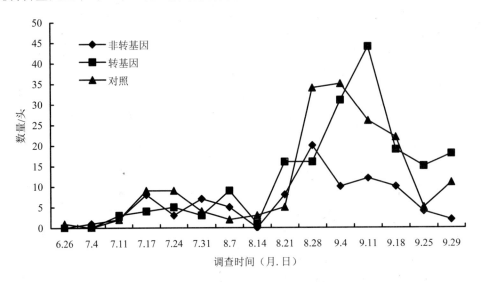

图 4-6　转基因玉米对瓢虫的影响

表 4-6　各玉米田内物种的生态优势度值

昆虫种类	玉米品种		
	非转基因对照	MON810	农大 108
蚜虫	0.2879	0.2490	0.2661
蜘蛛	0.1149	0.1234	0.1061
小花蝽	0.1467	0.1453	0.1322
稻绿蝽	0.0023	0.0033	0.0027
绿盲蝽	0.0010	0.0011	0.0015
赤须盲蝽	0.0023	0.0035	0.0052
斑须蝽	0.0000	0.0011	0.0103
其他蝽	0.0082	0.0103	0.0143
薪叶甲	0.0589	0.0418	0.0635
小蜂	0.0159	0.0134	0.0258
茧蜂	0.0197	0.0206	0.0134
蚂蚁	0.0495	0.0436	0.1148
叶蝉	0.0232	0.0392	0.0225
龟纹瓢虫	0.0257	0.0162	0.0304
食螨瓢虫	0.0000	0.0049	0.0155
展缘异点瓢虫	0.0000	0.0000	0.0009
螳螂	0.0150	0.0180	0.0179
砂潜	0.0010	0.0012	0.0000

昆虫种类	玉米品种		
	非转基因对照	MON810	农大 108
蒙古砂潜	0.0020	0.0061	0.0015
二纹土潜	0.0000	0.0024	0.0036
蓟马	0.1048	0.1049	0.0604
飞虱	0.0023	0.0000	0.0000
蝇	0.0144	0.0336	0.0222
叩头甲	0.0031	0.0000	0.0000
其他甲虫	0.0115	0.0058	0.0009
步甲	0.0020	0.0040	0.0042
叶螨	0.0579	0.0579	0.0100
棉铃虫	0.0030	0.0008	0.0009
粘虫	0.0013	0.0000	0.0009
灯蛾	0.0010	0.0000	0.0012
玉米螟	0.0023	0.0011	0.0000
桃蛀螟	0.0000	0.0000	0.0000
草蛉	0.0090	0.0133	0.0064
绿豆象	0.0010	0.0008	0.0000
潮虫	0.0021	0.0000	0.0315
蜻蜓	0.0000	0.0000	0.0012
隐翅甲	0.0010	0.0000	0.0012
油葫芦	0.0000	0.0000	0.0027
金龟子	0.0053	0.0299	0.0024
果蝇	0.0000	0.0000	0.0015
菜粉蝶	0.0010	0.0024	0.0000
蚊	0.0021	0.0000	0.0018
跳甲	0.0000	0.0000	0.0012
举肢蛾	0.0010	0.0008	0.0000

4.2.2.3　转基因玉米对亚洲玉米螟抗性评价

4.2.2.3.1　心叶末期亚洲玉米螟危害评价

心叶末期调查玉米螟对玉米心叶危害率，发现转基因抗虫玉米危害率最低，危害株数少，危害级别低，一般为 4 级、5 级，综合评价为高抗；而转基因玉米亲本对照、鲁玉 10 号危害株数多，危害级别高，多为 7 级、8 级，综合评价为中抗，见表 4-7。

表 4-7 玉米心叶末期玉米螟危害统计评价表

处理	样点	1	2	3	4	5	6	7	8	9	10	11	12	13	14	15	16	17	18	19	20	平均	抗性类型
MON810 亲本对照	I	6	7		6	7	7		6	7	6		6	7	6		7	7		6	6	4.85	MR
	II		7	7	7		6	7		7	7	7	6	6		8		7	7		7	4.8	MR
	III	6		7	8	6	6	7	7	8		7		7	8	6	6		7	7		5.15	MR
	IV	7	7	6	6	8		7	7		7	6	7		8	7	6		6		7	5.1	MR
	V	7	8	6	7		7				6	7		6	7	7		8	7	6	6	5.2	MR
MON810	I	4		5	4			4	4			4			4			4	4			1.85	HR
	II		4	4		5		4				4	4			4					4	1.65	HR
	III		4		5	4				4	4			5				4	4			1.9	HR
	IV	4	4			5			4	4			4	4		5					5	1.95	HR
	V	5			4			4	5	4					4	5					4	1.75	HR
鲁玉 10 号	I	7					8	7	8			7	7				8	7		8	7	5.55	MR
	II		8	7			8	7	6		7	7	8			6	7	8	8	7		5.05	MR
	III	8		8	7	7		8	8			6	8	7			8	7	7	7		5.15	MR
	IV	7		8	7		8	7				7	8			8	7	8	8			5.55	MR
	V		7	7	8		7	8	8			7	8	8		7	7		8		8	5.25	MR

注：HR 高抗；R 抗；MR 中抗；S 感；HS 高感。

4.2.2.3.2 收获前亚洲玉米螟危害评价

收获前对各处理玉米剖茎、剖穗调查发现（见表 4-8），MON810 穗部蛀孔数为 35 个，活虫数为 17 头，隧道平均长度为 0.5 cm，茎部蛀孔数为 41 个，活虫数为 21 头，隧道平均长度为 1.2 cm；MON810 亲本对照穗部蛀孔数为 50 个，活虫数为 33 头，隧道平均长度为 2 cm，茎部蛀孔数为 83 个、活虫数为 65 头、隧道平均长度为 3.8 cm；鲁玉 10 号穗部蛀孔数为 56 个，活虫数为 30 头，隧道平均长度为 2 cm，茎部蛀孔数为 82 个，活虫数 58 头，隧道平均长度为 4.2 cm。三者相比，MON810 蛀孔数、活虫数、隧道平均长度均低于其他两种处理。差异显著性分析结果表明，MON810 与其亲本对照、鲁玉 10 号之间差异达极显著水平，MON810 亲本对照与鲁玉 10 号之间差异不显著。

4.2.2.4 对玉米病害的影响

试验调查发现，心叶末期，各处理区玉米大斑病、小斑病、叶斑病、矮花叶病发生较重（表 4-9）。三种玉米的玉米大斑病发病率相近（22.0%～24.0%），病情指数为 5.11～5.78，三者差异不显著。转基因玉米小斑病的发病率为 29.0%，低于其他两个玉米品种的发病率（分别为 38.0% 和 36.0%），但三者的病情指数分别为 7.89、8.89 和 8.44，显著性检验三者差异不显著。转基因玉米的叶斑病发病率最高，为 61.0%，明显高于其他两个品种，但三者的病情指数分别为 12.11、12.22 和 12.22，差异不显著。三种玉米的矮花叶病发病率和病情指数相近，无显著差异；其他病如纹枯病、粗缩病，没有发生。穗期除以上几种常见病害外，玉米黑穗病发生较重（表 4-10）。三种玉米的大斑病、小斑病、叶斑病和矮花叶病的发病率和病情指数均无明显差异，转基因玉米、亲本对照和当地对照玉米的玉米黑穗病病株率分别为 0.48%、0.41% 和 0.41%，三种玉米无显著差异。

表 4-8　收获前玉米植株被害统计表

处理	样点	穗部						茎部					
		蛀孔数/个		活虫数/头		隧道长度/cm		蛀孔数/个		活虫数/头		隧道长度/cm	
MON 810 亲本对照	I	8		2		1.4		15		12		3.2	
	II	6		4		1.3		11		8		2.4	
	III	12	50	7	33	2.2	2 aA	20	85	14	63	5.1	3.8aA
	IV	11		11		2.7		17		12		3.7	
	V	13		9		2.1		22		17		4.5	
MON 810	I	8		3		0.4		6		4		1.2	
	II	6		3		0.4		10		3		1.1	
	III	6	35	4	17	0.5	0.5 bB	8	41	4	21	1.2	1.2bB
	IV	7		3		0.5		9		5		1.3	
	V	8		4		0.5		8		5		1.2	
鲁玉 10 号	I	10		4		1.9		15		13		3.9	
	II	11		6		1.9		16		12		4.2	
	III	12	56	6	30	2	2 aA	17	82	12	58	4.2	4.2aA
	IV	11		7		2.2		15		10		4.2	
	V	12		7		2		19		11		4.3	

表 4-9　玉米心叶末期病害统计表

病害种类	处理	总株数	病害级值					病株率/%	病情指数	差异显著性
			1	3	5	7	9			
玉米大斑病	非转基因	100	11	8	3			22.00	5.56	a A
	转基因	100	12	8	2			22.00	5.11	a A
	当地品种	100	12	10	2			24.00	5.78	a A
玉米小斑病	非转基因	100	11	15	3			29.00	7.89	a A
	转基因	100	21	13	4			38.00	8.89	a A
	当地品种	100	21	10	5			36.00	8.44	a A
玉米叶斑病	非转基因	100	41	16	4			61.00	12.11	a A
	转基因	100	32	16	6			54.00	12.22	a A
	当地品种	100	37	11	8			56.00	12.22	a A
玉米矮花叶病	非转基因	100	7	6	1			14.00	3.33	a A
	转基因	100	8	5	1			14.00	3.11	a A
	当地品种	100	8	4	2			14.00	3.33	a A

表 4-10　玉米穗期病害统计表

病害种类	处理	总株数	病害级值					病株率/%	病情指数	差异显著性
			1	3	5	7	9			
玉米大斑病	非转基因	100	13	10	7			30.00	8.67	a A
	转基因	100	13	9	6			28.00	7.78	a A
	当地品种	100	9	13	5			27.00	8.11	a A
玉米小斑病	非转基因	100	15	16	9			40.00	12.00	a A
	转基因	100	12	15	11			38.00	12.44	a A
	当地品种	100	18	13	9	1		41.00	12.11	a A
玉米叶斑病	非转基因	100	24	25	3			52.00	12.67	a A
	转基因	100	35	7	12			54.00	12.89	a A
	当地品种	100	24	18	7			49.00	12.56	a A
玉米矮花叶病	非转基因	100	7	6	1			14.00	3.33	a A
	转基因	100	8	6	1			15.00	3.44	a A
	当地品种	100	5	4	3			12.00	3.56	a A
玉米黑穗病	非转基因	2918	12					0.41		a A
	转基因	2936	14					0.48		a A
	当地品种	2925	12					0.41		a A

4.2.3　生存竞争力结果

4.2.3.1　荒地调查结果分析

4.2.3.1.1　杂草调查

4.2.3.1.1.1　荒地杂草结果

大坝优势杂草主要有马唐、狗尾草、猪毛菜、牛筋草、莎草、地黄、马齿苋、反枝苋等，竹节草、狗牙根、葎草、旋花、牵牛、芦苇、苦菜等数量较少，覆盖度较低。总体上看杂草数量较多，但覆盖度较低，可能与 2002 年干旱有关。

在 5 cm 深播情况下，GA21 及其亲本对照种子均具有 85% 以上的出苗率，撒播条件下，出苗率均很低，在 10% 以下，深播、撒播及对照区杂草种类基本相同。GA21 及其亲本对照玉米在长势、株型、生育期等方面无差异，试验区玉米和杂草覆盖度见表 4-11，玉米和杂草覆盖度随调查时间依次增加，GA21 及其亲本对照玉米区玉米和杂草覆盖度大小和增幅基本一致，显著性检验证明两者之间差异不显著，撒播区杂草覆盖度均低深播区，试验区杂草覆盖度均显著低于空白对照区。

表 4-11　大坝 GA21 及亲本对照杂草调查统计表

品种	处理	重复	8月13日 玉米覆盖度	8月13日 杂草覆盖度	9月16日 玉米覆盖度	9月16日 杂草覆盖度	10月14日 玉米覆盖度	10月14日 玉米显著	10月14日 杂草覆盖度	10月14日 杂草显著
GA21	播	I	40	35	50	50	65	a A	70	c C
		II	45	25	55	50	60		60	
		III	50	35	50	55	70		65	
		IV	45	35	60	50	65		65	
	撒	I	2	25	3	45	3	b B	85	b B
		II	2	15	5	40	3		80	
		III		30		45			85	
		IV	1	25	2	45	5		90	
	空白	I		70		80			95	a A
		II		70		80			95	
		III		60		70			95	
		IV		65		75			95	
GA21 亲本对照	播	I	45	32	50	45	65	a A	70	c C
		II	45	35	55	40	60		75	
		III	40	30	50	45	70		65	
		IV	45	35	60	50	65		70	
	撒	I	2.5	35	3	40	3	b B	80	b B
		II	2	25	4.5	45	3		85	
		III		25		45			80	
		IV	1.5	30	2.5	40	5		85	
	空白	I		65		75			85	b B
		II		70		80			80	
		III		75		70			85	
		IV		65		75			75	

4.2.3.1.1.2　温室（拓荒地）杂草结果

温室优势杂草主要有马唐、狗尾、牛筋、反枝苋、马齿苋，鸭趾草等，其他杂草有决明、小飞蓬、旋花、牵牛、铁苋菜、苦菜等。

在 5 cm 深播情况下，GA21 及其亲本对照种子均具有 90% 以上的出苗率，撒播条件下，出苗率均很低，在 15% 以下，深播、撒播及对照区杂草种类基本相同。GA21 及其亲本对照玉米在长势、株型、生育期等方面无差异，试验区玉米和杂草覆盖度见表 4-12，玉米和杂草覆盖度随调查时间依次增加，GA21 及其亲本对照玉米区玉米和杂草覆盖度大小和增幅基本一致，显著性检验证明两者之间差异不显著，撒播区杂草覆盖度均高于深播区，试验区杂草覆盖度均显著低于空白对照区。

表4-12　温室中GA21及亲本对照杂草调查统计表

品种	处理	重复	8月13日		9月16日		10月14日	
			玉米覆盖度	杂草覆盖度	玉米覆盖度	杂草覆盖度	玉米覆盖度	杂草覆盖度
GA21	播	I	45	60	55	75	70	85
		II	40	65	55	75	65	85
		III	40	60	55	70	65 (b A)	80 (c B)
		IV	40	60	50	70	60	80
	撒	I		60	10	98	20	99
		II		65	10	95	20	98
		III	5	70	5	98	15 (c B)	95 (a A)
		IV		70	10	98	15	99
	空白	I		70		80		100
		II		75		80		100
		III		70		80		95 (a A)
		IV		70		85		95
GA21 亲本对照	播	I	40	60	55	75	70	85
		II	45	65	55	75	75	85
		III	45	60	55	70	75 (a A)	80 (c B)
		IV	40	60	50	70	70	80
	撒	I	2	65	4	95	8	95
		II		60		95		90
		III	3	65	6	90	10 (d C)	95 (b A)
		IV		70		90		90
	空白	I		70		80		100
		II		75		85		100
		III		70		80		95 (a A)
		IV		70		85		95

4.2.3.1.1.3　株高

温室 GA21 及亲本对照在定苗后 7 d、小喇叭口、大喇叭口、抽雄期和吐丝期的平均株高分别为 34.4 cm 和 33.5 cm、127.4 cm 和 124.1 cm、166.6 cm 和 164.4 cm、191.4 cm 和 191.4 cm、218.5 cm 和 213.5 cm，显著性检验证明，转基因玉米与其亲本对照株高无显著差异。

大坝 GA21 及其亲本对照在定苗后 7 d、小喇叭口、大喇叭口、抽雄期和吐丝期的平均株高分别为 24.2 cm 和 24.2 cm、54.6 cm 和 53.7 cm、82.0 cm 和 81.8 cm、100.8 cm 和 100.1 cm、111.0 cm 和 114.8 cm，显著性检验证明，转基因玉米与其亲本对照株高无显著差异（见表 4-13）。

表 4-13 荒地玉米株高调查分析表

地点	品种	株高/cm					
		出苗后7 d	小喇叭口期	大喇叭口期	抽雄期	吐丝期	
						重复	平均
温室	GA21	33.3	121.1	155.6	182.9	197.9	218.5 a A
		35.2	127.6	159.4	186.7	211.5	
		34.2	128.9	172.6	187.6	229.5	
		34.8	131.8	178.9	208.5	235.1	
	GA21 亲本对照	33.9	120.2	155.7	184	201.4	213.5 a A
		33.5	124.2	155	186.7	212.4	
		33.1	124.5	167.9	187.6	215.2	
		33.3	127	178.9	205.9	224.9	
大坝	GA21	23.6	54.6	74.6	93.3	110.8	111.0 b B
		24.6	51.9	84.9	101.5	116.5	
		24.9	56.1	83.8	103.2	104.2	
		23.7	55.6	84.4	105.3	112.6	
	GA21 亲本对照	24.1	52	77.9	93.3	113.4	114.6 b B
		25.1	51.6	82.2	100.6	116.5	
		24.7	56.1	84	103.2	113.5	
		23.7	55.2	83	103.2	115	

4.2.3.1.1.4 发芽率

栽培地玉米采收后，GA21 及亲本对照玉米的种子发芽率分别为 96% 和 95%，发芽率差异不显著。

4.2.3.1.1.5 自生苗调查

2005 年 5 月、6 月调查，发现转基因玉米与其亲本对照均几株自生苗存在，到 2006 年仍有几株转基因玉米自生苗。在自然条件下，转基因玉米种子在山东省能够存活 2 年。

4.2.3.2 栽培地结果分析

4.2.3.2.1 生长特性

栽培地 GA21 及其亲本对照玉米在长势、株型、生育期等方面无差异，栽培地 GA21 及其亲本对照株高（表 4-14）分别为 221.3cm、217.3 cm，二者株高相当，鲁玉 10 号的株高为 222.7 cm，稍高于 GA21 及其亲本对照。

4.2.3.2.2 产量

栽培地 GA21 及其亲本对照的产量（表 4-14）分别为 2.57 kg、2.54 kg，二者之间差异不显著，均低于鲁玉 10 号产量（2.94 kg）。

表 4-14   栽培地玉米调查分析表

品种	株高/cm						产量/kg	
	出苗后 7 d	小喇叭口期	大喇叭口期	抽雄期	吐丝期			
					重复	平均	重复	平均
GA21	34	12.1	155.6	182.9	205.9		2.60	
	35.4	127.6	159.4	186.7	213.7	221.3	2.58	2.57
	35.3	128.9	172.6	187.6	230.5	a A	2.48	b B
	35.2	131.8	178.9	208.5	235.1		2.63	
GA21 亲本对照	33.6	102.1	143.1	190.5	220.2		2.58	
	34.4	103.2	146.6	191.6	225.7	217.3	2.53	2.54
	32.5	103.3	147.6	195.7	226.8	a A	2.45	b B
	33.1	103.8	147.2	199.5	225.6		2.60	
鲁玉 10 号	36.3	104.8	147.3	194.7	216		2.93	
	34.6	106.3	138.4	196.5	215.5	222.7	2.98	2.94
	35.5	109.3	138.2	204.5	225.7	a A	2.88	a A
	35.5	106	140.3	199.1	233.5		2.95	

4.2.4   转 *Bt* 基因玉米花粉对家蚕的影响

4.2.4.1   玉米花粉在桑叶上的飘落规律

4.2.4.1.1   盖玻片调查结果

玉米田花粉量在盛花初期逐日增加（表 4-15），在盛花期第 5 日达到最高峰，以后逐渐减低，单日花粉飘落量最大达 194.0 粒/cm^2，玉米花粉主要降落在离玉米田 2.5 m 之内，在 4 m 处花粉量显著减少，仅为 1 m 处的 1/4 左右，在 10 m 处下降到 2 粒/cm^2 左右。

表 4-15   不同距离上每天飘落的花粉浓度   单位：粒/cm^2

时间	0 m	0.5 m	1 m	2.5 m	4 m	5.5 m	7 m	8.5 m	10 m	20 m	40 m
第 1 日	102.0	86.1	36.2	18.0	7.2	6.4	4.4	3.1	1.1	1.8	1.2
第 2 日	119.2	95.3	45.6	26.4	6.6	7.5	5.5	2.1	2.2	1.2	1.5
第 3 日	156.3	104.5	46.4	29.5	9.1	10.6	5.7	2.2	2.1	2.2	2.1
第 4 日	167.0	123.4	52.9	34.7	12.1	12.0	7.1	3.3	2.1	2.3	2.4
第 5 日	194.0	115.0	69.5	31.7	18.6	11.1	8.8	5.2	3.0	1.7	1.7
第 6 日	152.0	125.9	75.0	35.9	20.5	14.1	6.9	2.8	2.4	2.1	2.1
第 7 日	160.9	109.7	58.8	25.4	13.2	12.0	7.5	1.5	1.9	0.7	1.2
第 8 日	112.5	103.5	51.4	21.6	9.1	8.0	3.1	1.4	0.4	2.0	1.1
第 9 日	102.4	100.9	45.9	19.5	9.1	7.5	2.2	1.0	0.0	0.0	0.0
第 10 日	78.6	75.1	38.1	14.2	7.8	4.2	1.1	0.2	0.0	0.0	0.0

从玉米花期第 1 日到第 10 日的花粉累积量（图 4-7）可以看出，玉米花粉主要降落在 2.5 m 以内，在 0.5 m 处累积量为 1342 粒/cm²，1 m 处低于 1035 粒/cm²，2.5 m 处降到 515.0 粒/cm²，随着距离的增大，花粉量显著减少。在 60 m 处虽然能检测到花粉颗粒，10 d 累积量仅为 11 粒/cm²。

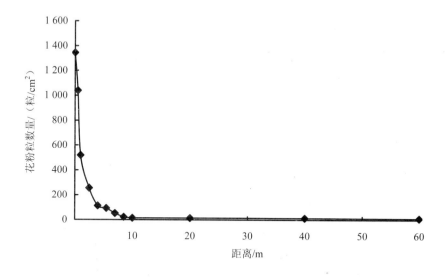

图 4-7　不同距离玉米花粉累积量

4.2.4.1.2　桑叶调查结果

玉米花粉在桑叶上分布很不均匀，沿叶脉浓度明显高于叶缘，玉米花粉在桑叶上自然飘落的浓度以中部叶片最高，下部叶片次之，上部叶片最低，其平均浓度不及中部叶片的 1/2。在距玉米地 1 m 范围内花粉浓度较高，0.5 m 处平均最高达到 145.7 粒/cm²（55%以上叶片超过平均值），最高可达 1390 粒/cm²，在 1 m 处时平均最高达到 114.5 粒/cm²，随着距玉米地距离的增大，花粉浓度显著降低，当该距离为 2.5 m 时，花粉浓度降为 37.5 粒/cm²，在 10 m 以外，花粉浓度均低于 2.5 粒/cm²，60 m 时平均为 0.8 粒/cm²。

表 4-16　不同距离桑叶上玉米花粉浓度的实际调查结果　　　　　单位：粒/cm²

时间	0.5 m	1 m	2.5 m	4 m	5.5 m	7 m	8.5 m	10 m	20 m	40 m	60 m
第 1 日	121.8	85.6	36.6	15.5	8.5	8.3	5.6	2.3	1.0	1.2	0.8
第 2 日	130.0	104.5	30.3	17.1	5.5	2.8	1.7	1.1	0.6	0.6	0.0
第 3 日	155.4	124.8	41.2	20.4	9.7	5.8	3.7	1.7	1.8	1.1	1.0
第 4 日	170.0	126.5	47.9	23.1	13.2	8.3	7.2	2.2	1.7	1.1	1.1
第 5 日	180.0	134.8	44.0	24.8	17.6	11.0	8.8	5.0	2.2	1.7	1.1
第 6 日	155.4	124.8	41.2	20.4	9.7	5.8	3.7	1.7	1.8	1.1	1.0
第 7 日	167.0	132.6	40.7	24.8	13.8	9.9	6.6	2.8	1.7	1.7	0.6
第 8 日	160.0	128.7	38.0	25.9	15.4	10.5	7.7	3.9	1.7	1.7	1.1
第 9 日	135.3	108.0	30.7	16.3	13.0	9.0	6.1	2.8	1.6	0.9	0.7
第 10 日	82.6	74.5	24.5	12.4	6.7	6.5	5.0	1.9	0.9	0.8	0.5
平均	145.7	114.5	37.5	20.0	11.3	7.8	5.6	2.5	1.5	1.2	0.8

图 4-8 显示，玉米花粉的飘落主要集中在盛花期 10 天之内，到第 9 日花粉浓度明显降低。

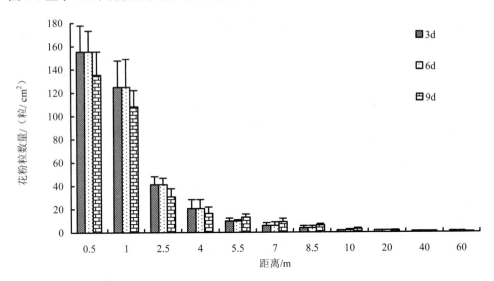

图 4-8 花期不同时间桑叶上玉米花粉的飘落浓度变化

4.2.4.1.3 泰安试验结果

不同方向（东、南、西、北）桑叶上玉米花粉的浓度存在明显差异（表 4-17），以北和东方向高，西和南低，在 1 m 处北方向为 76.9 粒/cm^2，而南方向仅为 69.2 粒/cm^2，5 m 处北方向最高为 38.5 粒/cm^2，南方向最低为 26.6 粒/cm^2，相差 1.45 倍，到 1 m 时分别为 13.2 粒/cm^2 和 7.8 粒/cm^2，相差 1.69 倍，距离越大差异越明显，显著性检验表明，在 0.05 水平上，东北与西南方向上花粉浓度差异极显著。

表 4-17 不同距离不同方向桑叶上玉米花粉浓度的实际调查结果（泰安）

距离	方向	浓度/（粒/cm^2）	显著性	
			0.05	0.01
1 m	东	74.6±4.8	a	A
	南	69.2±5.0	b	B
	西	71.5±4.6	b	B
	北	76.9±5.5	a	A
5 m	东	36.8±4.2	a	A
	南	26.8±3.5	c	C
	西	30.2±2.8	b	BC
	北	38.5±3.1	a	A
10 m	东	12.3±1.0	a	A
	南	7.8±0.9	c	C
	西	9.5±0.9	b	BC
	北	13.2±1.1	a	A

不同方向上花粉浓度的差异与试验地玉米花期风向直接相关,根据试验记载,当时风向主要为东和北方向,所以东和北桑叶上玉米花粉浓度大些。同时在试验期间下过一次中雨,雨后 1 m 处桑叶上玉米花粉的浓度由 78 粒/cm² 下降到 6 粒/cm²。

4.2.4.2　转 *Bt* 基因玉米花粉对家蚕的生态毒理学效应

4.2.4.2.1　不同花粉浓度对家蚕的影响

实验室饲喂家蚕 2 龄幼虫 10 d 后,没有玉米花粉的一组家蚕 5 龄幼虫体重平均为 3.6245 g,当玉米花粉浓度为 15 粒/cm² 时,Bt11 和 Bt176 及其非转基因对照处理的家蚕重量分别为 3.4655±0.1987 g,2.975±0.3270 g 和 3.6215±0.1970 g,Bt11 和 Bt176 处理分别比非转基因对照体重降低了 4.3% 和 12.32%,当浓度为 30 粒/cm² 时,与对照相比分别降低了 2.2% 和 22.91%,浓度为 45 粒/cm² 时,与对照相比分别降低了 4.75% 和 36.98%,浓度为 60 粒/cm² 时,与对照相比分别降低了 3.91% 和 52.45%,浓度为 75 粒/cm² 时,与对照相比分别降低了 3.06% 和 68.25%,试验中有 8 个幼虫死亡。不同处理家蚕体重曲线见图 4-9。

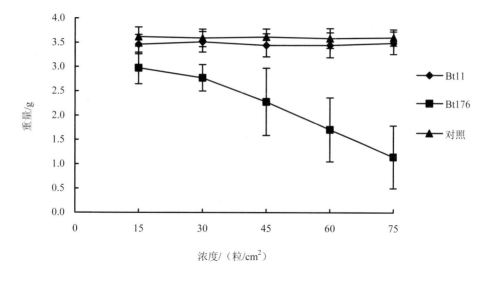

图 4-9　花粉浓度对家蚕幼虫的影响

由以上试验结果可知,Bt11 玉米花粉对家蚕幼虫的影响不明显,而 Bt176 玉米花粉对家蚕幼虫生长的不利影响较大。

4.2.4.2.2　田间桑叶上花粉实际浓度对家蚕出茧量的影响

在玉米盛花期田间采集带有转基因玉米花粉的桑叶喂食家蚕 2 龄幼虫,5 龄时体重如图 4-10 所示。Bt11、Bt176、非转基因玉米对照和空白对照处理的家蚕幼虫体重分别为 3.2854±0.4429 g,2.9812±0.3113 g,3.3906±0.3396 g 和 3.421±0.3217 g,Bt176 处理与其他三种处理的差异显著,而其他处理间差异不显著,Bt176 处理比空白对照处理体重降低了 12.8%。幼虫化蛹后出茧量测定结果显示,Bt176、Bt11 和非转基因玉米对照处理分别比空白对照降低了 15.88%、2.11% 和 1.09%。

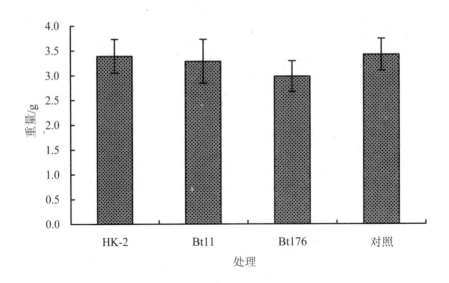

图 4-10　距玉米田 5～10 m 桑叶对家蚕幼虫的影响

4.3　讨论

随着转基因技术的飞速发展以及转基因玉米大面积推广，在关注转基因玉米所带来的巨大社会、经济和生态效益的同时，转基因玉米及其产品的安全性问题也引起了世界范围内的广泛关注（Bergelson *et al.*，1998；Crawley *et al.*，2001；Ellstrand，2001；Prakash，2001；Schiermeier，1998）。通过转基因方法改良的农作物具有得到性状稳定的后代植株所需要的时间短；仅对特定目的基因进行操作；打破不同物种之间的天然杂交屏障，可以在不同物种之间进行基因转移等优点。

转基因玉米的生态环境安全性问题，主要包括 5 个方面：①转基因玉米本身对生态环境的影响，如转变为杂草等；②转基因玉米中外源基因向相关物种的漂移；③抗病抗虫转基因玉米对非靶标生物的影响；④转基因玉米对生物多样性的影响；⑤其他影响作用。

4.3.1　转基因玉米中外源基因向相关物种的漂移

与非转基因植物一样，转基因植物也可与近缘物种杂交，产生杂种。因此转基因作物的大规模释放，可能使转入的基因流向其他物种。如果基因漂移在转基因作物和生物多样性中心的近缘物种之间，则有可能降低生物多样性中心的遗传多样性，如果发生在转基因作物与有亲缘关系的杂草之间，则可能产生难以控制的杂草。

外源基因是通过花粉传播漂移的，其向其他品种的渗透是通过自然杂交完成的，因此能够造成花粉传播的所有因素均能引起转基因植物中外源基因的漂移。

玉米花粉传播的距离和频率受玉米的株高、花粉量以及气候因子（风向、降雨、湿度、温度等）的影响，试验地花期以西南风为主，所以东北方向漂移率大于其他方向。

玉米可以自花授粉，也可以异花授粉，玉米花粉的离体存活时间最大为 3 d，蜜蜂等多种昆虫可以传粉（王农孝等，1998），因此天然杂交率一般较高。由于花粉传播的距离比较远，所以转基因玉米的基因漂移问题十分严重。花粉受风力可以传播很远，同时昆虫传粉也常常发生，因此自然杂交率较高。因为转基因玉米和非转基因玉米品种的生育期、开花习性都非常相似，外源基因如果漂移到非转基因品种，将大大地影响非转基因玉米的纯度，特别是向玉米育种地扩散，而无意识地增大了转基因玉米品种的分布和带来不可预测的风险。这种漂移不仅能带来难以预测的环境问题，也会影响粮食进出口，引起一些有关法规、法律方面的纠纷。

在种植转基因玉米时，玉米内的外源基因向周围漂移的频率和距离是有效控制转基因玉米对环境条件造成危害的关键所在，只有明确了这两个问题才能有效地设置隔离带，减少甚至是杜绝基因漂移的发生，而有关这方面的报道还不多见。我们用转 *EPSPS* 基因抗除草剂玉米进行了研究，初步弄清了转基因玉米花粉漂移的频率和距离。转基因玉米在研究和生产过程中最主要的一点是防止外源基因的向外扩散，所以在田间释放时一定要注意安全隔离措施，设置隔离带是通常采用的方法，本实验证明转基因玉米花粉漂移的最大距离为 150~200 m，所以有效隔离距离最低为 200 m 以上，才能保证外源基因的扩散得到有效的控制。

4.3.2 转基因玉米对农田生物多样性的影响

转 *Bt* 基因玉米对田间节肢动物多样性，在物种生态优势度、天敌总量、瓢虫、小花蝽、蜘蛛和蓟马等捕食性天敌种群动态以及非靶标害虫玉米蚜的种群动态上，同其非转基因对照相比，没有显著的影响，说明转基因抗虫玉米对玉米田节肢动物多样性没有显著的影响。在某些指标上，转基因玉米及其非转基因对照玉米与当地对照玉米鲁玉 10 号有一定的差异。这需要今后作进一步深入的研究。

4.3.3 转基因玉米的生存竞争能力

应用转基因抗除草剂作物具有极大的经济和社会效益，但也存在一定的风险，其风险之一就是"杂草化"。由于在我国没有和玉米杂交的杂草或野生种，所以转基因玉米风险性主要是本身的"杂草化"，即转基因玉米基因逃逸生成杂草和自生苗对下茬作物危害。转基因玉米 GA21 及其亲本对照在栽培地、荒地和拓荒地条件下，其出苗率、长势、株型、生育期、株高等方面均无显著差异，在栽培地条件下二者产量差异不显著，与杂草的竞争力方面也无显著差异，后代种子发芽率也无明显差异，玉米种子在山东省济南市能够越冬，但明春出苗率较低，越冬性较差。试验过程中没有发现转基因玉米对试验区内及周围植物种类有影响作用。

4.3.4 转 *Bt* 基因玉米花粉对家蚕的影响

转 *Bt* 基因玉米对欧洲玉米螟 *Ostrinia nubilealis*（Hubner）等鳞翅目昆虫具有很好的杀虫效果，已在美国、巴西、墨西哥等 9 个世界主要玉米生产国商业化种植，2004 年播种面积超过 1000 万 hm²，美国孟山都公司、瑞士先正达公司以及我国研发的转 *Bt* 基因抗虫玉米已先后批准在我国进行中间试验、环境释放试验和生产性试验，转 *Bt* 基因玉米在我国的商业化的步伐越来越近了。

我国华北玉米种植区同时也是重要的家蚕养殖区，多年来一直采用玉米和桑树间作的

方式。室内用 Bt 水稻花粉饲喂家蚕试验表明，桑叶上 Bt 水稻花粉浓度平均为 109 粒/cm²
时，家蚕的生长发育受到明显影响（王忠华等，2001）。由于水稻花粉直径（25～30 μm）
较玉米花粉直径（73.4～92.6 μm）（樊龙江等，2003）小些，并且由于单位面积的玉米产
生的花粉总量是水稻的 2～3 倍（以每玉米雄穗 3000 万花粉粒、每水稻稻穗 22 万花粉粒；
3800 株玉米/666.7 m² 和 17 万水稻有效穗/666.7 m² 计算）（钱章强，1991；田大成，1991），
同时玉米植株比水稻高，玉米花粉在桑叶上的浓度应高于水稻花粉，所以这种影响作用可
能会更大。Bt 玉米花粉在桑叶上的浓度将是我们评价的重要依据。

　　玉米花粉的散粉情况与温度、降雨和风力等因素有关（胡炜，2003），所有影响散粉
的因素均能影响玉米花粉浓度的调查结果。风力等的作用会使桑叶上黏附的花粉不断地抖
落下来，使桑叶花粉浓度不断降低，同时造成不同方向上花粉浓度的明显差异。降雨可以
大幅度降低桑叶上花粉的浓度，取样时间对花粉浓度也具有一定的影响，上午取样的桑叶
花粉浓度低于下午取样的桑叶。在烟台试验田中风力一直在 3～4 级，由于风力大，所以
所测花粉浓度值要低些，而泰安试验田风力小，所以测到的花粉浓度值大。调查时期花粉
累计的浓度远远超过桑叶上花粉的实际浓度。

　　本研究证明，Bt 玉米 Bt176 花粉浓度在 15 粒/cm² 左右时，就可能对家蚕的生长发育
造成影响，这与国外的研究数据相一致（樊龙江等，2003）。国外的研究证明，Bt 玉米 Bt176
的花粉对美洲大斑蝶幼虫有明显的毒害作用（花粉中 Bt cry1Ab 毒蛋白的表达量为 1.1～
5.0 μg/g）（Hellmich，2001）。根据用提纯 Bt 蛋白所做的试验推算，大斑蝶幼虫食用 7～30
粒/cm²"Event176"玉米花粉的乳叶草（按每克花粉约为 15 万粒花粉计），其生长量（体
重）将会显著受到抑制（体重比对照轻 50%）（Hellmich，2001）。由于不同的转 *Bt* 基因玉
米品种所用的启动子和 *Bt* 基因种类不同（如目前使用的 cry1Ab、cry9C、cry1Ac 和 cry1FBt
基因），该临界浓度值会有所变化，如美国推广应用的 Bt11 和 MON810，其中 *Bt* 基因在植
株内特异性表达，花粉中 Bt 杀虫蛋白的表达量很低，它们的临界浓度较高（它们花粉中
cry1Ab 毒蛋白的表达量<0.09μg/g）（Hellmich，2001）。由于我国目前育成的 Bt 玉米品种
所用的启动子为非特异性的，所以估计其花粉中 Bt 毒蛋白表达量与玉米 Bt176 花粉不会
有太大的差异。根据本调查结果，10 m 处桑叶上的花粉浓度能达到 5～30 粒/cm²，即能影
响到家蚕的生长发育。所以适宜的隔离距离应在 20 m 以上。

　　我国的养蚕季节一般分为春蚕（6 月）、夏蚕（7 月）和秋蚕（8—10 月）3 个生产季
节，这些时期与玉米（春玉米、半春玉米、夏玉米）的开花期相吻合，又加上各农户播种
时间的差异，实行花期隔离是很难做到的。最有效的方法是应用特异性启动子，使 Bt 毒
蛋白在玉米花粉中低水平表达或者不表达，国外已有成功的例子。

　　由于不同的 *Bt* 基因中 Bt 毒蛋白的表达量不同和不同转化体中玉米花粉的 Bt 毒蛋白表
达水平差异，所以 Bt 玉米花粉对家蚕影响的临界浓度变化范围较大，亟须建立一条不同
含量的 Bt 毒蛋白对家蚕影响的标准曲线，从而可以比较准确地判断不同转化体的 Bt 玉米
花粉对家蚕影响的临界浓度，合理设置隔离距离，更好地推动转基因玉米的产业化生产，
最大限度降低 Bt 玉米花粉对家蚕的影响。

（路兴波）

参考文献

[1]　樊龙江，吴月友，庞洪泉，等. 转基因 *Bt* 水稻花粉在桑叶上的自然飘落浓度[J]. 生态学报，2003，23（4）：826-833.

[2]　胡炜. 玉米制种田父本花粉量及活力的研究[J]. 种子科技，2003，1：33-34.

[3]　钱章强，樊贵义. 杂交玉米制种技术[M]. 合肥：安徽科技出版社，1991：25.

[4]　田大成. 水稻异交栽培学[M]. 重庆：四川科技出版社，1991：51.

[5]　王农孝. 山东玉米[M]. 北京：中国农业出版社，1998.

[6]　王忠华，倪新强，徐孟奎，等. Bt "克螟稻" 花粉对家蚕生长发育的影响[J]. 遗传，2001，23（5）：463-466.

[7]　Bergelson J，Purrington CB，Wichmann G. Promiscuity in transgenic plants[J]. Nature，1998，395：25.

[8]　Crawley MJ，Brown SL，Hails RS，et al. Biotechnology- Transgenic crops in natural habitats[J]. Nature，2001，409：682-683.

[9]　Ellstrand NC. When transgenes wander，should we worry？[J]. Plant Physiology，2001，125：1543-1545.

[10]　Hellmich RL，Siegfried BD，Sears MK，et al. Monarch larvae sensitivity to *Bacillus thuringiens* is purified proteins and pollen[J]. Proceedings of the National Academy of Sciences，2001，98（21）：11925-11930.

[11]　Prakash CS. The genetically modified crop debate in the context of agricultural evolution[J]. Plant Physiology，2001，126：8-5.

[12]　Schiermeier P. German transgenic crop trails face attack[J]. Nature，1998，394：819.

第5章 转 *Bt* 基因棉对棉蚜取食行为和
生长发育的影响

棉花 (*Gossypium hirsutum* L.) 是世界上最重要的经济作物之一，棉铃虫 *H. armigera* 会对棉花产量造成极大的损失。表达苏云金芽孢杆菌 *B. thuringiensis* 杀虫毒蛋白的转 Bt 基因棉被研究开发出来 (Schnepf and Whiteley，1981；Schnepf *et al.*，1998) 控制棉铃虫的为害。自 1996 年以来，转 *Bt* 基因棉商业化并迅速在世界范围内大面积种植，在中国，转 *Bt* 基因棉种植面积超过 100 万 hm^2 (Wang *et al.*，1997；Wu and Guo，2000)，以棉铃虫为代表的鳞翅目害虫得到有效的控制 (Wilson *et al.*，1992；Cui and Xia，2000)。但是，随着转 *Bt* 基因棉的大面积种植，其生态安全性问题成为公众关注的焦点，其中就包括基因逃逸 (Messeguer，2003) 和非靶标效应 (Andow and Hilbeck，2004)。一些关于转 *Bt* 基因棉对非靶生物的影响成为研究热点，如土壤微生物 (Liu *et al.*，2005b)、蚕 (Baines *et al.*，1997；Li *et al.*，2005)、蜜蜂 (Malone *et al.*，2001；Malone *et al.*，1999；Malone and Pham-Delegue，2001；Liu *et al.*，2005a)、蚯蚓 (Zwahlen *et al.*，2003) 和刺吸式口器昆虫 (蚜虫、粉虱、叶蝉等) (Wu and Guo，2003；邓曙东等，2003；Jasinski *et al.*，2003；Sisterson *et al.*，2004；Liu *et al.*，2005c；Chen *et al.*，2006)。

在基因工程作物大面积种植之后，刺吸式昆虫作为一种次生害虫，在转 Bt 基因作物农田中的数量有所上升，成为目前为害基因工程作物的最主要害虫之一。次生害虫在转基因作物上取食行为的变化以及种群动态是转基因生物安全性评价中非靶标效应评价的一个重要方面，也是现代农业生产中农田综合防治和害虫综合管理的重要基础。

我国转基因作物以转 *Bt* 基因棉的种植范围最为广泛，刺吸式口器昆虫也是棉田常见害虫，如棉蚜 (*Aphis gossypii*)、红蜘蛛 (*Tetranychus cinnabarinus*)、棉蓟马 (*Thrips tabaci*)、棉盲蝽 (*Lygus lucorum*)、棉叶蝉 (*Empoasca biguttula*)、白粉虱 (*Trialeurodes vaporariorum*)、棉粉虱 (*Bemisia tabaci*) 等。近年来大田调查的结果表明，转 *Bt* 基因棉田中刺吸式昆虫的数量高于或者显著高于常规棉田 (表 5-1)。刺吸式昆虫已经成为转 *Bt* 基因棉田的主要害虫，对棉花生产产生重要影响。

从理论上分析，产生这种现象的可能原因来自于转基因作物和刺吸式害虫两个方面。基因工程作物方面的可能原因是：①刺吸式昆虫不是 Bt 蛋白的作用目标，转 *Bt* 基因棉对此类昆虫没有作用，大田环境更有利于此类昆虫的繁殖；②由于转 *Bt* 基因棉很好地控制了以棉铃虫为代表的多种鳞翅目害虫，使得大田的植食者生态位出现空缺，有利于刺吸式昆虫种群的发育；③由于转 *Bt* 基因棉的种植使得控制棉田害虫的广谱杀虫剂用量减少，对刺吸式昆虫的控制力量减弱；④外源基因的导入使转 *Bt* 基因棉植株的生理生化特征产生一定程度的变化，其中有些变化，如转 *Bt* 基因棉总酚和单宁含量减少，有利于刺吸式害虫的取食和繁殖。对于刺吸式害虫本身来说，可能的原因有：①特殊的取食方式使其不受转基因作物中杀虫蛋白的影响；②刺吸式昆虫的寄主适应性和专化型特点帮助害虫更快地适应基因工程作物；③基因工程作物-害虫的协同进化导致刺吸式害虫与基因工程作物之间的关系有别于常规作物-害虫；④害虫体内生化代谢发生变化。

表 5-1　10 年（1997—2006 年）间转 *Bt* 基因棉田刺吸式昆虫种群消长调查一览

调查时间	调查地点	转 *Bt* 基因棉品系	简要结果	文献
1995—1996	河南安阳	R93-4	单作，棉苗蚜、棉伏蚜和叶蝉增加，红蜘蛛、棉蓟马和白粉虱减少；麦套，棉苗蚜和棉蓟马减少，棉伏蚜、红蜘蛛、白粉虱和棉叶蝉增加	崔金杰和夏敬源，1997
1997	河南安阳	中棉所 30（R93-6）	麦套夏播，棉蚜、红蜘蛛、棉蓟马、白粉虱、棉盲蝽、棉叶蝉增加	崔金杰和夏敬源，1998
1997	河南安阳	R93-4	麦套夏播、麦套春播和单作，棉叶螨、棉蚜和棉蓟马增加	崔金杰等，1999
1997	河南新乡	R93-6	棉蚜无变化，棉红蜘蛛增加	王武刚等，1999
约为 1997	河北石家庄	新棉 33B	烟蓟马、盲蝽、蚜虫增加	王元仲等，1999
	山东滨州	33B	棉蚜无变化	李景文等，2000
	新疆	抗 9	棉蚜无变化	宁新柱等，2001
1997—1999	山东		棉蚜、棉叶螨增加	王留明等，2001
1997—2000	河北廊坊	33B，GK-12，GK-2，GK-5 中棉 16	烟粉虱无明显变化	吴孔明等，2001
1998	河北南皮		蚜虫、蓟马减少，害螨、粉虱、叶蝉增加	刘万学等，2002
2000—2001	新疆	MD-80	棉蚜、棉盲蝽增加	孙长贵等，2002
2000—2001	湖北	GK-19	棉蚜、烟粉虱增加，棉蓟马无明显变化	邓曙东等，2003
2002	北京	GK321	增加	孙长贵等，2003a
1998—2000	山东	33B	棉蚜、棉叶螨、烟蓟马、烟粉虱增加	王凤延等，2003
2000—2001	湖北	GK-19	烟粉虱增加	徐静等，2003
2000—2001	江苏沿海	中棉 29	变化不显著	徐文华等，2003
2001—2002	山西盐湖	33B	棉叶螨、棉蓟马、棉盲蝽和烟粉虱发生数量高	秦引雪，2006
2002—2003	江苏	GK-22	烟粉虱增加	周福才等，2005
2002	新疆莎车县	GK-19	烟蓟马数量无显著差异	李号宾等，2007a
2002	新疆莎车县	GK-19	棉盲蝽数量无显著差异	李号宾等，2007b
2002	长江中下游	GK-22、苏抗 103	棉蚜、棉叶螨和棉盲蝽等均无显著差异	张龙娃等，2005
2003	安徽萧县	33B	叶螨发生量高	方诗龙等，2004
2003	山东德州	33B	棉盲蝽数量出现阶段性增多	张明辉等，2006
2004	江苏扬州	科棉 1 号、科棉 4 号	绿盲蝽、叶蝉数量无显著差异	韩波等，2005
2004	新疆莎车县	GK-19	棉蓟马、蚜虫显著增加，棉叶螨数量明显下降	徐遥等，2004
2005—2006	江苏沿海	鲁棉研 23	棉盲蝽增加，但未达显著	徐文华等，2007
2004	江苏沿海	GK-22	烟粉虱虫口密度略高	周福才等，2006
2006	江苏	GK-12、中棉所 32	棉蚜种群增加	李进步等，2007

资料来源：薛达元主编《转基因生物安全与管理》，科学出版社，2009。

转 *Bt* 基因棉对于刺吸式口器昆虫的取食行为和生长发育是否存在影响，若存在影响，影响的方式和基本机制如何，都是之前的研究很少涉及的。本章以棉蚜作为刺吸式口器害虫的代表，对转 *Bt* 基因棉对棉蚜的影响及其初步机制进行了探讨。

5.1 转 *Bt* 基因棉对棉蚜生长发育的影响

棉蚜（*Aphis gossypii* Glover）作为一种刺吸式昆虫，是转 *Bt* 基因棉的非靶标昆虫，也是转 *Bt* 基因棉生态风险评价中一种代表性昆虫。很多研究对不同转基因棉田中刺吸式昆虫种群进行了调查，但得到的结果差异很大，有的甚至相互矛盾。有文献报道转 *Bt* 基因棉的种植引发刺吸式昆虫（如烟粉虱和棉蚜）大爆发（Cui and Xia，2000；Reed *et al.*，2001；邓曙东等，2003），而另外一些研究则发现这些昆虫种群在转 Bt 基因棉田和常规棉田中相似（Wan *et al.*，2003；Wang *et al.*，1999；Wu and Guo，2003）。刺吸式昆虫这些表现得异常是否是由于 *Bt* 基因插入棉花基因组而导致的？如果是，那么这些非预期效应又是如何起作用的？实验室可控条件下的实验应该会为回答这些问题提供一些有用的信息。

5.1.1 材料和方法

5.1.1.1 植物材料

实验所选两个棉花品系分别为 GK12 和陆地棉（*Gossypium hirsutum*）泗棉 3 号，其中 GK12 是以泗棉 3 号作为亲本的，由中国农业科学院生物技术中心研发的，表达 Bt 蛋白 Cry1Ac 的转基因棉品系。这两个品系的棉花种子由中国农业科学院植物保护研究所提供。经处理的棉籽种在塑料花盆（直径 10cm，高 10cm）中，放入光照培养箱培养，培养条件设定为光照黑暗比 16∶8，相对湿度 75%，光照时温度为 25℃，照度 2700 lx，黑暗温度为 20℃。待棉株有四片全展真叶时用于实验。

实验结束后，采用酶联免疫吸附测定方法（enzyme-linked immunosorbant assay，ELISA）（Steven and Berberich，1996）验证实验用植株当中是否有 Bt 蛋白的表达。

5.1.1.2 蚜虫

实验用棉蚜 *Aphis gossypii* Glover 采自棉田，在光照培养箱内置罩笼中的棉株上喂养。在两种棉株上保持超过 20 代后，该孤雌蚜品系的无翅成蚜即用于实验，在泗棉 3 号上繁殖的品系称为 CK 蚜虫。

5.1.1.3 生长发育测定

实验测定在四片真叶的棉株上进行。实验前，将植物从塑料花盆中移出，去除根部土壤，然后将植物放入透明的塑料罩笼中（圆柱形，直径 10cm，高 15cm），根从塑料罩笼底部直径 2cm 的孔洞中穿出。孔洞和根间的空隙由干净的滤纸填充，然后将棉株重新种回塑料花盆中。经过两天的适应后棉株用于测定实验。

每株实验棉株上放置 5 只无翅成蚜；24 h 后移去棉株上的成蚜，只保留新生幼蚜（记为 F_0）；48 h 后，每株棉花上只保留一只幼蚜，其余的幼蚜均移去；保留下来的蚜虫作为试虫，每 24 h 记录其生长和繁殖的情况，记录后将新生蚜虫（F_1）弃去；实验记录直至受试蚜虫死去为止。根据记录情况，计算蚜虫在两种棉株上的个体寿命（L）、平均世代长度（G）、内禀增长率（r_m）和净繁殖率（R_0）（Krebs，1985）。计算方法是

$$r_m = \ln R_0 / T$$

式中，r_m 为内禀增长率；R_0 为净生殖率；T 为世代历期。

由于该生命表记录的是一只棉蚜的生长发育情况和生殖情况，所以在此处 R_0 就是 F_1 数量。T 的计算公式如下：

$$T = \sum x l_x m_x$$

式中，x 为天数；l_x 该阶段 F_0 个数，由于记录起始为一只蚜虫，所以 l_x 固定为 1；m_x 为特定年龄生育力，在本实验中即为每次记录的 F_1 数。

5.1.1.4 统计分析

蚜虫在两种棉花品系上生长发育测定的对比方法使用 t 检验，0 假设为棉蚜在两种棉花品系上的生长发育指标不存在显著差异，$p < 0.05$ 则拒绝 0 假设，认为具有显著差异，$p < 0.01$ 认为差异达到极显著。

5.1.2 结果和讨论

表 5-2 是棉蚜在两种棉株上的特定年龄生命表。从中可以看到，棉蚜在转 *Bt* 基因棉上繁殖前期的长度明显长于在常规棉上，其他各参数均不存在显著差异。这说明转 *Bt* 基因棉对于棉蚜种群动态的影响不明显，但是可以在一定程度上减缓棉蚜的发育速度，推迟性成熟，转 *Bt* 基因棉相对于常规棉来说显示出减缓发育速度和降低内禀增长率的趋势。

表 5-2 棉蚜在转 *Bt* 基因棉及其常规棉亲本上的特定年龄生命表

棉花品系	GK12	泗棉 3 号	p 值
重复数	8	5	—
繁殖前期/d	6.4±0.3	5.2±0.4	0.043
繁殖期/d	22.6±2.8	23.0±1.2	0.453
繁殖后期/d	11.5±2.3	12.4±2.5	0.402
成虫期持续时间/d	34.1±3.0	35.4±2.8	0.388
个体寿命/d	40.5±3.1	40.8±2.8	0.474
净生殖率（每头蚜虫后代数量）	62.0±6.3	60.8±5.5	0.449
每头蚜虫日均后代数	1.59±0.21	1.51±0.16	0.407
世代历期	15.6±1.4	14.4±1.0	0.287
内禀增长率	0.28±0.02	0.29±0.02	0.361

棉蚜生长的生物测定表明，转 *Bt* 基因棉可以在一定程度上影响 CK 蚜虫的生长发育，但是这种影响并不会对整个棉蚜种群的发育起作用。表示种群动态的所有重要参数，如内禀增长率、净生殖率和平均世代历期等都是基本一致的，只有棉蚜在转 *Bt* 基因棉上的生

殖前期长度明显长于在常规棉上。这说明转 *Bt* 基因棉可以推迟棉蚜的生殖期，但是由于繁殖量的巨大，所以这种差异在种群动态层次没有明显的表现。

CK 蚜虫在两种棉株上生长发育的差异说明转 *Bt* 基因棉在某些层次同常规棉有不同，但是这些差异的机制还不是很清楚。转 *Bt* 基因棉对于棉蚜可能存在非靶标效应，但是这种非靶标效应的作用并不明显，可能是通过影响棉蚜从棉株上获取的营养的改变而实现的。*Bt* 基因的转入是通过土壤农杆菌的 T 质粒，插入棉花基因组是随机的，这样的遗传操作可能导致植物产生一些表型上的非预期改变。外源基因的插入可以在多个方面引起植物特征的改变，如随着蛋白的表达，次生代谢物的生物合成有所改变（Aharoni *et al.*，2003；Yan *et al.*，2004）。以韧皮部作为主要取食部位的蚜虫，从韧皮部汁液中获取几乎全部的营养，从这一点上推测，转 *Bt* 基因棉韧皮部汁液的营养水平可能变低。

5.2 转 *Bt* 基因棉对棉蚜取食的影响

刺吸电位（electrical penetration graph，EPG）技术是研究刺吸式口器昆虫在寄主植物上取食行为的有效手段，这项技术由 McLean 和 Kinsey（1964）发明，Tjallingii（1978）将其改造为带有 $10^9\Omega$ 输入阻抗的直流系统。结合其他实验技术和手段，如电子显微镜观察、同位素示踪和高频口针截断等，EPG 波型可以和昆虫口针在特定植物层次的刺探行为联系起来（Tjallingii，1988），因此应用 EPG 技术可以帮助我们认识植物与刺吸式昆虫之间相互作用的机制（Ellsbury *et al.*，1994；Walker and Backus，2000），例如在非持续性病毒和其他病原体传播中昆虫的作用（Martin *et al.*，1997；Jiang *et al.*，2000；Johnson *et al.*，2002；Backus *et al.*，2005）和在植物组织中定位昆虫取食的刺激剂和拒斥剂（Garzo *et al.*，2002）。

EPG 技术电路原理如图 5-1 所示。昆虫通过导电银胶与直径 10～20μm 的金丝相连，进而接入电路中，这样，昆虫、植物、土壤以及电子元件就构成一个完整的回路。只有在昆虫的口针刺破植物表面，进入植物组织中时，该回路才被接通，口针到达不同组织层次会产生不同的电势，而昆虫的其他形式与植物的接触，由于过高阻抗的存在，并不会产生明显的 EPG 信号（Tjallingii，1995）。

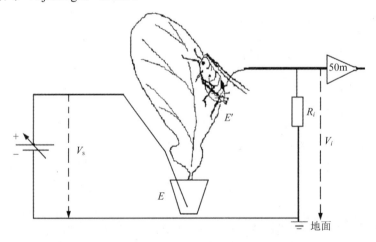

图 5-1 刺吸电位技术原理图（Tjallingii，1995）

在整个回路中，总电势包括以下三个部分：电源电动势 V_s，土壤与植物间的电势差 E，昆虫与植物间的电势差 E'。其中，电源电动势 V_s 是确定并且可调的，土壤与植物之间的电位差 E 对于每一组实验是固定的，而昆虫与植物之间的电位差 E' 则是不确定的，在口针刺探到植物不同的组织时，E' 会有不同的值。在试验测量出的电位 V_i 的变化则是由于植物内部的组织导电性的不均一引起的，即昆虫与植物的电阻 R_a 的变化引起了记录值 V_i 的变化，二者关系如下式：

$$V_i = R_i \times (V_s + E + E') / (R_i + R_a)$$

由于 V_s 是可调的，所以可以通过改变 V_s 而达到改变 V_i 的大小甚至极性的目的（雷宏和徐汝梅，1996）。

EPG 技术之所以可以作为研究刺吸式昆虫取食的重要实验方法，是因为 EPG 的波谱与昆虫的刺探行为、唾液分泌、取食等生理过程相对应，可以通过对 EPG 波谱的分析认识昆虫的取食，分析危害原因等。将处于特定取食阶段昆虫的口针切断，然后将带有口针部分的组织经过处理制成电镜切片，观察口针位置和唾液鞘的形态，再联系该时间的记录波形，就可以建立一套与昆虫刺探和取食行为一一对应的波谱系统（Tjallingii，1988；1995）。经过多年的试验和讨论（Kimmins，1986；Kimmins and Tjallingii，1985；Spiller *et al.*，1990；Prado and Tjallingii，1994；Tjallingii and Hogen，1993；Tjallingii，1985），各种 EPG 波谱的生物学意义已经形成并不断完善。

A 波在各个波形中最早出现，频率在 5～15 Hz，振幅大，持续时间不超过 10 s。对口针刺探人工膜的光镜观察表明，该波形与蚜虫在膜外表面的唾液分泌相伴发生。

B 波紧随 A 波出现，特点是电位高、速度慢，一个周期持续约 5 s，在峰峰之间常有频率约 5 Hz 的小振幅波存在。通过对昆虫取食行为的显微观察表明 B 波的波峰与凝胶唾液的分泌相吻合，波峰间的高频波则与凝胶唾液鞘形成后的机械刺探相关，所以 B 波代表了一种分泌与刺探的过程。

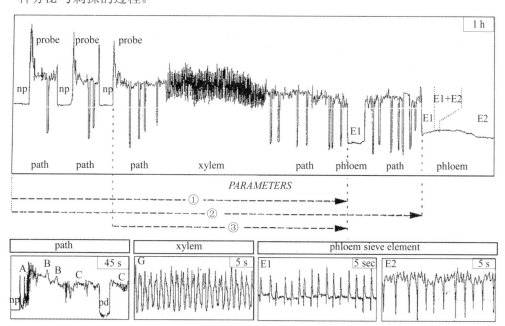

图 5-2　EPG 的典型波形（Tjallingii，1995）

C 波最为复杂多变，主要特征就是各个波的振幅和频率具有很大差异，既可能单独出现，也可能是几个单位的重复。识别 C 波的最好特征就是电势落差（potential drops，pd），即信号电位在低水平持续约 5 s，而且该过程电位的下降和上升都是非常迅速的。现在认为，pd 波是与口针短暂刺入植物细胞相关的（Tjallingii，1985），透射电镜观察发现，几乎所有的刺探路径旁边的细胞都有被刺探的迹象（Tjallingii and Hogen，1993），但是刺探位点均由凝胶唾液封闭，被刺探细胞在外观上看仍具有生活力。同时，从电镜照片中还可以看到，口针的刺探路径始终是在次生细胞壁中。整个 C 波的生物学意义就是代表了昆虫口针在植物叶表皮与维管束间的组织细胞间穿行的过程。

A、B、C 波在通常的情况下可以被视为一体的，称为路径波（pathway phase waveforms）。另外一种波——F 波，也可以被看做是路径波，其最显著的特征就是高达 11～19 Hz 的频率。组织学观察结果表明处于 F 波的口针的尖端距离韧皮部很近，但口针切割发现处于 F 波时被切断的口针没有汁液流出，因此 F 波反映的胞外运动是一种不正常的行为，可能代表了刺探困难（Tjallingii，1987）。

表 5-3　EPG 波谱简表

阶段	波形	口针尖端所处植物部位	蚜虫行为
刺探路径阶段	A	表皮	试探性刺探
	B	表皮或者叶肉组织	分泌凝胶型唾液鞘
	C	可处于所有组织	口针刺探
	Pd	生活细胞	细胞内刺探
	F	所有组织	口针的机械运动
韧皮部阶段	E1	韧皮部筛分子	分泌唾液
	E2	韧皮部筛分子	被动吸食
木质部阶段	G	木质部	主动吸食

E 波是韧皮部取食行为所对应的波形，E 波以类似于电势降落的形式作为开始，其电势在细胞内水平持续较长时间，一般几分钟到数小时不等，频率稳定在 2～3 Hz。E 波包括两个部分，即 E_1 波和 E_2 波。E_1 波反映了口针在韧皮部筛分子内部分泌唾液的行为（Prado and Tjallingii，1994），而 E_2 波则对应于被动吸食韧皮部汁液的行为。这一阶段的波对于研究植物病毒侵染有重要的意义。E_2 波实际上包含了两个亚波：频率 4～9 Hz 的峰和较小的低频波。将处于 E_2 阶段昆虫的口针截断，在口针的截断处有韧皮部汁液溢出（Kimmins and Tjallingii，1985），同时透射电镜观察显示口针的尖端处于韧皮部筛分子内部（Tjallingii and Hogen，1993）。并且，只有在 E_2 波发生的时候蚜虫才分泌蜜露（Tjallingii，1995）。

G 波是唯一描述木质部吸食的波形（Tjallingii，1990），其频率稳定在 4～6 Hz。与韧皮部取食不同的是，木质部的吸食是一个主动的过程，木质部是负压环境。木质部的吸食不是很常见，它是昆虫水分短缺的一种结果（Spiller *et al.*，1990），而且蚜虫在木质部吸食的同时不会产生蜜露（Tjallingii，1995）。

在对 EPG 的分析中，指标通常分成两类，即连续性指标和非连续性指标，简单地说，连续性指标就是指某波形持续时间的总数或者平均值，而非连续性指标是指某行为事件的发生总数或者平均数。选择不同的指标，结合试虫实际的取食情况，我们就可以定量地研究刺吸式昆虫的取食行为。

本实验使用直流刺吸电位技术记录棉蚜在转 *Bt* 基因棉上的刺探行为，通过比较分析，希望可以证明该技术对于以刺吸式昆虫为实验材料的转基因生物安全性评价体系的有效性，并为转 *Bt* 基因棉对于非靶标的刺吸式昆虫的影响提供实验证据。

5.2.1　材料和方法

5.2.1.1　植物材料

实验所选两个棉花品系分别为 GK12 和陆地棉（*Gossypium hirsutum*）泗棉 3 号，其中 GK12 是以泗棉 3 号作为亲本的，由中国农业科学院生物技术中心研发的，表达 Bt 蛋白 Cry1Ac 的转基因棉品系。这两个品系的棉花种子由中国农业科学院植物保护研究所提供。经处理的棉籽种在塑料花盆（直径 10cm，高 10cm）中，放入光照培养箱培养，培养条件设定为光照黑暗比 16∶8，相对湿度 75%，光照时温度为 25℃，照度 2700 lx，黑暗温度为 20℃。待棉株有四片全展真叶时用于实验。

实验结束后，采用酶联免疫吸附测定方法（enzyme-linked immunosorbant assay，ELISA）（Steven and Berberich，1996）验证实验用植株当中是否有 Bt 蛋白的表达。

5.2.1.2　蚜虫

实验用棉蚜 *Aphis gossypii* Glover 采自棉田，在光照培养箱内置罩笼中的棉株上喂养。在两种棉株上保持超过 20 代后，该孤雌蚜品系的无翅成蚜即用于实验，在泗棉 3 号上繁殖的品系称为 CK 蚜虫，在 GK12 上繁殖的品系称为 Bt 蚜虫。

5.2.1.3　EPG 记录

使用 Giga-4 直流放大器（荷兰 Wageningen 大学）记录棉蚜的刺探行为。实验时用水溶性导电胶将实验棉蚜的背板和金丝相连（直径 20μm）进而接入记录系统。四只试虫都被安放在棉株第三片全展真叶的叶背。实验记录之前，使试虫饥饿 1 h。整个 EPG 记录系统置于法拉第屏蔽箱中以减小噪声。每次使用两株转 *Bt* 基因棉和两株常规棉，随机安排通道，试虫和植物只使用一次。实验条件为室温，光照强度 600 lx，记录持续 6 h。输出信号使用 WinDaq Lite 采集软件（Dataq instruments，Inc.），通过模拟-数字转化卡（DI-720，Dataq instruments，Inc.）记录在电脑硬盘上。

EPG 实验包括四个组合，即 CK 蚜虫-Bt 棉、CK 蚜虫-常规棉、Bt 蚜虫-Bt 棉和 Bt 蚜虫-常规棉。

5.2.1.4　EPG 数据分析

EPG 波形的处理使用 WinDaq Waveform Browser 软件（Dataq instruments，Inc.），依据 Tjallingii（1990）对 EPG 波形进行识别。按照波形发生的情况，EPG 记录的蚜虫行为分为三个阶段：第一阶段从记录开始到第一次韧皮部波形发生，第二阶段从第一次韧皮部波形发生到第一次韧皮部持续取食（持续取食指持续时间超过 10 min 的取食），第三阶段从第一次持续取食到记录结束。EPG 波形代表了蚜虫口针在刺探过程中在植物特定组织层次的活动情况，可以分为两个大类，即路径波（A 波、B 波和 C 波，在本实验中不加区分，均记作 C 波）和韧皮部取食波（E_1 波代表分泌唾液，E_2 波表示吸食韧皮部汁液）（Tjallingii，1988；1990）。在此基础上，我们选择特定的 EPG 指标来进一步说明这些波形发生的生物学意义。

5.2.1.5　统计分析

根据蚜虫品系的不同，EPG 数据可以分为两组，即 CK 蚜虫组和 Bt 蚜虫组。组内数据的统计分析使用 t 检验，百分数的比较使用 χ^2 检验，显著性差异水平为 0.05。同样，根据棉花品系的不同，实验数据也可以分为常规棉组和转 Bt 基因棉组。

5.2.2　结果

5.2.2.1　EPG 记录结果分析

EPG 实验的四个组合得到的有效记录数量分别是，CK 蚜虫-转 Bt 基因棉 31 个、CK 蚜虫-常规棉 28 个、Bt 蚜虫-转 Bt 基因棉 27 个、Bt 蚜虫-常规棉 24 个。

在选定的 47 个代表蚜虫在转 Bt 基因棉和常规棉上取食行为的 EPG 指标中，CK 蚜虫有 8 个指标的差异达到显著，10 个指标接近显著差异（$0.05 < p < 0.10$），而 Bt 蚜虫的所有指标都不存在显著性差异。所以实验的结果分析集中于 CK 蚜虫组。

5.2.2.1.1　EPG 通用指标

14 个非持续性的通用指标概括了蚜虫在两个棉花品系上的一般性的行为表现（表 5-4）。对于 CK 蚜虫来说，在转 Bt 基因棉上的取食记录中，路径波（C 波）的总持续时间和百分比明显大于在常规棉上的情况，而被动吸食波（E_2 波）的总持续时间和百分比的趋势和路径波相反，接近显著差异。CK 蚜虫的韧皮部唾液分泌（E_1 波）持续时间在两种棉株上没有显著差异。对于偶尔发生的木质部波形 G（Spiller *et al.*，1990），无论是发生木质部波形的蚜虫比例，还是 G 波的持续时间和百分比，两个品系的蚜虫在两种棉株上都没有发现显著差异。在比较刺探次数、非刺探次数和电势降落（pd）次数时，我们发现 CK 蚜虫在转 Bt 基因棉上的"电势降落的总次数"显著多于在对照上的次数，这表明 CK 蚜虫更多次的刺入转 Bt 基因棉组织细胞并品尝细胞质。然而，Bt 蚜虫的这些指标都没有显著差异。

5.2.2.1.2　EPG 第一阶段

我们使用 11 个连续和非连续的指标来考察棉蚜从记录开始到第一个韧皮部波形出现的行为表现（表 5-5），主要反映了棉蚜在植物表皮和叶肉层次搜寻刺吸位点的行为。在这个阶段，CK 蚜虫在两个品系上有四个指标具有显著性差异。CK 蚜虫在转 Bt 基因棉上的第一次 C 波的长度明显长于常规棉上，这个指标反映了棉蚜在第一次刺探进入植物的行为表现，这个结果说明 CK 蚜虫口针更容易在转 Bt 基因棉的表皮和叶肉当中运动。第一阶段的刺探占总刺探数的比例这一指标代表蚜虫在第一阶段的付出占总记录的比重，结果显示 CK 蚜虫在常规棉上的这一指标明显大于转 Bt 基因棉上，说明常规棉的叶表面作为第一层

表 5-4　蚜虫在两种棉株上 EPG 记录中通用指标的比较

通用指标	相关的植物组织层次	CK 蚜虫-常规棉 (n=31)	CK 蚜虫-Bt 棉 (n=28)	p 值	Bt 蚜虫-常规棉 (n=27)	Bt 蚜虫-Bt 棉 (n=24)	p 值
刺探总次数	表皮、叶肉和实质	21.65±1.73	24.25±1.75	0.148	27.59±2.58	27.13±2.73	0.451
电势降落总次数	细胞内	150.74±11.41	186.82±12.60	0.019	161.78±10.49	180.42±16.34	0.171
E_1 波的总持续时间/s	韧皮部	1174.99±128.03	1457.42±388.05	0.247	1174.26±204.63	1248.31±188.22	0.396
E_1 波的百分比/%	韧皮部	5.44±0.59	6.75±1.80	0.247	5.44±0.95	5.78±0.87	0.396
E_2 波的总持续时间/s	韧皮部	8359.19±900.38	6626.16±795.62	0.079	5929.55±758.05	5642.48±1013.01	0.410
E_2 波的百分比/%	韧皮部	38.70±4.17	30.68±3.68	0.079	27.45±3.51	26.12±4.69	0.410
非刺探的总持续时间/s	表面	3266.29±362.76	3452.46±369.21	0.360	4310.37±568.32	3858.87±616.80	0.296
非刺探的百分比/%	表面	15.12±1.68	15.98±1.71	0.360	19.96±2.63	17.87±2.86	0.296
非刺探的总次数	表面	17.23±1.49	19.68±1.48	0.125	23.19±2.50	22.04±2.46	0.373
刺探的总持续时间/s	表面、表皮和叶肉	8389.33±604.26	9530.56±583.12	0.091	9313.30±552.41	9497.52±826.62	0.427
刺探的百分比/%	表面、表皮和叶肉	38.84±2.80	44.12±2.70	0.091	43.12±2.56	43.97±3.83	0.427
G 波的总持续时间/s†	木质部	2543.28±997.65	2133.56±404.87	0.339	2141.64±459.68	3971.04±1590.90	0.151
G 波的百分比/%†	木质部	11.77±4.62	9.88±1.87	0.339	9.92±2.13	18.38±7.37	0.151
发生木质部吸食的蚜虫比率/%	木质部	16.13	25.00	0.398	40.74	33.33	0.585

注：† 该指标的重复数分别为 5、7、11 和 8。

防御机制，对 CK 蚜虫有更好的防御效果。CK 蚜虫在常规棉上第一阶段的非刺探时间百分比明显长于在转 *Bt* 基因棉上，同时在常规棉上第一阶段刺探时间百分比接近显著差异，这两种状态在第一阶段的分布情况说明 CK 蚜虫在常规棉表面上花费更多的时间寻找刺吸位点。CK 蚜虫在常规棉上第一阶段电势降落次数占总次数的百分比明显大于在转 *Bt* 基因棉上，但是这个阶段的电势降落数却是基本相等的，这表明这个显著差异是来源于计算，对于行为分析来说意义不大。这个阶段 CK 蚜虫的其他指标在统计上都是相似的。这个阶段中 Bt 蚜虫在两种棉株上的行为表现基本一致，只是第一次刺探即达到韧皮部的蚜虫比例这一指标存在显著差异，转 *Bt* 基因棉上的第一阶段电势降落数接近显著差异。

5.2.2.1.3　EPG 第二阶段

第二阶段是指第一次 E 波发生到第一次韧皮部持续取食（E 波持续时间超过 10 min）（表 5-6）。在这个阶段，所有的 E 波都短于 10 min，所以在这个阶段不对 E_1 波和 E_2 波进行区分。这个阶段中，无论是 CK 蚜虫还是 Bt 蚜虫，在两种棉株上的行为指标都不存在显著性差异。其中，对于 CK 蚜虫来说，在转 *Bt* 基因棉上第一次持续取食之前的刺探持续时间略短于在常规棉上，转 *Bt* 基因棉上第二阶段 E 波百分比高于常规棉上，差异接近显著。转 *Bt* 基因棉上 Bt 蚜虫的 E 波百分比高于常规棉上，差异同样接近显著。在此阶段，两个蚜虫品系在两种棉株上表现近似，这说明从发现韧皮部到持续取食这个过程当中，棉蚜在棉株上的表现是一致的。

5.2.2.1.4　EPG 第三阶段

本阶段反映了蚜虫在韧皮部阶段的行为表现（表 5-7）。对于 CK 蚜虫来说，在两种棉株上的第三阶段的持续时间相似，而在转 *Bt* 基因棉上第三阶段的 E_2 波百分比极显著的小于在常规棉上，本阶段刺探次数则明显多于在常规棉上，发生持续吸食的次数基本相等。这些结果说明 CK 蚜虫吸食更多的常规棉韧皮部汁液，而在转 *Bt* 基因棉上则更频繁地变换吸食位点。同时，在转 *Bt* 基因棉上的刺探百分比、非刺探百分比和总 E 波百分比都高于常规棉上的指标，且差异接近显著。这些数据为上面说明的行为提供了进一步的证明。CK 蚜虫的第三阶段的电势降落数量存在显著差异，这说明 CK 蚜虫在转 *Bt* 基因棉上更多次地在组织细胞当中吸食并品尝细胞质。Bt 蚜虫在此阶段的各项指标没有显著差异。

此外，不同蚜虫品系在同样棉株上的行为比较不存在显著差异（比较结果在表中没有标识出来）。

5.2.3　讨论

5.2.3.1　EPG 记录的生物学意义

蚜虫的刺探取食行为可以通过上述 EPG 指标反映出来的生物信息，加上已经详细报道过的关于 EPG 波形和蚜虫在不同植物组织中口针刺探行为的相互关系（Tjalingii, 1988; Ellsbury *et al.*, 1994; Walker and Backus, 2000）推断出来。更重要的是，因为蚜虫取食行为和植物因素的复杂性，整合足够的 EPG 指标可以得到某些重要结论，所以足够多的严格设计的 EPG 指标是得到足够生物学信息的前提。

表 5-5　蚜虫在两种棉株上 EPG 记录中第一阶段指标的比较

第一阶段	相关的植物组织层次	CK 蚜虫-常规棉 (n=31)	CK 蚜虫-Bt 棉 (n=28)	p 值	Bt 蚜虫-常规棉 (n=27)	Bt 蚜虫-Bt 棉 (n=24)	p 值
第一次 E 波发生的时间/s	除韧皮部外的其他植物组织	3562.36±616.70	2881.83±322.75	0.167	4121.77±817.06	4098.34±629.01	0.491
第一阶段刺探次数	表皮、叶肉和实质	6.71±0.86	6.32±0.72	0.366	6.96±0.74	7.17±1017	0.442
第一阶段刺探次数占总刺探次数的比率/%	表皮、叶肉和实质	36.65±4.45	27.79±2.86	0.050	31.41±4.86	31.94±5.19	0.471
第一阶段刺探的百分比/%	表皮、叶肉和实质	68.81±3.50	76.06±3.47	0.074	68.57±2.94	72.40±4.12	0.223
第一阶段的电势降落数	细胞内	40.68±5.92	37.36±3.47	0.315	35.52±3.96	46.08±5.52	0.060
第一阶段电势降落数占总电势降落数比率/%	细胞内	32.30±4.54	22.25±2.21	0.027	26.45±4.72	31.25±4.32	0.230
第一次刺探的发生时间/s	表面	315.99±154.26	150.36±89.04	0.179	208.95±88.34	221.06±111.86	0.466
第一阶段非刺探的百分比/%	表面	30.52±3.56	20.45±3.12	0.020	27.39±2.52	24.50±3.98	0.271
第一次刺探的持续时间/s	表面、表皮、叶肉和叶肉	183.02±64.78	394.38±106.53	0.048	340.90±190.30	353.47±104.41	0.477
第一次电势降落的发生时间/s	表面、表皮、叶肉和实质	355.35±153.04	192.14±95.63	0.185	282.24±94.64	326.29±115.48	0.384
第一次刺探即可到达韧皮部的蚜虫比率/%	表面、表皮、叶肉和实质	6.45	7.14	0.916	0	16.67	0.027

表 5-6　蚜虫在两种棉株上 EPG 记录中第二阶段指标的比较

第二阶段	相关的植物组织层次	CK 蚜虫-常规棉 (n=31)	CK 蚜虫-Bt 棉 (n=28)	p 值	Bt 蚜虫-常规棉 (n=27)	Bt 蚜虫-Bt 棉 (n=24)	p 值
第一次持续取食的发生时间/s	所有植物组织	5377.01±814.28	4677.38±733.27	0.265	6692.92±1009.35	6425.22±940.11	0.424
从第一次刺探到第一次持续取食的时间/s	所有植物组织	5061.02±822.82	4527.02±739.17	0.317	6483.97±1015.42	6204.16±945.83	0.421
第一次持续取食前路径波的持续时间/s	除表面意外的所有植物组织	1142.06±153.31	909.19±72.95	0.089	973.88±128.80	1030.84±122.09	0.376
第二阶段刺探的百分比/%[†]	表皮、叶肉和实质	70.05±2.63	64.98±2.10	0.182	63.91±2.14	69.51±2.93	0.131
第一次持续取食前电势降波当中的电势降数[†]	细胞内	22.87±2.54	22.29±1.99	0.429	21.07±2.23	22.92±2.60	0.295
第二阶段电势降落数[†]	细胞内	58.33±7.79	68.09±13.36	0.346	54.00±8.96	58.25±8.30	0.403
第二阶段 E 波发生次数[†]	韧皮部	1.83±0.28	1.91±0.16	0.443	1.47±0.18	2.08±0.29	0.094
第二阶段 E 波百分比/%[†]	韧皮部	9.25±1.55	15.51±2.33	0.067	14.85±3.42	11.88±1.16	0.275
第二阶段非刺探的百分比/%[†]	表面	19.40±2.39	18.09±2.94	0.415	19.42±2.74	16.60±2.85	0.305
第二阶段刺探的持续时间/s[†]	所有植物组织	4687.84±613.84	4570.49±814.28	0.471	4628.07±886.00	4653.76±696.47	0.494

注：† 该指标的重复数分别为 12、11、15 和 12。

表 5-7　蚜虫在两种棉株上 EPG 记录中第三阶段指标的比较

第三阶段	相关的植物组织层次	CK 蚜虫-常规棉 (n=31)	CK 蚜虫-Bt 棉 (n=28)	p 值	Bt 蚜虫-常规棉 (n=27)	Bt 蚜虫-Bt 棉 (n=24)	p 值
第三阶段持续时间/s	所有植物组织	16222.99±814.28	16922.62±733.27	0.265	14907.08±1009.35	15174.78±940.11	0.424
第一次持续取食之后 E 波的次数	所有植物组织	4.10±0.47	4.07±0.39	0.484	3.59±0.41	3.71±0.54	0.432
第三阶段 C 波百分比/%	表皮、叶肉和实质	30.43±2.75	36.43±3.08	0.075	33.23±3.42	33.43±4.10	0.485
第三阶段电势降落数量	细胞内	87.48±10.55	122.71±11.68	0.014	96.26±12.27	105.21±16.03	0.446
持续取食前的路径波中电势降落的平均数	细胞内	21.51±1.65	23.31±1.81	0.232	21.47±1.93	24.27±2.22	0.172
第一次持续取食的持续时间/s	韧皮部	3914.26±914.37	3998.36±816.89	0.473	3679.41±753.29	3459.49±893.24	0.425
持续取食的次数	韧皮部	2.48±0.23	2.68±0.23	0.275	2.11±0.19	2.50±0.26	0.117
第三阶段 E_1 波的百分比/%	韧皮部	7.29±0.99	9.99±3.17	0.211	7.92±1.64	7.07±1.13	0.335
第三阶段 E_2 波的百分比/%	韧皮部	51.58±4.15	37.69±4.02	0.010	41.87±4.74	41.53±6.14	0.482
第三阶段 E_1 波和 E_2 波总和的百分比/%	韧皮部	57.20±4.17	47.68±4.61	0.065	49.79±4.92	48.60±5.60	0.437
第三阶段刺探的次数	韧皮部	8.58±1.26	11.57±1.19	0.046	11.74±2.32	12.17±2.01	0.446
第三阶段非刺探的百分比/%	表面	10.53±1.42	14.29±1.83	0.053	15.33±3.07	12.97±2.45	0.279

　　根据现在得到的结果，我们可以从 CK 蚜虫的行为推断出一些转 *Bt* 基因棉和常规棉的差异。从上述的取食行为指标当中，特别是 CK 蚜虫在两种棉株上存在差异的指标，我们可以推断出植物当中肯定存在一些可能影响蚜虫口针刺探行为的因素，这些因素可以定位在组织和细胞层次，如表面、表皮、叶肉和实质、细胞内和韧皮部。

　　在 EPG 记录前受试蚜虫被饥饿 1 h，所以记录开始时蚜虫对于食物是非常渴望的。然而，第一阶段非刺探百分比表明 CK 蚜虫在转 *Bt* 基因棉上花费的非刺探时间少于在常规棉上，这说明转 *Bt* 基因棉表面比常规棉表面更容易被蚜虫口针刺入。可以推定，表面的物理和/或化学因素在这个层次上影响 CK 蚜虫行为。

　　在表皮、叶肉和其他实质层次，CK 蚜虫第一阶段的刺探占总刺探的比率，转 *Bt* 基因棉上的明显低于常规棉上，尽管第一阶段的刺探数基本一致。进入第三阶段，CK 蚜虫在转 *Bt* 基因棉上刺探次数明显增多。更多的刺探表明蚜虫不喜欢该植物，不断变换取食位点。综合这些结果，在这个植物层次上，CK 蚜虫更容易在转 *Bt* 基因棉上进行刺探。

　　电势降落（pd）是路径波的一个特征，是和蚜虫口针刺入叶肉细胞并向其中分泌唾液并取食细胞内容物的过程相联系的（Tjalingii，1988；Walker and Backus，2000）。一般来说，和 pd 相关的指标与取食细胞内容物并判断汁液质量有关。电势降落数量多意味着蚜虫更多的刺入组织细胞并从中抽样取食。通读整个记录，CK 蚜虫在转 *Bt* 基因棉上刺探了更多次以寻找更好的细胞内容物。在第一阶段，CK 蚜虫在两种棉株上用了几乎相等的次数从植物组织细胞中吸取细胞内容物进而找到第一次吸食位点。持续取食前的 pd 数和第二阶段 pd 数都基本相等。第三阶段中，尽管 CK 蚜虫已经可以在转 *Bt* 基因棉上持续取食，但是它们还是要更多次的刺探以寻找新的吸食位点。这些指标表明对于 CK 蚜虫，转 *Bt* 基因棉的组织细胞中的汁液不如常规棉，所以 CK 蚜虫不断地改变在转 *Bt* 基因棉上的吸食位点。

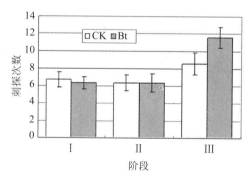 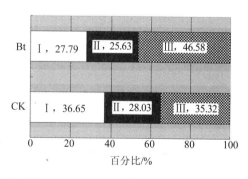

图 5-3　CK 蚜虫在转 *Bt* 基因棉和常规棉上 EPG 记录当中各个阶段刺探次数（左）和百分比（右）

注：I、II 和 III 分别代表 EPG 记录的第一、第二和第三阶段。

　　蚜虫是韧皮部吸食昆虫，所以有关韧皮部因子的指标将是评价植物对蚜虫适合程度的重要部分。在上述的结果中，共有 11 个指标反映了韧皮部汁液的质量。E_1 波代表蚜虫口针刺入韧皮部筛管并向其中分泌唾液的过程。CK 蚜虫关于 E_1 波的指标相等，而代表韧皮部被动吸食的 E_2 波的指标则表现出显著的或者接近显著的差异。CK 蚜虫在转 *Bt* 基因棉的韧皮部取食明显少于在常规棉上的取食。一般来说，韧皮部吸食的减少被认为是汁液不适合的标志。Bt 毒素不能在韧皮部汁液当中表达（Raps *et al.*，2001；Dutton *et al.*，2002），蚜虫也不是 Bt 毒素的靶标昆虫，所以 CK 蚜虫在转 *Bt* 基因棉上韧皮部吸食减少的可能原因是转 *Bt* 基因棉韧皮部汁液的营养水平低于常规棉。

总而言之，CK 蚜虫更容易刺入转 *Bt* 基因棉，但是不断地改变吸食位点，并且在转 *Bt* 基因棉上的吸食明显少于在常规棉上。但是，Bt 蚜虫在两种棉株上绝大多数指标都是相等的。基于两个蚜虫品系的行为表现，我们可以得到以下结论：转 *Bt* 基因棉的表面、叶肉实质和韧皮部汁液存在某些可以影响 CK 蚜虫的因素，但是 CK 蚜虫经过几个世代就可以完全适应转 *Bt* 基因棉；Bt 蚜虫可以没有障碍地在两种棉株上取食。棉蚜在转 *Bt* 基因棉上生命表的研究证明棉蚜可以很快适应转基因棉株品系（Liu *et al.*，2005c；Yang *et al.*，2006），这一点在 EPG 实验当中也可以得到印证。

5.2.3.2 棉蚜取食行为差异的可能机制及其生态学意义

CK 蚜虫在两种棉株上的取食行为有明显差异，这说明转 *Bt* 基因棉在某些层次同常规棉有不同，但是这些差异的机制还不是很清楚。转 *Bt* 基因棉对于棉蚜的非靶标效应在本实验中被证实，我们可以对这种非靶标效应的机制进行推测。*Bt* 基因通过土壤农杆菌的 Ti 质粒转入受体植物，T-DNA 的随机整合可能产生一系列非预期的效应，如次生代谢物的生物合成有所改变（Aharoni *et al.*，2003；Yan *et al.*，2004）。根据上述结果，我们认为一个可能的机制是 *Bt* 基因的插入和表达使得转 *Bt* 基因棉对蚜虫刺探的阻碍减少，同时转 *Bt* 基因棉韧皮部汁液的营养水平变低。

自从转 *Bt* 基因棉被批准商业化种植以来，不同的转基因棉田中刺吸式昆虫种群的大田观测结果有很大的不同。一些研究报道了刺吸式昆虫，如粉虱、蚜虫和叶蝉，在转 *Bt* 基因棉田的爆发（Cui and Xia，2000；Reed *et al.*，2001；邓曙东等，2003），而另一些研究的结果显示转 *Bt* 基因棉田中这些昆虫的种群动态和常规棉田中的相似（Wan *et al.*，2003；Wang *et al.*，1999；Wu and Guo，2003）。根据本实验的结果，棉蚜可以更容易地刺入转 *Bt* 基因棉表面，在其上定殖并很快适应。考虑到以棉铃虫为代表的鳞翅目昆虫种群被控制和蚜虫的快速繁殖能力，蚜虫和其他刺吸式昆虫的爆发是非常可能的。影响这些大田观察结果的因素有很多是未知的，所以结合实验室取食行为实验，设计严谨的大田观察会为刺吸式昆虫在转 *Bt* 基因棉田发生这样的争论性研究提供验证。

根据本实验结果，我们可以有另外一个推测。pd 波和刺吸式昆虫传播植物病毒相关（Jiang *et al.*，2000；Johnson *et al.*，2002）。在整个刺探过程中，CK 蚜虫将口针刺入转 *Bt* 基因棉的次数明显多于常规棉上。当蚜虫从感染了植物病毒的常规棉上取食之后转移到健康的转 *Bt* 基因棉和常规棉上时，转 *Bt* 基因棉植株比常规棉更容易感染。换句话说，转 *Bt* 基因棉更容易受到棉蚜携带的植物病毒的感染。当鳞翅目昆虫被 Bt 毒素控制后，刺吸式昆虫成为最主要的害虫，刺吸式昆虫传播病毒的机会更高了。所以当转 *Bt* 基因棉大面积种植时这个问题应该被重视起来。

EPG 实验的结果证明了转 *Bt* 基因棉在实验室可控条件下对棉蚜这种典型的刺吸式昆虫非靶标效应的存在，并且为了解转基因棉的非靶标效应机制提供有用线索。

5.3　转 *Bt* 基因棉叶表面特性与棉蚜取食行为的关系

植物叶片是植物进行光合作用和蒸腾作用等重要生理过程的器官（Constable and Rawson，1980；Wullschleger and Oosterhuis，1991）。植物叶表是植物与昆虫相互作用的介质，其性质也可以直接或者间接影响三级营养关系。植物叶片表面的物理和化学性质对于植食昆虫（Dimock and Kennedy，1983；Yencho and Tingey，1994；Eigenbrode and Espelie，1995；Eigenbrode *et al.*，1996；Wilkens *et al.*，1996）、螨（Chatzivasileiadis and Sabelis，1997）、捕食昆虫（Krips *et al.*，1999；De Clercq *et al.*，2000）和寄生昆虫（Romeis *et al.*，1998）等均有影响，在植食性昆虫的寄主植物选择过程中更是发挥着重要作用。

EPG 实验显示，棉蚜在转 *Bt* 基因棉及其亲本常规棉植株上的取食行为存在明显的差异，并且这种差异很可能是由于棉花叶片表面因素引起的。本研究的目的是比较两种转 *Bt* 基因棉与其亲本常规品系叶片表面物理和化学特征的差异，并研究这些差异是否可以影响棉蚜的取食行为。研究的结果将可能为转 *Bt* 基因棉安全性评价（尤其是非靶标效应）提供一些有价值的参考资料。

5.3.1　材料和方法

5.3.1.1　植物和昆虫

两种转 *Bt* 基因棉品种 GK12 和 GK19（表达 Bt 杀虫毒蛋白 Cry1Ac，由中国农业科学院生物技术中心研发）及其亲本泗棉 3 号，由中国农业科学院植物保护研究所提供。植株培养和实验植株选用标准、检验同 5.1.1.1 节。

棉蚜（*A. gossypii* Glover）的获取方式和饲养条件同 5.1.1.2 节。取在常规棉上饲养超过 20 代的无翅孤雌成蚜用于实验。

5.3.1.2　EPG 记录和分析

EPG 系统的连接与试虫的预处理详见 5.2.1.3 节。蚜虫放置于棉株第三真叶背面靠近中脉的区域，记录出现韧皮部信号即停止。

EPG 波形使用 WinDaq Waveform Browser 软件（Dataq instruments，Inc.），参照 Tjallingii（1990）进行分析。波形 A、B 和 C 均为路径波，在本实验中全部记录为 C。根据波形和它们的发生顺序，选定一系列连续的或者非连续的指标来分析棉蚜的刺探行为（图 5-4）。

5.3.1.3　叶片表面化学物质分析

从叶柄中部切下第四片全展真叶，立即将其浸入 25 ml 正己烷（色谱纯，百灵威公司）中 30s。真空干燥正己烷溶液至<1 ml，尼龙膜（0.45μ）过滤，向滤液中加入正己烷至总体积 2 ml。将 2μl 样品注入岛津 GC-14C 气相色谱中进行化学成分分析。色谱使用 HP-Innowax 石英毛细管柱（30 m×0.25 mm，0.25μm）（J&W Scientific，U.S.），FID 检测器。升温程序为：60℃保持 8 min，以 3℃/min 的升温速度至 180℃，保持 5 min。进样口温度为 250℃，检测器温度 260℃。载气为氮气，流速为 20 ml/min。

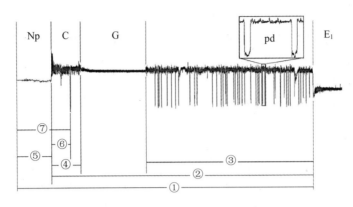

图 5-4　EPG 实验的连续性指标

①总持续时间：从记录开始到第一次 E 波发生；②第一次刺探到第一次 E 波发生的持续时间；③第一次 E 波发生前刺探的持续时间；④第一次刺探的持续时间；⑤第一次刺探的发生时间：从记录开始到第一次刺探发生；⑥第一次电势降落前的刺探时间；⑦第一次电势降落的发生时间

5.3.1.4　植物叶表抽提物的生物测定

本测定是为了直接观察棉花叶表面的化学物质对于棉蚜取食行为的影响。将直径 16cm 的圆形滤纸等分为四个扇区，粘贴在玻璃培养皿底部；将三种棉花叶表抽提物各 20μl 分别点在三个扇区的外缘中点附近，最后一个扇区点 20μl 正己烷作为对照。将 10 只无翅成蚜移到滤纸中心。将培养皿置于黑暗中 30 min 后，统计每个扇区内的棉蚜数。此实验重复 15 次。

5.3.1.5　叶毛的观察和记数

EPG 记录结束之后，立即将该叶片取下，切取包括中脉及附近叶肉的叶片样品（约 13 mm×8 mm）两块。一块样品用于场发射环境扫描电子显微镜（environmental scanning electron microscope，ESEM）（Quanta 200，FFEI Company，USA）下观察叶毛形态特征；将包括 EPG 记录过程中棉蚜运动和取食区域的另一叶片样品浸于苯酚—乳酸溶液中，100℃ 保温 1 h 后在 40 倍解剖镜下统计各类叶毛数量。

5.3.1.6　统计分析

EPG 结果和叶表面数量特征用 PROC GLM（SAS，1998）进行方差分析；棉蚜对叶表面化学抽提物的选择实验数据，进行 χ^2 检验，零假设为等分布；棉蚜行为和棉叶表面特征之间的相互关系使用 PROC REG（SAS，1998）进行分析。显著水平设定为 $p < 0.05$。

5.3.2　结果

5.3.2.1　EPG 记录和结果分析

棉蚜在三个棉花品系上的有效 EPG 记录数量均为 8 组。通过对棉蚜在转 *Bt* 基因棉上和常规棉上取食行为波形的分析表明，在 15 个指标当中，有 8 个存在显著差异（表 5-8）。

表 5-8　EPG 记录棉蚜在不同棉花品系上刺探行为的比较

指标/棉花品系	相关植物层次	GK12（n=8）	GK19（n=8）	泗棉 3 号（n=8）	p 值
总持续时间/s	叶表、表皮和叶肉	3612±1647b	3163±909b	10300±2471a	0.017
C 波持续时间总和/s	叶表、表皮和叶肉	2220±710b	2474±696b	5744±1619a	0.061
C 波百分比/%	叶表、表皮和叶肉	0.787±0.065a	0.824±0.046a	0.588±0.081b	0.041
非刺探持续时间总和/s	叶表、表皮和叶肉	727±355b	689±231b	3953±1494a	0.026
Np 百分比/%	叶表、表皮和叶肉	0.168±0.042b	0.176±0.046ab	0.343±0.079a	0.075
第一次刺探发生时间/s	叶表	301±177b	40.0±14.4b	2916±1291a	0.024
刺探总次数	叶表	5.250±1.436a	8.500±2.739a	8.125±1.737a	0.483
非刺探总次数	叶表	5.000±1.427a	8.375±2.783a	7.875±1.652a	0.465
电势降落总次数	叶肉和细胞质	40.88±11.29a	49.50±14.75a	56.50±11.17a	0.681
第一次电势降落发生时间/s	叶表、表皮和叶肉	371±182b	163±40.4b	2993±1282a	0.025
第一次刺探的持续时间/s	表皮、叶肉和细胞质	271.5±75.5a	259.1±103.5a	1396±1081a	0.359
第一次刺探到第一次电势降落的时间/s	叶肉	69.58±29.24a	123.83±45.10a	77.00±44.93a	0.597
E 波发生前的刺探持续时间/s	叶肉	914.1±299.4a	693.3±86.6a	1648.1±585.4a	0.206
E 波发生前的刺探中电势降落次数	叶肉和细胞质	18.88±4.94a	18.13±2.64a	20.63±3.65a	0.896
E 波发生前的刺探中电势降落间的平均间隔/s	叶肉和细胞质	45.95±2.34ab	39.72±2.93b	74.82±20.09a	0.105

注：均值±标准差之后的不同英文字母表示差异显著水平 $p<0.05$（b vs a）和 $p<0.01$（c vs a）。

　　总持续时间是从实验开始到第一次韧皮部吸食所持续的时间。在本实验中，棉蚜在转 Bt 基因棉 GK12 和 GK19 上的总记录时间明显短于在常规棉上；C 波持续时间总和与非刺探持续时间总和也是同样的规律；棉蚜在常规棉上的 C 波百分比明显低于在两种转基因棉上；棉蚜在常规棉上的非刺探时间百分比明显高于在 GK12 上的表现，但是在 GK19 上的表现与上述二者不存在明显差异。第一次刺探时间指从记录开始到棉蚜口针第一次刺探入棉叶表面的持续时间，第一次电势降落时间则是指从记录开始到棉蚜口针第一次刺入组织细胞，这两个指标反映了叶表面特征对棉蚜搜寻行为的影响。棉蚜在泗棉 3 号上开始第一次刺探、取得第一次电势降落的时间显著长于在两个转 Bt 基因棉品系上的。与此同时，棉蚜在三种棉花叶片上，从第一次刺探到第一次电势降落的时间是相似的。此外，包括取食波形的那次刺探的路径波中的两次电势降落的平均时间间隔这一指标，泗棉 3 号＞GK12＞GK19，且泗棉 3 号与 GK19 存在显著性差异。

5.3.2.2　叶表抽提物的生物活性

　　在 150 只受试棉蚜中，20 只棉蚜没有爬离释放区域，计为无效。在 130 个有效记录当中，29 只棉蚜受到常规棉泗棉 3 号的叶表抽提物吸引，39 只棉蚜被 GK12 的表面抽提物吸引，35 只棉蚜选择了点有 GK19 叶表抽提物的扇区，其余 27 只则进入了对照扇区。经过统计检验，不同品系棉花的表面抽提物对于棉蚜搜寻行为的影响是相似的（$\chi^2=2.8<\chi^2_{3,0.05}=7.81$，$p>0.05$）。

5.3.2.3　棉花叶表化学成分分析

绝大多数棉花叶表面化学物质可以被正己烷溶解，并可以应用气相色谱有效分离。7 株 GK12、6 株 GK19 和 6 株泗棉 3 号的叶片表面化学物质得到有效分离，从气相色谱保留时间图可以看出，转 *Bt* 基因棉和常规棉在叶表化学成分和相对浓度上不存在明显差异（图 5-5）。在分析各个组分相对浓度时，选取相对最高的组分，即保留时间为 32.1 min 的组分，作为内标，其峰面积记为 100。其他组分的相对浓度由该组分的峰面积和 32.1 组分的峰面积之比得到。通过统计分析，三个品系的棉叶表面化学抽提物在组成和浓度上没有显著差异。

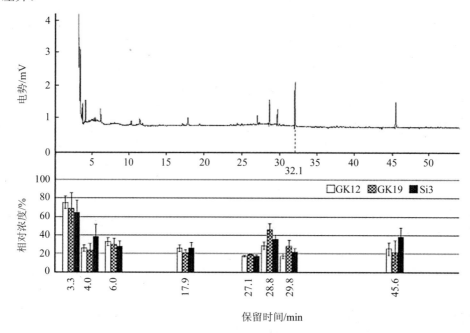

图 5-5　三种棉花品系叶表化学组分

注：棉花叶表的正己烷抽提物的化学组分不存在明显差异（$n_{GK12, GK19, Si3}=7$，6，6）。

5.3.2.4　叶毛的形态、类别和数量特征

通过场发射环境扫描电子显微镜观察，三种棉叶上均存在两类叶毛，即腺毛和覆盖毛。腺毛广泛分布于叶的近轴面和背轴面，而覆盖毛则是在叶表上沿着叶脉分布，呈单枝状或者簇状，在本实验中观察到的覆盖毛分支数目从 1 到 12（图 5-6）。

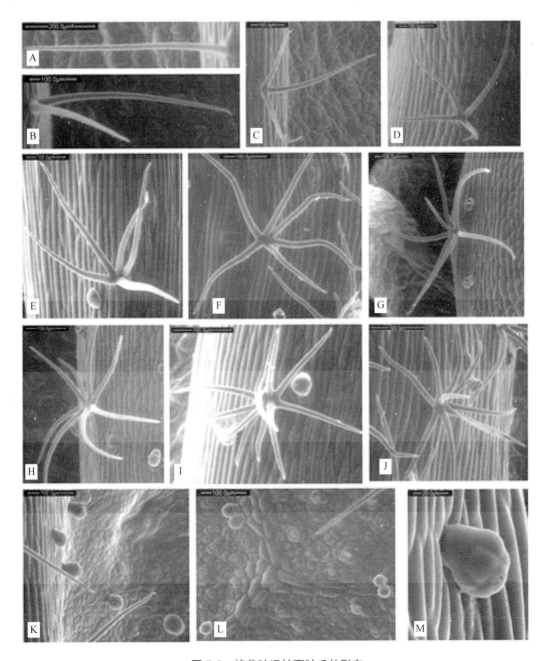

图 5-6　棉花叶远轴面叶毛的形态

A-J—各类分支的覆盖毛；K—在叶面和叶脉上的腺毛；

L—叶面上的双腺毛（binary glandular trichomes）；M—腺毛由一个短柄和一个多细胞的头部组成

三种棉叶上腺毛密度的顺序为：GK19＞泗棉 3 号＞GK12（表 5-9），其中 GK12 和 GK19 上的腺毛密度存在显著差异，这两者与常规棉相比差异均未达到显著水平。

表 5-8 中列出了所有覆盖毛在中脉上的线密度，并对三个品系进行了比较。覆盖毛在中脉上的线密度计算按照以下公式进行：

$$线密度 = 某种覆盖毛数量/中脉长度$$

本次实验观察到的覆盖毛的分支数最多达 12 支，但是在统计中只计算 9 类（分支数大于 8 的划为一类，记为 9）。两种转 Bt 基因棉上单支覆盖毛在中脉上的线密度均高于常规棉中脉线密度，其中在 GK19 和泗棉 3 号上存在显著差异；而二分支、三分支、八分支和八分支以上覆盖毛在三种棉叶中脉上的线密度没有显著差异；转 Bt 基因棉叶中脉上其余分支的覆盖毛的线密度均小于常规棉中脉上同类覆盖毛线密度。三个棉花品种的叶片中脉上全部覆盖毛的线密度在统计上不存在显著性差异；然而，当计算对象变为分支时，常规棉中脉上的总分支线密度明显高于两种转 Bt 基因棉中脉上的总分支密度，其差异极显著。整个叶片样本上不同分支的覆盖毛的密度具有和中脉线密度相似的规律。常规棉叶片样本上腺毛和总覆盖毛的密度介于两种转 Bt 基因棉品系之间，与二者均没有显著性差异；常规棉叶片样本上的总覆盖毛分支的密度则是显著大于两种转 Bt 基因棉。

5.3.2.5　棉蚜搜寻行为与棉叶表面特征的相互关系

在本研究中，棉叶表面特征包括中脉上覆盖毛的线密度、叶片上的覆盖毛和腺毛的密度。选择和叶表因子相关的 EPG 指标，结合观察统计的 GK12、GK19 和泗棉 3 号叶表面特征的数据，通过多元回归的方法建立了 EPG 指标和棉叶表面特征的相互关系的数学模型（表 5-10）。根据这些回归关系模型可以发现，所有选择的 EPG 指标均与多分支覆盖毛的中脉线密度或者与多分支覆盖毛和（或）腺毛的密度有关。单支、二分支和三分支覆盖毛的数量特征对于棉蚜的搜寻行为影响很小。五分支覆盖毛的中脉线密度越低，五分支覆盖毛的密度越高，腺毛密度越小，都会引起总记录时间的延长。第一次刺探时间和第一次电势降落时间这两个指标的回归结果颇为复杂，它们和多种覆盖毛的数量特征相关。其他 EPG 指标可以归结为与某一特定覆盖毛的数量特征的简单正反比关系。

5.3.3　讨论

5.3.3.1　转 Bt 基因棉对棉蚜非靶标效应的生理机制

从 EPG 的结果我们可以看到，总持续时间、第一次刺探时间和第一次电势降落时间均表明棉蚜在常规棉上需要花费比在转 Bt 基因棉上更多的时间才能找到适合刺探的部位，这表明泗棉 3 号表面应该存在着阻碍棉蚜搜寻行为的因子。

有研究证明转基因植物的挥发性化学物质和常规棉的不同（Aharoni et al.，2003；Yan et al.，2004），而叶表面的物理和化学因子可以影响昆虫的搜寻行为（Kamel and Elkassaby，1965）。在本研究中，两种转 Bt 基因棉的表面化学物与常规棉没有明显差别。表面抽提物的生物测定结果也证明棉蚜对于 GK12 和 GK19 的叶表抽提物的反应与常规棉相似。因此，可以认为棉叶表面的化学物质并不是引起棉蚜在转 Bt 基因棉上和常规棉上搜寻和取食行为差异的关键因素。排除了化学因素以后，我们可以推断，叶表的物理特征很有可能是影响棉蚜搜寻和取食行为的重要因素：蚜虫在这三种品系的棉花叶上的行为差异来源于叶毛及其密度的变化。

表 5-9　叶毛在不同棉花品系上的数量特征

叶毛类型	覆盖毛在中脉上的线密度/mm				叶毛在叶片样本上的密度/mm²			
	GK12	GK19	泗棉 3 号	p 值	GK12	GK19	泗棉 3 号	p 值
单支覆盖毛	1.041±0.360ab	2.281±0.668a	0.777±0.317b	0.080	0.125±0.034c	0.556±0.093a	0.093±0.029c	<0.001
二分支覆盖毛	0.645±0.284a	1.259±0.165a	0.844±0.187a	0.153	0.183±0.047a	0.302±0.060a	0.165±0.032a	0.109
三分支覆盖毛	0.391±0.084a	0.423±0.219a	0.300±0.064a	0.812	0.067±0.013a	0.103±0.038a	0.114±0.022a	0.427
四分支覆盖毛	0.960±0.283c	0.419±0.238c	2.562±0.539a	0.002	0.146±0.030c	0.355±0.064c	0.491±0.101a	0.003
五分支覆盖毛	0.278±0.073ab	0.093±0.081b	0.532±0.153a	0.033	0.029±0.008ab	0.021±0.020b	0.069±0.014a	0.078
六分支覆盖毛	0.273±0.086c	0.033±0.033c	0.629±0.115a	<0.001	0.027±0.010ac	0.009±0.009c	0.057±0.011a	0.011
七分支覆盖毛	0.259±0.129ab	0.016±0.016b	0.597±0.268a	0.079	0.028±0.013a	0.003±0.003a	0.047±0.023a	0.141
八分支覆盖毛	0.3067±0.137a	0.000±0.000a	0.311±0.136a	0.102	0.027±0.013a	0.000±0.000a	0.027±0.011a	0.115
多于八分支覆盖毛	0.157±0.107a	0.000±0.000a	0.138±0.117a	0.432	0.010±0.007a	0.000±0.000a	0.010±0.009a	0.465
覆盖毛总计	4.321±0.949a	4.530±0.809a	6.690±0.910a	0.140	0.642±0.125b	1.129±0.174a	1.072±0.164ab	0.076
覆盖毛各分支总数	16.248±3.627c	8.548±2.063c	28.093±4.235a	0.003	2.094±0.454b	2.191±0.529b	4.055±0.558a	0.023
腺毛	—	—	—	—	4.596±0.574b	6.591±0.482a	5.070±0.842ab	0.101

注：均值±标准差之后的不同英文字母表示差异显著水平 $p<0.05$（b vs a）和 $p<0.01$（c vs a）。

表 5-10　棉蚜的搜寻行为和叶表特征之间的关系

回归表达式	
总持续时间 $= 11484-6571.9Ld_5+13442D_4-1340.8Gd$	$R^2=0.5180;\ p=0.002$
C波持续时间总和 $= 8048.9-843.25Gd$	$R^2=0.2387;\ p=0.015$
C波百分比 $= 0.8565-0.4789D_4$	$R^2=0.3542;\ p=0.002$
非刺探持续时间总和 $= 271.79+5894.1D_4$	$R^2=0.2750;\ p=0.009$
Np 百分比 $= 0.1394+2.2685D_5$	$R^2=0.3441;\ p=0.003$
第一次刺探发生时间 $= -561.53+522.7Ld_2-5361.7Ld_5+11610Ld_6+3263.4Ld_7+29110Ld_9+45671D_5-95442D_6-522087D_9$	$R^2=0.9750;\ p<0.001$
刺探总次数 $= 9.4402-7.0999Ld_5$	$R^2=0.1828;\ p=0.037$
非刺探总次数 $= 9.2122-7.0348Ld_5$	$R^2=0.1797;\ p=0.039$
第一次电势降发生时间 $= -366.72+433.77Ld_2-5250.2Ld_5+11241Ld_6+3415.2Ld_7+28984Ld_9+46473D_5-95501D_6-524025D_9$	$R^2=0.9692;\ p<0.001$

注：$Ld_1\sim Ld_9$—不同分支覆盖毛在中脉上的线密度；$D_1\sim D_2$—叶片上不同分支覆盖毛的密度；Gd—叶片上腺毛密度。

叶表面物理因子主要就是叶毛的种类和密度。叶表皮的衍生物包括两个主要类型，即覆盖毛和腺毛（头状毛）（Webber，1938；Charles *et al.*，1983；Bondada and Oosterhuis，2000）。叶毛在平衡叶表温度（（Ehleringer，1981；Baldocchi *et al.*，1983；Melcher *et al.*，1994）和保持叶面清洁（Brewer and Smith，1997）方面起重要作用，并且为叶片提供机械防护（Levin，1973）。番茄叶表面的腺毛可以诱捕蚜虫（Johnson，1956）；有叶毛的葫芦科品系比表面光滑的品系更抗蚜虫（Horn，1988），并且叶毛的密度与棉蚜数量有显著的负相关性（Khan *et al.*，2000）。可以这样概括，叶毛越多，蚜虫在叶片上的生活越困难。

已经有大量关于棉花叶毛的研究报道，但至今没有关于转 *Bt* 基因棉和常规棉叶毛比较的报道。在我们现有的结果中，所有种类的覆盖毛在两个转基因品系和常规棉叶片上都可以找到，而且覆盖毛的密度是基本相等的。然而，当分别作比较时，各类覆盖毛的密度差别很大。在泗棉 3 号叶片上，四分支覆盖毛在相对数量上最多，几乎达到全部覆盖毛的50%，而在两个转 *Bt* 基因棉品系上，四分支覆盖毛并不是最多的。我们可以在图 5-7 上清楚地看到不同分支覆盖毛的比重。多于七分支的覆盖毛的数量在三种品系上都很少，且占总覆盖毛的比重一致，所以有理由认为它们对于棉蚜搜寻行为的影响是一样的。尽管在不同品系棉株上单支覆盖毛和二分支覆盖毛的比例有差别，但是这两种覆盖毛对于棉蚜搜寻行为的影响是很小的，这很可能是因为其密度和垂直于叶片的着生方式不能对棉蚜的活动形成有效的阻挡，棉蚜可以在其间任意穿行。

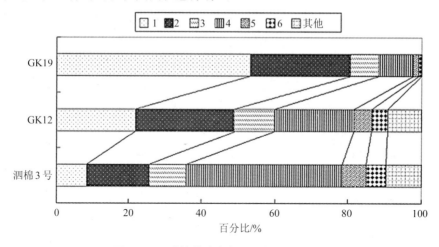

图 5-7 三种棉花叶表各分支覆盖毛的比率

注：三种棉花叶表上单支覆盖毛和四分支覆盖毛的比率存在显著差异。

由上述分析可知，三种品系的棉叶表面上的覆盖毛和腺毛密度相似，但是常规棉上的覆盖毛总分支数密度显著高于两种转 *Bt* 基因棉品系。正因为如此，常规棉的覆盖毛可以有效地保护叶表，对比转 *Bt* 基因棉，棉蚜不得不花费明显较长的时间在常规棉叶片上寻找适宜刺探的位点。

5.3.3.2 转 *Bt* 基因棉对棉蚜非靶标效应的机制分析

将 *Bt* 基因转入棉花中的目的是控制棉铃虫 *Helieoverpa armigera* 等鳞翅目昆虫，以减少损失。转 *Bt* 基因棉的实际种植效果表明其确实可减少棉铃虫危害，取得经济效益。然而，转基因过程可能导致植株产生某些非预期特征，如生长迟缓（Aharoni *et al.*，2003）。转 *Bt* 基因棉 GK12 和 GK19 的亲本为泗棉 3 号，是通过土壤农杆菌 T 质粒导入人工设计的苏云金芽孢杆菌杀虫毒蛋白，所以除了导入的外源基因外，GK12、GK19 的基因组和泗棉 3 号的基因组是一致的。但是在实验中，同样的生长条件，两个转 *Bt* 基因棉品系和常规棉品系的植株叶片具有不同表面物理特征，这些物理特征可进一步影响棉蚜的取食行为。在棉花中，纤维 MYB 蛋白调控叶毛的发育（Wang *et al.*，2004）。由此推断产生叶表物理特征差异的可能机制是插入的 *Bt* 基因及其表达直接或者间接影响了相关基因的表达，这些叶表物理特征的差异就可以称作非预期效应。进一步的生化和分子实验有可能揭示这些叶表物理特征改变的深层次的机制。

5.3.3.3　转 *Bt* 基因棉对棉蚜非靶标效应的生态学推论

目前关于转基因作物非靶标效应的研究多以 Bt 作物作为研究对象，例如 Bt 水稻的种植对稻田节肢动物群落各项指标的影响很小（Li *et al.*，2007），对水稻的重要害虫飞虱也没有明显作用（Chen *et al.*，2006）；Bt 玉米对于大田的非靶动物种群没有明显的影响（Rose and Dively，2007；Floate *et al.*，2007；Gathmann *et al.*，2006），但是研究发现 Bt 玉米的副产物在实验室条件下可以导致毛翅目昆虫发育减缓、死亡率提高（Rosi-Marshall *et al.*，2007）。转 *Bt* 基因棉是目前研究最多的转基因作物，其非靶标效应的研究不但包括考察其对某类昆虫的毒性和田间生物多样性的调查（Cui and Xia，2000；Reed *et al.*，2001；Deng *et al.*，2003；Wan *et al.*，2003；Wang *et al.*，1999；Wu and Guo，2003），还包括 Bt 蛋白在三级营养关系当中的作用（Sharma *et al.*，2007；Torres *et al.*，2006；Zhang *et al.*，2006），还有关于转 *Bt* 基因棉风险评价研究方法学的讨论（Liu *et al.*，2005c）。一些研究的结果显示转 *Bt* 基因棉田中刺吸式昆虫种群有明显的增长，而另外一些研究报告中则有不同的结论。根据本研究的结果，在刺探位点的搜寻阶段，棉蚜更容易将口针刺入转 *Bt* 基因棉的叶内。考虑到蚜虫快速繁殖的特点和鳞翅目害虫被控制后生态位的空缺，可以预计，蚜虫或者其他刺吸式昆虫很可能在转 *Bt* 基因棉田爆发危害。

（薛堃　韩娟）

参考文献

[1]　崔金杰，夏敬源. 转 *Bt* 基因棉对棉田主要害虫及其天敌种群消长的影响[J]. 河南农业大学学报，1997，31（4）：351-356.

[2]　崔金杰，夏敬源. 麦套夏播转 *Bt* 基因棉田主要害虫及其天敌的发生规律[J]. 棉花学报，1998，10（5）：255-262.

[3]　崔金杰，夏敬源，晁建立. 不同种植方式下转 *Bt* 基因棉对昆虫群落的影响[J]. 中国棉花，1999，26（5）：8-9.

[4]　邓曙东，徐静，张青文，等. 转 *Bt* 基因棉对非靶标害虫及害虫天敌种群动态的影响[J]. 昆虫学报，2003，46（1）：1-5.

[5]　方诗龙，夏凤，王向阳. 转 *Bt* 基因棉田棉叶螨发生规律及药剂防治试验[J]. 安徽农业科学，2004，32（4）：680-681.

[6] 韩波，周桂生，顾巍菊，刘理. 转 *Bt* 基因抗虫棉和常规棉田主要害虫与天敌种群数量的比较[J]. 安徽农业科学，2005，33（8）：1361-1362，1366.

[7] 雷宏，徐汝梅. EPG——一种研究植食性刺吸式昆虫刺探行为的有效方法[J]. 昆虫知识，1996，33（2）：116-120.

[8] 李号宾，吴孔明，徐遥，等. 南疆地区棉田棉蓟马种群数量动态研究[J]. 新疆农业科学，2007a，44（5）：583-586.

[9] 李号宾，吴孔明，徐遥，等. 南疆棉田盲蝽类害虫种群数量动态[J]. 昆虫知识，2007b，44（2）：219-222.

[10] 李进步，方丽平，张亚楠，等. 不同类型品种棉花上棉蚜适生性及种群动态[J]. 昆虫学报，2007，50（10）：1027-1033.

[11] 李景文，刘庆年，金宗亭，等. 转 *Bt* 基因棉与常规棉主要害虫及天敌消长规律的观察[J]. 滨州教育学院学报，2000，6（3）：76-79.

[12] 刘万学，万方浩，郭建英. 转 *Bt* 基因棉田节肢动物群落营养层及优势功能团的组成与变化[J]. 生态学报，2002，22（5）：729-735.

[13] 宁新柱，宋庆平，孔宪辉，等. 新疆地区转 *Bt* 基因棉田主要害虫及其天敌消长规律的初步研究[J]. 中国棉花，2001，28（9）：12-13.

[14] 秦引雪. 山西省转 *Bt* 基因棉田害虫发生规律研究[J]. 山西农业科学，2006，34（1）：68-69.

[15] 孙长贵，徐静，张青文，等. 新疆棉区转 *Bt* 基因棉对棉田主要害虫及其天敌种群数量的影响[J]. 中国生物防治，2002，18（3）：106-110.

[16] 孙长贵，张青文，徐静，等. 转 *Bt* 基因棉和转 Bt＋CpTI 双价基因棉对棉田主要害虫及其天敌种群动态的影响[J]. 昆虫学报，2003a，46（6）：705-712.

[17] 王凤延，李瑞花，周兰英，等. 转 *Bt* 基因抗虫棉田昆虫种群动态及综合防治研究[J]. 莱阳农学院学报，2003，20（1）：16-20.

[18] 王留明，张学坤，刘任重，等. 转 *Bt* 基因棉在山东棉区的抗虫特性及棉田害虫发生与防治[J]. 中国棉花，2001，28（4）：5-8.

[19] 王武刚，吴孔明，梁革梅，等. *Bt* 棉对主要棉虫发生的影响及防治对策[J]. 植物保护，1999，25（1）：3-5.

[20] 王元仲，刘峰，吴鸿斌，高云风. 转 *Bt* 基因棉对棉田植物、节肢动物影响的调查[J]. 农业环境与发展，1999，16（1）：42-45.

[21] 吴孔明，徐广，郭予元. 华北北部地区棉田烟粉虱成虫季节性动态[J]. 植物保护，2001，27（2）：14-15.

[22] 徐静，张青文，邓曙东，等. 湖北棉区转 *Bt* 基因棉对烟粉虱种群动态的影响研究[J]. 植物保护，2003，29（5）：38-40.

[23] 徐文华，卞同洋，刘标，等. 棉盲蝽优势种在转 *Bt* 基因抗虫棉田的动态分布[J]. 江西农业学报，2007，19（9）：53-58.

[24] 徐文华，王瑞明，吉荣龙，等. 非靶标害虫在转 *Bt* 基因抗虫棉田的虫量消长动态与原因分析[J]. 江苏农业科学，2003，（3）：36-38.

[25] 徐遥，吴孔明，李号宾，等. 转基因抗虫棉对新疆棉田主要害虫及天敌群落的影响[J]. 新疆农业科学，2004，41（5）：345-347.

[26] 张龙娃，柏立新，韩召军，等. 转 *Bt* 基因棉田害虫和天敌组成及优势种类时序动态[J]. 棉花学报，2005，17（4）：222-226.

[27] 张明辉，史修柱，李照会. 转 *Bt* 基因抗虫棉田棉盲蝽的发生规律及防治[J]. 山东农业科学，2006
（3）：64-65.

[28] 周福才，杜予州，任顺祥，等. 江苏棉田烟粉虱的种群动态及控制[J]. 扬州大学学报（农业与生命
科学版），2005，26（1）：89-93.

[29] 周福才，任顺祥，杜予州，等. 棉田烟粉虱种群的空间格局[J]. 应用生态学报，2006，17（7）：1239-1244.

[30] Aharoni A，Giri AP，Deuerlein S，et al. Terpenoid metabolism in wild-type and transgenic Arabidopsis
plants[J]. Plant Cell，2003，15：2866-2884.

[31] Andow DA，Hilbeck A. Science-based risk assessment for nontarget effects of transgenic crops[J].
Bioscience，2004，54：637-649.

[32] Backus EA，Habibi J，Yan FM，Ellersieck M. Stylet Penetration by Adult *Homalodisca coagulata* on
Grape：Electrical Penetration Graph Waveform Characterization，Tissue Correlation，and Possible
Implications for Transmission of *Xylella fastidiosa*[J]. Annals of the Entomological Society of America，
2005，98：787-813.

[33] Baines D，Schwartz JL，Sohi S，et al. Comparison of the response of midgut epithelial cells and cell lines
from lepidopteran larvae to CryIA toxins from *Bacillus thuringiensis*[J]. Journal of Insect Physiology，
1997，43：823-831.

[34] Baldocchi D，Verma SB，Rosenberg NJ，et al. Leaf pubescence effects on the mass and energy exchange
between soybean canopies and the atmosphere[J]. Agtonomy Journal，1983，75：537-542.

[35] Bondada BR，Oosterhuis DM. Comparative epidermal ultrastructure of cotton（*Gossypium hirsutum* L.）
leaf，bract and capsule wall[J]. Annals of Botany，2000，86（6）：1143-1152.

[36] Brewer CA，Smith WK. Patterns of leaf surface wetness for montane and subalpine plants[J]. Plant，Cell
and Environment，1997，20：1-11.

[37] Charles TB，McCarty JC，Jenkins JN，et al. Frequency of pigment glands and capitate and covering
trichomes in nascent leaves of selected cottons[J]. Crop Science，1983，23：369-371.

[38] Chatzivasileiadis EA，Sabelis MW. Toxicity of methyl ketones from tomato trichomes to *Tetranychus
urticae* Koch. Experimental & Applied Acarology，1997，21（6-7）：473-484.

[39] Chen M，Ye GY，Liu ZC，et al. Field assessment of the effects of transgenic rice expressing a fused gene
of cry1Ab and cry1Ac from *Bacillus thuringiensis* Berliner on nontarget planthopper and leafhopper
populations. Environmental Entomology，2006，35：127-134.

[40] Constable GA，Rawson HM. Carbon production and utilization in cotton：Inferences from a carbon budget.
Australian Journal of Plant Physiology，1980，7：539-553.

[41] Cui JJ，Xia JY. Effects of Bt（*Bacillus thuringiensis*）transgenic cotton on the dynamics of pest population
and their enemies. Acta Phytophylacica Sinica，2000，27：141-145.

[42] De Clercq P，Mohaghegh J，Tirry L. Effect of host plant on the functional response of the predator *Podisus
nigrispinus*（Heteroptera：Pentatomidae）. Biological Control，2000，18（1）：65-70.

[43] Dimock MB，Kennedy GG. The role of glandular trichomes in the resistance of *Lycopersicon hirsutum* f.
glabratum to *Heliothis zea*. Entomologia Experimentalis et Applicata，1983，33：263-268.

[44] Dutton A，Klein H，Romeis J，et al. Uptake of Bt-toxin by herbivores feeding on transgenic maize and
consequences for predator *Chrysoperla carnea*[J]. Ecological Entomology，2002，27：441-447.

[45] Ehleringer J. Leaf absorptances of Mojave and Sonoran desert plants. Oecologia，1981，49：366-370.

[46] Eigenbrode SD，Castagnola T，Roux MB，et al. Mobility of three generalist predators is greater on cabbage with glossy leaf wax than on cabbage with a wax bloom. Entomologia Experimentalis et Applicata，1996，81（3）：335-343.

[47] Eigenbrode SD，Espelie KE. Effects of plant epicuticular lipids on insect herbivores. Annual Review of Entomology，1995，40：171-194.

[48] Ellsbury MM，Backus EA，Ullman DL. History，Development，and Application of AC Electrical Insect Feeding Monitors. Thomas Say Publications in Entomology，Entomological Society of America，Lanham，MD，1994.

[49] Floate KD，Carcamo HA，Blackshaw RE，et al. Response of ground beetle（Coleoptera：Carabidae）field Populations to four years of Lepidoptera-Specific Bt corn production. Environmental Entomology，2007，36：1269-1274.

[50] Garzo E，Soria C，Gomez-Guillamon ML，et al. Feeding behavior of *Aphis gossypii* on resistant accessions of different melon genotypes（*Cucumis melo*）. Phytoparasitica，2002，30：129-140.

[51] Gathmann A，Wirooks L，Hothorn LA，et al. Impact of Bt maize pollen（MON810）on lepidopteran larvae living on accompanying weeds. Molecular Ecology，2006，15：2677-2685.

[52] Horn DJ. Ecological approach to pest management[M]. London：the Guilford Press，1988.

[53] Jasinski JR，Eisley JB，Young CE，et al. Select nontarget arthropod abundance in transgenic and nontransgenic field crops in Ohio. Environment Entomology，2003，32：407-413.

[54] Jiang Y，De Blas C，Barrios L，et al. Correlation between whitefly（Homoptera：Aleyrodidae）feeding behavior and transmission of tomato yellow leaf curl virus. Annals of the Entomological Society of America，2000，93：573-579.

[55] Johnson B. The influence on aphids of the glandular hairs on tomato plants. Plant Pathology，1965，5：130-132.

[56] Johnson DD，Walker GP，Creamer R. Stylet penetration behavior resulting in inoculation of a semipersistently transmitted closterovirus by the whitefly *Bemisia argentifolii*. Entomologia Experimentalis et Applicata，2002，102：115-123.

[57] Kamel SA，Elkassaby FY. Relative resistance of cotton varieties to spider mites，leafhoppers，and aphids. Journal of Economic Entomology，1965，58：209-212.

[58] Khan MMH，Kundu R，Alam MZ. Impact of trichome density on the infestation of *Aphis gossypii* Glover and incidence of virus disease in ashgourd [*Benincasa hispida*（Thunb.）Cogn.]. International Journal of Pest Management，2000，46（3）：201-204.

[59] Kimmins FM. Ultrastructure of the stylet pathway of *Brevicoryne brassicae* in host plant tissue，*Brassica oleracea*. Entomologia Experimentalis et Applicata，1986，41：283-290.

[60] Kimmins FM，Tjallingii WF. Ultrastructure of sieve element penetration by aphid stylets during electrical recording. Entomologia Experimentalis et Applicata，1985，39：135-141.

[61] Krips OE，Kleijn PW，Willems PEL，et al. Leaf hairs influence searching efficiency and predation rate of the predatory mite *Phytoseiulus persimilis*（Acari：Phytoseiidae）. Experimental and Applied Acarology，1999，23（2）：119-131.

[62]　Levin DA. The role of trichomes in plant defense. The Quarterly Review of Biology，1973，48：3-15.

[63]　Li G，Wu K，Gould F，et al. Increasing tolerance to Cry1Ac cotton from cotton bollworm，*Helicoverpa armigera*，was confirmed in Bt cotton farming area of China. Ecological Entomology，2007，32：366-375.

[64]　Li W，Wu K，Wang X，et al. Impact of pollen grains from Bt transgenic corn on the growth and development of Chinese tussah silkworm，*Antheraea pernyi*（Lepidoptera：Saturniidae）. Environmental Entomology，2005，34：922-928.

[65]　Liu B，Xu C，Yan F，et al. The impacts of the pollen of insect-resistant transgenic cotton on honeybees. Biodiversity and Conservation，2005a，14：3487-3496.

[66]　Liu B，Zeng Q，Yan F，et al. Effects of transgenic plants on soil microorganisms. Plant and Soil，2005b，271：1-13.

[67]　Liu X，Zhai B，Zhang X，et al. Impact of transgenic cotton plants on a non-target pest，*Aphis gossypii* Glover. Ecological Entomology，2005c，30：307-315.

[68]　Malone LA，Burgess EPJ，Gatehouse HS，et al. Effects of ingestion of a *Bacillus thuringiensis* toxin and a trypsin inhibitor on honey bee flight activity and longevity. Apidologie，2001，32：57-68.

[69]　Malone LA，Burgess EPJ，Stefanovic D. Effects of a *Bacillus thuringiensis* toxin，two *Bacillus thuringiensis* biopesticide formulations，and a soybean trypsin inhibitor on honey bee（*Apis mellifera* L.）survival and food consumption. Apidologie，1999，30：465-473.

[70]　Malone LA，Pham-Delegue MH. Effects of transgene products on honey bees（*Apis mellifera*）and bumblebees（*Bombus* sp.）. Apidologie，2001，32：287-304.

[71]　Martin B，Collar JL，Tjallingii WF，et al. Intracellular ingestion and salivation by aphids may cause the acquisition and inoculation of non-persistently transmitted plant viruses. Journal of General Virology，1997，78：2701-2705.

[72]　McLean DL，Kinsey MG. A technique for electrical recording aphid feeding and salivation. Nature，1964，202：1358-1359.

[73]　Melcher PJ，Goldstein G，Meinzer FC，et al. Determinants of thermal balance in the Hawaiian giant rosette plant *Argyroxiphium sandwicense*. Oecologia，1994，98：412-418.

[74]　Messeguer J. Gene flow assessment in transgenic plants. Plant Cell，Tissue and Organ Culture，2003，73：201-212.

[75]　Prado E，Tjallingii WF. Aphid activities during sieve element punctures. Entomologia Experimentalis et Applicata，1994，72：157-165.

[76]　Raps A，Kehr J，Gugerli P，et al. Immunological analysis of phloem sap of *Bacillus thuringiensis* corn and of the nontarget herbivore *Rhopalosiphum padi*（Homoptera：Aphididae）for the presence of Cry1Ab. Molecular Ecology，2001，10：525-533.

[77]　Reed GL，Andrew SJ，Jennifer R，et al. Transgenic Bt potato and conventional insecticides for Colorado potato beetle management：comparative efficacy and non-target impacts. Entomologia experimentalis et applicata，2001，100：89-100.

[78]　Romeis J，Shanower TG，Zebitz CPW. Physical and chemical plant characters inhibiting the searching behaviour of *Trichogramma chilonis*. Entomologia Experimentalis et Applicata，1998，87：275-284.

[79] Rose R, Dively GP. Effects of insecticide-treated and lepidopteran-active Bt Transgenic sweet corn on the abundance and diversity of arthropods. Environmental Entomology, 2007, 36: 1254-1268.

[80] Rosi-Marshall EJ, Tank JL, Royer TV, et al. Toxins in transgenic crop byproducts may affect headwater stream ecosystems. Proceedings of the National Academy of Sciences of the United States of America, 2007, 104: 16204-16208.

[81] SAS. User manual. SAS Company, 1998.

[82] Schnepf E, Crickmore N, Van Rie J, et al. *Bacillus thuringiensis* and its pesticidal crystal proteins. Microbiology and Molecular Biology Reviews, 1998, 62: 775-806.

[83] Schnepf HE, Whiteley HR. Cloning and expression of *Bacillus thuringiensis* crystal protein gene in *Escherichia coli*. Proceedings of the National Academy of Sciences of the United States of America, 1981, 78: 2893-2897.

[84] Sharma HC, Arora R, Pampapathy G. Influence of transgenic cottons with *Bacillus thuringiensis* cry1Ac gene on the natural enemies of *Helicoverpa armigera*. Biocontrol, 2007, 52 (4): 469-489.

[85] Sisterson MS, Biggs RW, Olson C, et al. Arthropod abundance and diversity in Bt and non-Bt cotton fields. Environment Entomology, 2004, 33: 921-929.

[86] Spiller NJ, Koenders L, Tjallingii WF. Xylem ingestion by aphids – a strategy for maintaining water balance. Entomologia Experimentalis et Applicata, 1990, 55: 101-104.

[87] Steven RS, Berberich SA. *Bcaillus thuringiensis* Cry1A protein levels in raw and processed seed of transgenic cotton: determination using insect bioassay and ELISA. Journal of Economic Entomology, 1996, 89 (1): 247-251.

[88] Torres JB, Ruberson JR, Adang MJ. Expression of *Bacillus thuringiensis* Cry1Ac protein in cotton plants, acquisition by pests and predators: a tritrophic analysis. Agricultural and Forest Entomology, 2006, 8: 191-202.

[89] Tjallingii WF. Electronic recording of penetration behaviour by aphids. Entomologia Experimentalis et Applicata, 1978, 24: 521-530.

[90] Tjallingii WF. Membrane potentials as an indication for plant cell penetration by aphids. Entomologia Experimentalis et Applicata, 1985, 38: 187-193.

[91] Tjallingii WF. Stylet penetration activities by aphid: new correlations with electrical penetration graphs. In: Labeyrie V., Fabres G. and Lachaise D. (Eds.), Insect-Plant, Junk, Dordrecht, 1987: 301-306.

[92] Tjallingii WF. Electrical recording of stylet penetration activities. Aphid, their Biology, Nature Enemies and Control (eds. A.K. Minks and P. Harrewijn), 1988: 95-108.

[93] Tjallingii WF. Continuous recording of stylet penetration activities by aphids. In: Campbell RK, Eikenbary RD eds. Aphid-Plant Genotype Interactions. Amsterdam: Elsevier, 1990: 89-99.

[94] Tjallingii WF. Electrical signals from the depths of the plant tissues: the electrical penetration graph (EPG). In: Proceedings of an IFS workshop in chemical ecology (held at the Universidad de Chile, Santiago Chile, 24-30 September 1995), 1995: 49-58.

[95] Tjallingii WF, Hogen ET. Fine structure of aphid stylet routes in plant tissues in correlation with EPG signals. Physiological Entomology, 1993, 18: 317-328.

[96] Walker GP，Backus EA. Principles and Applications of Electronic Monitoring and Other Techniques in the Study of Homopteran Feeding Behavior. Thomas Say Publications in Entomology，Entomological Society of America，Lanham，MD，2000.

[97] Wan P，Huang M，Wu K，et al. Effects of transgenic Bt cotton on development and population dynamics of cotton aphid. Scientia Agricultura Sinica，2003，36：1484-1488.

[98] Wang S，Wang JW，Yu N，et al. Control of plant trichome development by a cotton fiber *myb* gene. The Plant Cell，2004，16：2323-2334.

[99] Wang W，Wu K，Liang G，et al. Occurrence of cotton pests in the Bt cotton fields and its control strategy. Plant Protection，1999，25：3-51.

[100] Wang W，Jiang Y，Yang X，et al. Study on evaluation and utilization of transgenic Bt cotton resistance to cotton bollworm. Scientia Agricultura Sinica，1997，30：7-12.

[101] Webber IE. Anatomy of the leaf and stem of Gossypium. Journal of Agricuiltural Research，1938，57：269-286.

[102] Wilkens RT，Shea GO，Halbreich S，et al. Resource availability and the trichome defenses of tomato plants. Oecologia，1996，106（2）：181-191.

[103] Wilson FD，Flint HM，Deaton WR，et al. Resistance of cotton lines containing a *Bacillus thuringiensis* toxin to pink bollworm（Lepidoptera：Gelechiidae）and other insects. Journal of Economic Entomology，1992，85：1516-1521.

[104] Wu KM，Guo YY. Field resistance evaluations of Bt transgenic cotton GK series to cotton bollworm. Acta Phytophylacica Sinica，2000，27，317-321.

[105] Wu KM，Guo YY. Influences of *Bacillus thuringiensis* Berliner cotton planting on population dynamics of the cotton aphid，*Aphis gossypii* Glover，in northern China. Environmental Entomology，2003，32：312-318.

[106] Wullschleger SD，Oosterhuis DM. Photosynthesis，transpiration，and water-use effieiency of cotton leaves and fruit. Photosynthetica，1991，25：505-515.

[107] Yan F，Bengtsson M，Anderson P，et al. Antennal response of cotton bollworm（*Heliocoverpa armigera*）to volatiles in transgenic Bt cotton. Journal of Applied Entomology，2004，128：354-357.

[108] Yang Y，Lu Y，Xue W，et al. Population dynamics of *Aphis gossypii* Glover in transgenic cotton fields and an analysis of the related influencing factors. Acta Entomologica Sinica，2006，49：80-85.

[109] Yencho GC，Tingey WM. Glandular trichomes of *Solanum berthaultii* alter host preference of the Colorado potato beetle，*Leptinotarsa decemlineata*. Entomologia Experimentalis et Applicata，1994，70：217-225.

[110] Zhang GF，Wan FH，Lovei GL，et al. Transmission of Bt toxin to the predator *Propylaea japonica*（Coleoptera：Coccinellidae）through its aphid prey feeding on transgenic Bt cotton. Environmental Entomology，2006，35：143-150.

[111] Zwahlen C，Hilbeck A，Howald R，et al. Effects of transgenic Bt corn litter on the earthworm *Lumbricus terrestris*. Molecular ecology，2003，12：1077-1086.

第6章 抗虫转 *Bt* 与转 *Bt/CpTI* 基因棉在不同田间条件下的适合度效应

6.1 绪言

目前，转基因植物的商业化种植越来越广泛，由于转入的外源基因使转基因作物获得了抗虫、抗病、耐受除草剂等新性状，可以减少农作物因病虫害等不利影响因素而导致的产量损失，同时减少杀虫剂、除草剂等农药的使用量。1996 年美国首先批准了转基因抗虫棉花的商业化种植并迅速将其推广。1997 年多个转基因棉花品种在我国被批准商业化生产，我国也开始进行转基因抗虫棉的育种工作。迄今为止，转基因抗虫棉是目前我国唯一大规模种植的转基因作物。据农业生物技术应用国际服务组织（ISAAA，2007）报告，2007 年我国转基因棉花种植面积达到 380 万 hm^2，占全国棉花总种植面积的 69%。

转基因抗虫棉中最常应用的外源性抗虫基因为 *Bt* 基因，在棉花的生长过程中，*Bt* 基因的表达能使棉花产生 Bt 杀虫晶体毒蛋白，被鳞翅目昆虫取食后，在昆虫肠道的碱性和还原性条件下，溶解为前毒素，最终使昆虫肠内细胞膜穿孔，消化道细胞的离子、渗透压平衡遭到破坏，从而对鳞翅目昆虫产生杀伤作用。种植 *Bt* 转基因棉后，棉铃虫的数量显著减少，棉花产量增加了 10%，农药用量减少 50% 以上（James，2008），转基因棉花的种植可以带来巨大的经济效益（Pray *et al.*，2002；Betz *et al.*，2000）。

转基因作物的生物安全问题一直受到人们的关注（Conner *et al.*，2003；Dale *et al.*，2002），对于转入的外源基因是否会对人类造成长期潜在影响还存有疑虑。转基因作物在为人类社会带来巨大效益的同时，其安全性已成为人类发展过程中必须面对的一个长期、重要并且复杂的问题。对于转基因作物的大规模商品化种植，必须将外源基因逃逸及其潜在不利生态后果控制在可接受的风险水平之下。转基因植物的花粉可以通过风力或昆虫等媒介传播到野生亲缘种中，使得野生种群受到基因污染，在一定的环境选择压下可能获得竞争优势，从而影响自然生境中原有的种群之间的平衡。Warwick 等（2003）发现在加拿大魁北克抗除草剂的转基因通过基因流从转基因芜菁（*Brassica napus* L.）传播到了野生芜菁种群中并持续存在 3～5 年。另有研究表明，栽培稻和野生性杂草稻之间在自然状态下经常发生基因漂移，如果获得抗除草剂新性状，杂草稻将变得更加难以管理，并且能产生更多的种子，或者由于特定基因的传播而分布在更广泛的环境中（Lu and Snow，2005），外源基因经常会从栽培作物中逃逸出来，其扩散率是由这些外源基因的适合度效应控制的，只有极为有利的基因才会快速传播而产生生态学影响（Rieseberg and Burke，2001；Burke and Rieseberg，2003），因而对于转基因逃逸的安全性风险评价的研究应着眼于外源基因转入而带来的适合度效应。因为如果杂交作物拥有生态学上可以增加作物的适合度的重要特征，如抗虫性、抗病性、耐寒性或者是耐盐性，那么入侵的风险将会有所提高（Snow and Palma，1997）。入侵风险的提高可能会改变群落的结构和功能（Callaway and Maron，2006），而产生这种后果的可能性依赖于作物野生杂交种相对于野生种群的适合度，适合度决定了其在环境中的扩散能力。如果引入的新性状增加了其适合度，那么这种基因渐渗的风险将大大提高，并可能最终导致生物多样性和生态系统功能的破坏（Andow and Zwahlen，2006）。

适合度表征个体生产能存活后代并能对未来世代有贡献的能力，与植物的生长、发育和繁殖密切相关。目前，对于转基因作物尤其是转基因棉花在不同选择压力条件下的潜在适合度成本的研究还比较少。在没有虫害压力的情况下，如果抗虫基因对受体植物在生长、发育和结实等与适合度相关的性状上与非转基因对照相比有明显的减少或降低，那么这种情况就被称之为产生了适合度净成本。通常所研究的适合度效应是指产量成本与收益结合后产生的综合效应。在田间条件下，转入的外源基因对于作物生长和繁殖方面的成本可能检测不到，因为这些作物通常是在那些已经被证明能获得高产或产生经济利益的条件下生长的。如果这些转基因作物的产量收益或经济收益很明显的话，那么农业生产者是不会关心这些微小的成本的。然而，对于杂草性野生种群来说，这种适合度成本是非常重要的，因为它可能会影响外源基因在野生和杂草种群中的持久性以及向野生种群、杂草种群的基因流频率。

由于田间条件复杂多变，因而不同的选择性压力条件对转基因作物的生长和繁殖的适合度效应也是不同的，比如是否存在不同的虫压水平或不同的竞争性种植模式。目前已有一些关于外源基因对杂交后代适合度影响的研究报道。Snow 等（2003）研究转入 *Bt* 基因的野生向日葵之后发现，相对于非转基因植株，鳞翅目昆虫造成的损害明显减少了，当没有昆虫取食的时候，没有检测到适合度成本，而当存在较高虫压时却获得了较高的适合度利益，研究结果表明减少的虫食使转基因植株平均要多产 55%的种子。同样是对于转基因向日葵，当缺少相关的疾病传播的时候，编码对一种真菌性疾病有抗性的转基因并没有降低作物的结实（Burke and Rieseberg，2003）。在水稻的研究中有人发现，抗除草剂基因对水稻杂草型的生长和结实未产生成本（Oard *et al.*，2000；Zavala *et al.*，2004）。Chen 等（2006）通过比较三种抗虫性转基因水稻（转 *Bt*、*CpTI* 和 *Bt/CpTI*）及非转基因水稻在两种虫压水平和两种竞争模式下的生长和结实情况后发现，只有在低虫压水平下混合种植的转 *Bt/CpTI* 基因水稻检测出了这种成本。转入的外源基因不同其适合度效应也会有差异，Jackson 等（2004）通过研究转基因拟南芥耐冷性的适合度成本与收益时，发现根据转入耐寒基因的不同而检测到了不同程度的成本。

假设转基因植物为维持外源基因的运转需要消耗额外的能量，这有可能会使转基因植物在生长发育与繁殖等方面的能量分配受到影响，而对其带来适合度成本。在田间低虫压下，可对潜在的成本进行检测；而在田间高虫压下，外源基因表达的毒蛋白可降低虫害损失，给植物的生长和繁殖带来利益。转基因植物在田间的最终表现将取决于外源基因所带来的成本与利益之间的平衡。因此，本研究采用了两种转基因抗虫棉（*Bt* 和 *Bt/CpTI*）及其对照，在两种虫压水平和三种竞争性种植模式下，测定表征其生长与繁殖的指标，以评价虫压、竞争和外源基因等因素给转基因棉带来的适合度效应。通过研究在不同选择压条件下外源基因对转基因棉花适合度净成本和收益的平衡，判断在何种程度的选择压下转基因棉花表现出的利益可以大于其潜在的成本，从而为转基因棉花的商业化种植及其潜在生态影响提供科学依据。

6.2 转 *Bt* 基因与转 *Bt/CpTI* 基因抗虫棉在不同选择压条件下的适合度效应研究

6.2.1 材料与方法

6.2.1.1 试验材料

供试棉花共有 4 个品种：纯合转 *Bt* 基因棉（品种名：中 30，以下简称 *Bt* 棉）及其近基因对照（品种名：中 16），纯合转 *Bt/CpTI* 双价棉（品种名：中 41，以下简称 *Bt/CpTI* 棉）及其近基因对照（品种名：中 23）。上述试验材料由中国农业科学院棉花研究所提供。

6.2.1.2 田间试验布置与处理设置

田间实验地点位于南京市六合区玉带镇小摆渡村的一片农田中，地处北纬 32°13′，东经 118°54′，海拔高度 5 m 左右。土壤类型组合为渗育型水稻土，成土母质属长江冲积物。实验地点年平均降水量为 989.4 mm，年平均雨雪日在 113 d 左右。年平均无霜期为 220～230 d，初霜期一般在 11 月上中旬，终期一般在 3 月中下旬到 4 月上旬，常年平均气温为 15.1℃，一般年份冬季最低气温为−8～−10℃，夏季最高气温为 36～38℃。$T \geq 3℃$ 的活动积温为 5192.5℃。年平均年日照时数为 2199.4 h 以上，年平均日照百分率为 50%。一年四季日照分布：春季 522.8 h，夏季 673.3 h，秋季 536.6 h，冬季 466.7 h。大气的干燥度为 0.97 左右。

试验在同一片大田中进行（图 6-1），并分割成两块，每块试验田长 128 m，宽 13.6 m，总面积约为 3482 m²。这两块地分别设置不同的虫压水平：一组通过喷施杀虫剂将虫压控制在最小；另一组保持自然虫压，在试验过程中不使用针对抗虫基因靶标害虫的杀虫剂。棉花的水肥、疾病控制等按照常规种植条件进行管理。不同虫压的田块之间保留 15 m 的缓冲隔离带。施用农药的处理地块 2008 年共施用各类杀虫剂农药 8 次，使用情况如下：

4 月 10 日，苗床施用 3%呋喃丹颗粒剂 400 g；

5 月 20 日，苗床施用 30%绿保 1 号广谱杀虫剂乳油 25 ml；

7 月 15 日，每亩施用 40 ml 灭铃皇 26%乳油（1%高效氯氟氰菊酯和 25%辛硫磷）；

7 月 20 日，每亩施用 30%绿保 1 号杀虫剂乳油 70 ml；

8 月 4 日，每亩施用高氰戊菊酯（5%乳油）100 ml 和敌杀死（4%溴氢菊酯乳油）60 ml；

8 月 25 日，每亩施用氯氟氰菊酯（2.5%乳油）130 ml；

9 月 10 日，每亩施用氯氟氰菊酯（2.5%乳油）130 ml；

9 月 20 日，每亩施用氯氟氰菊酯（2.5%乳油）80 ml。

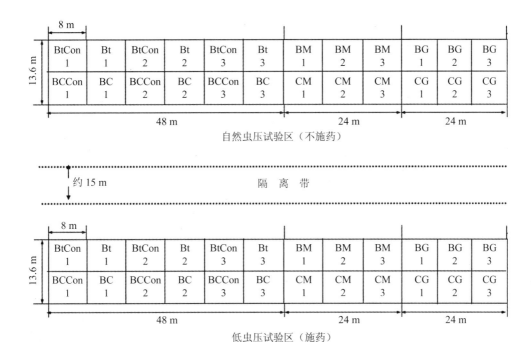

图 6-1 田间试验布置图

注：BtCon——*Bt* 转基因抗虫棉的非转基因对照品系单独种植；

Bt——*Bt* 转基因抗虫棉品系单独种植；

BM——*Bt* 转基因抗虫棉与其非转基因对照品系隔株混合种植；

BG——*Bt* 转基因抗虫棉与其非转基因对照品系隔行混合种植；

BCCon——*Bt/CpTI* 双价转基因抗虫棉的非转基因对照品系单独种植；

BC——*Bt/CpTI* 双价转基因抗虫棉品系单独种植；

CM——*Bt/CpTI* 双价转基因抗虫棉与非转基因对照品系隔株混合种植；

CG——*Bt/CpTI* 双价转基因抗虫棉与其非转基因对照品系隔行混合种植。

　　每种转基因棉及其对照共设置 4 种竞争模式的处理，如图 6-2 所示：转基因棉单一种植（图 6-2A），对照棉单一种植（图 6-2B），转基因棉与对照棉隔株种植（竞争 Ⅰ，图 6-2C），转基因棉与对照棉隔行种植（竞争 Ⅱ，图 6-2D），每种处理均设置 3 个平行，如图 6-1 所示。单一种植的样方为 8×8 种植，间隔种植样方为 8×10 种植，行距 1 m，株距 0.5 m。低虫压水平和自然虫压水平的两种转基因棉与其非转基因对照均采用相同的试验布置。

6.2.1.3 实验过程

　　四个品系的所有植株于 2008 年 5 月初育苗，6 月初移栽，并于 6 月 16 日（现蕾期）、7 月 17 日（初花期）、8 月 18 日（盛花期）、9 月 20 日（吐絮盛期）、10 月 22 日（吐絮末期）进行野外观测与样品采集。其中每次观测时在每个单一种植样方中心部位随机选取 10 株植株测量株高，在间隔混合种植样方中心部位随机选取 8 对植株测量株高。

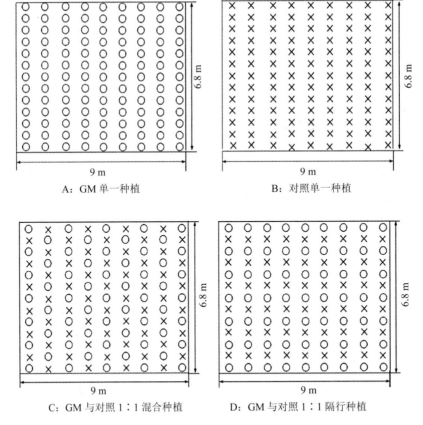

A：GM 单一种植   B：对照单一种植

C：GM 与对照 1∶1 混合种植   D：GM 与对照 1∶1 隔行种植

图 6-2   竞争与非竞争条件下各处理设置

后四次观测的同时采集植株顶端倒四至倒五叶的次新叶叶片样品，采集样品的时间正好依次对应植株的初花期、盛花期、结实期和衰老期。首次采集前先在 24 个单一种植样方中心部位选取 6 株植株，24 个间隔种植样方中心部位选取 6 对植株并进行挂牌标记，作为每次采样的固定对象。采集叶片时，选取适量符合采样要求的叶片，用剪刀剪下叶尖 1/4 并放入做好标记的自封袋中，然后立即用液氮速冻固定处理并放入冰盒运输，再在液氮中研碎成粉末混匀分装后在–70℃冰箱中保存。每次采样共可获得 432 个样品，4 次采样得到的总样品数达 1728 个。

每次采样后对样品所选定的 5 种生理生化指标进行测定并在下一次采样之前完成其中酶学、叶绿素等 4 种指标的测定。2009 年 2 月所有指标测定完毕。

9 月开始收获每个样方中各品种固定采样植株上的全部成熟及损坏的棉桃，直至 10 月末全部棉桃采收完毕。按处理和品种分别包装后送至实验室进行下一步实验。

6.2.1.4   不同时期植物株高测定

外源基因的插入对适合度的影响可能表现在植物的各个生长阶段，所以实验中以大约 30 d 为间隔，对植株的高度进行了 5 次测量。

为避免实验样方布置中边缘效应的影响，选取样方中央部位的植株进行测量。单一种植的样方，在中央部位随机选择 10 株测量；混合种植的样方，在中央部位选择相邻的 8

对进行测量。记录地面到植株最高处的叶片的垂直高度。

6.2.1.5 生理生化指标的选择与测定

6.2.1.5.1 SOD 酶活力指标的选择与测定

6.2.1.5.1.1 超氧化物歧化酶的生理作用

超氧化物歧化酶（Superoxide Dismutase，SOD）是需氧生物活性氧清除系统中第一个发挥作用的抗氧化酶。植物正常代谢过程和在各种环境胁迫下产生的活性氧和自由基积累可引起细胞结构和功能的破坏，SOD 歧化超氧化物阴离子生成过氧化氢和分子氧，保护细胞免受氧化损伤（马旭俊，朱大海，2003）。

抗虫棉在转入外源基因后，生理代谢可能会产生一定的变化，并体现一定的适合度效应。生理代谢的变化会导致植物体内自由基数量的改变，考虑到 SOD 在植物抗氧化系统中的重要性和敏感性，这种变化有可能导致 SOD 的酶活发生变化。

6.2.1.5.1.2 SOD 酶活力测定方法（NBT 法）

本研究采用 NBT 法测定受试棉花样品样片的 SOD 活性。

（1）测试试剂

提取液为 0.05 mol/L pH7.8 的磷酸缓冲液（PBS），其中含有 1% 的聚乙烯吡咯烷酮（吸附多酚类物质以排除干扰）和 0.1 mmol/L Na_2-EDTA。反应液 1：0.05 mol/L pH 7.8 PBS，内含 13 mmol/L 甲硫氨酸（Met），45 μmol/L NBT，10 μmol/L Na_2-EDTA·$2H_2O$；反应液 2：33 μmol/L 核黄素溶液。

（2）粗酶提取液的制备

取样品粉末 0.1 g 左右置于预先用冰水预冷的研钵中（事先称量好，记录准确质量，装入 2 ml EP 离心管中，−86℃保存，提取时直接取用），加入约 1 ml 4℃的提取液，冰水浴中研磨成匀浆，转移到 10 ml 比色管中，清洗研钵两次，清洗液也转移至同一支比色管中，用提取液定容至 5 ml，混匀转移约 2 ml 到 2 ml EP 离心管中并保持 4℃低温环境。24 个样品为一组，10 000 r/min 下冷冻离心 10 min，所得上清液即为粗酶提取液。

（3）SOD 活性测试

在 26 支比色管中加入 4.45 ml 反应液 1，0.45 ml 反应液 2，24 支测试管中再加入 0.05 ml 粗酶液，另两支对照管加入 0.05 ml 提取液，混匀后，将 1 支对照管用铝箔包严，完全避光。各管于 3 000 lx 日光灯下在 30℃下反应 30 min，要求各管光照情况一致。反应结束后，置于暗处终止反应，以遮光的对照管中的试液为调零空白，在 560nm 波长下测定各管中试液的吸光度。

（4）SOD 酶活力计算

SOD 活性单位的定义为：抑制 NBT 光化还原的 50% 为一个酶活性单位（U）。按下式计算 SOD 活性：

$$SOD\ 总活性 = \frac{(A_0 - A_S) \times V_T}{A_0 \times 0.5 \times FW \times V_1}$$

$$SOD\ 比活力 = \frac{SOD总活性}{蛋白质浓度}$$

式中：SOD——总活性，酶单位/g 鲜重；

SOD 比活力——酶单位/mg 蛋白；

A_0——照光对照管的消光度值；

A_S——样品管的消光度值；

V_T——样液总体积，ml；

V_1——测定时样品用量，ml；

FW——样重，g。

蛋白质浓度，mg 蛋白/g 鲜重。

6.2.1.5.2　APX 酶活力指标的选择与测定

6.2.1.5.2.1　APX 酶的生理作用

H_2O_2 是叶绿体中光合电子传递和某些酶学反应的天然产物，也是对植物具有毒害作用的一种活性氧。抗坏血酸过氧化物酶（Ascorbate Peroxidase，APX）是利用抗坏血酸（Ascorbic Acid，AsA）为电子供体的 H_2O_2 清除剂（孙卫红等，2005）。抗坏血酸—谷胱甘肽（AsA—GSH）循环是植物体胞质和叶绿体中一个重要的清除 H_2O_2 的系统，而 APX 是其中的关键酶。同位素示踪研究证明，叶绿体中的 H_2O_2 是由 APX 清除的（Asada and Badger，1984）。

从目前的研究看，单纯提高 SOD 活力并不能显著提高植株的抗逆性，APX 在整体上提高植株抗逆性上的作用不可忽视（孙卫红等，2005）。在逆境条件下 APX 的调节至少存在于蛋白质从头合成、蛋白质稳定性或酶激活几个方面，且激活作用更加敏感迅速（沈文飚等，1997）。

由于 APX 在植物抗氧化系统中的重要性和敏感性，对于转入了外源抗虫基因的植株，APX 的变化可以敏感地指示外源基因转入带来的生理活动变化以及抗逆性的增强或抑制。

6.2.1.5.2.2　APX 酶活力测定方法

APX 酶活力的测定采用抗坏血酸过氧化氢法，参考沈文飚等（1996）的方法并针对本试验的材料和要求进行了改进。

（1）测试试剂

提取液与 SOD 提取液相同。反应液 1：50 mmol/L pH7.0 PBS，内含 0.1 mmol/L Na_2-EDTA，0.25 mmol/L AsA。反应液 2：0.06%双氧水。

（2）粗酶提取液的制备

使用 SOD 实验中相同的粗酶提取液。

（3）APX 活性测试

取一对相同的石英比色皿，其中一个注入蒸馏水在 290nm 波长下调零，在其中注入 2.5 ml 反应液 1，再加入 0.5 ml 酶液并混匀，放入分光光度计中，向其中加入 100 μl 反应液 2，测试加入反应液 2 后 10～30s 吸光度值的变化。

（4）APX 酶活力计算

APX 酶活性以单位时间内 AsA 减少的量来表示，单位为 μmol AsA/（g FW·h），即每小时每克鲜重减少的 AsA μmol 数。

$$APX\ 总活性=\frac{\Delta A\times 3\,600\times V_{\mathrm{T}}\times d}{2.8\times FW\times V_l\times \Delta T}$$

$$APX\ 比活力=\frac{APX 总活性}{蛋白质浓度}$$

式中：ΔA——吸光度的变化值；

V_{T}——样液总体积，ml；

V_1——测定时样品用量，ml；

d——测试光程，cm；

FW——样重，g；

ΔT——间隔时间，s；

2.8——AsA 的消光系数，（mmol/L）/cm。

6.2.1.5.3　总叶绿素含量指标的选择与测定

6.2.1.5.3.1　叶绿素的生理作用与选择

光合作用是植物最重要的生理活动，而叶绿素是光合作用中最核心和最重要的组分。外源抗虫基因的转入带来的适合度效应可能会在光合作用上得以表现，而总叶绿素含量能够体现这种变化。

6.2.1.5.3.2　总叶绿素含量的测定方法

取样品粉末（制法同前）0.06 g 左右于研钵中（事先称量好，记录准确质量，装入 2 ml 离心管中，–70℃保存，提取时直接取用），加少许二氧化硅、碳酸钙及约 1 ml 95%乙醇研磨至匀浆，再加约 3 ml 乙醇继续研磨至样品变白，转移进 10 ml 离心管，清洗研钵两次；离心管随即放入离心机的钢套避光保存。在 3000r/min 下离心 5 min，上清液转移至 10 ml 用锡纸包裹的比色管中。再向离心管中加入 2～3 ml 95%乙醇，旋涡振荡清洗沉淀，再次 3 000 r/min 下离心 5 min，合并上清液，并用 95%乙醇定容至 10 ml，混匀待测。

以 95%乙醇作为调零空白，在 665nm 及 649nm 处比色记录吸光度值。总叶绿素含量以单位鲜重样品中叶绿素含量表示，以μg/g 计，采用下式计算。

$$总叶绿素含量=\frac{\left(13.95\times A_{665}-6.88\times A_{649}\right)+\left(24.96\times A_{649}-7.32\times A_{665}\right)}{FW}\times V_{\mathrm{T}}$$

式中：A_{665}——665nm 吸光度值；

A_{649}——649nm 吸光度值；

FW——样品鲜重，g；

V_{T}——样液总体积，ml。

6.2.1.5.4　可溶性蛋白质含量指标的选择和测定方法

6.2.1.5.4.1　蛋白质含量指标的选择原因

叶片中的蛋白质含量，是植物物质积累的一个重要方面，能够反映植株的合成代谢能力与生命活动水平。此外，酶学指标的总酶活力也需经过蛋白含量的标定得出比活力。

6.2.1.5.4.2　可溶性蛋白质含量的测定

可溶性蛋白质含量的测定采用考马斯亮蓝法，参考了曲春香等（2006）的方法并加以改进。

（1）测试试剂

提取液与 SOD 提取液相同。反应液为考马斯亮蓝 G250 测试液和 100 μg/ml 牛血清蛋白标准溶液。

（2）粗酶提取液的制备

使用 SOD 实验中相同的粗酶提取液。

（3）样品可溶性蛋白含量的测定

按表 6-1 绘制标准曲线：取 7 支试管，按下表所示剂量加入蛋白标准液和蒸馏水，加入考马斯亮蓝试剂后摇匀，在反应开始后 3～5 min 在 595nm 下测试吸光度值，绘制标准曲线。

在试管中加入 900 μl 蒸馏水，100 μl 粗酶液，加入 5 ml 考马斯亮蓝试液，在反应开始后 3～5 min 测吸光度值。

表 6-1　蛋白含量测定标准曲线绘制浓度设定

试剂	管　号						
	0	1	2	3	4	5	6
蛋白质标准液/μl	0	150	300	450	600	800	1 000
蒸馏水/μl	1 000	850	700	550	400	200	0
考马斯亮蓝 G250 试剂/ml	5	5	5	5	5	5	5
蛋白质含量/μg	0	15	30	45	60	80	100

（4）蛋白质含量测定的计算

根据所绘制的标准曲线计算出粗酶液中蛋白质的质量。样品中蛋白质含量以 μg/g（FW）表示。按下式计算。

$$样品中蛋白质含量 = \frac{测试酶液中蛋白质质量 \times V_T}{FW \times V_l}$$

式中：V_T——样液总体积，ml；

　　　V_l——测定时样品用量，ml。

6.2.1.5.5　总糖含量指标的选择和测定方法

6.2.1.5.5.1　总糖含量指标的选择原因

糖是植物光合作用的最先产物，也是植物进行其他代谢活动的原料和能量来源，叶片中的总糖含量反映了植株物质积累的状况和生长情况，与生殖生长也有密切关系。转基因抗虫棉在生长的不同时期，叶片中的糖含量也可能产生相应的变化，从而反映出外源基因的转入所引起的适合度效应。

6.2.1.5.5.2　总糖含量的测定

总糖含量的测定采用浓硫酸-蒽酮法，参考林炎坤（1989）的方法并加以补充和改进。

（1）测试试剂

消解液为浓盐酸与蒸馏水按 2：3 比例配制。反应液为蒽酮-浓硫酸和 100μg/ml 葡萄糖标准溶液。

（2）测试方法

将已称量好的约 0.05 g 样品粉末倒入 50 ml 锥形瓶中，加入 7 ml 消解液，盖上表面皿于 105℃烘箱中消解 2 h；将锥形瓶取出冷却后将瓶中试液过滤至 25 ml 容量瓶中，清洗定容待测。标准曲线绘制按表 6-2 进行：取 7 支试管，如下表所示剂量配制标准曲线待测试液。

表 6-2 总糖含量测定标准曲线绘制浓度设定

试剂	管 号						
	0	1	2	3	4	5	6
葡萄糖标准液/μl	0	150	300	450	600	800	1000
蒸馏水/μl	1000	850	700	550	400	200	0
葡萄糖含量/μg	0	15	30	45	60	80	100

向加油标准液的试管中准确加入 2.5 ml 蒽酮-浓硫酸，立即振荡混匀，冷却后在 620nm 处测量吸光度值，绘制标准曲线。样品的测定：试管中分别加入 500 μl 待测液和 500 μl 蒸馏水，之后测定方法同标准曲线。

（3）总糖含量测定的计算

根据绘制的标准曲线计算出待测液中糖的含量。样品中总糖含量以 μg/g（FW）表示。

$$样品中总糖含量 = \frac{测试液中糖的质量 \times V_T}{FW \times V_l}$$

式中：V_T——样液总体积，ml；

V_l——测定时样品用量，ml。

6.2.1.6 结实性状指标

6.2.1.6.1 指标统计方法

结实性状包括：单株棉桃数、单株种子数量、单株种子重量、结实率、千粒重，以及子代发芽率等。于收获期计数每个样方中单个品种固定植株的所有完好棉桃数和损坏棉桃数，其中单株棉桃损坏程度可以表征虫害严重程度。将完好的棉桃去壳，机械脱绒后称量棉絮重量。所得毛籽经浓硫酸脱绒，清洗后放入 40℃恒温烘箱中烘干，然后取出晾干。最后将种子按饱满种子和不饱满种子两类进行分拣，封装在信封中并贴上标签。饱满种子与不饱满种子分别计数并称重，计算千粒重，饱满子即实子。结实率和千粒重按下式计算。

结实率 = 饱满子数/（饱满子数 + 不饱满子数）×100%

千粒重 = 饱满子重 ×1000/饱满子数

6.2.1.6.2　发芽实验

发芽率是指在规定的条件和时间内长成的正常幼苗数占供测定种子数的百分率。通常采用纸床或砂床作为发芽床，本实验采用的是纸床作为发芽床。湿润发芽床的水质纯净、无毒无害，pH 值为 6.0～7.5（GB/T 3543.4—1995）。

从采集的每个处理的棉花成熟饱满种子中随机数取 150 粒种子。以 50 粒为一次重复，做 3 组平行。将数取的种子称重，然后用清洁水浸泡，在 28℃恒温培养箱中浸泡 1 h 后取出，用吸水纸吸干种子表面的水分，称重。纸床包括纸上和纸间，这里采用纸间。将多层纸铺于直径为 10cm 的培养皿中，种子置于其上，另外用多层纱布覆盖在种子上，发芽床用水喷湿。培养皿中置一薄层清洁水。将前面处理完的种子均匀地排布在湿润的发芽床上，粒与粒之间保持一定的距离。采用 28℃恒温、每天 12 h 光照，培养皿上贴上标签后置于恒温光照培养箱中进行培养。发芽期间经常检查温度、水分和通气情况，每天换水一次。

试验的持续时间为 8d。试验前或试验期间用于破除休眠处理所需时间不作为发芽试验时间的一部分。第 2 天开始第一次计数，第 8 天最后一次计数，每天都要计数。如果种子在规定试验时间内只有几粒开始发芽，则试验可以延长 2d。根据试验情况，可增加计数的次数。反之，如果在规定的时间结束前，种子已经达到最高的发芽率，则试验可以提前结束。

胚根和下胚轴总长度大于种子长度的 2 倍，有主根且下胚轴无病的种子记为正常发芽种子。发芽试验结束时，胚根和下胚轴总长度小于种子长度的 2 倍，或无主根，下胚轴发病、畸形、腐烂的种子，记为不正常发芽种子（许红霞，2008）。

分别计算种子的吸水率、发芽势、发芽率以及单株可育后代数：

$$吸水率 =（吸水后重量 - 吸水前重量）/吸水后重量×100\%$$
$$发芽势 = 3 天内发芽的粒数/供测定的种子粒数×100\%$$
$$发芽率 = 全部发芽种子粒数/供测定的种子粒数×100\%$$
$$单株可育后代数 = 单株实子数×发芽率$$

6.2.2　结果与分析

本试验选取并测定了表征棉花生长发育、生理响应、结实和繁殖情况的指标，分别为不同时间棉花植株的株高、各生长时期叶片 SOD 比活力、各生长时期叶片 APX 比活力、各时期叶片总叶绿素含量、各时期叶片可溶蛋白含量、各时期叶片总糖含量、成熟后的单株实子数、单株实子重、千粒重、结实率、单株絮重和完好棉桃数，以及后代种子的吸水率、发芽势、发芽率、单株可育后代数。

数据处理采用 t 检验法比较各处理组与其相应对照之间的差异。单一种植模式下，将各处理组与相应对照组的数据进行独立样本 t 检验法进行检测；竞争种植模式下采用配对样本 t 检验法进行检测。在所有表和图中，+表示近显著差异水平 $p<0.1$ 且>0.05，*表示显著差异水平 $p<0.05$ 且>0.01，**表示极显著差异水平 $p<0.01$。非竞争表示单一种植，竞争Ⅰ表示隔株种植，竞争Ⅱ表示隔行种植。

6.2.2.1　转基因品系与非转基因品系植株不同时期的生长状况

本研究于转基因棉和非转基因对照棉田间种植的不同生长期测定了植株株高的变化。图 6-3（A）为低虫压非竞争条件下转基因棉与非转基因对照在不同生长时间的株高。*Bt* 棉在现蕾期（6 月中旬）和盛花期（8 月中旬）的株高分别比对照低 8% 和 9%，差异接近显著水平（$0.05 < p < 0.1$），吐絮盛期（9 月中旬）和吐絮末期（10 月下旬）的株高则分别比对照低 15% 和 27%，差异显著（$p < 0.05$，$p < 0.01$）；而 *Bt/CpTI* 棉在各个时期的株高与对照相比均不存在显著性差异。

图 6-3（B）显示低虫压隔株种植时转基因棉与非转基因对照在不同生长时间的株高。*Bt* 棉在初花期（7 月中旬）、盛花期（8 月中旬）和吐絮末期（10 月下旬）与对照相比存在显著性差异（$p < 0.05$，$p < 0.01$，$p < 0.01$），分别比对照低 14%、15%、20%；*Bt/CpTI* 棉只在 7 月中旬初花期才存在显著性差异（$p < 0.05$），比对照低 7%。

图 6-3（C）为田间低虫压下隔行种植时两种转基因棉分别与其对照在不同生长时间的株高。在初花期，*Bt/CpTI* 棉的株高低于对照 15%，差异极显著（$p < 0.01$）；而在盛花期和吐絮末期，*Bt/CpTI* 棉与其对照存在近显著差异和显著差异（$0.05 < p < 0.1$，$p < 0.05$），分别低于对照 6% 和 6%，而 *Bt* 棉与对照的差异均达到显著水平（$p < 0.05$，$p < 0.05$），分别低于对照 6% 和 27%。

图 6-3（D）为自然虫压非竞争条件下转基因棉与非转基因棉对照在不同生长时间的株高。在初花期、盛花期和吐絮盛期，*Bt* 棉的株高比对照分别低 15%、8%、14%，差异均达到显著性水平（$p < 0.05$，$p < 0.01$，$p < 0.01$）；同样是在这三天，*Bt/CpTI* 棉的株高分别低于对照 9%、5%、6%，且显著性水平各不相同（$0.05 < p < 0.1$，$p < 0.05$，$p < 0.01$）。

图 6-3（E）为自然虫压隔株种植时各棉花品系在不同生长时间的株高。*Bt* 棉的株高只在吐絮盛期和吐絮末期与对照的差异接近显著水平（$0.05 < p < 0.1$，$0.05 < p < 0.1$），分别低于对照 10% 和 11%。

图 6-3（F）为自然虫压隔行种植时两种转基因棉与各自的非转基因棉对照在不同生长时间的株高。*Bt* 棉的株高在初花期、盛花期和吐絮盛期与对照的差异均接近显著水平（均为 $0.05 < p < 0.1$），分别低于对照 17%、14% 和 10%；而 *Bt/CpTI* 棉在 7 月 17 日的时候株高低于对照 9%，差异极显著（$p < 0.01$）。

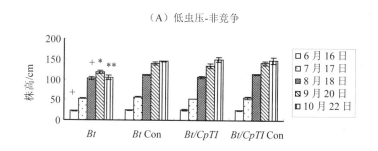

（A）低虫压-非竞争

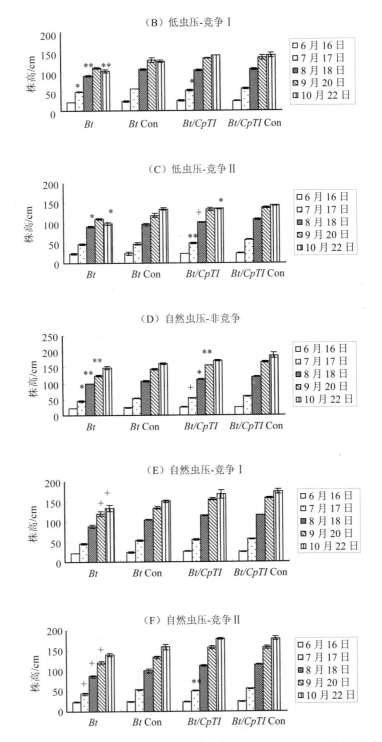

图6-3 转基因棉花品系植株及其对照在不同试验条件下不同时间的株高

6.2.2.2　转基因品系与非转基因品系的生理代谢比较

6.2.2.2.1　叶片样品 SOD 比活力

图 6-4 中采样时间分别为 2008 年 7 月 17 日、8 月 18 日、9 月 20 日和 10 月 22 日，分别对应棉花生长的初花期、盛花期、结实期和衰老期。图 6-4（A）显示的是单一种植无竞争条件下，转 *Bt* 基因棉及其对照在不同生长时期的叶片样品 SOD 比活力。在 7 月中旬初花期采集的样品中，转基因品系在低虫压与自然虫压下的 SOD 比活力分别低于对照 42%和 30%；8 月中旬盛花期采集的低虫压样品，转基因品系 SOD 比活力高于对照 38%。但在两种虫压的各个生长时期，转基因抗虫棉与其对照间都没有显著性差异。

图 6-4（B）显示的是隔株混合种植的竞争条件下，转 *Bt* 基因棉及其对照在不同生长时期的叶片样品 SOD 比活力。初花期采集的样品中，低虫压条件下转基因品系 SOD 比活力近显著低于对照 60%，自然虫压条件下显著低于对照 46%。其他时间采集的样品都未发现转基因品系与对照间有显著的差异。

图 6-4（C）显示的是隔行混合种植的竞争条件下，转 *Bt* 基因棉及其对照在不同生长时期的叶片样品 SOD 比活力。初花期采集的样品中，低虫压条件下转基因品系 SOD 比活力低于对照 51%，自然虫压下低于对照 41%；盛花期采集的低虫压条件下的样品中，转基因品系 SOD 比活力低于对照 23%。但隔行混合竞争下，未发现有转基因品系与对照的 SOD 比活力间有显著的差异。

图 6-4（D）显示的是单一种植无竞争条件下，转 *Bt/CpTI* 双价基因棉及其对照在不同生长时期的叶片样品 SOD 比活力。初花期采集的样品中，低虫压下转基因品系的 SOD 比活力低于对照 31%，但不存在显著性差异，自然虫压下的转基因品系显著低于对照 54%；9 月中下旬吐絮盛期采集的低虫压转基因品系样品的 SOD 比活力极显著高于对照 37%。对其他样品的检测中均未发现品系间显著性或较大的差异。

图 6-4（E）显示的是隔株混合种植的竞争条件下，转 *Bt/CpTI* 双价基因棉及其对照在不同生长时期的叶片样品 SOD 比活力。7 月中旬初花期的样品中，自然虫压下转基因品系 SOD 比活力低于对照 26%；9 月中下旬吐絮盛期的样品中，低虫压下转基因品系 SOD 比活力高于对照 28%。但以上差异并不显著，其他生长期和不同的虫压条件下也未发现转基因品系与对照有显著的差异。

图 6-4（F）显示的是隔行混合种植的竞争条件下，转 *Bt/CpTI* 双价基因棉及其对照在不同生长时期的叶片样品 SOD 比活力。7 月中旬初花期的样品中，转基因品系的 SOD 比活力在低虫压下高于对照 19%，但在自然虫压下低于对照 15%。8 月中旬盛花期的样品中，低虫压下的转基因品系 SOD 比活力显著低于对照 27%；同样的处理在 9 月中下旬吐絮盛期、10 月下旬吐絮末期的样品 SOD 比活力的检测中分别较显著高于对照 27%和显著低于对照 17%。吐絮末期的自然虫压处理中，转基因品系 SOD 比活力极显著低于对照 33%。

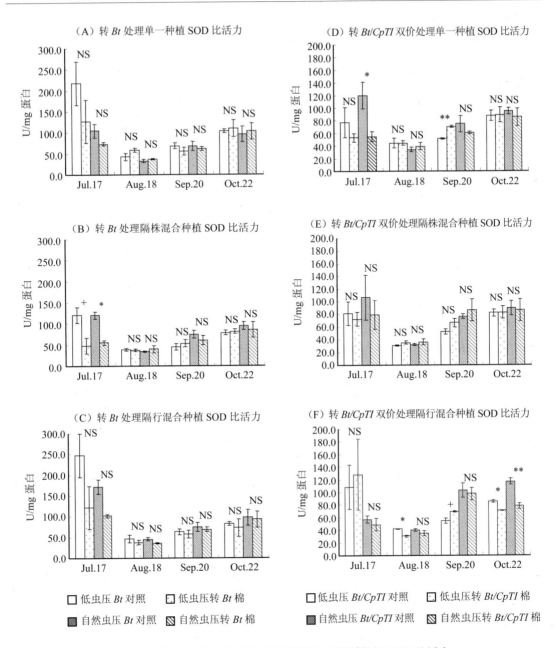

图 6-4　转基因品系及其对照在不同条件与生长时期的 SOD 比活力

6.2.2.2.2　叶片样品 APX 比活力

图 6-5（A）显示的是单一种植无竞争条件下，转 *Bt* 基因棉及其对照在不同生长时期的叶片样品 APX 比活力。初花期采集的样品中，转基因品系的 APX 比活力与对照相比，低虫压下低 25%，自然虫压下高 31%，但都无显著性差异；盛花期低虫压处理的样品，转基因品系的 APX 比活力显著高于对照 81%；吐絮末期采集的样品，低虫压与自然虫压下的转基因品系分别显著高于对照 97% 和 101%。

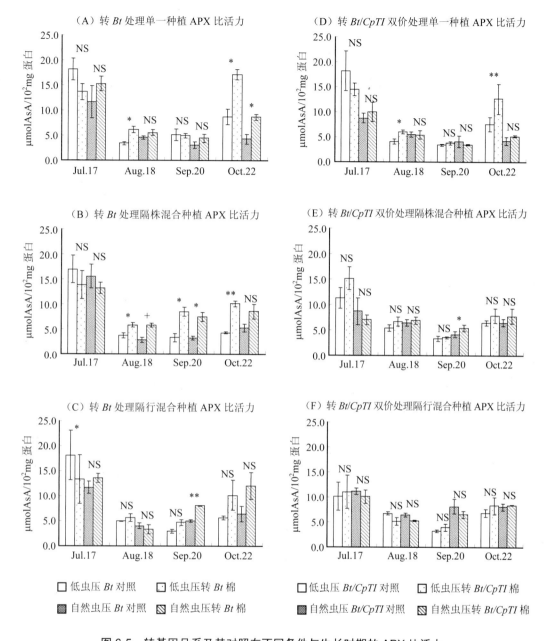

图 6-5 转基因品系及其对照在不同条件与生长时期的 APX 比活力

图 6-5（B）显示的是隔株混合种植的竞争条件下，转 *Bt* 基因棉及其对照在不同生长时期的叶片样品 APX 比活力。初花期采集的样品，两种虫压条件下转基因品系的 APX 比活力都低于各自的对照；盛花期采集的样品中，低虫压下转基因品系 APX 比活力显著高于对照 59%，自然虫压下近显著高于对照 106%；吐絮盛期采集的样品，低虫压与自然虫压下转基因品系的 APX 比活力分别显著高于对照 158% 和 135%；吐絮末期的低虫压样品 APX 活力转基因品系高于对照 134%，且差异极显著，自然虫压下也高于对照 64%，但无显著性差异。

图 6-5（C）显示的是隔行混合种植的竞争条件下，转 *Bt* 基因棉及其对照在不同生长时期的叶片样品 APX 比活力。初花期采集的样品中，低虫压下转基因品系的 APX 比活力

显著低于对照 26%；吐絮盛期的样品测试显示自然虫压下转基因品系高于对照 59%且差异极显著；吐絮末期采集的样品中，低虫压与自然虫压条件下，转基因品系比对照高 81%和88%，但均无显著性差异。

图 6-5（D）显示的是单一种植无竞争条件下，转 *Bt/CpTI* 双价基因棉及其对照在不同生长时期的叶片样品 APX 比活力。初花期低虫压下的转基因品系样品中 APX 比活力低于对照 20%但无显著性差异；盛花期采集的样品中，低虫压条件下转基因品系的 APX 比活力显著高于对照 46%；对吐絮末期所采样品的分析得出，低虫压下转基因品系的 APX 比活力高于对照 66%且差异极显著。

图 6-5（E）显示的是隔株混合种植的竞争条件下，转 *Bt/CpTI* 双价基因棉及其对照在不同生长时期的叶片样品 APX 比活力。低虫压条件下，初花期、盛花期、吐絮末期所采集的样品检测显示，转基因品系 APX 比活力高于对照 35%、22%、22%，但都尚未显现显著性差异；吐絮盛期采集的自然虫压下转基因品系样品的 APX 比活力显著高于对照 30%。

图 6-5（F）显示的是隔行混合种植的竞争条件下，转 *Bt/CpTI* 双价基因棉及其对照在不同生长时期的叶片样品 APX 比活力。各个时间采样的样品中都未发现转基因品系与对照的 APX 比活力有显著差别。

6.2.2.2.3　叶片样品总叶绿素含量

图 6-6（A）显示的是单一种植无竞争条件下，转 *Bt* 基因棉及其对照在不同生长时期的叶片样品的总叶绿素含量。盛花期采集的样品中，低虫压和自然虫压条件下转基因品系分别显著低于对照 12%和 7%。其余各个时间点采集的样品都未检测出显著性差异。

图 6-6（B）显示的是隔株混合种植的竞争条件下，转 *Bt* 基因棉及其对照在不同生长时期的叶片样品的总叶绿素含量。低虫压条件下，初花期、吐絮末期采集的转基因品系样品的总叶绿素含量分别显著高于对照 11%和 22%，盛花期的样品近显著低于对照 12%，吐絮盛期的样品近显著高于对照 7%。自然虫压下各个采样时间点均未发现转基因品系的总叶绿素含量与对照相比有显著差异。

图 6-6（C）显示的是隔行混合种植的竞争条件下，转 *Bt* 基因棉及其对照在不同生长时期的叶片样品的总叶绿素含量。初花期自然虫压下的转基因样品叶绿素含量显著高于对照 10%；盛花期、吐絮末期低虫压下转基因品系总叶绿素含量与对照相比分别低 3%和高10%，且都具有近显著差异。

图 6-6（D）显示的是单一种植无竞争条件下，转 *Bt/CpTI* 双价基因棉及其对照在不同生长时期的叶片样品的总叶绿素含量。初花期采集的低虫压下转基因品系样品的总叶绿素含量显著低于对照 11%；但到吐絮末期，同样的处理转基因样品的总叶绿素含量高于对照25%且具有近显著差异。

图 6-6（E）显示的是隔株混合种植的竞争条件下，转 *Bt/CpTI* 双价基因棉及其对照在不同生长时期的叶片样品的总叶绿素含量。盛花期低虫压条件下的转基因品系总叶绿素含量高于对照 2%且具有极显著差异；吐絮末期采集的样品分析得出，自然虫压下转基因品系叶片中叶绿素含量显著高于对照 12%。

图 6-6（F）显示的是隔行混合种植的竞争条件下，转 *Bt/CpTI* 双价基因棉及其对照在不同生长时期的叶片样品的总叶绿素含量。吐絮末期采集的低虫压下转基因品系的样品

中，总叶绿素含量显著高于对照 22%。其余样品的检测未发现显著性差异。

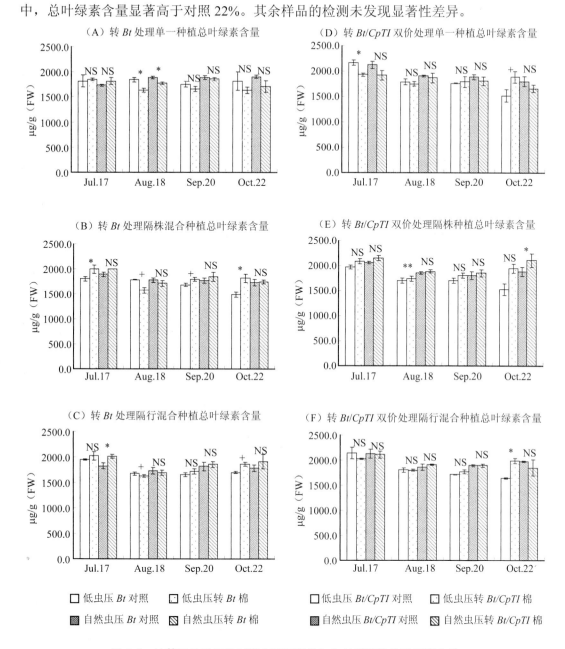

图 6-6 转基因品系及其对照在不同条件与生长时期的总叶绿素含量

6.2.2.3 转基因品系与非转基因品系的物质积累

6.2.2.3.1 叶片样品可溶性蛋白含量

图 6-7（A）显示的是单一种植无竞争条件下，转 *Bt* 基因棉及其对照在不同生长时期的叶片样品的可溶蛋白含量。初花期采集的自然虫压下转基因样品可溶蛋白含量高于对照 39%，但两者间无显著性差异；盛花期低虫压下的转基因品系样品可溶蛋白近显著低于对照 48%。

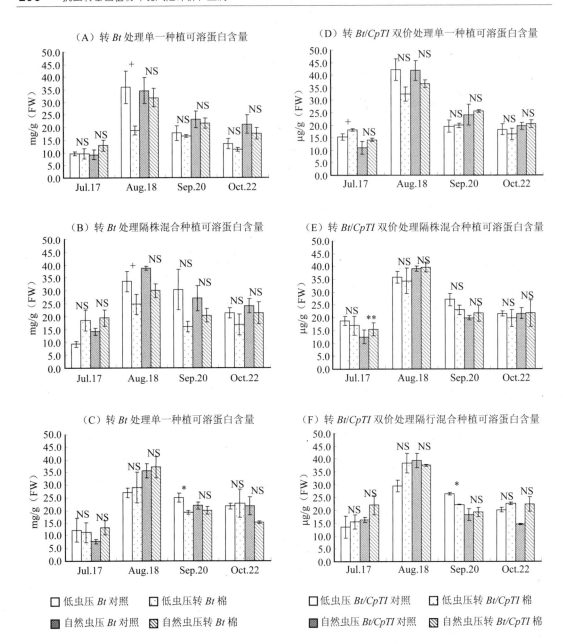

图 6-7　转基因品系及其对照在不同条件与生长时期的可溶蛋白含量

　　图 6-7（B）显示的是隔株混合种植竞争条件下，转 *Bt* 基因棉及其对照在不同生长时期的叶片样品的可溶蛋白含量。初花期采集的样品中，低虫压与自然虫压下转基因品系与对照相比可溶蛋白含量分别增加了 100% 与 37%，但都无显著性差异；盛花期低虫压与自然虫压下转基因品系与对照相比可溶蛋白含量分别减少 25% 和 22%，其中前者具近显著差异，后者无显著差异。吐絮盛期采集的样品中，低虫压与自然虫压条件下转基因品系的可溶蛋白含量相比对照分别下降 47% 与 25%，但均无显著性差异。

　　图 6-7（C）显示的是隔株混合种植竞争条件下，转 *Bt* 基因棉及其对照在不同生长时期的叶片样品的可溶蛋白含量。初花期、吐絮末期采集的自然虫压下的转基因品系样品中

可溶蛋白含量分别高于对照 71%和低于对照 31%，但均无显著性差异。吐絮盛期低虫压下转基因品系可溶蛋白含量显著低于对照 23%，无显著性差异。

图 6-7（D）显示的是单一种植无竞争条件下，转 *Bt/CpTI* 双价转基因棉及其对照在不同生长时期的叶片样品的可溶蛋白含量。初花期采集的样品显示转基因棉叶片中可溶蛋白低虫压下近显著低于对照 19%，自然虫压下高于对照 28%但无显著差异；盛花期采集的样品中，低虫压下转基因品系可溶蛋白低于对照 23%，但无显著差异。

图 6-7（E）显示的是隔株混合种植竞争条件下，转 *Bt/CpTI* 双价转基因棉及其对照在不同生长时期的叶片样品的可溶蛋白含量。初花期自然虫压条件下转基因品系可溶蛋白含量低于对照 27%，且差异极显著。

图 6-7（F）显示的是隔株混合种植竞争条件下，转 *Bt/CpTI* 双价转基因棉及其对照在不同生长时期的叶片样品的可溶蛋白含量。初花期的自然虫压样品、盛花期的低虫压样品、吐絮末期的自然虫压样品中，转基因品系与对照先比可溶蛋白含量分别升高 35%、30%和55%，但这些差异都不具有显著性；吐絮盛期的低虫压样品中，转基因品系可溶蛋白含量显著低于对照 16%。

6.2.2.3.2　叶片总糖含量

图 6-8（A）显示的是单一种植无竞争条件下，转 *Bt* 基因棉及其对照在不同生长时期的叶片样品的总糖含量。初花期采集的自然虫压条件下的样品中，转基因品系中的总糖含量低于对照 16%且差异极显著；盛花期采集的低虫压样品和吐絮盛期采集的自然虫压样品中转基因品系总糖含量分别低于对照 25%与 24%，但都不具有显著性差异。

图 6-8（B）显示的是隔株混合种植的竞争条件下，转 *Bt* 基因棉及其对照在不同生长时期的叶片样品的总糖含量。初花期和吐絮末期采集的自然虫压样品中，转基因品系总糖含量分别低于对照 21%和 25%，但都无显著性差异；盛花期和 9 月 22 日采集的自然虫压样品中，转基因品系总糖含量近显著低于对照 26%和 35%；吐絮盛期和吐絮末期采集的低虫压样品中，转基因品系总糖含量分别低于对照 29%和 22%，且差异极显著。

图 6-8（C）显示的是隔行混合种植的竞争条件下，转 *Bt* 基因棉及其对照在不同生长时期的叶片样品的总糖含量。初花期采集的样品中，低虫压下转基因品系叶片的总糖含量近显著高于对照 36%，自然虫压下转基因品系叶片总糖含量高于对照 29%但无显著性差异；吐絮盛期和吐絮末期采集的低虫压下的转基因品系样品中总糖含量均低于对照 31%，但均无显著性差异；吐絮末期采集的自然虫压条件下的转基因品系中总糖含量近显著低于对照 27%。

图 6-8（D）显示的是单一种植无竞争条件下，转 *Bt/CpTI* 双价基因棉及其对照在不同生长时期的叶片样品的总糖含量。初花期采集的样品中，低虫压下转基因品系总糖含量低于对照 38%但差异不显著，自然虫压下转基因品系总糖含量极显著高于对照 85%；盛花期采集的低虫压条件下的样品中，转基因品系近显著高于对照 28%；吐絮盛期和吐絮末期采集的低虫压条件下的样品中的转基因品系总糖含量分别高于对照 24%和 23%，但都未显现显著性差异；吐絮末期采集的自然虫压下转基因品系总糖含量显著高于对照 31%。

图 6-8（E）显示的是隔株混合种植的竞争条件下，转 *Bt/CpTI* 双价基因棉及其对照在不同生长时期的叶片样品的总糖含量。初花期和盛花期采集的低虫压下转基因品系总糖含

量分别高于对照 67%和 23%，但都未检出显著差异。

图 6-8（F）显示的是隔行混合种植的竞争条件下，转 *Bt/CpTI* 双价基因棉及其对照在不同生长时期的叶片样品的总糖含量。初花期自然虫压和吐絮盛期低虫压样品中转基因品系总糖含量分别高于对照 39%和低于对照 24%，但均无显著性差异。

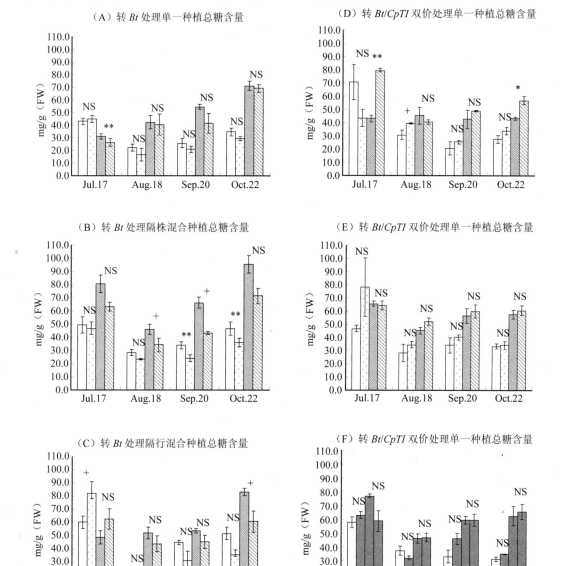

图 6-8　转基因品系及其对照在不同条件与生长时期的总糖含量

6.2.2.4　转基因品系与非转基因品系植株的结实情况

6.2.2.4.1　单株实子数

图 6-9 为大田试验中转基因品系植株与非转基因对照品系植株在低虫压和自然虫压的非竞争和竞争条件下的单株实子数。在低虫压的非竞争试验中（图 6-9 A），*Bt* 棉的单株实子数与对照相比没有显著差异，但 *Bt/CpTI* 棉与对照之间存在显著差异（$p<0.01$），单株实子数比对照少 43%；而在隔株种植时（图 6-9 B），两者与其对照相比都没有显著性差异；隔行种植时（图 6-9 C），*Bt* 棉与其对照之间的差异接近显著性水平（$0.05<p<0.1$），比对照减少 63%。

在自然虫压的非竞争条件下（图 6-9 D），两种转基因棉与对照之间均不存在显著性差异；在隔株种植时（图 6-9 E），只有 *Bt/CpTI* 棉与对照之间存在显著性差异（$p<0.05$），单株实子数比对照少 39%；隔行种植时两种转基因棉与对照之间均存在显著性差异（图 6-9 F），*Bt* 棉的单株实子数比对照多 226%（$p<0.05$），而 *Bt/CpTI* 棉却比对照少 35%（$p<0.05$）。

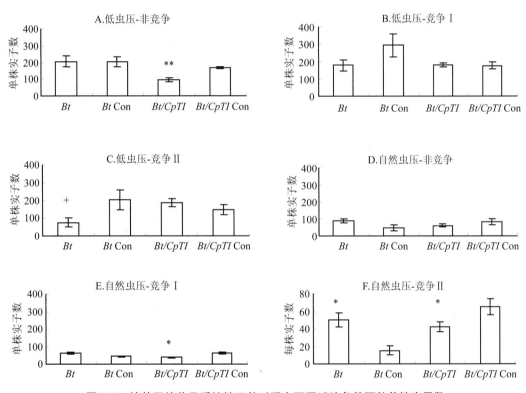

图 6-9　转基因棉花品系植株及其对照在不同试验条件下的单株实子数

6.2.2.4.2　单株实子重

图 6-10 为大田试验中转基因品系植株与非转基因对照品系植株在不同虫压非竞争和竞争条件下的单株实子重。在低虫压水平下，不存在竞争时（图 6-10 A），*Bt* 棉与对照不存在显著性差异，*Bt/CpTI* 棉的单株实子重比对照少 44%，差异显著（$p<0.01$）；隔株种

植时（图 6-10 B），两者与对照都不存在显著差异；隔行种植时（图 6-10 C），*Bt* 棉的单株实子重比对照少 61%，差异接近显著水平（0.05＜*p*＜0.1），而 *Bt/CpTI* 棉与对照差异不显著。

自然虫压非竞争条件下（图 6-10 D），*Bt* 棉的单株实子重比对照多 107%，差异接近显著水平（0.05＜*p*＜0.1），而 *Bt/CpTI* 棉与对照差异不显著；隔株种植时（图 6-10 E），Bt 棉与对照差异不显著，而 *Bt/CpTI* 棉比对照少 38%，差异显著（*p*＜0.05）；隔行种植时（图 6-10 F），两者与相应的对照相比分别多 228%和少 31%，均存在显著性差异（*p*＜0.05，*p*＜0.05）。

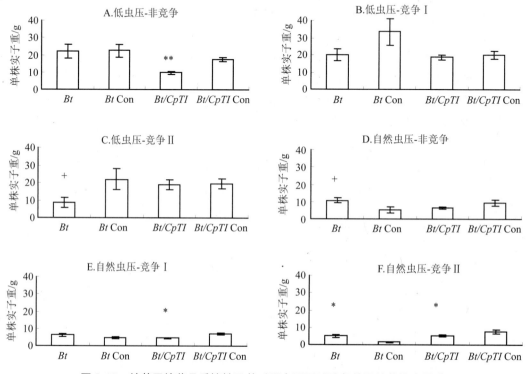

图 6-10　转基因棉花品系植株及其对照在不同试验条件下的单株实子重

6.2.2.4.3　千粒重

两种转基因棉和非转基因棉在不同虫压和竞争条件下的实子的千粒重见图 6-11。在低虫压非竞争条件下（图 6-11 A），两种转基因棉与相应对照之间的差异不显著；在隔株种植时（图 6-11 B），*Bt* 棉与对照差异不显著，*Bt/CpTI* 棉低于对照 9%，近显著差异（0.05＜*p*＜0.1）；隔行种植时（图 6-11 C），*Bt* 棉实子千粒重比对照多 7%，近显著差异水平（0.05＜*p*＜0.1），而 *Bt/CpTI* 棉则比对照少 11%，差异极为显著（P＜0.001）。

高虫压水平下，不存在竞争时（图 6-11 D），*Bt* 棉实子千粒重比对照多 8%，差异接近显著（0.05＜*p*＜0.1），*Bt/CpTI* 棉与对照差异不显著；当存在竞争时（图 6-11 E 和图 6-11 F），只有 *Bt* 棉与对照之间存在显著性差异（*p*＜0.01），其千粒重比对照少 11%。

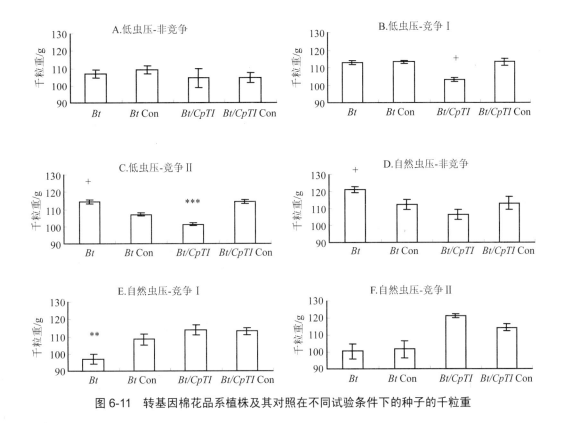

图 6-11 转基因棉花品系植株及其对照在不同试验条件下的种子的千粒重

6.2.2.4.4 结实率

图 6-12 是不同转基因棉及其对照在低虫压和自然虫压下非竞争和竞争试验的结实率。在低虫压下，不存在竞争时（图 6-12 A），Bt 棉与对照差异不显著，*Bt/CpTI* 棉的结实率显著低于对照 36%（$p<0.05$）；隔株种植时（图 6-12 B），两者与对照之间都不存在显著性差异；隔行种植时（图 6-12 C），*Bt* 棉的结实率显著低于对照 58%（$p<0.05$），*Bt/CpTI* 棉比对照高 21%，差异接近显著（$0.05<p<0.1$）。

在自然虫压的非竞争条件下（图 6-12 D），*Bt* 棉与对照差异不显著，*Bt/CpTI* 棉的结实率显著高于对照 14%（$p<0.05$）；而存在竞争时（图 6-12 E 和图 6-12 F），无论哪种竞争模式，两者转基因棉与对照之间均不存在显著性差异。

6.2.2.4.5 絮重

两种转基因棉与非转基因对照在不同虫压的非竞争和竞争试验的单株絮重见图 6-13。在低虫压下，无论竞争存在与否（图 6-13 A、图 6-13 B 和图 6-13 C），*Bt* 棉和 *Bt/CpTI* 棉与其相对应的对照之间都不存在显著性差异。

自然虫压下，不存在竞争时（图 6-13 D），*Bt* 棉和 *Bt/CpTI* 棉与其对应的对照之间也都不存在显著性差异；隔株种植时（图 6-13 E），*Bt* 棉与对照差异不显著，*Bt/CpTI* 棉的絮重显著比对照少 34%（$p<0.01$）；隔行种植时（图 6-13 F），*Bt* 棉的絮重高于对照 140%，差异接近显著（$0.05<p<0.1$），而 *Bt/CpTI* 棉与对照之间差异不显著。

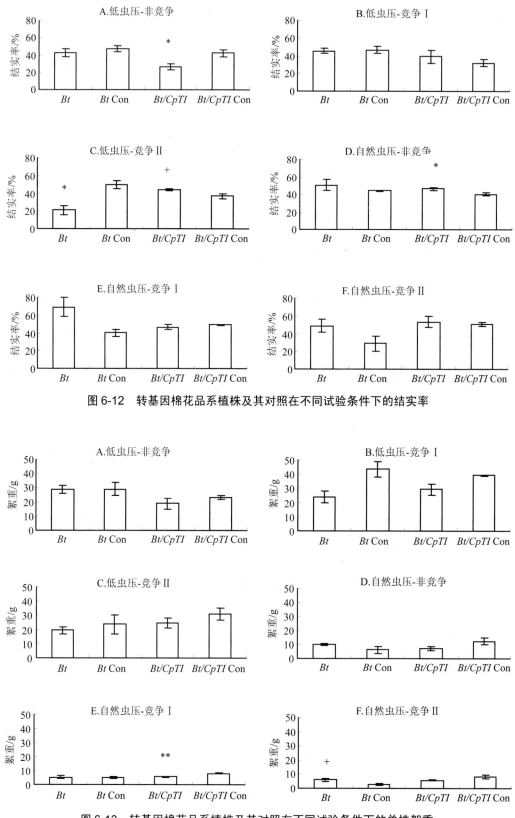

图 6-12　转基因棉花品系植株及其对照在不同试验条件下的结实率

图 6-13　转基因棉花品系植株及其对照在不同试验条件下的单株絮重

6.2.2.4.6　完好棉桃数

图 6-14 为大田试验中转基因品系植株与非转基因对照品系植株在低虫压和自然虫压的非竞争和竞争条件下的单株完好棉桃数。在低虫压非竞争条件下（图 6-14 A），两种转基因棉与对照的差异均不显著；隔株种植时（图 6-14 B），*Bt* 棉的完好棉桃数比对照少 50%，差异接近显著水平（0.05<*p*<0.1），而 *Bt/CpTI* 棉差异不显著；隔行种植时（图 6-14 C），*Bt* 棉的差异不显著，*Bt/CpTI* 棉的完好棉桃数与对照的差异接近显著水平（0.05<*p*<0.1），并且比对照少 24%。

自然虫压下，隔株种植时（图 6-14 E），*Bt* 棉的差异不显著，*Bt/CpTI* 棉的完好棉桃数比对照少 33%，且差异接近显著水平（0.05<*p*<0.1）。而在非竞争和隔行种植的条件下（图 6-14 D 和图 6-14 F），两种转基因棉与各自的对照之间的差异均不显著。

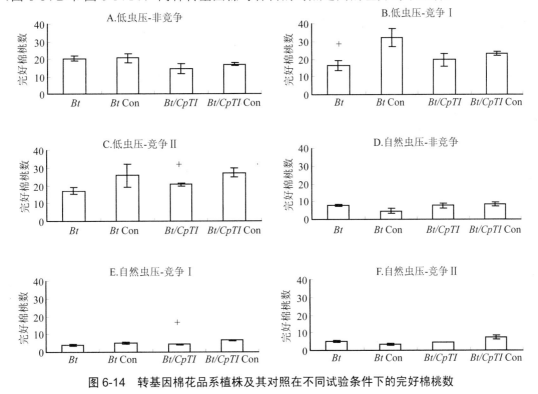

图 6-14　转基因棉花品系植株及其对照在不同试验条件下的完好棉桃数

6.2.2.5　转基因品系与非转基因品系植株后代种子可育性

6.2.2.5.1　种子吸水率

图 6-15 为两种转基因棉花植株及其对照在不同试验条件下种子的吸水率，吸水率是表征种子萌发能力的一个指标，当吸水率达到一定水平时，种子便能正常萌发。结果显示，在低虫压隔株种植时，*Bt/CpTI* 棉的吸水率显著低于对照 12%（*p*<0.01），在自然虫压单一个隔株种植时，*Bt* 棉与对照的差异均接近显著水平（0.05<*p*<0.1，0.05<*p*<0.1），分别低于对照 4%和高于对照 48%。

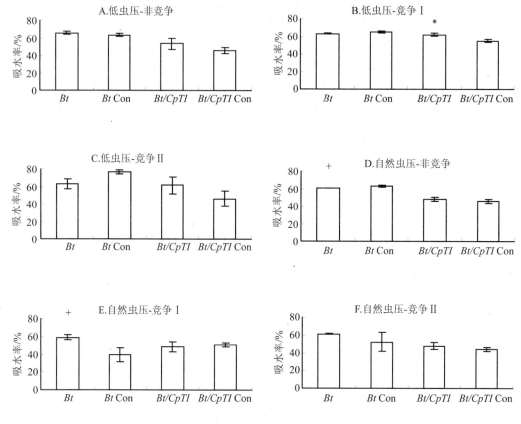

图 6-15　转基因棉花品系植株及其对照在不同试验条件下种子的吸水率

6.2.2.5.2　发芽势

转基因棉花植株及其对照在不同试验条件下种子的发芽势见图 6-16。结果显示，*Bt* 棉在低虫压两种竞争条件和自然虫压非竞争条件下的发芽势与对照的差异均接近显著水平（0.05＜*p*＜0.1，0.05＜*p*＜0.1，0.05＜*p*＜0.1），分别高于对照 69%、350% 和 152%。*Bt/CpTI* 棉的发芽势只有在自然虫压隔株种植时才显著低于对照 22%（*p*＜0.01）。

6.2.2.5.3　发芽率

图 6-17 列出了两种转基因棉花植株与其对照在不同试验条件下种子的发芽率。低虫压水平下，对于 *Bt* 棉，只有在隔行种植的情况下出现了显著差异（*p*＜0.05），相对于对照，其种子的发芽率高 307%；而 *Bt/CpTI* 棉无论是哪种种植模式，其种子的发芽率都和对照没有显著性差异。

在自然虫压水平下，相对于对照，*Bt* 棉在单一种植时得到的种子发芽率高 119%，差异接近显著水平（0.05＜*p*＜0.1），而 *Bt* 棉在隔株和 *Bt/CpTI* 棉在隔行种植时这个指标则分别比对照低 22%（*p*＜0.05）和 42%（0.05＜*p*＜0.1）。

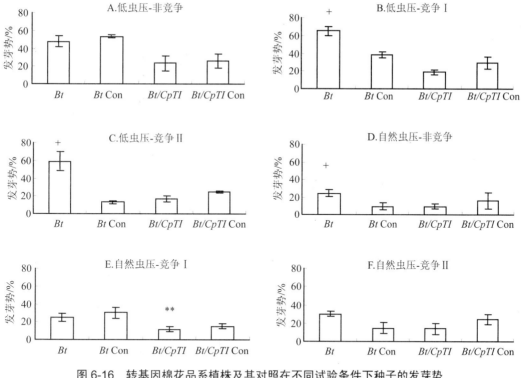

图 6-16 转基因棉花品系植株及其对照在不同试验条件下种子的发芽势

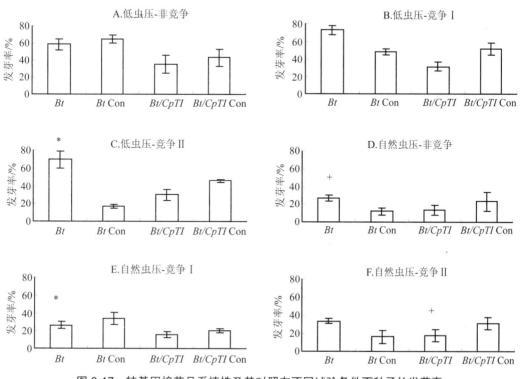

图 6-17 转基因棉花品系植株及其对照在不同试验条件下种子的发芽率

6.2.2.5.4　单株可育后代数

单株可育后代数是指饱满种子数与种子发芽率的乘积，表示棉花植株产生的后代能够发芽的数目，这是一项很有意义的指标。两种转基因棉花及其对照在不同试验条件下单株可育后代数见图 6-18。在低虫压下，无论是哪种种植模式，两种转基因棉与各自的对照比较都没有显著差异。而在自然虫压下，不存在竞争时，*Bt* 棉的可育后代数显著高于其对照 248%（$p < 0.05$）；隔株种植时，*Bt/CpTI* 棉的可育后代数低于对照 53%，差异显著（$p < 0.01$）；而隔行种植时，与对照相比较，*Bt* 棉的这一指标高 659%，差异接近显著水平（$0.05 < p < 0.1$）。

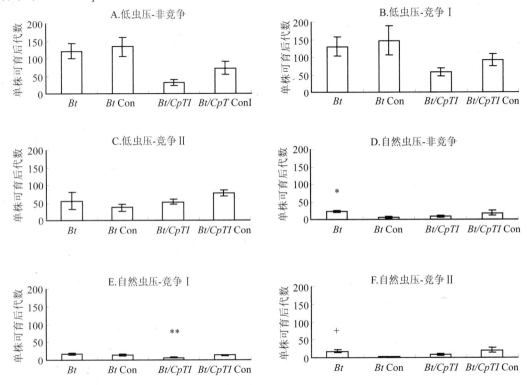

图 6-18　转基因棉花品系植株及其对照在不同试验条件下的单株可育后代数

6.2.3　讨论

6.2.3.1　外源基因对受体作物适合度成本与利益的关系

植物学中，适合度表征生物体在特定的环境条件下存活和产生后代的能力，因此适合度是与植物的生长、发育和繁殖密切相关的一系列性状的综合指标。当虫害选择压不存在时，抗虫基因对受体植株的优势得不到体现，如果此时抗虫基因使得受体植株在生长、发育、繁殖等与适合度相关的性状上比非转基因对照显著降低，那么这一条件下外源基因对受体作物的效应称为适合度净成本。存在虫害选择压的条件下，如果此时外源基因的抗虫性状得到体现，使植株在适合度相关的性状上较非转基因对照显著升高，则称为外源基因的适合度净收益。田间与自然条件下转基因植株的生长发育繁殖的实际表现则是外源基因对受体带来的净成本与净收益的综合反映。转基因植株在高虫压条件下若要表现出相对于非转基因植株的优势，需要克服外源基因对受体植物的净成本，即外源基因对受体植物的利益大于成本。在不同的竞争压力下，外源基因反映的净成本与利益也可能发生变化。

本项研究于 2008 年进行野外大田试验，分别在两种不同的虫压条件、三种不同的竞争条件下对两种转基因棉花品系和它们各自的非转基因品系的生长发育、生理生化、物质积累等方面的指标进行测定，检测到转基因品系相对于非转基因品系在一些指标上的显著增加或减少。这些效应可认为是外源基因所引起的适合度的正效应（利益）或负效应（成本），而且，这些效应体现了抗虫外源基因可能导致的成本与利益间的平衡。

6.2.3.2　大田试验中外源基因对受体棉花植株的适合度效应

大田试验测定表征棉花作物生长发育和繁殖性状的形态学指标，检测转基因品系相对非转基因品系在这些指标上的变化，并将这些具有显著差异的效应定义为外源基因引起的适合度正效应（利益）或负效应（净成本），列于表 6-3～表 6-8。同时还测定了不同虫压和竞争条件下转基因棉及其非转基因对照品种在抗氧化防御系统酶、蛋白质和糖类等物质合成方面的生理生化指标，考察不同选择压条件下外源基因转入对受体棉花作物生理代谢的影响，探索外源基因的转入对受体植株在生长发育和繁殖性状上的适合度成本与利益的微观机理。

表中显示了不同观察时间点和观察项目的转基因棉花相对于对照指标数值增加（+）和减少（−）的百分率。单一种植模式下，将转基因棉各处理组与其非转基因对照组的各项指标进行了独立样本 t 检验；在竞争模式下，将转基因棉各处理组与相应的非转基因对照组各测定指标进行配对样本 t 检验。无下划线不加粗的数值表示转基因棉花与对照间存在近显著差异（$0.1 > p > 0.05$）；有下划线不加粗的数值表示转基因棉花与对照间存在显著差异（$0.05 \geq p > 0.01$）；有下划线且加粗的数值表示转基因棉花与对照间存在极显著差异（$0.01 \geq p$）。

6.2.3.2.1　抗虫基因对转基因植株株高的适合度效应

Bt 基因的转入对受体植株的株高有明显影响。田间低虫压条件下，除移栽后早期，其他各个时期和各种竞争状态下，转基因植株的株高都显著低于对照；自然虫压条件下，转基因植株的株高也有低于相应非转基因植株的现象，但不如低虫压条件下的效应明显，其中隔株竞争的样方在生长后期株高才明显矮于对照。可以认为，进入盛花期后，不论竞争条件如何，*Bt* 基因会对棉花植株的株高带来显著的适合度成本，但在高虫害选择压条件下，*Bt* 基因的抗虫效应得以体现，使得 *Bt* 基因转入对受体植株在株高方面的成本得到部分抵消。

田间低虫压条件下，单一种植无竞争时外源 *Bt/CpTI* 双价基因对植株没有显著的适合度效应，但在隔行竞争条件下，进入盛花期后的株高又显著低于对照。自然虫压、无竞争条件下，转双价基因植株的株高显著低于对照；但在竞争模式下，转基因植株与对照间株高的差异并不明显。

　　可以认为，在低虫压存在竞争的条件下，*Bt/CpTI* 双价基因会对棉花植株的株高带来显著的适合度成本；自然虫压条件下，双价基因给棉花植株带来的净成本仍不能为其抗虫性带来的收益抵消，但在与非转基因对照的竞争试验中，未检测到 *Bt/CpTI* 双价抗虫棉的适合度成本。

　　本研究的结果显示，转入的抗虫基因可以为受体棉株带来净成本，从而使棉花的生长表现出相对于非转基因对照品种的抑制作用，这从棉花植株的高度上可以反映出来。对于 *Bt* 棉，无论虫压水平和竞争模式如何，其株高都明显低于其对照，这有可能正是因为转入的外源基因给植株带来了明显的负效应，且这个负效应足够大，以至于在自然虫压下转基因棉的抗虫性所带来的优势也未能将其抵消。

　　而 *Bt/CpTI* 棉在低虫压无竞争时未在株高上表现出明显的劣势，而存在竞争时，就常常显著矮于对照；自然虫压水平下的情况正好相反，当竞争存在时原本出现的株高上的负效应变得不再明显。这表明竞争因素对于外源基因对受体植株带来的适合度成本和利益均有放大作用，在低虫压条件下，竞争因素会使得外源基因对受体植株的净成本更明显，而在高虫压条件下，竞争因素使得外源基因带来的适合度利益更突出。

　　另一个比较明显的现象是，自然虫压水平下 4 个品种供试棉花的株高都明显高于其在低虫压水平下的株高。推测其原因可能是自然虫压下很多花蕾和铃蕾被害虫取食，棉花的繁殖生长受到抑制，更多的物质和能量被分配到营养生长，如糖类与蛋白质的合成，导致在高虫压条件下所有受试 4 个品种的株高均大于低虫压条件下同一品种的株高（表 6-3）。

表 6-3　不同种植条件下转基因植株与对照的株高

虫压	低虫压						自然虫压					
品种	*Bt*			*Bt/CpTI*			*Bt*			*Bt/CpTI*		
竞争模式	单一	隔株	隔行	单一	隔株	隔行	单一	隔株	隔行	单一	隔株	隔行
初花期		−14%			−7%	**−15%**	−15%		−17%	−9%		**−9%**
盛花期	−9%	**−15%**	−6%			−6%	**−8%**		−14%	−5%		
结实期	−15%						**−14%**	−10%	−10%	−6%		
衰老期	**−27%**	−20%	−27%			−6%		−11%				

6.2.3.2.2　抗虫基因对转基因植株 SOD 比活力的影响

　　Bt 基因的转入对受体棉花植株 SOD 比活力存在一定程度的影响。两种转基因棉在两种虫压隔株竞争模式的早期表现出较明显的相对于非转基因对照品种的下降。在竞争条件下，*Bt* 基因的转入可以使得受体棉花植株早期的 SOD 比活力有一定程度的降低。低虫压条件下，仅在结实期转入外源 *Bt* 基因能给植株的 SOD 比活力带来比较明显的上升，隔行竞争模式下，在盛花期和衰老期转基因植株的 SOD 比活力相对对照有明显下降；自然虫压条件下，非竞争的早期和隔行竞争的衰老期 SOD 比活力也出现下降。*Bt/CpTI* 双价基因对棉花植株 SOD 比活力影响不大，竞争存在时影响相对明显（表 6-4）。

表 6-4　不同选择压条件下转基因棉及其对照 SOD 比活力比较

虫压	低虫压						自然虫压					
品种	*Bt*			*Bt/CpTI*			*Bt*			*Bt/CpTI*		
竞争模式	单一	隔株	隔行	单一	隔株	隔行	单一	隔株	隔行	单一	隔株	隔行
初花期		−60%						−46%		−54%		
盛花期						−27%						
结实期				**+37%**		+27%						
衰老期						−17%						**−33%**

6.2.3.2.3　抗虫基因对转基因植株 APX 比活力的影响

Bt 基因对受体棉花植株 APX 比活力的影响明显。进入盛花期后，低虫压各个竞争模式下，转基因植株的 APX 比活力都显著高于对照；自然虫压条件下，非竞争种植模式下 *Bt* 基因转入对受体棉 APX 比活力的影响不明显，但存在竞争时，*Bt* 基因的转入又与受体棉 APX 比活力的提高存在相关性。可以看出，*Bt* 基因对受体棉植株的 APX 比活力提高具有正效应。

Bt/CpTI 双价基因对棉花植株 APX 比活力的影响不如 *Bt* 基因的影响明显。仅在低虫压非竞争条件下的盛花期、衰老期和自然虫压下隔株竞争的结实期相对对照有显著的上升。

APX 比活力的升高客观上会提高转基因植株对逆境的抗性，但其升高的原因却仍值得进一步探讨。作为抗氧化酶系上游作用酶的 SOD 的比活力在转入外源基因后没有明显变化或出现下降，所以也就很难将 APX 活性的升高解释为外源基因转入后使植株对逆境的反应更加灵敏从而能更好地应对胁迫。由于 APX 在消除植物自身代谢产生的自由基的过程中具有非常重要的作用，其活性的升高也很可能是由于植株代谢强度的增加。所以本书认为，APX 比活力升高的根本原因还是由于外源基因的转入增加了植株的代谢负荷，自由基增加诱导所致，实质上还是反映了一种适合度成本（表 6-5）。

表 6-5　APX 比活力的影响

虫压	低虫压						自然虫压					
品种	*Bt*			*Bt/CpTI*			*Bt*			*Bt/CpTI*		
竞争模式	单一	隔株	隔行	单一	隔株	隔行	单一	隔株	隔行	单一	隔株	隔行
初花期			−26%									
盛花期	+81%	+59%		+46%				+106%				
结实期		+158%						+135%	**+59%**		+30%	
衰老期	+97%			**+66%**			+101%					

6.2.3.2.4　抗虫基因对转基因植株叶绿素含量的影响

Bt 基因的转入对受体植株总叶绿素含量的影响明显。在盛花期，低虫压条件下竞争与非竞争处理的转 *Bt* 基因植株的总叶绿素含量与对照相比均显著下降；而在低虫压有竞争

存在的其他生长时期，转基因植株的总叶绿素呈现相对对照的升高趋势；自然虫压下总叶绿素变化趋势不明显。

Bt/CpTI 双价基因的转入对受体棉株总叶绿素的影响较 *Bt* 基因的影响小。但值得注意的是，在植物进入衰老期后，转 *Bt* 和转 *Bt/CpTI* 双价抗虫棉植株的叶绿素含量均较非转基因对照有显著上升，这与转基因植株的成熟期较晚有关（表 6-6）。

表 6-6　总叶绿素含量的影响

虫压	低虫压						自然虫压					
品种	*Bt*			*Bt/CpTI*			*Bt*			*Bt/CpTI*		
竞争模式	单一	隔株	隔行	单一	隔株	隔行	单一	隔株	隔行	单一	隔株	隔行
初花期		+11%		−11%					+10%			
盛花期	−12%	−12%	−3%	**+2%**			−7%					
结实期		+7%										
衰老期		+22%	+10%	+25%		+22%					+12%	

6.2.3.2.5　抗虫基因对转基因植株可溶蛋白含量影响

低虫压条件各种竞争模式下，转 *Bt* 基因的受体植株在盛花期和结实期的可溶蛋白积累量较非转基因对照有显著的下降，而在自然虫压下转基因植株与非转基因对照的可溶蛋白含量没有明显的差别，表明在高虫害选择压的条件下转基因植株表现出抗虫优势，转基因品种较非转基因品种在可溶蛋白合成方面表现出一定的优势，抵消了 *Bt* 基因对受体植株带来的成本。转 *Bt* 基因抗虫棉与非转基因对照植株在不同环境条件下在可溶蛋白合成方面的表现与其生长和繁殖等形态学指标的变化趋势存在相关性，转入 *Bt* 基因后受体植株在可溶蛋白合成上的改变可能是导致受体植株在形态学指标上表现出净成本和利益的原因之一。

Bt/CpTI 双价基因对棉花植株蛋白质的积累影响不明显，但在初花期转 *Bt/CpTI* 双价基因棉株在可溶性蛋白合成方面表现出一定的上升趋势（表 6-7）。

表 6-7　可溶蛋白含量的影响

虫压	低虫压						自然虫压					
品种	*Bt*			*Bt/CpTI*			*Bt*			*Bt/CpTI*		
竞争模式	单一	隔株	隔行	单一	隔株	隔行	单一	隔株	隔行	单一	隔株	隔行
初花期				+19%							**+24%**	
盛花期	−48%	−26%										
结实期			−23%			−16%						
衰老期												

6.2.3.2.6　抗虫基因对转基因植株总糖含量的影响

总体来看，转入 *Bt* 基因的抗虫棉总糖含量较非转基因对照有降低的趋势。低虫压条件下，除隔行竞争条件下，*Bt* 基因在植株生长初花期对总糖积累的影响不明显；进入结实期后，隔株竞争的处理中 *Bt* 转基因植株相对于对照表现出总糖积累的明显降低；自然虫压条件下进入盛花期后的竞争处理中转 *Bt* 基因棉株的总糖含量也表现出较非转基因对照下降的趋势。

Bt/CpTI 双价基因对植株总糖积累的影响不明显，仅在两种虫压条件非竞争处理的个别时期有一定的升高趋势（表 6-8）。

表 6-8 总糖含量的影响

虫压	低虫压						自然虫压					
品种	*Bt*			*Bt/CpTI*			*Bt*			*Bt/CpTI*		
竞争模式	单一	隔株	隔行	单一	隔株	隔行	单一	隔株	隔行	单一	隔株	隔行
初花期			+36%				−16%					
盛花期				+28%				−26%				
结实期		**−29%**						−35%				
衰老期		**−22%**								−27%	+31%	

6.2.3.3 转基因棉结实性状的成本与利益分析

为了研究转入的外源基因给棉花带来的适合度成本，设置了低虫压和自然虫压两种虫压水平以及单一、隔株和隔行 3 种不同的竞争模式，通过测定表征其生长与繁殖的指标，来检测这种潜在成本（表 6-9）。

表 6-9 不同虫压条件下结实性状的适合度成本与利益分析

指标	低虫压						自然虫压					
	Bt			*Bt/CpTI*			*Bt*			*Bt/CpTI*		
	单一	隔株	隔行	单一	隔株	隔行	单一	隔株	隔行	单一	隔株	隔行
单株实子数（粒/株）			−63%	**−43%**					226%		−39%	−35%
单株实子重（g/株）			−61%	**−44%**			107%		**228%**		−38%	−31%
平均粒重（g/千粒）			7%			−9%	**−11%**	8%	**−11%**			
结实率（%）			**−58%**	−36%		21%				14%		
吸水率（%）				12%			−4%	48%				
发芽势（%）		69%	350%				152%				**−22%**	
发芽率（%）			**307%**				119%	**−22%**				−42%
单株可育数（粒/株）							248%		659%		**−53%**	
单株好棉桃数（个/株）		−50%				−24%					−33%	
单株絮重（g/株）									140%		**−34%**	
株高−6.16（cm）	−8%											
株高−7.17（cm）		−14%			−7%	**−15%**	−15%		−17%	−9%		**−9%**
株高−8.18（cm）	−9%	**−15%**	−6%			−6%	**−8%**		−14%	−5%		
株高−9.20（cm）	−15%						**−14%**	−10%	−10%	**−6%**		
株高−10.22（cm）	**−27%**	**−20%**	−27%			−6%		−11%				

作物的生活史由其遗传物质所决定，一般是不能改变的，但受外界条件的影响，在一定范围内某些性状具有可塑性，如种子数量、种子大小、生长高低都可改变，而其生活史格局保持稳定。生活史中的各个生命环节，如维持生命、生长和繁殖，乃至各种竞争，都要消耗有限资源。如果增加某一生命环节的能量分配，就必然要以减少其他环节能量分配为代价，这就是 Cody（1966）的"能量分配原理"。植物进入繁殖阶段，需要消耗能量，可能导致生长性状的降低，植物付出的是物质和能量，收获的是新个体、扩大的种群空间和遗传多样性的提高（陈尚等，1999）。如果种子萌发条件能够更经常出现，那么把能量注入到较大型种子的强大萌芽中比之把能量注入到微小种子的大量产品更为有利，这说明适应性类型和能量分配有关（钟章成，1995）。外源基因的转入就有可能会影响甚至改变转基因植株生命各个环节的能量分配。

鳞翅目昆虫和棉花之间存在捕食与被捕食的关系。棉花被鳞翅目昆虫啃食之后并不是完全被动的，其对于繁殖器官的损失具有一定的补偿能力，不过这种能力是有限的。当繁殖器官的损失超过一定限度时，也会导致棉花减产（陈法军等，2003）。另外延熟效应、气候因素也可能导致减产。比如，同样的供试品种在自然虫压下比低虫压下产生的种子数量要少得多，延熟效应也是重要的原因之一。

本研究发现，在竞争状态下，Bt 棉在低虫压下的结实性状较非转基因对照显著降低，提示 Bt 基因的转入可以对受体植株在结实性状上带来成本，而在自然虫压下显示出显著的适合度收益。这主要是由于虫压和竞争的作用，当然，虫压、竞争以及转入的外源基因这三者之间的交互作用也可能存在。有趣的是，低虫压下的 Bt 棉采取了提高结实质量及其发芽率的策略来弥补在结实数量和重量上的不足，使得其在可育后代数目上与其对照相比并没有显著的差别。也就是说，在能量分配上，Bt 棉倾向于将更多的能量分配在繁殖上。而在较高的自然虫压下，Bt 棉在单株可育后代数量上显著高于其对照。

而 Bt/CpTI 棉在结实性状上的表现与 Bt 棉有所不同。不存在竞争时，低虫压水平下转 Bt/CpTI 棉株的结实显示出显著的适合度成本，而在较高的自然虫压下，并未表现出结实性状上的净成本，但也未表现出结实上的适合度利益。这是因为在较高的自然虫压条件下，转基因植株表现出抗虫优势，将 Bt/CpTI 基因转入而带来的净成本部分抵消，尽管没有显示出收益，但在较高虫压下的田间最终表现也未出现净成本。但当竞争存在时，低虫压水平下的结实没有显示出适合度成本，而自然虫压水平下却表现出适合度成本，Bt/CpTI 棉无论是结实的数量、质量、絮重还是发芽率、单株可育后代数量方面都有不同程度的显著降低，其原因有待进一步研究。

相对而言，农业生产者们比较关心的是在田间种植条件下外源基因的转入给棉花带来的经济效益和价值，而很少关注转基因给棉花带来的这种微小成本。但是，那些研究转基因对野生亲缘植株基因流的生态学者们需要的是转基因对结实率的正面影响和负面影响这两方面的信息，因为这有着现实的生态学意义。如果转基因棉花结实率较高，能产生更多更易于散播的种子，那么它们扩散到环境中的风险就会更大，从而干扰甚至破坏生态平衡。

6.2.3.4　试验中各因素的交互影响

多元方差分析的结果如表 6-10 和表 6-11 所示，分别表示了转 Bt 基因棉花植株和转

Bt/CpTI 双价基因棉花植株的各个指标受虫压条件、竞争模式、外源基因、生长时期影响的 p 值。无下划线不加粗的数值表示转基因棉花与对照间存在近显著差异（$0.1>p>0.05$）；有下划线不加粗的数值表示转基因棉花与对照间存在显著差异（$0.05\geq p>0.01$）；有下划线且加粗的数值表示转基因棉花与对照间存在极显著差异（$0.01\geq p$）。

6.2.3.4.1　对转 *Bt* 基因植株的多元方差分析

分析显示，对于转 *Bt* 基因棉及其对照，不同的虫压条件对株高、总叶绿素含量、蛋白积累、总糖积累有极显著的影响，对 APX 比活力有显著的影响，对 SOD 比活力影响不明显。可以认为不同的虫压条件对植株的生长和物质积累有明显的影响。其中株高和总糖积累受虫压的影响最为显著，自然虫压下的植株株高和总糖含量明显高于低虫压下的植株。产生这种效应的原因可能是由于自然虫压下花蕾和铃蕾较多地被害虫取食，营养和能量分配受阻，并由生殖生长向营养生长转移的结果。

不同的竞争模式对植株株高、蛋白和总糖积累有极显著的影响，对 SOD 比活力有显著影响，但对 APX 比活力和总叶绿素含量的影响不显著。

不同的生长时期对所有指标都有显著影响。对于各个指标，外源基因与生长时期都存在极其显著的交互作用。交互作用分析显示，植株不同的生长时期会显著影响外源基因的适合度效应。

从各指标的角度看，总糖的积累比较容易受到多因素交互作用的影响。说明植株的基本物质生产时比较容易受到外界条件影响。抗氧化酶系和可溶蛋白质含量较少存在多因素的交互影响。

表 6-10　*Bt* 基因适合度效应的影响因素多元方差分析

p 值	株高	SOD 比活力	APX 比活力	总叶绿素	蛋白	总糖
虫压	9.88×10^{-14}		0.024	8.38×10^{-4}	3.67×10^{-3}	2.53×10^{-25}
竞争	4.75×10^{-11}	0.016			6.59×10^{-3}	4.83×10^{-11}
外源基因	1.31×10^{-28}	8.19×10^{-3}	6.73×10^{-5}		7.61×10^{-3}	8.07×10^{-7}
时期	4.59×10^{-118}	4.30×10^{-13}	1.12×10^{-28}	2.69×10^{-8}	4.44×10^{-24}	1.17×10^{-24}
虫压·竞争	0.061					3.49×10^{-4}
虫压·外源基因						0.019
竞争·外源基因				4.26×10^{-4}		9.20×10^{-3}
虫压·竞争·外源基因						
虫压·时期	1.96×10^{-27}	0.020		0.031		2.11×10^{-15}
竞争·时期	4.77×10^{-4}	0.024		1.22×10^{-3}		9.04×10^{-6}
虫压·竞争·时期			0.053			1.54×10^{-6}
外源基因·时期	1.27×10^{-16}	1.69×10^{-4}	2.11×10^{-5}	2.72×10^{-4}	1.92×10^{-3}	2.17×10^{-4}
虫压·外源基因·时期	1.04×10^{-4}		0.052			
竞争·外源基因·时期						9.93×10^{-3}
虫压·竞争·外源基因·时期						

6.2.3.4.2 对转 *Bt/CpTI* 双价基因植株的多元方差分析

多因素方差分析的结果显示，*Bt/CpTI* 双价基因转基因棉及其对照的适合度效应受外界因素的影响相对 *Bt* 品系弱。不同的虫压条件对株高、总叶绿素含量、总糖含量有极显著的影响，对 APX 比活力的影响显著。虫压因素对抗氧化酶系的影响相对生长和光合作用弱许多。

不同种竞争模式和外源基因的导入也主要是对株高、总糖含量、总叶绿素含量产生比较明显的影响，对抗氧化酶系及可溶蛋白质含量的影响并不明显。

在不同的生长时期对各项指标有非常显著的影响，说明双价棉及其对照的这些相关指标随生长的不同时期而变化。

表 6-11 *Bt/CpTI* 基因适合度效应的影响因素多元方差分析

p 值	株高	SOD 比活力	APX 比活力	总叶绿素	可溶蛋白	总糖
虫压	$3.52×10^{-31}$		0.026	$9.35×10^{-6}$		$2.71×10^{-17}$
竞争	0.011			0.056		$2.55×10^{-4}$
外源基因	$3.77×10^{-5}$			0.062		$6.33×10^{-3}$
时期	$7.59×10^{-127}$	$1.56×10^{-14}$	$3.63×10^{-21}$	$8.84×10^{-17}$	$1.14×10^{-37}$	$1.71×10^{-17}$
虫压·竞争			$3.79×10^{-4}$			
虫压·外源基因		0.076		0.012		
竞争·外源基因				$2.77×10^{-3}$		
虫压·竞争·外源基因						$3.77×10^{-3}$
虫压·时期	$1.66×10^{-28}$	0.059	$7.82×10^{-6}$		0.066	$2.94×10^{-5}$
竞争·时期			0.075			
虫压·竞争·时期		$9.26×10^{-4}$	0.067		$3.98×10^{-3}$	
外源基因·时期				$3.35×10^{-4}$		
虫压·竞争·时期				$6.93×10^{-4}$		
竞争·外源基因·时期						
虫压·竞争·外源基因·时期						$5.09×10^{-6}$

外源基因与不同的虫压之间的交互作用比较明显，在除总叶绿素之外的指标上都有显著的体现，表明不同的虫害选择压会显著影响不同生长时期的植株的生命活动。

外源基因与其他因素的交互作用在 *Bt/CpTI* 双价棉品系中不是很普遍，只在总叶绿素含量的指标中有较多出现。可以推测虫压、竞争等因素会影响外源 *Bt/CpTI* 双价基因对植株光合作用的适合度效应。

6.2.4 结论

6.2.4.1 外源基因对受体棉株的适合度效应综合表现

本研究表明，低虫压条件下，转入外源抗虫基因会对棉花植株的生长、光合作用和物质积累方面带来适合度负效应，使转基因棉花显示出适合度净成本；外源抗虫基因对抗氧化酶系带来的影响显得比较复杂，多数情况下，外源基因呈现对 SOD 比活力的负效应，但对 APX 比活力往往显示正效应，且总体上看，后者的效应更为明显。

在较高的自然虫压条件下，转基因棉抗虫性能的发挥使其在高虫害选择压条件下具有优势，低虫压下外源基因的适合度净成本得到了一定程度的抵消，但很多情况下，抗虫性带来的适合度收益还不能完全抵消其成本，转基因棉植株在田间较高虫压下是否会表现出生长和繁殖性状上的优势依赖于一定选择压条件下外源基因导致的净成本和带来的利益之间的平衡，其田间最终表现是外源基因净成本和利益的综合平衡结果。

6.2.4.2　竞争因素对适合度效应的影响

转基因植株与其近基因对照在大田条件下的竞争状况对外源抗虫基因对受体植株的适合度效应有重要影响。竞争因素往往可以放大外源基因的适合度效应，即在低虫压条件下，竞争因素往往会使得外源基因对受体植株的净成本更明显；而在高虫压条件下，竞争因素使得外源基因带来的适合度利益更突出。

本研究发现，在低虫压条件下，与对照的竞争往往会给转基因植株带来更大的适合度成本；而在自然虫压下，与对照的竞争却往往能更大程度地抵消其适合度净成本。这说明在外源基因抗虫性状得以发挥的时候，转基因植株与非转基因植株的竞争中的原本的劣势缩小；若抗虫性状得不到发挥，转基因植株在竞争中常常会处于比较明显的劣势。

6.2.4.3　不同生物学水平指标的响应与适合度效应机理分析

本研究检测数据表明，外源基因的转入对各项指标的影响是有差别的。表征植物生长和繁殖的形态学指标最明显且最具规律性，其次是物质生产与积累的指标，酶学指标相对规律性不明显，但在部分指标上仍能分析发现存在明显的适合度效应。

转 *Bt* 基因植株表现出的适合度效应比转 *Bt/CpTI* 双价基因棉明显，这可能是由于 *Bt* 和 *Bt/CpTI* 两种不同外源基因构建体性质存在差异，在转入过程中对受体植株产生可能造成不同的影响，也可能是由于所采取的亲本品系不同所造成。因此，对于不同转基因作物适合度效应的研究需要结合外源基因类型与遗传修饰过程、受体性状以及转基因植物拟释放的环境条件中选择压的大小进行具体分析，不能简单外推。

从蛋白质、糖类和叶绿素合成等生物大分子水平检测指标上来看，转 *Bt* 棉株在可溶蛋白合成方面的表现与其在生长和繁殖等形态学指标的变化趋势存在一致性，总糖合成指标的变化与形态学指标的变化也具有一定的相关性，提示转入 *Bt* 基因后受体植株在可溶蛋白合成和糖类合成方面的改变可能是导致不同选择压条件下受体植株在形态学指标上表现出净成本和利益的重要原因。叶绿素含量测定指标也提示转基因植物存在延熟现象，这与转基因棉株形态学指标表现一致。

抗氧化系统酶系指标测定结果表明，超氧化物歧化酶（SOD）活力对外源基因转入的响应不明显，而抗坏血酸过氧化物酶（APX）比活力是在外源基因转入后普遍表现显著正效应的指标，转基因植株中 APX 活力的增高可能是由于外源基因的转入增加了植株的代谢负荷，自由基增加诱导所致，实质上还是反映了一种适合度成本。

（浦海清　周文强　陈良燕）

参考文献

[1] 马旭俊，朱大海. 植物超氧化物歧化酶（SOD）的研究进展. 遗传，2003，25（2）：225-231.

[2] 孙卫红，王伟青，孟庆伟. 植物抗坏血酸过氧化物酶的作用机制、酶学及分子特征.植物生理学通讯. 2005，41（2）：143-147.

[3] 沈文飚，黄丽琴，徐朗莱. 植物抗坏血酸过氧化物酶. 生命的化学，1997，17（5）：24-26.

[4] 沈文飚，徐朗莱，叶茂炳，等. 抗坏血酸过氧化物酶活性测定的探讨. 植物生理学通讯，1996，32（3）：203-205.

[5] 曲春香，沈颂东，王雪峰，等. 用考马斯亮蓝测定植物粗体液中可溶性蛋白质含量方法的研究. 苏州大学学报（自然科学版），2006，22（2）：82-85.

[6] 林炎坤. 常用的几种蒽酮比色定糖法的比较和改进. 植物生理学通讯，1989，（4）：53-55.

[7] Clive James, 2007 年全球转基因作物商业化发展态势——从 1996 年到 2007 年的第一个 12 年. 中国生物工程杂志，2008，28（2）：1-10.

[8] Andow DA, Zwahlen C. Assessing environmental risks of transgenic plants. Ecology Letters，2006，9（2）：196-214.

[9] Asada K.& Badger M.R., 1984. Photoreduction of O-18（2）and（H$_2$O）-O18（2）with concomitant evolution of O-16（2）in intact spinach-chlotoplasts-evidence for scavenging of hydrogen-peroxide by peroxidase. Plant and Cell Physiology，25（7）：1169-1179.

[10] Burke JM, Rieseberg LH. Fitness effects of transgenic disease resistance in sunflowers. Science，2003，300（5623）：1250-1250.

[11] Callaway RM, Maron JL. What have exotic plant invasions taught us over the past 20 years？ Trends in Ecology and Evolution，2006，21（7）：369-374.

[12] Chen LY, Snow AA, Wang F, et al., Effects of insect-resistance transgenes on fecundity in rice（*Oryza sativa*, Poaceae）：A test for underlying costs. American Journal of Botany，2006，93（1）：94-101.

[13] Conner AJ, Glare TR, Nap JP. The release of genetically modified crops into the environment. Part II. Overview of ecological risk assessment. Plant Journal，2003，33（1）：19-46.

[14] Dale PJ, Clarke B, Fontes EMG. Potential for the environmental impact of transgenic crops. Nature Biotechnology，2002，20（6）：567-574.

[15] Jackson MW, Stinchcombe JR, Korves TM, et al. Costs and benefits of cold tolerance in transgenic *Arabidopsis thaliana*. Molecular Ecology，2004，13（11）：3609-3615.

[16] Lu BR, Snow AA. Gene flow from genetically modified rice and its environmental consequences. Bioscience，2005，55（8）：669-678.

[17] Oard J, Cohn MA, Linscombe S, et al. Field evaluation of seed production, shattering, and dormancy in red rice（*Oryza sativa*）. Plant Science，2000，157（1）：13-22.

[18] Rieseberg LH, Burke JM. The biological reality of species：gene flow, selection, and collective evolution. Taxon，2001，50（1）：47-67.

[19] Snow AA, Palma PM. Commercialization of transgenic plants：potential ecological risks. Bioscience，1997，47（2）：86-96.

[20] Snow AA，Pilson D，Rieseberg LH，et al.，A Bt transgene reduces herbivory and enhances fecundity in wild sunflowers. Ecological Application，2003，13（2）：279-286.

[21] Warwick SI，Simard MJ，Legere A，et al.，Hybridization between transgenic *Brassica napus* L. and its wild relatives：*Brassica rapa* L.，*Raphanus raphanistrum* L.，*Sinapis arvensis* L. and *Erucastrum gallicum*（Willd.）O.E. Schulz. Theoretical and Applied Genetics，2003，107（3）：528-539.

[22] Zavala JA，Patankar AG，Gase K，et al. Constitutive and inducible trypsin protenase inhibitor production incurs large fitness costs in *Nicotiana attenuate*. Proceedings of the National Academy of Science of the United States of America，2004，101（6）：1607-1612.

附录　抗虫转基因植物生态环境安全检测导则

1　适用范围

本标准规定了抗虫转基因植物对非靶标生物影响、基因漂移、生态适应性、靶标生物对抗虫转基因植物产生抗性的生态环境安全检测步骤、内容和方法。

本标准适用于通过表达抗虫蛋白而具有抗虫新性状的转基因植物生态环境安全检测。

2　规范性引用文件

本标准引用了下列文件或其中的条款。凡是未注明日期的引用文件，其有效版本适应于本标准。

LY/T 1692　转基因森林植物及其产品安全性评价技术规程

转基因植物及其产品环境安全检测　抗虫水稻（农业部 953 号公告—8—2007）

转基因植物及其产品环境安全检测　抗虫玉米（农业部 953 号公告—10—2007）

转基因植物及其产品环境安全检测　抗虫棉花（农业部 953 号公告—12—2007）

3　术语和定义

3.1

抗虫转基因植物　insect-resistant transgenic plant

通过基因工程技术将外源抗虫基因导入植物基因组且表达杀虫蛋白的转基因植物品种（系）。

3.2

亲本植物　parental plant

接受并表达外源抗虫基因的植物品种（系）。

3.3

转基因　transgene

也叫做外源基因或者异体基因，指通过基因工程方法插入并整合到亲本植物基因组中的外源遗传物质，一般包括目的基因、载体基因、启动子基因和终止子基因、标记基因或报告基因。

目的基因指以修饰受体细胞遗传组成并表达其遗传效应为目的的基因，本标准中目的基因是指表达杀虫蛋白的基因。

3.4

转基因蛋白质 transgene protein

目的基因在抗虫转基因植物中表达所产生的蛋白质。

3.5

基因漂移 gene flow

外源杀虫蛋白基因通过花粉从抗虫转基因植物向非转基因亲本植物或其野生近缘种自然转移的行为。

3.6

异交率 outcrossing rate

抗虫转基因植物与其野生近缘种以及非转基因植物（品种）发生自然杂交的比率。

3.7

靶标生物 target organisms

抗虫转基因植物中的转基因蛋白质所针对的目标生物。本标准中抗虫转基因植物的靶标生物系指有害昆虫，即靶标害虫。

3.8

非靶标生物 non-target organisms

抗虫转基因植物中转基因蛋白质所针对的目标生物以外的其他生物。

3.9

暴露 exposure

指抗虫转基因植物成分与非靶标生物接触或同时存在的情况。

3.10

害虫抗性种群 resistant pest population

在正常个体的致死剂量下能够存活并且正常延续后代的害虫种群。

3.11

种群净增值率 net reproductive rate of population

又称种群数量趋势指数，指一定条件下某生物当代的种群数量与其上一代种群数量的比值。

3.12

适合度 fitness

生物个体在生态环境中生存并将其基因型传递给后代的能力。

3.13

生存竞争能力 survival competitiveness

植物在与群落中其他植物共同生长时所表现出的生态适合能力，包括种子发芽率、出苗率、生长势、叶数和株高、结实率、繁育系数等指标以及抗生物和非生物胁迫等特性。

3.14

杂草化潜力 weediness potential

植物在人工群落中的延续能力，包括落粒性、种子休眠性、自生苗、种子生存等特性。

3.15

自生苗 volunteer

植物经子实在人工群落中自然繁殖生长出的幼苗。

3.16

抗性基因频率 frequency of resistance alleles

抗性基因在害虫种群中出现的比例。

4 基本原则与工作程序

4.1 基本原则

4.1.1 预先防范原则

对于可能会产生生态环境危害的抗虫转基因植物，即使目前缺乏其产生生态环境危害的充分科学证据，也应该对该转基因植物进行严格的生态环境安全检测，并预先采取适当的预防措施。

4.1.2 科学性原则

抗虫转基因植物的生态环境安全检测必须基于严谨的科学态度，采用最新的科学技术标准和规范，对采集到的试验数据进行科学的统计分析，得出可验证的检测结果，并对检测结果进行科学的解释。

4.1.3 逐步评价原则

应根据"实验室研究、中间试验、环境释放、生产性试验和商品化生产"五个阶段，在相应条件下逐步开展抗虫转基因植物的生态环境安全检测。

4.1.4 个案评价原则

根据外源基因、受体植物、转基因操作方式、转基因植物、释放环境及用途等不同特点，采取相应的检测方法，逐个开展特定抗虫转基因植物的安全性研究和检测，通过全面综合考察得出准确的安全性检测结果。

对于多年生抗虫转基因植物，一般应在其进入生殖生长阶段后开展有关生态环境安全检测工作。

4.2 工作程序

抗虫转基因植物主要产生4种不同的生态环境风险，应逐步对这4种不同的生态环境风险分别进行检测和评价（图1），并适当考虑这些生态环境风险对当地居民生产生活和经济建设等可能造成的影响。

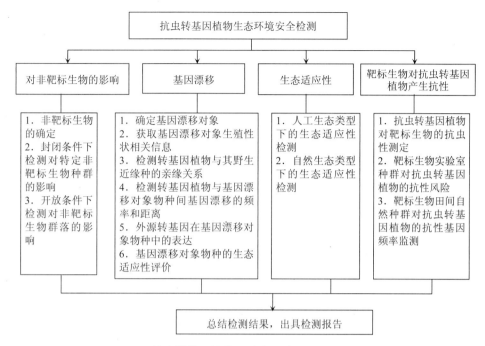

图 1　抗虫转基因植物环境安全检测的工作程序

5　生态环境安全检测的背景资料

5.1　受体植物

5.1.1　分类地位，主要包括：学名、俗名和其他名称；分类学地位；起源，起源中心和遗传多样性中心。

5.1.2　生殖特性，主要包括：繁殖方式；育性；在自然条件下与同种或近缘种的异交率；杂交亲和性；生活史周期；在自然界中生存繁殖的能力。

5.1.3　遗传稳定性，即在自然条件下与其他生物进行遗传物质交换的可能性，以及是否有发生遗传变异而对人类健康或生态环境产生不利影响的资料。

5.1.4　生态环境，包括：地理分布和自然生境；生长发育所要求的生态环境条件，与生态系统中其他动物、植物和微生物的生态关系，对生态环境的影响及其潜在危险程度。

5.1.5　安全应用历史，主要包括：用途；在国内的应用情况，包括是否有长期安全应用的记录；对人类健康和生态环境是否发生过不利影响的记录；如果对人及其他生物有毒，应说明毒性物质存在的部位及其毒性机理；受体植物演变成有害植物（如杂草等）的可能性；如果是国内非通常种植的植物物种（或品系），应提供该植物物种（或品系）原产地的自然生境和有关其天然捕食者、寄生物、竞争物和共生物的资料。

5.2　基因操作

5.2.1　转基因植物中引入或修饰的性状和特性。

5.2.2　实际插入的序列，主要包括：插入序列的大小和结构，确定其特性的分析方法；目的基因的来源、表达产物及其生物学功能；目的基因的核苷酸序列和推导的氨基酸序列；插入序列在植物细胞中的定位（是否整合到染色体、叶绿体、线粒体，或以非整合形式存在）及其确定方法；插入序列的拷贝数。

5.2.3　目的基因与载体，主要包括：目的基因与载体构建的图谱，载体的名称、来源、结构、特性和安全性，包括载体是否有致病性以及是否可能演变为有致病性。启动子和终止子的大小、功能及其供体生物的名称；标记基因和报告基因的大小、功能及其供体生物的名称；其他表达调控序列的名称及其来源（如人工合成或供体生物名称）。

5.2.4　插入序列的表达，主要包括：插入序列及其表达产物的分析方法；在转基因植物不同生长时期，插入序列在根、茎、叶、花、果、种子等器官和组织中的表达量；表达的稳定性。

5.3　抗虫转基因植物

5.3.1　外源抗虫基因在转基因植物中的遗传稳定性。

5.3.2　与亲本植物相比，抗虫转基因植物在生物学性状等方面发生的非预期变化。

5.3.3　抗虫转基因植物对靶标生物的作用机制及靶标生物的生物学特征。

5.3.4　鉴定和检测抗虫转基因植物的技术方法，以及该技术方法的敏感性和可靠性。

5.3.5　用途及其预定接收环境的地理、气候和生态等资料。

5.3.6　国内外关于该抗虫转基因植物或者其他类似性状转基因植物的安全性评价和管理方面的已有资料。

6　对非靶标生物影响的检测

6.1　检测步骤

　　抗虫转基因植物对非靶标生物影响的检测分为以下三个步骤：首先通过调查确定需要进行安全检测的非靶标生物；其次在封闭条件下检测抗虫转基因植物对特定非靶标生物的影响；最后在开放条件下检测抗虫转基因植物对非靶标生物群落的影响。

6.2　非靶标生物的确定

6.2.1　通过文献调研和实地调查等多种手段，查清并分类列出可能受到抗虫转基因植物影响的非靶标生物。

6.2.2　根据下列指标对可能受到影响的非靶标生物进行评估和筛选，通过资料分析和专家论证，确定需要进行环境安全检测的一种或者几种具有代表性的非靶标生物：是否在转基因蛋白的作用范围之内；暴露于转基因蛋白中的概率；是否具有重要的生态功能；在生物多样性保护、经济和文化等方面的价值；在抗虫转基因植物生长地点及其周围环境中的出现频率和丰富度。

6.2.3　需要进行环境安全检测的非靶标生物一般应涵盖哺乳动物、鸟类、鱼类、水生无脊椎动物、节肢动物、土壤无脊椎动物、微生物等可能受到抗虫转基因植物影响的主要生物类群，尤其是中国的特有物种。

6.2.4 如果需要检测的非靶标生物为珍稀濒危或者受保护的生物，或者因难以在实验条件下饲养、种群数量太少等原因而无法满足检测要求，可以用其他同类生物代替。

6.3 在封闭条件下检测抗虫转基因植物对特定非靶标生物的影响

6.3.1 根据自然条件下非靶标生物受抗虫转基因植物影响的途径、方式、时间等因素，设计封闭条件（实验室或者温室）下抗虫转基因植物对特定非靶标生物影响的实验，包括毒理学实验以及以捕食性天敌和寄生性天敌为对象的二级或三级营养学实验。

6.3.2 实验系统设处理组、阴性对照组、阳性对照组，且阴性对照组非靶标生物的死亡率不得超过 10%。

6.3.3 采用亲本植物或当地普通非转基因品种作为阴性对照，尽可能在受试生物对转基因蛋白最敏感的生命阶段开展试验；直接使用抗虫转基因植物材料或者使用含有转基因蛋白的人工食物饲喂受试非靶标生物，并使暴露剂量高于该非靶标生物在自然条件下的最大预期暴露剂量；实验持续的时间一般不低于该非靶标生物在自然环境中受到转基因植物影响的时间。

6.3.4 测定的指标包括非靶标生物的生长发育指标（如死亡率、体重、生长期、酶活性）、繁殖指标（如生殖细胞和子代的数量和质量）以及重要的生态功能指标等。

6.3.5 如果抗虫转基因植物对特定非靶标生物产生显著影响，应进一步检测产生此显著影响所需要的最小暴露剂量，明确此显著影响与抗虫转基因植物之间的相关性，并在开放条件下调查特定非靶标生物对抗虫转基因植物的实际暴露剂量，以及在该剂量下非靶标生物受到的影响。

6.4 在开放条件下检测抗虫转基因植物对非靶标生物群落的影响

6.4.1 为了验证封闭条件下抗虫转基因植物对特定非靶标生物的检测结果，检测抗虫转基因植物对其他非靶标生物的影响，应在农田、林地、水体等开放条件下检测抗虫转基因植物及其残体对非靶标生物群落的影响。

6.4.2 检测对象为抗虫转基因植物生长地点及其周围环境中可能受到其影响的非靶标生物，特别是 6.3 部分检测结果表明可能受到显著不利影响的非靶标生物。主要包括：

（1）对地上部分非靶标生物群落的影响，主要包括非靶标害虫、天敌生物以及相关动物和植物等，特别是重要的有害或者有益生物。

（2）对土壤和水体生态系统中非靶标生物群落的影响，主要包括非靶标微生物、无脊椎动物、脊椎动物，特别是重要的有害或者有益生物。

6.4.3 检测内容包括：调查抗虫转基因植物及其对照实验田中非靶标生物种群数量的动态变化，比较非靶标生物群落的多样性指数、均匀性指数和优势集中性指数，分析抗虫转基因植物对各非靶标生物种群及其有关生态系统功能的影响。

抗虫转基因棉花、玉米和水稻对生长地点及其周围环境中地上部分非靶标生物群落的影响检测按照本标准规定，并参照农业部 953 号公告—12.4—2007、农业部 953 号公告—10.4—2007 和农业部 953 号公告—8.4—2007 执行。

6.4.4 在设计开放条件下抗虫转基因植物对非靶标生物影响的大田试验时，应遵守以下原则：

（1）以亲本植物或当地普通非转基因品种作为阴性对照，用抗虫转基因植物替代的化学杀虫剂作为阳性对照。

（2）试验地点为抗虫转基因植物的典型生长环境，且存在需要调查的非靶标生物。

（3）试验的规模、时间、管理措施等因素应尽可能模拟抗虫转基因植物的实际生长和种植模式。

（4）抗虫转基因植物与对照的试验地应具备相似的自然条件，而且各试验地之间应保持足够的距离，避免各试验地生物的相互干扰。

（5）试验一般应延续三年或者三个生长季节。

7 基因漂移检测

7.1 确定基因漂移对象

在抗虫转基因植物种植地及其周围的自然环境中，调查可能成为基因漂移对象的物种（以下简称"基因漂移对象物种"），包括该抗虫转基因植物的亲本植物、当地非转基因品种或野生种。

如果抗虫转基因植物种植区及其周围环境中没有基因漂移对象物种，尤其是与抗虫转基因植物亲缘关系较近的野生近缘种和杂草种，可终止基因漂移检测。

7.2 获取基因漂移对象物种生殖性状相关信息

7.2.1 收集资料，包括：抗虫转基因植物及其基因漂移对象物种的名称、分类学地位、自然地理分布及其发生频率等信息，并通过实地考察了解基因漂移对象物种是否有成为农林杂草的记录，对农作物是否形成危害及危害程度。通过栽培实验获得基因漂移对象物种的生长习性、开花期、交配系统、传粉方式和种子传播途径等数据。

7.2.2 通过资料分析和实地考察，确定抗虫转基因植物在空间和时间上是否与基因漂移对象物种有重叠的分布区和开花期。

7.2.3 如转基因植物与基因漂移对象物种在分布空间和开花时间上无重叠，不能相互传粉，则认定转基因漂移将不会发生，可终止该项安全检测。

7.3 检测转基因植物与基因漂移对象物种的亲缘关系

7.3.1 通过资料分析、实地考察或杂交实验，评价转基因植物与基因漂移对象物种的可杂交性、杂种 F_1 的存活率、自交和回交结实率等，推断抗虫转基因植物与基因漂移对象物种的亲缘关系及基因漂移是否会发生。

7.3.2 如果抗虫转基因植物与其基因漂移对象物种亲缘关系极远、不能进行天然种间杂交，种间杂种不能正常存活繁殖，则认定转基因植物基因漂移不可能发生，可终止该项安全检测。

7.4　检测转基因植物与基因漂移对象物种间基因漂移的频率和距离

7.4.1　通过资料查询、野外考察或分子标记实验，检测抗虫转基因植物与基因漂移对象物种之间的异交率。

7.4.2　通过基因漂移田间实验（如同心圆种植），检测转基因植物与基因漂移对象物种之间基因漂移的频率（%）和距离。

抗虫转基因棉花、玉米和水稻与其基因漂移对象物种之间异交率以及外源基因漂移率和距离的检测可按照本标准规定，并参考农业部 953 号公告—12.3—2007、农业部 953 号公告—10.3—2007 和农业部 953 号公告—8.3—2007 执行。

7.4.3　基因漂移频率越低，漂移距离越远，外源转基因漂移的可能性越小，导致的环境风险也较低。如果抗虫转基因植物向基因漂移对象物种的基因漂移频率为零或极低，可终止该项安全检测。

7.4.4　本项检测应该在不同的生态区至少重复两年或者两个生长季节。

7.5　外源转基因在基因漂移对象物种中表达的检测

7.5.1　如果在基因漂移对象物种中检测出外源转基因，则应该测定其表达量和表达部位，明确其遗传方式，以评价该转基因是否能够在基因漂移对象物种中正常表达和遗传，从而带来生态环境风险。

7.5.2　如果外源转基因不能在基因漂移对象物种中正常表达和遗传，表明转基因不可能在基因漂移对象物种中行使正常功能，导致生态环境风险的可能性很小，可终止该项安全检测。

7.5.3　本项检测应该在不同的生态区至少重复两年或者两个生长季节。

7.6　基因漂移对象物种的生态适应性评价

7.6.1　将抗虫转基因植物与携带外源转基因的基因漂移对象物种进行种间杂交、回交和自交，鉴定获得含有转基因以及不含转基因的回交（BC_1）以及自交（F_2）实验群体。

7.6.2　采用本标准第 8 章的内容，检测含有转基因的实验群体生态适应性，通过分析转基因对基因漂移对象物种适合度的影响，检测抗虫转基因植物的外源基因漂移可能带来的生态环境风险。

8　生态适应性检测

8.1　检测概述

本部分主要检测内容包括生存竞争能力和杂草化潜力两个部分，分别在人工生态类型和自然生态类型两类环境条件下开展。通常仅需要检测人工生态环境条件下的生态适应性，只有在人工生态环境条件下检测到抗虫转基因植物生态适应性显著提高的情况下，才需要再进行自然生态类型下的检测。

8.2　人工生态类型下的抗虫转基因植物生态适应性检测

8.2.1　生存竞争能力

在室内及封闭的农田或者人工林区等小区开展抗虫转基因植物的生存竞争能力检测试验，检测内容包括：

（1）出苗率：通过调查抗虫转基因植物种子及其对照的出苗情况，计算出苗率，评价种子的活力和适应能力。

（2）竞争性和生长势：同一小区设计不同播种方式，主要包括地表撒播和正常播种，中密度（正常密度）和高密度（正常密度加倍）播种，以及在适宜季节和非适宜季节分期播种。调查和记录的内容包括：试验地中间生杂草的种类、株数和相对覆盖度；抗虫转基因植物的株数、平均株高、覆盖率。对不同的抗虫转基因植物还可以调查其他与营养生长相关的指标。

（3）繁育能力：观察记载抗虫转基因植物的生育期，包括叶龄、盛花期、果熟期等，调查统计其单株结实率，并测定产量。

（4）抗生物和非生物胁迫：选择亲本植物的主要病原菌和害虫各 1～2 种，检测抗虫转基因植物对生物胁迫的抗性；选择抗除草剂、抗旱、抗盐、抗高温和低温以及在贫瘠环境生长能力等指标，评价抗虫转基因植物对非生物胁迫的抗性。

8.2.2　杂草化潜力

在封闭田间小区开展抗虫转基因植物与杂草化潜力有关的自生苗、种子休眠性、种子生存能力以及落粒性等评价试验。检测内容包括：

（1）落粒性：在生存竞争力试验的各小区设计落粒性评价试验，观察记录抗虫转基因植物及其对照的自然落粒性和在振动等外力作用下的落粒性。

（2）种子休眠性：调查落粒的种子是否具有休眠性以及由外界环境变化（如水分、黑暗、土埋等）诱导产生的二次休眠性。

（3）自生苗：调查生存竞争力试验后的小区在越冬或越夏后，抗虫转基因植物种子及其对照的自然出苗率（植物出苗旺盛期）、成苗率、结果（荚、角或穗）数（植物成熟期）、收获种子量（植物落粒前）及转基因蛋白阳性检出率。

（4）种子生存能力：将抗虫转基因植物及其对照的种子在野外封闭条件下埋藏在田间土壤中，定期调查种子的发芽势、发芽率和存留时间，检测种子在野外环境的越冬或越夏能力。

8.2.3　在设计室内及封闭田间小区条件下抗虫转基因植物生态适应性检测试验时，应遵守以下原则：使用来自亲本植物的材料或当地主栽非转基因品种作为对照；试验设计以最适宜人工条件，但不经过人工除草、施肥和灌溉等管理；采用随机区组设计，至少三次重复；试验时间不低于三年或者三个生长季节。

8.3　自然生态类型下的抗虫转基因植物生态适应性检测

自然生态类型下转基因抗虫植物的生态适应性检测应选择荒地为试验地，其余要求以及检测的内容和方法与人工生态类型下的抗虫转基因植物生态适应性检测相同。

抗虫转基因棉花、玉米和水稻生态适应性的检测项目因作物不同而有所侧重，具体检测方法可根据本标准的规定，并参照农业部 953 号公告—12.2—2007、农业部 953 号公告—10.2—2007 和农业部 953 号公告—8.2—2007 执行。

9 靶标生物对抗虫转基因植物产生抗性的安全性检测

9.1 检测概述

本部分检测由抗虫转基因植物对靶标生物的抗虫性测定、室内检测和大田监测靶标生物种群对抗虫转基因植物的抗性三个部分组成。

9.2 抗虫转基因植物对靶标生物的抗虫性测定

采集抗虫转基因植物以及亲本植物组织（如叶片），在实验室内饲喂靶标生物，测定靶标生物死亡率；在大田中靶标生物发生盛期，分别调查抗虫转基因植物和亲本植物田块中靶标生物的数量和危害情况，比较和判定抗虫转基因植物对靶标害虫的抗性效率。

抗虫转基因棉花、玉米和水稻对靶标生物的抗虫性测定可根据本标准的规定，并参照农业部 953 号公告—12.1—2007、农业部 953 号公告—10.1—2007 和农业部 953 号公告—8.1—2007 执行。

9.3 靶标生物实验室种群对抗虫转基因植物的抗性风险

9.3.1 筛选靶标生物抗性种群

参考附录 B 的方法，在实验室内筛选靶标生物抗性种群。

如果在室内持续筛选压力下，靶标生物不能产生抗性种群，表明靶标生物对抗虫转基因植物产生抗性的风险为 0 或者极低，可终止该项安全检测。

9.3.2 检测靶标生物抗性种群的抗性稳定性

靶标生物形成抗性种群后，停止筛选数代后检测该抗性种群的抗性是呈下降趋势还是恢复到敏感阶段，以此判断靶标生物的抗性稳定性。

如果停止筛选后室内靶标生物抗性种群的抗性恢复到敏感阶段，表明靶标生物对抗虫转基因植物的抗性不稳定，可终止该项安全检测。

9.3.3 检测靶标生物抗性种群的相对适合度

组建靶标生物种群生命表，计算种群净增值率，确定其相对适合度。如果相对适合度大于或等于 1，表示靶标生物抗性种群没有明显的适合度代价，可终止该项安全检测。

9.3.4 分析检测靶标生物的抗性遗传方式

根据剂量对数—死亡概率值回归线（LD-P 线）分析法，研究靶标生物抗性种群的抗性遗传方式。

如果抗性是由多基因控制的隐性遗传，则靶标生物对抗虫转基因植物产生抗性的风险较低，可终止该项安全检测。

9.3.5 靶标生物交互抗性研究

检测靶标生物对抗虫转基因植物产生抗性后，对已经推广种植的表达同类杀虫蛋白的其他抗虫转基因植物的交互抗性。

如果靶标生物对已经推广种植的表达同类杀虫蛋白的其他抗虫转基因植物不会产生明显的交互抗性，即表明抗性风险低，否则抗性风险高。

9.4 靶标生物田间自然种群对抗虫转基因植物的抗性基因频率监测

9.4.1 监测地点优先选择自然隔离条件好或附近没有靶标生物近缘种的地段，并明确试验地点所在的省（自治区、直辖市）、县（市）、乡、村。

9.4.2 试验的规模、时间、管理措施等因素应尽可能模拟抗虫转基因植物的实际种植模式，并在大田周围种植非转基因植物作为抗性稀释带。

9.4.3 以种植抗虫转基因植物前靶标生物的抗性基因频率作为对照。

9.4.4 至少在不同生态区的 20 个地点、每个地点采集不少于 500 头靶标生物作为监测对象。

9.4.5 采用诊断剂量、F_2 代筛选等方法监测靶标生物抗性基因频率，以此作为靶标生物抗性风险监测的依据。

10 检测报告

抗虫转基因植物的生态环境安全检测报告应包括以下内容：

（1）检测单位的资质，检测人员；

（2）检测起止时间；

（3）检测地点概况及适宜性评价，包括试验地点及其面积，试验地点的地形及气象、主要生物种类等条件；

（4）总结抗虫转基因植物对非靶标生物影响、基因漂移、生态适应性、靶标生物对抗虫转基因植物产生抗性 4 个方面的检测结果，分析其对当地居民生产和生活的影响，并提出必要的安全管理措施。

11 安全措施

在抗虫转基因植物生态环境安全检测试验过程中，应遵守我国转基因生物安全管理法律法规和相关农业、林业转基因植物安全检测技术标准，采取必要和有效的物理控制、化学控制、生物控制、环境控制和规模控制等安全控制措施以及预防事故的紧急措施，制订应急预案和应急处理措施，并有可追溯的监督记录（LY/T 1692）。

附　录　A
（资料性附录）
实验室内筛选靶标生物抗性种群

A.1　实验原理

靶标生物在受到杀虫蛋白的持续选择压力下，理论上具有对抗虫转基因植物或者杀虫蛋白产生抗性的能力。

A.2　实验材料

A.2.1　试虫：对抗虫转基因植物或者杀虫蛋白敏感的靶标生物种群。

A.2.2　受试物：使用的转基因蛋白质可直接来自抗虫转基因植物，或者从抗虫转基因植物中分离。如果通过其他途径得到受试蛋白质，则该蛋白质在结构和功能上应与抗虫转基因植物产生的转基因蛋白质相同。

A.2.3　实验条件：在室内模拟田间靶标生物的最适自然生长条件，并将受试靶标生物因逃逸和自然死亡等非转基因蛋白质所引起的死亡率控制在 10% 以下。

A.3　实验方法

室内控制靶标生物连续数代在持续的抗性筛选压力下，保证杀死部分敏感的靶标生物个体、存活一定比例的靶标生物，直至靶标生物抗性个体百分率为 10%～20%，或者靶标生物种群对抗虫转基因植物或目标杀虫蛋白的致死剂量（LD_{50}、LC_{50}）是筛选前靶标生物种群致死剂量（LD_{50}、LC_{50}）的 5 倍以上，则认为靶标生物对该抗虫转基因植物或杀虫蛋白形成抗性种群。

A.4　数据与报告

A.4.1　数据处理。将处理所获得数据进行整理分析。

A.4.2　实验报告应包括以下内容：

1）实验名称、目的和原理；实验起止日期；实验地点；

2）试虫、受试杀虫蛋白及其来源；实验条件；

3）实验方法：实验设计的原理和具体的实验方法、操作；

4）结果：根据实验结果分析靶标生物抗性种群的抗性水平，并对结果进行科学的解释和讨论。

《抗虫转基因植物生态环境安全检测导则》编制说明

1 项目背景

1.1 任务来源

为加强转基因生物的环境安全管理，更好地履行《生物多样性公约卡塔赫纳生物安全议定书》（简称《议定书》），2007 年 5 月，环境保护部科技标准司将"转基因生物环境风险评估标准"列入"十一五"期间需要制修订的国家环境保护标准名录之中。2008 年 1 月，环境保护部科技标准司正式下达计划，文件号为新 109-815，委托环境保护部南京环境科学研究所刘标同志负责"转基因生物环境风险评估标准"的编制工作。

1.2 转基因生物生态环境安全检测技术标准体系

本标准属于转基因生物生态环境安全检测标准体系。

转基因生物可能产生的环境风险主要由受体转基因生物的生物学特性、外源基因赋予的新性状以及转基因生物的释放环境所决定。根据受体生物的生物学分类地位，可将转基因生物分为转基因动物、转基因植物和转基因微生物，不同转基因生物所产生的环境风险是不同的，其环境风险的研究和评价方法也不同。转基因生物的环境风险还取决于外源基因赋予的新性状，不同新性状所产生的环境风险是不同的，其环境风险的研究和检测方法也不同。例如，产生 BT 杀虫蛋白的抗虫转基因植物与对除草剂具有耐性的转基因植物所产生的生态环境安全性问题是不一样的，转基因作物（如玉米）与转基因动物（如鱼）所产生的生态环境安全问题也有很大不同，必须根据个案原则，采取不同的技术方法进行生态环境安全检测。我国农业部已经颁布的转基因生物环境安全检测标准，就是分别按照转基因作物所具备的不同新性状，分别制定抗虫性状、抗除草剂性状、抗病性状、育性改变性状等不同性状转基因作物的环境安全评价标准，即使同为抗虫性状，也分别制定玉米、棉花和水稻的环境安全评价标准。

根据我国转基因生物的发展现状以及生态环境安全管理需要，转基因生物生态环境安全检测标准体系分别由转基因植物生态环境安全检测标准、转基因动物生态环境安全检测标准和转基因微生物生态环境安全检测标准组成（表 1），本标准属于转基因植物生态环境安全检测标准的内容之一。

表 1 转基因生物生态环境安全检测标准体系

转基因生物		转基因生物的新性状	转基因生物生态环境安全检测标准体系
植物	作物（玉米、水稻、大豆等）	• 单一输入性状：抗虫，抗病，抗除草剂 • 单一输出性状：改良营养品质（如改良油脂、蛋白质、氨基酸、淀粉、维生素），植物生物反应器，等 • 其他单一性状：消除环境污染（如消除重金属、有机物、农药污染） • 复合性状：如兼具抗虫和抗除草剂	• 抗性（抗虫，抗病，抗除草剂等）转基因植物（作物、林木等）生态环境安全检测标准 • 改良营养品质转基因植物（作物、林木等）生态环境安全检测标准 • 生物反应器用（产生口服疫苗、单克隆抗体、药物等）转基因植物（作物、林木等）生态环境安全检测标准 • 环保用转基因植物（作物、林木等）生态环境安全检测标准 • 其他性状转基因植物（作物、林木等）生态环境安全检测标准 • 复合性状转基因植物（作物、林木等）生态环境安全检测标准
	林木（杨树、竹子等）		
	其他植物		
动物	畜禽（猪、牛、羊、鸡等）	• 快速生长（如转基因鱼） • 抗病（抗口蹄疫等） • 改良品质（如提高奶蛋白含量） • 生物反应器（如奶牛乳腺生物反应器） • 其他性状	• 快速生长转基因动物（畜禽、鱼等）生态环境安全检测标准 • 抗病转基因动物（畜禽、鱼等）生态环境安全检测标准 • 改良品质转基因动物（畜禽、鱼等）生态环境安全检测标准 • 生物反应器用转基因动物（畜禽、鱼等）生态环境安全检测标准 • 其他性状转基因动物（畜禽、鱼等）生态环境安全检测标准
	水生生物（鱼等）		
	昆虫		
	其他动物		
微生物	动物用微生物	• 生物反应器（如产生植酸酶） • 抗逆性（抗病，抗虫） • 提高固氮效率 • 疫苗 • 其他性状	• 生物反应器用转基因微生物生态环境安全检测标准 • 抗逆性转基因微生物生态环境安全检测标准 • 提高固氮效率转基因微生物生态环境安全检测标准 • 疫苗用转基因微生物生态环境安全检测标准 • 其他转基因微生物生态环境安全检测标准
	植物用微生物		
	其他微生物		

1.3 编制过程

生物技术生态环境安全管理是国务院赋予环境保护部的职能，开展转基因生物的生态环境安全管理一直是环境保护部的重点工作之一。在多年开展转基因植物生态环境安全研究的基础上，环境保护部南京环境科学研究所根据我国转基因植物生态环境安全管理工作的需要，开展了转基因生物环境风险评价技术指南的研究工作，受到了环境保护部生态司和科技标准司的肯定。2008 年 1 月，环境保护部科技标准司正式下达计划，委托环境保护部南京环境科学研究所刘标同志负责《转基因生物环境风险评估标准》的编制工作。2008 年 3 月，成立了由环境保护部南京环境科学研究所、复旦大学和南京农业大学有关专家组成的标准编制组，明确了各专家的具体任务和分工，围绕标准所需要的科学信息和技术背景，开展国内外抗虫转基因作物环境风险评价和研究方面的文献调研，收集相关的法规、技术标准和重要研究论文，编制《抗虫转基因作物环境安全评价导则》的开题论证报告，并起草了该标准的初步框架。

2008 年 12 月，环境保护部科技标准司组织专家组在南京召开该标准的开题论证会，与会专家听取了标准编制组对开题论证报告的详细介绍，认为从加强转基因生物环境安全管理的角度出发，制定该标准有利于保护环境和生物多样性。开题报告对国内外转基因生物环境安全评价技术和标准进行了详细的调查和分析，提出了标准的初步框架，技术路线可行，可以作为下一步标准编制工作的依据。会议通过了开题论证，并提出一些建议。

2009 年 2—5 月，标准编制组成员召开了 3 次内部会议，就起草、修改和完善《抗虫转基因植物环境安全评价标准》（征求意见稿）及其编制说明进行讨论。2009 年 5 月 28 日，标准编制组完成了《抗虫转基因植物环境安全评价标准》（征求意见稿）及其编制说明。2009 年 8 月，标准编制组将《抗虫转基因植物环境安全评价标准》（征求意见稿）及其编制说明提交给环境保护部环境标准研究所审查，并进行了进一步的修订。2009 年 9 月 10日，环境保护部科技标准司组织专家组在北京召开该标准的专家研讨会，与会专家听取了标准编制组对《抗虫转基因植物环境安全评价标准》（征求意见稿）及其编制说明的详细介绍，并进行了充分的论证和研讨。与会专家对征求意见稿给予了充分肯定，并提出一些修改建议。根据专家的建议，标准编制组于 2009 年 11 月完成了《抗虫转基因植物生态环境安全检测导则》（征求意见稿）及其编制说明。

2009 年 12 月 2 日和 2010 年 2 月，标准编制组与中国环境科学院标准研究所的专家就《抗虫转基因植物生态环境安全检测导则》（征求意见稿）及其编制说明进行了研讨，逐条分析和讨论了这两个文件，就进一步完善该文件达成了一致意见。2010 年 3 月，经过反复论证和多次修改，标准编制组完成了修订后的《抗虫转基因植物生态环境安全检测导则》（征求意见稿）及其编制说明。

2010 年 5 月 6 日，环境保护部办公厅发出"关于征求《生物多样性评价标准》等六项国家环境保护标准（征求意见稿）意见的函"（环办函[2010]455 号），向教育部办公厅、科技部办公厅、农业部办公厅、商务部办公厅、质检总局办公厅、国家林业局办公室、各省（自治区、直辖市）环境保护厅（局）以及有关研究所和大学征求对包括本标准在内的6 项标准公开征求意见。2010 年 8 月底，共收到 31 份反馈意见。标准编制组将这些意见进行归纳和汇总，并据此对本标准进行修改，于 9 月底修改完成，形成标准及其编制说明的送审稿。在修改标准的过程中，复旦大学和南京农业大学的有关专家由于种种原因退出了本标准的制定工作，本标准的修改工作由环境保护部南京环境科学研究所独立完成。

2　国内外抗虫转基因植物生态环境安全检测概况

2.1　国外抗虫转基因植物生态环境安全检测概况

转基因生物的生态环境安全检测问题受到很多国家和国际组织的高度重视，尤其是已经进行转基因生物大规模商业化生产的国家。1995 年，联合国环境规划署（UNEP）发布了"转基因生物安全技术指南"（UNEP International Technical Guidelines for Safety in Biotechnology），明确提出在转基因生物进行环境释放以前，必须对其环境安全（非靶效应、生态适应性、基因漂移和靶标生物抗性）进行严格的评价和检测。《议定书》于 2003年 9 月 11 日生效，这是对各缔约国具有法律约束力的国际文件，在转基因生物的风险评估和风险管理方面作出了很多强制规定。为了更好地履行《议定书》，为各国开展转基因生物的风险评估和风险管理提供技术指导，UNEP 于 2009 年开始组织各国科学家制定转基因生物的风险评估技术准则，包括风险评估路线图（Roadmap for Risk Assessment of Living Modified Organism）以及抗生物逆境转基因作物、转基因蚊子和叠加基因转基因生物的风险评估技术准则。根据此路线图，转基因生物的风险是按照以下步骤逐步评估的：①转基因生物在基因型和表型方面所具有的新性状的检测；②转基因生物在释放环境中产生不利影响可能性以及暴露水平和种类的评估；③不利影响所造成环境后果的评估；④根据所确定不利影响发生的可能性以及所产生的环境后果，对转基因生物产生的风险进行总体估计；⑤提出风险是否可以接受或者可以管理的建议。此外，欧洲经合组织（OECD）、联合国粮农组织（FAO）等国际组织也发布了各自转基因生物安全的文件和准则。

美国政府早在 1976 年就发布了《重组 DNA 分子研究准则》，1986 年专门制定了《生物技术管理协调框架》》（OSTP），并根据已有的《植物保护法》、《联邦杀虫剂、杀真菌剂、杀啮齿动物药物法》、《联邦食品、药品与化妆品法》、《毒物控制法》、《联邦食品、药品与化妆品法》及相应的条例、规则，分别由农业部（USDA）、环保局（EPA）和食品药品管理局（FDA）对转基因生物的生态环境安全进行严格的检测和管理。但是，美国政府没有组织制定专门的转基因作物环境风险评估技术准则，其非靶效应评价是采用化学品非靶效应评价的方法，使得其评价结果广受质疑。因此，美国政府也正在组织科学家开展这方面的研究工作。欧盟于 20 世纪 90 年代和 21 世纪初发布了一系列关于转基因生物环境风险评估和食品安全评价的指令和技术规范，如基因修饰微生物的封闭使用指令（90/219/EEC，98/81/EC）、基因修饰生物（GMOs）的目的释放指令（90/220/EEC，97/35/EC）、《关于转基因生物有意环境释放的（2001/18/EC 指令）》、《关于转基因微生物封闭使用的（98/81/EC 指令）》、《关于转基因食品和饲料（1829/2003 条例）》及其实施细则（641/2004 条例）、《关于转基因生物的可追踪性和标识及由转基因生物制成的食品和饲料产品的可追踪性（1830/2003 条例）》。

在日本，为保证农业转基因生物（GMO）的生态环境安全，农林水产省（MAPP）在 1989 年发布了农业转基因生物环境安全评价指南，该指南指导从事 GMO 工作的申请人对 GMO 进行潜在环境风险评估。转基因生物育种者根据农林水产省制定的指南通过申请田间试验开展转基因作物的环境安全评价，该指南规定了转基因作物的环境安全评价分为两个步骤：第一步，转基因作物在隔离条件下的试验；第二步，转基因作物的环境释放试验。环境安全评价的目的是从非靶效应、生态适应性、基因漂移和靶标生物抗性等不同方面，对转基因作物可能产生的环境风险进行评价和检测，确保转基因作物不会对环境产生负面影响。1996 年农林水产省又发布了转基因饲料安全评价指南。从 2001 年 4 月起，转基因饲料的安全评价纳入现行的《饲料安全保障与质量改进法》中执行。

从世界范围看，美国和瑞士等国家不仅颁布了转基因生物安全管理的法律法规，而且积极组织科学家开展转基因生物环境风险评估技术标准的编制工作。根据转基因生物风险评估技术标准，依法开展转基因生物的环境安全管理，是当今世界各国的通行做法。

2.2 国内抗虫转基因植物生态环境安全检测概况

我国政府一贯高度重视转基因生物的环境安全管理工作，并建立了比较完善的转基因生物安全法规体系（表 2），而且制定了一些转基因生物的成分检测、环境安全评价和食品安全评价的技术标准（见表 3），使我国转基因生物的安全管理纳入了法制化轨道。

表 2 我国转基因生物安全管理法律法规

法律法规名称	颁布时间	颁布部门
《基因工程安全管理办法》	1993	科技部
《新生物制品审批办法》	1999	农业部
《农业转基因生物安全管理条例》	2001	国务院
《农业转基因生物进口安全管理办法》	2001	农业部
《农业转基因生物标识管理办法》	2001	农业部
《农业转基因生物安全评价管理办法》	2001	农业部
《农业转基因生物进口安全管理程序》	2002	农业部
《农业转基因生物标识审查认可程序》	2002	农业部
《农业转基因生物安全评价管理程序》	2002	农业部
《进出境转基因产品检验检疫管理办法》	2004	国家质检总局
《开展林木转基因工程活动审批管理办法》	2006	国家林业局
《农业转基因生物加工审批办法》	2006	农业部

3 制定本标准的必要性和意义

3.1 环境保护工作的实际需求

1996—2008 年，全球转基因作物的种植面积从 170 万 hm² 增加到 1.25 亿 hm²。转基因生物的研究开发也是我国科技发展重点支持的领域之一。自从 1997 年正式批准转基因作物的商业化生产以来，我国转基因作物也快速发展。仅 2002—2005 年，农业部共受理农业转基因生物安全评价申请 1525 项，其中批准 1277 项，涉及 40 多种受体生物、10 余种性状。转基因棉花、番茄、甜椒、矮牵牛、番木瓜、杨树等获得安全证书，其中抗虫转基因棉花被大规模种植。同时，我国科学家开发的转基因玉米、水稻、马铃薯、油菜、大豆、鱼等生物，在技术上具备了商业化生产的条件。

虽然转基因植物可以产生很大的经济效益，但是，也存在很多环境风险和食品安全问题。在转基因植物的环境风险方面，抗虫转基因作物的大规模环境释放可能会导致抗性靶标生物的产生，转基因作物可能对非靶标生物产生不利影响，外源基因可能在转基因植物与其野生亲缘种通过基因漂移而造成外源基因的扩散。正因为转基因生物具有环境风险和食品安全问题，所以，制定转基因生物安全法规、对转基因生物进行安全性管理是国际社会的共识，而转基因生物安全法规的实施和安全性管理的技术基础是如何评估和确定其可能对人体健康和环境产生的各种风险，需要制定转基因生物安全检测的技术标准。

转基因生物是随着基因工程技术的诞生而出现的新生事物，人类对其性质以及可能产生的安全性问题还缺乏足够的认识，对其安全评价的技术和方法更是需要不断地探索。由于没有被公认的评价技术方法，所以，目前很多转基因生物环境安全评价的方法是采用化学品环境安全评价的技术方法，特别是生物技术公司（如美国孟山都公司）提供的评价报告，完全采用化学品和微生物农药环境安全评价的技术方法。但是，化学品和转基因生物所产生的环境风险是有很多本质差异的，最重要的差异是：化学品是没有生命力的，其环境影响将逐渐变小，而转基因生物是有生命力的，能够自我繁殖和扩散，释放到环境中的转基因生物一旦有不良影响，这种影响不仅不会随着时间的推移而逐渐变小，而且可能逐渐变大，甚至扩大其不良影响。所以，目前关于转基因生物的环境安全评价在技术方法上存在很多不科学之处，直接影响了评价结果的可信度。虽然一些大公司宣称他们已经对转基因生物的安全性进行了大量的评估，证明其产品是安全的，但是，公众对转基因生物安全性的疑虑依然存在，因评价方法不科学而使其评价结果变得不可信是其中最重要的原因之一。因此，根据转基因生物环境风险的特点制定更加科学的生态环境安全检测标准对于确保转基因产业的持续健康发展、保护生态环境是非常必要的。

鉴于抗虫转基因植物是我国目前商业化生产的主要转基因品种，而且目前在抗虫转基因植物的生态环境安全评价和检测方面已经积累的大量的知识和经验，具备了制定其生态环境安全检测标准的科学技术基础，所以，为加强转基因生物的环境安全管理，根据我国转基因生物技术发展的现状和生物安全管理工作的实际需求，制定《抗虫转基因植物生态环境安全检测导则》是非常必要和可行的。

3.2 国家及环保主管部门的相关要求

我国转基因生物安全管理由多个部门共同实施，包括环境保护部、农业部、国家林业局、国家质检总局、卫生部等。国务院在环境保护部设立了国家转基因生物安全办公室，在农业部设立了农业转基因生物安全管理办公室，负责我国农业转基因生物的安全管理。环境保护部具有生物技术环境安全管理方面的职能，负责全国转基因生物环境安全的综合监督管理。由于没有发布转基因生物生态环境安全管理方面的法规和技术标准，目前环境保护部并没有很好地履行国务院赋予的转基因生物安全管理的职责。制定和实施《抗虫转基因植物生态环境安全检测导则》，将有效地为环境保护部、农业部、国家林业局等部门开展国家转基因生物安全管理提供技术支持，为我国转基因生物产业的持续和健康发展提供技术保障，具有十分重要的现实意义。

根据国务院"三定方案"的规定，生物技术环境安全管理是环境保护部的职能。由于没有发布转基因生物环境安全管理方面的法规和技术标准，目前环境保护部并没有很好地履行国务院赋予的转基因生物环境安全管理的职责。本标准的发布实施，将有效地为环境保护部开展国家转基因生物安全管理提供技术支持。另外，本标准不仅不会与农业部和国家质量检验检疫总局发布的转基因生物安全标准相冲突，而且是对我国现行转基因植物环境安全性评价标准的补充和完善，为政府部门实施转基因生物安全管理和有关机构开展转基因生物安全评价、研究提供更加科学的技术依据。

3.3 现有相关标准的不足

转基因生物的安全性是转基因生物得以持续发展所必须解决的最关键问题，而转基因生物风险评估技术则是生物安全法规实施以及解决转基因生物安全问题的技术基础。尽管我国在转基因生物风险评估技术标准方面已经取得了很多成绩，但也存在很多问题，主要体现在以下几个方面。

第一，我国现有转基因生物环境安全检测标准适应范围过窄。

农业部已经发布的转基因植物生态环境安全检测技术标准所包括的植物品种包括棉花、大豆、油菜、玉米、水稻，其中具有抗虫性状的转基因植物包括棉花、水稻和玉米。虽然这些标准对于具体转基因植物品种的生态环境安全检测具有较好的指导作用，但是它们只适应于这些植物品种，而对于其他具有抗虫性状的转基因植物则不一定有效，适应范围过窄。

第二，我国现有转基因生物安全检测标准侧重于农业生产的需要，没有遵守"逐步评价"（step-by-step）的原则，不能满足转基因生物生态环境安全检测的需要。

根据我国转基因生物安全法规的规定，转基因生物的安全性评价应遵循"逐步评价的原则，即按照"实验室研究—中间试验—环境释放—生产性试验—安全证书"这5个步骤，根据转基因生物研究开发的不同阶段分别进行安全性评价。但是，根据农业部已经发布的转基因植物生态环境安全性评价技术标准，转基因植物所有环境风险的评价均是小区规模的评价。而对于转基因植物所产生的特定环境风险而言，都是需要按照该环境风险的性质进行逐步评价和检测的。例如，转基因植物对非靶标生物的安全性检测，首先需要搞清楚该转基因植物可能对转基因植物种植地内外的哪些非靶标生物产生影响，并确定需要进行安全性检测的非靶标生物名单，第二步是在小规模的封闭条件下逐一检测转基因植物对这些非靶标生物的安全性，第三步是开展大规模开放条件下的安全性检测，这些检测内容不是一个小区试验所能够涵盖的。

第三，我国现有转基因植物生态环境安全检测标准的内容还需要进一步完善。具体表现在以下几个方面。

首先是评价内容不足。根据农业部已经发布标准中关于转基因植物对非靶标生物（生物多样性）的影响评价部分，只要求评价转基因植物对其种植地所在的农田地上部分生态系统内的以昆虫为主的生物多样性的影响。但是，转基因植物所可能影响的非靶标生物除了田间地上部分节肢动物群落之外，还可能对农田地下部分土壤生态系统中众多非靶标生物群落产生影响，也可能对农田之外附近环境中其他非靶标生物产生影响，这些非靶标生物都应该是安全评价的对象。例如，在转基因玉米环境安全检测技术规范中，其"生物多样性评估"部分只有检测转基因玉米和对照非转基因玉米田间节肢动物群落的种类和结构方面的内容，而转基因玉米非靶效应评价应该首先确定需要评价的非靶标生物，其次在实验室内评价转基因玉米对特定非靶标生物的影响，最后在大田条件下评价转基因玉米对特定非靶标生物以及包括节肢动物在内的非靶标生物群落的影响。可见，农业部发布的转基因玉米环境安全检测技术规范的"生物多样性评估"部分的内容只是转基因玉米非靶效应评价内容的一个环节而已，不能全面地评价抗虫转基因植物对非靶标生物的影响。

关于转基因植物基因漂移的评价，农业部发布的标准只专门针对特定的几种作物设计了田间实验进行评价，这些内容对于其他转基因植物的基因漂移评价没有足够的指导作用，而无论哪种转基因植物，其基因漂移评价都是有共同的规律和程序的。农业部标准关于基因漂移评价只到基因漂移的概率和距离这一步，内容不够全面，而没有进一步包括外源基因在漂移对象中的表达以及表达之后的后续评价。

其次，现有转基因植物生态环境安全检测标准在术语方面有很多不一致之处，实施时易引起混乱。例如，同样是 gene flow 这个术语，在"转基因植物及其产品环境安全检测-转基因大豆环境安全检测技术规范"（NY/T 719.1～719.3—2003）等标准中称为"外源基因流散"，而在"转基因植物及其产品环境安全检测-抗虫棉花（农业部 953 号公告—12—2007）"等标准中称为"基因漂移"。对于 outcrossing rate 这个术语，有的标准称为"流散率"，有的标准称为"异交率"，有的甚至称为"漂移率"（gene flow frequency）（农业部 953 号公告—12—2007）。同样是靶标生物（target organisms）这个术语，有的标准定义为"转基因植物中的目的基因所针对的目标生物"（NY/T 721.3—2003，农业部 953 号公告—12.4—2007），有的标准定义为"转基因植物中的目的蛋白所针对的目标生物"（农业部 953 号公告—10.1—2007）。

第三，靶标生物产生抗性不仅事关抗虫转基因作物的经济价值，也是抗虫转基因植物可能产生的重要生态环境风险之一，应该是抗虫转基因植物环境风险评估标准的组成部分，在农业部 2007 年 9 月发布并于 2010 年 9 月修订的《转基因植物安全评价指南》中也包括"靶标生物抗性风险评价"的内容。但是，农业部发布的部分转基因植物环境安全检测标准中含有抗虫转基因植物对靶标生物抗虫效果的检测，却没有包含靶标生物对抗虫转基因植物产生抗性的检测内容。

第四，农业部发布的转基因植物环境安全评价标准之间的相互关系不清楚。例如，2003年发布了"转基因植物及其产品环境安全检测-转基因玉米环境安全检测技术规范"，2007年发布了"转基因植物及其产品环境安全检测-抗虫玉米"和"转基因植物及其产品环境安全检测-抗除草剂玉米"。2003 年的"转基因植物及其产品环境安全检测-转基因玉米环境安全检测技术规范"是适用于所有性状的转基因玉米吗？其与 2007 年发布的 2 个标准之间是什么关系？由于 2003 年和 2007 年发布的标准存在一些内容上不一致的地方，如果是某个抗虫转基因玉米进行环境安全评价，不知道该以哪个标准为准，很容易引起混乱。

4　标准主要技术内容

4.1　标准适用范围

本标准规定了抗虫转基因植物对非靶标生物影响、基因漂移、生态适应性、靶标生物对抗虫转基因植物产生抗性 4 大风险的生态环境安全检测内容和方法，但是不涉及对检测结果的判断。

本标准适用于通过表达抗虫蛋白而具有抗虫新性状的转基因植物生态环境安全检测，不适于非抗虫性状转基因植物以及复合性状转基因植物的生态环境安全检测。抗虫转基因植物目前的主要用途包括 3 类。第一，用于农业生产，即农业抗虫转基因植物，如抗虫转基因棉花和水稻；第二，用于林业生产，即林木抗虫转基因植物，如抗虫转基因杨树；第三，用于药材生产，即药用抗虫转基因植物，如抗虫的转基因中药材。本标准适用于所有用途的通过表达抗虫蛋白而具有抗虫新性状的转基因植物生态环境安全检测。

据不完全统计，目前至少已在 120 种植物中成功获得了转基因植物，所涉及的植物种类包括水稻、玉米、马铃薯等粮食作物，以及棉花、大豆、油菜、亚麻、向日葵、番茄、黄瓜、荠菜、甘蓝、花椰菜、胡萝卜、茄子、生菜、芹菜、苜蓿、白三叶草、苹果、核桃、李、木瓜、甜瓜、草莓、矮牵牛、菊花、香石竹等园艺作物和杨树等林木。虽然这些植物的种类分布很广，相互之间存在很多不同之处，但是，这些转基因植物所产生的生态环境风险的性质基本一样，可以概括为非靶效应、基因漂移、生态适应性提高 3 个基本的生态环境风险；如果是抗虫性状，也存在靶标生物产生抗性的环境风险问题。将检测这些转基因植物所产生的环境风险的基本内容和方法进行总结和归纳，提出一个生态环境风险检测的指导性技术准则是可行的。在这方面我国已经有一些成功的案例，例如，农业部已经针对转基因植物的食品安全评价而发布了《转基因植物及其产品食用安全性评价导则》（NY1101—2006），并针对所有转基因植物的环境风险评价问题而发布了《转基因植物安全评价指南（试行）》（2007）。鉴于目前国内外已经在抗虫转基因植物的生态环境风险方面开展了大量的研究，积累了很多知识和信息，再加上国内外已经发布实施了一些抗虫转基因植物生态环境风险检测技术标准，因此，对于抗虫性状的转基因植物来说，本标准针对其所产生的 4 类主要生态环境风险，提出了其生态环境风险检测所共同存在的基本原则、程序、内容和方法，而不涉及具体的技术细节（如试验田的大小、重复数等），不仅是可行的，也是有充分的科学基础的。

目前我国已经发布实施了主要针对转 Bt 基因的抗虫棉花、玉米和水稻的生态环境安全检测标准，今后如果再开发出转其他基因的抗虫棉花、玉米和水稻，那么就不需要再制定针对其他基因的抗虫棉花、玉米和水稻环境安全检测标准，只要根据本标准的规定，再参考已有的标准，就可以开展这些转基因植物的生态环境检测工作了。

4.2 标准的编制依据

4.2.1 法律依据

1989 年 12 月 26 日发布实施的《中华人民共和国环境保护法》第 9 条和第 10 条。《议定书》于 2003 年 9 月 11 日生效，我国于 2005 年 4 月批准了《议定书》，成为缔约国。制定和实施《议定书》的预先防范原则以及第 15 条（风险评估）是制定本标准的法律依据。

4.2.2 技术依据

制定本标准的技术依据主要包括 2 个方面。

第一个方面是国内外在抗虫转基因植物生态环境安全评价和研究等方面及相关领域中的最新研究成果，包括美国环保局于 2007 年发布的"关于抗虫转基因植物对非靶标无脊椎动物影响的分层试验白皮书"，以及国内外科学家公开发表的相关科研论文。

第二个方面是在本标准制定之前已经颁布实施的各类国家标准，主要包括：
转基因大豆环境安全检测技术规范（NY/T 719.1～719.3—2003）
转基因玉米环境安全检测技术规范（NY/T720.1～720.3—2003）

转基因油菜环境安全检测技术规范（NY/T721.1～721.3—2003）

转基因植物及其产品环境安全检测——育性改变油菜（农业部953号公告—7—2007）

转基因植物及其产品环境安全检测——抗虫水稻（农业部953号公告—8—2007）

转基因植物及其产品环境安全检测——抗病水稻（农业部953号公告—9—2007）

转基因植物及其产品环境安全检测——抗虫玉米（农业部953号公告—10—2007）

转基因植物及其产品环境安全检测——抗除草剂玉米（农业部953号公告—11—2007）

转基因植物及其产品环境安全检测——抗虫棉花（农业部953号公告—12—2007）

转基因森林植物及其产品安全性评价技术规程（LY/T 1692—2007）

食品安全性毒理学评价程序和方法（GB/T 15193）

农药登记毒理学试验方法（GB 15670—1995）

新化学物质危害评估导则（HJ/T 154—2004）

4.3　编制原则

编制本标准将采用以下原则：

科学性原则（science-based principle）。即：根据目前国内外关于抗虫转基因植物生态环境安全方面研究和评价的最新进展，以最新的科学信息、科学证据和科学资料为基础，制定《抗虫转基因植物生态环境安全检测导则》。

逐案评估原则（case-by-case principle）。由于转基因生物中每一基因的来源、功能、克隆方法不同，受体生物或寄主的类型以及接受环境也是针对某一具体转基因生物及其产品的，因此不同的转基因生物及其产品在这些方面不可能完全相同，必须逐案进行评估每一个转基因生物在特定环境中产生的具体风险。我国以及其他国家已经发布的所有转基因生物安全标准（成分检测标准、环境安全评价标准和食品安全评价标准）无不遵循逐案评估原则，能够涵盖所有转基因生物环境风险评估的通用标准是不可能和不存在的。鉴于抗虫性状在我国转基因作物所具有的新性状中居于主导地位，而且国内外已经在抗虫转基因植物的生态环境安全评价和研究方面取得了大量的数据和知识，因此，我们将遵循逐案评估原则，针对能够产生杀虫蛋白质、具有抗虫性状的转基因作物的生态环境安全检测技术标准，使该标准能够适用于不同类型的抗虫转基因植物以及不同类群的非靶标生物。

另外，对于一年生抗虫转基因植物，可在短期内完成本标准规定的生态环境安全指标检测工作。对于多年生抗虫转基因植物，一般应该在该抗虫转基因植物进入成熟的生殖生长阶段后，再开展生态环境安全指标检测工作。

逐步评估原则（step-by-step principle）。根据我国的转基因生物安全法规，一个典型的转基因生物及其产品的开发过程需要经过实验研究、中间试验、环境释放、生产性试验和申请安全证书5个环节，这是转基因生物安全管理逐步评估原则的重要体现。逐步评估原则要求在每个环节上对转基因生物及其产品进行风险评估，并且强调转基因生物及其产品的开发进程应以前一阶段的实验以及经验和其他相关来源的数据和信息作为继续评估的基础。此外，在转基因生物风险评估过程中，每个特定风险的评价和检测也应该遵循逐步评估原则。例如，对于抗虫转基因植物非靶效应评价来说，其评价程序包括：首先确定需要评价的非靶标生物，其次在实验室内评价转基因植物对特定非靶标生物的影响，最后在大田条件下评价转基因植物对特定非靶标生物以及包括节肢动物在内的非靶标生物群落的影响。本项目制定的标准将涉及抗虫转基因植物非靶效应评估的每个主要阶段，而农业部已经颁布的转基因植物环境安全检测技术规范中的"生物多样性评估"部分是针对抗虫转基因植物非靶效应评估的第三阶段。

4.4　制定标准采用的方法

《抗虫转基因植物生态环境安全检测导则》的制定方法主要有以下几个：

首先，分析已经发表的转基因生物环境风险评估方面的文献，整理、归纳出转基因生物环境风险评估的共性规律和特异性；

其次，与国内外开展转基因生物环境风险技术标准制定的科学家进行密切的交流和合作，吸收该领域的最新成果；

第三，参考农用已经颁布的国内外相关标准，例如化学品环境风险评估技术标准和微生物农药环境风险技术标准；

第四，结合我们在转基因生物生态环境安全评价基础研究方面积累的经验，并召开一系列研讨会，与国内外相关领域的专家进行密切合作、交流和探讨，而且充分考虑有关政府管理人员、转基因生物研发的科学家以及转基因生物安全研究方面的专家的意见，在集思广益的基础上制定《抗虫转基因植物生态环境安全检测导则》。

4.5　主要内容

《抗虫转基因植物生态环境安全检测导则》主要内容包括以下内容：适用范围、规范性引用文件、术语和定义、抗虫转基因植物环境安全检测原则、抗虫转基因植物环境安全检测所需要的背景资料、抗虫转基因植物对非靶标生物影响的检测、抗虫转基因植物基因漂移检测、抗虫转基因植物生态适应性检测、靶标生物对抗虫转基因植物产生抗性的安全性检测和附录。

4.5.1　术语和定义

由于农业部和国家林业局已经发布的标准中对术语的名称和定义都存在不一致之处，所以，本标准在参考国内外已有相关标准的基础上，对重要术语的名称和定义进行了规范和统一，使标准更易于理解和操作。

本标准中规定的重要术语包括：

抗虫转基因植物（insect-resistant transgenic plant）：本导则所针对的抗虫转基因植物仅限于只表达一个或者多个杀虫蛋白、具有单一抗虫新性状的转基因植物的生态环境安全检测。本标准不适用于：

- 表达非抗虫基因的其他新性状转基因植物的生态环境安全检测。例如抗除草剂性状转基因植物，因为这类转基因植物不涉及靶标生物抗性检测。不同性状转基因植物所引起的生态环境安全问题是不同的，其评价和检测方法也要根据"个案评估"的原则而不同于本标准。
- 复合性状抗虫转基因植物的生态环境安全检测。

随着技术的进步，复合性状转基因植物已经出现并得到应用。例如，有的转基因植物既具有抗虫新性状，又具有抗除草剂新性状。这些既表达杀虫蛋白而具有抗虫新性状，又表达其他外源基因、具有其他新性状的复合性状抗虫转基因植物，其生态环境安全不仅要考虑抗虫性状的影响，还要考虑其他性状的影响，以及这些新性状之间相互作用而引起的综合影响，目前还没有比较成熟的生态环境安全检测方法。

- 虽然具有抗虫性状，但是该新性状不是通过表达杀虫蛋白而达到杀虫效果的转基因植物的生态环境安全检测。

技术的进步使得转基因植物可以通过多种途径达到抗虫效果。例如，有的植物的抗虫新性状不是通过表达杀虫蛋白来实现的，而是通过产生那些能够吸引害虫天敌，让更多的害虫天敌前来消灭害虫而实现的；或者通过表达能够影响害虫的生长和繁殖的双链 RNA（dsRNA）来实现的。这些类型的抗虫转基因植物所产生的环境风险是不同于只表达杀虫蛋白、具有单一抗虫新性状的转基因植物，其环境安全评价的技术也是不同的。

靶标生物（target organisms）：在农业部已经发布的有关转基因生物安全标准中，关于靶标生物的定义比较混乱。由于直接作用于靶标生物的是转基因植物中的转基因蛋白，而不是转基因植物中的目的基因，所以，本标准将该术语定义为：抗虫转基因植物中的转基因蛋白质所针对的目标生物。

在农业部已经发布的有关转基因生物安全系列标准中，对"基因漂移"和"异交率"术语的翻译及其定义都比较混乱，而且不同的定义均只针对不同作物的个案情况，容易造成误解。所以，本标准将上述术语分别定义为：

基因漂移（gene flow）：抗虫转基因植物中的外源基因通过花粉传播向其非转基因栽培植物及野生近缘种自然转移的行为。

异交率（outcrossing rate）：抗虫转基因植物与其非转基因植物及野生近缘种之间发生自然杂交的比率。

在农业部已经发布的转基因生物安全相关标准中，有关生态适应性的术语定义只有生存竞争能力（survival and competitiveness）。在本标准中，相关标准包括生存竞争能力（survival competitiveness）、杂草化潜力（weediness potential）、自生苗（volunteer）。

在已经发布的转基因生物安全相关标准中，有关靶标生物抗性的术语定义比较少。在本标准中对抗虫转基因植物的靶标生物害虫抗性种群（pest resistance population）、适合度（fitness）、种群净增值率（net reproductive rate of population）和抗性基因频率（frequency of resistance alleles）分别进行定义。

4.5.2 抗虫转基因植物环境安全检测所需要的背景资料

抗虫转基因植物环境安全检测必须以必要的背景资料为基础，所以，本导则专门设立了"抗虫转基因植物环境安全检测所需要的背景资料"部分，对受体植物、基因操作、转基因植物 3 个方面的背景资料进行了界定。

4.5.3 抗虫转基因植物环境安全检测的主要内容

抗虫转基因植物可能产生的环境风险主要包括以下几个方面：

- 对非靶标生物产生不利影响（非靶效应）；
- 目的基因从转基因植物漂移到其野生亲缘种中而造成基因污染（基因漂移）；
- 转基因植物自身由于适应性提高而变成恶性杂草（生态适应性）；

● 靶标生物对抗虫转基因植物产生抗性（抗性问题）。

上述 4 个环境风险是抗虫转基因植物生态环境安全检测的主要内容。根据国内外科学家在抗虫转基因植物上述 4 个环境风险方面的研究和报道，每个环境风险的评价和研究都可以按照该风险的自身规律和特点而划分为一系列逐步深入的环节和步骤，不是一个简单的实验和评估就可以解决的。这些环节和步骤不仅符合转基因生物风险评估的逐步原则（step-by-step principle）和逐案原则（case-by-case principle），也是转基因生物生态环境安全检测技术标准所应该遵循的基本原则。

中国农业部发布了一些转基因植物（大豆、油菜、玉米、油菜、棉花）环境安全检测技术标准，这些标准的主要内容包括转基因植物生存竞争能力检测、外源基因漂移的生态风险检测、对生物多样性影响的检测 3 个方面的内容，其中的"生存竞争能力检测"是本标准中"生态适应性检测"的一部分，"外源基因漂移的生态风险检测"是本标准中"基因漂移检测"的一部分，"对生物多样性影响的检测"是本标准中"抗虫转基因植物对非靶标生物影响的检测"的一部分。此外，本标准中"靶标生物对抗虫转基因植物产生抗性的安全性检测"是农业部已经发布的有关标准中所不具备的内容。因此，本标准既避免了与我国现存的技术标准重复，适应范围更广，达到了在科学性方面完善我国现存技术标准的目的，能够更好地满足我国转基因生物生态环境安全检测的迫切需要。

4.6　技术路线

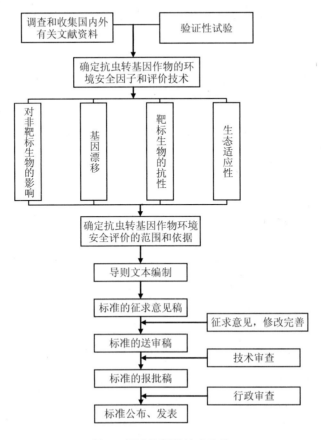

图 1　标准编制的技术路线

5　主要技术要点说明

5.1　抗虫转基因植物对非靶标生物影响的检测

抗虫转基因植物在生长过程中，不仅可能直接或间接地对其生长地点（如农田生态系统）的非靶标生物产生不利影响，而且可能对其生长地点周围更广范围内的非靶标生物产生不利影响，因此，抗虫转基因植物可能影响到的非靶标生物具有种类繁多、数量巨大的特点。在抗虫转基因植物的非靶效应检测中，既不可能、也没有必要对每一种非靶标生物进行安全性检测。在参考国内外有关标准和文献的基础上，根据转基因生物安全评价的"逐步评价"原则和转基因植物非靶效应检测的自身规律，本标准提出了抗虫转基因植物非靶效应检测的 3 个步骤：

第一步，通过文献调研以及在转基因植物生长地点及其周围环境实地调查等多种手段，列出可能受到转基因植物影响的非靶标生物名单，并根据本标准提出的一系列指标对非靶标生物进行评判，进而确定需要进行安全检测的一种或者几种具有代表性的非靶标生物。

第二步，在确定了需要进行环境安全检测的非靶标生物之后，可在封闭条件下（实验室或者温室中），在种群水平上检测抗虫转基因植物对特定非靶标生物的影响，本标准还规定了设计封闭条件下抗虫转基因植物对特定非靶标生物影响的试验应遵守的原则，以确保本步骤检测的科学性。

第三步，在开放条件下检测抗虫转基因植物对非靶标生物的安全性。本标准规定了开放条件下非靶效应的检测内容和应遵守的原则。本标准在对非靶标生物影响检测的 6.2.2.1.1 部分专门加注"抗虫转基因棉花、水稻和玉米对生长地点及其周围环境中地上部分非靶标生物群落的影响检测按照农业部 953 号公告—12.4—2007、农业部 953 号公告—10.4—2007和农业部 953 号公告—8.4—2007 执行"，不仅可以与我国已经发布实施的有关技术标准有机衔接，而且也表明本标准中非靶标影响检测的内容更加全面。

5.2　抗虫转基因植物基因漂移检测

本标准提出了抗虫转基因植物基因漂移检测的 6 个步骤：
① 调查并确定需要进行检测的基因漂移对象；
② 评价基因漂移对象物种的生殖性状；
③ 评价转基因植物受体物种与其野生近缘种的亲缘关系；
④ 评价转基因植物受体物种与非转基因植物品种及其野生近缘种基因漂移的频率和距离；
⑤ 检测外源转基因在野生近缘种中的表达；
⑥ 评价外源转基因对野生近缘种生态适应性的影响。

所以，本标准中抗虫转基因植物外源基因漂移及其可能带来的环境生物安全风险检测包括了不同阶段采用不同方法的思路，即：从确定需要进行基因漂移检测的对象入手，进而是外源转基因在野生近缘种中表达的检测，到外源转基因漂移以后导致携带外源转基因的野生近缘种的生态后果（生态适应性评价）的评价，这样更符合"逐步评价"的原则。在已经发布实施的有关标准中只包含了对基因漂移频率和距离的检测和评价（如农业部953号公告—10—2007），而没有关于外源转基因漂移以后导致的生态和环境风险评价的内容。本标准在对基因漂移影响检测的7.4.2部分专门加注"抗虫转基因棉花、水稻和玉米与其基因漂移对象物种之间异交率和外源基因漂移率的检测按照农业部953号公告—12.3—2007、农业部953号公告—10.3—2007和农业部953号公告—8.3—2007执行"，不仅可以与我国已经发布实施的有关技术标准有机衔接，而且也表明本标准中基因漂移影响检测的内容更加全面，涵盖性更强，达到了在科学性的层面完善我国现存技术标准的目的。

转基因植物与其基因漂移对象物种之间的异交率与基因漂移风险之间具有密切关系，一般来说，异交率高，则基因漂移的风险，反之亦然。但是，转基因植物向非转基因植物品种发生基因漂移一般不被认为是生态环境安全问题，而是转基因污染（或品种混杂）问题，因此"不适用"该条目。

5.3 抗虫转基因植物生态适应性检测

杂草是能够在人类试图维持某种植被状态的生境中不断自然延续其种族，并影响到这种人工植被状态维持的一类植物。简而言之，杂草是能够在人工生境中不断繁衍种族的一类植物。杂草具有3个基本特性：适应性、危害性和持续性。适应性是持续性的先决条件和前提，而危害性是持续性的必然结果之一，在人工生境中的持续性是杂草不同于一般意义上的野生植物和栽培作物的本质特征。有鉴于此，抗虫转基因植物生态适应性主要包括生存竞争能力和杂草化潜力两个方面。前者包含的内容有种子发芽率、出苗率、竞争性、生长势、结实率、繁育系数和抗生物和非生物胁迫等与竞争能力有关的方面，其强弱是判断植物适应性的主要因子。竞争能力强的植物较易在栖息地占据生存空间，并能够入侵和改变其他植物的栖息地。通过测定不同作物在同一生长环境中的萌发、生长情况，判断转基因抗虫作物与受体品种和当地常规品种相比是否具有更强的竞争能力，从而判断转基因作物杂草化的潜力。而后者包括落粒性、种子休眠性、自生苗、种子生存能力等与延续能力有关的特性。通过考察转基因作物能否在环境中自生繁衍是判断转基因作物是否具有杂草化潜力的关键因子。

评价方法和试验地的设计在两种类型即适宜环境（农田）和自然环境（非耕地）中进行：

第一步：主要以最适宜人工生态类型（主要是农田，也包括人工水田）下试验观察，比较抗虫转基因植物与对照之间的生态适应性。

第二步：在自然生态类型（如荒地和自然水体）下，模拟自然环境的条件下中进行。

因此，本标准中抗虫转基因植物的生态适应性检测内容包括在人工生态类型和自然生态类型两类条件下，分别就生存竞争能力、杂草化潜力2个指标分别进行检测，其中生存竞争能力又进一步用出苗率、竞争性、生长势、繁育能力、抗生物和非生物胁迫等指标进行界定，杂草化潜力进一步用落粒性、种子休眠性、自生苗、种子生存能力进行界定，可操作性更强。

本标准在第8部分的最后专门加注"抗虫转基因棉花、玉米和水稻生态适应性的检测项目因作物不同而有所侧重，具体检测方法参照农业部953号公告—12.2—2007、农业部953号公告—10.2—2007和农业部953号公告—8.2—2007执行"，不仅可以与我国已经发布实施的有关技术标准有机衔接，而且也表明本标准中生态适应性检测的内容更加全面，涵盖性更强，达到了在科学性的层面完善我国现存技术标准的目的。

5.4　靶标生物对抗虫转基因植物产生抗性的安全性检测

由于抗虫基因在转基因植物体内持续高效表达，使得靶标生物在整个生长期内都受到杀虫蛋白的选择压力，对抗虫转基因植物具有产生抗性的潜在风险。国内已经发布的转基因生物环境安全检测相关标准中，仅将其对靶标生物的抗性效果作为环境安全检测的指标是不够全面的。靶标生物对抗虫转基因植物的抗性也是转基因植物可能产生的重要环境风险之一，因此在本标准中将其作为抗虫转基因植物环境安全检测的组成部分。

本标准在参考国内外相关标准和文献的基础上，根据转基因生物安全评价的"逐步评价"原则，结合转基因抗虫作物对靶标生物的作用机制以及靶标生物的生物学特点等，提出由抗虫转基因植物对靶标生物的抗虫性测定、室内检测和大田监测靶标生物种群对抗虫转基因植物的抗性三个部分组成的靶标生物抗性风险检测方法。

首先，采集抗虫转基因植物以及亲本非转基因植物组织（如叶片），在实验室内饲喂靶标生物，测定靶标生物死亡率，进行抗虫转基因植物对靶标生物的抗虫性测定。

其次，根据靶标生物的生物学特点，在实验室持续的筛选压力下，检测靶标生物能否对抗虫转基因植物形成抗性稳定、具有明显适合度代价并且由单基因控制的、显性遗传的抗性种群，并且其对转入同种类型杀虫蛋白的寄主转基因植物具有明显的交互抗性。

如果靶标生物能形成这样的抗性种群，则表明其产生抗性的风险较高。如果在室内条件下，靶标生物不能形成稳定的抗性种群，或者即使能形成抗性种群，但是抗性不稳定，或者抗性种群不存在明显的适合度代价，或者抗性是由多基因控制的隐性遗传，或者其对转入同种类型杀虫蛋白的寄主转基因植物没有明显的交互抗性，则表明抗性风险较低。

第三，选取合理的监测地点和采用科学的方法，在大田条件下监测在抗虫转基因植物种植前后靶标生物抗性基因频率变化，以此作为靶标生物抗性风险监测的依据。本标准还规定了大田监测靶标生物抗性基因频率试验应遵守的原则，以确保本步骤监测的科学性。

本标准在第 9.1 部分专门加注"抗虫转基因棉花、玉米和水稻对靶标生物的抗虫性测定可根据本标准的规定，并参照农业部 953 号公告—12.1—2007、农业部 953 号公告—10.1—2007 和农业部 953 号公告—8.1—2007 执行"，不仅可以与我国农业部已经发布实施的有关技术标准有机衔接，而且也表明本标准中靶标生物抗性检测的内容更加全面，涵盖性更强，达到了在科学性的层面完善我国现存技术标准的目的。

6　与国内外现行标准的关系

目前，我国已经发布转基因生物安全标准的部门包括农业部、国家质检总局和国家林业局。农业部发布的标准内容包括农产品中转基因成分的 PCR 检测、转基因植物及其产品食用安全评价、转基因植物（大豆、油菜、玉米、水稻、棉花）环境安全评价；国家质量检验检疫总局发布标准的内容为转基因植物及其加工产品中转基因成分的 PCR 检测。其他国家发布的转基因生物安全标准均为外源基因及其表达蛋白质的检测。目前，我国和其他国家已经发布实施的转基因生物安全标准见表 3：

表3　我国已经颁布实施的有关转基因生物安全标准

标准名称	标准编号	标准内容
转基因产品检测　通用要求和定义	GB/T 19495.1—2004	转基因成分检测
转基因产品检测　实验室技术要求	GB/T 19495.2—2004	转基因成分检测
转基因产品检测　核酸提取纯化方法	GB/T 19495.3—2004	转基因成分检测
转基因产品检测　核酸定性 PCR 检测方法	GB/T 19495.4—2004	转基因成分检测
转基因产品检测　核酸定量 PCR 检测方法	GB/T 19495.5—2004	转基因成分检测
转基因产品检测　基因芯片检测方法	GB/T 19495.6—2004	转基因成分检测
转基因产品检测　抽样和制样方法	GB/T 19495.7—2004	转基因成分检测
转基因产品检测　蛋白质检测方法	GB/T 19495.8—2004	转基因成分检测
转基因检验实验室技术要求	SN/T 1193—2003	转基因成分检测
植物及其产品中转基因成分检测——抽样和制样方法	SN/T 1194—2003	转基因成分检测
大豆中转基因成分的定性 PCR 检测方法	SN/T 1195—2003	转基因成分检测
玉米中转基因成分定性 PCR 检测方法	SN/T 1196—2003	转基因成分检测
油菜籽中转基因成分定性 PCR 检测方法	SN/T 1197—2003	转基因成分检测
马铃薯中转基因成分定性 PCR 检测方法	SN/T 1198—2003	转基因成分检测
棉花中转基因成分定性 PCR 检测方法	SN/T 1199—2003	转基因成分检测
烟草中转基因成分定性 PCR 检测方法	SN/T 1200—2003	转基因成分检测
植物性饲料中转基因植物成分定性 PCR 检测方法	SN/T 1201—2003	转基因成分检测
食品中转基因植物成分定性 PCR 检测方法	SN/T 1202—2003	转基因成分检测
植物及其加工产品中转基因成分实时荧光 PCR 定性检验方法	SN/T 1204—2003	转基因成分检测
食用油脂中转基因植物成分定性 PCR 检测方法	SN/T 1203—2003	转基因成分检测
烟草种子　转基因的测定	YC/T 150—2002	转基因成分检测
转基因植物及其产品成分检测耐贮藏番茄 D2 及其衍生品种定性 PCR 方法	农业部 1193 号公告—1—2009	转基因成分检测
转基因植物及其产品成分检测耐除草剂油菜 Topas 19/2 及其衍生品种定性 PCR 方法	农业部 1193 号公告—2—2009	转基因成分检测
转基因植物及其产品成分检测　抗虫水稻 TT51-1 及其衍生品种定性 PCR 方法	农业部 1193 号公告—3—2009	转基因成分检测
烟草及烟草制品　转基因的测定	YC/T 149—2002	转基因成分检测
转基因大豆环境安全检测技术规范	NY/T 719—2003	环境安全评价
转基因玉米环境安全检测技术规范	NY/T 720—2003	环境安全评价
转基因油菜环境安全检测技术规范	NY/T 721—2003	环境安全评价
转基因植物及其产品环境安全检测——育性改变油菜	农业部 953 号公告—7—2007	环境安全评价
转基因植物及其产品环境安全检测——抗虫水稻	农业部 953 号公告—8—2007	环境安全评价
转基因植物及其产品环境安全检测——抗病水稻	农业部 953 号公告—9—2007	环境安全评价
转基因植物及其产品环境安全检测——抗虫玉米	农业部 953 号公告—10—2007	环境安全评价
转基因植物及其产品环境安全检测——抗除草剂玉米	农业部 953 号公告—11—2007	环境安全评价
转基因植物及其产品环境安全检测——抗虫棉花	农业部 953 号公告—12—2007	环境安全评价

标准名称	标准编号	标准内容
转基因植物及其产品检测　大豆定性 PCR 方法	NY/T 675—2003	转基因成分检测
转基因植物及其产品成分检测——抗虫玉米 Bt10 及其衍生品种定性 PCR 方法	农业部 953 号公告—1—2007	转基因成分检测
转基因植物及其产品成分检测——抗虫玉米 CBH351 及其衍生品种定性 PCR 方法	农业部 953 号公告—2—2007	转基因成分检测
转基因植物及其产品成分检测——抗除草剂油菜 T45 及其衍生品种定性 PCR 方法	农业部 953 号公告—3—2007	转基因成分检测
转基因植物及其产品成分检测——抗除草剂油菜 Oxy-235 及其衍生品种定性 PCR 方法	农业部 953 号公告—4—2007	转基因成分检测
转基因动物及其产品成分检测——促生长转 ScGH 基因鲤鱼定性 PCR 方法	农业部 953 号公告—5—2007	转基因成分检测
转基因植物及其产品成分检测——抗虫转 Bt 基因水稻定性 PCR 方法	农业部 953 号公告—6—2007	转基因成分检测
转基因植物及其产品检测　DNA 提取和纯化	NY/T 674—2003	转基因成分检测
转基因植物及其产品检测　抽样	NY/T 673—2003	转基因成分检测
转基因植物及其产品检测　通用要求	NY/T 672—2003	转基因成分检测
转基因植物及其产品成分检测：抗虫和耐除草剂玉米 Bt11 及其衍生品种定性 PCR 方法	农业部 869 号公告—3—2007	转基因成分检测
转基因植物及其产品成分检测：抗虫和耐除草剂玉米 Bt176 及其衍生品种定性 PCR 方法	农业部 869 号公告—8—2007	转基因成分检测
转基因植物及其产品成分检测：抗虫和耐除草剂玉米 TC1507 及其衍生品种定性 PCR 方法	农业部 869 号公告—7—2007	转基因成分检测
转基因植物及其产品成分检测：抗虫玉米 MON810 及其衍生品种定性 PCR 方法	农业部 869 号公告—9—2007	转基因成分检测
转基因植物及其产品成分检测：抗虫玉米 MON863 及其衍生品种定性 PCR 方法	农业部 869 号公告—10—2007	转基因成分检测
转基因植物及其产品成分检测：抗除草剂油菜 GT73 及其衍生品种定性 PCR 方法	农业部 869 号公告—11—2007	转基因成分检测
转基因植物及其产品成分检测：抗除草剂油菜 MS1、RF1 及其衍生品种定性 PCR 方法	农业部 869 号公告—4—2007	转基因成分检测
转基因植物及其产品成分检测：抗除草剂油菜 MS1、RF2 及其衍生品种定性 PCR 方法	农业部 869 号公告—6—2007	转基因成分检测
转基因植物及其产品成分检测：抗除草剂油菜 MS8、RF3 及其衍生品种定性 PCR 方法	农业部 869 号公告—5—2007	转基因成分检测
转基因植物及其产品成分检测：耐除草剂玉米 GA21 及其衍生品种定性 PCR 方法	农业部 869 号公告—12—2007	转基因成分检测
转基因植物及其产品成分检测：耐除草剂玉米 NK603 及其衍生品种定性 PCR 方法	农业部 869 号公告—13—2007	转基因成分检测
转基因植物及其产品成分检测：耐除草剂玉米 T25 及其衍生品种定性 PCR 方法	农业部 869 号公告—14—2007	转基因成分检测

标准名称	标准编号	标准内容
转基因植物及其产品成分检测耐贮藏番茄 D2 及其衍生品种定性 PCR 方法	农业部 1193 号公告—1—2009	转基因成分检测
转基因植物及其产品成分检测 耐除草剂油菜 Topas 19/2 及其衍生品种定性 PCR 方法	农业部 1193 号公告—2—2009	转基因成分检测
转基因植物及其产品成分检测 抗虫水稻 TT51-1 及其衍生品种定性 PCR 方法	农业部 1193 号公告—3—2009	转基因成分检测
转基因植物及其产品成分检测 抗除草剂棉花 1445 及其衍生品种定性 PCR 方法	农业部 1485 号公告—1—2010	转基因成分检测
转基因微生物及其产品成分检测 猪伪狂犬 TK-/gE-/gI-毒株（SA215 株）及其产品定性 PCR	农业部 1485 号公告—2—2010	转基因成分检测
转基因植物及其产品成分检测 耐除草剂甜菜 H7－1 及其衍生品种定性 PCR 方法	农业部 1485 号公告—3—2010	转基因成分检测
转基因植物及其产品成分检测 DNA 提取和纯化	农业部 1485 号公告—4—2010	转基因成分检测
转基因植物及其产品成分检测 抗病水稻 M12 及其衍生品种定性 PCR 方法	农业部 1485 号公告—5—2010	转基因成分检测
转基因植物及其产品成分检测 耐除草剂大豆 MON89788 及其衍生品种 PCR 方法	农业部 1485 号公告—6—2010	转基因成分检测
转基因植物及其产品成分检测 耐除草剂大豆 A2704-12 及其衍生品种定性 PCR 方法	农业部 1485 号公告—7—2010	转基因成分检测
转基因植物及其产品成分检测 耐除草剂大豆 5547-127 及其衍生品种定性 PCR 方法	农业部 1485 号公告—8—2010	转基因成分检测
转基因植物及其产品成分检测 抗虫耐除草剂玉米 59122 及其衍生品种定性 PCR 方法	农业部 1485 号公告—9—2010	转基因成分检测
转基因植物及其产品成分检测 抗除草剂棉花 LLCOTTON25 及其衍生品种定性 PCR 方法	农业部 1485 号公告—10—2010	转基因成分检测
转基因植物及其产品成分检测 抗虫转 Bt 基因棉花定性 PCR 方法	农业部 1485 号公告—11—2010	转基因成分检测
转基因植物及其产品成分检测 耐除草剂棉花 MON88913 及其衍生品种定性 PCR 方法	农业部 1485 号公告—12—2010	转基因成分检测
转基因植物及其产品成分检测 抗虫棉花 15985 及其衍生品种定性 PCR 方法	农业部 1485 号公告—13—2010	转基因成分检测
转基因植物及其产品成分检测 抗虫转 Bt 基因棉花外源蛋白表达量检测技术规范	农业部 1485 号公告—14—2010	转基因成分检测
转基因植物及其产品成分检测 抗虫耐除草剂玉米 MON88017 及其衍生品种定性 PCR 方法	农业部 1485 号公告—15—2010	转基因成分检测
转基因植物及其产品成分检测 抗虫玉米 MIR604 及其衍生品种定性 PCR 方法	农业部 1485 号公告—16—2010	转基因成分检测
转基因生物及其产品食用安全检测 外源基因异源表达蛋白质等同性分析导则	农业部 1485 号公告—17—2010	食用安全检测制定

标准名称	标准编号	标准内容
转基因生物及其产品食用安全检测　外源蛋白质过敏性生物信息学分析方法	农业部 1485 号公告—18—2010	食用安全检测
转基因植物及其产品成分检测　基体标准物质候选物鉴定方法	农业部 1485 号公告—19—2010	转基因成分检测
转基因植物及其产品成分检测　耐除草剂大豆 356043 及其衍生品种定性 PCR 方法	农业部 1782 号公告—1—2012	转基因成分检测
转基因植物及其产品成分检测　标记基因 NPTII、HPT 和 PMI 定性 PCR 方法	农业部 1782 号公告—2—2012	转基因成分检测
转基因植物及其产品成分检测　调控元件 CaMV 35S 启动子、FMV 35S 启动子、NOS 启动子、NOS 终止子和 CaMV 35S 终止子定性 PCR 方法	农业部 1782 号公告—3—2012	转基因成分检测
转基因植物及其产品成分检测　高油酸大豆 305423 及其衍生品种定性 PCR 方法	农业部 1782 号公告—4—2012	转基因成分检测
转基因植物及其产品成分检测　耐除草剂大豆 CV127 及其衍生品种定性 PCR 方法	农业部 1782 号公告—5—2012	转基因成分检测
转基因植物及其产品成分检测　bar 或 pat 基因定性 PCR 方法	农业部 1782 号公告—6—2012	转基因成分检测
转基因植物及其产品成分检测　CpTI 基因定性 PCR 方法	农业部 1782 号公告—7—2012	转基因成分检测
转基因植物及其产品成分检测　基体标准物质制备技术规范	农业部 1782 号公告—8—2012	转基因成分检测
转基因植物及其产品成分检测　标准物质试用评价技术规范	农业部 1782 号公告—9—2012	转基因成分检测
转基因植物及其产品成分检测　转植酸酶基因玉米 BVLA430101 构建特异性定性 PCR 方法	农业部 1782 号公告—10—2012	转基因成分检测
转基因植物及其产品成分检测　转植酸酶基因玉米 BVLA430101 及其衍生品种定性 PCR 方法	农业部 1782 号公告—11—2012	转基因成分检测
转基因生物及其产品食用安全检测　蛋白质氨基酸序列飞行时间质谱分析方法	农业部 1782 号公告—12—2012	食用安全检测
转基因生物及其产品食用安全检测　挪威棕色大鼠致敏性试验方法	农业部 1782 号公告—13—2012	食用安全检测
转基因植物及其产品成分检测　水稻内标准基因定性 PCR 方法	农业部 1861 号公告—1—2012	转基因成分检测
转基因植物及其产品成分检测　耐除草剂大豆 GTS 40-3-2 及其衍生品种定性 PCR 方法	农业部 1861 号公告—2—2012	转基因成分检测
转基因植物及其产品成分检测　玉米内标准基因定性 PCR 方法	农业部 1861 号公告—3—2012	转基因成分检测
转基因植物及其产品成分检测　抗虫玉米 MON89034 及其衍生品种定性 PCR 方法	农业部 1861 号公告—4—2012	转基因成分检测

标准名称	标准编号	标准内容
转基因植物及其产品成分检测 CP4-epsps 基因定性 PCR 方法	农业部 1861 号公告—5—2012	转基因成分检测
转基因植物及其产品成分检测 耐除草剂棉花 GHB614 及其衍生品种定性 PCR 方法	农业部 1861 号公告—6—2012	转基因成分检测
转基因植物及其产品成分检测 棉花内标准基因定性 PCR 方法	农业部 1943 号公告—1—2013	转基因成分检测
转基因植物及其产品成分检测 转 cry1A 基因抗虫棉花构建特异性定性 PCR 方法	农业部 1943 号公告—2—2013	转基因成分检测
转基因植物及其产品食用安全检测：大白鼠 90 天喂养试验	NY/T 1102—2006	食品安全评价
转基因植物及其产品食用安全检测：抗营养素 第 1 部分：植酸、棉酚和芥酸测定	NY/T 1103.1—2006	食品安全评价
转基因植物及其产品食用安全检测：抗营养素 第 2 部分：胰蛋白酶抑制剂的测定	NY/T 1103.2—2006	食品安全评价
转基因植物及其产品食用安全检测：抗营养素第 3 部分：硫代葡萄糖苷的测定	NY/T 1103.3—2006	食品安全评价
转基因植物及其产品食用安全性评价导则	NY 1101—2006	食品安全评价
转基因森林植物及其产品安全性评价技术规程	LY/T 1692—2007	环境安全评价
转基因生物及其产品食用安全检测：模拟胃肠液外源蛋白质消化稳定性试验方法	农业部 869 号公告—2—2007	食品安全评价
农业转基因生物标签的标识	农业部 869 号公告—1—2007	转基因标识
食品 转基因有机物和衍生产品的检测方法 基于蛋白质的方法	EN ISO 21572—2004	英国—转基因成分检测
食品 转基因有机物和衍生产品的检测方法 基于蛋白质的方法	DIN EN ISO 21572—2004	德国—转基因成分检测

目前，国外尚未发布实施具有可操作性的转基因植物生态环境安全检测技术标准，而只是发布了一些风险评价的框架和原则。

由第 5 部分（主要技术要点说明）的分析可知，本标准在每个环境风险的检测内容中都与农业部已经发布的标准进行了很好的衔接，不仅与农业部已经发布实施的转基因植物环境安全检测标准没有冲突，而且是在对农业部有关标准成功经验进行归纳、总结的基础上，对农业部标准的补充、完善和提高，可以为我国转基因生物安全法规的实施和开展转基因生物安全管理提供更加科学的技术支持。

7　对实施本标准的建议

标准发布实施后，建议在环保系统内开展标准的培训工作，并与农业部、国家林业局等有关部门联合举办标准的宣传和培训工作，使转基因植物研发和评价的相关机构和专家掌握必要的知识和方法，按照本标准的规定开展抗虫转基因植物生态环境安全的检测工作。另外，还可以通过《议定书》下生物安全信息交换机制，将本标准提交给联合国环境规划署，供其他有关国家用于评价和检测抗虫转基因植物的生态环境安全。最后，应跟踪和收集标准实施过程的反馈意见，并结合转基因生物环境安全研究和检测方面的最新科学知识，适时对本标准进行修订和完善。

8 征求意见情况

2010 年 5 月 16 日，环境保护部发出"关于征求《生物多样性评价标准》等六项国家环境保护标准（征求意见稿）意见的函"，征求意见的单位有科技部办公厅、水利部办公厅、农业部办公厅、卫生部办公厅、商务部办公厅、质检总局办公厅、国家林业局办公室、国家中医药管理局办公室、各省、自治区、直辖市环境保护厅（局）、新疆生产建设兵团环境保护局以及中国环境科学研究院、中国环境监测总站、中日友好环境保护中心、中国环境科学学会、环境保护部对外合作中心、环境保护部南京环境科学研究所、环境保护部华南环境科学研究所、环境保护部环境规划院、环境保护部环境工程评估中心、环境保护部环境标准研究所、北京大学、北京林业大学、中国农业大学、北京师范大学、南京大学、南京林业大学、南京农业大学、南京师范大学、中国农业科学院、中国科学院生态环境研究中心、中国科学院动物研究所、中国科学院植物研究所、中国科学院微生物研究所、中国科学院昆明动物研究所、中国科学院昆明植物研究所、中国科学院水生生物研究所、中国科学院成都生物研究所、中国科学院西北高原生物研究所，并在环境保护部内征求政法司、环评司、监测司、生态司、环监局、应急中心、科技司综合处的意见。共征求意见 76 家，回函单位 33 家；提出书面修改意见 38 条，网民、公众无意见；对于收到的 38 条书面修改意见，课题组采纳或部分采纳意见 34 条，占 89.5%；未采纳 4 条，占 10.5%。如果将这 38 条书面修改意见中由不同单位提出但是内容相同的意见归为 1 条，则共收到 32 条不同的意见，课题组采纳或部分采纳意见 30 条，占 93%；未采纳 2 条，占 7%。

经过对 12 家单位提出的 38 条书面意见进行分析、整理，现将这些意见及其处理办法汇总如下：

● 制定本标准法律依据

农业部、国家林业局质疑本标准的制定没有必要的法律依据，并据此建议不要发布本标准。本意见没有采纳，答复为：《中华人民共和国环境保护法》第二章第九条明文规定：国务院环境保护行政主管部门制定国家环境质量标准。另外，国务院也赋予环保部有"牵头负责生物多样性保护、生物物种资源和生物安全管理工作"方面的职能，因此，环保部制定发布本标准有充分的法律依据。

● 与现有相关标准关系

农业部、国家林业局、国家质量监督检验检疫总局、中国农业大学 4 家单位质疑本标准与现有的生物安全标准内容重复，形成多重标准，并据此建议不要发布本标准。本意见没有采纳，答复为：首先，农业转基因植物仅仅是转基因植物的一个类别——转基因作物，本标准规定的是转基因植物的环境安全评价，而不仅仅是转基因作物，不能被已经发布的生物安全标准所覆盖。其次，本标准的内容与农业部、国家林业局已经制定发布的《转基因植物安全评价指南》以及转基因生物环境安全评价方面的多项国家标准在内容上没有任何冲突，是对现有标准的补充和完善，不会造成双重标准和管理混乱，而是加强转基因生物安全管理。最后，本标准在"非靶标生物影响检测、基因漂移检测和生态适应性检测、靶标生物抗性"四个内容上已经与现有有关标准进行了很好的衔接，不会造成多重标准。

- 评价对象"转基因植物"的范围太大

农业部、国家林业局、中国农业大学和环境保护部生态司 4 家单位质疑本标准制定过程中没有考虑作物类别，仅仅依照转基因性状进行安全评价，科学性不足，认为不同转基因植物对环境安全影响不同，应制定不同标准，并据此建议不要发布本标准。本意见部分采纳，答复为：首先，无论是哪个种类的转基因植物，只要属于本标准规定的抗虫转基因植物，都会主要产生 4 类环境风险，而且抗虫转基因植物所产生 4 个环境风险在安全检测的步骤和内容方面是有共性规律的，因此，依照转基因性状进行安全评价有充分的科学依据。另外，不同种类转基因植物的环境安全评价技术会存在很多差异，但是本标准仅仅就抗虫转基因植物环境安全检测的步骤和内容进行规范，并不涉及不同种类植物的具体评价技术，可以按照转基因性状进行安全评价。

另外，农业部于 2007 年发布试行和 2010 年修订后正式实施的《转基因植物安全评价指南》也不仅没有考虑作物类别，而且没有考虑不同性状，而是将转基因植物作为一个独立的对象进行评价；欧洲食品安全局（EFSA）也制定发布了类似的转基因植物环境安全评价指南。可见，在把转基因植物作为独立评价对象方面，国内外已经有了很多先例。

- 有关"非靶标生物影响的检测"的意见

本部分的修改意见主要包括 3 条：①将"靶标害虫"修改为"靶标生物"；②抗虫转基因植物是否抗（杀）虫毒素到土壤中影响土壤生物也是普遍关心和重要的问题，《导则》完全忽略。③转基因植物残渣也是重要潜在污染源，应该在"6.非靶标生物影响的检测"中加以考虑。对此 3 条意见的处理方法为：①接受第一条意见，将"靶标害虫"修改为"靶标生物"；②采纳第二条和第三条意见，在 6.2.2 部分新加入一句：为了验证封闭条件下抗虫转基因植物对特定非靶标生物的检测结果，检测抗虫转基因植物对其他非靶标生物的影响，应在农田、林地、水体等开放条件下检测抗虫转基因植物及其残体对非靶标生物群落的影响。

- 有关"基因漂移检测"的意见

本部分的修改意见主要包括 3 条：①只是对"亲缘关系较近的野生近缘种和杂草类型"进行检测，而忽略了"野生种"；②只是关注了"基因漂移频率"，而忽略了"漂移距离"。③外源基因虽不能在野生近缘种中表达，但也不一定长期就不会表达，因此应该严加监管。对此 3 条意见的处理方法为：①采纳第一条意见，将本部分的"野生近缘种"修改为"野生种"；②采纳该意见，并在"7.基因漂移检测"已经增加了漂移距离方面的内容；③部分采纳该意见。修改为"如外源转基因不能在基因漂移对象物种中正常表达和遗传，表明转基因不可能在基因漂移对象物种中行使正常功能，导致生态环境风险的可能性很小"。

- 有关"生态适应性检测"的意见

本部分的修改意见主要包括 3 条：①转基因植物的"杂草化"是非常重要的问题。而《导则》中"杂草化潜力"评价实验太简单；②自然生态类型下的抗虫转基因植物生态适应性检测的内容应该和 8.1 农田生态类型下的抗虫转基因植物生态适应性检测的内容基本相一致，因为检测内容都相同。③8.2 自然生态类型下的抗虫转基因植物生态适应性检测，建议追加供体作物在自然条件下失去外源基因表型的相关评估。可包括外源基因丧失，基因沉默等因素。对此 3 条意见的处理方法为：①采纳该意见。根据国内外现有的知识水平，"杂草化潜力"评价实验只能这样设计（农业部发布标准中的相关内容亦如此）；另外，已经加入"试验时间不低于 3 年"的规定。②采纳该意见。已经将两部分内容改为一致。③部分采纳该意见。本部分主要针对外源基因正常表达情况下的抗虫转基因植物生态适应性检测，但是也可以用于外源基因丧失以及基因沉默等情况下抗虫转基因植物生态适应性检测。另外，外源基因丧失以及基因沉默等一般意味着环境安全性问题显著降低。

- 有关"靶标生物对抗虫转基因植物产生抗性的安全性检测"的意见

本部分的修改意见主要包括 2 条：①由于抗性基因频率较低，"9.2.4 至少在 20 个地点、每个地点采集 250 头靶标生物作为监测对象，250 头的样本量太少，建议改为 1000 头。②建议在大面积种植抗虫转基因植物的同时，是否在同一大田种植非抗虫转基因植物作为导则的指标。小面积非抗虫转基因植物的种植可以减少靶标生物抗性纯合体的数量，减缓抗性基因频率上升的趋势。对此 2 条意见的处理方法为：①采纳该意见。此部分更改为：至少在不同生态区的 20 个地点、每个地点采集不少于 500 头靶标生物作为监测对象。②采纳该意见。将 9.2.2 部分更改为：试验的规模、时间、管理措施等因素应尽可能模拟抗虫转基因植物的实际种植模式，并在大田周围种植非转基因植物作为抗性稀释带。

9　审议情况

2010 年 11 月 26 日，环境保护部标准研究所组织专家对本标准进行了技术审查。审议委员会的意见如下：

一、该标准的制定对于评估和控制抗虫转基因植物可能产生的环境风险，保护生态环境和生物多样性具有重要意义；

二、标准编制单位提供的材料完整，内容翔实；

三、标准确定了抗虫转基因植物对非靶标生物影响、基因漂移、生态适应性和靶标生物对抗虫转基因植物产生抗性四项生态环境安全检测的步骤和内容，各生态环境安全检测指标设置科学、合理，具有技术可行性和可操作性；

四、对征集意见的处理全面、合理。

审议委员会通过该标准的审议，建议：

1. 题目调整为《抗虫转基因植物生态环境安全检测导则》；

2. 根据专家意见对文本结构进行调整，进一步精炼文字。

审议委员会提出的上述意见均被采纳。

另外，本次审议会专家还提出如下 2 条技术意见：

1. 抗虫转基因植物对非靶标生物影响评价中采用了毒理学评价方法，建议在文本中加以明确。

采纳该意见，在 6.2.1.1 部分明确使用了"毒理学实验"一词。

2. 9.3.4 中"至少在 20 个地点"不明确。

采纳该意见，修改为"至少在不同生态区的 20 个地点"。

3．6.2.2.3.3 部分的"试验一般应重复 3 年"建议修改为"试验一般应延续 3 年"。采纳该建议。

（刘标）

参考文献

[1] 陈海燕，杨亦桦，武淑文，等. 棉铃虫田间种群 Bt 毒素 Cry1Ac 抗性基因频率的估算[J]. 昆虫学报，2007，50（1）：25-30.

[2] 国家环境保护局《化学品测试方法》编委会. 化学品测试方法[M]. 北京：中国环境科学出版社，2004.

[3] 李文东，叶恭银，吴孔明，等. 转抗虫基因棉花和玉米花粉对家蚕生长发育影响的评价. 中国农业科学，2002，35（12）：1543-1549.

[4] 刘凤沂，须志平，薄仙萍，等. 昆虫抗药性与适合度[J]. 昆虫知识，2008，45（3）：374-378.

[5] 刘志诚，叶恭银，胡萃. 抗虫转基因水稻和化学杀虫剂对稻田节肢动物群落的影响[J]. 应用生态学报，2004，15（12）：2309-2314.

[6] 强胜. 杂草学[M]. 北京：中国农业出版社，2001.

[7] 宋小玲，强胜，彭于发. 抗草甘膦转基因大豆（*Glycine max*（L.）Merri）杂草性评价的试验实例[J]. 中国农业科学，2009，42（1）：145-153.

[8] 唐振华. 昆虫抗药性及其治理[M]. 北京：农业出版社，1993.

[9] 吴益东，沈晋良，谭福杰，等. 棉铃虫对氰戊菊酯抗性品系和敏感品系的相对适合度[J]. 昆虫学报，1996，39（3）：233-237.

[10] 姚洪渭，叶恭银，程家安. 害虫抗药性适合度与内分泌调控研究进展[J]. 昆虫知识，2002，39（3）：181-187.

[11] 赵善欢. 植物化学保护[M]. 北京：中国农业出版社，2000.

[12] Andow D A，Hilbeck A. Science-based risk assessment for nontarget effects of transgenic crops. BioScience，2004，54（7）：637-649.

[13] Cowgill S E，Atkinson H J. A sequential approach to risk assessment of transgenic plants expressing protease inhibitors：effects on nontarget herbivorous insects. Transgenic Research，2003，12（4）：439-449.

[14] Crawley M J，Brown S L，Hails R S，et al. Biotechnology：transgenic crops in natural habitats. Nature，2001，409（6821）：682-683.

[15] Crawley M J，Hails R S，Rees M，et al. Ecology of transgenic oilseed rape in natural habitats. Nature，1993，363（6430）：620-623.

[16] EFSA Panel on Genetically Modified Organisms（GMO）. Guidance on the environmental risk assessment of genetically modified plants. EFSA Journal，2010，8（11）：1879. doi：10.2903/j.efsa.2010.1879.

[17] European Food Safety Authority（EFSA）. Guidance document of the scientific panel on genetically modified organisms for the risk assessment of genetically modified plants and derived food and feed.2006.

[18] Forbes V E，Forbes T L. Ecotoxicology in theory and practice. London：Chapman and Hall，1994.

[19] Foster K R，Vecchia P，Repacholi M H. Science and the precautionary principle. Science，2000，288：979-981.

[20]　Hilbeck A，Meier M S，Raps A. Review on non-target organisms and Bt-plants. EcoStrat GmbH，Zurich. 2000.

[21]　Lu B R. Transgene escape from GM crops and potential biosafety consequences：an environmental perspective. International Centre for Genetic Engineering and Biotechnology（ICGEB），Collection of Biosafety Reviews，2008，4：66-141.

[22]　Lu B R，Yang C. Gene flow from genetically modified rice to its wild relatives：assessing potential ecological consequences. Biotechnology Advances，2009，27：1083-1091.

[23]　Kos M，van Loon JJ，Dicke M，et al.Transgenic plants as vital components of integrated pest management.Trends in Biotechnology，2009，27（11）：621-627.

[24]　Organisation for Economic Co-operation and Development（OECD）. Series on Harmonisation of Regulatory Oversight in Biotechnology No. 42：Consensus Document on Safety Information on Transgenic Plants Expressing *Bacillus thuringiensis* - Derived Insect Control Protein，2007.

[25]　Schuler T H，Poppy G M，Denholm I. Recommendations for assessing effects of GM crops on non-target organisms. In：Proceedings of the Brighton Crop Protection Council，British Crop Protection Council，Brighton，UK，13-16 November，2000：1221-1228.

[26]　U.S. Environmental Protection Agency Office of Pesticide Programs Biopesticides and Pollution Prevention Division. Biopesticides Registration Action Document，Bt Plant-Incorporated Protectants. October 15，2001.

[27]　Xia H，Lu B R，Su Jun，et al. Normal expression of insect-resistant transgene in progeny of common wild rice crossed with genetically modified rice：its implication in ecological biosafety assessment. Theoretical and Applied Genetics，2009，119：635-644.

第二篇
转 *Bt* 基因抗虫植物对农业生产方式的影响

第7章 抗虫转 *Bt* 基因水稻对营养物质需求和耗水量的影响

7.1 绪言

2009 年 12 月，中国生物安全网公布了"2009 年第二批农业转基因生物安全证书批准清单"。其中，由华中农业大学研发的抗虫转基因水稻"华恢 1 号"和"BT 汕优 63"赫然在列。这表明转基因水稻已经在商业化种植的道路上迈出了关键的一步，我国将极有可能成为世界上第一个商业化种植转基因水稻的国家。

转 *Bt* 基因抗虫水稻的抗虫害能力强于常规品种的水稻，理论上，它不仅能降低虫害给水稻种植业带来的损失，提高农民的经济收入，还能降低杀虫剂的使用，具有良好的环境效应。但是，抗虫基因对应的特定蛋白质的表达会额外消耗植物体的资源（养分、水分等），并可能导致产量的减少。如果这种情况发生，在昆虫取食压力较小时，转基因的水稻如果形成于常规水稻相等的产量，则其需要更多水分和养分供给。也就是说，其水分利用效率可能下降。其次，从分子生物学机制看，*Bt* 基因的导入可能会改变其他基因的 DNA 序列及其表达的蛋白组成和功能（Ren *et al*.，2004；Yang *et al*.，2006；Wu *et al*.，2008），而且这种改变是随机的、难以控制的。如果 *Bt* 基因的导入改变了与光合作用、蒸腾作用，或者养分吸收与运输有关的蛋白特性，则转基因水稻的水肥利用效率发生改变。

我国是一个水量、水质性资源亏缺型的国家，如果转基因水稻水分利用效率下降，就意味着达到同样产量下更多的水分消耗；同样，如果转基因水稻的养分利用效率下降，则意味着更多的化肥使用，无疑将加重农业面源污染，对湖泊和近海生态环境构成威胁。因此，对每一种产业化转基因作物品种，除了按照我国转基因生物安全法规的规定进行风险评估之外，评价其水肥利用效率是必需的。

目前，不论是国内还是国外，针对抗虫基因的导入对水稻的水分利用效率和养分利用效率的直接影响的研究还处于空白。为了能安全地推广转基因水稻的大规模商业化种植，并应对肥料、水分需求增加可能导致的问题，有必要研究转基因抗虫水稻与常规水稻在肥料利用效率、水分利用效率方面的差异。我们的研究旨在通过控制实验，探求抗虫基因的导入带来的水分利用效率和养分利用效率方面的变化，为转基因抗虫水稻种植的可行性提供理论依据。

本项目以转 *Bt* 基因水稻及其对照常规水稻品种为研究材料，实验检测了两个品种水稻在不同施肥条件下的形态学和生理学差异，包括高度和生物量积累，相对生长速率，光合能力，以及瞬时利用效率和长期利用效率等，以探讨转 *Bt* 基因对水稻的水肥利用效率的影响。

7.2 材料与方法

7.2.1 试验地概况

本研究的试验地点位于南京大学鼓楼校区，地理位置为 118°46′E，32°3′N，属北亚热带气候，年平均气温 15.3℃，年平均降水量约 1000 mm。试验所用水稻常规品种为"明恢 63"，转基因品种为"转基因明恢 63"。首先在温室内出苗，之后移栽至盆内并置于露天环境，每盆一株。移栽后对常规水稻和转基因水稻按照三个肥料梯度施肥，分别为标准施肥量的 50%，100%，150%，共有 6 种组合（注：在本章以下的叙述中，用字母和数字的组合形式表示不同的处理。*bt* 表示转基因品种，ord 表示常规品种，数字表示标准施肥量的百分比。例如，*bt*50 表示按照标准施肥量 50%施肥的转基因品种，ord100 表示按照标准施肥量 100%施肥的常规品种）。结合田间种植施肥量、种植密度，以及预试验的情况，按照以下标准对盆栽水稻施肥：100%水平为，基肥：尿素 0.9 g/株，普钙 2 g/株，氯化钾 0.6 g/株，硫酸锌 0.1 g/株；分蘖期：尿素 0.6 g/株，氯化钾 0.4 g/株；拔节孕穗期：尿素 0.8 g/株，氯化钾 0.6 g/株。50%和 150%的施肥量据此按比例计算得到。基土来源为南京市雨花台区荒山断层横剖面的沉积沙壤土，养分含量极低，N 含量=0.34 g/kg，P 含量=0.43 g/kg。

7.2.2 生长速率、形态特征与生物量积累

温室内播种出苗的水稻，播种后每 7 天进行一次破坏性取样（共 4 次），测定幼苗高度，烘干后测定各部分干重，并以此计算含水量、叶比重、根比重。平均生长速率，即每日干物质积累可以根据总干物质量除以播种后天数计算得到。

28 d 后，幼苗移栽至露天环境桶栽，每桶一株，在拔节孕穗期统计株高和分蘖数量。收获后测定个体的全株干重、种子干重等产量指标。

在水稻成熟之后，统计各个品种与肥料水平组合下的单株干重、种子千粒干重、单株穗数、每穗种子数、单株种子数、单株种子干重。

7.2.3 光合作用与水分利用效率

使用 LI−Cor 6400 便携式光合作用仪测定水稻的一系列光合参数及光响应曲线。在水稻的分蘖期、拔节孕穗期、灌浆期各测定一次。LI−Cor 6400 便携式光合作用仪使用开放气路，空气流速为 0.5 L/min，叶片温度在 31～36℃，采用 6400−02B 人工光源，光合有效辐射（PAR）分别设定为 0，20，50，100，200，500，1000，1500，2000 μmol/（m^2·s），每一光强下停留时间最少 60s，最多 180s，光强由强到弱，测定相应指标。在每一时期的实验日测定时，每个处理均重复测定 3 次。

对于每条曲线，选取光强在 200μmol/（m^2·s）[包括 200μmol/（m^2·s）]以下的 5 个数据点，以光强为自变量，净光合速率为因变量，用最小二乘法进行直线拟合，所得拟合直线的斜率即为表观量子效率。对于每条曲线，选取光合作用仪测得的曲线中净光合速率为正值的数据点[光强＞100μmol/（m^2·s）]，用净光合速率除以蒸腾速率，得到的值即为瞬时水分利用效率。

另外，收获后采集不同处理一定数量的叶片，用蒸馏水洗净、晾干，置于 70℃ 烘箱中 48 h，使叶片完全干燥。然后用粉碎机将叶片粉碎，过 100 目筛。委托中国科学院植物研究所的生态和环境科学稳定同位素实验室进行 $\delta^{13}C$ 和 $\delta^{15}N$ 测定，使用 Falsh EA1112 型元素分析仪进行测定，每隔 12 个样品放入两个实验室标准物质（glycine 和 cellulose），测定精度＞99.99%。用下列公式计算 $\delta^{13}C$ 和 $\delta^{15}N$：

$$\delta X = (R_{sam} - R_{std})/R_{std} \times 1000‰$$

式中，X 表示元素；R_{sam} 是样品中重轻同位素丰度之比；R_{std} 是国际通用标准物的重轻同位素丰度之比。

7.2.4　数据统计与分析

数据统计分析应用 Statistica 6.0 软件进行。应用双因素方差分析（Two-way ANOVA）方法检验品种或肥料浓度两个因素对不同检测指标的影响，应用 Tukey HSD 检验不同处理间差异的显著性。

7.3　结果与分析

7.3.1　生长速率

水稻生长早期，生长速率较高，干重增加达到 30 mg/d 以上。总体上看，常规水稻的生长速率高于转基因水稻，无论是高度（图 7-1a），还是干物质积累（图 7-1b），在种子播种第 28 天时，都达到了显著差异。高度生长与干物质积累存在显著正相关（$p<0.05$）。转基因水稻生长速率较低的原因可能是，它的生物量分配过程中，同样生物量大小时，向叶的生物量分配比例较低（图 7-1c），而向根的生物量分配比例较高（图 7-1d），因此生长相对缓慢。同时，转基因水稻个体的含水量相对较低（图 7-1e），说明其代谢水平较低，与其较低的生长速率一致。

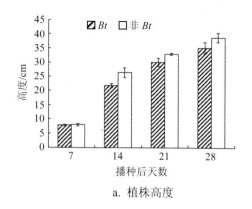

a. 植株高度

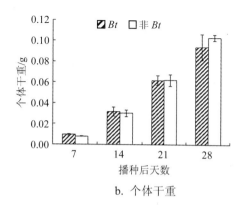

b. 个体干重

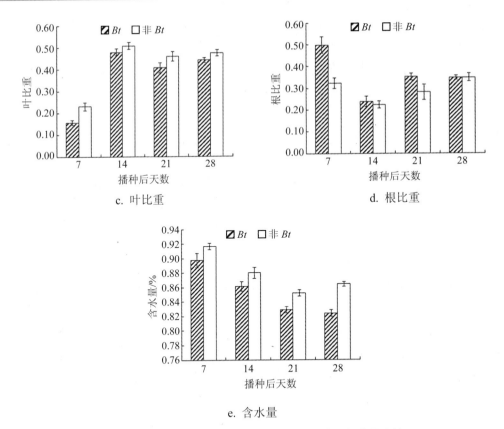

c. 叶比重　　　　　　　　　d. 根比重

e. 含水量

图 7-1　转基因水稻与常规水稻在生长早期阶段的差异比较

7.3.2　生长形态学与生物量积累

在分蘖期，转基因品种生长整体表现仍然较差。具体表现在：植株高度相对较低，但是差异不显著（图 7-2a）；然而个体分蘖数量显著小于常规水稻（图 7-2b）。不同的施肥水平，高度生长没有显著性差异；但是施肥对个体分蘖数量具有显著影响，无论常规水稻，还是转基因水稻，分蘖数量都随施肥量的增加而显著增加。

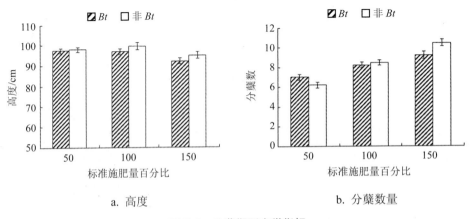

a. 高度　　　　　　　　　b. 分蘖数量

图 7-2　分蘖期形态学指标

表 7-1 施肥水平、转基因、两者相互作用对水稻产量指标方差分析的 *p* 值

产量指标	单株干重	千粒干重	单株穗数	每穗种子数	单株种子数	单株种子干重
施肥水平	0.000	0.000	0.004	0.002	0.003	0.000
品种	0.000	0.000	0.046	0.033	0.018	0.000
交互	0.010	0.000	0.930	0.463	0.827	0.143

　　水稻成熟之后收获，发现转基因水稻的生物量积累在总体上全面落后于常规水稻。具体表现在：单株干重极显著地低于常规水稻，特别是在正常施肥量和高施肥量时（图 7-3a）；种子千粒干重在低施肥量时极显著地低于常规水稻（图 7-3b）；单株穗数总体上显著低于常规水稻，但是在固定肥料水平下，差异不显著（图 7-3c）；每穗种子数显著低于常规水稻，但是有高施肥量时达到显著（图 7-4d）；单株种子数总体上显著低于常规水稻，但是在三个肥料水平下，差异均不显著（图 7-3e）；单株种子干重极显著低于常规水稻，不过正常施肥量时差异不显著（图 7-3f）。

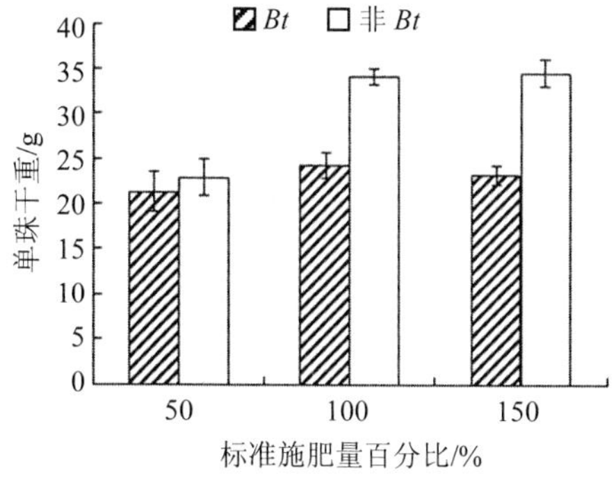

a. 单株干重

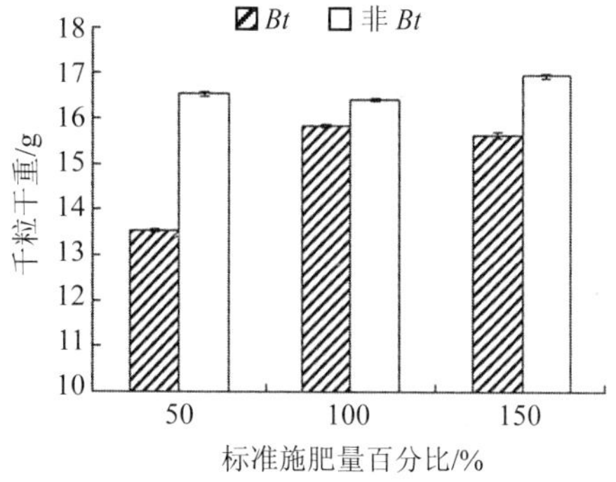

b. 千粒干重

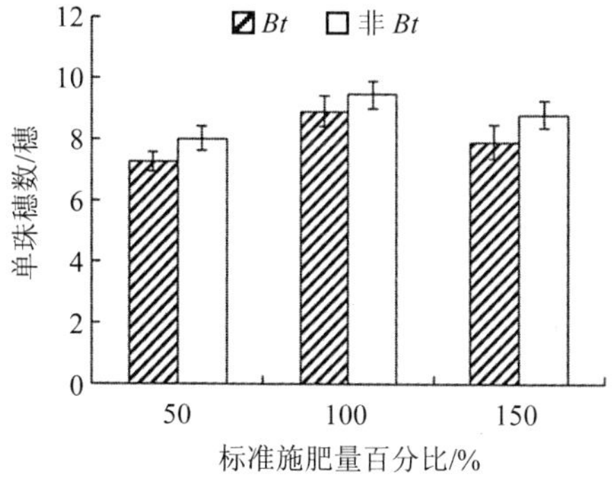

c. 单株穗数

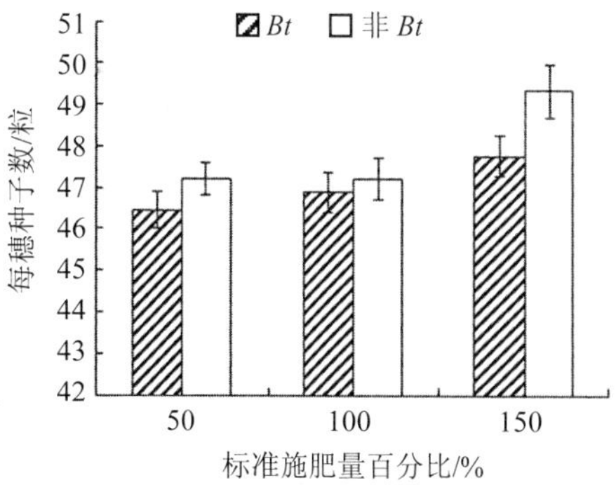

d. 每穗种子数

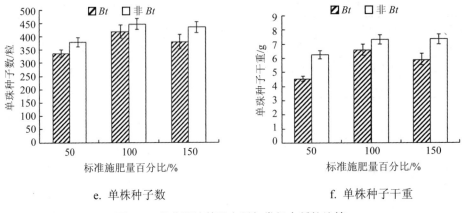

e. 单株种子数　　　　　　　　f. 单株种子干重

图 7-3　收获期转基因水稻与常规水稻的比较

7.3.3　瞬时水分利用效率

总体上看，在分蘖期，转基因与施肥水平对水稻的瞬时水分利用效率没有显著影响，但是两者的交互作用极显著。Tukey 多重检验表明当肥料不足时，常规水稻的瞬时水分利用效率极显著高于转基因水稻；正常施肥时，常规水稻的瞬时水分利用效率和转基因水稻没有显著差异；而肥料过量时，常规水稻的瞬时水分利用效率极显著低于转基因水稻。

在拔节孕穗期，转基因、施肥以及两者的交互作用对水稻的瞬时水分利用效率都有极显著影响。Tukey 多重检验表明，不论是常规水稻还是转基因水稻，随着肥料使用的逐渐增加，瞬时水分利用效率都趋于下降；而转基因水稻的瞬时水分利用效率普遍高于常规水稻。6 个处理中，瞬时水分利用效率最低的是过量施肥情况下的常规水稻，而瞬时水分利用效率最高的是施肥不足情况下的转基因水稻。这两种处理对瞬时水分利用效率的影响非常明显，以至于常规水稻在高施肥量时和其他处理的差异都极其显著。

在灌浆期，转基因、施肥以及两者的交互作用对水稻的瞬时水分利用效率都没有显著的影响。Tukey 多重检验表明 6 个处理的任意两个之间都不存在显著的差异。见表 7-2，图 7-4。

表 7-2　施肥水平、转基因、两者相互作用对不同时期的水稻的瞬时水分利用效率的
方差分析的 p 值

时期	分蘖期	拔节孕穗期	灌浆期
施肥水平	0.066	0.002	0.091
品种	0.848	0.000	0.207
交互	0.000	0.000	0.185

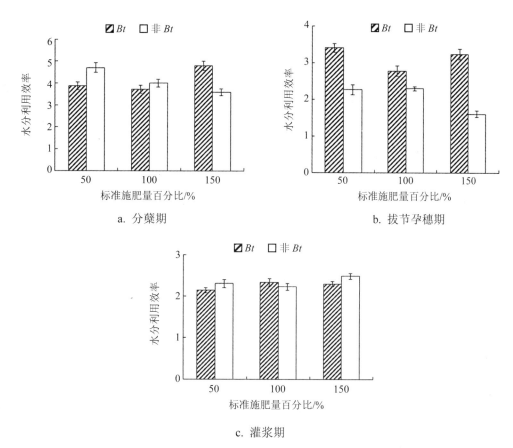

a. 分蘖期

b. 拔节孕穗期

c. 灌浆期

图 7-4　转基因水稻与常规水稻瞬时水分利用效率的比较

7.3.4　长期水分利用效率

瞬时水分利用效率只能反映测定当天特定时刻下植物的水分利用效率，和当日的天气因素等外部条件密切相关，并不能反映更为本质的差异，因此需要采用稳定同位素检测的结果来对长期水分利用效率差做出可靠的判断。总的来说，$\delta^{13}C$ 值越低，植物的长期水分利用效率也就越低（Pate，2001）。

转基因、施肥以及两者的交互作用对水稻叶片的 $\delta^{13}C$ 值都不存在显著影响。从图 7-5 可以看出，六种处理的 $\delta^{13}C$ 的差异不大，最大最小之间也没有超出 0.4 个千分点，说明转基因水稻和常规水稻在 $\delta^{13}C$ 值方面并不存在显著的差异，即使增加或者减少一定的肥料，也不会造成 $\delta^{13}C$ 值的根本性改变。这说明 *Bt* 基因的导入并没有对水稻的长期水分利用效率产生显著影响。

表 7-3　施肥水平、转基因、两者相互作用对水稻叶片元素指标方差分析的 *p* 值

元素指标	$\delta^{13}C$	氮含量
施肥水平	0.72	0.000
品种	0.981	0.208
交互	0.322	0.688

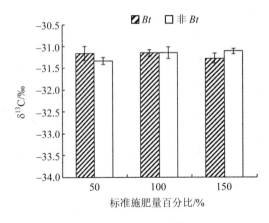

图 7-5　水稻叶片的 $\delta^{13}C$ 值

7.3.5　表观量子效率

在分蘖期,转基因对水稻的表观量子效率有极显著的影响,施肥水平没有显著影响,两者的交互作用也没有显著影响。总体上,转基因水稻的表观量子效率较低,但是差异并不显著。Tukey 多重检验表明,总共 6 个处理的任意两个之间的差异均未达到显著水平。

在拔节孕穗期,转基因对水稻的表观量子效率有极显著的影响,施肥水平没有显著影响,两者的交互作用也没有显著影响。总体上看,转基因水稻的表观量子效率极显著得小,但是 Tukey 检验的结果说明,总共 6 个处理的任意两个之间的差异均未达到显著水平。

表 7-4　施肥水平、转基因、两者相互作用对不同时期的水稻的表观量子效率的方差分析的 p 值

时期	分蘖期	拔节孕穗期	灌浆期
施肥水平	0.571	0.817	0.018
品种	0.004	0.002	0.013
交互	0.787	0.544	0.264

在灌浆期,转基因和施肥水平对水稻的表观量子效率都有显著的影响,但是两者的交互作用没有显著影响。Tukey 检验的结果说明常规水稻仍然对转基因水稻保有表观量子效率方面的优势;而施肥的增加也显著增强了表观量子效率,一是表现在 ord150 这个处理的表观量子效率明显高于 bt50、bt100 和 ord50 这三种处理,二是表现在肥料的增施可以弥补转基因带来的损失(bt150 与 ord150 差异不显著)。

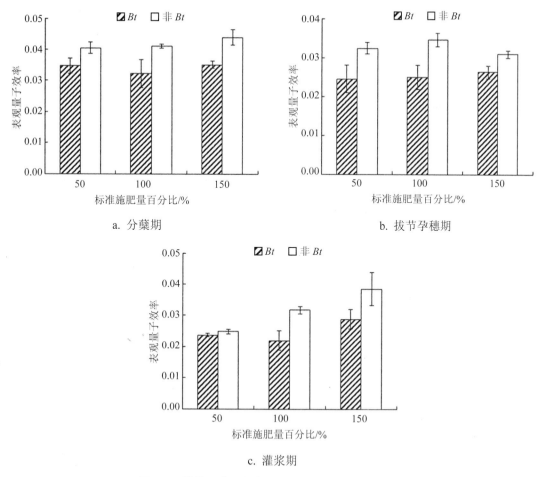

a. 分蘖期　　　　　　　　　　　　　b. 拔节孕穗期

c. 灌浆期

图 7-6　转基因水稻与常规水稻表观量子效率的比较

7.3.6　气孔导度

在分蘖期，施肥水平对水稻叶片的气孔导度没有显著的影响，转基因和两者的交互作用对水稻叶片的气孔导度都有极显著的影响。Tukey 多重检验表明，高施肥量时，转基因水稻叶片的气孔导度极显著地小于常规水稻，其余两个施肥水平下，差异不显著。

在拔节孕穗期，转基因、施肥水平以及两者的交互作用对水稻叶片的气孔导度都有极显著的影响。Tukey 多重检验表明，任意一个肥料水平下，转基因水稻叶片的气孔导度都极显著低于常规水稻。

表 7-5　施肥水平、转基因、两者相互作用对不同时期的水稻的气孔导度的方差分析的 *p* 值

时期	分蘖期	拔节孕穗期	灌浆期
施肥水平	0.064	0.000	0.54
品种	0.000	0.000	0.001
交互	0.003	0.000	0.475

在灌浆期，转基因对水稻叶片的气孔导度有极显著的影响，施肥水平以及两者的交互作用对水稻叶片的气孔导度没有显著的影响。Tukey 多重检验表明，任意一个肥料水平下，转基因水稻和常规水稻在叶片的气孔导度方面都不存在显著差异。

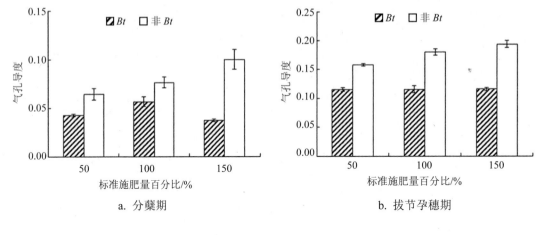

a. 分蘗期　　　　　　　　　　b. 拔节孕穗期

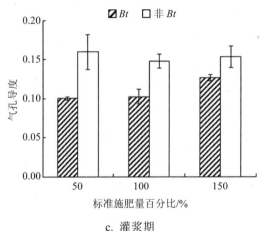

c. 灌浆期

图 7-7　转基因水稻与常规水稻的气孔导度的比较

7.3.7　叶氮素含量与 $\delta^{15}N$ 比率

施肥水平对叶片氮素浓度有极显著的影响，转基因以及两者的交互作用对叶片氮素浓度都不存在显著性影响（见表 7-3）。在三个肥料水平下，转基因水稻的叶片氮素浓度都略高于常规水稻，但是差异均不显著。

施肥水平对 $\delta^{15}N$ 比率有极显著的影响，转基因以及两者的交互作用对 $\delta^{15}N$ 比率都不存在显著性影响（见表 7-3）。在三个肥料水平下，转基因水稻的 $\delta^{15}N$ 都略低于常规水稻，但是差异均不显著。转基因使得水稻叶片的氮素浓度略为增加，但是 $\delta^{15}N$ 略为降低，呈现了相反的变化趋势。

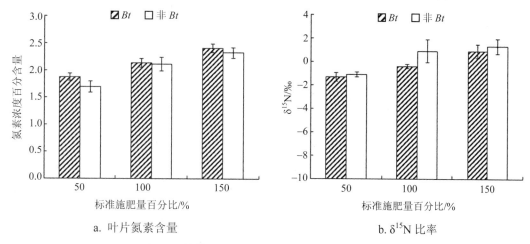

a. 叶片氮素含量   b. δ¹⁵N 比率

图 7-8 转基因水稻与常规水稻收获期的差异比较

7.4 结论与讨论

以上结果表明，转 *Bt* 基因水稻在苗期的生长速率和代谢水平都低于常规水稻，在相同的昆虫选择压力下，转 *Bt* 基因水稻的生物量积累与产量都显著降低，而且，在相同施肥水平下，单株种子产量都受到了负面影响，说明转基因水稻的养分利用效率较低。形态学的分析发现，转 *Bt* 基因水稻的高度与常规水稻的差异不大，但是分蘖数量明显减少，这可能是导致单株穗数减少的主要原因。此外，种子千粒重下降，从而导致了最终的种子产量的下降。进一步的生理生态学研究发现，由于转 *Bt* 基因显著降低了水稻叶片的气孔导度，因而使得转基因水稻的表观量子效率受到了负面影响。此外，转基因水稻的叶片含氮量稍高于常规水稻，但没有显著差异。这些综合起来一定程度上解释了为什么在同等施肥水平条件下，转基因水稻具有相对的种子产量和氮素利用效率。另外，生理生态学测定还表明，转 *Bt* 基因水稻的瞬时水分利用效率较高，但是长期水分利用效率没有明显优势。因此，虽然转基因水稻在拔节孕穗期具有较高的瞬时水分利用效率，说明其在水分需求的关键时期具有一定的水分利用优势，但是长期水分利用效率不占优势。因此，大规模的转 *Bt* 基因水稻的推广需要慎重行事，特别是在与养分利用效率有关的施肥管理上，更需要更深入的研究，因为即使转 *Bt* 基因水稻在昆虫压力很高时，能获取比常规水稻更高的产量，但是这种产量的获得是以比常规水稻高得多的化肥供给才能实现的。

7.4.1 生长形态

与常规水稻相比，转基因水稻在苗期具有相对较低的生长潜能，表现在高度生长和干物质的积累上。转基因水稻在最初 28 d 的干物质积累要少于常规水稻，这可能是因为抗虫基因的表达消耗了种子本身的部分资源，导致转基因水稻的物质积累较慢。

在分蘖期，虽然转基因水稻的高度并没有处于劣势，但是分蘖数量受到显著的影响，特别是在高施肥量时。根据农业生产的常识，水稻的有效分蘖数量与产量有直接关系，分蘖数量上的劣势意味着转基因水稻的产量潜力较低，这也在产量数据方面得到了印证。

7.4.2 水分利用效率

水稻的瞬时水分利用效率随个体发育时期发生改变，随生长不断降低；而且从总体上看，转基因水稻的瞬时水分利用效率更高。瞬时水分利用效率是光合速率和蒸腾速率的比值，因此可以通过对光合速率和蒸腾速率的进一步分析探讨其差异产生的原因。

在分蘖期，转基因水稻和常规水稻在总体上并没有表现出瞬时水分利用效率方面的差异，但是在肥料不足时，常规水稻的瞬时水分利用效率极显著高于转基因水稻；正常施肥时，常规水稻的瞬时水分利用效率和转基因水稻没有显著差异；而肥料过量时，常规水稻的瞬时水分利用效率极显著低于转基因水稻。进一步观察光合速率和蒸腾速率发现，各个肥料水平下差异的原因在于光合速率和蒸腾速率不同步的变化。常规水稻相对于转基因水稻在不同施肥水平上，光合速率提升的比例分别为76.0%、44.1%、80.8%，而蒸腾速率提升的比例则达到了133.5%、33.2%、52.8%。常规水稻相对于转基因水稻，在高施肥量时，光合速率的增加明显落后于蒸腾速率的增加，所以瞬时水分利用效率显著低；正常施肥量时，光合速率和蒸腾速率都有所增加，但是差别不大，所以瞬时水分利用效率不存在显著差异；低施肥量时，光合速率的增加明显超过蒸腾速率的增加，所以瞬时水分利用效率显著提高。

在拔节孕穗期的三个肥料使用水平下，转基因水稻的瞬时水分利用效率都显著高于常规水稻。进一步的分析说明，转基因水稻和常规水稻的瞬时水分利用效率的差异来源于光合速率和蒸腾速率的不同步的变化。常规水稻相对于转基因水稻在不同施肥水平上，光合速率提升的比例分别为117.4%、106.1%、50.1%，而蒸腾速率提升的比例则达到了214.1%、154.2%、124.3%。常规水稻相对于转基因水稻，光合速率的增幅远远小于蒸腾速率的增幅，所以常规水稻的瞬时水分利用效率总体上显著小于转基因水稻。

在灌浆期的三个肥料使用水平下，转基因水稻的瞬时水分利用效率与常规水稻相比没有显著的影响。进一步的分析说明，各个肥料水平下常规水稻相对于转基因水稻，光合速率和蒸腾速率的变化在方向和程度上保持了较高的一致。常规水稻相对于转基因水稻在不同施肥水平上，光合速率提升的比例分别为57.3%、16.9%、45.9%，而蒸腾速率提升的比例则达到了38.4%、15.0%、18.2%。所以常规水稻总体上的瞬时水分利用效率更高，但是与转基因水稻的差异不显著。

转基因水稻在分蘖期和拔节孕穗期的蒸腾速率明显低于常规水稻，在灌浆期也有一定程度的降低。前人针对转基因甘薯的光合特性的研究也得出了类似的结论，即常规甘薯的蒸腾强度远远高于转基因甘薯，反而导致水分利用效率相对较低（李建梅、邓西平，2007）。根据植物的生理特性，蒸腾强度与气孔导度之间存在正相关，所以我们认为转基因水稻的蒸腾强度显著降低的原因在于气孔导度的显著减小（见图 7-7）。我们同期关于棉花的实验中也发现了转基因棉的气孔导度较小，孙彩霞等（2007）关于转基因棉的研究也有同样的结论。但是目前，关于转基因为什么会使得气孔导度减小这个根本性的问题，牵涉到分子层面的原因，我们的研究尚未涉及这一部分，尚待解决。

从总体上看，转基因并没有使得水稻的长期水分利用效率降低，相反，在拔节孕穗期，转基因水稻总体上表现出了更高的水分利用效率。拔节孕穗期是水稻需水最为强烈的时期（李国章，1991），这个时期缺水对水稻的产量有极大的影响。因此，在干旱与缺水地区，转基因棉由于拔节孕穗期的瞬时水分利用效率显著提高，将占据优势。不过这只是一年的试验结果，而且我们的试验只是证明了转基因水稻在生理特点上具有这方面的先天优势，但是农田种植条件下，涉及盆栽试验所不存在的地表径流、地下水渗透等自然因素的影响，因此还需要进一步的试验去验证。

7.4.3 光能利用率和养分利用效率

在三个不同的水稻发育时期，转 *Bt* 基因都显著降低了水稻的表观量子效率（见图 7-6）。根据已有的研究，表观量子效率和气孔导度之间存在着正相关关系（孙彩霞，2007）。我们的研究发现，在任何一个时期，转基因水稻的气孔导度都小于常规水稻，所以我们认为转基因水稻的表观量子效率的降低有气孔导度较小的原因。此外，在灌浆期，我们可以看出表观量子效率随着肥料使用量的增加而增加。根据已有的研究，不同氮素水平下表观量子效率的差别可归因于氮元素缺乏条件下叶片光吸收的减少（Osborne & Garrett，1983）。无论是转基因水稻还是常规水稻，随着施肥量的增加，叶片含氮量都逐渐上升，与表观量子效率的变化趋势一致。同时，转基因水稻的含氮量略高于常规水稻，但表观量子效率却较小，这也证明了气孔导度的减小对表观量子效率有较大的影响，足以逆转叶片含氮量带来的好处。不过在分蘖期和拔节孕穗期，不论是转基因水稻还是常规水稻，不同施肥浓度下的表观量子效率的差异都不大，可能是因为当时的叶片氮素积累尚未完成（图 7-8 的含氮量是由收获之后的叶片测定的），此时主导表观量子效率的仍然是气孔导度。

表观量子效率作为衡量植物在弱光情况下的光合能力的重要指标，在品种选育方面有重要的意义。在作物种植时，不可能所有的叶片都始终处于强光之下。对于水稻来说，叶片间的相互遮蔽并不明显，但是日照情况的变化仍然会使得具有高表观量子效率的常规水稻在阴天仍可保持一定的光合能力，相对于转基因水稻，无疑会在物质积累方面占有优势。

事实上，常规水稻在物质积累方面，的确占有优势。单株干重、种子千粒干重、单株穗数、每穗种子数、单株种子数、单株种子干重这 6 个指标，常规水稻无一例外地都具有显著或者极显著的优势。这证明，*Bt* 基因的导入确实会降低水稻的养分利用效率，导致在同样的养分水平下，转基因水稻的物质积累受到影响，产量显著降低，甚至超量施肥也达不到常规水稻施肥不足的产量水平，这和转基因水稻的表观量子效率较低的结果是一致的。从总体与局部的角度分析种子产量，可以看出，当肥料不足时，转基因水稻和常规水稻的单株干重没有显著差异，这时候两者产量（种子总干重）差异来自于转基因水稻的生殖分配（种子总干重与全株总干重的比例）的降低（转基因水稻的生殖分配约为 21.5%，常规水稻的生殖分配约为 27%）；而肥料足够或者过量时，常规水稻相对于转基因水稻，单株鲜重明显升高，生殖分配方面也存在差异（*bt*100 的生殖分配为 27.1%，ord100 的生殖分配为 21.2%；*bt*150 的生殖分配为 23.1%，ord150 的生殖分配为 21.1%），这种情况下两者的产量差异是总物质积累和生殖分配的共同结果。从产量构成的方面看，单株种子重由单个种子重量（本质上等同于千粒干重）和种子数量两个因素共同决定。从图 7-3b、e、f 的走势可以看出，各个处理之间产量（单株种子干重）的差异，主要由种子数量所决定，而种子数量又由单株穗数和每穗种子数所决定，对比图 7-3c、d、e 又可以看出，单株种子数的变化趋势和单株穗数的变化趋势很一致。所以，我们认为，转基因导致了水稻单株穗数减少，进而减少了单株种子数，又最终影响到了单株种子重。对比单株穗数、单株种子数、单株种子重这三个指标的方差分析的 p 值，可以发现变化趋势是逐渐减小的（0.046→0.018→0.000），单株穗数有显著差异，到了单株种子数这种差异进一步加大，而到了单株种子重，差异就变得极显著。所以，我们认为，转基因导致的单株产量的显著下降，最重要的是单株穗数的下降，每穗种子数和千粒重起到了辅助的作用。转基因水稻在这几个方面都有显著的劣势，因此总体上大幅度减产。在每一个施肥水平下，转基因水稻的产量（单株种子重）都明显降低，无疑说明了转 Bt 基因降低了水稻的养分效率。

值得注意的是，随着施肥量的增加，水稻叶片的 $\delta^{15}N$ 值与氮素浓度均逐渐提高，但是转基因对这两个指标的影响是完全相反的。转基因水稻的氮素浓度较高，但是 $\delta^{15}N$ 比率较低（见图 7-8）。叶片氮素浓度随施肥水平上升而增加是显而易见的，但是 $\delta^{15}N$ 的增加可能与氮素肥料吸收的形态有关。例如，随着土壤施肥水平增加，土壤的 pH 上升，土壤溶液中的硝酸盐离子浓度上升，植物吸收的氮素形态将以硝态氮为主，而不是氨态氮，从而改变了植物体内的 $\delta^{15}N$ 比率。虽然转基因水稻具有较高的叶片氮素浓度，但并不一定就说明其具有较高的氮素利用效率。就光能利用效率而言，转基因水稻显著低于常规水稻。这说明转基因水稻叶片中较高的氮素含量，并不完全投资于生产光合作用有关的酶，而是用来合成大量的 Bt 蛋白。同时，转基因水稻的 $\delta^{15}N$ 值低于常规水稻，这可能意味着转基因水稻更偏向于利用氨态氮，而常规水稻更偏向于利用硝态氮。

在我们的研究中，还有一些非常值得注意的现象。首先，当施肥量从正常到过量转变时，常规水稻的单株种子干重保持了稳定，但是转基因水稻的单株种子干重显著降低（图 7-3f）。其次，在水分利用效率和表观量子效率方面，总体上看，bt100 这个处理在转基因水稻的三个施肥浓度中，相对最弱，这很难根据常理做出解释，更奇怪的是，水分利用效率和表观量子效率都较弱的 bt100 这个处理，在单株种子重方面，却明显强于转基因组的另外两个处理。这种低效率但却表现出总体更好的效果令人惊讶。不过，常规水稻也是标准施肥量的处理产量最高。这两个看似反常的现象，我们推测可能是肥料的最适浓度在起作用。农业生产中，滥施肥会导致很多严重后果，大幅度超标施肥会改变土壤元素构成，在很多情况下会使得产量明显降低，这在一定程度上可以解释转基因水稻和常规水稻都是在正常肥料施用浓度下产量最高的现象。至于超标施肥使得转基因水稻产量显著下降，有可能是因为转基因水稻对滥施肥更敏感，所以当增施肥料还没有对常规水稻造成影响时，转基因水稻已经受到了影响。

我们的实验在完全开放的自然环境下进行，转基因水稻和常规水稻都经受了害虫的取食压力，在这样的条件下，即使大量增施肥料，转基因水稻的产量仍然大大低于常规水稻。水稻是我国最重要的粮食作物之一，对于转 Bt 基因水稻而言，产量和种子质量方面的损失抵消了 Bt 基因导入带来的好处，即减少杀虫剂使用量而节省的农田经营成本及由此带来的生态效益，应该慎重考虑大规模地推广转基因水稻对我国粮食产量影响的问题。不过在水分利用效率方面，转基因水稻倒没有明显的劣势，甚至还在一定的情况下优于常规水稻。综合本项目关于转 Bt 基因对水稻水肥利用效率的结果，我们认为转基因水稻的环境效应在推广前必须进行进一步的深入研究。

（郭汝清　孙书存）

参考文献

[1]　李国章. 我国南方水稻需水规律的探讨[J]. 广西水利水电，1991（4）：18-24.

[2]　李建梅，邓西平. 干旱和复水条件下转基因甘薯的光合特性[J]. 水土保持学报，2007（21）：193-196.

[3]　孙彩霞，等. 转基因棉花苗期光合特性的研究[J]. 作物学报，2007（33）：469-475.

[4]　Osborne B A，Garrett M K. Quantum yield for CO_2 uptake in some diploid and tetraploid plant species[J]. Plant，Cell & Environment，1983（6）：135-144.

[5]　Pate J S. Carbon isotope discrimination and plant water-use efficiency. In：Unkovich M，Pate J，McNeill A，*et al*. eds. Stable isotope techniques in the study of biological processes and functioning of ecosystems. Dordrecht：Kluwer Academic，2001：19-36.

[6]　Ren MZ，Chen QJ，Zhang R，*et al*. Structural characteristic and genetic expression of nodulin-like gene and its promoter in cotton[J]. Acta Botanica Sinica，2004（46）：1424-1433.

[7]　Wu JH，Luo XL，Wang Z，*et al*. Transgenic cotton expressing synthesized scorpion insect toxin AaHIT gene confers enhanced resistance to cotton bollworm（*Heliothis armigera*）larvae[J]. Biotechnology Letters，2008（30）：547-554.

[8]　Yang YJ，Chen HY，Wu SW，*et al*. Identification and molecular detection of a deletion mutation responsible for a truncated cadherin of *Helicoverpa armigera*[J]. Insect Biochemistry and Molecular Biology，2006（36）：735-740.

第8章 抗虫转 *Bt* 基因棉花对营养物质需求和耗水量的影响

8.1 绪言

Bt 基因抗虫棉在世界范围具有大规模的种植范围（Hilder and Boulter, 1999; Shantharam *et al.*, 2008），过去 10 多年来已经取得了可观的经济利益。同时，因为抗虫基因的表达减少了杀虫剂的使用量，转 *Bt* 基因棉花的推广还降低环境污染的可能性，因此也具有良好的环境效应。然而，棉花是大规模种植农作物，棉花的灌溉和施肥是常规的管理措施，其施肥量与水稻相当，甚至超过水稻（杨文钰和屠乃美，2006）；而且，棉花种植区在中国有很大一部分是在半干旱区，或者是在亚热带的河网、湖泊密集区，而中国是一个水量和水质性水资源亏缺严重的国家。作物灌溉量的需求直接影响到水资源分配和利用，施用于作物的化学肥料则会通过地表径流或渗透间接影响到地下水和湖泊、河流的水质。因此，评估转基因棉花的水肥利用效率非常必要。

理论上，*Bt* 抗虫基因的导入可能在几个方面改变转基因作物的水肥利用效率。首先，Bt 蛋白的表达会额外消耗植物体的物质和能量，包括植物吸收的各种资源（养分、水分等），可能会降低植物的资源利用效率。第二，很多其他要素会影响转基因作物的水肥利用效率。例如，*Bt* 基因的表达可能改变植物和真菌的关系（Liu, 2010），从而改变植物的水分和养分吸收能力。*Bt* 基因还可能通过改变其他基因的表达的强度和数量，甚至酶蛋白活性（Ren *et al.*, 2004; Yang *et al.*, 2006; Wu *et al.*, 2008）影响植物生理生态功能。如果影响到光合作用效率，或者养分元素运输、吸收和利用的蛋白表达和功能，则会间接影响到水肥利用效率。可是，这种影响的方向和程度随物种、品种不同而改变，同样的基因转入不同的品种或者不同作物，因为转入基因的部位和表达量大小的差异，其影响水肥利用的功能效应可能是不同的。因此，对每一种产业化转基因作物品种，除了按照我国转基因生物安全法规的规定进行风险评估之外，评价其水肥利用效率是必需的。

转 *Bt* 基因抗虫棉在我国已经有大规模的种植面积，因为其抗虫效果，转基因大大提高了种植棉花的利润，也减少了杀虫剂的使用量，因此普遍认为，转基因作物的推广有利于环境保护（Deguine *et al.*, 2008; Craig *et al.*, 2008）。前期研究主要集中于转基因作物的食品安全和环境安全（Azadi and Ho, 2010）。例如转基因作物的推广可能对近缘种、昆虫、土壤微生物以及水体生物产生影响，也可能对其他消费者具有潜在影响（Christou *et al.*, 2006; Sanvido *et al.*, 2007; Craig *et al.*, 2008; Tabashnik *et al.*, 2009; Showalter *et al.*, 2009）。但是，即使在我国这样的最大的转 *Bt* 基因棉花生产大国，关于转基因作物的水肥利用效率的研究也罕见报道。

本项目以转 *Bt* 基因棉花及其对照常规棉品种为研究材料，实验检测了两个品种棉花在不同施肥条件下的形态学和生理学差异，包括高度和生物量积累，相对生长速率，光合能力，以及瞬时利用效率和长期利用效率等，以探讨转 *Bt* 基因对棉花的水肥利用效率的影响。

8.2　材料与方法

8.2.1　试验地概况

本项目研究的野外试验地位于江苏省南京市六合区玉带镇小摆渡村，地理位置为 118°54′ E，32°14′ N。属于北亚热带气候，年均温 15.3℃，年平均降水量约 1000 mm。试验地为典型的棉花种植区。试验所用棉花常规品种为中棉 16，转 *Bt* 基因棉花品种为中棉 30，于 2009 年 4 月下旬播种。分别对两个品种设置了三个肥料的使用梯度，即不施肥，标准量施肥，1.5 倍标准量施肥（即 0%，100%，150%），共有 6 种处理（注：在本章以下的叙述中，用字母和数字的组合形式表示不同的处理。*bt* 表示转基因品种，ord 表示常规品种，数字表示标准施肥量的百分比。例如，*bt*150 表示按照标准施肥量 150% 施肥的转基因品种，ord100 表示按照标准施肥量 100% 施肥的常规品种）。棉花苗床拱膜育苗、大田地膜移栽，栽培密度约为 25000 株/hm²。土壤是当地多年种植棉花的农田土壤，平均含 N、P 量分别为 2.35 g/kg 和 1.04 g/kg。棉花生长时间为 5—11 月，在此期间按照常规农田措施进行各项管理。

本项目的温室实验在南京大学鼓楼校区完成，地理位置为 118°46′E，32°3′N，属北亚热带气候，年平均气温 15.3℃，年平均降水量约 1000 mm。试验所用棉花品种与野外试验相同，于 2008 年 5 月开始播种，由于盆栽试验所用基土贫瘠，不能完全不使用肥料，故按照三个肥料梯度进行施肥，分别为标准施肥量的 50%，100%，150%（注：温室试验与野外试验相比，没有 *bt*0 和 ord0 这两种处理，取而代之的是 *bt*50 和 ord50，凡是出现 *bt*0 和 ord0 皆为野外试验的结果，凡是出现 *bt*50 和 ord50 皆为温室试验的结果，图表中也是如此）。棉花的标准施肥量（100% 水平）为，基肥：磷二铵 15 kg/亩，尿素 15 kg/亩；追肥：尿素 10 kg/亩，硫酸钾 5 kg/亩；初花期前后，用 0.1 kg 的氯化钾溶液配成 1% 的溶液，对 1 亩棉田进行叶面喷洒。按照棉花的种植密度计算，一般为 2500 株/亩。将以面积的施肥量换算到以株为单位的施肥量得到标准施肥量（100% 水平）。基肥：磷二铵 6 g/株，尿素 6 g/株；追肥：尿素 4 g/株，硫酸钾 2 g/株。初花期前后，叶面喷洒 1% 的氯化钾溶液，单株有效氯化钾 40 mg。50% 和 150% 的施肥量据此按比例计算得到。基土来源为南京浦口区龙王山沉积沙壤土，养分含量极低，N<1 g/kg，P 未检测。

8.2.2　生长与生物量分配

就温室内生长的棉花，播种后每 7 天进行一次破坏性取样（共 4 次），测定幼苗高度，烘干后测定各部分干重，并以此计算含水量、叶比重、根比重。平均生长速率，即每日干物质积累可以根据总干物质量除以播种后天数计算得到。收获后，测定个体的全株干重及各种器官干重，以此计算相关指标。

对于野外农田生长的棉花，在花铃期测定相关形态学指标，包括株高与分枝数量；吐絮期统计棉桃数量与棉桃重量。

8.2.3 光合作用与水分利用效率

使用 LI－Cor 6400 便携式光合作用仪测定棉花的一系列光合参数及光响应曲线。在棉花的花铃期、吐絮初期、吐絮盛期各测定一次。LI－Cor 6400 便携式光合作用仪使用开放气路，空气流速为 0.5L/min，叶片温度在 31～36℃，采用 6400－02B 人工光源，光合有效辐射（PAR）分别设定为 0，20，50，100，200，500，1000，1500，2000μmol/（m²·s），每一光强下停留时间最少 60s，最多 180s，光强由强到弱，测定相应指标。在每一时期的实验日测定时，每个处理均重复测定 3 次。

对于每条曲线，选取光强在 200μmol/（m²·s）[包括 200μmol/（m²·s）]以下的 5 个数据点，以光强为自变量，净光合速率为因变量，用最小二乘法进行直线拟合，所得拟合直线的斜率即为表观量子效率。对于每条曲线，选取光合作用仪测得的曲线中净光合速率为正值的数据点[光强＞100μmol/（m²·s）]，用净光合速率除以蒸腾速率，得到的值即为瞬时水分利用效率。

另外，在生长盛期采集不同处理一定数量的叶片，用蒸馏水洗净、晾干，置于 70℃烘箱中 48 h，使叶片完全干燥。然后用粉碎机将叶片粉碎，过 100 目筛。委托中国科学院植物研究所的生态和环境科学稳定同位素实验室进行 $\delta^{13}C$ 和 $\delta^{15}N$ 测定，使用 Falsh EA1112 型元素分析仪进行测定，每隔 12 个样品放入两个实验室标准物质（glycine 和 cellulose），测定精度＞99.99%。用下列公式计算 $\delta^{13}C$ 和 $\delta^{15}N$：

$$\delta X = (R_{sam} - R_{std})/R_{std} \times 1000‰$$

式中，X 表示元素；R_{sam} 是样品中重轻同位素丰度之比；R_{std} 是国际通用标准物的重轻同位素丰度之比。

8.2.4 数据统计与分析

数据统计分析应用 Statistica 6.0 软件进行。应用双因素方差分析（Two-way ANOVA）方法检验品种或肥料浓度两个因素对不同检测指标的影响，应用 Tukey HSD 检验不同处理间差异的显著性。

8.3 结果与分析

8.3.1 幼苗生长速率

在温室内生长的棉花，幼苗期（6 月 2 日、6 月 9 日、6 月 16 日、6 月 23 日四次取样），生长速率较高，两个品种的干重增加达到 10 mg/d 以上。随幼苗高度增加（图 8-1 a），个体干重增加（图 8-1 b），含水量下降（图 8-1 c），叶生物量分配比例下降（图 8-1 d），而根的生物量比例上升（21 d 以前，图 8-1 e）。

常规棉花相对具有较高的生长速率，在早期的 21 d 内，高生长、干物质积累都比转基因棉花相对较高，但是在第 28 天的测定中呈现出相反的趋势，可能是因为植物体具有较高的含水量引起，也有可能是常规棉花已经进入了生长转折点。

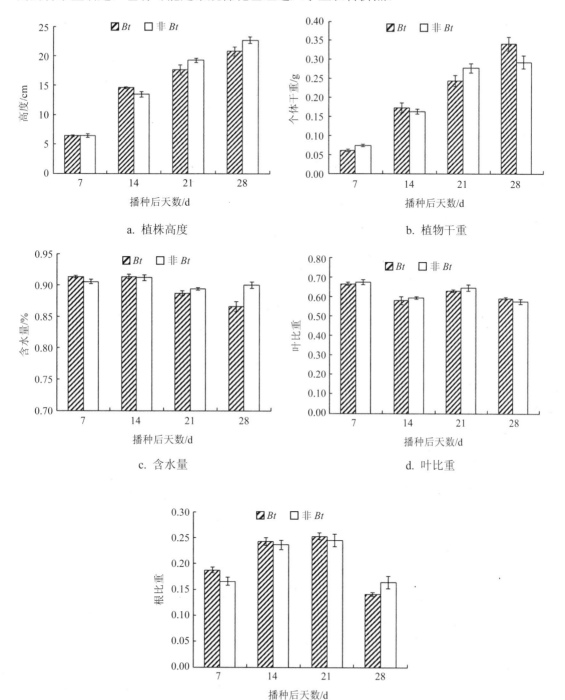

图 8-1 转基因棉花与常规棉花在幼苗阶段的差异比较

8.3.2　生长形态与生物量积累

田间野外条件下，施肥水平和转基因对棉花在花铃期的高度都有极显著的影响，而两者的交互作用不明显。随施肥量增加，高度增加，且从总体上看，常规棉的高度高于转基因棉。

施肥水平和转基因对分枝数量也有极显著的影响，但是两因素的交互作用不显著（表 8-1）。Tukey 多重检验表明，完全不施肥时，转基因棉和常规棉的分枝数量差异不显著，正常施肥或者增施肥料时，转基因棉的分枝数量显著高于常规棉。在常规棉和转基因棉内部的三个施肥水平上对比，不施肥和正常施肥的在分枝数量方面差异不显著，正常施肥和过量施肥的在分枝数量方面差异也不显著，但是不施肥就在分枝数量方面显著低于过量施肥的处理。

表 8-1　施肥水平、转基因，以及两者的相互作用对棉花生长形态和生理生态影响的方差分析结果

	差异来源	F	p		差异来源	F	p
高度	施肥水平	30.27	0	分枝数	施肥水平	10.23	0
	品种	21.1	0		品种	23.57	0
	交互	1.15	0.319		交互	0.08	0.92
棉桃数	施肥水平	49.57	0	单株棉桃重	施肥水平	99.24	0
	品种	0.23	0.633		品种	2.07	0.155
	交互	1.26	0.292		交互	1.64	0.201
水分瞬时利用效率				表观量子效率			
花铃期	施肥水平	9.42	0	花铃期	施肥水平	20.43	0
	品种	22.19	0		品种	5.9	0.033
	交互	0.76	0.471		交互	9.31	0.004
吐絮初期	施肥水平	151.45	0	吐絮初期	施肥水平	4.85	0.029
	品种	28.94	0		品种	6.35	0.027
	交互	3.48	0.037		交互	2.23	0.15
吐絮盛期	施肥水平	135.58	0	吐絮盛期	施肥水平	3.12	0.081
	品种	0.02	0.895		品种	1.75	0.211
	交互	0.21	0.809		交互	2.21	0.152
$\delta^{13}C$	施肥水平	1.4	0.261	$\delta^{15}N$	施肥水平	2769.91	0
	品种	11.3	0.001		品种	16.96	0
	交互	1.7	0.188		交互	0.26	0.771
叶片氮含量	施肥水平	6008.57	0	气孔导度	施肥水平	20.99	0
	品种	9.68	0.003		品种	37.82	0
	交互	7.55	0.001		交互	0.81	0.457

田间试验条件下的生物量积累（个体地上生物量），施肥显著提高了地上生物量，但是转基因的影响不显著。另外，施肥对吐絮初期棉桃数量有极显著的影响，而转基因和两因素的交互作用没有显著作用。Tukey 多重检验表明，在任意一个施肥水平下，转基因棉

花和常规棉花之间都不存在显著差异。增施肥料能提高棉桃数量，转基因会微弱降低棉桃数量，但效果并不显著。施肥对吐絮初期单株棉桃重有极显著的影响，而转基因和两因素的交互作用没有显著作用。Tukey 多重检验表明，在任意一个施肥水平下，转基因棉花和常规棉花之间的单株棉桃重都不存在显著差异。不施肥时单株棉桃重显著小于另个施肥水平的处理。

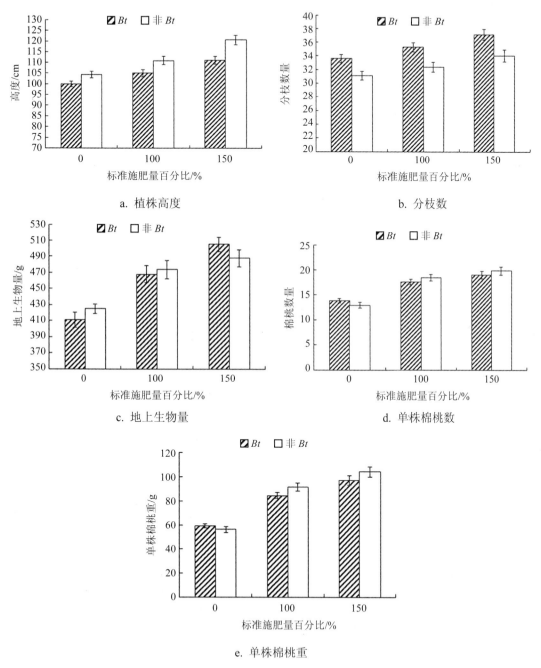

图 8-2　转基因棉花与常规棉花吐絮期的差异比较

8.3.3　瞬时水分利用效率

施肥水平和转基因对棉花在花铃期的瞬时水分利用效率都有极显著的影响，而两个因素的交互作用不明显（表 8-1）。进一步的 Tukey 检验表明，常规棉和转基因棉的瞬时水分利用效率都根据肥料水平发生了趋势相同的变化，即正常施肥时瞬时水分利用效率最低，过量施肥时少量提升，完全不施肥时最高，而且总体上转基因棉的瞬时水分利用效率要高于常规棉（图 8-3）。均不施肥时，常规棉和转基因棉之间差异不显著，正常施肥或者过量施肥时，转基因棉的瞬时水分利用效率显著高于常规棉。

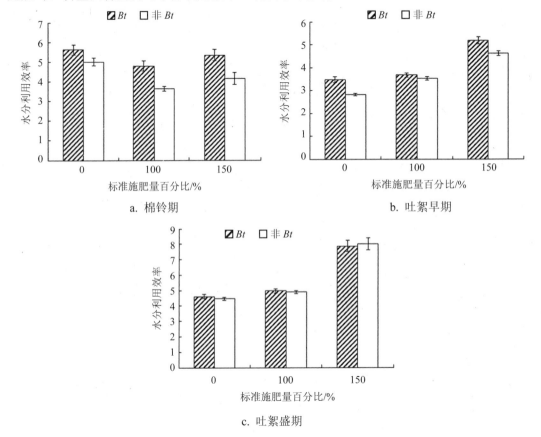

图 8-3　转基因棉花与常规棉花瞬时水分利用效率的比较

在吐絮初期，施肥水平、转基因对棉花的瞬时水分利用效率产生了极显著的影响，而两者之间的交互作用也产生了显著影响。转基因棉花与常规棉的差异随施肥水平而发生变化。Tukey 多重检验表明，没有施肥时，转基因棉花的瞬时水分利用效率高于常规棉，而施肥过量时则相反，正常施肥时，则没有显著差异。

在吐絮盛期，转基因对棉花的瞬时水分利用效率没有显著的影响，但是增加肥料施用量却可以大幅度提高棉花的瞬时水分利用效率。方差分析说明，肥料水平对瞬时水分利用效率的影响非常显著，而转基因以及两个因素的交互作用无法对瞬时水分利用效率产生显著影响。高施肥的转基因棉花的瞬时水分利用效率极显著地高于其他处理，而高水平的常规棉次之，但它显著地高于其余四种处理。

8.3.4　长期水分利用效率

瞬时水分利用效率只能反映测定当天特定时刻下植物的水分利用效率，和当日的天气因素等外部条件密切相关，并不能反映更为本质的差异，因此需要采用稳定同位素检测的结果来对长期水分利用效率差做出可靠的判断。总的来说，$\delta^{13}C$ 值越低，植物的长期水分利用效率也就越低（Pate，2001）。

方差分析表明，转基因对 $\delta^{13}C$ 值有显著影响，同时施肥水平以及两因素的交互作用对 $\delta^{13}C$ 值的影响并不显著。总体上，转基因棉的 $\delta^{13}C$ 值高于常规棉。Tukey 多重检验说明，在施肥过量情况下，转基因棉花的 $\delta^{13}C$ 较高，而其他两个施肥条件下，差异不显著。

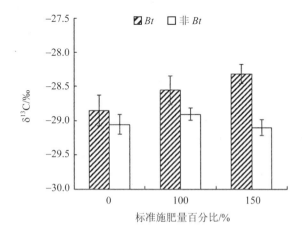

图 8-4　转基因棉花与常规棉花的长期水分利用效率的比较

8.3.5　表观量子效率

在花铃期，转基因对表观量子效率有显著的影响，施肥水平的影响极显著，两因素交互作用的影响也是极显著。Tukey 多重检验表明，在不施肥时，转基因棉花的量子效率较低，但是在其他两个水平上，差异不显著。

在吐絮初期，施肥和转基因对表观量子效率的影响都是显著的，但是两者的交互作用并不明显。Tukey 多重检验表明，在高施肥量时，常规棉显著较高，而其他两个水平时不显著。

在吐絮盛期，转基因和施肥以及两者之间的交互作用对表观量子效率都不能产生显著影响。任何两个处理之间，都没有显著差异。

8.3.6　气孔导度

转基因棉花与常规棉花气孔导度比较见图 8-6。

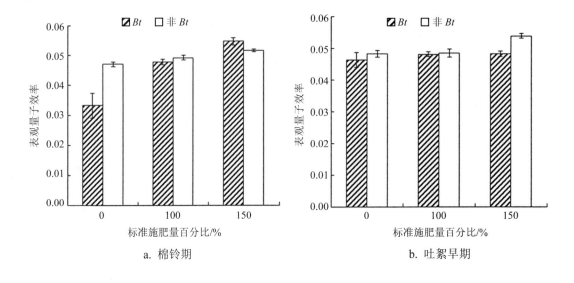

a. 棉铃期

b. 吐絮早期

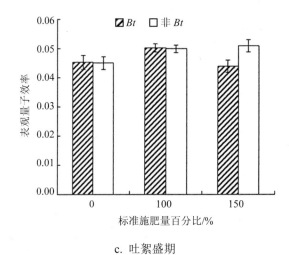

c. 吐絮盛期

图 8-5 转基因棉花与常规棉花的表观量子效率的比较

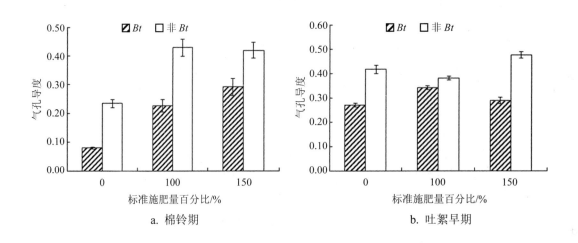

a. 棉铃期

b. 吐絮早期

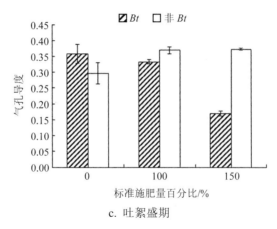

c. 吐絮盛期

图 8-6　转基因棉花与常规棉花的气孔导度的比较

8.3.7　叶氮素含量与 $\delta^{15}N$

施肥水平和转基因对叶片氮素浓度都具有显著影响，两者的相互作用的效应也达到显著水平。氮素的变化的基本趋势与 $\delta^{15}N$ 基本一致，在正常施肥水平时，转基因棉花稍低于常规棉，但是其他两个水平时，都是显著高于常规棉。

施肥水平和转基因对 $\delta^{15}N$ 比率都有显著性影响，但是两者的相互作用的效应不显著。除在正常施肥水平外，转基因棉花具有相对较高的比率，在未施肥和高施肥量时，显著高于常规棉。

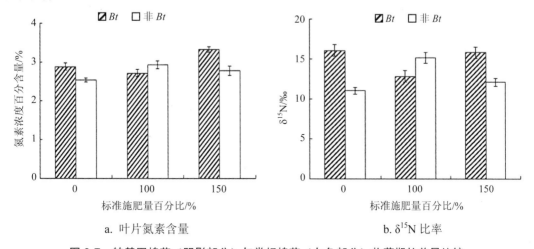

a. 叶片氮素含量　　　　　　　　　　b. $\delta^{15}N$ 比率

图 8-7　转基因棉花（阴影部分）与常规棉花（白色部分）收获期的差异比较

8.4　讨论与结论

我们的结果表明，转 *Bt* 基因棉花在生长早期具有相对较低的生长速率，但是在相同的昆虫选择压力下，它与常规棉花在生物量积累、生物量分配和棉桃产量上并没有显著差异；而施肥，无论在转基因棉花还是常规棉中，通常都会提高生长速率、生物量积累和棉桃产量。形态学的分析发现，常规棉通常具有较快的高生长和较少的分枝，而且这种差异随施肥水平提高而增加。进一步的生理生态学研究发现，转基因棉花相对具有较高的表观量子效率和水分瞬时利用效率，也具有较高的长期水分利用效率，但是差异的程度受到施肥水平的影响，施肥通常提高水分利用效率；此外，转基因棉花也相对具有较高的叶片含氮量和 $\delta^{15}N$ 比率，而且随施肥水平上升，差异越显著，这说明了转基因品种具有较强的氮素吸收和运输能力。因此，在昆虫选择压力较小的情况下，转基因棉花具有较高的水分利用效率和氮素吸收、运输能力，因此转基因品种的推广在总体上对环境是有益的。这些是前期研究所没有发现的。

8.4.1　生长形态

与常规棉花相比，转基因棉花在苗期具有相对较低的生长潜能，表现在高生长和干物质的积累上。转基因棉花在同一光照水平、同一温度条件下，具有较低的表观量子效率等。转基因棉花在最初的 21 d 的干物质积累要少于常规棉花，从第 21 天到第 28 天，当常规棉苗的干物质积累速率逐渐减慢时，转基因棉的干物质积累速率依然在逐渐提高。这可能是因为抗虫基因的表达消耗了种子本身的部分资源，导致转基因棉的物质积累较慢，物质积累速率高峰的到来较迟。

虽然转基因棉花生长速率较低，但是最终产量和生物量积累并无显著差异。生长形态学上的一个重要原因可能是转基因棉花具有较低的顶端优势。我们的数据显示，转基因棉花在同一施肥水平下具有较低的高生长速率，却具有较高的分枝数量，说明转基因棉花在生长时通常采取横向生长投资大于纵向投资的策略，我们推测，这是因为转基因棉的基因表达改变了顶端优势属性（夏玉凤和夏桂雪，2007）。而且，植物的繁殖构建数量通常与植物的分枝数量成正比，棉铃的大小和棉桃的数量理论上与分枝数量成正比，而与高度的大小无关。棉花的生长管理上，通常要求在一定的生长时期摘顶，就是降低顶端优势，提高有效分枝，达到增加棉花产量的目的。因此，转基因棉花的这种特殊生长形态，有利于其获得较高的目标产量。理论上，即使转基因棉花在生物量积累上没有差异，它的横向生长策略也能导致其具有较高的生殖分配。但是，在本项目没有观察到较高的生殖分配，也没有观察到较高的棉花产量，这可能是因为营养枝分化过多引起的。另外，如前所述的机制，这种特殊的生长形态还可能一定程度上解释为什么转基因棉花通常具有较高的棉花产量，特别是在昆虫取食压力大的条件下。因此，转基因棉花的成功不仅仅是因为对昆虫的抗性增加，降低的顶端优势可能也是一个重要机制。至于转基因为什么会导致顶端优势下降，其分子生物学机制尚待探讨。

8.4.2　水分利用效率

棉花的水分利用效率随个体发育时期发生改变，吐絮期大于花铃期；而且从总体上看，转基因棉花的瞬时水分利用效率更高。瞬时水分利用效率是光合速率和蒸腾速率的比值，因此可以通过对光合速率和蒸腾速率的进一步分析探讨其差异产生的原因。在棉铃期，我们发现相对于常规棉花，转基因棉花的光合速率和蒸腾速率都有不同程度的明显下降。在没有施肥时，光合速率和蒸腾速率下降的比例差不多，所以这两个处理之间的瞬时水分利用效率不存在显著的差异；施肥情况下，光合速率下降了约 12%，但是蒸腾速率下降了约

1/3，所以瞬时水分利用效率有所提高。*bt*100 的瞬时水分利用效率显著高于 ord100；*bt*150 和 ord150 相比，也是由于光合速率下降的幅度明显小于蒸腾速率下降的幅度，所以瞬时水分利用效率显著提高。其余任意两个处理之间差异是否显著也可以通过比较光合速率和蒸腾速率的变化趋势来判断。

在吐絮初期，从总体上看，转基因棉花的瞬时水分利用效率更高。进一步观察光合速率和蒸腾速率发现，在正常施肥水平下，相对于常规棉花，转基因棉花的光合速率和蒸腾速率都有小幅度的上升（转基因品种在这两个指标总体都是显著低于常规品种，在棉花和水稻中都是，这里表现出的反常可能仅仅是差异不显著的背景下，统计学上造成的随机误差），光合速率上升的幅度略高，所以瞬时水分利用效率略高于常规棉，但差异并不显著。而在不施肥和过量施肥的情况下，转基因棉花的光合速率和蒸腾速率都明显小于常规棉花，同时，蒸腾速率下降的幅度远远大于光合速率下降的幅度，所以导致转基因棉花总体上的瞬时水分利用效率显著高于常规棉花。

在吐絮盛期，任何一个肥料水平下，转基因棉花和常规棉花都没有表现出瞬时水分利用效率方面的显著差异，但是增加肥料施用量极其显著地提高了棉花的瞬时水分利用效率，对转基因棉花和常规棉花的提升作用都很明显。通过进一步观察光合速率和蒸腾速率，我们发现在任何一个施肥水平的转基因棉花和常规棉花相比，光合速率和蒸腾速率这两个指标变化的方向和幅度都差不多，所以总体上，转基因棉花和常规棉花的瞬时水分利用效率保持了高度的一致。不过，在高施肥水平时，转基因棉花仍然较高，其原因在于它的蒸腾速率较低。相对于花铃期和吐絮初期，吐絮盛期的转基因棉花和常规棉花的瞬时水分利用效率差异减小，这可能是因为吐絮盛期已经不是棉花整个生活史中需水的关键时期，在没有水分胁迫且转基因棉花和常规棉花的长期水分利用效率基本不存在显著差异的情况下，瞬时水分利用效率趋于一致并不难以理解。

与测定的瞬时利用效率的变化趋势一致，转基因并没有降低棉花的长期水分利用效率，反而在各个施肥水平下都有不同程度的微弱提高，而且在高施肥水平时达到了显著差异。根据之前的假设，*Bt* 基因的导入会使得棉花消耗额外的资源（当然也包括水分），但是无论是瞬时还是长期的水分利用效率，转基因棉花在总体上都比常规棉花表现出了明显或者不明显的优势。这可能是由于 *Bt* 基因的导入改变了棉花的形态（根据图 8-2 和图 8-3，转基因棉花与常规棉花相比，高度不足而分枝较多）而带来的附加影响。有研究表明，叶片的 $\delta^{13}C$ 值与水分传输到叶片的距离成正比（Waring & Silvester，1994；Walcroft *et al.*，1996），但是植物可以通过自身的调整使叶面积减小，从而补偿随着水分传输距离增加而增加的水分传导阻力（Cernusak & Marshall，2001）。转基因棉花和常规棉花在形态上的差异可能导致了水分传导阻力方面的不同，进而影响了叶片的 $\delta^{13}C$ 值。这牵涉到若干作用相反的机制的复杂综合过程，还需要继续深入研究。

根据我们的结果，尽管只有增施肥料时才使得转基因棉花的长期水分利用效率得到了显著的提高，但是这至少说明了在常规的田间管理措施下，推广转基因棉花无需担心水分供应问题。而且，考虑到转基因棉花的瞬时水分利用效率较高，在需水强烈的花铃期和吐絮期会占有暂时的优势，甚至可以考虑在更为干旱的地区种植转基因棉花。

8.4.3   光能利用率和养分利用效率

在三个测定时期，转基因对棉花的表观量子效率都有一定程度的影响，但总体上并不显著。其原因主要在两个方面。第一，气孔导度在两个品种间存在差异。根据已有的研究，表观量子效率和气孔导度之间存在着正相关关系（孙彩霞，2007）。在本研究中，气孔导度也确实能一定程度上解释表观量子效率的变化。例如花铃期的转基因棉花在不施肥时气孔导度比其余 5 个处理小得多，同时它的表观量子效率也是比其他处理小很多；在吐絮初期，常规棉花在高施肥时的气孔导度明显高于其余处理，相应的表观量子效率也明显较高；同样，在吐絮盛期的转基因棉花在高施肥量时气孔导度比其余处理小得多，其表观量子效率也是最小的。因此，转基因棉花的表观量子效率总体较低有气孔导度较小的原因。第二，光能利用效率的差异也可由氮素吸收和利用的差异的因素来解释。根据已有的研究，不同氮素水平下表观量子效率的差别可归因于氮元素缺乏条件下叶片光吸收的减少（Osborne & Garrett，1983）。我们发现，在任意一个肥料水平下，转基因棉花的叶片含 N 量都比较高，这对于弥补了气孔导度较低的劣势、提高表观量子效率显然是有帮助的。因此，虽然转基因棉花的气孔导度相对于常规棉显著下降（特别是在花铃期和吐絮初期），但是表观量子效率却在大部分情况下保持了相近水平。

转基因并没有降低棉花的氮素利用效率。虽然我们没有检测 N 素在植物体内的分配，以及在根茎叶之间的浓度差异，但是，转基因棉花的叶片中具有较高的氮素浓度，这至少说明了转基因植物在吸收、运输氮素的能力上较常规棉强。与此一致的是，$\delta^{15}N$ 也呈现出于氮素浓度相同的变化趋势，即转基因棉花的 $\delta^{15}N$ 比率较高，特别是在施肥水平很低或者很高的情况下。两者的相关性可能是因为 $\delta^{15}N$ 和叶片氮素浓度都是随土壤氮素浓度上升而增加。叶片氮素浓度随施肥水平上升而增加是显而易见的，但是 $\delta^{15}N$ 的增加可能与氮素肥料吸收的形态有关。例如，随土壤施肥水平增加，土壤的 pH 上升，土壤溶液中的硝酸盐离子浓度上升，植物吸收的氮素形态将以硝态氮为主，而不是氨态氮，从而改变了植物体内的 $\delta^{15}N$ 比率。虽然转基因棉花一定程度上提高叶片的氮素浓度，但并不一定就说明其具有较高的氮素利用效率。就光能利用效率而言，转基因棉花并不比常规棉花高，相反稍低于常规棉花。这说明转基因棉花叶片中较高的 N 素含量，并不完全投资于生产光合作用有关的酶。我们认为可能的原因是，转基因棉花需要合成大量的 Bt 蛋白，消耗掉氮素的利用，从而相对降低了其光合能力。

因此，从对土壤的施肥水平来看，转基因并没有显著改变棉花的氮素利用效率，这与不同施肥水平上，两个品种棉花的生物量积累和棉桃产量等没有显著性差异的结果是一致的。但是我们的结果说明，导致这种结果的机制是复杂的。转基因棉花虽然具有较高的氮素吸收和输导能力，但是在碳固定过程中，却具有较低的氮素利用效率。而常规棉花却因为不需要消耗大量氮素生产 Bt 蛋白，相对提高了叶片中氮素利用效率。

总之，我们的研究第一次证明了转基因棉花除了能减少杀虫剂使用以外，转 *Bt* 基因还能在一定程度上提高水分利用效率，以及提高棉花从土壤中吸收氮素的能力，降低养分从土壤流失的可能性。如果其他转基因棉花品种也具有相同的效应，那么转 *Bt* 基因棉花的推广应该具有良好的环境效应。

（郭汝清   蒙凤群   孙书存）

参考文献

[1] 孙彩霞，齐华，孙加强，等. 转基因棉花苗期光合特性的研究[J]. 作物学报，2007（33）：110-118.

[2] 夏玉凤，夏桂雪. 影响植物分枝的一些基因及其分子机制[J]. 河北师范大学学报（自然科学版），2007（31）：37-42.

[3] 杨文钰，屠乃美. 作物栽培学各论（植物生产类专业用）（南方本）. 北京：中国农业出版社，2006.

[4] Azadi H，Ho P. Genetically modified and organic crops in developing countries：A review of options for food security. Biotechnology Advances，2010（28）：160-168.

[5] Cernusak L A，marshall J D. Responses of foliar $\delta^{13}C$，gas exchange and leaf morphology to reduced hydraulic conductivity in *Pinus monticola* branches. Tree Physiology，2001（21）：1215-1222.

[6] Christou P，Capell T，Kohli A，*et al.* Recent developments and future prospects in insect pest control in transgenic crops. Trends in Plant Science，2006（11）：302-308.

[7] Craig W，Tepfer M，Degrassi G，*et al.* An overview of general features of risk assessments of genetically modified crops. Euphytica，2008（164）：853-880.

[8] Deguine JP，Ferron P，Russell D. Sustainable pest management for cotton production. A review. Agronomy for Sustainable Development，2008（28）：113-137.

[9] Hilder VA，Boulter D. Genetic engineering of crop plants for insect resistance - a critical review. Crop Protection，1999（18）：177-191.

[10] Liu WK. Do genetically modified plants impact arbuscular mycorrhizal fungi？ Ecotoxicology，2010（19）：229-238.

[11] Osborne B A，Garrett M K. Quantum yield for CO_2 uptake in some diploid and tetraploid plant species. Plant，Cell & Environment，1983（6）：135-144.

[12] Pate J S. Carbon isotope discrimination and plant water-use efficiency. In：Unkovich M，Pate J，McNeill A，*et al.* eds. Stable isotope techniques in the study of biological processes and functioning of ecosystems. DORDrecht：Kluwer Academic，2001：19-36.

[13] Ren MZ，Chen QJ，Zhang R，*et al.* Structural characteristic and genetic expression of nodulin-like gene and its promoter in cotton. Acta Botanica Sinica，2004（46）：1424-1433.

[14] Sanvido O，Romeis J，Bigler F. Ecological impacts of genetically modified crops：Ten years of field research and commercial cultivation. Green Gene Technology：Research in an Area of Social Conflict，2007（107）：235-278.

[15] Shantharam S，Sullia SB，Swamy GS. Peer review contestations in the era of transgenic crops. Current Science，2008（95）：167-168.

[16] Showalter AM，Heuberger S，Tabashnik BE，*et al.* A primer for using transgenic insecticidal cotton in developing countries. Journal of Insect Science，2009（9）：22.

[17] Tabashnik BE，Van Rensburg JBJ，Carriere Y. Field-evolved insect resistance to Bt crops：definition，theory，and data. Journal of Economic Entomology，2009（102）：2011-2025.

[18] Walcroft A S，Silvester W B，Grace C，*et al.* Effects of branch length on carbon isotope discrimination in *Pinus radiate*. Tree Physiology，1996（16）：281-286.

[19] Waring R H，Silvester W B. Variation in foliar δ¹³C values within tree crowns of *Pinus radiate*. Tree Physiology，1994（14）：1203-1213.

[20] Wu JH，Luo XL，Wang Z，*et al.* Transgenic cotton expressing synthesized scorpion insect toxin AaHIT gene confers enhanced resistance to cotton bollworm（*Heliothis armigera*）larvae. Biotechnology Letters，2008（30）：547-554.

[21] Yang YJ，Chen HY，Wu SW，*et al.* Identification and molecular detection of a deletion mutation responsible for a truncated cadherin of *Helicoverpa armigera*. Insect Biochemistry and Molecular Biology，2006（36）：735-740.

第9章　转 *Bt* 基因抗虫棉抗病性下降及其机理研究

9.1　绪言

　　1997 年，我国正式批准转基因抗虫棉的商业化种植，目前转基因抗虫棉的种植面积占我国棉花总面积的比例已经超过 60%。转基因抗虫棉不仅有效地控制了棉铃虫等鳞翅目害虫，而且显著降低了化学杀虫剂的用量，保护了环境和农民的健康，产生了巨大的社会效益和经济效益。但是，与常规棉相比，转基因抗虫棉也产生了一些非预期效应（unintended effects）（Saxena and Stotzky，2001；Chen *et al.*，2004；Flores *et al.*，2005），其中最突出的问题之一是其抗病性较常规棉显著降低。

　　棉花枯萎病、黄萎病在全国棉区均有分布，是影响棉花生产的重要病害，严重影响棉花的产量和品质。由于两病的病原菌可以通过种子、土壤、水流和病残体传播，因此传播速度极快；同时，病原菌在土壤中常年存活，可以在棉花的各个生育期入侵发病，故防治很困难。吴征彬（2000）分析湖北省转基因抗虫棉品系的抗病性，发现各参试品系的抗病性较差，均为感病类型。朱荷琴等（2005）对中国抗虫棉品种（系）的抗病性研究发现，无论是抗枯萎病、黄萎病性还是兼抗性，转基因抗虫棉均较常规棉差。另据河北、山东、江西、安徽、新疆、山西、湖北、江苏等地的报道，转基因抗虫棉在田间对棉花黄萎病等棉花主要病害的发病程度普遍高于常规棉（房慧勇等，2003；刘巷禄等，2005；李银花等，2005；章炳旺等，2006；Chen *et al.*，2004）。目前，转基因抗虫棉抗病性下降在我国各棉区已经越来越普遍，对我国的棉花生产造成了越来越严重的影响，并且会因为防治该病害的需要而导致化学农药用量的增加。

　　一方面，棉花枯萎病菌和黄萎病菌都是从根部入侵，从根系分泌物的角度探讨转基因抗虫棉花在微生态机制方面发生抗病性下降的原因十分必要。另一方面，转基因抗虫棉与非转基因亲本之间的差别就在于，转基因棉花中存在外源基因（如 *Bt* 或者 *Bt*+*CpTI* 基因）的强制性插入和表达，干扰了棉花自身基因组的正常表达，包括与抗病性直接相关的基因以及其他基因，这可能是造成转基因抗虫棉抗病性下降的主要原因之一。为了探寻转基因抗虫棉抗病性下降的原因，本研究从两个方面开展，首先以转基因抗虫棉根系分泌物对棉花枯萎病菌（*Fusarium oxysporum*）和黄萎病菌（*Verticillium dahliae* Kleb）生长的影响为例，研究转基因抗虫棉在微生态抗病机制方面发生的非预期变化；其次，从棉花抗枯萎病的分子机理方面入手，采用抑制差减杂交技术（SSH）构建差异表达基因文库，并对其功能分析和实时定量 PCR 验证，揭示转基因抗虫棉在发生转基因后所表现抗病性下降的分子机理。

9.2 转基因抗虫棉的根系分泌物成分及其对病原菌的影响

9.2.1 材料与方法

9.2.1.1 供试材料

供试棉花品种（*Gossypium hirsutum* Linn.）包括转双价 *Cry 1Ac+CpTI* 基因抗虫棉中 41、常规棉中 23（中 41 的亲本），转单价 *Cry 1Ac* 基因抗虫棉 GK12 和常规棉泗棉三号（GK12 的亲本）。中 41、中 23 由中国农业科学院棉花研究所提供；GK12、泗棉三号由中国农业科学院植物保护研究所提供。

本研究使用的棉花黄萎病菌（*Verticillium dahliae* Kleb）属于生理型Ⅲ号的安阳菌系，棉花枯萎病菌（*Fusarium oxysporum* f. sp.vesinfectum（Atk.）Snyder et Hansen）属棉花枯萎病菌的 7 号生理小种。两种病原菌在我国长江流域、黄河流域都分布较广，致病力较强，由中国农业科学院棉花研究所提供。

菌种经 PDA 斜面活化后，转入 PDA 液体培养基，25℃、120 r/min 振荡培养，枯萎病菌和黄萎病菌分别培养 4d 和 7 d 后，用灭菌的 4 层纱布滤去菌丝得到孢子悬浮液。

9.2.1.2 转基因抗虫棉和常规棉品种对棉花枯萎病菌和黄萎病菌的抗性测定

试验用土为从未种植过棉花的林地土，粉碎土样按 20：1（*w/w*）的比例与有机肥均匀混合，然后放灭菌锅湿热灭菌（121℃，3 h），制成无菌土。用浓硫酸脱去棉种表面棉绒后，放无菌水中浸泡 8 h，然后播种于装有无菌土的花盆中，在棉种上铺上 2～3cm 的无菌细土，然后放在温室培养，培养条件控制在白天 25～30℃，晚上 18～20℃。各品种棉花三个重复，每重复 15 株棉花。当棉苗长至 3 叶期时，用无菌刀片划切伤根并喷洒 5 ml 浓度为 $1×10^7$ 个孢子/ml 棉花枯萎病菌和黄萎病菌孢子悬液（孢子悬液制备详见 9.2.1.1）。接种后在划切处盖土保墒，每天浇水，保持一定湿度以利发病。20 d 后，调查棉花枯萎病的发病情况，35 d 后，调查棉花黄萎病的发病情况。按照棉花枯萎病、黄萎病的苗期分级标准（马存，2007），分别计算出棉花枯萎病和黄萎病的发病率和病情指数。

9.2.1.3 转基因抗虫棉和常规棉花根系分泌物的收集和处理

将棉种用浓硫酸脱绒后，再分别用酒精（75%）消毒 10 min 和 $HgCl_2$（0.1%）溶液消毒 3 min，放置于 PDA 平板上，在 25℃生化培养箱中催芽 4 d。待根长至 3 cm 左右时，选择长势一致的棉芽移至盛有 10 ml 无菌 Hoagland 营养液小试管中，在生化培养箱进行培育，光暗比为 14 h：10 h，光照强度为 12000 lx。定期观察苗的生长状况，添加 Hoagland 营养液。

在棉苗生长的第 40 天，将棉苗从试管中轻轻取出，先用蒸馏水淋洗根系 4 次，然后再用去离子水淋洗 2 次，最后将每株幼苗植入 500 ml 去离子水中培养 12 h，收集培养液，再将收集液于真空旋转蒸发器（eppendorf concentrator 5301，德国）中浓缩，每个品种最后得到 100 ml 根系分泌物浓缩液，其中 50 ml 用于氨基酸和糖类成分的测定，50 ml 用于测定对棉花枯萎病菌、黄萎病菌生长的影响。

当棉花生长到第 45 天时，将棉苗从试管中轻轻取出，用无菌水淋洗根系 4 次，然后添加新的营养液，连续培养 5 d 收集棉花根系分泌物中的 Bt 蛋白（培养条件同上），最后将收集液于真空旋转蒸发器（eppendorf concentrator 5301，德国）中浓缩至 2 ml 用于测定 Bt 蛋白含量。

9.2.1.4　转基因抗虫棉和常规棉花根系分泌物对棉花枯萎病菌、黄萎病菌孢子萌发的影响

各品种棉花根系分泌物对棉花枯萎病菌和黄萎病菌孢子萌发的影响采用凹玻片法。将步骤 9.2.1.3 浓缩的根系分泌物过 0. 45 μm 微孔滤膜后，50μl 根系分泌物加入凹槽中，再加入孢子悬浮液 50 μl，然后将凹片放入培养皿中，培养皿的底部铺有湿润的无菌滤纸。每个棉花品种至少 3 株，每株重复 3 次。培养皿在 25℃温箱中黑暗培养。6 h 后镜检枯萎病菌孢子萌发的情况，8 h 后镜检黄萎病菌孢子萌发的情况，每个凹槽随机检查 10 个视野，计算孢子萌发率。

9.2.1.5　转基因抗虫棉和常规棉花根系分泌物对棉花枯萎病菌、黄萎病菌菌丝生长的影响

按每 100 ml 培养基中添加 25 ml 根系分泌物的比例配制 PDA 培养基，湿热灭菌待用。在 PDA 平板中央接直径为 0.5 cm 的棉花枯萎病菌、黄萎病菌同龄菌片，每个棉花品种重复 6 皿，在 28℃温箱中培养。分别在培养的第 3、6、9、12、15、17 天测量黄萎病菌菌落直径，在培养的第 2、3、4、5、6 天测量枯萎病菌萎病菌菌落直径。

9.2.1.6　棉花根系分泌物中 Bt 蛋白含量的测定

采用 Elisa 法测定各品种棉花根系分泌物中 Bt 蛋白含量，试剂盒采用 Qualiplate^{TM} kit for Cry 1Ab/Cry1Ac（EnviroLogix，美国）。具体测定方法：加 50 μl Cry1Ab/Cry1Ac Enzyme Conjugate 到每孔中，然后分别加入 50 μl 各样品提取液，以 50 μl 提取缓冲液作为空白对照。迅速画圈摇动 20～30s，混合均匀。用封口膜盖上孔板以防止挥发，室温放置 1～2 h。小心移除覆盖，倒出孔中溶液，用 Wash Buffer 彻底冲洗，然后甩干，重复冲洗 3 次。在滤纸上拍打以除去尽可能多的水。加 100 μl Substrate 到每孔中，混匀，盖上封口膜，放置 15～30 min。最后加入 100μl Stop Solution 到每孔中，混匀，颜色会变黄。30 min 内 450nm 读取吸光度值。根据标准曲线计算出 Bt 蛋白含量。

9.2.1.7　棉花根系分泌物中氨基酸和糖类的测定

将上述根系分泌物浓缩液过 0.45 μm 微孔滤膜后，用氨基酸专用高效液相色谱仪（HP1100，美国）测定其中氨基酸的含量，分析条件为：色谱柱：4.0×125 mmC$_{18}$；柱温：40℃；流速：1.0 ml/min；波长：Pro 采用 262 nm 测定，其他 19 种氨基酸采用 338 nm 测定；流动相：A：20 mmol 醋酸钠液，B：20 mmol 醋酸钠液：甲醇：乙腈=1：2：2（*V/V*）。每个品种重复测定 3 次。

用分析/半制备高效液相色谱仪（Waters 600/650E，美国）测定其中糖类的含量。色谱条件：色谱柱：Sugarpakl 6.5 mm，内径 300 mm；流动相：纯水；流速：0.4 ml/min；柱温：

85℃。每个品种重复测定 3 次。

9.2.1.8 数据分析方法

参照马存等（2007）的方法，根据调查的结果计算各品种棉花的发病率和病情指数。计算公式为：

$$发病率（\%）=\frac{发病总株数}{调查总株数}\times100$$

$$病情指数=\frac{\sum 级数\times每级的病株数}{调查总株数\times4}\times100$$

试验原始数据的处理采用 Excel 2003 软件完成，差异显著性测验采用 SAS（v6.12）软件完成，图表绘制采用 Excel 软件。

9.2.2 结果与分析

9.2.2.1 转基因抗虫棉和常规棉花对棉花枯萎病菌、黄萎病菌的抗性

对不同品种棉苗在相同条件下进行枯萎病接种鉴定。接种后的第 20、29、38 天各棉花品种的病指和发病率结果见表 9-1。不同品种棉苗在接菌后 20 d 左右开始出现明显的感病症状，病叶边缘最初呈现褪绿、水渍状萎蔫，然后逐渐扩大至整个叶片萎蔫。中 23 的发病率和病指均保持缓慢增加，而泗棉三号的发病率和病指呈明显加重趋势。根据棉花对枯萎病的抗病类型划分标准（马存等，2007），中 23 对棉花枯萎病菌的抗性较好，是抗病品种，而泗棉三号的抗性较差，为感病品种。在感病时间上，两种抗虫棉的发病均较常规棉早 3~5 d。在感病程度上，8 月 2 日的调查结果显示，双价转基因抗虫棉中 41 的发病率和病指高于亲本非基因棉中 23，但没有显著的差异；在后面的两次调查中，抗虫棉中 41 的病指和发病率都显著高于亲本非转基因棉中 23（$p<0.05$）。三次调查结果都表明，抗虫棉 GK12 的病指和发病率均高于亲本非转基因棉泗棉三号，其中二者之间在 8 月 2 日的病指和发病率方面的差异达到显著水平（$p<0.05$），但后面 2 次则没有显著差异。总之，2 种转基因抗虫棉对棉花枯萎病的发病程度均较其亲本常规棉严重，且二者之间在发病率及病指方面均存在显著差异（$p<0.05$）。

表 9-1 不同棉花品种对棉花枯萎病菌的感病结果

棉花品种	8 月 2 日		8 月 10 日		8 月 19 日	
	病情指数	发病率/%	病情指数	发病率/%	病情指数	发病率/%
中 23	39.4±8.1a	46.7±12.7a	41.1±5.1a	47.4±8.0a	41.6±0.8a	47.4±8.1a
中 41	52.8±8.4a	65.1±3.9a	53.3±0.6b	64.3±1.6b	76.0±6.1b	79.6±5.3b
泗棉三号	38.5±6.2A	45.3±6.4a	53.7±12.7a	61.8±11.6a	63.7±2.7a	72.1±6.8a
GK12	61.4±4.1B	66.3±8.3b	67.5±12.9a	72.1±8.0a	74.8±6.8a	83.7±5.3a

注：同列不同英文大小写字母分别表示转基因抗虫棉与亲本常规棉之间差异显著（$p<0.05$）或极显著（$p<0.01$）。以下各表同。

对不同品种棉苗在统一的条件下进行黄萎病接种鉴定。接种 35 d 后各棉花品种的病情指数和发病率结果见表 9-2。在 3 次不同时间的调查结果中，转基因双价棉中 41 的病情指数和感病率均高于亲本常规棉中 23，其中 7 月 12 日和 7 月 23 日，中 41 和 23 之间在病情指数和发病率方面的差异达到显著水平（$p<0.05$）；与亲本常规棉泗棉三号相比，抗虫棉 GK12 的病情指数和感病率也明显较高，其中在 7 月 12 日和 8 月 2 日差异达显著水平（$p<0.05$）。总之，与各自亲本非转基因棉花相比，2 种转基因抗虫棉对棉花黄萎病的抗病性均下降甚至显著下降。

表 9-2　不同棉花品种对棉花黄萎病菌的抗性

棉花品种	7 月 12 日		7 月 23 日		8 月 2 日	
	病情指数	发病率/%	病情指数	发病率/%	病情指数	发病率/%
中 23	32.4±7.6a	36.7±10.3a	42.5±4.1a	45.3±7.2a	61.3±10.6a	68.1±8.3a
中 41	52.8±8.2b	55.1±4.7b	64.3±2.3b	67.3±2.3b	77.2±3.8a	80.6±5.7a
泗棉三号	38.5±5.3A	45.3±6.5a	54.5±11.7a	58.8±8.9a	60.4±1.7a	67.1±7.3a
GK12	60.4±3.8B	68.4±9.1b	69.5±10.8a	74.3±7.6a	82.3±6.5b	88.1±9.6b

9.2.2.2　转基因抗虫棉和常规棉花根系分泌物对棉花枯萎病菌、黄萎病菌孢子萌发的影响

采用凹玻片法测定了不同棉花品种根系分泌物对棉花枯萎病菌孢子萌发的影响（表 9-3）。从测定结果来看，抗虫棉中 41 的孢子萌发率明显高于其亲本中 23，二者之间差异达极显著水平（$p=0.001$）。抗虫棉 GK12 的孢子萌发率高于亲本常规棉，但两者之间的差异不显著（$p=0.059$）。总之，与亲本常规棉相比，2 种转基因抗虫棉的根系分泌物对棉花枯萎病孢子萌发具有一定的促进作用，其中双价棉中 41 的根系分泌物对棉花枯萎病孢子萌发具有极显著的促进作用。

表 9-3　不同棉花品种根系分泌物对棉花枯萎病菌孢子萌发、菌丝生长的影响

棉花品种	平均孢子萌发率/%	平均菌落直径/cm				
		第 2 天	第 3 天	第 4 天	第 5 天	第 6 天
中 41	78.53±3.68A	2.40±0.21a	3.99±0.07A	5.48±0.13A	6.90±0.10a	7.84±0.08A
中 23	48.41±4.58B	2.03±0.33a	3.58±0.08B	5.00±0.09B	6.46±0.25b	7.49±0.05B
泗棉三号	85.25±1.91a	2.28±0.18a	3.88±0.18a	5.28±0.07a	6.79±0.16a	7.78±0.05a
GK12	89.77±2.28a	2.37±0.23a	4.02±0.11a	5.40±0.09a	6.89±0.21a	7.86±0.12a

不同棉花品种根系分泌物对棉花黄萎病菌孢子萌发的影响结果见表 9-4。从测定结果来看，抗虫棉中 41 的孢子萌发率明显高于其亲本中 23，二者之间达极显著水平（$p=0.001$）。抗虫棉 GK12 的孢子萌发率高于亲本常规棉泗棉三号，但两者之间的差异不显著（$p=0.062$）。总之，与亲本常规棉相比，2 种转基因抗虫棉的根系分泌物对棉花黄萎病孢子萌发具有一定的促进作用，其中双价棉中 41 的根系分泌物对棉花黄萎病孢子萌发具有极

显著的促进作用，与枯萎病菌的孢子萌发试验结果一致。

表 9-4　不同棉花品种根系分泌物对棉花黄萎病菌孢子萌发、菌丝生长的影响

棉花品种	平均孢子萌发率/%	平均菌落直径/cm					
		第 3 天	第 6 天	第 9 天	第 12 天	第 15 天	第 17 天
中 23	12.73±7.31A	1.40±0.01A	2.50±0.10a	3.23±0.06A	4.20±0.01A	5.43±0.06A	5.97±0.06A
中 41	53.59±3.70B	1.88±0.07B	2.72±0.08b	3.81±0.07B	4.82±0.14B	6.00±0.03B	6.62±0.05B
泗棉三号	73.11±3.70a	1.65±0.11a	2.59±0.13a	3.56±0.12a	4.70±0.15a	5.85±0.11a	6.36±0.12a
GK12	79.04±1.52a	1.84±0.12a	2.67±0.10a	3.79±0.17a	4.78±0.12a	5.88±0.13a	6.49±0.20a

9.2.2.3　转基因抗虫棉和常规棉花根系分泌物对棉花枯萎病菌、黄萎病菌菌丝生长的影响

采用平皿培养法对两个转基因抗虫棉花品种及它们的亲本常规棉的根系分泌物对枯萎病菌菌丝生长的影响进行了测定，结果见表 9-3。在整个培养阶段，含有转基因抗虫棉中 41 根系分泌物成分的 PDA 培养基上菌落直径都大于含有亲本中 23 根系分泌物 PDA 培养基上的，并且在培养第 3、4、6 天时二者之间差异极显著（$p<0.01$）；同样，含有抗虫棉 GK12 根系分泌物成分的 PDA 培养基上的菌落直径也都大于含有亲本泗棉三号根系分泌物 PDA 培养基上的，但在整个培养时期二者之间没有显著差异，这与根系分泌物对孢子萌发影响的现象一致。与亲本常规棉相比，转基因抗虫棉根系分泌物对棉花枯萎病菌菌丝生长具有一定的促进作用，其中双价棉中 41 的根系分泌物对棉花枯萎病菌丝生长具有极显著的促进作用。

两个转基因抗虫棉花品种及它们的亲本常规棉的根系分泌物对黄萎病菌菌丝生长的影响结果见表 9-4。从表 9-4 可以看出，在整个培养阶段，含有转基因抗虫棉中 41 根系分泌物成分的 PDA 培养基上菌落直径都显著大于含有亲本常规棉中 23 根系分泌物 PDA 培养基上的，并且在培养第 3、9、12、15 和 17 天时二者差异极显著（$p<0.01$）；同样，含有抗虫棉 GK12 根系分泌物成分的 PDA 培养基上的菌落直径也都大于含有亲本泗棉三号根系分泌物 PDA 培养基，但在整个培养时期二者差异不显著（$p>0.05$），这与根系分泌物对孢子萌发影响的现象一致。与亲本常规棉相比，转基因抗虫棉根系分泌物对棉花黄萎病菌菌丝生长具有一定的促进作用，其中双价棉中 41 的根系分泌物对棉花黄萎病菌丝生长具有极显著的促进作用。

9.2.2.4　转基因抗虫棉根系分泌物中 Bt 蛋白含量

采用 Elisa 法测定各品种棉花根系分泌物中 *Cry 1Ac* 蛋白含量，结果见表 9-5。从表中可以看出，常规棉中 23 和泗棉三号的根系分泌物中都没有检测出 Bt 蛋白的存在，但是，在转基因抗虫棉中 41 和 GK12 中都检测出 Bt 蛋白的存在，含量分别为 0.1881 μg/ml、0.1129 μg/ml。说明在棉花生长期中，转基因抗虫棉会通过根系分泌物的方式向外界分泌外源蛋白。

表 9-5　不同棉花品种根系分泌物中 Bt 蛋白含量

棉花品种	中 23	中 41	泗棉三号	GK12
Cry 1*Ac* 含量/（μg/ml）	—	0.1881	—	0.1129

9.2.2.5　转基因抗虫棉和常规棉根系分泌物中氨基酸和糖类的含量

采用氨基酸专用高效液相色谱仪（HP1100，美国）对 4 种不同棉花品种根系分泌物中氨基酸种类及含量进行检测（图 9-1）。在 4 种不同棉花品种根系分泌物中共检测出 16 种氨基酸组分：苏氨酸（Thr）、丙氨酸（Ala）、缬氨酸（Val）、异亮氨酸（Ile）、天冬氨酸（Asp）、亮氨酸（Leu）、苯丙氨酸（Phe）、甘氨酸（Gly）、甲硫氨酸（Met）、组氨酸（His）、谷氨酸（Glu）、酪氨酸（Tyr）、赖氨酸（Lys）、丝氨酸（Ser）、精氨酸（Arg）、脯氨酸（Pro）。其中含量最大的前 6 种氨基酸为甘氨酸、谷氨酸、丝氨酸、异亮氨酸、天冬氨酸、苏氨酸。与亲本常规棉中 23 相比，双价抗虫棉中 41 根系分泌物中多了甲硫氨酸和赖氨酸组分，并且中 41 根系分泌物中的天冬氨酸、谷氨酸、丝氨酸、丙氨酸、缬氨酸、亮氨酸、酪氨酸含量都明显高于其亲本中 23，其余氨基酸组分的含量无显著差异；泗棉三号和 GK12 的根系分泌物中的氨基酸组分相同，其中酪氨酸、缬氨酸、亮氨酸的含量差异显著，其他组分含量则无显著差异。

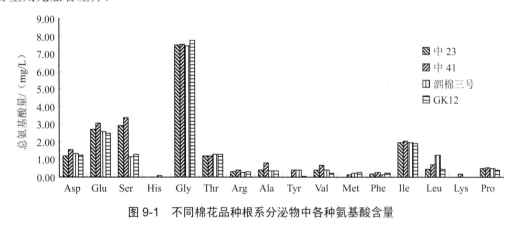

图 9-1　不同棉花品种根系分泌物中各种氨基酸含量

各品种棉花根系分泌物中糖类物质测定结果表明（图 9-2），转基因抗虫棉与亲本常规棉根系分泌物中糖的种类和含量都有明显差异。双价抗虫棉中 41 根系分泌物中检测出 4 种糖类，分别为葡萄糖、果糖、麦芽糖和一种未知糖，而在其亲本常规棉中 23 中仅检测出葡萄糖一种。抗虫棉 GK12 和常规棉泗棉三号根系分泌物中都检测出葡萄糖、果糖和麦芽糖 3 种糖类，在泗棉三号根系分泌物中检测出蔗糖，而 GK12 中没有检测出蔗糖但多了一种未知糖。从糖类总量来看，转基因抗虫棉中 41 和 GK12 的糖类含量（分别为 143.25 和 71.49 mg/L）都显著高于其亲本中 23 和泗棉三号的（分别为 12.30 和 48.59 mg/L）（$p < 0.05$）。

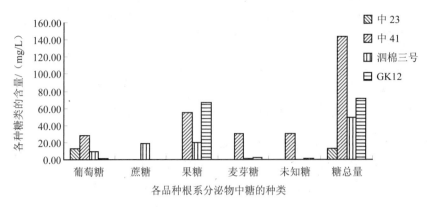

图 9-2 不同棉花品种根系分泌物中各种糖类含量

9.2.3 讨论

棉花枯萎病和黄萎病是我国棉花发病最普遍和最严重的两种病害。目前，转基因抗虫棉对这两种病害的抗性下降问题已经成为制约我国棉花生产的重要因素。本研究在温室条件下测试了两组 4 种棉花在苗期对棉花枯萎病菌和黄萎病菌的抗病性。结果显示：与亲本非转基因棉花相比，单价抗虫棉（GK12）和双价转基因抗虫棉（中 41）对棉花枯萎病菌、黄萎病菌的抗性均下降，这与在大田条件下发现的结果是一致的（吴蔼民等，1998；吴征彬，2000；朱荷琴等，2005）。棉花枯萎病菌和黄萎病菌都是从根部入侵，因此，从根系分泌物的角度探讨转基因抗虫棉花抗病性下降的原因十分必要。

根系分泌物与棉花抗枯萎病、黄萎病的关系主要体现棉花根系分泌物成分对棉花根际微生物（包括枯萎病菌和黄萎病菌）的影响（Steinberg *et al.*，1999；Bertin *et al.*，2003；Steinkellner *et al.*，2005；Bais *et al.*，2006），抗病品种根系分泌物中可能对病菌提供的营养成分少（Claudius *et al.*，1972；Naqvi *et al.*，1980；Steinkellner *et al.*，2008），或含有一些抑菌物质（Nóbrega *et al.*，2005）。韩雪等（2006）和袁虹霞等（2002）分别以黄瓜和棉花为材料研究了其根系分泌物对枯萎病菌、黄萎病菌的影响，结果发现抗病品种根系分泌物对病原菌孢子萌发、菌丝生长有一定的抑制作用，而感病品种根系分泌物则有促进病原菌生长的作用。本研究采用无菌水培的方法收集棉花根系分泌物研究对棉花枯萎病菌、黄萎病菌生长的影响，结果表明，与亲本常规棉相比，2 种转基因抗虫棉根系分泌物对棉花枯萎病菌、黄萎病菌孢子萌发和菌丝生长均具有促进作用，其中双价棉中 41 的根系分泌物对棉花病原菌孢子萌发和菌丝生长均具有极显著的促进作用，这可能是转基因抗虫棉对棉花枯萎病菌和黄萎病菌等抗性下降的重要原因之一。

冯洁等（1991）研究发现感病品种棉花根系分泌物中的丙氨酸、天冬氨酸和谷氨酸的含量都比抗病品种高，同时测定了不同氨基酸成分对枯萎病菌孢子萌发率的影响，结果发现丙氨酸、丝氨酸、谷氨酸、天冬氨酸、苯丙氨酸、酪氨酸、缬氨酸对孢子萌发具有明显的刺激作用。Booth（1969）比较了棉花抗感黄萎病品种的根系分泌物中的氨基酸含量，在所分析的 8 种氨基酸中，差异最大的是丙氨酸，其余 7 种差异不明显；吴玉香等（2007）也研究发现丙氨酸成分对黄萎病菌孢子具有明显的促进作用。本研究结果表明，与亲本常规棉中 23 相比，双价抗虫棉中 41 根系分泌物中多了甲硫氨酸和赖氨酸，并且天冬氨酸、谷氨酸、丝氨酸、丙氨酸、缬氨酸、亮氨酸、酪氨酸含量都明显升高，其中丙氨酸增加的幅度最大。这个结果与冯洁等（1991）和 Booth（1969）的研究结果是一致的，说明根系分泌物中含有更高能够刺激枯萎病菌和黄萎病菌生长的氨基酸成分是中 41 对棉花枯萎病、黄萎病抗性下降的可能原因之一。泗棉三号和 GK12 的根系分泌物中的氨基酸组成相同，虽然两者之间在酪氨酸、缬氨酸、亮氨酸的含量差异较大，但是其他氨基酸组分的含量没有明显差异，这不仅与冯洁等（1991）和 Booth（1969）的研究结果是一致的，也解释了这 2 种棉花的根系分泌物对枯萎病菌和黄萎病菌的孢子萌发和菌丝生长影响均没有显著差异的原因。这说明转基因抗虫棉在导入外源基因后，造成其根系分泌物中对枯萎病菌、黄萎病菌生长具有刺激作用的氨基酸成分增加，可能是引起转基因抗虫棉抗病性降低的原因之一。

袁虹霞等（2002）和吴玉香等（2007）研究发现抗病品种棉花根系分泌物中糖的含量和种类都高于感病品种。本研究结果显示，双价抗虫棉中 41 根系分泌物中糖的含量和种类都多于亲本非转基因棉中 23；虽然在抗虫棉 GK12 和亲本泗棉三号根系分泌物中都检测出 4 种糖类，但二者之间糖类的总含量差异明显。这说明转基因抗虫棉在导入外源基因后，造成其根系分泌物中糖的种类和含量都有显著的增加，为棉花枯萎病菌和黄萎病菌的生长提供更为丰富的碳源物质，进而引起转基因抗虫棉抗病性降低。

很多研究报道转基因抗虫植物会通过根系分泌物的方式向外界分泌 Bt 蛋白（Palm *et al.*，1996；Gupta and Watson，2004；Rui *et al.*，2005；Knox *et al.*，2007）。本研究采用无菌水培的方法收集了连续培养 5 d 后 2 种转基因抗虫棉根系分泌物中的 Bt 蛋白，测定结果显示 2 种转基因抗虫棉都会通过根系分泌物的方式分泌 Bt 蛋白，并且含量较高。本研究结果与已有的研究报道一致（Gupta and Watson，2004；Rui *et al.*，2005；Knox *et al.*，2007）。已有的研究结果表明真菌是最易受转基因抗虫植物分泌的 Bt 蛋白影响的生物（Turrini *et al.*，2004；Castaldini *et al.*，2005；Villányi *et al.*，2006；Icoz and Stotzky，2008）。因此，转基因抗虫棉根系分泌物中的外源蛋白是否会对棉花病原菌造成影响以及其影响机制还需要进一步研究。

已有的研究结果表明，外源基因的导入会使转基因植物在表型、生理生化等方面产生意料之外的变化，并且这些非预期变化可能会影响该转基因植物与环境中其他生物之间的关系（Wolfenbarger and Phifer，2000；Chen *et al.*，2004；Ammann，2005；阎凤鸣等，2002）。例如，*Bt* 基因的导入和表达使转 *Bt* 基因棉叶片叶毛的密度显著低于亲本对照，棉蚜在转 *Bt* 基因棉上更容易进行刺探和取食，并导致转 *Bt* 基因棉花比常规棉更易于爆发棉蚜危害（Xue *et al.*，2008）。在本研究中，2 种转基因抗虫棉不仅对枯萎病和黄萎病的抗病性均较其亲本下降，而且两者之间在根系分泌物的氨基酸和糖类方面也显著不同，这也是外源基因导入使转基因植物产生非预期性状变化的又一例证。但是，转基因抗虫棉对棉花枯萎病、黄萎病以及其他主要病害的抗病性是否较亲本非转基因棉都普遍下降，还需要进一步在更多转基因棉花品种范围内检验。

植物对病原菌的抗病机制包括组织结构机制、生理生化机制、微生态机制等。本研究的结果说明，转基因抗虫棉与亲本常规棉之间在根系分泌物的氨基酸和糖类组成及含量方面存在显著差异，这可能是导致转基因抗虫棉对枯萎病、黄萎病抗性降低的重要原因之一。但是，棉花根系分泌物中不仅包括氨基酸类和糖类，还有有机酸、酚类、生长调节物质等成分，还应该研究转基因抗虫棉相对亲本常规棉根系分泌物的其他成分发生了什么变化，根系分泌物中哪些成分对病原菌的生长和入侵起主要作用。此外，还应该从组织结构机制、生理生化机制等方面研究转基因抗虫棉抗病性下降的原因，以更全面地揭示转基因抗虫棉抗病性降低的机制。

9.3 枯萎病菌诱导下转基因抗虫棉抗病相关基因的表达及其功能分析

9.3.1 材料与方法

9.3.1.1 材料

棉花品种：转双价基因抗虫棉中 41，非转基因抗虫棉中 23（中 41 的亲本）。

棉花病菌：棉花枯萎病菌（*Fusarium oxysporum* f. sp.*vesinfectum*（Atk.）Snyder et Hansen），属棉花枯萎病菌的 7 号生理小种，在我国长江流域、黄河流域分布较广，致病力强。

9.3.1.2 供试材料的处理

棉花枯萎病菌种经 PDA 斜面活化 5 d 后，转入 PDA 液体培养基，全温振荡培养箱 25℃、150 r/min 振荡培养 4d 后，用灭菌的 5 层纱布滤去菌丝得到孢子悬浮液。用无菌双蒸水稀释孢子悬浮液，使孢子浓度控制在每视野（40×）下约 70～100 个孢子。

试验用土为采自于林地土，粉碎土样按 20：1（w/w）的比例与有机肥均匀混合，然后放灭菌锅湿热灭菌（121℃，3 h），制成无菌土。用浓硫酸脱去棉种表面棉绒后，放无菌水中浸泡 8 h，然后播种于装有无菌土的花盆中，在棉种上铺上 2～3cm 的无菌细土，然后放在温室培养，培养条件控制在白天 28～30℃，晚上 20～25℃。当棉苗长至 3 叶期时，用无菌刀片划切伤根并喷洒 5 ml 浓度为 $1×10^7$ 个孢子/ml 枯萎病菌孢子液。接种后保持土壤湿度 80%左右以利于发病。在接菌后 96 h 提取转基因抗虫棉和亲本对照的叶面总 RNA。

9.3.1.3 mRNA 的提取

采用 Trizol 方法提取棉花叶部总 RNA，具体步骤为：Trizol 提取过夜→氯仿提取→离心 8 min→取上清至新管中→异丙醇提取→离心，沉淀即是。采用核酸测定仪测定 RNA 的浓度及纯度。mRNA 的分离依照 Promega 公司 PolyA Tract mRNA Isolation Systems 方法进行，提取步骤参照试剂盒。

9.3.1.4 转基因抗虫棉 SSH 文库的构建

按照 Clontech 公司的差减试剂盒 PCR-select^{TM} cDNA Subtraction Kit 中的程序进行。本试验采用双向进行差减杂交，即转基因抗虫棉和其亲本常规棉分别作为 tester 和 driver 进行差减杂交。

9.3.1.4.1 第一链 cDNA 的合成

（1）对于 tester 和 driver cDNA，各按以下组分混合于一个 0.5 ml 离心管中。

mRNA（2 μg）	4 μl
cDNA synthesis primer（10 μmol/L）	1 μl

（2）PCR 仪上 70℃ 2 min，冰浴 2 min，瞬时离心。

（3）每管加入下列组分，轻弹混匀并瞬时离心。

5×First-strand buffer	2 μl
dNTP mix（10 mmol/L）	1 μl
Sterilr H_2O	1 μl
AMV reverse transcriptase（20 units/μl）	1μl

（4）置于空气浴温箱中 42℃育 1.5 h。

（5）将反应混合液置于冰上，终止第一条链的合成，并立即进入下一个程序。

9.3.1.4.2 第二链 cDNA 的合成

（1）加入以下组分到第一链 cDNA 合成的反应管中，总共 80μl 体系，混匀并瞬时离心。

Sterile H_2O	48.4 μl
5×Second-strand buffer	16.0 μl
dNTP mix（10 mmol/L）	1.6 μl
20×Second-strand enzyme cocktail	4.0 μl

（2）于 16℃温育（PCR 仪）2 h。

（3）加入 2 μl T4 DNA Polymerase，混匀，16℃温育 30 min。

（4）加入 4 μl 20×EDTA/GlycogenMix 终止第二链的合成。

（5）加入 100μl 酚∶氯仿∶异戊醇（25∶24∶1），充分振荡混匀。室温 14 000r/min 离心 10 min，小心转移上清至一新离心管中。

（6）加入 100 μl 氯仿∶异戊醇（24∶1）至上清中，充分振荡混匀。室温 14 000r/min 离心 10 min，小心转移上清至一新离心管中。

（7）加入 40 μl 4mol/L NH_4OAc 和 300 μl 95%乙醇，充分振荡混匀。室温 14 000r/min 离心 20 min，弃上清。

（8）加入 500 μl 80%乙醇洗沉淀。室温 14 000r/min 离心 10 min，弃上清。

（9）空气中干燥 10 min，加入 50 μl 无菌水溶解。

（10）分装 6 μl 于一新管中，于–20℃保存，用于检测合成的双链 cDNA 的质量。

9.3.1.4.3 双链 cDNA 的 RsaI 酶切

（1）加入下列组分到一离心管中，振荡混匀并瞬时离心。

ds cDNA	43.5 μl
10×RsaI restriction buffer	5.0 μl
RsaI（10 units/μl）	1.5 μl

（2）37℃温育 2 h。留出 5 μl 酶切产物检测 RsaI 的酶切效率。

（3）加入 2.5 μl 20×EDTA/GlycogenMix 终止反应。

（4）加入 50 μl 酚：氯仿：异戊醇（25：24：1），充分振荡混匀，室温 14 000 r/min 离心 10 min。

（5）转移上清于另一新 0.5 ml 离心管中，加入 50 μl 氯仿：异戊醇（24：1），充分振荡混匀。室温 14 000r/min 离心 10 min。

（6）转移上清于一新 0.5 ml 离心管中，加入 25 μl 4mol/L NH_4OAc 和 187.5 μl 95%乙醇，充分振荡混匀。

（7）室温 14 000 r/min 离心 20 min，弃上清。

（8）用 200 μl 80%乙醇洗涤沉淀。室温 14 000 r/min 离心 5 min，弃上清。

（9）空气中干燥 5～10 min。

（10）溶于 5.5 μl 无菌水，保存于–20℃。

将留出的 5 μl 酶切产物与上一步骤存留的双链 cDNA 用 1.2%琼脂糖电泳检测。到此步为止，driver cDNA 已准备好，tester cDNA 继续下面的步骤。

9.3.1.4.4 接头的连接

（1）取 1 μl RsaI 酶切好的 tester cDNA，加入 5 μl 无菌水。

（2）将接头连接的混合液（Master mix）放入一个 0.5 ml 离心管中。

Component	Per rxn
Sterile H_2O	3 μl
5xLigation buffer	2 μl
T_4 DNA ligase（400 units/μl）	1 μl

（3）连接体系的建立。取稀释后的酶切 tester cDNA 分为两管，建立加入不同接头的两个连接体系。

Component	Testerl-1	Testerl-2
Diluted tester cDNA	2 μl	2 μl
Adaptorl（10 μm）	2 μl	—
Adaptor2R（10 μm）	—	2 μl
Master mix	6 μl	6 μl
Final volume	10 μl	10 μl

（4）在一个新管中混合 2 μl testerl-1 和 2 μl testerl-2（作为未差减对照）。

（5）将以上各管混匀并瞬时离心后置于 16℃温育过夜。

（6）加 1 μl EDTA/GlycogenMix 终止反应，72℃温育 5 min 使连接酶失活。

（7）瞬时离心，取 unsubtraction cDNA control 1 μl 稀释于 1 ml H_2O 中，用于后面的 PCR 扩增，保存样品于–20℃。

9.3.1.4.5 第一次杂交

杂交前先将 4×Hybridization buffer 在室温放置至少 15～20 min，以确保使用时无沉淀存在。

（1）第一次杂交反应体系的建立。

Component	Tester-1	Tester-2
RsaI-digested driver cDNA	1.5 μl	1.5 μl
AdaptorI-ligated tester-1	1.5 μl	—
Adaptor2R-ligated tester-2	—	1.5 μl
4×Hybridization buffer	1 μl	1 μl
Final volume	4 μl	4 μl

（2）加入一滴矿物油，瞬时离心收集反应物。

（3）98℃温育样品 1.5 min。

（4）68℃温育样品 8 h（注意：不可超过 12 h，并立即进入下一阶段）。

9.3.1.4.6 第二次杂交

（1）将下列组分装入一个无菌管中：

Driver cDNA	1 μl
4×Hybridization buffer	1 μl
Sterile H$_2$O	2μl

（2）取 1 μl 上述混合物到一个 0.5 ml 离心管中，并覆盖 1 滴矿物油。

（3）98℃温育 1.5 min。

（4）进行以下程序以达到使杂交样品 1、2 及新鲜的 driver 同时混合的目的。

a）将移液枪调至 15μl。

b）轻轻将枪头触及矿物油与杂交样 2 的界面（枪头尽量不沾杂交样 2）。

c）将杂交样 2 全部吸入枪头内。

d）从管中取出枪头吸入少量空气。

e）重复步骤 b～d 将新的 driver cDNA 吸入枪头内（这样使杂交样 2 与 driver 便同时吸入同一个枪头，中间隔着一段空气）。

f）将枪头内混合物全部转入杂交样 1 所在管，并上下吸打混匀。

（5）瞬时离心，68℃温育过夜。

（6）加入 200μl dilution buffer 到反应管，吸打混匀。68℃温育 7 min。

（7）保存于−20℃。

9.3.1.4.7 两次 PCR 扩增

（1）准备模板：取 1 μl 稀释的杂交样品 cDNA 和 1 μl 未差减 tester 各放于一个 0.5 ml 离心管中。

（2）按下列顺序在新离心管中加入以下试剂，准备 PCR 反应混合液。

Component	Per rxn
Sterile H$_2$O	19.5 μl
10×PCR reaction buffer	2.5 μl
dNTP mix（10 mmol/L）	0.5 μl
PCR primer1（10 μmol/L）	1.0 μl

50×Advantage cDNA polymerase mix	0.5 μl
Total volume	24.0 μl

PCR prime1 5′-CTAATACGACTCACTATAGGGC- 3′

（3）混匀并瞬时离心，在每一个样品中加入 24 μl 混合液。

（4）在每一管中加入 50 μl 矿物油，75℃温浴 5 min 延伸接头。

（5）立即开始 PCR。

94℃　　25s

94℃　　30s，66℃　　30s，72℃　　90s，27 个循环。

（6）每个样品各取 8 μl 用于检测 PCR 结果。

（7）取 3 μl PCR 产物稀释于 27 μl 水中。

（8）取 1 μl 步骤（7）的稀释液放于标记好的离心管中。

（9）在离心管中按下表顺序加入下列试剂，准备第二次 PCR 反应混合液。

Component	Per rxn
Sterile H$_2$O	18.5μl
10×PCR reaction buffer	2.5μl
dNTP mix（10 mmol/L）	0.5 μl
Nestsd PCR primerl（10 μmol/L）	1 μl
Nestsd PCR primer2R（10 μmol/L）	1 μl
50×Advantage cDNA polymerase mix	0.5 μl
Total volume	24.0 μl

Nestsd PCR primer l 5′-TCGAGCGGCCGCCCGGGCAGGT-3′

Nestsd PCR primer2R 5′-AGCGTGGTCGCGGCCGAGGT-3′

（10）混匀并瞬时离心。加 24 μl 反应混合液于步骤（8）的离心管中，加入一滴矿物油。

（11）马上开始 PCR。

94℃　　25 s

94℃　　10 s，68℃　　30s，72℃　　90s，18 个循环

72℃　　10 min

（12）取 8 μl 用于检测 PCR 结果。

（13）保存于-20℃备用。

9.3.1.5　PCR 产物的连接转化

（1）依照天为时代公司的 pGEM-T Easy PCR 产物克隆试剂盒的程序，将 PCR 产物纯化后连接于 pGEM-T Easy Vector 上，反应体系如下：

Component	Per rxn
目的 PCR 片段	3 μl
pGEM-T Easy vector	1 μl
Ligase	1 μl
10×Ligase buffer	1 μl
Sterile H$_2$O	4 μl

轻弹离心管以混合内容物，短暂离心。16℃连接过夜。

（2）取 3.5 µl 连接产物加到 50 µl Top10 感受态细胞中，轻弹混匀，冰浴 30 min。

（3）将离心管置于 42℃水浴中温育 60～90 s，取出后立即置于冰浴中放置 2～3 min，期间不要摇动离心管。

（4）向离心管中加入 500 µl 37℃预热的 SOC 培养基，180 r/min，37℃振荡培养 45 min。使质粒上的相关抗性标记基因表达，使菌体复苏。

（5）将离心管中内容物混匀，吸取 100µl 已转化的感受态细胞加到含 Amp 的固体 LB 培养基上，用无菌的弯头拨棒轻轻将细胞涂开。将平板置于室温直至液体被吸收，倒置平板，37℃培养 12～16 h。

（6）计数培养板上的菌落数。

9.3.1.6 插入片段的检测

（1）用灭菌牙签随机挑取白色菌落于 5 ml LB（加 Amp）液体培养基中，37℃ 200 r/min 振荡培养 16～24 h。

（2）菌液倒入 1.5 ml 离心管中，离心 7 000 r/min 2 min 收集菌落，用无菌水进行稀释进行 PCR 扩增。PCR 反应体系如下：

Component	Per rxn
10×PCR buffer	2 µl
dNTP Mix（2.5 mmol/L）	1.6 µl
Nestsd PCR primerl（10 µmol/L）	0.8 µl
Nestsd PCR primer2R（10 µmol/L）	0.8 µl
Taq DNA polymerase（5 U/µl）	0.15 µl
过夜培养的菌液	1 µl
H_2O	13.65 µl

PCR 扩增程序如下：

94℃   4 min

94℃   30 s，68℃   40 s，72℃   2 min，30 个循环

72℃   10 min

4℃   10 h 保温

9.3.1.7 DNA 测序和序列分析

用灭菌牙签随机挑取 400 个白色菌落于 5 ml LB（加 Amp）液体培养基中，37℃摇床过夜培养。送往上海英俊生物公司测序。

将测序结果用 DNAStar 软件去除载体后，与 GenBank 的蛋白数据库和核酸数据库进行 BLASTx 和 BLASTn 的比对。以 BLASTx 结果一致性大于 40%，分值大于 80；BLASTn 结果一致性大于 50%，分值大于 80 分为依据进行筛选和功能注释。通过 BLASTx 和 BLASTn 的比对后再把这些 EST 与 GenBank 中的 dbEST 库进行 BLASTn 比较，了解该 EST 与哪些片段同源及这些片段的来源等信息。

9.3.1.8　实时定量荧光 PCR

采用步骤 9.3.1.3 的方法提取枯萎病菌诱导前和诱导后（96 h）转基因抗虫棉及其亲本叶子的总 RNA。1%的琼脂糖电泳和核酸测定仪检测总 RNA 的质量和浓度。

cDNA 采用 TaKaRa One Step RNA PCR Kit（AMV）进行合成，具体反应条件参照试剂盒说明书。

以真核生物中组成性表达的基因β-actin 为内参基因，采用 SYBR Green RT-PCR kit（Toyobo，Japan）在荧光定量 PCR 仪（IQ-5，Bio-rad，USA）对 SSH 文库中筛选的典型抗病基因的转录表达水平进行了测定。各所选基因的引物序列见表 9-6。10s，55℃ 25s，72℃ 30s，40 个循环，72℃下延伸 5 min。每一处理 3 个重复。确定 C_t 值，以内参基因的表达量作为对照，计算出抗病基因的相对表达值的倍数。

表 9-6　不同基因的引物序列

基因	正向	反向
乙醇脱氢酶	TGCTGGTCAAGTCATCCG	TTTGTCCCTTAGCATCCC
β-半乳糖酶	AATCGTGGCAGTGGAGTT	AGATGGGTACATGCGTCA
叶绿素 ab 结合蛋白	GACTACGGGTGGGATACTGC	TTGAACCAAACCGCCTCT
过氧化氢酶	ACCAAACCCGAAGTCCCA	GAACACCAGAGCCATCCA

9.3.2　结果与分析

9.3.2.1　总 RNA 与 mRNA 的质量检测分析

提取高质量的 RNA 是获得高效差减文库的前提。用核酸测定仪（Thermo，USA）检测诱导 96 h 所提取的处理组和对照组总 RNA。由表 9-7 可知转基因抗虫棉和其对照亲本常规棉叶片中所提取总 RNA 纯度都较高，浓度较大。用 1%琼脂糖凝胶电泳检测总 RNA，电泳结果显示 18S 和 28S 条带清楚，说明提取的总 RNA 完整性较好（图 9-3），可进一步用于分离 mRNA。

利用 Promega 公司的 PolyA Tract mRNA Isolation Systems 从总 RNA 中提纯 mRNA 后，分别用乙醇沉淀浓缩，用核酸测定仪（Thermo，USA）检测 tester 和 driver 的 mRNA，二者的 OD_{260} 与 OD_{280} 比值在 1.9～2.0 之间，说明其纯度很好，可用于建库。根据公式 RNA=OD_{260} × 40 ×稀释倍数/1000（μg/μl）改为规范格式计算样品浓度后，分别调整浓度到 0.5 mg/ml，用于 SSH 文库的构建。

表 9-7　花叶片中总 RNA 的测定结果

处理	A260/A280	浓度/（μg/μl）
中 41	1.92	212.4
中 23	1.89	148.3

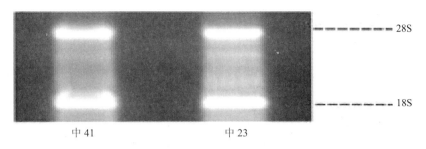

图 9-3　琼脂糖变性胶 RNA 完整性检测

9.3.2.2　差减杂交 PCR 产物分析

两组 tester cDNA 连接产物与过量的 driver cDNA 完成减法杂交后，用 PCR primer1 进行第一次扩增，第二次选用 Nested PCR primer1 和 Nested PCR primer2R（10 μmol/L）进行巢式 PCR 选择性扩增：

Nested PCR primer l：5′-TCGAGCGGCCGCCCGGGCAGGT-3′

Nested PCR primer 2R：5′-AGCGTGGTCGCGGCCGAGGT-3′

PCR 产物用 1%琼脂糖凝胶电泳进行检测，结果见图 9-4。从图中可看出差减杂交扩增产物弥散带明亮、均匀，在 400bp 上下弥散，符合建库要求。

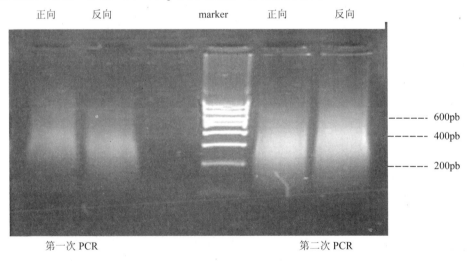

图 9-4　正反向差减第一次和第二次 PCR 结果检测

9.3.2.3　正反向 SSH 文库库容比较

第二次 PCR 扩增的产物经过纯化后，以 T/A 克隆法构建质粒载体文库（图 9-5、图 9-6），保存于 4℃冰箱中。以常规棉中 23 为 tester、转基因双价抗虫棉中 41 为 driver 得出的正向 SSH 文库中共挑取阳性克隆 935 个；以转基因双价抗虫棉中 41 为 tester、常规棉中 23 为 driver 得出的反向 SSH 文库中共挑取阳性克隆 301 个。可见在发生转基因后，转基因抗虫棉中的对枯萎病菌的抗病基因反应数量明显低于其亲本。

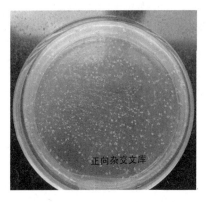
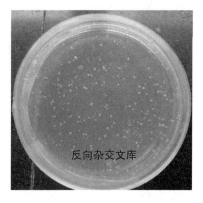

图 9-5　正向杂交文库（中 23 为 tester）　　　　图 9-6　反向杂交文库（中 41 为 tester）

9.3.2.4　正反向 SSH 文库质量检测

对正反两个文库中各随机挑选 50 个阳性克隆进行菌液 PCR 检测,选用引物也是 Nested PCR primer 1 和 Nested PCR primer 2R，所挑选的单克隆均能扩增出有效产物（见图 9-7 和图 9-8），其长度范围在 150～700 bp，多数在 300 bp，与 SSH 文库预计插入片段大小一致。

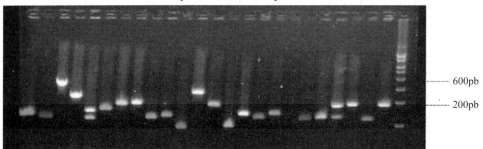

图 9-7　正向差减文库中阳性克隆 PCR 随机检测

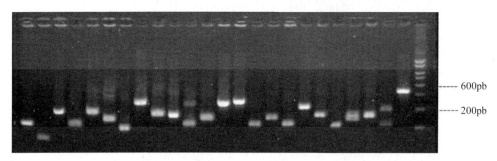

图 9-8　反向差减文库中阳性克隆 PCR 随机检测

9.3.2.5　序列测定结果

将测序结果去除载体和引物序列后，使用 BLAST 软件与 GenBank 的蛋白质数据库和核酸数据库进行同源性比较和功能查询分析。根据提交序列长度、得分高低、配准百分比，判定 EST 是否是已知功能基因。

正向差减文库随机挑选 180 个单克隆进行测序，去除载体和引物序列后，在 GenBank 中成功搜出 63 个与其他物种已知基因部分区域的同源性较高的单克隆，占全部 ESTs 的 35%。反向差减文库随机挑选 120 个单克隆进行测序，在 GenBank 中成功搜出 54 个与其他物种已知基因部分区域的同源性较高的单克隆，占全部 ESTs 的 45%。剔除正反两个文库中共有的基因（24 个），两文库的有差异的基因结果见表 9-8 和表 9-9。

表 9-8 反向差减文库中部分克隆测序的 BLASTx 结果

克隆	蛋白	Score	E-value	来源
A1（4 个克隆）	蛋白 2 硫化异构酶	197	$3e^{-49}$	甜瓜
A2（2 个）	植物凝集素	33.9	4.8	无梗接骨木
A3（3 个）	单酸甘油脂肪酶	46.6	$7e^{-04}$	蓖麻
A4	ATP 合成酶	173	$4e^{-42}$	Unknown
A5	D-氨基酸氧化酶	67.8	$3e^{-10}$	致倦库蚊
A6	核糖酮-1,5-二磷酸羧化酶	43.5	0.007	豌豆
A7	转座酶	577	$3e^{-167}$	番茄
A8	环桉烯醇异构酶	92.8	$1e^{-17}$	蓖麻
A9（2 个）	水解酶	46.6	$8e^{-04}$	蓖麻
A10（3 个）	锌转运蛋白	97.8	$5e^{-19}$	葡萄
A11	Cycloeucalenol cycloisomerase	95.5	$1e^{-18}$	蓖麻
A12	磷酸葡萄糖异构酶	86.7	$7e^{-16}$	茄子
A13	甘氨酸脱氢酶	53.1	$8e^{-06}$	水稻
A14	果糖二磷酸醛缩酶	173	$5e^{-42}$	烟草
A15（5 个）	未知蛋白	50.1	$7e^{-05}$	葡萄
A16	未知蛋白	273	$2e^{-71}$	人
A17	未知蛋白	50.1	$7e^{-05}$	鸡

表 9-9 正向差减文库中部分克隆测序的 BLASTx 结果

克隆	蛋白	Score	E-value	来源
B1（4 个）	叶绿素 A-B 结合蛋白	145	$1e^{-33}$	蓖麻
B2	过氧化氢酶	59.7	$2e^{-07}$	玉米
B3（2 个）	光系统 II 核心复合蛋白 psbY，叶绿体前体	40.0	0.068	蓖麻
B4	乙醇脱氢酶	40.0	0.066	青鳉鱼
B5	初级多肽复合物亚基	69.7	$8e^{-11}$	尼罗罗非鱼
B6（7 个）	单甘酯脂肪酶	46.6	$8e^{-04}$	蓖麻
B7	金属硫蛋白	45.1	0.02	鱼
B8	60s 核糖体蛋白质 L27a	137	$4e^{-31}$	蓖麻
B9	逆转录酶	48.1	$3e^{-04}$	姜
B10	转录调控因子	35.0	2.4	细菌
B11	β-半乳糖苷酶	67.4	$4e^{-10}$	梨树
B12（12 个克隆）	未知蛋白	51.6	$2e^{-05}$	葡萄
B13	未知蛋白	125	$6e^{-27}$	人类
B14	未知蛋白	103	$7e^{-21}$	杨树
B15	未知蛋白	45.1	$1e^{-10}$	疟原虫
B16	未知蛋白	128	$1e^{-28}$	水稻
B17	未知蛋白	188	$7e^{-46}$	疟原虫

9.3.2.6　序列功能分析

正向差减文库是以接菌后的常规棉中 23 为 tester，接菌后的转基因抗虫棉中 41 为 driver，得出的是常规棉接菌后的上调基因。反向文库是以接菌后的转基因抗虫棉中 41 为 tester，接菌后的常规棉中 23 为 driver，得出的是转基因抗虫棉接菌后的上调基因。

在正向差减文库中，鉴定出叶绿素 A-B 结合蛋白、过氧化氢酶、乙醇脱氢酶、单甘酯脂肪酶、逆转录酶、转录调控因子、β-半乳糖苷酶等典型基因。这些基因在植物的新陈代谢、光合作用、抗氧化、抗病防御等方面扮演着重要作用。而这些基因在反向文库没有鉴定出。其中单甘酯脂肪酶、叶绿素 A-B 结合蛋白和一种未知蛋白在正向文库中出现频率较高，分别出现 4 次、7 次和 12 次。

在反向差减文库中，鉴定出蛋白 2 硫化异构酶、ATP 合成酶、D-氨基酸氧化酶、核糖酮-1,5-二磷酸羧化酶、磷酸葡萄糖异构酶、甘氨酸脱氢酶、果糖二磷酸醛缩酶等典型基因，这些基因主要参与植物的新陈代谢。可见接病菌后，转基因抗虫棉的代谢活性明显高于常规棉。水解酶、植物凝集素在棉花抗病方面发生一定作用，这些基因的表达在抗虫棉中发生了增高。蛋白 2 硫化异构酶、单酸甘油脂肪酶、锌转运蛋白和一种未知蛋白在反向差减文库中出现频率较高，分别出现 4 次、3 次、3 次和 5 次。

此外，在正反两个文库也差减出很多未知蛋白，这些蛋白的功能还尚待研究。

总之，发生转基因后，抗虫棉的抗病反应基因的数量和类型都与亲本常规棉有一定的差异。枯萎病菌诱导后，抗虫棉中上调的基因主要是与植物新陈代谢方面有关系的基因，而在常规棉中，发生上调基因类型较多，有的与新陈代谢、基因调控有关，也有与抗病、抗氧化有关的基因。

9.3.2.7　实时荧光定量 PCR 分析

我们选择了过氧化氢酶、乙醇脱氢酶、β-半乳糖苷酶和叶绿素 A-B 结合蛋白 4 个基因进一步进行了定量 PCR 验证，这些基因都在正向差减文库中出现，而在反向文库中没有出现，主要参与棉花的抗病防御和光合作用等过程。

还原性氧（ROS）是植物本身的代谢产物，在体内广泛存在。在受到各种生物和非生物胁迫之后，植物体内积累大量的 ROS，这些 ROS 能与 DNA、蛋白质、脂类等发生反应，使之因氧化而破坏，因此它们具有双重作用，一方面可以破坏病原菌来源的物质，从而可以达到抑制病原菌侵染的目的，另一方面对于植物细胞自身来讲，又具有一定的破坏作用，对此植物存在成熟的系统，利用多种抗氧化活性酶，以清除体内的氧压毒害。这些抗氧化活性酶中过氧化氢酶（Cat）是参与此功能重要酶之一。图 9-9 表示了枯萎病菌诱导前后转基因抗虫棉（中 41）及其亲本（中 23）体内的过氧化氢酶基因表达量。从图中可以看出，枯萎病菌诱导后，转基因抗虫棉和常规棉体内中过氧化氢酶基因表达量都发生了显著性升高。但是，病菌诱导后常规棉体内过氧化氢酶基因表达量显著高于转基因抗虫棉，这与过氧化氢酶基因在正向文库中出现而在反向文库中没有出现的结果是一致的。

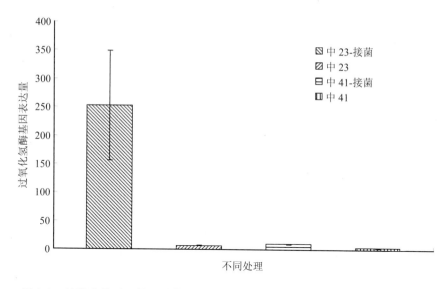

图 9-9　枯萎病菌诱导前后转基因抗虫棉及其亲本体内的过氧化氢酶基因表达量

乙醇脱氢酶（ADH）是普遍存在于植物细胞中的一种诱导酶，在正常条件下有一定的活性水平，但当植物处于逆境条件便会诱导活性表达，参与多数植物逆境反应信号转导的激素如乙烯，ADH 是棉花过敏反应的主要表达因子之一。图 9-10 表示了枯萎病菌诱导前后转基因抗虫棉（中 41）及其亲本（中 23）体内的乙醇脱氢酶基因表达量。从图中可以看出，枯萎病菌诱导后，转基因抗虫棉体内乙醇脱氢酶基因表达量发生了显著性升高，而常规棉体内乙醇脱氢酶基因表达量没有明显变化。但是，病菌诱导后常规棉体内中乙醇脱氢酶基因表达量仍显著高于转基因抗虫棉，这与乙醇脱氢酶基因在正向文库中出现而在反向文库中没有出现的结果是一致的。

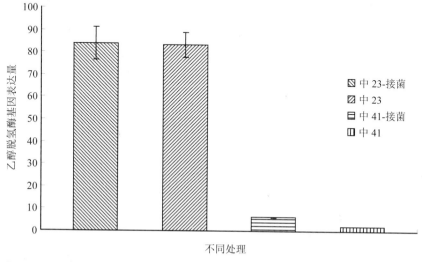

图 9-10　枯萎病菌诱导前后转基因抗虫棉及其亲本体内的乙醇脱氢酶基因表达量

β-半乳糖苷酶是参与细胞壁多糖降解的主要酶之一，图 9-11 表示了枯萎病菌诱导前后转基因抗虫棉（中 41）及其亲本（中 23）体内的β-半乳糖苷酶基因表达量。从图中可以看出，枯萎病菌诱导后，转基因抗虫棉和常规棉体内中β-半乳糖苷酶基因表达量都发生了显著性升高。但是，病菌诱导后常规棉体内中β-半乳糖苷酶基因表达量仍显著高于转基因抗虫棉，这与β-半乳糖苷酶基因在正向文库中出现而在反向文库中没有出现的结果是一致的。

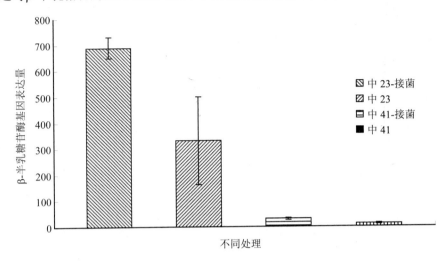

图9-11　枯萎病菌诱导前后转基因抗虫棉及其亲本体内的β-半乳糖苷酶基因表达量

　　叶绿体是植物进行光合作用的细胞器，光合作用的全部过程都发生在叶绿体内。而叶绿素是作物有机营养的基础。叶绿素 a 和叶绿素 b 是高等植物叶绿体内的重要光合色素，直接关系着作物的光合同化过程。图 9-12 表示了枯萎病菌诱导前后转基因抗虫棉（中 41）及其亲本（中 23）体内的叶绿素 a-b 结合蛋白基因表达量。从图中可以看出，枯萎病菌诱导后，转基因抗虫棉和常规棉体内中叶绿素 a-b 结合蛋白基因表达量都发生了显著性升高。但是，病菌诱导后常规棉体内中叶绿素 a-b 结合蛋白基因表达量仍显著高于转基因抗虫棉，这与叶绿素 a-b 结合蛋白基因在正向文库中出现而在反向文库中没有出现的结果是一致的。

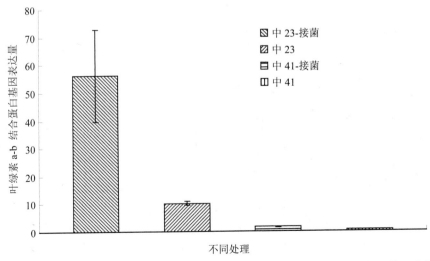

图9-12　枯萎病菌诱导前后转基因抗虫棉及其亲本体内的叶绿素 a-b 结合蛋白基因表达量

总之，与枯萎病菌诱导前相比，诱导后的转基因抗虫棉和常规棉体内的 4 种基因的表达量都有显著提高。但是诱导后的亲本常规棉体内的基因表达量显著高于转基因抗虫棉中基因表达量。此结果与正反差减文库的结果具有一致性，说明发生转基因后这 4 个基因在转基因抗虫棉体内发生了下调。

9.3.3 讨论

Bt 等外源基因的插入可能会引起棉花内部固有的连锁群和蛋白质组群被打破，进而改变棉花本有的生理生化特性，例如，转基因抗虫棉在抗虫活性增强的同时，可能会引起对土传病害（枯萎病、黄萎病）抗性的下降。随着大量转基因抗虫棉花新品种的培育以及大规模种植，其对棉花枯萎病菌等病原菌的抗性下降问题已越来越成为制约我国棉花生产的重要因素。本研究从棉花抗枯萎病的分子机理方面入手，采用抑制差减杂交技术构建差异表达基因文库，并对其功能分析和实时定量 PCR 验证，以揭示转基因抗虫棉在发生转基因后所表现抗病性下降的分子机理。

SSH 法可以相对富集在处理前后表达上有差异的基因，因此在植物的抗病反应、逆境处理、不同的发育阶段的基因表达差异分析上有很好的理论应用前景。有关 SSH 文库构建的应用，在玉米和小麦等植物上已有报道（Jirong *et al.*，2008；骆蒙，2002），本研究成功构建了枯萎病菌诱导的转基因抗虫棉与亲本常规棉组合抑制差减文库，这在国内外还是首次报道，对进一步研究转基因抗虫棉抗病性下降的分子机理具有重要的指导意义。朱荷琴和冯自力（2005）曾对 35 个参加国家抗虫棉区域试验的品种进行抗病性测试，结果显示，转基因抗虫棉中抗枯萎病和黄萎病及双抗的品种分别占 40.0%、11.4% 和 8.6%，而常规棉分为 75.0%、25.0% 和 17.5%，无论是抗枯萎病、黄萎病性还是兼抗性，抗虫棉均较常规棉差。李孝刚等（2009）和孙君灵等（1998）的研究结果也表明，转基因抗虫棉对枯萎病、黄萎病的发病率均显著高于对照常规棉。在本研究中，正向差减文库差减出 935 个单克隆基因，而在反向差减文库中只差减出 301 个单克隆。随机挑选 300 个克隆进行测序并进行功能性分析，结果表明受枯萎病菌侵染后转基因抗虫棉体内发生上调的基因主要与植物新陈代谢有关的基因，基因反应类型较单一；而亲本常规棉体内发生的上调基因主要与新陈代谢、光合作用和抗病防御相关的基因，基因类型多样性好。这说明枯萎病菌侵染后转基因抗虫棉的基因反应数量及其类型显著低于其亲本常规棉，这可能是转基因抗虫棉抗病性下降的主要原因之一。

本研究利用 SYBR-Green 实时定量 PCR 技术灵敏而准确地检测了转基因抗虫棉和亲本常规棉体内中的抗病反应基因的表达量，以进一步验证差减文库中筛选到的这些抗病反应基因真伪。研究结果表明，受枯萎病菌诱导后，验证的 4 种基因在转基因抗虫棉和常规棉体内的表达量都有显著提高，但是常规棉体内中的表达量显著高于转基因抗虫棉体内的，这与验证的 4 种基因在正向文库中出现而在反向文库中没有出现的结果是完全一致的。

棉花抗枯萎病是一个复杂系统的过程，涉及生理、生化途径的多个方面，体现了生命活动在整体上的协调性。因此，抗病过程不仅仅是抗病基因的识别和开启，更重要的是这一过程中抗病相关基因的表达以及抗病信号的传递。在病菌与寄主互作中，植物主要是通过防卫基因的表达、过敏反应和系统获得性抗性等来抵抗病菌的入侵。本研究发现，与亲本常规棉相比，转基因抗虫棉体内对枯萎病的反应基因类型单一并且其表达量发生显著下降，这解释了转基因抗虫棉发生抗病性降低部分原因。但是，外源基因的导入是如何改变棉花体内的抗病反应还有待进一步研究。

（李孝刚　刘标）

参考文献

[1]   窦道龙，王冰山，唐益雄，等. 棉花高质量总 RNA 提取的一种有效方法. 作物学报，2003，29（3）：478-479.

[2]   房慧勇，张桂寅，马峙英. 转基因抗虫棉抗黄萎病鉴定及黄萎病发生规律. 棉花学报，2003，15（4）：210-214.

[3]   冯洁，陈其瑛，石磊岩. 棉花幼苗根系分泌物与枯萎病关系的研究. 棉花学报，1991，3（1）：89-96.

[4]   韩雪，潘凯，吴凤芝. 不同抗性黄瓜品种根系分泌物对枯萎病病原菌的影响. 中国蔬菜，2006（5）：13-15.

[5]   李银花，蔡印水，万文明. 红叶茎枯病在江西星子县棉田大发生的原因及防治. 中国棉花，2005（6）：40.

[6]   刘巷禄，张战备，段国琪，等. 棉花品种和土壤营养对红叶茎枯病的影响. 植物保护，2005，31（4）：69-71.

[7]   骆蒙，孔秀英，刘越，等. 小麦抗病基因表达谱中的文库构建与筛选方法研究. 遗传学报，2002，9（9）：814-819.

[8]   马存. 棉花枯萎病和黄萎病的研究. 北京：中国农业出版社，2007.

[9]   王省芬，马峙英. 一种新的棉花黄萎病抗性鉴定方法. 棉花学报，2002，14（4）：231-233.

[10]   王省芬，马峙英，张桂寅，等. SSR 和 AFLP 技术鉴定棉花遗传资源的比较研究. 棉花学报，2006，18（6）：391-393.

[11]   王省芬，马骏，马峙英，等. 高纤维强力棉花种质系苏远 7235BAC 文库的构建. 棉花学报，2006，18（4）：200-203.

[12]   王转，臧庆伟，郭志爱，等. 小麦幼苗期水分胁迫所诱导基因表达谱的初步分析. 遗传学报，2004，31（8）：842-849.

[13]   韦淑亚. 甘蓝型油菜菌核病抗性相关基因 cDNA 文库构建及评价. 华中农业大学，2004.

[14]   吴征彬. 湖北省抗虫棉和杂交棉区域试验参试品系（组合）的抗性分析. 湖北农业科学，2000（5）：36-38.

[15]   吴蔼民，顾本康，夏正俊. 棉花品种抗枯萎病鉴定的病指校正及抗虫棉抗病性鉴定. 中国棉花，1998，25（2）：16-17.

[16]   吴玉香，沈晓佳，房卫平. 陆地棉根系分泌物对黄萎病菌生长发育的影响. 棉花学报，2007，19（4）：286-290.

[17]   阎凤鸣，许崇任，Marie Bengtsson，等. 转 Bt 基因棉挥发性气味的化学成分及其对棉铃虫的电生理活性. 昆虫学报，2002，45（4）：425-429.

[18]   杨郁文，倪万潮，张保龙，等. 陆地棉一个丝氨酸/苏氨酸激酶蛋白基因的克隆与表达分析. 棉花学报，2006，18（3）：140-144.

[19] 袁虹霞，李洪连，王烨，等. 棉花不同抗性品种根系分泌物分析及其对黄萎病菌的影响. 植物病理学报，2002，2（2）：127-131.

[20] 张桂寅. 棉花黄萎病抗性表现及其基因表达的研究. 河北农业大学，2005.

[21] 章炳旺，李恺求，罗定荣，等. 安庆市 30 年来棉花病虫发生演变概况及原因浅析.安徽农学通报，2006，12（5）：178-179.

[22] 朱龙付，涂礼莉，张献龙，等. 黄萎病菌诱导的海岛棉抗病反应的 SSH 文库构建及分析. 遗传学报，2005，32（5）：528-532.

[23] 朱荷琴，冯自力. 中国抗虫棉品种（系）的抗病性评述. 中国棉花，2005，32（4）：23-23.

[24] Ammann K. Effects of biotechnology on biodiversity：herbicide-tolerant and insect-resistant GM crops. Trends in biotechnology，2005（23）：387-394.

[25] Bais HP，Weir TL，Perry LG，et al. The role of root exudates in rhizosphere interactions with plants and other organisms. Annual review of plant biology，2006（57）：233-266.

[26] Bertin C，Yang X，Weston LA. The role of root exudates and allelochemicals in the rhizosphere. Plant and Soil，2003（256）：67-83.

[27] Booth JA. *Gossypaum harsutum* tolerance to *Verticillium dahliae* infection I. Amino acids exudation from aseptic roots of tolerant and susceptible cotton. Phytopathology，1969（59）：43-46.

[28] Bogush M. L.，Velikodvorskaya T. V.，Lebedev B. et al.，Identification and localization of differences between Escherichia coli and *Salmonella typhimurium* genomes by suppressive subtractive hybridization. Molecular and General Genetics，1999（262）：721-729.

[29] Carapito R.，Hatsch D.，Vorwerk S.，et al. Gene expression in *Fusarium graminearum* grown on plant cell wall. Fungal Genetics and Biology，2008（45）：738-748.

[30] Castaldini M，Turrini A，Sbrana C，et al. Impact of *Bt* corn on rhizospheric and soil eubacterial communities and on beneficial mycorrhizal symbiosis in experimental microcosms. *Applied and Environmental Microbiology*，2005（71）：6719-6729.

[31] Chen DH，Ye GY，Yang CQ，et al. Effect after introducing *Bacillus thuringiensis* gene on nitrogen metabolism in cotton. Field Crops Research，2004（87）：235-244.

[32] Claudius GR，Mehrotra RS. Root exudates from lentil（*Lens culinaris medic*）seedlings in relation to wilt disease. Plant and Soil，1972（38）：315-320.

[33] Chen HH，Zhang RL，Geng YJ，et al. Identification of differentially expressed genes in female *Culex pipiens pallens*. Parasitol Res，2007（101）：511-515.

[34] Flores S，Saxena D，Stotzky G. Transgenic *Bt* plants decompose less in soil than non-*Bt* plants. Soil Biology and Biochemistry，2005（37）：1073-1082.

[35] Gupta VVSR，Watson S. Ecological impacts of GM cotton on soil biodiversity：Below-ground production of *Bt* by GM cotton and *Bt* cotton impacts on soil biological processes. Australian Gov Dept of the Environ Heritage，CSIRO Land and Water，2004，pp. 1-72.

[36] Hao YJ，Montiel R，Nascimento G，et al. Identification，characterization of functional candidate genes for host-parasite interactions in entomopathogenetic nematode *Steinernema carpocapsae* by suppressive subtractive hybridization，2008（103）：671-683.

[37] Icoz I, Stotzky G. Fate and effects of insect-resistant *Bt* crops in soil ecosystems. Soil Biology and Biochemistry, 2008 (40): 559-586.

[38] Xie JR, Xiong YH, Liang GL, et al. Identification of differentially expressed genes in fragrant rose Jinyindao with suppressive subtraction hybridization. Scientia Horticulturae, 2008 (116): 318-323.

[39] Knox OGG, Gupta VVSR, Nehl DB, et al. Constitutive expression of Cry proteins in roots and border cells of transgenic cotton. Euphytica, 2007 (154): 83-90.

[40] Naik D, Dhanaraj AL, Arora R, et al. Identification of genes associated with cold acclimation in blueberry (*Vaccinium corymbosum* L.) using a subtractive hybridization approach. Plant Science, 2007 (173): 213-222.

[41] Naqvi SMA, Chauhan SK. Effect of root exudates on the spore germination of rhizosphere and rhizoplane mycoflora of chilli (*Capsicum annuum* L.) cultivars. Plant and Soil, 1980 (55): 397-402.

[42] Nóbrega FM, Santos IS, Cunha MD, et al. Antimicrobial proteins from cowpea root exudates: inhibitory activity against *Fusarium oxysporum* and purification of a chitinase-like protein. Plant and Soil, 2005 (272): 223-232.

[43] Osherov N, Mathew J, Romans A, et al. Identification of conidial-enriched transcripts in *Aspergillus nidulans* using suppression subtractive hybridization. Fungal Genetics and Biology, 2002 (37): 197-204.

[44] Palm CJ, Schaller DL, Donegan KK, et al. Persistencein soil of transgenic plant-produced *Bacillus thuringiensis* var. *kurstaki* d-endotoxin. Canadian Journal of Microbiology, 1996 (42): 1258-1262.

[45] Roelofs D, Marien J, van Straalen NM. Differential gene expression profiles associated with heavy metal tolerance in the soil insect *Orchesella cincta.* Insect Biochemistry and Molecular Biology, 2007 (37): 287-295.

[46] Rui YK, Yi G, Zhao J, et al. Changes of *Bt* toxin in the rhizosphere of transgenic *Bt* cotton and its influence on soil functional bacteria. World Journal of Microbiology and Biotechnology, 2005 (21): 1279-1284.

[47] Sharma K, Mishra KA, Misra RS. Identification and characterization of differentially expressed genes in the resistance reaction in taro infected with *Phytophthora colocasiae*. Molecular Biology Reports, 2009 (36): 1291-1297.

[48] Saxena D, Stotzky G. *Bt* corn has a higher lignin content than non-Bt corn. American Journal of Botany, 2001 (88): 1704-1706.

[49] Steinberg C, Whipps JM, Wood D, et al. Mycelial development of *Fusarium oxysporum* in the vicinity of tomato roots. Mycological Research, 1999 (103): 769-778.

[50] Steinkellner S, Mammerler R, Vierheilig H. Microconidia germination of the tomato pathogen *Fusarium oxysporum* in the presence of root exudates. Journal of Plant Interactions, 2005 (1): 23-30.

[51] Steinkellner S, Mammerler R, Vierheilig H. Germination of *Fusarium oxysporum* in root exudates from tomato plants challenged with different *Fusarium oxysporum*. European Journal of Plant Pathology, 2008 (122): 395-401.

[52] Tu LL, Zhang XL, Liang SG, et al. Genes expression analyses of sea-island cotton (*Gossypium barbadense* L.) during fiber development. Plant Cell Report, 2007 (26): 1309-1320.

[53] Turrini A，Sbrana C，Nuti MP，et al. Development of a model system to assess the impact of genetically modified corn and aubergine plants on arbuscular mycorrhizal fungi. Plant and Soil，2004（266）：69-75.

[54] Villányi I，Füzy A，Biró B. Non-target microorganisms affected in the rhizosphere of the transgenic *Bt* corn. Paper presented at the V. Alps-Adria Scientific Workshop，Opatija，Croatia，6-11 March 2006.

[55] Xue K，Deng S，Wang R J，et al. Leaf surface factors of transgenic *Bt* cotton associated with the feeding behaviors of cotton aphids：a case study on non-target effects. Science China C Life Science，2008（51）：1-12.

[56] Wang KJ，Ren HL，Xua DD，et al. Identification of the up-regulated expression genes in hemocytes of variously colored abalone（*Haliotis diversicolor* Reeve，1846）challenged with bacteria. Developmental and Comparative Immunology，2008（32）：1326-1347.

[57] Wolfenbarger LL，Phifer PR. The ecological risks and benefits of genetically engineered plants. Science，2000（290）：2088-2093.

[58] Zhang JZ，Li ZM，Yao JL，et al. Identification of flowering-related genes between early flowering trifoliate orange mutant and wild-type trifoliate orange（*Poncirus trifoliata* L. Raf.）by suppression subtraction hybridization（SSH）and macroarray. Gene，2009（430）：95-104.

第 10 章　盐城棉区转 *Bt* 基因抗虫棉对棉田生物多样性的影响

10.1　绪言

盐城农区常年植棉面积 17 万～20 万 hm²，棉花产量占江苏全省的 60% 左右，约占全国的 10%；同时该区又有 150 多家棉花加工企业，是江苏的产棉和用棉大区。统计资料表明，2004 年度盐城市棉花产量 550 万担（25.25 万 t），列全国地级市之首；并且该市地产棉花品质优良，又为我国重要的优质棉生产基地之一。由于盐城农区地处我国东部沿海，气候温暖湿润，耕作制度和气候环境较为复杂，棉铃虫一直是当地棉花丰产优质的重要障碍。特别是自 1990 年以来，棉铃虫在该区暴发危害的频率与强度均急剧增加，据盐城市植保植检站资料，仅 1992—1997 年近 6 年间，该市棉铃虫就有 1 年特大发生、2 年大发生、2 年偏重发生，对当地的农业尤其是棉花生产造成了巨大的损失。自 1995 年开始引进转基因抗虫棉以来，该区转基因抗虫棉的种植比例直线上升。据盐城市经作站 2011 年统计，江苏沿海棉区转基因抗虫棉的种植比例达 98% 以上，有几个县（市、区）已经达到 100%，成为当地名副其实的主栽品种。转基因抗虫棉的大面积种植，对棉田生态系统产生了巨大的影响，导致棉田原有的节肢动物种群动态发生了变化。国内外研究表明，转基因抗虫棉不仅会对棉田生态系统内的鳞翅目靶标生物（棉铃虫等）产生显著的控制作用，而且对鳞翅目非靶标生物、刺吸式口器的非靶标昆虫以及天敌生物也产生显著影响。另外，转基因抗虫棉种植比例过大还可能导致靶标害虫对转基因抗虫棉产生抗性，并进而对棉田昆虫生态系统产生不利影响。因此，种植转基因抗虫植物对节肢动物的影响是其环境风险评价和监测的重要方面。

10.2　转基因抗虫棉对棉田节肢动物群落的影响

10.2.1　转基因抗虫棉对棉田主要靶标害虫的影响

研究结果表明：①棉铃虫成虫产卵在常规棉和抗虫棉间不存在选择性，落卵量无显著差异，说明转基因棉的抗虫性并不是产卵忌避的结果。②应用室内生物测定法、田间罩笼接蛾法与大田系统调查法对主要抗虫棉品种不同生育期与不同器官对鳞翅目害虫的毒杀作用，明确了抗虫棉对棉铃虫、玉米螟、红铃虫、造桥虫、棉卷叶螟等虫口密度、蕾铃被害程度及防治压力都有较强的减轻作用与控制效果，品种抗性越高，其减轻作用越大。田间抗虫棉高抗品种对棉铃虫、玉米螟、红铃虫的防效都可达 70% 以上，对棉卷叶螟的防效达 60%左右。明确了抗虫棉抗性表达呈现明显的时空动态特点：在时间上，子叶期抗虫性最高，蕾期相对较高，到花铃期以后明显下降。

（1）棉铃虫 据协作组 2001—2003 年系统调查，抗虫棉田在棉铃虫 2 代发生期的百株累计卵量、百株残虫量和蕾铃被害率分别为 32 粒、0 头和 0.01%，分别比常规棉降低8.57%、100%和 0.29 个百分点；在 3 个代次发生期分别比常规棉降低 0.5%、66.67%和 1.36个百分点；在 4 代发生期分别比常规棉降低 2.87%、35.14%和 3.35 个百分点。面上普查10 块棉田的资料表明，抗虫棉品种 2、3、4 代棉铃虫的平均百株残虫量依次为 0.2 头、1.75头和 4.95 头，分别比常规棉降低 94.29%、57.83%和 37.74%；抗虫棉品种 2、3、4 代棉铃虫的平均蕾铃被害率依次为 0.015%、0.475%和 1.94%，分别比常规棉降低 96.25%、87.35%和 66.67%。

（2）棉田玉米螟 在棉田玉米螟 1 代盛末期调查，抗虫棉田亩虫量为 0.5 头、受害株率仅为 0.04%，分别比常规棉田低 92.30%和 97.59%；在棉田棉铃虫 2 代盛末期，抗虫棉田亩虫量为 1.5 头、受害株率为 0.21%，分别比常规棉田低 85.71%和 88.40%；棉田玉米螟3 代盛末期的残虫量和受害铃数，抗虫棉田比常规棉田分别降低 81.97%和 76.00%。

（3）棉红铃虫 抗虫棉田内各代棉红铃虫未查见残虫，而常规棉田的棉红铃虫 2、3代百株残虫量分别为 8 头和 24 头；从棉花被害情况看，抗虫棉田在棉红铃虫 1 代的花害率和 2、3 代铃害率依次为 0.04%、4%和 24%，分别比常规棉田降低 96.39%、85.71%和62.5%。

（4）金刚钻 抗虫棉田 2、3、4 代金刚钻百株残虫量依次为 0 头、2 头和 6 头，分别抗虫棉降低 100%、66.67%和 62.50%；2、3 代蕾害率和 4 代铃害率分别比抗虫棉降低 100%、85.22%和 69.89%。

（5）造桥虫 2001 年抗虫棉田平均百株累计虫量 6 头，常规棉田为 15 头；2002 年抗虫棉田百株累计虫量为 2 头，常规棉田为 8 头。

10.2.2 转基因抗虫棉种植比例与棉铃虫发生程度的关系

研究结果表明，抗虫棉种植比例越大对棉铃虫为主的靶标害虫的控制效果越好。2001—2002 年，我们选择了王港、大中和方强 3 个抗虫棉种植比例分别为 40%、60%和 90%的乡镇，于棉铃虫的 2、3、4 代卵高峰和幼虫高峰期各普查 20 块大田，结果显示，无论是在棉铃虫轻发生的 2、3 代，还是在偏重发生第 4 代，该虫的发生程度都是随抗虫棉种植比例增大而降低，呈极显著的负相关关系。以当地棉铃虫主害代 4 代为例，王港镇（抗虫棉占 40%比例）的虫、卵量分别是大中镇（抗虫棉占 60%比例）的 2 倍和 2.5 倍，是方强镇（抗虫棉占 90%比例）的 8.7 倍和 7.4 倍。其中方强镇及与该镇相邻的三龙镇一带是沿海棉区历史上典型的棉铃虫"虫窝"，在引进抗虫棉之前全部种植的是常规棉，多年的棉铃虫发生和危害都是呈"逐代加重型"的规律，常年往往到 4 代期正常均为偏重至大发生；近年来，随着抗虫棉种植比例的不断扩大，棉铃虫的发生受到明显的遏制，这两个乡镇棉铃虫的发生量和危害程度都显著轻于其他抗虫棉种植比例相对较小的乡镇。就盐城全农区范围而言，自 1995 年引种并逐年推广抗虫棉以来，棉铃虫的发生量和危害程度也逐年下降，已由过去的常发性害虫降为偶发性害虫，这当然也有其他综合措施的控制效果，但抗虫棉种植比例的逐年扩大无疑在其中发挥了重要的作用。

10.2.3　转基因抗虫棉对非靶标刺吸式害虫的影响

通过对多年、多地、多个抗虫棉品种的系统调查结果表明抗虫棉对非靶标刺吸式口器害虫相对多度上升，致使害虫优势种有可能变化，刺吸害虫成为优势种的可能性加大；抗虫棉对棉蚜、棉红蜘蛛、棉盲蝽、叶蝉、烟粉虱等刺吸害虫控制效果差，抗虫棉田刺吸害虫占害虫的比例上升，因此需高度重视抗虫棉田刺吸害虫特别是棉蚜、棉红蜘蛛和棉盲蝽的防治。

（1）棉蚜　两类供试棉花品种在苗蕾期棉蚜的发生期相同，6月上旬同期进入蚜害高峰；从发生量来看，抗虫棉和常规棉苗蕾期累计百株棉蚜量分别为5985头和5600头，前者比后者增加了6.88%。棉蚜危害高峰日在面上各普查10块棉田，当日两类棉花品种的有蚜株率均为100%，百株平均蚜量抗虫棉为2276头、常规棉为2155头，前者比后者增加了5.61%。系统调查田和普查田的棉蚜虫量差异均达不到显著水平。

（2）棉红蜘蛛　本农区棉田红蜘蛛常年5—8月有两个转移和危害高峰，分别在麦子和玉米成熟离田时。系统调查田两类品种的虫株率消长曲线起伏同步，抗虫棉和常规棉田的平均有虫株率分别为5.94%和4.24%，前者比后者高出40.09%。据棉红蜘蛛危害高峰日各10块棉田的普查资料，棉红蜘蛛的危害趋势亦与系统调查田一致，其平均有虫株率分别为20.2%和14.6%，抗虫棉比常规棉高出38.36%。系统调查田和普查田的棉红蜘蛛虫株率均达到显著差异。

（3）绿盲蝽　系统调查田两类棉花品种的绿盲蝽消长动态也表现出高度的同步性；以百株累计虫量计算，抗虫棉为37头，比常规棉高出23.33%左右。绿盲蝽危害高峰日各10块棉田的普查资料表明，大多数田块抗虫棉的虫量都高于常规棉，其百株平均虫量为6.9头，比常规棉高出4.55%。

（4）中黑盲蝽　棉田中黑盲蝽在系统调查田与普查田的虫量消长和百株累计虫量动态趋势，亦与棉田绿盲蝽相似；而且同样表现为抗虫棉的总虫量高于常规棉，差异幅度相近。两种盲蝽象在两类棉田的总虫量经方差分析，差异均达不到显著水平。

（5）烟粉虱　烟粉虱的发生量和危害程度亦与棉红蜘蛛相似，表现为抗虫棉田高于并重于常规棉田。

抗虫棉田非靶标害虫的虫量与危害高于常规棉。究其原因我们认为，首先，抗虫棉是应用分子生物学技术，用人工合成的方法对 *Bt* 基因δ-内毒素结构进行了改造，使其适于在高等植物体内表达，并将其外源抗性基因转入棉株体内而获得的。抗虫棉主要是以鳞翅目类咀嚼式口器昆虫为靶标害虫的，而对刺吸式口器害虫则无抗性；同时，由于本地种植的抗虫棉多数为抗虫杂交棉，常因棉株生长旺盛，田间郁闭而招致多种非靶标害虫的加重危害。其次，由于抗虫棉的外源基因转入会引起棉株体内所含物质和生理代谢发生变化，此类变化就可能有利于某些非靶标害虫的严重发生。诸如抗虫棉植株体内的缩合单宁比常规棉偏低，因而能引起棉红蜘蛛的发展速度要比常规棉快等。最后，常规棉防治2代棉铃虫时可对多种棉花苗期害虫起到兼治作用；防治3代棉铃虫时可对棉花伏蚜、3代盲蝽象和棉叶螨等刺吸式口器害虫起到兼治作用。种植抗虫棉由于不防治2代棉铃虫和减少3、4代棉铃虫的防治次数，也造成了非靶标害虫的加重危害。

10.2.4　转基因抗虫棉对其他节肢动物与有害生物的影响

据本地的现有资料记载，抗虫棉田遭受甜菜夜蛾的危害时间，一般在 8 月中下旬至 9 月上中旬，此时抗虫棉已基本停止生长，体内可对害虫起作用的 Bt 毒蛋白的表达能力已相当微弱，因而对甜菜夜蛾则毒杀效果差。同时，抗虫棉本身对软体动物不具备抗性，所以蜗牛的发生危害并没有抑制作用。

（1）甜菜夜蛾与斜纹夜蛾　2002 年 8 月底至 9 月上中旬甜菜夜蛾与斜纹夜蛾在盐城市沿海及淮北棉区大发生，大丰市两类棉田百株平均虫量均在 1800 头左右；滨海县棉田百株虫量平均 570 头，高的田块高达百株 2000 头左右，抗虫棉田虫量高于常规棉田；阜宁县甜菜夜蛾与斜纹夜蛾在两类棉田百株累计虫量相近，差异不显著。

（2）棉田蜗牛　2003 年长期连续阴雨，导致棉田内蜗牛大发生，主要有同型巴蜗牛和灰巴蜗牛，抗虫棉田发生率为 79.5%、被害株率 0～100%、平均为 5.25%，每亩蜗牛量高达 3000～200000 头，与常规棉田差异不显著。

10.2.5　转基因抗虫棉对棉田捕食性天敌的影响

以常规棉品种为对照，通过对江苏沿海地区抗虫棉田捕食性天敌种群消长动态进行系统调查，明确了天敌种类主要涉及 6 个科共 16 个常见种。从各种群所占比重来看，两类棉田内 6 类捕食性天敌的分布数量依次表现为蜘蛛类＞瓢虫类＞草蛉类＞捕食性蝽类＞捕食螨类＞食蚜蝇类。但棉田间各天敌种群占天敌总量的比例略有差异，其中抗虫棉田内依次占 79.33%、18.76%、0.98%、0.76%、0.13% 和 0.04% 以下，常规棉田分别占 77.36%、20.14%、0.79%、1.36%、0.26% 和 0.08%，可见比例略有差异但达不到显著水平，而且分布趋势一致。面上普查结果表明，抗虫棉田捕食性天敌种群总量比常规棉田增加 25.63%～47.50%，差异均达显著至极显著水平，与系统调查田趋势一致。

（1）蜘蛛类　以八斑球腹蛛、草间小黑蛛、T 纹豹蛛和三突花蛛为两类棉田蜘蛛的 4 个优势种群，其中八斑球腹蛛占蜘蛛种群的比例为 59.00%～63.00%；两种棉田内常见的捕食性蜘蛛有 6 种，依数量大小排序为八斑球腹蛛、草间小黑蛛、T 纹豹蛛、三突花蛛、斑管巢蛛、爪哇肖蛛，两种棉田的蜘蛛比例略有差异，但差异不显著；在数量方面，与常规棉田比较，抗虫棉田的八斑球腹蛛、草间小黑蛛、爪哇肖蛛和蜘蛛总量分别增加 46.90%、94.09%、100.00% 和 55.38%，斑管巢蛛减少 85.71%，经方差分析和新复极差测验比较，差异都达到极显著水平；T 纹豹蛛增加 10.59%、三突花蛛减少 9.52%，两种棉田间的差异不显著。研究结果还表明，捕食性蜘蛛总量的消长动态与棉田内棉蚜、棉叶螨等害虫虫量的消长有明显的相依性和滞后性。

（2）瓢虫类　以龟纹瓢虫、七星瓢虫和异色瓢虫为本农区棉田的优势种群，其中龟纹瓢虫占种群比例的 95% 以上；两类棉田内三种瓢虫各占瓢虫总虫量的分布比例相近，差异不显著；与常规棉田比较，抗虫棉田的龟纹瓢虫、七星瓢虫和瓢虫总量分别比常规棉田增加 63.76%、1250% 和 66.35%，经 *t* 检验，差异达极显著水平；异色瓢虫比常规棉田减少 15.38%，*t* 检验的差异不显著。

（3）草蛉类　从草蛉种群在棉田的消长情况看，全年共有两个虫量高峰，分别在 7 月中下旬和 8 月底至 9 月初，且后峰高于前峰，两类棉田所表现的趋势一致；以 7 月 30 日为界分前后两个时段，抗虫棉田两期的虫量比例分别为 25.71%和 74.29%，常规棉田两期的虫量比例分别为 13.89%和 86.11%。与常规棉田比较，抗虫棉田草蛉类总虫量表现为前峰高于常规棉，差异显著；后峰低于常规棉，总虫量略低于常规棉田，差异均不显著。

（4）捕食性蝽类　以小花蝽、大眼蝉长蝽和华姬猎蝽为本农区棉田的优势种群，其中小花蝽占种群比例的 56.00%～76.19%；两类棉田内三种捕食性蝽的分布数量均表现为小花蝽＞大眼蝉长蝽＞华姬猎蝽；但田间每种捕食性蝽各自所占蝽类总量的比例有一定的差异，抗虫棉田的小花蝽比常规棉田少 22.34 个百分点，大眼蝉长蝽和华姬猎蝽分别比常规棉田高出 5.95 个和 16.39 个百分点；在虫量方面，与常规棉田比较，抗虫棉田的小花蝽、大眼蝉长蝽、华姬猎蝽和捕食性蝽类总量分别比常规棉田增加 81.25%、225.00%、900.00%和 147.62%，经 t 检验，差异均达到了极显著水平。

（5）捕食螨类　以棉叶螨和棉蚜为寄主的食蚜绒螨亦出现在五六月份。从食蚜绒螨种群在棉田的消长动态来看，全年仅在 5 月底 6 月初出现一个虫量高峰，抗虫棉田的总虫量比常规棉田减少 14.29%，差异不显著。

（6）食蚜蝇类　本地的食蚜蝇常见种为的月斑鼓额食蚜蝇。从调查资料可以看出，两类棉田内食蚜蝇在 5 月下旬至 7 月上旬前共出现两个虫量高峰且虫量相等，其差别仅为抗虫棉田的两个虫峰相邻，而常规棉田两个虫峰间相隔较远。

由上述研究结果看，抗虫棉田捕食性天敌种群的数量极显著高于常规棉田。研究认为主要有以下原因：首先，抗虫棉田虽然对鳞翅目害虫有较强的抗性作用，但对刺吸式口器害虫并不具有抗虫效果，因而后者就成为捕食性天敌种群赖以生存与繁衍的主要寄主来源；其次，抗虫棉田由于其抗性功能发挥作用，因而棉农用以对靶标害虫的化学防治次数大约减少一半，这就相应地减少了对捕食性天敌种群的直接杀伤，使其较常规棉田具有更加安全稳定的生存环境；最后，目前本地推广应用的抗虫棉品种主要是抗虫杂交棉，具有明显的生长优势，宜于稀植与间套种，并且植株高大、枝叶茂盛，为捕食性天敌种群提供了良好的活动空间和隐蔽栖息场所。上述三大因素是导致抗虫棉田捕食性天敌种群数量超过常规棉田的主要原因。

10.2.6　转基因抗虫棉对棉田寄生性天敌的影响

盐城农区棉铃虫卵寄生蜂主要为拟澳洲赤眼蜂，棉铃虫幼虫寄生蜂主要为齿唇姬蜂与斑痣悬茧蜂。据滨海、阜宁、大丰等地田间调查统计，2 代棉铃虫发生期问题未查到棉铃虫的寄生卵，3、4 代发生期该品种的卵寄生率依次为 2.63%和 1.22%，分别比常规棉降低 14.05%和 11.59%；抗虫棉在各代棉铃虫幼虫期均未查到被寄生的幼虫，而常规棉在 3、4 代幼虫期的寄生率分别为 4.17%和 6.11%。将田间的 2、3、4 代棉铃虫幼虫采集到室内饲养观察寄生率，抗虫棉室内寄生率分别为 6.67%、3.57%和 0；常规棉室内寄生率分别为 13.33%、10%和 0。系统研究了转 Bt 基因棉与常规棉田棉铃虫卵和幼虫期主要寄生蜂的种群密度，结果表明抗虫棉田寄生性天敌数量与寄生率显著或极显著低于常规棉品种，抗虫棉对棉铃虫卵期和幼虫期的几种重要寄生性天敌存在明显的排斥效应。此为抗虫棉的安全推广与有效利用棉田天敌提出了新的理论，也为评估转基因作物的风险性提供了重要的参考依据。

10.3　转基因抗虫棉对棉田主要病害的影响

10.3.1　抗虫棉田棉花主要病害的发病规律

在抗虫棉发病规律调查方面，各点采用系统调查和面上普查相结合的方法进行，系统调查全部使用育种家种子，面上普查为棉农群众自己购置的抗虫棉品种。

（1）苗期病害减轻　新洋试验站系统调查，中棉所 29 苗期炭疽病的病率和病指依次为 4.2% 和 2.1，分别比苏棉 9 号降低 27.59% 和 34.38%；中棉所 29 的立枯病的病率和病指依次为 12.4% 和 4.6，分别比苏棉 9 号降低 28.32% 和 25.81%。滨海县系统调查 2002 年棉花苗期病害发生较重，5 月中旬调查，中棉所 29 平均死苗率 0.25%（0.1%～0.96%），苏棉 9 号平均死苗率 3.7%（0.8%～14.6%）；鲁棉研 15 号死苗率与苏棉 9 号相近。阜宁的系统调查结果亦与滨海类似，因而表明抗虫棉的苗期病害略低于常规棉。面上普查结果与系统调查结果相似。

（2）枯萎病抗性下降　2002 年前由于当地种植的抗虫棉品种较少，枯萎病发生很轻。据新洋试验站小区试验，种植育种家提供的种子和非育种家取样的种子，中棉所 29 枯萎病病指分别为 3.8 和 6.2；鲁棉研 15 枯萎病病指分别为 3.75 和 4.9，对照品种苏棉 9 号枯萎病病指为 4.3。其他县（市）亦反映有种植非育种家生产的抗虫棉品种枯萎病抗性下降的问题。滨海、阜宁等县的调查材料还表明，中棉所 29 抗枯萎病能力较强，鲁棉研 15、科棉系列等品种对枯萎病也有一定的耐病性。

（3）黄萎病发病田率上升　抗虫棉田黄萎病的发病趋势与枯萎病相似，发病田率有所上升。如大丰市面上普查，2004 年第一峰期自 6 月中旬至 7 月 15 日共降雨 281.6 ㎜，尤其是 7 月 11—15 日连续降雨 119.6 ㎜，雨后病情急发。抽查 286 块抗虫棉田，其中发病 188 块田，占 65.7%；7 月 16 日后连续高温天气，病株迅速恢复生长，且发病株多为 1～2 级病株，但发病田率上升较快；其他县（市）普查结果也有类似情况。据新洋试验站小区试验，种植育种家提供的种子和非育种家取样种子，中棉所 29 黄萎病病指分别为 19.8 和 44.3；鲁棉研 15 黄萎病病指分别为 26.66 和 38.5；对照品种苏棉 9 号黄萎病病指为 29.8。该站按育种家和非育种家种子进行同期普查，每个品种各抽查 20 块田，表现与小区试验结果相近。

（4）铃期病害低于常规棉　由于抗虫棉生长势较强，棉农普遍采用了稀行大棵的栽培方式，在扩大行距合理密度条件下，抗虫棉群体通风透光条件好，降低了棉花铃期病害的发生。据系统调查和面上普查，结果表明抗虫棉田的烂铃率比常规棉降低了 25.31%～27.69%。

上述的多项研究结果均表明，在生产中必须种植来源于育种家提供的种子，同时加强检疫，才能减缓病害的流行与暴发；非育种家生产的种子抗（耐）病的性能达不到品种审定时的抗性水平，常因发病较重而影响大面积的棉花生产。

10.3.2　转基因抗虫棉枯、黄萎病发生演变的原因分析

上面调查结果表明，凡引种中棉所 29、鲁棉研 15 号、科棉系列等抗虫棉品种的育种

家生产繁育的种子，其抗虫性、丰产性、优质性和适应性，以及对枯、黄萎病的抗（耐）性能还是比较好的。但在近几年，抗虫棉田出现棉花枯萎病抗性下降、黄萎病发病田率上升等现象，究其原因，主要有以下方面。

（1）品种混乱是病害加重的主要原因之一　新《种子法》颁布实施以后，种子经营户大幅度增加。据盐城市农业执法支队数据资料，在新《种子法》实施的 2000 年底前，全市具有种子生产、包装和经营资质的单位只有各县（市、区）种子公司共 9 家，到目前已经发展到 90 多家；具有种子经营资质的单位更是猛增到 10000 多家。这些种子经营单位的增加对于打破垄断、方便群众无疑是起了积极的作用，而且绝大多数经营户是守法经营的。也有不少经营户虽具备经营资质，但在引种的技术、能力甚至素质上还跟不上形势发展的要求，由于受利益的驱使，私自将非育种家生产繁育的"中棉所 29""鲁棉研 15"等，以及若干未经江苏省种子审定部门认定的抗虫棉品种（系）引入盐城市场；个别种子经营户还专门翻新更换新品种（系）来欺骗群众，鼓吹"铃大""高产""双抗""亩产籽棉 350 kg"，甚至还喊出"斤棵斤棉""亩产籽棉千斤"等神话，且每公斤价格还高出中棉所 29、鲁棉研 15 等老品牌 30~40 元，使农民因误听宣传而购买种植。从外包装上的信息来看，好多打着"中棉所 29""鲁棉研 15"的旗号，实际内容也说不清楚是什么品种；有的品种无正式商品名，只有代号，产地也五花八门，使人真假难分。而来自于育种家生产的种子，由于在市场销售年份较多，价格透明度也较高，导致许多经营户因无利可图而不愿经营，有的甚至赔本销售，从而引起抗虫棉种子经营的无序与恶性竞争。在许多带菌或感病的抗虫棉种子涌入盐城市场的同时，大量非本地生理小种的枯、黄萎病病菌也随种子一并带入盐城市，故而引起抗虫棉对枯萎病的抗性下降和黄萎病发病田率的上升。

（2）土壤枯、黄萎病的菌系发生了变化　①在枯萎病方面：盐城市长期种植抗病棉，近 20 年来每年仅见到零星枯萎病病株，自从扩种抗虫棉后，发现病株率有所抬头，由于现在种植的抗虫棉绝大多数是从山东、河南等疫区引进的，加上内外混合的枯萎病强菌系生理小种可能产生了变异，而导致枯萎病的抗性下降。②在黄萎病方面：土壤中致病力强的生理型菌系诱导重发。盐城市棉花黄萎病重病区域一般为历年连作的旱作田，具有致病力强的生理型菌系；而现在种植的抗虫棉不少品种又来自于山东、河南等致病力强的地区，致使本地生理小种愈加复杂，微菌核在土壤中繁衍积累逐年增多，加重了黄萎病的发生程度。普查结果证明，凡连茬种植的棉田，遇上适宜的气候条件即可大流行。

（3）气候条件是诱导重发的主导因素　从盐城市多年棉花枯、黄萎病发生流行规律来看，病害发生的轻重主要取决于当时的气候条件。在连茬和带菌种子种植的棉田，只要遇到适宜的温度条件和连阴雨天气，雨后容易出现急性显症并流行，反之则轻微发生或者发生不明显。2004 年的气候条件有利于棉病的发生，所以当年枯、黄萎病在部分菌源积累较多的地区（如大丰市等）发生较重。

（4）发带菌种子扩大了发病面积　前已述及，抗虫棉品种在盐城农区几个沿海县（市）种植比例已高达 90%以上，所种植的品种多数都带有枯、黄萎病病菌，虽经脱绒、包衣处理，但并未能完全杀死种壳上的菌源。经多年观察，不少品种仅表现耐病性，因致死病株较少而暂时掩盖了矛盾。由于受近几年市场需求和棉花价格升高的刺激，植棉户将多年未植棉及从未植棉的农田都扩种了抗虫棉，无意中扩大了枯、黄萎病的发病面积与带菌田块。

（5）品种更新加快，菌源积累增多 盐城市引种抗虫棉已有近 10 年的历史，大致可分为三个阶段：1995—2000 年为单品种种植期，所种植品种主要为中棉所 29，因该品种铃较小、易早衰，目前种植比例略有下降；2001—2002 年为双品种种植期，鲁棉研 15、中棉所 29 各占种植面积的 40%～50%，鲁棉研 15 因铃稍大、顶部结铃多、不早衰，直到目前还为当地的主栽品种，其种植比例仍占抗虫品种的 50% 以上；2003 年以来为多品种种植期，市场上和田间实际种植的不少于有 50 多个品种（系），十分杂乱。而枯、黄萎病在 2002 年年底前发生轻微，2003 年后出现了枯萎病发病抬头、黄萎病发病加重的现象。再从棉花枯、黄萎病的发病情况来看，多数所更新种植的"新品种（系）"，枯、黄萎病的发病株（田）率均高于我们所筛选推广的中棉所 29、鲁棉研 15、科棉系列等育种家生产的品种。

10.4 转基因抗虫棉对主要棉田草害的影响

分别在大丰、盐都、阜宁等点调查，明确了两类棉田杂草共有 40 多种，涉及 17 个科，其中分布广、发生量大的有 10 余种，主要有禾本科的马唐、狗尾草、牛筋草、旱稗、千金子；菊科的鳢肠、小蓟；玄参科的婆婆纳；大戟科的铁苋菜；马齿苋科的马齿苋。局部发生的有地锦、小飞蓬、苣荬菜、旋覆花、乌蔹莓、马兰等。据 6 月中旬、7 月中旬、8 月中旬田间系统调查，抗虫棉田每平方米杂草株数在 107～112 株，杂草鲜重为 460.5～596.5 g；与常规棉田比较，经 t 测验，结果 t 为 1.3054，p 为 0.7771，差异不显著。调查结果还显示，两类棉田在杂草的草相和消长规律上亦相似，农户在空幅较大的抗虫棉棉行间，大多间作了旱粮、瓜果、蔬菜和豆类等多种作物，说明棉田杂草群落并未因为抗虫棉的种植而发生变化。

10.5 对转基因抗虫棉生产性状的评估

近 10 年的种植实践表明，抗虫棉品种除了具有上述的抗性优势外，还具备了生育优势、积累优势、间套优势和效益优势。①生育优势 主要表现为：棉苗壮、发育早、生长快、增铃快。由于抗虫棉个体生长势强、单株发育好、果枝果节多，栽培上可以采用大个体小群体的途径，因此比常规棉移栽密度低，有利于育苗、移栽和田间培管工本，为实现轻简栽培奠定了较好的基础。有利于应用群体质量栽培技术，提高棉田群体质量。②积累优势 抗虫棉株型高大，枝节疏朗，空间利用率明显大于常规棉。抗虫棉个体健壮，单位面积棉株占用空间体积大，群体受光条件好，光合效率高，有利于提高光合效率，增加单位面积有机物质积累，提高单位面积成铃数、成铃率，最终提高经济学产量和经济系数，从而获得高产优质高效益。③抗性优势 目前应用的抗虫棉品种多为抗虫棉，具有较高的抗御鳞翅目害虫危害的作用。对棉铃虫抗性优势不但可以减少用药成本，而且可以减少治虫工本，减轻虫害损失。同时，在扩大行距合理密度条件下，抗虫棉群体通风透光条件好，铃病发生轻，季节性三桃合理，优质桃比例高；部位性三桃分布均匀，成铃质量高，吐絮畅。④间套优势 抗虫棉在间套作的情况下，更能发挥个体优势，充分利用时间和空间，取得棉花和间套作物双高产与双高效。同时又因抗虫棉田用药少的特点，配之以间套作物错开棉花的生长高峰季节，减少了对间套作物的农药污染，保证了这类棉田田间间套作物产品的安全生产。⑤效益优势　抗虫棉可与麦类、大蒜、马铃薯、西瓜、春豆、秋菜等作物间套种，与常规棉棉田间套效益比较，抗虫棉田可增加产值15%以上。

（徐文华　刘标　韩娟）

第三篇
转 *Bt* 基因抗虫植物环境风险监测和管理

第11章 转基因抗虫棉大规模种植后土壤残留 Bt 蛋白动态检测

11.1 一种基于 SDS 溶液高效提取土壤残留 Bt 蛋白的方法

11.1.1 前言

转 Bt 棉花在我国进行商业化种植已达 10 余年，据 2006 年统计，转 Bt 棉花种植面积已占我国棉花种植总面积的 70% 以上（吴孔明，2007）。转 Bt 作物在种植以后，会通过根系分泌物、花粉、残茬向土壤释放 Bt 蛋白（Saxena et al., 2004），这些分泌的 Bt 蛋白会被土壤中的黏土矿物和腐殖质等表面活性颗粒吸附，且结合态毒蛋白仍具有较强的杀虫活性，在土壤环境中可长时间存留（Sims et al., 1996）。这些残留的蛋白可能会对土壤中无脊椎动物、微生物产生潜在的毒性，影响土壤生物多样性，从而破坏土壤的物质循环和能量转换（Sims et al., 1996）。因此，研究 Bt 蛋白在土壤中的降解动态对于保护生态环境安全具有十分重要的意义。

目前，对于土壤中残留 Bt 蛋白的检测方法，主要有生物测定法和 ELISA 试剂盒检测法。生物测定法以目标害虫取食混有残留 Bt 蛋白土壤的植物组织后的死亡率、化蛹率、羽化率、体质量变化等作为指标，是确认土壤中残留 Bt 蛋白杀虫活性的一种直接、有效、简便易行的手段。但生物测定法需要统一虫源、虫龄和饲养条件，且占用的空间大，检测所需的时间长，环境因素干扰大，因此难以对大规模的土壤样品进行检测（李云河等，2005）。ELISA 检测法通过缓冲液提取土壤样品中的 Bt 蛋白，然后采用 ELISA 检测方法对提取的蛋白进行定性或定量检测。相对生物测定法，ELISA 检测法操作较为简单，检测所需时间短，适用于大批量样品的检测，因此成为目前检测土壤中残留 Bt 蛋白最常用的一种方法（Tapp et al., 1994）。在对土壤中残留 Bt 蛋白的检测过程中，最为关键的就是能否高效地从土壤中提取残留 Bt 蛋白。目前，提取土壤中残留 Bt 蛋白的方法主要有碳酸盐法、人造蠕虫肠道蛋白提取液法、PBST（phosphate buffer solution with Tween-20）法，但这些方法都存在一定缺陷。碳酸盐法和 PBST 法提取效率不高，对于 Bt 蛋白残留含量较低的土样容易造成检测结果假阴性；虽然相对于上述两种方法，人造蠕虫肠道蛋白提取液法提取量有一定提高，但是由于该方法需在提取液中加入人造蠕虫蛋白液，对于大量的土壤样品检测而言成本相对较高。为克服以上提取方法的缺点，本研究尝试一种基于 SDS 溶液的新的提取土壤残留 Bt 蛋白的方法，该方法能够高效、低成本地提取残留 Bt 蛋白，为监测 Bt 蛋白在土壤中的残留提供了更有效的方法。

11.1.2 材料与方法

11.1.2.1 土壤样品来源

供试土壤样品分别取自不同地区连续多年种植转 *Bt* 棉花和常规棉的棉田，采样地点分别为河南新乡、江西九江、新疆乌鲁木齐、陕西杨凌。这4个采样点分布于我国的长江流域、黄河流域和西北内陆产棉区，而这3个区域分别代表了我国不同生态环境和土壤类型的3大产棉区。连续种植转 *Bt* 棉花的时间为：新乡棉田，3年；九江棉田，4年；乌鲁木齐棉田，3年；杨凌棉田，4年。

11.1.2.2 土壤样品采集方法

于棉花开花期，在选取的不同转 *Bt* 棉田随机采集土样，同时每个采样点设置1个种植常规棉的田块作为对照。每块棉田设置5个采样点，各样点相距30～50 m，在每个采样点随机选取5株棉花，在每株棉花的根际周围（距主根5～10 cm，距地表12～20 cm）取土样，共取约500 g土壤，装入1个密封袋，−20℃下冰箱保存。

11.1.2.3 土壤残留 Bt 蛋白提取方法

采用碳酸盐法提取 Bt 蛋白的具体步骤参见文献（徐海根等，2008），采用人造蠕虫肠道蛋白提取液法提取 Bt 蛋白的具体步骤参见文献（Shan *et al.*，2005），采用 PBST 法提取 Bt 蛋白的具体步骤参见美国一龙公司 ELISA 蛋白提取试剂盒（Envirologix，USA）上的说明。

由于本研究主要探讨了 SDS 溶液浓度、孵育时间和孵育温度3种提取条件对土壤残留 Bt 蛋白提取效果的影响，在最终的试验中，采用了最优条件下的提取方法。以下为最终优化的 SDS 溶液配方和提取方法。

SDS 提取液的配制：NaCl 8 g、KCl 0.2 g、Na_2HPO_4 1.44 g、KH_2PO_4 0.24 g、SDS 2 g、甘油 50 ml，溶于 800 ml 灭菌的去离子水中，调节 pH 值至 7.4，定容至 1 L。4℃或常温下保存。

提取土壤残留 Bt 蛋白的主要步骤：①取 100 g 土壤样品，采用孔径为 48 μm 的网筛过筛去除植物根系残体等杂质，称取 5 g 过筛后的土壤样品置于研钵中，研磨 1 min 使土壤颗粒细小均匀；②将 0.5 g 研磨后的土壤样品置于 2 ml 离心管中，加入 1.5 ml SDS 提取液，置于涡旋混合仪上振荡 1 min，使其充分混合均匀；③将上述土壤悬浮液置于可控温摇床中，50℃下 200 r/min 振荡 4～16 h；④将振荡后的离心管取出，迅速置于离心机中，12000 r/min 离心 1～2 min；⑤离心结束后，用微量移液器小心吸取离心管中的上清液，转入新的离心管中，该上清液即为含有 Bt 蛋白的溶液；⑥采用 ELISA 试剂盒对含有 Bt 蛋白的溶液进行定量。

11.1.2.4 数据分析

采用 SPSS 16.0 软件进行统计分析，并使用 Duncan 新复极差法（SSR）进行多重比较（a=0.05），数据以平均值加减标准偏差表示。采用 Excel 2003 软件制图。

11.1.3　结果与分析

11.1.3.1　不同 SDS 浓度对 Bt 蛋白提取效果的影响

由图 11-1 可知，土样中 Bt 蛋白提取量随着提取液中ρ（SDS）升高而升高，但是当ρ（SDS）＞2 g/L 之后基本不变，由于过高浓度的 SDS 容易使提取液出现结晶析出而影响缓冲液的使用，因此将 2 g/L 确定为最佳 SDS 浓度。

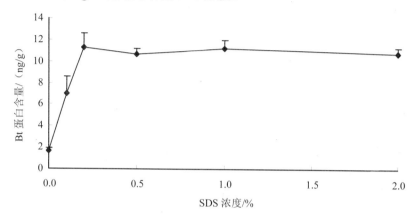

图 11-1　50℃条件下不同ρ（SDS）对 Bt 蛋白提取效果的影响

11.1.3.2　不同孵育温度对 Bt 蛋白提取效果的影响

由图 11-2 可知，Bt 蛋白提取量随着孵育温度的上升而升高，当温度高于 50℃后进入平台期，因此将 50℃确定为最佳孵育温度。

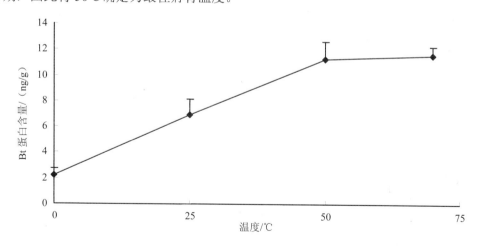

图 11-2　ρ（SDS）为 2 g/L 下不同孵育温度对 Bt 蛋白提取效果的影响

11.1.3.3　不同孵育时间对 Bt 蛋白提取效果的影响

由图 11-3 可知，Bt 蛋白提取量随着孵育时间的延长而升高，但是 4 h 以后的变化已趋于平缓。因此，采用≥4 h 的孵育时间。若延长孵育时间至过夜则可以取得更好的提取效果。

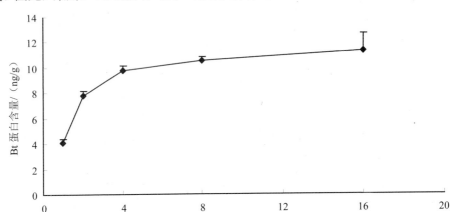

图 11-3 ρ（SDS）为 2 g/L 下不同孵育时间对 Bt 蛋白提取效果的影响

综合以上试验结果，将土样中 Bt 蛋白的提取条件优化为：ρ（SDS），2 g/L；孵育温度，50℃；孵育时间，≥4 h，延长孵育时间可获得更好的提取效果。

11.1.3.4   SDS 法与其他 3 种提取法对土壤残留 Bt 蛋白提取效果的比较

4 种提取方法对转 Bt 棉田和常规棉田土样中残留 Bt 蛋白的提取结果比较见表 11-1 和表 11-2，采用 SDS 法对不同棉田土壤样品中残留 Bt 蛋白的提取效果均明显优于其他 3 种方法。

表 11-1   4 种提取方法对转 Bt 棉田土样中残留 Bt 蛋白的提取结果

采样地点	w（Bt 蛋白）/（ng/g）			
	SDS 法	碳酸盐法	AGF 法[*]	PBST 法
河南	4.39±0.08 a	1.44±0.04 b	0.76±0.05 c	0.61±0.04 c
江西	11.25±1.37 ab	3.28±0.03 a	1.36±0.03 d	1.05±0.02 e
新疆	2.66±0.11 d	1.15±0.03 e	0.67±0.05 c	0.74±0.01 c
陕西	3.47±0.10 b	1.64±0.04 c	1.22±0.07 ad	1.03±0.03 ae

注：同列或同行之间英文字母相同表示不同类型土壤间或不同提取方法间差异不显著；英文字母不同表示差异显著（$p<0.05$）。
[*] 人造蠕虫肠道蛋白提取液法。

表 11-2   4 种提取方法对常规棉田土样中残留 Bt 蛋白的提取结果

采样地点	w（Bt 蛋白）/（ng/g）			
	SDS 法	碳酸盐法	AGF 法[*]	PBST 法
河南	1.37±0.04a	0.32±0.11b	未检出	未检出
江西	1.79±0.05a	0.39±0.03b	未检出	未检出
新疆	0.61±0.14b	0.11±0.02a	未检出	未检出
陕西	0.33±0.08b	0.28±0.08b	未检出	未检出

注：同列或同行之间英文字母相同表示不同类型土壤间或不同提取方法间差异不显著；英文字母不同表示差异显著（$p<0.05$）。
[*]人造蠕虫肠道蛋白提取液法。

11.1.4 讨论

有研究表明释放到土壤中的游离态 Bt 蛋白极易与土壤活性颗粒结合且不易分离，因此难以有效分离和纯化（Sims *et al.*，1996），一直以来这都是转 *Bt* 基因作物对土壤生态系统影响研究的难点之一。由于土壤组成成分复杂，因此会对提取结果造成严重干扰，导致提取效率偏低甚至无法从土壤中提取残留蛋白。为了能深入研究外来蛋白对土壤生态系统可能造成的影响，亟须一种高效的土壤蛋白提取方法。

Saxena 等（2004）发现，即使转 *Bt* 基因玉米根际周围土壤中 Bt 蛋白含量高达 95 μg/g，实际操作中可分离的 Bt 蛋白含量甚至低于检测限。尽管目前可以用生物毒理实验来验证 Bt 蛋白的存在，但是要想进一步深入开展研究，则需要有高效的土壤 Bt 蛋白提取方法的协助。基于此目的，笔者研究了一种基于 SDS 溶液的土壤残留 Bt 蛋白的提取方法，可以从多种类型土壤中较高效、低成本地提取 Bt 蛋白，提取效率高于现有的常用提取方法。SDS 是一种阴离子型表面活性剂，它可以通过吸附的方式使蛋白质分子带上负电荷。尽管目前没有直接的实验证据证明 SDS 分子可以导致蛋白质分子从其吸附的土壤成分微粒上解吸下来，但是从本研究不同梯度 ρ（SDS）的试验结果来看，SDS 分子确实是决定能否从土壤中提取残留 Bt 蛋白的关键因子。本研究中温度对 Bt 蛋白提取效率的影响结果表明，土壤 Bt 蛋白的提取量随着温度的升高而升高。以往的土壤 Bt 残留蛋白提取方法通常是在 0、4℃或者常温下孵育，而笔者尝试在较高温度下进行孵育，结果表明，在 50℃下能够取得较好的提取效果。笔者初步推断其原因可能是由于随着温度的升高，反应体系中的各种分子运动加剧，从而导致蛋白质分子更容易从其吸附的颗粒上解吸下来。此外，为验证本试验所用提取液中 SDS 是否会对后续检测过程造成影响，笔者在 ELISA 试剂盒自带的 Bt 蛋白标样中加入 SDS 提取液后进行检测，并与未加 SDS 的提取液进行比较，二者检测结果一致，证明 SDS 不会对后续检测过程造成影响。

在本研究中，采用 SDS 提取液及相应的提取方法对几种不同类型的土壤残留 Bt 蛋白的提取效果显著好于其他 3 种方法。对于不同的土壤类型，属于黏土类型的江西土壤样品中 Bt 蛋白残留量较高，而属于典型砂土类型的新疆土壤样品中 Bt 蛋白残留量较低，这与其他研究者的研究结果是一致的（Crecchio *et al.*，2001；Tapp *et al.*，1995a；1995b）。

综上所述，基于 SDS 提取液的土壤残留 Bt 蛋白提取方法步骤简单，成本低廉，并能较高效地从各种不同类型土壤样品中提取残留 Bt 蛋白。采用该方法提取到的 Bt 蛋白可以直接用于后续的 ELISA 定量检测，这为进一步深入研究转 *Bt* 作物产生的土壤残留 Bt 蛋白对土壤生态系统影响打下了重要的技术基础。

11.2 转基因抗虫棉大规模种植后土壤残留 Bt 蛋白动态检测

11.2.1 前言

本研究在我国不同产棉区棉花的生育时期，对转 *Bt* 棉田中的 Bt 残留蛋白降解动态进行监测，比较转 *Bt* 棉花棉田残留 Bt 蛋白与常规棉田残留 Bt 蛋白含量差异，明确转 *Bt* 棉花在不同生长阶段 Bt 蛋白的降解动态，评估种植转 *Bt* 棉花可能对土壤生态系统带来的影响，为我国转基因作物环境风险评估提供理论依据。

11.2.2 材料与方法

11.2.2.1 试验地概况

供试土壤样品分别取自不同地区连续多年种植转 *Bt* 棉花和常规棉的棉田，采样地点分别为浙江慈溪、江西九江、江苏盐城、河北廊坊、山东临清、山西运城、新疆喀什、陕西咸阳、河南新乡、湖北武汉。这 10 个采样点分布于我国的长江流域、黄河流域、西北内陆产棉区。

表 11-3　各采样点棉田信息

采样地点	采样次数	采样田块信息
江苏盐城	2009 年和 2010 年各 3 次	一块连续种植 5 年、一块 12 年转 *Bt* 棉花田块，一块 1 年种植常规棉田块
浙江慈溪	2009 年和 2010 年各 3 次	连续 3 年、5 年种植转 *Bt* 棉花田块各一块，1 年种植常规棉块一块
江西九江	2009 年和 2010 年各 5 次	一块 4 年和一块连续 6 年种植转 *Bt* 棉花田块，一块连续 3 年种植常规棉田块
湖北武汉	2009 年采样 3 次，2010 年采样 4 次	一块连续 3 年种植转 *Bt* 棉花田块，一块连续 2 年种植常规棉田块
陕西咸阳	2009 年和 2010 年各 5 次	两块连续种植 5 年转 *Bt* 棉花田块，连续 2 年种植常规棉田块一块
山西运城	2009 年和 2010 年各 5 次	连续种植 4 年转 *Bt* 棉花田块、连续种植 7 年转 *Bt* 棉花田块、连续种植 11 年转 *Bt* 棉花田块各一块，一年种植常规棉田块一块
河南新乡	2009 年和 2010 年各 5 次	连续种植 4 年转 *Bt* 棉花田块、连续种植 8 年转 *Bt* 棉花田块、连续种植 11 年转 *Bt* 棉花田块各一块，一年种植常规棉田块一块
山东临清	2009 年采样 4 次，2010 年采样 5 次	一块连续 14 年种植转 *Bt* 棉花田块，一块连续 2 年种植常规棉田块
河北廊坊	2009 年采样 4 次，2010 年采样 5 次	两块连续种植 11 年转 *Bt* 棉花田块，一块种植常规棉田块
新疆喀什	2009 年和 2010 年各 5 次	一块连续种植 5 年转 *Bt* 棉花田块，一块两年种植常规棉田块

11.2.2.2 土壤样品采集

于棉花的不同生育时期，在选取的不同转 *Bt* 棉田随机采集土样，同时每个采样点设置 1 个种植常规棉的田块作为对照。每块棉田设置 5 个采样点，各样点相距 30～50 m，在每个采样点随机选取 5 株棉花，在每株棉花的根际周围（距主根 5～10 cm，距地表 12～

20 cm）取土样，共取约 500 g 土壤，装入 1 个密封袋，−20℃下冰箱保存。

11.2.2.3 土壤样品中残留 Bt 蛋白提取方法

提取土壤残留 Bt 蛋白的主要步骤：①取 100 g 土壤样品，采用孔径为 48 μm 的网筛过筛去除植物根系残体等杂质，称取 5 g 过筛后的土壤样品置于研钵中，研磨 1 min 使土壤颗粒细小均匀；②将 0.5 g 研磨后的土壤样品置于 2 ml 离心管中，加入 1.5 ml SDS 提取液，置于涡旋混合仪上振荡 1 min，使其充分混合均匀；③将上述土壤悬浮液置于可控温摇床中，50℃下 200 r/min 振荡 4～16 h；④将振荡后的离心管取出，迅速置于离心机中，12000 r/min 离心 1～2 min；⑤离心结束后，用微量移液器小心吸取离心管中的上清液，转入新的离心管中，该上清液即为含有 Bt 蛋白的溶液；⑥采用 ELISA 试剂盒对含有 Bt 蛋白的溶液进行定量。

11.2.2.4 数据分析

采用 SPSS 16.0 软件进行统计分析，并使用 Duncan 新复极差法（SSR）进行多重比较（a=0.05），数据以平均值加减标准偏差表示。采用 Excel 2003 软件制图。

11.2.3 结果与分析

以下为各省份 2009 年、2010 年采样棉田土壤中 Bt 残留蛋白含量测定结果：

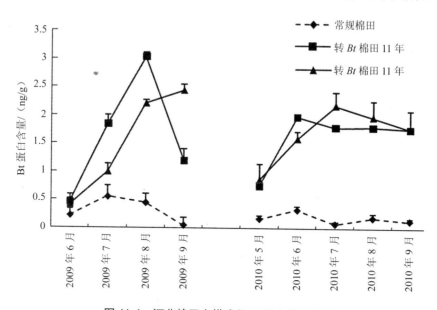

图 11-4 河北棉田土样残留 Bt 蛋白检测结果

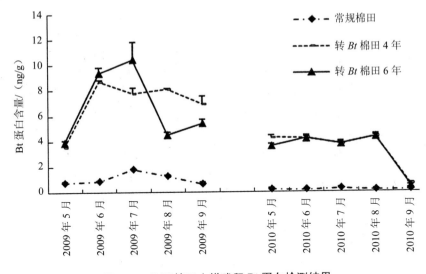

图 11-5　江西棉田土样残留 Bt 蛋白检测结果

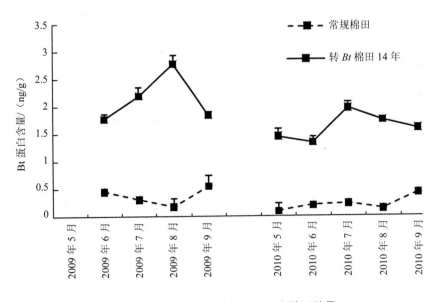

图 11-6　山东棉田土样残留 Bt 蛋白检测结果

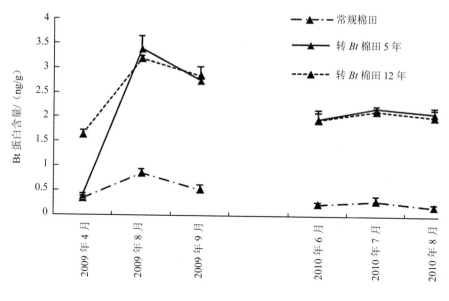

图 11-7 江苏棉田土样残留 Bt 蛋白检测结果

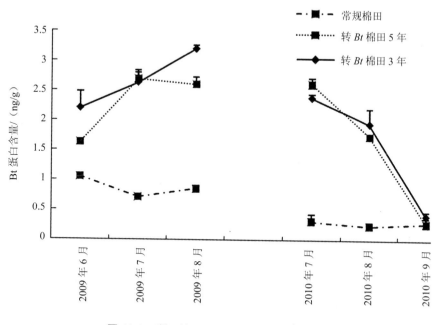

图 11-8 浙江棉田土样残留 Bt 蛋白检测结果

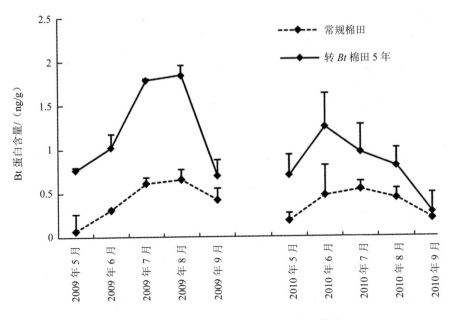

图 11-9　新疆棉田土样残留 Bt 蛋白检测结果

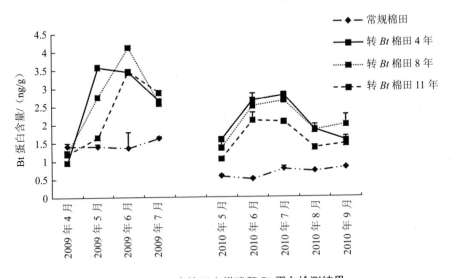

图 11-10　河南棉田土样残留 Bt 蛋白检测结果

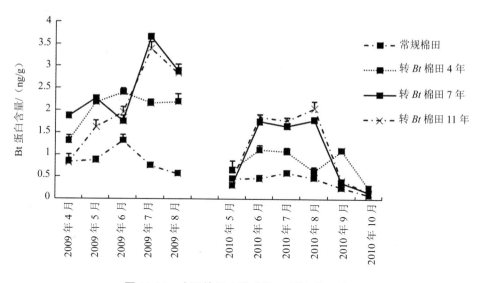

图 11-11 山西棉田土样残留 Bt 蛋白检测结果

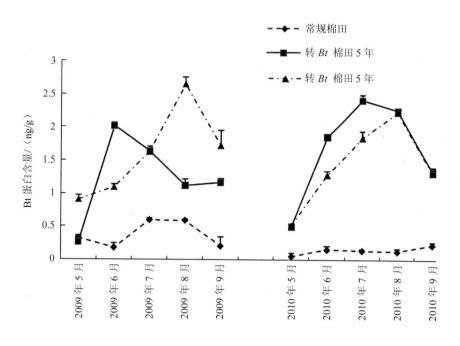

图 11-12 陕西棉田土样残留 Bt 蛋白检测结果

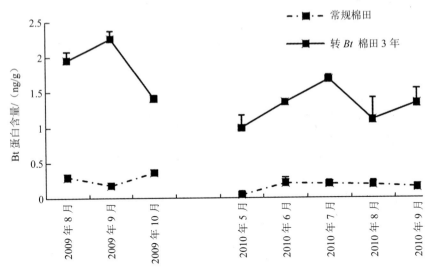

图 11-13　湖北棉田土样残留 Bt 蛋白检测结果

11.2.4　结果与讨论

从我们对各省、自治区采样点棉花不同生育期棉田土壤中残留 Bt 蛋白测定结果可以看出，各采样点转 Bt 棉田中的土壤残留 Bt 蛋白含量在棉花苗期较低，但在棉花的生长期和开花期，土壤中的残留 Bt 蛋白含量出现增高的趋势。在此期间，转 Bt 棉田中的残留 Bt 蛋白含量显著高于常规棉田，这可能是在棉花的营养生长过程中，转 Bt 棉花生理机能一直处于较高的水平，因此分泌出较多的 Bt 蛋白，在此期间，土壤对 Bt 蛋白的降解速度低于转 Bt 棉花向土壤中分泌 Bt 蛋白的速度，因而 Bt 蛋白在土壤中形成积累。但到了棉花的铃期以后，检测结果表明，转 Bt 棉田中的残留 Bt 蛋白含量呈逐渐下降的趋势，到了棉花收获期，大部分棉田中的残留 Bt 蛋白含量下降到与苗期持平的水平。这可能是棉花到了生殖期以后，各项生理指标趋于平缓，因此 Bt 蛋白的分泌速度逐渐减缓，此时土壤对 Bt 蛋白的降解速度高于 Bt 棉花向土壤中分泌蛋白的速度，因而造成土壤中的残留 Bt 蛋白含量呈现下降的趋势。

关于 Bt 蛋白在土壤中的存留时间、特性以及是否产生积累和级联效应，目前国内外多采用室内模拟试验或者在大田条件下设定某个时间点来开展研究。为明确不同生态条件下大田种植转 Bt 棉花是否会造成 Bt 蛋白在棉花根际土壤中积累，针对我国已经商业化种植的转 Bt 棉花品种，选择不同气候和土壤类型的产棉区采样点，在整个棉花生育时期对大田条件下的根际土壤 Bt 蛋白残留动态进行了为期 2 年的跟踪监测，虽然结果表明在绝大多数采样点，长期种植转 Bt 棉花不会造成 Bt 蛋白在土壤中累积，但在本研究采样的少数几个省份（山东、湖北等）棉花收获后转 Bt 棉田土壤中残留 Bt 蛋白仍然高于常规棉田，这可能与当地的生态条件、土壤类型有关，Bt 蛋白降解的速率较慢，造成不同棉田土壤中Bt 蛋白含量产生差异。此外，在本研究的所有采样点中，棉花生育期的相当长一段时间内，转 Bt 棉田根际土壤 Bt 蛋白含量一直处于较高水平，在此期间高浓度 Bt 蛋白是否会对土壤生态系统产生负面影响仍需进行全面评价。

转 *Bt* 棉花在我国种植仅 10 余年，长期大田条件下 Bt 蛋白在土壤中的残留、降解动态规律以及 Bt 蛋白对土壤生态系统的影响仍需进行长期监测，这对于保护生态环境、保障人类健康、确保生物技术沿着健康的轨道发展具有重要意义。

本项研究的主要结论为：

- 转 *Bt* 棉田土壤和常规棉田土壤的 Bt 蛋白残留量在棉花苗期以后的生育期内差异显著，常规棉田土壤中 Bt 蛋白残留量在棉花的整个生育期均处于较低的水平；
- 在棉花的生育期间，转 *Bt* 棉田中的 Bt 蛋白残留量随着时间的增长出现先增加后减少的趋势；
- 除少数采样点外，不同种植年限转 *Bt* 棉田的土壤中的 Bt 蛋白残留量无显著差异；
- 在棉花收获后，土壤中残留的 Bt 蛋白随着时间的增长会逐渐降解，Bt 蛋白不会在土壤中形成积累效应；
- 棉花生育期的相当长一段时间内，转 *Bt* 棉田根际土壤 Bt 蛋白含量一直处于较高水平，在此期间高浓度 Bt 蛋白是否会对土壤生态系统产生负面影响仍需进行全面评价。

（孟军 刘标）

参考文献

[1] 吴孔明. 我国 Bt 棉花商业化的环境影响与风险管理策略[J]. 农业生物技术学报，2007，15（1）：1-4.

[2] Saxena D，Stewart C N，Ahosaar I，*et al*. Larvieidal Cry proteins from *Bacillus thuringiensis* are released in root exudates of transgenic *B. thuringiensis* corn，potato，and rice but not of *B. thuringiensis* canola，cotton，and tobacco[J]. Physiology and Biochemistry，2004，42（5）：383-387.

[3] Sims S R，Holden L R. Insect bioassay or determining soil degradation of *Bacillus thuringiensis* ssp. *kurstaki* cryIA（b）protein in corn tissue [J]. Environmental Entomology，1996，25（3）：659-664.

[4] 李云河，王桂荣，吴孔明，等. Bt 作物杀虫蛋白在农田土壤中残留动态的研究进展[J]. 应用与环境生物学报，2005，11（4）：504-508.

[5] Tapp H，Calamall，Stotzky G. Adsorption and binding of the insecticidal proteins from *Bacillus thuringiensis* subsp. *kurstaki* and subsp. *tenebrionis* on clay minerals [J]. Soil Biology and Biochemistry，1994，26（6）：663-679.

[6] 徐海根，薛达元，刘标，等. 中国转基因生物安全性研究与风险管理[M]. 北京：中国环境科学出版社，2008：493-495.

[7] Shan G，Embrey S K，Herman R A. *et al*. Biomimetic extraction of Bacillus thuringiensis insecticidal crystal proteins from soil based on invertebrate gut fluid chemistry [J]. Journal of Agricultural and Food Chemistry，2005，53（17）：6630-6634.

[8] Crecchio C，Stotzky G. Biodegradation and insecticidal activity of the toxin from *Bacillus thuringiensis* subsp. *kurstaki* bound on complexes of montmorillonite-humic acids-Al hydroxypolymers [J]. Soil Biology and Biochemistry，2001，33（4/5）：573-581.

[9]   Tapp H，Stotzky G. Dot blot enzyme-linked immunosorbent assay for monitoring the fate of insecticidal toxins from *Bacillus thuringiensis* in soil[J]. Applied and Environmental Microbiology，1995a，61（2）：602-609.

[10]   Tapp H，Stotzky G. Insecticidal activity of the toxins from *Bacillus thuringiensis* subspecies *kurstaki* and *tenebrionis* adsorbed and bound on pure and soil clays[J]. Applied and Environmental Microbiology，1995b，61（5）：1786-1790.

第 12 章　转基因玉米 Cry1Ab 蛋白田间残留及降解规律的研究

　　近年来，随着转 *Bt* 基因玉米在全球范围内大规模的商品化种植，其生态安全问题备受关注，尤其是 Bt 蛋白对土壤生态系统的影响已成为国内外学者关注的焦点。Bt 玉米在生育期内可持续不断地通过根系分泌物向土壤中分泌 Bt 蛋白（Saxena *et al.*，1999；Saxena and Stotzky，2000；Saxena *et al.*，2002a；王建武等，2005），此外，Bt 蛋白还可以通过植株残体脱落、伤口流出及花粉飘落（Losey *et al.*，1999）等途径进入土壤中。Bt 玉米收获后，大量 Bt 蛋白则通过玉米根茬（邢珍娟等，2010）或秸秆还田进入土壤生态系统中（王建武等，2003；Sims and Ream，1997；Palm *et al.*，1994；1996；张运红等，2007；Donegan *et al.*，1995；1996），可能造成 Bt 蛋白在土壤中的累积。Saxena 等报道通过 Bt 玉米根系分泌物和残体降解释放的 Bt 蛋白在土壤中残留期最长可达 350 d（Saxena *et al.*，2002；Saxena and Stotzky，2001）；Sims 等用生物测定的方法研究发现，Bt 玉米收获后根茬中 Bt 蛋白在 1447 d 后才消失（Sims and Holden，1996；Sims and Martin，1997）。转 *Bt* 基因作物释放的 Bt 蛋白在田间的实际降解过程很复杂，影响因素很多。Bt 蛋白在土壤环境中的失活或消除主要依靠昆虫消耗、太阳光降解作用、微生物降解和最终的矿化作用（Koskella and Stotzky，1997），而转基因作物表达的杀虫蛋白类型与含量、作物品种、土壤类型、土壤微生物组成、土壤水分和环境条件等均可能影响土壤中 Bt 蛋白的降解速度（Herman *et al.*，2002a）。近年来，有关室内及田间条件下 Bt 玉米残体中 Bt 蛋白的降解及其对土壤生态系统的影响研究较多（王建武等，2003，2005，2009；邢珍娟等，2008，2010；张运红等，2007；Sims and Holden，1996；Susanne and Christoph，2005；Zwahlen and Hilbeck，2003；Herman *et al.*，2002b；Saxena *et al.*，2002b；Hopkins and Gregorich，2003），但有关田间条件下 Bt 玉米整个生育期及其秸秆还田后 Bt 蛋白在土壤中的残留降解动态研究较少。

　　本章以全球商品化种植面积较大的转 *Bt* 基因玉米 MON810 为研究对象，在田间自然条件下种植、收获并进行秸秆还田，利用酶联免疫法（ELISA 法）检测了不同生育期内根际土壤 Cry1Ab 蛋白含量，并研究了地表覆盖和埋入土壤两种还田方式下秸秆分解释放的 Cry1Ab 蛋白的土壤降解动态，应用移动对数模型、指数模型和双指数模型分别对 Cry1Ab 蛋白的土壤降解动态进行拟合，比较了 3 种模型的拟合精度和估算的 DT_{50}（降解半衰期，即降解初始秸秆中 Bt 蛋白含量 50% 所需要的时间）、DT_{90}（90% 降解期，即降解初始秸秆中 Bt 蛋白含量 90% 所需要的时间）值，探讨了 Bt 蛋白在土壤生态系统中的残留和降解规律，以期为我国转 *Bt* 基因作物土壤环境安全评价提供科学依据。

12.1 材料与方法

12.1.1 试验材料与试剂

供试玉米品系来源于美国孟山都公司的转 *Bt* 基因玉米 MON810（品种为 DK647BTY，表达 Cry1Ab 杀虫蛋白）。

Bt-Cry1Ab 酶联免疫试剂盒购自美国 Agdia 公司，其中包括一块包被抗体的 96 孔板及配套试剂（过氧化物酶标记物、阳性标样、TMB 底物和 PBST 洗涤缓冲液）。

12.1.2 试验设计与采样方法

12.1.2.1 田间试验设计

作物种植地点为农业部转基因植物环境安全监督检验测试中心（济南）的试验基地，土壤为褐土，质地（美国制）为壤土，土壤的基本理化性状为：pH 值 8.3，有机质 22.09 g/kg，全氮 1.22 g/kg，全磷 0.77 g/kg，全钾 1.32 g/kg，碱解氮 32.44 mg/kg，速效磷 9.82 mg/kg，速效钾 90.56 mg/kg。

试验小区面积 15 m×15 m，3 次重复，株距 20 cm，行距 60 cm。整个试验不施肥，不喷洒农药，其他按常规管理。

12.1.2.2 Bt 玉米不同生育期根际土壤采集

于 2009 年 6 月 1 日播种，9 月 18 日收获。分别于玉米的苗期（6 月 12 日）、拔节期（7 月 1 日）、喇叭口期（7 月 17 日）、抽雄期（8 月 1 日）、抽丝期（8 月 11 日）、乳熟期（8 月 30 日）和完熟期（9 月 13 日）采集根际土壤样品。采集时，每小区按 S 形随机选择 10 株，轻轻去除 2 cm 的表层土，再挖出全部根系，抖落多余土壤，取附着于根系上的土壤即为根际土，将其装入密封袋中，于−80℃冰箱中贮存备用。

12.1.2.3 Bt 玉米秸秆还田及采样方法

于 9 月 18 日 Bt 玉米收获后进行秸秆还田，采用网袋法，设地表覆盖和埋入土壤两种处理。先将收获后的玉米秸秆各部分剪成碎段混合，然后用粉碎机粉碎成直径小于 0.5 cm 的粉末。分别取 10 g 秸秆粉末装入尼龙网袋（15 cm×10 cm，30 目），摊成均匀薄层，每小区每个处理 52 袋，另留取 12 袋用于检测还田前秸秆中 Bt 蛋白的初始含量。地表覆盖处理时将网袋均匀铺在地表，尽量使网袋与地表接触面积最大，埋入土壤处理则是将网袋埋入土表以下 4～5 cm 处。

分别于还田后 1、2、3、4、5、6、7、10、20、50、80、120 和 180 d 取样。每次取样时每个小区中每个处理取 4 个网袋中的秸秆粉末，重新混匀装入密封袋中作为 1 个重复，于−80℃冰箱中保存。

12.1.3　Bt 蛋白含量的测定

Bt 蛋白含量的测定采用酶联免疫定量试剂盒法，包括 Bt 蛋白的提取与测定两个步骤。

Bt 蛋白的提取：称取样品 0.15 g（剩余部分用于测定样品含水量），液氮研磨均匀，装入 2 ml 离心管中，加 1.5 ml Cry1Ab 提取液（1×PBST），涡旋混匀，静置 30 min，在 4℃条件下 12000 r/min，离心 10 min，取上清液，用 1×PBST 提取液稀释 50 倍后待测。Bt 蛋白的定量测定：在同一酶标板中加入 6 个不同浓度（0、0.25、0.5、0.75、1、2 ng/ml）的 Bt 标准蛋白以及样品稀释液各 100 µl，保鲜膜覆盖，振荡 15 min，保湿瓷盒中 25℃孵育 2 h；去膜，PBST 缓冲液洗板 5 次；每孔中加酶标抗体 100 µl，覆膜，振荡 30 min，25℃孵育 2 h；去膜，PBST 缓冲液洗板 5 次；每孔加 TMB 底物 100 µl，覆膜，振荡 30 min，25℃孵育 15 min；最后每孔加 3 mol/L 硫酸终止液 50 µl，充分混匀，30 min 内用酶标仪（波长 450 nm）读取 OD 值，根据标准曲线及含水量求出 Bt 蛋白含量。

12.1.4　Bt 玉米秸秆还田后 Bt 蛋白降解模型的拟合

12.1.4.1　移动对数模型

Herman 等（2002a）提出的经验移动对数模型为：

$$\lg (A) = m\lg (t+k) + b$$

本章采用其幂函数的表达式：

$$A = B \times (t+k)^m$$

式中，A 为 t 时刻土壤中 Bt 蛋白的残留百分数（%）；t 为分解时间（d）；k、m 和 B 为常数；$B=10^b$。

12.1.4.2　指数模型

指数模型的表达式为：

$$A = A_0 e^{kt}$$

式中，A 为 t 时刻土壤中 Bt 蛋白的残留百分数（%）；A_0 为起始时刻土壤中 Bt 蛋白的量；k 为 Bt 蛋白的降解速率常数；t 为分解时间（d）。

12.1.4.3　双指数模型

双指数模型的表达式（Wolt *et al.*，2001）为：

$$A = A_0 e^{-k_1 t} + (100 - A_0) e^{-k_3 t}$$

式中，A 为 t 时刻土壤中 Bt 蛋白的残留百分数（%）；A_0 为起始浓度中土壤溶液中 Bt 蛋白的百分数（%）；k_1、k_3 分别为土壤溶液和土壤吸附的 Bt 蛋白的降解速率常数；t 为分解时间（d）。

12.1.5 数据分析

数据应用 SPSS 16.0 统计软件进行方差分析，用 Duncan's 新复极差法进行多重比较。应用 Sigma Plot 11.0 软件回归向导（Regression Wizard）中非线性参数估计求解模型参数（Marquardt-Levenberg 算法），获得拟合参数后，用最小二乘法求得 DT_{50} 和 DT_{90} 值。

12.2 结果与分析

12.2.1 Bt 玉米不同生育期根际土壤中 Bt 蛋白含量

Bt 玉米 MON810 在 7 个生育期内根际土壤中的 Cry1Ab 蛋白含量表现出较大的差异性（图 12-1）。其中苗期根际土壤中 Cry1Ab 蛋白含量最大，达到 10.61 ng/g，其次是喇叭口期（2.51 ng/g）和完熟期（1.62 ng/g），抽丝期的 Cry1Ab 蛋白含量最少，为 0.27 ng/g，乳熟期其次，为 0.96 ng/g。统计分析结果显示，拔节期和完熟期的 Cry1Ab 蛋白含量差异不显著（$p > 0.05$），抽雄期和乳熟期的差异也不显著（$p > 0.05$），其他各时期之间的差异均达到极显著水平（$p < 0.01$）。

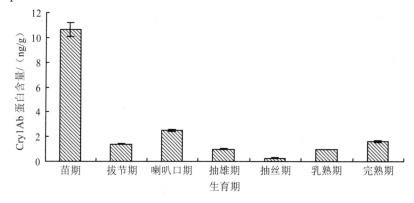

图 12-1　Bt 玉米各生育期根际土壤中 Cry1Ab 蛋白含量

12.2.2 Bt 玉米秸秆还田后 Bt 蛋白的田间降解动态

地表覆盖和埋入土壤两种还田方式下秸秆中的 Cry1Ab 蛋白降解规律基本一致，均呈前期大量快速降解，中后期极少量稳定两个阶段（图 12-2）。秸秆还田 7 d 时，地表覆盖和埋入土壤两处理秸秆中 Cry1Ab 蛋白的含量分别为 110.30 和 204.99 ng/g，与初始含量（903.30 ng/g）相比分别下降了 87.79% 和 77.31%。秸秆还田 7 d 内的各测定时间，地表覆盖处理的 Cry1Ab 蛋白降解率均极显著高于埋入土壤处理，说明还田 7 d 内地表覆盖处理 Cry1Ab 蛋白的降解快于埋入土壤处理。这主要是由于地表覆盖处理的秸秆直接暴露于空气中，地表光降解的强度远高于地下。还田后 10 d 时地表覆盖和埋入土壤处理的秸秆中 Cry1Ab 蛋白含量分别为 100.96 和 102.80 ng/g，降解率分别为 88.82% 和 88.62%，二者之间差异不显著，说明还田后 7～10 d 内埋入土壤处理的秸秆中 Cry1Ab 蛋白降解加快，至 10 d 时降解率与地表覆盖处理基本一致。还田 20 d 后，两种处理秸秆中 Cry1Ab 蛋白的降解日趋缓慢，处于中后期极少量稳定阶段；至还田 180 d 时仍能检测到少量的 Cry1Ab 蛋白，地表覆盖和埋入土壤处理的秸秆中 Cry1Ab 蛋白含量分别为 2.85 和 0.28 ng/g，降解率分别为 99.68%和 99.97%。因此，虽然还田前期地表覆盖处理秸秆中 Cry1Ab 蛋白降解较快，但两种处理降解趋势基本一致，不同还田方式并没有显著影响秸秆中 Cry1Ab 蛋白的田间降解。

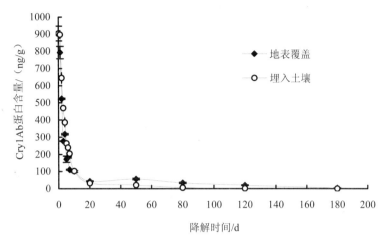

图 12-2　不同还田方式下 Bt 玉米秸秆中 Cry1Ab 蛋白的田间降解动态

12.2.3　Bt 玉米秸秆还田后 Bt 蛋白降解模型的拟合

利用移动对数模型、指数模型和双指数模型分别对地表覆盖和埋入土壤两种还田方式下秸秆中的 Cry1Ab 蛋白的土壤降解动态进行拟合（图 12-3），结果表明，三种模型均能较好地反映 Cry1Ab 蛋白的土壤降解规律。对比拟合结果与实测值发现，地表覆盖处理的移动对数模型和指数模型的拟合结果要稍逊于双指数模型，埋入土壤处理的三个模型的拟合结果相差不大。因此，双指数模型对秸秆中 Cry1Ab 蛋白田间降解动态的拟合精度最好。

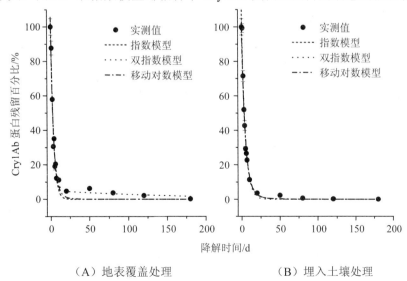

（A）地表覆盖处理　　　　　　　　　　（B）埋入土壤处理

图 12-3　Bt 玉米秸秆中的 Cry1Ab 蛋白土壤降解动态实测值与模型拟合

从拟合结果的非线性回归统计检验参数 p 值（表 12-1）来看，3 个模型的拟合结果均满足显著性检验的要求。从相关系数（R）来看，地表覆盖和埋入土壤两个处理的双指数模型的 R 值分别为 0.9669 和 0.9973，与移动对数模型和指数模型相比，拟合的精度与吻合度更好。

表 12-1 不同还田方式下 Bt 玉米秸秆中 Cry1Ab 蛋白降解动态拟合的模型

模型	地表覆盖			埋入土壤		
	拟合方程	R	p	拟合方程	R	p
移动对数模型	$A(t)=1.66\times10^9(17.27+t)^{-5.82}$	0.9629	<0.001	$A(t)=4.25\times10^9(22.21+t)^{-5.64}$	0.9751	<0.001
指数模型	$A(t)=104.35e^{-0.300t}$	0.9659	<0.001	$A(t)=104.98e^{-0.21t}$	0.9972	<0.001
双指数模型	$A(t)=5.06e^{-0.0058t}+94.94e^{-0.32t}$	0.9669	<0.001	$A(t)=4.75e^{-0.061t}+95.25e^{-0.22t}$	0.9973	<0.001

从表 12-2 可以看出，地表覆盖处理下用 3 个模型推导计算出的 DT_{50} 值差异不明显，但 DT_{90} 值差异较大；而埋入土壤处理的 DT_{50} 值和 DT_{90} 值差异均不明显。在地表覆盖处理下，还田 2 d 时秸秆中 Cry1Ab 蛋白的实测降解率为 42.1%，3 d 时降解率达到 69.3%，3 个模型估算的 DT_{50} 值均在 2.3～2.5 d 之间，基本与实测值一致；还田 10 d 时实测降解率达到 88.8%，因此，双指数模型估算的 DT_{90} 值（9.08 d）与实测值最为相近，而其他两个模型的估算值过小。在埋入土壤处理下，还田 3 d 时秸秆中 Cry1Ab 蛋白的降解率为 48.0%，4 d 时达到 57.2%，因此，移动对数模型和双指数模型估算的 DT_{50} 值（分别为 3.25 和 3.30 d）与实测值更吻合，而指数模型估算的 DT_{50} 值（3.53 d）略大；还田 10 d 的实测降解率为 88.6%，3 个模型拟合的 DT_{90} 值均在 11.20～11.66 d 之间，基本符合实际降解规律。总之，从估算的 DT_{50} 和 DT_{90} 值来看，双指数模型的估算值与实测值最吻合，拟合精度最好。此外，3 个模型估算出的地表覆盖处理下 Cry1Ab 蛋白降解的 DT_{50} 和 DT_{90} 值均小于埋入土壤处理（表 12-2），说明秸秆还田前期地表覆盖处理 Cry1Ab 蛋白降解较快，与实际降解动态一致。

表 12-2 应用 3 个模型估算的 DT_{50} 和 DT_{90} 值

模型	地表覆盖		埋入土壤	
	DT_{50}	DT_{90}	DT_{50}	DT_{90}
移动对数模型	2.33	8.58	3.25	11.66
指数模型	2.45	7.82	3.53	11.20
双指数模型	2.33	9.08	3.30	11.47

12.3 讨论

Bt 蛋白通过根系分泌物进入土壤生态系统是 Bt 作物的转基因成分进入土壤的一种重要途径，土壤中的 Bt 蛋白可被光分解，或作为微生物的碳源和氮源被快速分解利用，但仍有部分能够结合在土壤微团粒结构上，或被腐殖质所固定，而在土壤中持续存在（Stotzky，2000）。本章通过对田间种植的 Bt 玉米 MON810 不同生育期根际土壤中 Cry1Ab 蛋白含量的检测发现，土壤中存在未被降解和利用的 Cry1Ab 蛋白，不同生育期的 Cry1Ab 蛋白含量差异较大，但总体随生育期的延长而显著降低，这与王建武等（2003）利用温室盆栽试验研究的 Bt 玉米各器官中 Bt 蛋白表达量随生育期的变化趋势基本一致。而付庆灵等（2011）通过盆栽试验结合酶联免疫法的研究表明 Bt 棉根际土中 Bt 蛋白含量随生育期延长先增加后减少，在盛蕾期达到最大。另外，张燕飞等（2011）在 Bt 水稻田间种植期间的根际土中未检测到 Bt 蛋白的存在。这说明转 *Bt* 基因作物的 Bt 蛋白在土壤中的残留降解规律因作物品种不同而存在差异。

本章应用 ELISA 定量方法对还田秸秆中 Bt 蛋白田间降解动态的研究表明，不论是地表覆盖还是埋入土壤的秸秆还田方式下，Bt 玉米 MON810 秸秆残体中 Cry1Ab 蛋白在土壤中的降解趋势基本一致，均表现为前期大量快速分解，中后期少量分解并趋于稳定。这个结果与目前报道的 Bt 玉米中 Bt 蛋白的土壤降解过程（王建武等，2005，2009；张运红等，2007；Sims and Holden，1996；Herman *et al.*，2002a）基本一致。Bt 玉米秸秆中 Cry1Ab 蛋白的田间降解并没有受到还田方式的影响，这与王建武等（2009）对不同还田方式下 Bt 玉米 1246×1482 秸秆中 Bt 蛋白田间降解的研究结果一致。

动力学拟合模型是推导降解半衰期（DT_{50}）的主要依据，目前对 Bt 蛋白土壤降解动态的拟合，不同学者选择的模型不同。Herman 等（2002b）用双指数模型推导得出 Bt 玉米中 Cry1F 蛋白土壤降解的 DT_{50} 和 DT_{90} 分别为 0.6 d、6.9 d；Sims 等（1996）假设 Bt 玉米秸秆中 Cry1Ab 蛋白的降解符合指数模型，拟合求得 DT_{50} 和 DT_{90} 分别为 1.6 d、15 d；Herman 等（2002a）用移动对数模型对 Bt PS149B1 系蛋白的降解动态进行了拟合；王建武等（2005）利用上述三种模型对室内可控条件下 Bt 玉米秸秆中 Bt 蛋白的土壤降解动态进行了拟合，发现移动对数模型和双指数模型的拟合结果与实际动态更吻合；张运红等（2007）的研究结果表明，双指数模型能更好地反映 Bt 玉米不同组织释放的 Cry1Ab 蛋白在黄褐土中的残留动态。本研究分别对地表覆盖和埋入土壤两种还田方式下秸秆中 Cry1Ab 蛋白的田间降解动态进行拟合，结果表明，与移动对数模型及指数模型相比，双指数模型更符合实际降解动态，虽然前两者也能反映其基本特性，但拟合精度不如后者。

本研究通过双指数模型估算的地表覆盖处理和埋入土壤两种处理下 Bt 玉米 MON810 秸秆中 Cry1Ab 蛋白降解的 DT_{50} 分别为 2.33 和 3.30 d，DT_{90} 分别为 9.08 和 11.47 d，这比王建武等（2009）用移动对数模型估算的 Bt 玉米 1246×1482 秸秆中 Bt 蛋白田间降解的 DT_{50}（分别为 0.79 和 0.90 d）和 DT_{90}（分别为 5.03 和 3.45 d）值大。分析认为可能与玉米品种、Bt 蛋白初始含量、土壤类型和成分等不同有关，同时可能与两个试验地环境条件差异较大有关。邢珍娟等（2010）的研究也同样表明收获后 Bt 玉米根茬中 Bt 蛋白降解与气温关系密切，温度高时秸秆中的杀虫蛋白降解更快。此外，邢珍娟等（2010）的田间试验还表明，收获后未还田的 Bt 玉米 MON810 根茬中 Cry1Ab 蛋白降解缓慢，DT_{50} 和 DT_{90} 均超过 200 d，降解 8 个月后仍能检测到少量 Bt 蛋白。因此，Bt 玉米收获后秸秆还田，可粉碎残株，从而有利于秸秆中 Bt 蛋白的田间降解。

本章在田间种植条件下对 Bt 玉米全生育期和秸秆还田期进行跟踪研究，并用 3 种动力学模型对秸秆中 Bt 蛋白的田间降解动态进行拟合，使试验结果更好地反映 Bt 蛋白的田间降解规律，为 Bt 玉米的环境安全评价提供了理论参考。但是 Bt 蛋白在田间土壤中的降解受自然环境等多种因素的交互影响，今后还需在大田条件下对 Bt 蛋白与土壤生态系统的互作进行长期监测与研究。

（李凡　路兴波）

参考文献

[1] 付庆灵，陈懔惋，胡红青，等. 种植转 *Bt* 基因棉花土壤中 Bt 蛋白的分布[J]. 应用生态学报，2011，22（6）：1493-1498.

[2] 王建武，范慧芝，冯远娇. 不同还田方式对 Bt 玉米秸秆中 Bt 蛋白田间降解的影响[J]. 生态学杂志，2009，28（7）：1324-1329.

[3] 王建武，冯远娇. Bt 玉米秸秆 Bt 蛋白的土壤降解及其拟合模型的比较[J]. 生态学杂志，2005，24（9）：1063-1067.

[4] 王建武，冯远娇，骆世明. Bt 玉米抗虫蛋白表达的时空动态及其土壤降解研究[J]. 中国农业科学，2003，36（11）：1279-1286.

[5] 邢珍娟，王振营，何康来，等. 转 *Bt* 基因玉米幼苗残体中 Cry1Ab 杀虫蛋白田间降解动态[J]. 中国农业科学，2008，41（2）：412-416.

[6] 邢珍娟，王振营，何康来，等. 转 *Bt* 基因抗虫玉米根茬和根际土壤中 Cry1Ab 杀虫蛋白的田间降解动态[J]. 中国农业科学，2010，43（23）：4970-4976.

[7] 张运红，黄威，胡红青，等. 转 *Bt* 基因玉米残体 Cry1Ab 蛋白在土壤中的残留动态[J]. 华中农业大学学报，2007，26（4）：486-490.

[8] 张燕飞，岳龙，张素芬，等. Bt 水稻杀虫蛋白时空变化及秸秆还田后在土壤中的持留规律[J]. 核农学报，2011，25（4）：779-784.

[9] Donegan KK，Palm CJ，Fieland VJ，*et al*. Changes in levels，species，and DNA fingerprints of soil microorganisms associated with cotton expressing the *Bacillus thuringiensis* var. *kurstaki* endotoxin[J]. Applied Soil Ecology，1995，2：111-124.

[10] Donegan KK，Schaller DL，Stone JK，*et al*. Microbial populations，fungal species diversity and plant pathogen levels in field plots of potato plants expressing the *Bacillus thuringiensis* var. *tenebrionis* endotoxin[J]. Transgenic Research，1996，5：25-35.

[11] Herman RA，Scherer PN，Wolt JD. Rapid degradation of a binay，PS149B1，δ-endotoxin of *Bacillus thuringiensis* in soil，and a novel mathematical model for fitting curve-linear decay[J]. Environmental Entomology，2002a，31（2）：208-214.

[12] Herman RA，Wolt JD，Halliday WR. Rapid degradation of the Cry1F insecticidal crystal protein in soil[J]. Journal of Agricultural and Food Chemistry，2002b，50：7076-7078.

[13] Hopkins DW，Gregorich EG. Detection and decay of the Bt endotoxin in soil from a field trial with genetically modified maize[J]. European Journal of Soil Science，2003，54：793-800.

[14] Koskella J，Stotzky G. Microbial utilization of free and clay-bound insecticidal toxins from *Bacillus thuringiensis* and their retention of insecticidal activity after incubation with microbes[J]. Applied and Environmental Microbiology，1997，63（9）：3561-3568.

[15]　Losey JE，Rayor LS，Cartet ME. Transgenic pollen harms monarch larvae[J]. Nature，1999，399：214.

[16]　Palm CJ，Donegan KK，Harris D，*et al*. Quantification in soil of *Bacillus thuringiensis* var. *kurstaki* δ-endotoxin from transgenic plants[J]. Molecular Ecology，1994，3：145-151.

[17]　Palm CJ，Schaller DL，Donegan KK，*et al*. Persistence in soil of transgenic plants produced *Bacillus thuringiensis* var. *kurstaki* δ-endotoxin[J]. Canadian Journal of Microbiology，1996，42：1258-1262.

[18]　Saxena D，Flores S，Stotzky G. Insecticidal toxin in root exudates from Bt corn[J]. Nature，1999，402：480.

[19]　Saxena D，Flores S，Stotzky G. Bt toxin is released in root exudates from 12 transgenic corn hybrids representing three transformation events[J]. Soil Biology and Biochemistry，2002a，34：133-137.

[20]　Saxena D，Flores S，Stotzky G. Vertical movement in the soil of insecticidal Cry1Ab protein from *Bacillus thuringiensis*[J]. Soil Biology and Biochemistry，2002b，34：111-120.

[21]　Saxena D，Stotzky G. Insecticidal toxin from *Bacillus thuringiensis* is released from roots of transgenic Bt corn in vitro and in situ[J]. FEMS Microbiology Ecology，2000，33：35-39.

[22]　Saxena D，Stotzky G. *Bacillus thuringiensis*（Bt）toxin released from root exudates and biomass of Bt corn has no apparent effect on earthworms，nematodes，protozoa，bacteria，and fungi in soil[J]. Soil Biology and Biochemistry，2001，33：1225-1230.

[23]　Sims SR，Holden LR. Insect bioassay for determining soil degradation of *Bacillus thuringiensis* ssp. *kurstaki* Cry1A（b）protein in corn tissue[J]. Environmental Entomology，1996，25（3）：659-664.

[24]　Sims SR，Martin JW. Effects of the *Bacillus thuringiensis* insecticidal proteins Cry1A（b），Cry1A（c），CryIIA and CryIIIA on *Folsomia candida* and *Xenylla grisea*（Insecta：Collembola）[J]. Pedobiologia，1997，41：412-416.

[25]　Sims SR，Ream JE. Soil inactivation of the *Bacillus thuringiensis* subsp. *Kurstaki CryIIA* insecticidal protein within transgenic cotton tissue：laboratory microcosm and field studies[J]. Journal of Agricultural and Food Chemistry，1997，45：1502-1505.

[26]　Stotzky G. Persistence and biological activity in soil of insecticidal proteins from *Bacillus thuringiensis* and of bacterial DNA bound on clays and humic acids[J]. Journal of Environmental Quality，2000，29：691-705.

[27]　Susanne B，Christoph C. Field studies on the environmental fate of the Cry1Ab Bt-toxin produced by transgenic maize（MON810）and its effect on bacterial communities in the maize rhizosphere[J]. Molecular Ecology，2005，14：2539-2551.

[28]　Wolt JD，Nelson HP，Cleveland CB，*et al*. Biodegradation kinetics for pesticide exposure assessment[J]. Reviews of Environmental Contamination Toxicology，2001，169：123-164.

[29]　Zwahlen C，Hilbeck A. Degradation of the Cry1Ab protein within transgenic *Bacillus thuringiensis* corn tissue in the field[J]. Molecular Ecology，2003，12：765-775.

第 13 章　抗虫转 *Bt* 基因棉花对土壤生态系统的影响

13.1　转基因抗虫棉对土壤微生物群落影响的研究

13.1.1　前言

自 20 世纪 70 年代重组 DNA 技术创建以来，植物基因工程技术的发展日新月异，转基因植物的研究和开发取得了一系列令人瞩目的进展，已培育成功一批抗虫、抗病、耐除草剂和高产优质的农作物新品种（Badu *et al.*，2003）。

棉花是重要的经济作物，我国是世界上最大的棉花生产国和消费国，棉花在农业生产及整个国民经济中占重要地位。1998 年中国农业科学院棉花研究所的两个转基因抗虫棉品种中棉所 29 和中棉所 30 通过国家审定，标志着我国转基因棉花进入了大面积推广阶段（Pray *et al.*，2001）。转 *Bt* 基因棉花因为可以表达 Bt 毒蛋白而具有良好的抗虫性，是我国唯一大量种植的转基因作物，我国转基因棉花的种植面积呈持续增长的趋势，大大减少农药中毒事故，产生了巨大的社会、经济和生态效益，同时带动了抗虫转基因水稻、玉米、杨树等生物技术产品的研究开发。我国已成为世界上第四大转基因作物商业化种植的国家。

随着研究的深入，近年来转 *Bt* 基因植物的潜在风险和影响日益受到重视。转 *Bt* 基因棉花在生长过程中会通过花粉、根系分泌和秸秆还田等途径在种植土壤中释放大量 Bt 毒蛋白，这些释放到土壤中的 Bt 毒蛋白仍然具有杀虫活性（Saxena and Stotzky，2000，Rui *et al.*，2005）。研究表明纯化 Bt 毒蛋白可被黏土矿物、腐殖酸和有机矿物聚合体等土壤表面活性颗粒快速吸附，并与之紧密结合，而且不易被土壤微生物分解（Crecchio and Stotzky，2001），甚至在停止种植 Bt 植物 180 d 之后仍然能检测到杀虫活性（Saxena *et al.*，2002）。最近几年研究发现，转基因植物及其残体与土壤微生物之间的相互作用将有可能改变微生物的多样性，并影响土壤微生态系统的功能（Dunfield and Germida，2004），但转基因植物对于土壤微生物群落结构与功能的影响尚缺乏系统的研究。土壤蕴含丰富的微生物群落，它们在生态系统中起着举足轻重的作用，是土壤生态系统的重要组成部分。微生物活性和多样性是土壤微生态系统受胁迫程度的重要指标。转基因植物及其产物进入土壤以后，可能会与土壤微生物发生相互作用，影响到微生物的活动过程。基于微生物对生物地球化学循环有着重要的贡献，因此研究转基因植物对微生物的影响具有重大的生态保护意义，而转基因作物对土壤生态系统的影响则是转基因植物风险评价的重要组成部分。本研究从土壤理化性质、微生物功能、遗传多样性等角度协同分析，将为系统揭示转基因 *Bt* 棉对土壤微生物群落的影响，为转 *Bt* 基因棉的环境安全性评价提供技术支持。

13.1.2　材料与方法

13.1.2.1　实验材料

本研究选用以 CK1（珂 312）为受体的转 *Bt* 基因棉品系 Bt1-1（109B）、Bt1-2（33B）（为第一组）和以 CK2（泗棉 3 号）为受体的转 *Bt* 基因棉品系 Bt2-1（99BC-8）、Bt2-2（99BC—1）（第二组）为材料。

13.1.2.2　种植与管理

盆栽于江苏省农业科学院遗传生理研究所温室，温湿度和光照同常规。每个非转 *Bt* 基因棉花品种和转基因棉花品系均设置三个重复。浇水和施肥量等田间管理均保持一致。

13.1.2.3　土壤样品的采集

于 2007 年 7 月采集根际周围直径 5cm、深度 5cm 范围内土壤（为同种试验土壤，均种植上述棉花三年），用灭过菌的塑料袋装好密封，放入冰盒立即运回实验室。一部分土样保存-20℃冰箱中，用于土壤微生物 DNA 提取及随后的 DGGE 分析；另一部分土样过 2 mm 筛后，4℃保存，准备进行土壤理化性质分析和相关酶活性测定。

13.1.2.4　主要实验方法

13.1.2.4.1　土壤含水量测定

取土壤样品于 105℃烘干至恒重，利用公式：[含水量=（湿土重－干土重）/干土重]来计算土壤含水量。

13.1.2.4.2　土壤 pH 值测定

取风干土壤样品 25 g 放置于 50 ml 烧杯中，加入 25 ml 除 CO_2 的 H_2O，磁力搅拌 1 min，静置 1 h 待澄清后，用 pH 计测烧杯下部悬浊液的 pH 值。如果测得土样 pH 值小于 7.0，则需用 1 mol/L 的 KCl 溶液代替除 CO_2 的 H_2O 重新测定土样 pH 值。

13.1.2.4.3　土壤 Bt 蛋白测定

采用 Envirologix 公司的 Cry1Ab/Cry1Ac 检测试剂盒通过酶联免疫反应（Enzyme - Linked Immuno Sorbent Assay，ELISA）方法测定，结果用 450nm 吸光度表示。

13.1.2.4.4　土壤理化性质分析（元素含量等）

土壤无机元素采用电感耦合等离子发射光谱法（ICP）分析；土壤有机碳采用 Perkin-Elmer 240 仪器测定；土壤全氮采用 Foss Heraeus CHN-O-Rapid 仪器测定。

13.1.2.4.5　土壤微生物生物量碳的测定

称量 2 份相当于 10 g 干土量的新鲜土壤放入烧杯进行浸提。干燥器抽真空至 $CHCl_3$

沸腾，2 min 后放入 25℃的暗室，每 4 h 抽真空一次，24 h 后移出装有 CHCl₃ 的烧杯，土壤移入装有 40 ml 0.5 mol/L K₂SO₄ 的 500 ml 三角烧瓶，放在摇床上振荡 30 min 后，过滤得上清液，上清液中总有机碳用 Shimadzu TOC 500 型总有机碳分析仪测定，熏蒸土壤和未熏蒸土壤提取的有机碳测定值之差（F_c），除以转换系数 K_c（0.45）即得土壤微生物生物量碳（C_{mic}，mg/kg）。

13.1.2.4.6　土壤微生物酶活性测定

磷酸酶活性、蔗糖转化酶活性、乙酰荧光素水解酶活性测定按照常规方法。

13.1.2.4.7　Biolog GN/GP 微平板

称取相当于 25 g 烘干土样的新鲜土壤。高压灭菌过的三角锥瓶中加入 250 ml 冰浴的无菌磷酸缓冲溶液，加入称好的土壤放在摇床上高速振荡 1 min，冰浴 1 min，共重复三次。取上清液 5 ml 加入灭过菌的 50 ml 的三角锥瓶中，加入 45 ml 无菌 0.1 mol/L 磷酸缓冲溶液，稍加振荡。重复步骤直至稀释到 Biolog 系统所要求的接种浓度。取土壤微生物提取液加到 Biolog 微平板中，将加好样的 Biolog 微平板在 30℃黑暗条件下温育 168 h。温育过程每隔 6 h 使用酶标仪在 590nm 波长读数，测定各个微孔的吸光度变化。Biolog 微平板 ELISA 反应采用每孔颜色平均变化率（Average Well Color Development，AWCD）来作总体描述，计算方法如下：

$$AWCD = \sum (C - R) / 95$$

式中，C 是所测得 95 个反应孔的光吸收值；R 是对照孔 A1 的光吸收值。

利用主成分分析（Principal Component Analysis，PCA）的统计方法分析四种土壤微生物群落 SUSC 的异同。ELISA 反应所测得的光吸收值数据（反应 72 h 的数据）进行如下处理：[（$C-R$）/AWCD 值] 通过处理可减少误差。再对处理过的数据应用 SAS 8.2 统计软件从相关矩阵出发进行主成分分析。根据 C 源利用种类和利用数量的差异，引用了多样性指数对微生物群落多样性进行定量。

13.1.2.4.8　土壤微生物的 PCR-DGGE 分析

13.1.2.4.8.1　土壤微生物总 DNA 的提取

10 ml 离心管中加入 4 ml 裂解液，65℃水浴预热 5 min。加入 1 g 土样轻微混匀，65℃水浴保温 60～90 min 后（每隔 15 min 轻微混匀 1 次），10000 g 室温离心 10 min。上清液转移到 10 ml 离心管中，加入 0.7 ml 5mol/L NaCl 溶液和 0.55 ml 10%CTAB（溶解于 0.7mol/L NaCl）溶液，轻微混匀，65℃水浴保温 10 min。取出离心管，自然冷却至室温，加入等体积氯仿：异戊醇（24∶1）混合液，轻微混匀 1 min 后 10000 g 室温离心 5 min。上层水相移入 10 ml 试管，加入 0.6 体积的异丙醇，轻微混匀，−20℃沉淀 2 h，4℃下 18000 g 离心 15 min。弃去上清，沉淀用 70%乙醇洗涤两次，风干 15 min，溶于 0.5 ml TE 缓冲液（pH8.0），加入 100 μl 7.5mol/L NH₄AC 溶液，冰浴 2 h，16000 g 离心 15 min。加入 1 体积的饱和酚，摇动 5 min，室温下 16000 g 离心 5 min，上层水相转移到新的 1.5 ml Eppendorf 管。加 100～200 μl 无菌纯水至下层有机相中，重复上述步骤，上清液混合。加等体积的氯仿：异戊醇

（24∶1）混合液，摇动 5 min，室温 10000 *g* 离心 5 min，上清液转移至新的 1.5 ml Eppendorf 管。加入 0.1 体积的 7.5mol/L NH₄AC 溶液和 0.6 体积的异丙醇，−20℃沉淀 2 h，18000 *g* 离心 15 min，弃上清，70%乙醇洗涤沉淀两次，风干 15 min，溶于 50 μl 无菌水中。采用 AxyPrep DNA Extraction Kit 试剂盒进行纯化。

13.1.2.4.8.2　PCR 反应

采用通用引物 F27/R1492，GC-F341/R907 进行 PCR 扩增。PCR 扩增反应体系包括 10 ng DNA 模板、10 pmol/L 16S rDNA 通用引物、10 mmol/L dNTP、1 单位 Taq 酶（TIANGEN）、2.5 mmol/L MgCl₂ 溶液、10×反应缓冲液（三者均为 TIANGEN Taq 酶配套产品），反应终体积为 50 μl。PCR 扩增反应在 GeneAmp PCR system 9700 PCR 扩增仪（Applied Biosystems，USA）上进行。为获得高特异性的目标产物，采用巢式 PCR 进行扩增。PCR 产物在 1.2%琼脂糖凝胶（含 0.5μg/ml EB）上电泳，紫外灯下观察并用凝胶扫描仪成像。

13.1.2.4.8.3　DGGE 及图谱分析

使用梯度胶制备装置，制备 6%聚丙烯酰胺变性梯度凝胶，其变性剂的浓度从胶上方向下方依次递增。待胶完全凝固后，采用 C.B.S.Scientific 公司的 DGGE-2001 电泳系统，针对细菌区系取 16S rDNA V3 区 PCR 产物，60℃恒温，90V 恒定电压电泳 17 h。电泳结束后用 Gel Red 染色 30 min，用凝胶影像分析系统分析，观察样品的电泳条带并拍照。

13.1.2.4.8.4　测序和系统发育分析

为了进一步弄清微生物的多样性和系统发育，将 DGGE 回收的条带运用引物 R518 和 F314 进行 PCR 扩增并纯化，然后进行基因测序。用 BLAST 软件对测序得到的序列在 GenBank 数据库中进行同源性比较，获得同源性最高的菌种信息。然后利用除权配对法（UPGMA）构建系统发育树，进行系统发育分析。

13.1.2.4.9　数据统计与分析

利用 SAS 8.2 对数据进行方差分析、多重比较和 LSD 检验。当 $p < 0.05$ 时差异显著；当 $p < 0.01$ 时差异极显著。

13.1.3　结果与分析

13.1.3.1　土壤含水量测定

含水量测定结果如图 13-1 所示，样品间土壤含水量存在显著差异，但是这种差异与棉花样品是否转入 *Bt* 基因没有相关性，这种差异可能是日常浇水和植物本身基因差异等原因造成的。另一方面，土壤含水量差异变化较小，六个样品在 30%～46%之间，因此本研究含水量差异对土壤微生物多样性变化影响不大。

13.1.3.2　土壤 pH 值测定

土壤 pH 值测定结果如图 13-2 所示，109B、33B、99BC-1、99BC-8 和泗棉 3 号五个样品的土壤 pH 值差异很小，在 4.5～5.0 之间。而非转 *Bt* 棉花珂 312 样品的土壤 pH 值显著增高至 7.9 呈弱碱性。

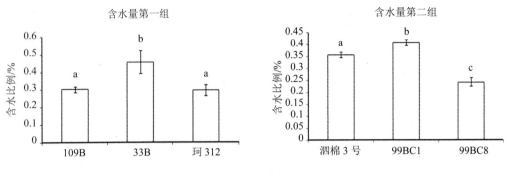

图 13-1 Bt 棉与非 Bt 棉盆栽土壤含水量

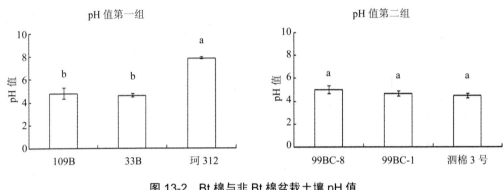

图 13-2 Bt 棉与非 Bt 棉盆栽土壤 pH 值

13.1.3.3 土壤 Bt 蛋白测定

图 13-3 为测定的各个盆栽样品土壤的 Bt 蛋白含量,结果显示在种植 Bt 棉花 3 年之后,土壤样品中的 Bt 蛋白含量均低于阳性对照,说明转基因棉花在种植三年后的 Bt 蛋白表达不显著,并且土壤中原来表达的 Bt 蛋白被大量降解。

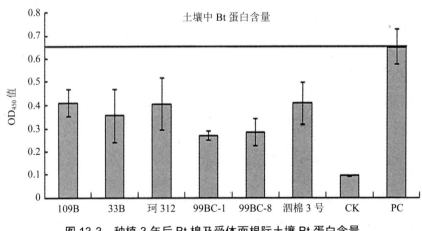

图 13-3 种植 3 年后 Bt 棉及受体面根际土壤 Bt 蛋白含量

13.1.3.4 土壤理化性质分析

土壤金属元素测定结果如表 13-1 所示，种植转 *Bt* 基因棉的土壤较种植非 *Bt* 棉的土壤相比，土壤中的大量、中量及微量金属元素含量均有不同程度的变化。从表 13-1 中可以看出，土壤 K 元素因为 *Bt* 棉花的种植而下降，但是在第二组中下降的差异不显著。Mg 元素含量的变化在两组间表现不一致，第一组 *Bt* 棉土壤 Mg 低于非 *Bt* 棉土壤，第二组却略高于非 *Bt* 棉土壤并且差异不显著，这可能是与受体棉花的基因型有关。土壤 Cu 元素含量由于 *Bt* 棉花的种植有所升高，但是只有转基因棉花品种 33B 表现出显著差异。另外，Ca、Fe、Mn、Co 和 Zn 等元素在各个棉花土壤样品之间没有显著差异。

表 13-1 *Bt* 棉与非 *Bt* 棉盆栽土壤金属元素含量（差异的显著性（$p < 0.05$））

	Ca/%	Fe/%	K/%	Mg/%
109B	0.049 a	0.008 b	0.045 b	0.045 b
33B	0.053 a	0.009 b	0.048 b	0.048 ab
珂 312	0.037 a	0.011 a	0.055 a	0.055 a
99BC-1	0.053 a	0.009 a	0.047 a	0.051 a
99BC-8	0.048 a	0.009 a	0.047 a	0.053 a
泗棉 3 号	0.052 a	0.009 a	0.049 a	0.048 a
	Mn/%	Cu /（mg/kg）	Co/（mg/kg）	Zn/（mg/kg）
109B	0.470 a	7.530 b	12.090 a	1.807 a
33B	0.383 a	13.513 a	11.447a	1.903 a
珂 312	0.437 a	5.113 b	12.813 a	2.203 a
99BC-1	0.493 a	11.220 a	13.113 a	1.900 a
99BC-8	0.437 a	7.227 a	13.163 a	2.097 a
泗棉 3 号	0.517 a	3.490 a	14.213a	1.493 a

非金属元素是微生物中最主要的组成成分，对土壤非金属元素的分析可以从侧面反映土壤肥力和微生物量。*Bt* 棉和非 *Bt* 棉土壤中的非金属元素分析如图 13-4 所示，可以看出，种植转 *Bt* 基因棉土壤较种植非 *Bt* 棉花土壤的全碳存在显著差异，并且两个不同受体棉组的差异不同：第一组土样中转 *Bt* 棉花土壤全碳显著增高，而第二组土样中的全碳显著降低，这可能是与受体棉花的基因型有关。两个实验组土壤样品的总氮没有显著差异。全磷测定结果表明，种植转 *Bt* 棉土壤的磷元素显著降低，并且以珂 312 为受体的转 *Bt* 棉花土壤全磷降低程度更大。

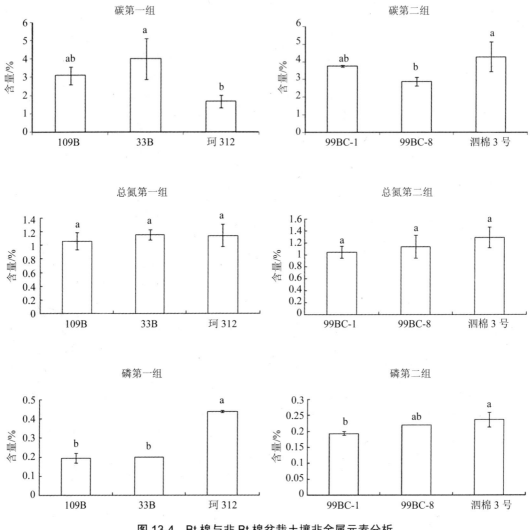

图 13-4　Bt 棉与非 Bt 棉盆栽土壤非金属元素分析

13.1.3.5　土壤微生物生物量碳的测定

土壤中的碳元素总是处于固定与矿化的平衡中，而微生物是矿化土壤碳元素的主要因素，微生物可以通过利用土壤碳元素以及分解动植物残体参与土壤碳循环。因此从一定意义上来讲，土壤微生物碳量与土壤微生物量和碳元素利用能力密切相关。

土壤微生物碳量（C_{mic}）的测定结果见图 13-5，微生物量碳在两组实验间表象不同。在第一组中，非 Bt 受体棉珂 312 土壤中的 C_{mic} 含量显著低于相应的转 Bt 基因棉 33B 和 109B，Bt 棉花的种植促进了土壤微生物总量的增加；但是在以泗棉 3 号为受体的第二组中，99BC-1 的土壤 C_{mic} 显著增高，而 99BC-8 的土壤 C_{mic} 显著降低。

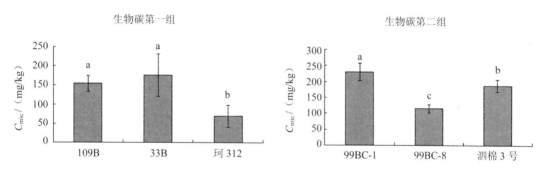

图 13-5　根际土壤生物量碳分析

13.1.3.6　土壤微生物酶活性测定

磷酸酶是土壤中广泛存在的一种水解酶，能够催化磷酸酯的水解反应，磷酸酶活性的高低也反映了土壤对磷的活化能力。如图 13-6 所示，酸性磷酸酶和碱性磷酸酶活测定结果显示，第一组土样转 *Bt* 基因棉花较其受体棉根际土壤的酸性磷酸酶和碱性磷酸酶活性存在显著差异并且活性增加，而且在 *Bt* 棉样品之间，33B 磷酸酶活性增加程度明显高于 109B。而第二组土壤样品酸性磷酸酶活性没有显著差异，碱性磷酸酶活性差异与 *Bt* 棉花种植没有相关性，99BC-8 样品的碱性磷酸酶活性显著低于其他两个样品。

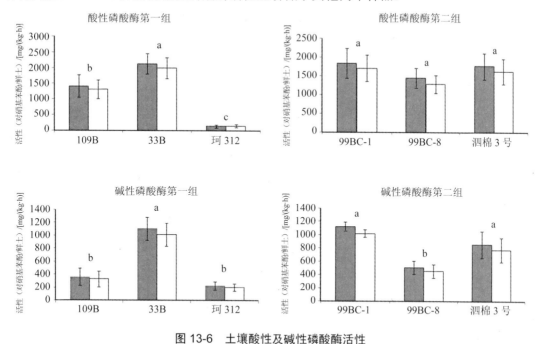

图 13-6　土壤酸性及碱性磷酸酶活性

（黑色为 410nm 吸光值计算结果，白色为 402nm 吸光值计算结果）

蔗糖转化酶能将蔗糖水解成葡萄糖和果糖，是土壤碳循环的关键酶。各个土壤样品蔗糖转化酶活性的测定结果如图 13-7 所示，在第一组土壤样品中，种植转 *Bt* 基因棉花较其非 *Bt* 受体棉花土壤的蔗糖转化酶活性显著增高；而第二组中只有种植转基因棉花品种

99BC-1 土壤的蔗糖转化酶活性显著增高。

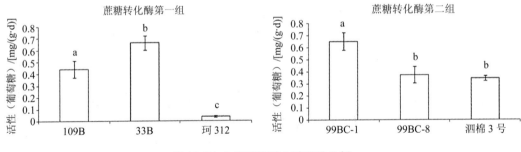

图 13-7　土壤蔗糖转化酶活性分析

FDA（乙酰荧光素）可以被蛋白酶、脂肪酶和酯酶水解，FDA 酶（乙酰荧光素水解酶）活性可以用来检测土壤中活性细菌及真菌的数量。测定结果如图 13-8 所示，第一组土样转 *Bt* 基因棉花种植土壤中 FDA 水解酶活显著增高，而第二组之间 Bt 棉 FDA 水解酶活性虽然有所增高，但是差异不显著。

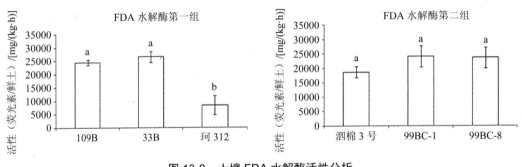

图 13-8　土壤 FDA 水解酶活性分析

13.1.3.7　Biolog GN/GP 微平板

图 13-9a、b 是土壤革兰氏阴性菌对不同碳底物整体利用情况的 AWCD 曲线。结果显示，革兰氏阴性菌的 AWCD 值变化曲线与生态板相似，温育过程中各个土壤样品间的差异不显著。

土壤革兰氏阳性菌温育培养过程中的颜色变化 AWCD 曲线如图 13-9c、d 所示，与其他 Biolog 平板不同的是，GP 板的 AWCD 值在温育 24 h 之后才开始增长，而且在整个温育过程中 AWCD 的增长速度比较均匀，24 h 之后整个曲线没有明显的拐点或平台期。在第一组中，各土壤样品革兰氏阳性菌的 AWCD 值分别在 24 h、108 h 和 132 h 这几个时间点出现显著差异，109B 显著高于珂 312。第二组土壤样品革兰氏阳性菌的 AWCD 值在温育过程中也存在类似于第一组的两个差异显著的时间段，但是时间跨度更大，分别为 24～36 h 和 84～168 h，两个转基因棉花品种 99BC-1 和 99BC-8 根际土样革兰氏阳性菌的 AWCD 值在上述两个时间段中显著高于非 *Bt* 受体泗棉 3 号。

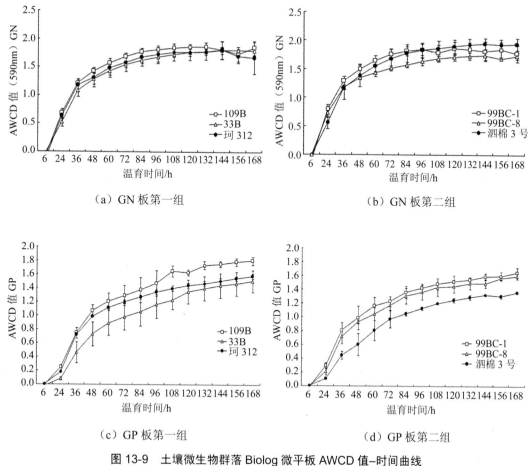

图 13-9　土壤微生物群落 Biolog 微平板 AWCD 值–时间曲线

对温育 72 h 的 Biolog 微平板数据进行主成分分析，结果表明，不同微平板各个底物聚类之后，前 5 个主成分可以积聚 80% 以上的变异，而前两个主成分可以积聚 50% 以上的变异。图 13-10 是对各个平板的前两个主成分作散点影射图。

Shannon 指数是研究群落种数及其个体数和分布均匀程度的综合指标，是目前应用最为广泛的群落多样性指数之一。各个 Biolog 平板的 Shannon 指数温育时间曲线如图 13-11 所示，可以看到温育过程中土壤总体微生物、革兰氏阴性菌、革兰氏阳性菌利用不同碳底物的丰富度的变化趋势比较一致，从 24 h 开始迅速增长，然后增长速度逐渐减慢，72 h 之后到达平台期。

根据 LSD 多重比较检验结果，一些样品在温育中的 Shannon 指数出现显著差异。第二组实验样品的革兰氏阴性菌对 Biolog GN 板碳底物利用的丰富度情况在 72 h 之后出现显著差异，两个转 Bt 棉样品 99BC-1 和 99BC-8 的 Shannon 指数显著高于其受体非 Bt 棉泗棉 3 号。第一组土壤样品革兰氏阳性菌在 Biolog GP 微平板上的丰富度从 108 h 开始出现差异，两个转基因棉品种根际革兰氏阳性菌的 Shannon 指数高于其受体棉珂 312，但是只有 *Bt* 棉 109B 与其受体对照的 Shannon 指数差异显著。

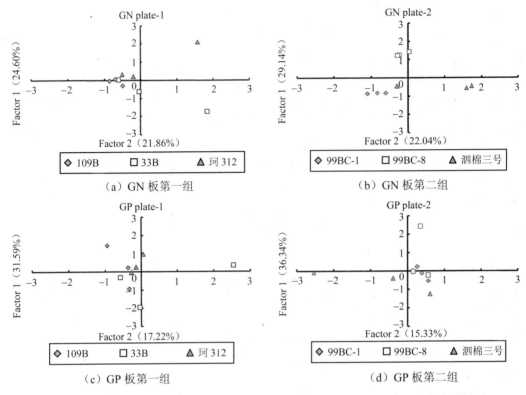

图 13-10　土壤微生物群落 Biolog 微平板主成分分析，主成分 1-主成分 2 散点影射图

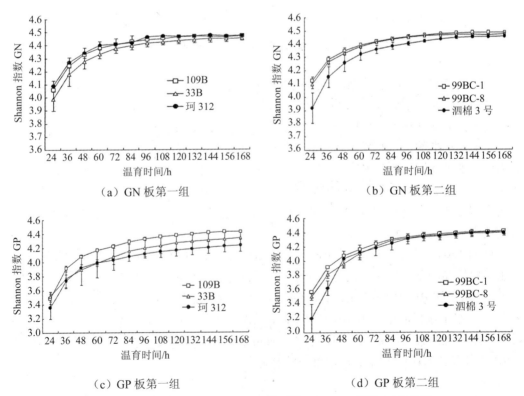

图 13-11　土壤微生物群落 Biolog 微平板 Shannon 指数–时间曲线

13.1.3.8 土壤微生物的 PCR-DGGE 分析

13.1.3.8.1 土壤微生物总 DNA 的提取

在同一时期分别取种植受体 CK1、CK2 以及相应的转基因供体 *Bt*1-1、*Bt*1-2 和 *Bt*2-1、*Bt*2-2 的根际土壤，每个品种三个重复，共 18 个样品，用改良的 SDS 法提取各土壤中微生物的总 DNA，用 0.8%的琼脂糖凝胶电泳，提取效果较好，图 13-12 为提取的部分样品 DNA 图。

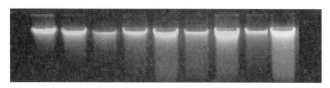

图 13-12　提取的 DNA

13.1.3.8.2 PCR 反应

采用了对大多数细菌的 16S rDNA 基因高变区Ⅲ片段具有特异性的引物 F27、R1492 和 GC-F341、R907 进行了供试土壤微生物的基因组 DNA 特异性扩增，其 PCR 产物用 1.2% 琼脂糖凝胶电泳检测，扩增的片段大小约 600bp。如图 13-13 所示，从左向右依次为：1～3 为 CK1，4～6 为 *Bt*1-1，7～9 为 *Bt*1-2，10～12 为 CK2，13～15 为 *Bt*2-1，16～18 为 *Bt*2-2，19 为阴性对照。

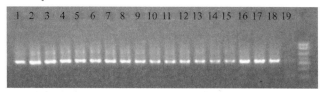

图 13-13　PCR 产物的 1.2%琼脂糖凝胶电泳图

13.1.3.8.3 DGGE 及图谱分析

转基因棉品系 *Bt*1-1、*Bt*1-1 及受体 CK1 和转基因品系 *Bt*2-1、*Bt*2-2 及受体 CK2 的土壤微生物 16S rDNA 的变性梯度凝胶电泳（DGGE）图谱如图 13-14 所示。

图 13-14　土壤微生物 16S rDNA 片段的 DGGE 图谱

13.1.3.8.4 测序和系统发育分析

从 DGGE 图谱中挑选出 171 个较清晰的条带进行了测序，通过 GenBank 中的 Blast 软件，将所有序列与 GenBank 数据库中的序列进行比对后发现了 75 个具有差异性的条带。通过 DNAMAN 软件对这些序列进行了比较，序列相似性为 83%～100%。运用 Mega 软件建立系统发育树，进行系统发育分析（图 13-15）。

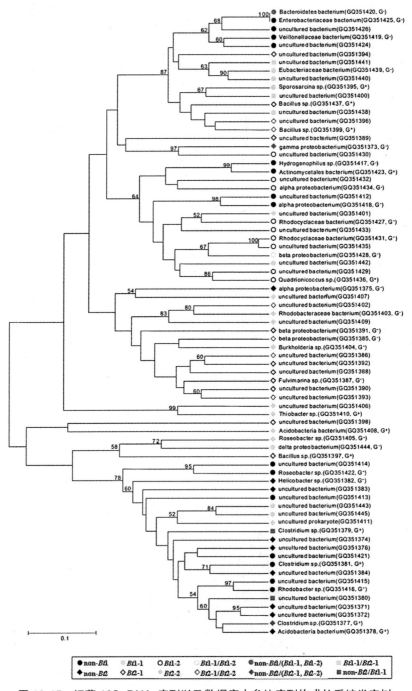

图 13-15　细菌 16S rDNA 序列以及数据库中参比序列构成的系统发育树

13.1.4　结论与讨论

自从转 *Bt* 作物推广种植以来，国内外许多学者都对转基因作物可能带来的生态风险展开了相关方向的研究。转基因植物在很大程度上控制了农业害虫并提高了农产品产量（Fraley，1992，Gasser and Fraley，1992，Lamb *et al.*，1992），但是由于持续表达转基因产物以及环境中残留的转基因植株残体等因素，使得转基因作物仍然具有潜在的负面影响。

土壤微生物是土壤的重要组成部分，在土壤有机物质的降解、营养物质的矿化与固定、植物病理的调控及土壤结构的改善等方面发挥着重要作用。转基因作物在农业土壤中的大面积种植后，就与土壤中整个微生物区系相互作用，有可能对土壤中微生物的活性、种类、数量、群落结构、功能及遗传多样性产生影响。因此，转基因作物风险评价的一个重要方面就是检测收获或耕作后植物残体对土壤生态系统潜在的有害影响。

目前，我国种植的大部分重要农作物都转入了不同来源的 Bt 蛋白（Perlak *et al.*，1990，Lundstrun，1992）。虽然 Bt 蛋白具有高度的专一性，但是它们对于非目标生物的影响还不明确。已有研究证明了各种 Bt 蛋白对非目标无脊椎动物的有害影响，如死亡率增加、繁殖力降低等（Miller，1990），但是，还没有系统的研究 Bt 蛋白对土壤微生物群落的潜在的直接或间接的影响。而且还有可能在转基因片断插入过程中作物本身的特性发生了非目标性的改变（Lange，1990，Mackenzie，1990，Yamada，1992），这些作物特性的改变都可能产生潜在的生态影响。Palm 等（1994）已经证明转基因棉中的 Bt 蛋白在植株与土壤结合后仍然存在，并且其免疫活性和生物活性同检测到的微生物产生的 Bt 蛋白的活性基本相同，因此在降解的转基因植物残体中的 Bt 蛋白对土壤微生物的影响是一个很重要的问题。

Donegan 等（1995）用三个品系的 Bt 棉叶片及纯化的 Bt 蛋白处理土壤，研究 Bt 内毒素对土壤内源细菌和真菌数量和种类的影响，结果发现其中两个 Bt 棉品系使土壤细菌和真菌数量显著增加，而另外一个 Bt 棉品系以及纯化的 Bt 毒素对细菌和真菌总量没有显著影响；通过生化特性分析、微生物群落底物利用特性以及 DNA 指纹图谱技术的分析发现这两个转基因棉体系处理中细菌群落的组成也有暂时性的变化。因此，Donegan 等（1995）认为土壤微生物对转基因作物的反应与转基因作物品种有关，纯化的 Bt 毒素对土壤微生物群落没有影响，说明其中两个转 *Bt* 棉体系对土壤微生物的影响并不是 Bt 棉产生的 Bt 毒素带来的影响，可能是基因操作或植物的组织培养过程使作物特性发生了改变，而不是 Bt 毒素的产生对土壤微生物群落的生长及组成产生影响。

本实验中，种植 Bt 棉花三年之后土壤样品与非 Bt 棉受体相比，在以 CK1 为对照的转基因棉品系中，K、Fe、Mg 等元素显著下降，Cu 元素含量显著升高，而其他金属元素和总 N 没有显著变化，然而在 CK2 为对照的转基因棉品系中，只有 Cu 元素含量显著升高，其他金属元素与总 N 含量均没有显著差异。这一方面可能是 Bt 棉本身发生变化所致，另一方面也是土壤微生物受到种植 Bt 棉影响之后对各种土壤元素的利用差异造成的，这种差异与基因型有关。土壤 C、P 元素的测定结果要与测得的土壤微生物量和微生物酶活性整体分析。综合测定土壤微生物量碳和 FDA 水解酶活性结果，可以看出土壤微生物总量和活性由于种植转 *Bt* 基因棉花而增高。蔗糖水解酶的结果也说明了种植 Bt 棉的土壤碳元素代谢循环加快，结合之前土壤微生物量的结果可以解释，在以 CK1 为对照的转基因棉品系中，Bt1-2 土壤总 C 增加，是因为微生物量增加后对碳元素的积累造成的；而以 CK2 为对照的转基因棉 Bt2-2 土壤总 C 降低，是由于蔗糖水解酶等碳循环酶对碳元素的利用超过微生物增加的碳积累而造成的。以同样的思路也可以解释磷酸酶活性和土壤总磷测定结果的对应关系。另外，在 DGGE 分析中，我们发现了大量的不可培养微生物，而这中间未知菌又占了大部分，这些菌是否在转 Bt 棉对土壤营养元素的选择性吸收和利用中发挥作用，值得我们思考与进一步研究。

DGGE 分析能够揭示微生物群落的遗传多样性，具有可重复、易操作、快速并且可以同时分析多个样品等优点，而且还可通过对切下的条带进行序列分析或与特异性探针杂交分析鉴定群落成员。当然，DGGE 的分析结果也受到多种因素的制约，例如，用于 DGGE 分析的 DNA 提取效率，不同序列的 DNA 片段在聚丙烯酰胺凝胶中的迁移率的相似性，用于 DGGE 分析的土壤类型，PCR 选择的引物等（Xue et al., 2008）。目前，DGGE 技术已广泛用于分析自然环境中细菌、古生菌、真核生物和病毒群落的生物多样性。本实验在进行 PCR 前对模板进行了适当的稀释，尽量使模板中 DNA 含量相等，并在引物 F341 的羧基端加了 40 个 GC 帽，使含 G、C 的 DNA 碱基片段附加到双链的一端以形成一个人工高温解链区，这样，DNA 片段的原有部分就处在低温解链区，从而可以实现更好的分离。对土壤微生物基因组 DNA 进行 16S rDNA 高变区的扩增，两个转基因棉品系中转基因棉花和非转基因棉花根际微生物在 DGGE 图谱上存在显著差异。基于 DGGE 图谱中条带的位置和有无目标条带进行的主成分分析同样显示，两个品系中转基因棉花与非转基因受体根际土壤微生物群落结构有显著差异。从系统发育树中，我们可以看出非 Bt 对照 CK1 和 CK2 土壤中的微生物能够很好地聚在一起与相应的转基因供体 Bt1-1、Bt1-2 以及 Bt2-1、Bt2-2 中的微生物分离，这都说明转基因棉花的种植对土壤微生物的遗传结构产生的重要的影响。通过在数据库中的比对，我们发现起主要作用的微生物 uncultured beta proteobacterium、uncultured Veillonellaceae bacterium、uncultured delta proteobacterium、Rhodocyclaceae bacterium ST7-3、uncultured soil bacterium、uncultured Rhodocyclaceae bacterium、uncultured Bacteroidetes bacterium、Clostridium thermopalmarium、uncultured gamma proteobacterium、uncultured alpha proteobacterium、bacterium gwi10、uncultured Rhodobacteraceae bacterium、uncultured Acidobacteria bacterium、Bacillus cereus 中，主要的革兰氏阳性菌为芽孢杆菌属、梭菌属、酸杆菌属中细菌，而主要的革兰氏阴性菌为红细菌属、红环菌属、拟杆菌属和变形菌属中的细菌，还有大量未知的不可培养微生物。

综合所有实验结果，我们发现，在以 CK1 为对照的系列中，Bt1-1 和 Bt1-2 在土壤微生物活性、群落结构、遗传结构等方面都显著高于二者的共同受体 CK1。在以 CK2 为受体的系列中，Bt2-2 与 Bt2-1 的表现趋势并不完全一致，Bt2-2 的土壤微生物群落结构与受体 CK2 差异显著，而 Bt2-1 与 CK2 差异不显著，但从遗传结构来看，Bt2-2 与 Bt2-1 都与 CK2 有显著差异。可以说，Bt 毒蛋白的加入，使得土壤微生物群落受到胁迫，而带来的反应就是微生物群落提高自身的代谢活性以缓解这种胁迫，或者说 Bt 蛋白的加入为土壤微生物群落提供了可利用的 C 源和 N 源，使土壤微生物群落生理代谢活性增强。我们认为 Bt 棉与非 Bt 受体棉之间在根际土壤微生物群落结构和遗传结构上是有显著差异的，但是这种差异与基因型有关。同一个转基因株系在品种间表现趋势并不完全相同，这也可能如

Donegan 等（1995）所说的，是基因操作过程中改变了作物本身的特性，即转基因片断的插入位点不同或者拷贝数不同所致，这一点还需要进一步的研究。至于 Bt 蛋白和基因型这两个因素中的哪一个对这种影响起主要作用或者这种影响就是二者的综合作用的结果，还需要系统的研究。

主要结论：

（1）转 *Bt* 棉的种植会引起部分土壤元素含量、土壤微生物功能、群落结构与遗传结构的显著变化。

（2）上述指标在两组转基因棉花品系中并不完全一致，这可能与遗传背景，即基因型有关；另外同一株系中两个转基因株系表现也并不完全一致，这可能与转基因产生的遗传效应（拷贝数或插入位点）不同有关。

（3）综合土壤理化性质、PLFA、DGGE 的结果，芽孢杆菌属、梭菌属、酸杆菌属的革兰氏阳性菌，以及拟杆菌属、变形菌属、红菌属的革兰氏阴性菌是棉花土壤中的优势种群微生物，另外，大量的未知的不可培养微生物也得以鉴定。转基因棉花土壤中芽孢杆菌属、红环菌属、陶厄氏菌属、芽孢八叠球菌属、玫瑰杆菌属和优杆菌科中的微生物是区别受体的主要微生物。

13.2　抗虫转基因棉花对土壤生态系统影响的监测

随着众多转 *Bt* 基因抗虫作物的商品化和在生产上的大面积推广使用，其对环境潜在的生态风险性问题（基因漂移导致的遗传污染、转基因逃逸、转基因的非靶标效应、抗病虫性衰退及生物多样性下降、碳氮磷等元素循环发生变化等）也引起了人们的广泛关注（Cannon 2000；Qian *et al.*，1998；2001；Snow and Palma，1997）。许多学者在这方面开展了大量的研究，并取得了一定的进展。但在转基因作物对土壤质量的影响方面，研究工作很少。

土壤是生态系统中物质循环和能量转化过程的主要场所，土壤环境质量状况与农产品的质量安全问题息息相关。转基因作物的外源基因及其表达产物通过根系分泌物或作物残茬等进入土壤生态系统，所以土壤生态系统是容纳转基因植物外源基因及其表达产物的重要场所，土壤特定生物功能类群以及土壤生物多样性都有可能因此而改变（Angle，1998）。转 *Bt* 基因作物释放的毒蛋白进入土壤后能够积累并保持杀虫活性，可直接作用于土壤生物体，引发一系列的反应，尤其是产生的级联效应可进一步扩大这种影响，最终可能会影响到整个土壤生态系统的安全，其危害性可能比商业化 Bt 制剂防治害虫残留在土壤里的前毒素（protoxin）危害性更大（Lexner *et al.*，1986；Goldburg *et al.*，1990；Wang *et al.*，2002）。所以，监测转基因抗虫棉对土壤质量的影响是非常必要的。

在方兴未艾的转基因抗虫棉上，至今抗黄萎病育种还未取得突破。据 2003 年统计，无论国内还是国外的抗虫棉品种均对枯萎病的抗性过硬，但对黄萎病一般仅能达到耐病。中棉所朱荷琴等（2005）对中国抗虫棉品种（系）的抗病性研究发现无论是抗枯、黄萎病性还是兼抗性，抗虫棉均较常规棉差。研究转基因抗虫棉抗病性减弱的机理，并找到相应的解决办法具有重要意义。

13.2.1　材料与方法

13.2.1.1　转基因棉花和试验田

本研究的试验地位于中国河南省安阳市白壁镇的中国农科院棉花研究所棉花农场。地处北暖温带，属大陆性季风气候，年平均气温 13.6℃，年平均降水量 606.1 mm。本研究选择下列三个处理的棉田（表 13-2）：

（1）T-1 处理是 2002 年前种植非转基因常规棉，自 2002 年后一直种植转基因抗虫棉，抗虫棉品种为中 41，由中国农业科学院棉花研究所和生物技术研究所将 *Cry 1Ac* +*CpTI* 双价抗虫基因通过花粉管通道途径导入常规棉中 23 选育而成，2002 年 4 月通过国家审定。

（2）T-2 处理在 1999—2002 年是两种转 *Cry 1Ac* 基因抗虫棉品种（中 29、中 30）混合种植，2002 年后改为种植抗虫棉中 41，其中 29 是由中国农科院棉花研究所从常规棉中 422 选育而成的杂交抗虫棉品种；中 30 是由中国农科院棉花研究所以常规棉中 16 为母本，以转 Bt 基因棉种质系为父本杂交选育而成，上述两个品种于 1998 年 1 月通过国家审定。

（3）CK 处理对照自 1999 年一直种植常规非转基因棉中 35，是由中国农科院棉花研究所选育而成，1999 年 4 月通过国家审定。

表 13-2　三块棉田的种植情况

处理	棉花品种	携带外源基因	种植时间
CK	中 35	—	1999 年至今
T-1	中 41	*Cry 1Ac* 和 *CpTI*	2002 年至今
T-2	中 29 和中 30 混合	*Cry 1Ac*	1999—2001 年
	中 41	*Cry 1Ac* 和 *CpTI*	2002 年至今

本研究的棉田位于东经 116°22′，北纬 360°7′，T-1、T-2 和 CK 三个处理的大田分布情况见图 13-16，三块棉田的土壤质地均为砂壤土。棉花的生长时间为每年的 4—11 月。所有地块的棉花均按照常规农田措施进行种植和管理。在棉花的苗期和花蕾期各施用化学肥料一次。在棉花生长期内，根据控制棉花害虫的需要而施用了化学杀虫剂（表 13-3）。定期对所有棉田中的杂草进行人工除草，期间不施用任何除草剂。棉花收获后，机械粉碎棉花植株并就地掩埋在土壤中腐烂作为有机肥利用。在每年的 11 月至次年的 4 月之间，3 个棉花地块均不种植任何作物。

13.2.1.2　土壤样品采集

2006—2008 年，每年分别在三块棉田棉花生长的苗期（4 月）、蕾期（6 月）、花铃期（8 月）、吐絮期（11 月）采集四次土壤样品。采样时，在每一处理的两头各空留 15 m 以消除地块的边际效应，按"S"形对 3 块棉田定点采集 5 个点的土样（见图 13-16）。去除土表杂草和落叶后，在单位面积 10cm×10cm 上采集 5～20cm 深的土样装入无菌塑料袋中。采用烘干法测定所采土样的含水量（中国科学院南京土壤研究所，1982）。在 3 年的棉田土壤生物调查中，共采样 12 次，采取土样方 360 个。

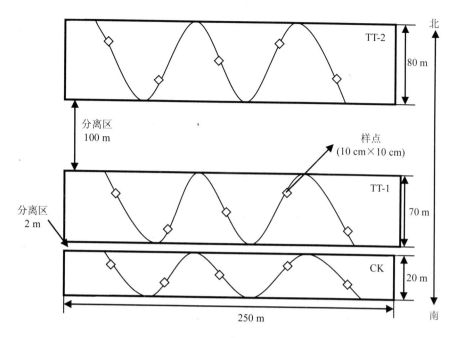

图 13-16　3 块棉田及其采样点的分布图

表 13-3　3 块棉田的化学杀虫剂施用情况

处理	施用时期	杀虫剂品种	主要防治对象
CK	5 月上旬	甲胺磷、敌百虫、氯氰菊酯	地下害虫
	5 月中下旬	吡虫啉、啶虫脒	棉蚜、蓟马
	6 月上旬	甲胺磷、氯氰菊酯、久效磷	棉铃虫
	6 月中下旬	阿维菌素、扫螨清	红蜘蛛
	7 月上旬	甲胺磷、氯氰菊酯、真豪杰	棉铃虫
	7 月中下旬	甲胺磷、氯氰菊酯、震雷	盲椿象
	8 月中上旬	甲胺磷、氯氰菊酯、立功	棉铃虫
	9 月上旬	甲胺磷、氯氰菊酯、震雷	棉铃虫
T-1/T-2	5 月上旬	甲胺磷、敌百虫、氯氰菊酯	地下害虫
	5 月中下旬	吡虫啉	棉蚜、蓟马
	6 月中下旬	阿维菌素、扫螨清	红蜘蛛
	7 月中下旬	甲胺磷、氯氰菊酯、震雷	盲椿象
	8 月中上旬	甲胺磷、氯氰菊酯、立功	棉铃虫

　　采集的土壤样品立刻带回实验室，部分土壤用于收集小型无脊椎动物标本，部分土样用于分析其中的微生物成分。由于实验条件的限制，测定了 2006—2008 年的土壤无脊椎动物数据，以及 2007—2008 年的土壤微生物数据和 2007 年的土壤理化指标数据。

13.2.1.3 土壤无脊椎动物标本的收集和鉴定

称取相当于 500 g 烘干土样的棉田鲜土，采用改良的 Tullgren 法收集土壤小型无脊椎动物标本（Sutherland，1996）。蚯蚓等个体特别大的生物类群使用手拣获得，获得的土壤无脊椎动物标本置于 75% 的酒精中保存。利用 Nikon-SMZ1500（日本）体视显微镜鉴定土壤无脊椎动物样本。动物分类主要参考《中国土壤无脊椎动物检索图鉴》、《中国亚热带土壤无脊椎动物》和《昆虫分类》等著作进行分类定名。主要调查了以下几个土壤无脊椎动物类群（表 13-4）。

表 13-4　调查棉田的土壤无脊椎动物组成

门	纲	目
环节动物门 ANNELIDA	寡毛纲 Oligochaeta	后孔寡毛目 Opithopora
节肢动物门 ARTHROPODA	蛛形纲 Arachnida	蜘蛛目 Araneae
		蜱螨目 Acarina
	弹尾纲 Collembola	弹尾目 Collembola
	双尾纲 Diplura	双尾目 Diplura
	昆虫纲 Insecta	双翅目 Diptera
		革翅目 Deramptera
		等翅目 Isoptera
		鞘翅目 Coleoptera

13.2.1.4 土壤微生物测定

13.2.1.4.1 培养基的制备

细菌用牛肉膏蛋白胨培养基，真菌用马丁培养基，好氧性固氮菌用阿须贝氏无氮培养基，亚硝化细菌用改良的斯蒂芬逊培养基，反硝化细菌用反硝化细菌培养基。

13.2.1.4.2 土壤悬液的制备

本试验对土壤中的细菌、真菌和好氧性固氮菌采用平板计数法，对亚硝化细菌、反硝化细菌这些属于土壤中的特殊生理群的细菌采用稀释培养法培养，用最大或然法分析计数。

准确称取 10 g 土样，放入 90 ml 无菌水中，置于 200 r/min 的摇床上振荡 10 min，然后每个重复统一静止 5 min，得到 10^{-1} 土壤悬液。准确吸取 1 ml 10^{-1} 土壤悬液注入 9 ml 无菌水中并在振动器上振动，得到 10^{-2} 土壤稀释液，照此方法依次稀释制备 $10^{-3} \sim 10^{-8}$ 稀释度的土壤稀释液。同时每样再准确称取三份 $10 \sim 11$ g 的土壤，经烘干后，冷却称重。以此测土壤的含水量 %=（湿土−干土）/干土×100，平板计数法本试验采用混菌法接种：吸取 1 ml 10^{-5} 土壤稀释液接种细菌培养基、吸取 1 ml 10^{-1} 土壤稀释液接种固氮菌培养基、吸取 1 ml 10^{-2} 土壤稀释液接种真菌培养基并各重复 3 次。

反硝化细菌培养：取 15 支装有反硝化细菌液体培养基的试管，按横五纵三的顺序排列在试管架上，第一列三支标以 10^{-4}，第二列标以 10^{-5}，依次类推。用 1 ml 无菌吸管吸取 10^{-8} 土壤稀释液各 1 ml 放入编号 10^{-8} 的三支试管中，同法吸取 10^{-7}，10^{-6}，10^{-5}，10^{-4} 稀释液放入对应试管中。将接种后的试管塞上无菌不透气的橡胶塞，放入 28～30℃培养箱培养 10～14 d。

亚硝化细菌培养：取 15 支装有亚硝化细菌液体培养基的试管，按横五纵三的顺序排列在试管架上，第一列三支标以 10^{-3}，第二列标以 10^{-4}，依次类推。用 1 ml 无菌吸管吸取 10^{-7} 土壤稀释液各 1 ml 放入编号 10^{-7} 的三支试管中，同法吸取 10^{-6}，10^{-5}，10^{-4}，10^{-3} 稀释液放入对应试管中。将接种后的试管塞上无菌棉塞放入 28～30℃培养箱培养 10～14 d。

13.2.1.4.3　稀释培养法微生物的检测

反硝酸细菌：反硝酸细菌会使 NO_2^-，$NO_3^- \rightarrow NO$，N_2O，NH_3，细菌培养 14 d 后，检查是否有菌生长，如果有则一般会有气泡出现，培养液变浑浊。同时用奈氏试剂检查是否有氨。即取一部分培养液，加奈氏试剂 2 滴，如果有 NH_3 存在则呈黄色或褐色沉淀；再用格利斯检查是否有 NO_2^-，并用二苯胺试剂检查是否有 NO_3^- 存在。

亚硝化细菌：如有菌生长，一般有气泡出现，培养液变浑浊。同时用格利试剂检测是否有亚硝酸存在，方法是：取培养液 5 滴于白瓷比色板上，然后滴加格利试剂第一、第二液各 2 滴，如有亚硝酸产生则呈红色。

13.2.1.4.4　菌落数计算方法

（1）混菌法接种的菌落数计算方法：
$$每克干土中菌落数 = 菌落平均数 \times 稀释倍数/干土的百分数$$
（2）最大或然法（（MNP）菌落数计算方法；

根据五个连续稀释梯度的培养情况进行记录，本试验采用三个重复，所以当稀释梯度三管均长菌时记做 3，两管长菌时记做 2，依次类推。最后取三连数作为数字指标，此连数从后面是 0 的一个稀释度算起，向前数三位即可。然后，根据数量指标查 Mecrad 表得近似值，以近似值乘稀释度再乘干土百分数即得一克干土中的菌数。

13.2.1.5　土壤理化指标及测定方法

参照国家林业标准汇编（1991），结合土壤农化分析（鲍士旦，2000）、土壤酶学（周礼恺，1987）对土壤各项指标进行分析。

土壤 pH：H_2O 浸提（水：土=2.5：1），用 pHS－3C 型酸度计测定土壤 pH。

黏粒含量：比重计法。

有机质测定：重铬酸钾氧化－容量法。

全氮含量：硫酸铜－硫酸钾－硒粉催化，凯氏消煮法。

水解氮含量：锌粉－硫酸亚铁还原，碱解扩散法。

全磷含量：硫酸－高氯酸消煮，钼锑抗比色法。

有效磷含量：碳酸氢钠浸提，钼锑抗比色法。

全钾含量：硫酸－高氯酸消煮，火焰光度法。

速效钾含量：乙酸铵浸提，火焰光度法。

土壤脱氢酶活性：三苯基四唑化氯（TTC）还原比色法。

土壤过氧化氢酶活性：用高锰酸钾测定注入土壤的 H_2O_2 在反应后剩余量来测知其活性。

13.2.1.6　数据统计与分析

采用幼虫和成虫综合的方式统计土壤无脊椎动物数量，并对各个样方进行群落多样性分析（Magurran，2004）。采用群落中物种丰富度（S）、个体数量（N）、Shannon-Wiener 的物种多样性指数（H）、Simpson 的优势集中性指数（C）等参数分析群落的动态与结果特征。其具体计算公式为：

$$C = 1 - \sum_{i=1} P_i^2$$

$$H = -\sum_{i=1} P_i \ln P_i$$

式中，P_i 为各个种群的个体数量与群落总个体数量的比值，$P_i \geqslant 10\%$ 为优势类群，$10\% > P_i \geqslant 1\%$ 为常见类群，$P_i < 1\%$ 为稀有类群。

方差分析及主成分分析采用 SPSS 13.0 完成。

13.2.2　结果与分析

13.2.2.1　转基因抗虫棉对土壤无脊椎动物的影响

13.2.2.1.1　三块棉田中土壤无脊椎动物群落组成

不同采样时间 3 块棉田中的土壤无脊椎动物群落组成和密度见表 13-5。

从 3 年中的整个采样来看，CK 处理样方中的优势类群为弹尾目和蜱螨目，分别占该处理样方中土壤无脊椎动物总群落的 50.67%、19.96%，常见类群为双翅目、后孔寡毛目、蜘蛛目、革翅目、双尾目和鞘翅目，分别占该处理样方中土壤无脊椎动物总群落的 9.06%、8.22%、6.12%、2.17%、2.34%、1.36%。在 T-1 土样中，优势类群为弹尾目、蜱螨目、后孔寡毛目和蜘蛛目，分别占该处理样方中土壤无脊椎动物总群落的 33.48%、19.33%、13.12%、13.12%，常见类群为双翅目、双尾目、鞘翅目、革翅目和等翅目，分别占该处理样方中土壤无脊椎动物总群落的 7.58%、4.46%、3.35%、3.21%、2.54%。在 T-2 土样中，优势类群为弹尾目、蜱螨目、后孔寡毛目，分别占该处理样方中土壤无脊椎动物总群落的 38.08%、17.41%、10.76%，常见类群分别为双翅目、蜘蛛目、革翅目、等翅目、双尾目和鞘翅目，分别占 9.64%、8.39%、6.07%、4.27%、3.33%、1.92%。

可见，无论转基因棉田还是非转基因棉田，其土壤中土壤无脊椎动物优势类群均包括弹尾目和蜱螨目。但是，转基因棉田中（T-1、T-2）的优势类群数量都多于非转基因棉田（CK），其中后孔寡毛目都成为两个转基因棉田中的优势类群。

表 13-5 在 3 年 12 次采样中不同棉田的土壤无脊椎动物组成和数量　单位：个体数/500 g 干土

种类	处理	2006 年				2007 年				2008 年				总和	频数/%
		苗期	蕾期	花铃期	吐絮期	苗期	蕾期	花铃期	吐絮期	苗期	蕾期	花铃期	吐絮期		
后孔寡毛目	CK	5a	1a	9a	3a	6a	5a	2a	4a	2a	3a	2a	1a	43	8.22
	T-1	6a	2a	7a	7a	5a	3a	5b	2a	5b	6a	2a	2a	52	13.12
	T-2	5a	3a	7a	4a	3a	3a	7b	0	2a	2a	2a	1a	39	10.76
弹尾目	CK	54a	3a	4a	18a	5a	2a	8a	11a	13a	15a	21ab	27a	181	50.67
	T-1	13b	3a	4a	15a	7a	1a	5a	10a	6a	15a	16a	9b	104	33.48
	T-2	10b	4a	7a	14a	11a	4a	7a	7a	7a	17a	31b	18b	137	38.08
蜱螨目	CK	20a	3a	1a	8a	0	0	4a	4a	3a	3ab	2a	11Aa	59	19.96
	T-1	10b	4a	1a	6a	0	0	1a	0	2a	1b	2a	2Bb	29	19.33
	T-2	14b	3a	1a	5a	2	0	4a	3a	6a	5a	5b	5b	53	17.41
蜘蛛目	CK	1a	0	0	0	2a	1a	1a	1a	3a	2a	5a	5a	3	6.12
	T-1	2a	0	1	0	2a	3a	1a	1a	4a	4a	7a	3a	4	13.12
	T-2	1a	0	1	1	4a	2a	1a	0a	2a	2a	6a	1a	8	8.39
双翅目	CK	9	2	0	1	0	0	0	0	0	0	0	0	12	9.06
	T-1	3	3	0	1	0	0	0	0	0	0	0	0	7	7.58
	T-2	4	6	0	1	0	0	0	0	1	0	0	0	12	9.64
革翅目	CK	2	1	0	0	0	0	0	0	0	0	0	0	21	2.17
	T-1	1	1	1	1	0	0	0	0	0	0	0	0	28	3.21
	T-2	2	1	1	0	4	0	0	0	0	0	0	0	21	6.07
双尾目	CK	1	0	1	0	0	0	0	0	0	1	2	0	5	2.34
	T-1	0	0	1	0	0	0	0	1	0	1	2	0	5	4.46
	T-2	1	0	2	1	0	0	0	0	0	1	1	0	6	3.33
等翅目	CK	0	0	0	0	0	0	0	0	0	0	0	0	0	0
	T-1	1	0	0	0	1	0	0	0	0	0	0	0	2	2.54
	T-2	0	0	0	0	3	0	0	0	0	0	0	0	3	4.27
鞘翅目	CK	0	0	0	0	0	0	1	1	0	0	0	0	2	1.36
	T-1	0	0	0	0	0	1	0	1	1	1	0	1	5	3.35
	T-2	0	0	0	0	0	0	0	1	0	0	0	1	2	1.92

13.2.2.1.2　三块棉田中土壤无脊椎动物的个体数量

不同采样时间同一棉田土壤中的后孔寡毛目数量之间存在极显著差异（$p=0.002$；表 13-6）；而在相同的采样时间，不同棉田土壤中后孔寡毛目数量之间没有显著差异（$p=0.218$；表 13-6）。在 2007 年棉花花铃期，T-1 和 T-2 土样的后孔寡毛目数量都显著高于 CK 土样（$p<0.05$；表 13-5）；在 2008 年棉花苗期，T-1 土样的后孔寡毛目数量显著高于 T-2 和 CK 土样（$p<0.05$；表 13-5）；而在其他 10 次采样中，3 个处理之间后孔寡毛目数量均没有显著差异（$p>0.05$；表 13-5）。

不同采样时间同一棉田土壤中的弹尾目数量之间存在显著差异（$p=0.015$；表 13-6），而在相同的采样时间，不同棉田土壤中弹尾目数量之间没有显著差异（$p=0.150$；表 13-6）。

在 2006 年棉花苗期和 2008 年吐絮期，CK 土样的弹尾目数量显著高于 T-1 和 T-2 土样（$p<0.05$；表 13-5）；在 2008 年棉花花铃期采样中，T-2 土样的弹尾目数量显著高于 T-1 土样（$p<0.05$；表 13-5）；但是在其他 9 次采样中，3 个处理之间的弹尾目数量均没有显著差异（$p>0.05$；表 13-5）。

不同采样时间同一棉田土壤中的蜱螨目数量之间存在极显著差异（$p<0.001$；表 13-6），在相同的采样时间，不同棉田土壤中蜱螨目数量之间也存在显著差异（$p=0.018$；表 13-6）。在 2006 年棉花苗期和 2008 年棉花吐絮期采样中，CK 中的蜱螨目数量显著高于 T-1 和 T-2（$p<0.05$；表 13-5）；在 2008 年的棉花蕾期和花铃期采样中，T-2 中的蜱螨目数量都显著高于 T-1（$p<0.05$；表 13-5）；而在其他 8 次采样中，3 个处理之间的蜱螨目数量都没有显著差异（$p>0.05$；表 13-5）。

不同采样时间同一棉田土壤中的蜘蛛目数量之间存在极显著差异（$p<0.001$；表 13-6），而在相同的采样时间，不同棉田土壤中蜘蛛目数量之间没有显著差异（$p=0.234$；表 13-6）。在 3 年 12 次采样中，3 块棉田中蜘蛛目数量之间都没有显著差异（$p>0.05$；表 13-5）。

不同采样时间同一棉田土壤中动物总数量之间存在极显著差异（$p=0.002$；表 13-6），而在相同的采样时间，不同棉田土壤中动物总数量之间没有显著差异（$p=0.247$；表 13-6）。

表 13-6　土壤无脊椎动物数量总体效应的广义线性混合模型（GLMM）分析结果

Source	df	F	p
后孔寡毛目			
处理	2；22	1.627	0.219
采样时间	11；22	4.320	0.002
弹尾目			
处理	2；22	2.070	0.150
采样时间	11；22	2.930	0.015
蜱螨目			
处理	2；22	4.813	0.018
采样时间	11；22	10.349	<0.001
蜘蛛目			
处理	2；22	1.553	0.234
采样时间	11；22	9.533	<0.001
动物总数量			
处理	2；22	1.491	0.247
采样时间	11；22	4.220	0.002
Simpson index			
处理	2；22	4.292	0.027
采样时间	11；22	3.129	0.011
Shannon-Wiener			
处理	2；22	3.871	0.036
采样时间	11；22	2.326	0.044

由上可知，3 年的数据显示，随着棉花生长期的不同，棉田土壤无脊椎动物数量（各物种数量及动物总数量）呈显著性季节变化，但是与种植常规棉相比，长期种植转基因抗虫棉（T-1 和 T-2）对土壤无脊椎动物各物种的数量没有显著影响。

13.2.2.1.3 三块棉田中土壤无脊椎动物的群落多样性

群落物种多样性（species diversity of community）是群落中物种数和各物种个体数构成群落结构特征的一种表示方法。通过对表 13-5 数据的统计分析，计算出不同棉田土壤中土壤无脊椎动物群落物种多样性的 2 个指标：优势度（图 13-17）、多样性（图 13-18）。

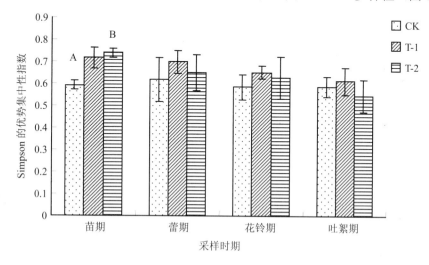

图 13-17 不同采样时间各棉田土壤中土壤无脊椎动物的优势集中性指数

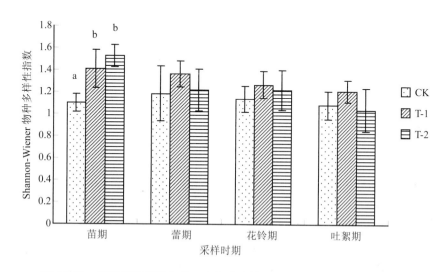

图 13-18 不同采样时间各棉田土壤中土壤无脊椎动物的物种多样性指数

不同采样时间同一棉田的 Simpson 指数之间存在显著差异（$p=0.027$；表 13-6），在相同的采样时间，不同棉田的 Simpson 指数之间也存在显著差异（$p=0.011$；表 13-6）。

从图 13-17 中可以看出，在棉花苗期、蕾期和花铃期，T-1 和 T-2 土样中土壤无脊椎动物优势集中性指数都明显高于 CK，其中 T-2 和 CK 二者之间在棉花苗期达极显著差异（$p < 0.01$）。

不同采样时间同一棉田的 Shannon-Wiener 之间存在显著差异（$p = 0.036$；表 13-6），在相同的采样时间，不同棉田的 Shannon-Wiener 之间也存在显著差异（$p = 0.044$；表 13-6）。从图 13-18 中可以看出，在棉花苗期、蕾期和花铃期，T-1 和 T-2 中土壤无脊椎动物物种多样性指数也都高于 CK，其中在棉花苗期 T-1 和 T-2 显著高于 CK（$p < 0.05$）。

总之，随着棉花生长期的不同，棉田土壤无脊椎动物群落多样性指数（Simpson index 和 Shannon-Wiener）呈显著性季节变化，与种植常规棉相比，长期种植转基因抗虫棉（T-1 和 T-2）对土壤无脊椎动物各物种的数量也有显著性影响，其中 T-1 和 T-2 土样中的 2 个指数（优势度、多样性）在大部分采样中（苗期、蕾期、花铃期）都高于 CK。

13.2.2.1.4　棉田土壤无脊椎动物群落组成的主成分

为了解各种动物种群在棉田中的综合作用，对表 13-4 数据进行了主成分分析。以特征值 > 1 选取成分，结果见表 13-7。第一主成分与土壤中的蜱螨目、双翅目和弹尾目的正相关程度较高，特征向量分别为 0.849、0.823、0.686，说明第一主成分是蜱螨目的主成分；第二主成分与弹尾目、蜘蛛目的正相关程度较高，特征向量分别为 0.606、0.57，说明第二主成分是弹尾目的主成分；第三主成分与蜘蛛目、等翅目的正相关程度较高，特征向量都为 0.721，说明第三主成分是蜘蛛目和等翅目的主成分；第四主成分与后孔寡毛目的正相关程度较高，特征向量为 0.733，说明第四主成分是后孔寡毛目的主成分。第一主成分、第二主成分、第三主成分和第四主成分的累计贡献率分别达到 29.72%、49.13%、66.02%、80.64%，它们可以代表棉田土壤中的主导因子。

表 13-7　棉田土壤无脊椎动物种群的主成分分析

主成分	特征向量值									特征值	贡献率/%	累计贡献率/%
	后孔寡毛目	弹尾目	蜱螨目	双翅目	革翅目	蜘蛛目	双尾目	等翅目	鞘翅目			
第一主成分	0.117	0.686	0.849	0.823	0.685	−0.066	0.183	0.246	−0.473	2.675	29.72	29.72
第二主成分	−0.399	0.606	0.224	−0.072	−0.507	0.57	0.52	−0.535	0.167	1.747	19.41	49.13
第三主成分	−0.078	0.061	−0.274	−0.382	0.364	0.721	0.296	0.721	−0.172	1.520	16.89	66.02
第四主成分	0.733	−0.113	−0.187	−0.075	−0.114	−0.068	0.613	−0.27	−0.51	1.316	14.62	80.64

13.2.2.1.5　讨论与结论

随着转基因抗虫植物品种的培育和大规模种植，其商业化释放后的环境影响监测越来越引起科学家的重视（Schmitz *et al.*，2003；Sanvido *et al.*，2005；Graef *et al.*，2005；Züghart *et al.*，2008）。转基因抗虫植物的非靶标效应是其风险评价和环境影响监测的重要组成部分，因此有必要就连续多年种植转基因抗虫植物对土壤无脊椎动物种群的实际影响开展研究。为此，本研究以连续 10 余年种植转基因抗虫棉的棉田土壤为对象，调查了转基因抗虫棉棉田和对照棉田土壤中的无脊椎动物的种群数量和群落结构，以监测长期种植转基因抗虫作物对土壤无脊椎动物的影响。

本研究 3 年的大田调查结果表明，无论转基因棉田还是非转基因棉田，其土壤中优势无脊椎动物种类均包括弹尾目和蜱螨目，但是转基因棉田（T-1 和 T-2）的优势类群数量都较常规棉田（CK）多，其中 T-1 的优势类群多了后孔寡毛目、蜘蛛目，T-2 多了后孔寡毛目。造成这种结果的主要原因是，在多数采样时间内 CK 中的弹尾目数量都高于 T-1 和 T-2，致使最后弹尾目在 CK 中的丰度有所提高（50.67%），而后孔寡毛目的丰度降低（8.22%）。de-Vaufleury *et al.*（2007）在微宇宙的条件下研究了转 Cry1Ab 基因抗虫玉米和其亲本对土壤小型无脊椎动物的影响，结果表明虽然弹尾目的丰度在两个处理组中没有显著性差异（$p > 0.05$），但是其丰度在亲本非转基因玉米中有增多的趋势。Priestley *et al.*（2009）在大田条件下调查了种植转 *Cry1Ab* 基因玉米对土壤无脊椎动物的影响，在 2 年的大田采样季节中对照（非转基因亲本）中的弹尾目数量都明显多于转 *Cry1Ab* 基因玉米（2003 年，$3220 > 1898$；2004 年，$2620 > 1944$）。同样，Zwahlen *et al.*（2007）也发现 Bt 玉米残体中的弹尾目数量也明显低于非 Bt 玉米残体中的。本研究结果也发现 CK 土壤中弹尾目的数量高于 2 个转基因棉田，与上述研究结果具有一定的相似性（Vaufleury *et al.*，2007；Zwahlen *et al.*，2007；Priestley *et al.*，2009）。CK 中的优势类群的数量低于 2 个转基因抗虫棉田，说明长期种植转基因抗虫棉田有可能会减少某些土壤无脊椎动物类群的数量（如弹尾目），进而改变土壤无脊椎动物群落中的种群组成和结构。

在 2 年的大田研究中，Al-Deeb *et al.*（2003）报道表达 Cry3Bb1 蛋白的转基因玉米对土壤中的弹尾目、螨类和线虫的数量没有任何毒害影响。Griffiths *et al.*（2005）和 Lang *et al.*（2006）的大田研究结果发现，分别种植转基因抗虫玉米和非转基因玉米的土壤中蚯蚓、弹尾目、线虫和原生动物的数量都没有显著性差异，但是，采样点和采样时间对土壤无脊椎动物的密度和生物量有显著性影响。

通过对 3 年的土壤无脊椎动物采样数据进行 GLMM 模型分析，我们的研究结果表明，随着棉花生长期的不同，棉田土壤无脊椎动物数量（主要物种数量及动物总数量）呈显著性季节变化；但是与种植常规棉相比，长期种植转基因抗虫棉（T-1 和 T-2）对土壤无脊椎动物各类群的数量没有显著影响。虽然在本研究中不同处理之间的某些土壤无脊椎动物的数量在个别采样时期有显著性差异，但是，这种显著性差异在整个采样期间没有持续出现，这种差异可能是由采样点之间差异等其他因素造成的。这与 Al-Deeb *et al.*（2003），Griffiths *et al.*（2005）和 Lang *et al.*（2006）的研究结果是一致的。我们的研究结果表明，长期种植转基因抗虫棉对土壤无脊椎动物数量没有显著影响，但是不同采样时间对土壤无脊椎动物数量有显著影响。

在生态学研究中使用的功能性分析和各种指数的应用（Wolfenbarger *et al.*，2008）对鉴定真实影响是一种比较有用的手段，可用于评价转基因作物对土壤生物的间接影响（Priestley *et al.*，2009）。在本研究中，从 3 年的数据看，不同处理和不同采样时间对土壤无脊椎动物的 Simpson 指数、Shannon-Wiener 多样性指数都有显著性影响（$p < 0.05$），其中 T-1 和 T-2 的上述各种指数在大部分调查时间均大于 CK，在棉花苗期其差异达显著水平

（$p < 0.05$）。我们的研究结果与 Al-Deeb et al.（2003），Bitzer et al.（2005），Cortet et al.（2007），de-Vaufleury et al.（2007）和 Priestley et al.（2009）研究结果有所不同，他们的研究认为表达 Cry1Ab 和 Cry3Bb1 蛋白的转基因抗虫玉米对地表和地下弹尾目和土鳖虫的多样性没有显著性不利影响。但是这些研究只是研究了某种物种的多样性，没有对整个土壤无脊椎动物群落组成进行分析和研究。同时他们的研究中只采用了种植 2～3 年转基因抗虫玉米的大田样地，而本研究中选择的 2 种转基因抗虫棉田都分别种植了 7 年和 10 年之多。在本研究中，我们调查了棉田中 9 种主要的土壤无脊椎动物种类，更能够从群落水平的角度反映转基因抗虫棉对土壤无脊椎动物产生的实际影响，其中包括对某些种类数量的非常细微影响（Cortet et al.，2007；Vaufleury et al.，2007）。总之，与种植非转基因棉田相比，长期种植转基因抗虫棉丰富了土壤无脊椎动物的群落多样性。

虽然对转基因生物商业化种植之后的环境影响进行监测已经成为共识，但是，监测的内容和方法尚未明确（Sanvido et al.，2005）。为了分析比较所调查的土壤无脊椎动物种群对棉田土壤无脊椎动物群落的贡献大小，我们利用主成分分析法对 3 年采样中各棉田的土壤无脊椎动物种群进行了分析，结果表明，第 1、2、3、4 主成分的累计贡献率高达 80.64%，集中体现了所调查的土壤无脊椎动物种群在棉田动物群落结构中的相应地位，同时也体现了各个物种间的相互影响关系。其中蜱螨目、弹尾目、蜘蛛目、后孔寡毛目分别在 4 个主成分中特征向量值最大，即这 4 种土壤无脊椎动物对总群落贡献较大，为土壤无脊椎动物群落中的主导因子。由此可见，蜱螨目、弹尾目、蜘蛛目、后孔寡毛目等土壤无脊椎动物在大田调查中具有其数量稳定、分布均匀的特性，可在总体上反映土壤无脊椎动物总群落水平，对环境变化具有很好的指示作用，可作为本地区未来转基因抗虫棉环境影响监测的指标物种。

总体来看，我们 3 年的大田调查结果表明：长期种植转基因抗虫棉对土壤无脊椎动物的数量没有显著影响，但是采样时期的不同对棉田土壤无脊椎动物主要物种的数量和总数量有显著性影响。与种植常规棉相比，长期种植转基因抗虫棉增加了棉田土壤无脊椎动物的优势种群和群落多样性。造成上述结果的可能原因主要包括以下几个方面：

第一，本研究中涉及的转基因抗虫棉品种有中 29、中 30 和中 41，这些品种表达的外源蛋白质包括 Cry 1Ac 蛋白和 CPTI 蛋白。很多研究报道了转基因抗虫棉在生长过程中和收获后可通过棉花残体、根系分泌物和花粉等方式向土壤中分泌外源蛋白（Palm et al.，1996；Donegan et al.，1995；Gupta and Watson，2004；Rui et al.，2005；Knox et al.，2007），因而就有可能被土壤无脊椎动物取食并对后者产生影响。目前，用纯化的或转基因表达的 Cry1Ac 蛋白对土壤蚯蚓、螨类、弹尾目影响的研究结果都表明，Cry1Ac 蛋白对这些土壤生物没有显著的不利影响（Sims and Martin，1997；Yu et al.，1997；USEPA，2001；Liu et al.，2009a，b）。此外，至今也没有证据表明 CpTI 蛋白对土壤无脊椎动物产生不利影响（Ahl et al.，1995；Saxena and Stotzky，2001a；Vercesi et al.，2006；Zwahlen et al.，2003，Liu et al.，2009b）。本研究中转基因棉花所表达的 2 种外源蛋白对土壤无脊椎动物没有显著的不利影响，这可能是 3 种转基因棉花对土壤无脊椎动物没有显著不利影响的主要原因之一（Griffiths et al.，2005，2006；Hönemann，2008，Icoz and Stotzky，2008；Wolfenbarger et al.，2008）。

第二，转基因抗虫作物表达的外源蛋白在土壤中积累是转基因植物对土壤生物影响的主要机制（Venkateswerlu and Stotzky，1992；Tapp *et al.*，1994；Tapp and Stotzky，1995a，b，1998；Koskella and Stotzky，1997；Crecchio and Stotzky，1998，2001；Lee *et al.*，2003；Stotzky，2000，2002，2004；Fiorito *et al.*，2007；Icoz and Stotzky，2007，2008）。但是，以 Cry 蛋白为对象的研究结果表明，在实验室条件下，Cry 蛋白会在土壤中很快降解（Ream *et al.*，1994；Palm *et al.*，1996；Sims and Holden，1996；Sims and Ream，1997；Hopkins and Gregorich，2003；Wang *et al.*，2006；Icoz and Stotzky，2007）；在大田条件下，在多年种植转 *Cry* 基因作物的土壤中也没有发现 Cry 蛋白会随着种植时间的延长而累积（Head *et al.*，2002；Dubelman *et al.*，2005；Ahmad *et al.*，2005；Baumgarte and Tebbe，2005；Icoz *et al.*，2007）。我们采用 Envirologix 试剂盒对 T-1 和 T-2 土壤中的外源 Cry 1Ac 蛋白残留进行了测定，结果发现土壤中 Cry 1Ac 蛋白的残留水平低于试剂盒的定量检测极限（unpublished data）。所以，目前的研究结果表明，转基因作物表达的外源蛋白质不会随着种植时间的延长而在土壤中积累增加，这可能是本研究发现长期种植转基因棉花对土壤无脊椎动物群落结构没有显著不利影响另一主要原因。

第三，多数化学杀虫剂对土壤无脊椎动物几乎都有毒害作用，进而对土壤无脊椎动物的结构特征和多样性产生明显影响（王振中等，1996，2002；Arbjörk，2004；Frampton *et al.*，2006；Griffiths *et al.*，2006）。化学农药可显著降低土壤小型无脊椎动物的数量并对土壤无脊椎动物群落结构产生影响（Martikainen *et al.*，1998）。李忠武等（1999）和邢协加等（1997）研究也发现土壤无脊椎动物种群的多样性随杀虫剂浓度的增加而呈明显的递减趋势，优势种群的数量随其浓度的升高而逐渐降低。目前，中国种植的转基因抗虫棉对靶标害虫的抗性都较好（Wu *et al.*，2008），特别是对棉铃虫二代、三代抗性，因此常规棉为防治棉铃虫会施用比转基因抗虫棉较多的化学杀虫剂。在本研究的棉田管理措施中，在棉花生长的同一时期 CK、T-1、T-2 棉田每次都施用了同等剂量的化学杀虫剂。由于转基因抗虫棉的虫害较非转基因棉花轻，在同一生长季节内，CK 棉田施用的化学杀虫剂次数比 T-1 和 T-2 棉田多 3 次（表 13-3），而表中所列的化学杀虫剂对土壤无脊椎动物都有毒害作用（Frampton *et al.*，2006；周杜挺，2006）。若长期重复种植转基因抗虫棉，由于时间积累效应，抗虫棉田就会比常规棉田施用明显较多的化学杀虫剂量（Cattaneo *et al.*，2006）。在本研究中，由于长期种植转基因抗虫棉减少了大量化学杀虫剂的施用，降低了对土壤无脊椎动物的毒性，这可能是转基因抗虫棉田中的土壤无脊椎动物优势类群数量和各种多样性指数都高于非转基因棉田的主要原因之一。

第四，外源基因的导入以及在转基因过程中的细胞和组织培养都会引起转基因抗虫棉自身的生理生长特性发生意料之外的变化（Wilson *et al.*，2004；Birch & Wheatley，2005；Snow *et al.*，2005；马盾等，2007；王海海等，2008；Li *et al.*，2009a）。例如，转基因抗虫棉在中国表现出营养生长和生殖生长旺盛、产量高，而且其碳氮生理代谢都显著高于常规棉（张祥等，2006）。我们前期研究也发现转基因抗虫棉叶片和根系分泌物中的糖类和氨基酸/蛋白质含量都显著高于亲本对照（Li *et al.*，2009a，b；Liu *et al.*，2009b）。因此，转基因抗虫棉在生长过程中会为土壤生物提供较常规棉更多的营养物质，有利于土壤无脊椎动物生长；如果长时期重复种植转基因抗虫棉，这种效应就会逐渐积累而变得更加明显，这可能是转基因抗虫棉田中的土壤无脊椎动物优势类群数量和各种多样性指数都高于非转基因棉田的另一重要原因。

在转基因植物获得商业化批准之前，必须对其环境安全进行风险评估（Sanvido *et al.*，2005）。在过去的 10 余年中，已经报道了很多转基因植物对土壤动物影响方面的风险评估。这些评估结果表明，转基因抗虫植物对蚯蚓、弹尾目、线虫等土壤无脊椎动物不会造成持续的不利影响，种植转基因抗虫植物所引起的影响都在农业系统中正常变异范围之内，并且这种影响没有不同植物种类的种植以及采样点和采样时间所引起的影响大（Icoz and Stotzky，2008）。本研究就转基因抗虫棉在中国商业化释放 10 余年对土壤生态系统的影响进行了环境影响监测，结果表明长期种植转基因抗虫棉不仅对土壤无脊椎动物群落没有造成显著的不利影响，相反，对土壤无脊椎动物的群落多样性具有一定的促进作用。我们的监测结果与转基因抗虫植物的风险评估结果具有一致性。但是，转基因植物环境释放后对土壤生态系统造成不利影响还是有益影响还需要长期进行监测，以明确种植转基因抗虫植物的生态学意义。

总之，在转基因植物对土壤生态系统的影响监测中，不仅要考虑外源基因以及其表达产物所带来的影响，还应考虑到转基因作物与非转基因亲本之间的差异和土壤生态系统中其他因素所带来的影响，例如植物的生理和遗传类型、采样点差异及农田管理措施的不同等（Sanvida *et al.*，2005）。据我们所知，目前还没有关于长期种植转基因抗虫棉对土壤无脊椎动物群落影响监测方面的报道。本研究采用 9 种主要土壤无脊椎动物，测定了种群的数量、群落多样性等指标，监测了长期种植转基因抗虫棉的环境影响。本研究采用的方法可用于监测其他地区转基因植物对土壤生态系统的影响。此外，在土壤生态系统中，除了继续研究转基因植物对土壤生态系统的群落组成的变化以及各物种在食物网中的相互地位之外，还应该关注转基因植物对土壤生态功能的影响。

13.2.2.2　转基因抗虫棉对土壤微生物的影响

13.2.2.2.1　转基因抗虫棉对土壤细菌的影响

2007 年和 2008 年的 8 次不同采样时间所采取的土壤样品的细菌数量的变化如图 13-19 所示。从图中可以看出，同一年度在每个处理中四次取样时间采取的土壤样品细菌数量的变化趋势一致。2007 年，三个土壤样品中细菌数量均从第一次采样（苗期）到第四次采样（吐絮期）逐渐下降。2008 年，虽然三个土壤样品中细菌数量随着季节变化趋势与 2007 年有所不同，但是，每个土壤样品中细菌数量的变化趋势却是一致的，都是呈现高－低－高－低的变化趋势。可见，土壤样品中细菌数量的变化趋势是随着季节而出现显著变化的。

但是，除了 2008 年花铃期常规棉田土壤样品中细菌数量显著低于 2 个转基因棉田之外，其他采样时期常规棉田土壤样品中细菌数量与 T-1 和 T-2 土壤样品中细菌数量之间均无显著性差异。另外，除了在 2007 年苗期 T-1 棉田土壤样品中细菌数量显著低于 T-2 棉田土壤之外，其他采样时期 T-1 和 T-2 土壤样品中细菌数量之间在其余 7 次采样时期均无显著性差异。这说明与常规棉相比，转基因抗虫棉对土壤样品中细菌数量无显著性影响，而且种植年限的不同也不会对土壤细菌数量产生显著性影响。

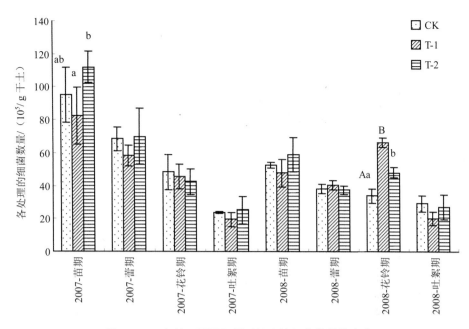

图 13-19　各棉田不同取样时间土壤细菌数量的变化

注：同一棉田中不同小写字母表示数据间差异显著（DMRT 法，$p=0.05$）。同一棉田中不同大写字母表示数据间差异极显著（$p=0.01$）。下同。

13.2.2.2.2　转基因抗虫棉对土壤真菌的影响

真菌是自然界中强大的分解者，它们以动植物尸体、枯木烂叶为食物源，也可入侵活的生物体摄取营养。土壤真菌影响土壤团聚体的稳定性，是土壤质量的重要微生物指标。2007 年和 2008 年的八次不同采样时间所采土壤样品的真菌数量变化如图 13-20 所示。

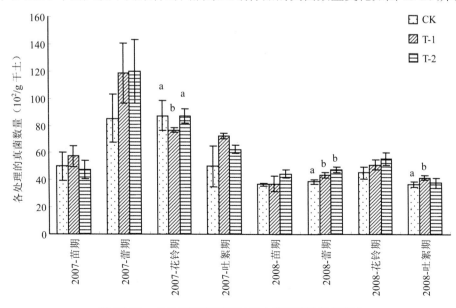

图 13-20　各处理不同取样时间土壤真菌数量的变化

从图中可以看出，同一年度在每个处理中四次取样时间采取的土壤样品真菌数量的变化趋势一致。2007年，三个土壤样品中真菌数量均从第一次采样（苗期）升高到第二次采样（蕾期），然后逐渐下降。2008年，虽然三个土壤样品中真菌数量随着季节变化趋势与2007年有所不同，但是，每个土壤样品中真菌数量的变化趋势却是一致的。可见，土壤样品中真菌数量的变化趋势是随着季节而出现显著变化的。

但是，除了2007年花铃期常规棉田土壤样品中真菌数量显著高于T-1棉田土壤，2008年蕾期常规棉田土壤样品中真菌数量显著低于、2008年吐絮期常规棉田土壤真菌显著低于T-1棉田土壤之外，其他5个采样时期内，常规棉田土壤样品中真菌数量与T-1和T-2土壤样品中真菌数量之间均无显著性差异。另外，除了在2007年花铃期T-1棉田土壤样品中真菌数量显著低于T-2棉田土壤之外，T-1和T-2土壤样品中真菌数量之间在其余7次采样时期均无显著性差异。这说明与常规棉相比，转基因抗虫棉在大部分采样时期内对土壤样品中真菌数量无显著性影响，而且种植年限的不同也不会对土壤真菌数量产生显著性影响。

13.2.2.2.3 转基因抗虫棉对土壤好气性固氮菌的影响

土壤中的好气性自生固氮菌对土壤的氮素补充和平衡有重大的作用。自生固氮菌具有固定大气中的氮，增加土壤供应氮素的能力，其数量的多少也可以作为土壤质量的指标之一。2007年和2008年的八次不同采样时间所采土壤样品的好气性固氮菌数量变化如图13-21所示。

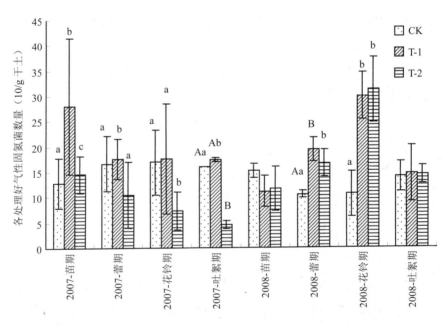

图13-21 各处理不同取样时间土壤固氮菌数量的变化

3个棉田土壤样品的好气性固氮菌数量变化趋势比较复杂，数量波动性比较大。2007年，苗期常规棉田土壤样品的好气性固氮菌数量显著低于T-1和T-2土壤样品；蕾期常规棉田土壤样品的好气性固氮菌数量显著低于T-1土壤样品，与T-2间无显著性差异；花铃期和吐絮期，常规棉田土壤样品的好气性固氮菌数量显著高于 T-2 土壤样品，与 T-1 间无显著性差异。2008 年，苗期和吐絮期常规棉田土壤样品的好气性固氮菌数量与 T-1 和 T-2 土壤样品间无显著性差异；蕾期和花铃期，常规棉田土壤样品的好气性固氮菌数量显著低于 T-1 和 T-2 土壤样品。可见，在 2 年的采样时间内，常规棉田土壤样品的好气性固氮菌数量有时显著低于 T-1 和 T-2 土壤样品，有时又显著高于 T-1 和 T-2 土壤样品，有时则无显著差异。在 2 年的采样时间内，T-1 土壤样品的好气性固氮菌数量在 2007 年的 4 个采样时期均显著高于 T-2，而在 2008 年，T-1 和 T-2 土壤样品的好气性固氮菌数量则一直无显著性差异。这说明，与常规棉相比，转基因抗虫棉对土壤样品的好气性固氮菌数量没有一致性的有利或者有害影响，而且种植年限的不同也不会对土壤样品的好气性固氮菌数量产生一致性的有利或者有害影响。

13.2.2.2.4　转基因抗虫棉对土壤亚硝化细菌的影响

硝化细菌直接参与农田土壤的氮素循环，与土壤中另一种形式的有效氮硝态氮的供给有关（Ross，1993）。氨氧化为硝酸，是由两类细菌经过两个阶段完成的。第一阶段是氨氧化为亚硝酸，由亚硝酸细菌来完成的；第二阶段是亚硝酸氧化为硝酸，由硝酸细菌来完成。土壤中硝化细菌数量的测定通常只测定亚硝酸细菌的数量，因为在土壤中硝化作用，第一阶段和第二阶段是连续进行的。土壤中很少发现有亚硝酸盐的积累。所以，测定参与第一阶段的亚硝酸细菌的数量，即能反映硝化细菌的多少。2007 年和 2008 年的八次不同采样时间所采土壤样品的亚硝酸细菌数量变化如图 13-22 所示。

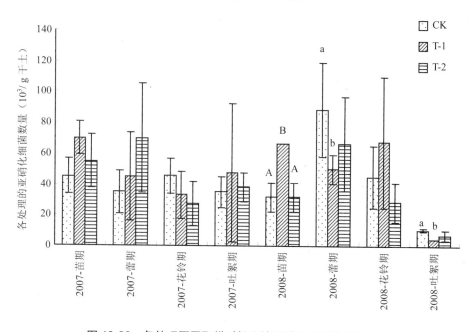

图 13-22　各处理不同取样时间土壤亚硝化细菌数量的变化

从图中可以看出，2007 年，常规棉田土壤样品的亚硝酸细菌数量在苗期、蕾期低于 T-1 和 T-2 土壤样品，在花铃期则高于 T-1 和 T-2 土壤样品，但是，在 2007 年的 4 个采样时期，常规棉田土壤样品的亚硝酸细菌数量与 T-1 和 T-2 土壤样品之间均无显著性差异。

2008 年，苗期常规棉田土壤样品的亚硝酸细菌数量显著低于 T-1 土壤样品，与 T-2 之间无显著差异；而在蕾期和吐絮期，常规棉田土壤样品的亚硝酸细菌数量显著高于 T-1 土壤样品，与 T-2 之间无显著差异；在花铃期，常规棉田土壤样品的亚硝酸细菌数量与 T-1 和 T-2 土壤样品间无显著性差异。在 2007 年的 4 个采样时期，T-1 和 T-2 土壤样品的亚硝酸细菌数量间均无显著性差异。2008 年，苗期 T-1 土壤样品的亚硝酸细菌数量显著高于 T-2 土壤样品，而其余 3 个采样时期，T-1 和 T-2 土壤样品的亚硝酸细菌数量间均无显著性差异。可见，与常规棉相比，转基因抗虫棉对土壤样品的亚硝酸细菌数量没有一致性的有利或者有害影响，而且种植年限的不同也不会对土壤样品的亚硝酸细菌数量产生一致性的有利或者有害影响。

13.2.2.2.5　转基因抗虫棉对土壤反硝化细菌的影响

2007 年和 2008 年的 8 次不同采样时间所采土壤样品的反硝化细菌数量变化如图 13-23 所示。从图中可以看出，2007 年，常规棉田土壤样品的反硝化细菌数量在蕾期和花铃期高于 T-1 和 T-2 土壤样品，在吐絮期则低于 T-1 土壤样品，但是，在 2007 年的 4 个采样时期，常规棉田土壤样品的反硝化细菌数量与 T-1 和 T-2 土壤样品之间均无显著性差异。在 2008 年，常规棉田土壤样品的反硝化细菌数量在蕾期显著低于 T-2 土壤样品，在吐絮期则显著高于 T-2 土壤样品，在苗期和花铃期，三者之间土壤样品的反硝化细菌数量无显著性差异。在 2007 年和 2008 年，T-1 和 T-2 土壤样品的反硝化细菌数量之间均无显著性差异。可见，与常规棉相比，转基因抗虫棉对土壤样品的反硝酸细菌数量没有一致性的有利或者有害影响，而且种植年限的不同也不会对土壤样品的反硝酸细菌数量产生显著性影响。

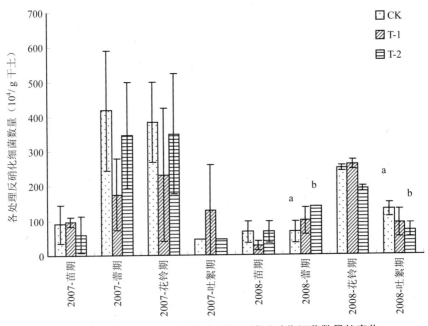

图 13-23　各处理四次不同取样时间土壤反硝化细菌数量的变化

13.2.2.2.6　小结

　　土壤微生物的分析已广泛运用于环境污染物（如杀虫剂、化肥、重金属等）对土壤质量和作物生产力的影响的研究（Brendecke *et al*.,1993；Mcgrath，1994），因此研究转基因作物对土壤微生物的影响是转基因作物生物安全性评价的重要组成部分。本研究结果表明，在 4 次采样过程中，不同棉田土壤中细菌、真菌、好气性固氮菌、反硝化细菌及亚硝化细菌的数量随着季节而变化的规律基本一致，但是与常规棉田相比，连续种植不同年限转基因抗虫棉对土壤微生物群落中的细菌、真菌、反硝化细菌和亚硝化细菌数量没有显著而持续性的影响。总之，本研究表明长期种植转基因抗虫棉对本研究所测定的土壤微生物群落没有产生显著影响。目前研究转基因抗虫棉对土壤微生物的影响的结果不很一致。有研究表明，在田间水平上研究转 *Bt* 基因棉花对土壤细菌和真菌的数量、种类、丰富度及植物病原水平的影响时，发现根际微生物的数量在转基因与对照间差异不显著（Sabharwal *et al*.，2006；Shen *et al*.，2006；Park *et al*.，2006）；但也有研究显示转基因抗虫棉对土壤微生物具有明显影响，大田栽培试验发现转基因抗虫棉根际微生物和细菌生理群的数量发生了变化，根际细菌生理群的 Simpson 指数、Shannow-Wiener 指数和细菌生理群分布的均匀度皆下降（沈法富等，2004）。转基因作物对土壤微生物的影响的部分原因可能由于转基因作物释放到土壤中的外源蛋白引起的，但是到目前为止，还没有文献报道过外源基因表达产物在土壤中积累增加。因此，土壤中的少量外源产物的存在不足于影响土壤微生物的活性。很多研究人员认为，转基因作物对土壤特定微生物产生的显著影响可能是由转基因植株的生理生化特性的改变及其表达产物化学和生物学特性引起的（Alexei Melnitchouck *et al*.，2006；MacGregor *et al*.，2000；Kremer *et al*.，2005）。如转基因抗虫棉由于外源基因的插入，引起受体棉花同工酶谱和挥发性气味的化学成分改变（Ding *et al*.，2001；Yan *et al*.，2002）。

　　同时，转基因作物对土壤微生物群落的影响情况比较复杂，土壤温度、水分、植物分泌物、凋零物等因素的季节性变化，均可导致棉田土壤微生物呈现季节性变化。本研究结果发现在整个棉花生长期中，棉田土壤中细菌、真菌、好气性固氮菌、亚硝化细菌及反硝化细菌数量随着采样时间的不同都有显著变化，但转基因抗虫棉对土壤微生物数量的影响没有由环境因素（农田干旱、作物病害、气候变化等）和农业管理措施（杀虫剂的应用、翻耕及有机和无机化肥的施用等）对农业土壤微生物影响的大。

13.2.2.3　转基因抗虫棉对土壤理化指标的影响

13.2.2.3.1　土壤黏粒含量的变化

　　土壤是由固体、液体和气体共同组成的不均质系统，其中最主要的乃是固相部分。土壤固相部分，除去有机物质以外，主要是由各种不同粒径（$>1\times10^{-7}$cm）的矿质颗粒所组成，它们决定着土壤的物理化学性质，如土壤中的空隙组成、持水性、透水性、水分运动，及其土壤气体和热状况；土壤矿质颗粒的组成状况及其在土体中的排列对土壤肥力有着决定性的影响。在土壤矿质颗粒中，黏粒（粒径小于 0.002 mm）是核心，它们具有较强的吸附作用和表面电荷，可在较大颗粒之间起"接触桥"的作用，有助团粒结构的保持，对土壤通透性（渗水、蓄水、通气能力）、热传导、生物活性以及养分物质的转化等都有着决定意义（严昶升，1988）。有研究发现龙须草种植之后能在一定程度上改变土壤颗粒组成，<0.001 mm 的黏粒含量和<0.01 mm 的物理黏粒含量同空旷地相比有所增加（黄宇等，2003）。主要原因可能是龙须草生物量较大，特别是地下部分发达而密集的根系在土壤中的穿插以及新陈代谢作用，再加上龙须草良好的培肥性能，两者综合改善了土壤结构，从而对土壤颗粒组成产生了一定的积极影响。

有研究表明，Bt 蛋白能快速吸附并紧密结合在土壤黏粒颗粒表面上，但不会与粉粒和砂粒结合（Venkateswerlu & Stotzky，1992），其吸附作用与 Bt 毒素的浓度成正比（Tapp et al.，1994）。Saxena 等（2002）通过室内研究转 *Bt* 基因玉米中的 Bt 蛋白在土壤中的垂直运动时发现，柱状体容器中的土样的 Bt 蛋白在土壤中的垂直运移量与黏粒矿物含量有关，运移量随黏粒矿物含量的增加而降低。这些结果都表明土壤黏粒对杀虫基因表达蛋白在土壤中的存留起着重要作用。反过来，会释放 Bt 蛋白的转基因抗虫植物对土壤黏粒含量有无影响？其情况目前的国内外研究中未有报道。

本实验的各处理间在相同采样时间的土壤样品的黏粒含量变化见表 13-8。它们的含量在 6.60%～12.9%之间。根据我国土壤颗粒组成分类，三个处理的农田质地全是砂壤土（黄昌勇，2001）。从表 13-8 可知，在四次所取的土壤样本中，三个处理间土壤黏粒含量均没有显著差异。这说明不同年份的转基因抗虫棉种植对土壤黏粒含量的影响没有显著性差异，也就是说转基因抗虫棉对土壤黏粒含量没有显著性影响。

表 13-8　不同采样时间各棉田土壤黏粒含量的变化（M±SD）　　　　　单位：%

处理	苗期	蕾期	花铃期	吐絮期
T-1	12.90±1.27a	11.46±1.63a	7.80±0.69a	6.60±0.23a
T-2	11.30±0.42a	8.66±1.68a	10.00±1.71a	8.20±1.89a
CK	10.30±0.99a	8.70±1.27a	8.60±0.12a	7.00±0.23a

注：用不同字母表示同列数据间显著性差异（DMRT 法，$p=0.05$）。下同。

13.2.2.3.2　土壤 pH 的变化

各处理间相同采样时间的土壤样品 pH 值的变化见表 13-9。第一次采样（苗期）的土壤样品中，T-1 的 pH 值为 8.00，T-2 的 pH 值为 8.04，CK 的 pH 值为 8.07。三个棉田之间没有显著差异。第二次采样（蕾期）的土壤样品中的土壤 pH 的变化与第一次一致，也是没有显著差异。第三次采样（花铃期）的土壤样品中的土壤 pH 变化与前两次不同，即 T-2 的 pH 值与 T-1 处理、CK 的 pH 值存在显著性差异。第四次采样（吐絮期）的土壤样品中的土壤 pH 变化与第一、第二次也不同，即 CK 的 pH 值与 T-1、T-2 的 pH 值存在显著性差异。

土壤 pH 代表土壤固相处于平衡的溶液中的 H^+ 离子浓度的负对数。构成土壤的物质成分决定了土壤的酸碱程度，土壤的 pH 值正是衡量土壤酸碱反应的具体量度，而土壤酸碱度的变化又是决定土壤肥力特性的基本条件之一。因为土壤中微生物活性的强弱、土壤矿物的溶解、土壤有机物质的分解与转化状况，以及植物对营养物质的吸收等，都与土壤的酸碱反应密切相关（严昶升，1988）。有研究表明，转 *Bt* 基因水稻"克螟稻"根系分泌物中有机酸（主要为酒石酸）的含量显著低于其非转基因亲本（王忠华等，2002），那根际土壤的 pH 可能会升高。不过，本试验中的这些差异可能不是转基因抗虫棉根系分泌的产物导致，因为在前两次采样样本中各处理间的 pH 没有存在显著差异。很有可能原因是由于采样误差所致，因为棉田的管理（如施肥、灌溉等）、采样的点稍微有点不一样就可能影响到土壤易变指标的变动（如 pH 等）。

表 13-9　不同采样时间各棉田土壤 pH 的变化（M±SD）

处理	苗期	蕾期	花铃期	吐絮期
T-1	8.00±0.04a	7.34±0.21a	7.53±0.07b	8.08±0.19a
T-2	8.04±0.01a	7.41±0.10a	8.11±0.11a	8.24±0.07a
CK	8.07±0.02a	7.57±0.13a	7.62±0.24b	7.77±0.09b

在同一棉田中，4 次不同取样时间所采取的土壤样品的 pH 值的变化见表 13-9。在 T-1 中，第一次采样的土壤样品与第四次采样的土壤样品的 pH 值分别为 8.00、8.08，它们之间没有显著差异。同时，第二次采样的土壤样品与第三次采样的土壤样品的 pH 值分别为 7.34、7.53，它们之间也没有显著差异。但是，第一次、第四次与第二次、第三次之间的 pH 值差异显著。而在 T-2 中，第二次采样的土壤样品的 pH 值为 7.41，显著低于其他采样时间的土壤样品的 pH 值。在 CK 中，其 pH 值的变化规律与 A 处理相似，只是第二次、第三次和第四次采样的土壤样品的 pH 值之间没有显著差异。其原因可能是农业生产过程中农田生态系统的一些性质在作物不同生长季节可能会出现动态变化所致。

结果说明，与常规棉相比，转基因抗虫棉种植对土壤 pH 的影响没有显著差异。在棉花生长后期，转基因抗虫棉农田和常规棉农田的土壤 pH 值高于棉花生长前期，即第四次样本＞第三次样本＞第二次样本。这可能是棉田土壤一些性质存在一定动态变化所致。

13.2.2.3.3　土壤有机质含量的变化

有机质在土壤肥力上的作用是多方面的。因为它是作物所需的氮、磷、硫、微量元素等各种养分的主要来源，同时，土壤有机质分解和合成过程中，产生的多种有机酸和腐殖酸对土壤矿质部分有一定的融解能力，可以促进矿物风化，有利于某些养料的有效化。土壤有机质，尤其是多糖和腐殖物质在土壤团聚体的形成过程和稳定性方面起着重要作用。腐殖物质因带有负电荷可以吸附多种阳离子，提高土壤养分的有效性，并能提高土壤对酸碱度变化的缓冲性能。土壤有机质是土壤微生物生命活动所需养分和能量的主要来源，没有它就不会有土壤中的所有生物化学过程。所以，它的含量是土壤肥力水平的一项重要指标。

各处理间不同采样时间的土壤样品有机质含量的变化见表 13-10。各不同处理间在相同的采样时间采取的土壤样品中有机质含量基本没有显著差异，只是在第二次采样的样品中 T-1 和 CK 间有显著差异。

表 13-10　不同采样时间各棉田土壤有机质含量的变化（M±SD）　　　　单位：g/kg

处理	苗期	蕾期	花铃期	吐絮期
T-1	16.86±0.93a	16.67±0.50a	15.54±0.15a	17.21±0.95a
T-2	14.90±1.85a	15.66±0.68ab	15.18±0.97a	18.22±1.27a
CK	14.55±0.40a	15.16±0.92b	15.88±0.71a	17.42±0.59a

在同一棉田中，4 次不同取样时间所采取的土壤样品有机质含量变化见表 13-10。在每个处理中 4 次取样时间采取的土壤样品中有机质含量变化趋势相似，不过其中有一些微小的变化。在 T-1 中，只有第三次与第四次样本的有机质含量的值差异显著。在 T-2 与 CK 中，只是第四次采样测得的有机质含量的值与前三次采样的值存在显著差异。

结果说明，与常规棉相比，转基因抗虫棉种植对土壤有机质含量没有不利影响，但在棉花生长后期，棉田的土壤有机质含量显著要高于之前。其原因是随着棉花落叶在棉田的降解，增加了棉田的土壤有机质。

13.2.2.3.4　土壤全氮含量的变化

各处理间不同采样时间的土壤样品全氮含量的变化见表 13-11。各不同处理间在相同的采样时间采取的土壤样品中全氮含量基本上没有显著差异。不过，在 T-1 和 CK 第一次样本的全氮含量分别为 0.90 g/kg 和 0.81 g/kg，它们存在显著差异。同时，在第四次采样中，T-2 处理与 T-1、CK 处理存在显著差异，CK 和 T-1 的土壤全氮含量相比，没有显著差异。这些差异不是转基因抗虫棉本身特性导致的。

表 13-11　不同采样时间各棉田土壤全氮含量的变化（M±SD）　　　　单位：g/kg

处理	苗期	蕾期	花铃期	吐絮期
T-1	0.90±0.04a	0.90±0.02a	0.88±0.04a	0.73±0.04b
T-2	0.86±0.01ab	0.93±0.06a	0.80±0.05a	0.81±0.03a
CK	0.81±0.01b	0.85±0.01a	0.83±0.02a	0.72±0.00b

在同一棉田中，4 次不同取样时间所采取的土壤样品全氮含量变化见表 13-11。在 T-1 和 CK 中，第四次样本的全氮含量显著低于前三次；在 T-2 中，后两次样本的全氮含量显著低于第二次样本。

结果表明，转基因抗虫棉对土壤全氮含量没有显著增加或减少的影响，不过棉花生长后期的土壤全氮含量要显著低于前期。其原因可能是前期棉花生长吸收了土壤的氮养分，以至在棉花生长后期土壤全氮含量比前期低。

13.2.2.3.5　土壤水解氮含量的变化

各处理间不同采样时间的土壤样品水解氮含量的变化见表 13-12。从其可以看出在各处理间每次取样的土壤样品中水解氮含量绝大时候没有显著差异，只有个别有所不同。如在花铃期，T-1、T-2 和 CK 的水解氮含量分别为 197.22 mg/kg、77.53 mg/kg、85.09 mg/kg，T-2 和 CK 的土壤水解氮的含量分别为 T-1 的 39.31% 和 43.14%，它们间的差异达到极显著水平（$p=0.0005$）。其原因可能是在 7 月棉花开花期给棉田增肥的不均一所致。并不是转基因棉花本身特性导致，因为在其他时间均没有出现这种显著差异。

表 13-12　不同采样时间各棉田土壤水解氮含量的变化（M±SD）　单位：mg/kg

处理	苗期	蕾期	花铃期	吐絮期
T-1	74.3±0.49a	56.30±4.39a	197.22±31.98a	57.19±28.90a
T-2	58.82±11.90a	63.71±10.71a	77.53±10.25b	77.81±1.32a
CK	68.27±0.68a	57.87±0.51a	85.09±11.49b	73.12±8.65a

从表 13-12 可知，T-1 的第三次样品中水解氮的值远远大于（>165%）其他三次样本，达到极显著差异（$p<0.0005$）。在 T-2 中四次样本间没有显著差异，而 CK 中第二次样本的水解氮含量与第三次、第四次样本达到显著差异。

结果表明，与常规棉相比，转基因抗虫棉的种植对土壤水解氮含量没有显著差异，而棉花生长不同时期，其土壤水解氮含量在个别生长时间有所显著差异。

13.2.2.3.6　土壤全磷含量的变化

各处理间不同采样时间的土壤样品全磷含量的变化见表 13-13。从表中可知，第一次、第三次和第四次样本中全磷含量在各处理间没有显著差异。不过，在蕾期所采取的土壤全磷含量中，T-1 与 T-2、CK 存在显著差异，T-2 与 CK 之间没有差异。T-1 的土壤全磷含量显著高于其他两个，而 T-2 和 CK 的土壤全磷含量没有显著差异，这就表明其差异不是转基因棉花本身的特性导致的，可能其他原因，如样点的误差等。

表 13-13　不同采样时间各棉田土壤全磷含量的变化（M±SD）　单位：g/kg

处理	苗期	蕾期	花铃期	吐絮期
T-1	0.85±0.02a	0.89±0.01a	0.92±0.13a	0.89±0.10a
T-2	0.79±0.03a	0.84±0.04b	0.90±0.06a	0.88±0.02a
CK	0.79±0.03a	0.83±0.02b	0.84±0.02a	0.77±0.07a

在表 13-13 中，T-1 与 CK 间的四次样本中的全磷含量没有显著差异。不过，在 T-2 中，第一次样本与第三、第四次样本有差异，它们的值分别为 0.79、0.90 和 0.88 g/kg，但它们之间都没有达到极显著水平（$p=0.0249$，0.0422）。

结果表明，与常规棉相比，转基因抗虫棉种植对土壤全磷含量没有显著差异。同时，在棉花不同生长期，其土壤全磷含量没有显著变化。

13.2.2.3.7　土壤有效磷含量的变化

各处理间不同采样时间的土壤样品有效磷含量的变化见表 13-14。由表可知，三个处理中的第一、第二和第三次样本中有效磷含量没有达到显著差异。不过在第四次采样中，T-1 中土壤有效磷含量为 25.23 mg/kg，是 CK 土壤有效磷含量（35.32 mg/kg）的 71.43%，它们之间达到了显著差异。而 CK 的土壤有效磷含量与 T-2 并没有达到显著差异，这就表明其差异不是转基因棉花本身的特性导致的，可能其他原因，如样点的误差等。

表 13-14　不同采样时间各棉田土壤有效磷含量的变化（M±SD）　　单位：mg/kg

处理	苗期	蕾期	花铃期	吐絮期
T-1	16.73±4.26a	25.36±0.99a	38.37±4.55a	25.23±5.25b
T-2	11.61±1.66a	29.97±6.18a	32.13±2.38a	33.02±2.53ab
CK	16.34±0.92a	21.60±4.90a	33.81±1.72a	35.32±6.05a

从表 13-14 可知，第一次样本的有效磷含量在 T-1 和 T-2 中都低于后三次样本，且存在显著差异，只有 CK 中，第一次样本略低于第二次，不过它们之间没有达到显著差异，后两次样本之间都没有差异。

结果说明，与常规棉相比，种植转基因抗虫棉对土壤有效磷的含量没有显著差异。但在转基因抗虫棉的不同生长时期，土壤的有效磷含量有所变化。其原因可能是第二年的棉花植株遗留在土壤中降解后土壤的速效养分含量有所提高，也可能是在管理过程中所施肥的作用。

13.2.2.3.8　土壤全钾含量的变化

各处理间不同采样时间的土壤样品全钾含量的变化见表 13-15。由表中可知，第一次样品与第三次样品中，各处理之间没有达到显著差异。不过在第二次样本中 T-2 的土壤全钾含量显著高于 T-1 和 CK。这差异不是转基因棉花本身特性导致的。同时，第四次样本中，T-2 土壤全钾含量>T-1 的>CK 的，且它们之间达到了显著差异水平，结果说明转基因棉花可能导致棉田的全钾含量增加，甚至种植的年份越长，增加的量越大。但这种现象在四次采样过程中只出现一次，没有持续出现，所以也很难确定是转基因棉花本身的特性所致，其原因还需进一步探讨。

表 13-15　不同采样时间各棉田土壤全钾含量的变化（M±SD）　　单位：g/kg

处理	苗期	蕾期	花铃期	吐絮期
T-1	8.34±1.39a	8.44±0.13b	6.68±0.11a	4.22±1.06b
T-2	9.97±0.09a	10.17±0.78a	8.35±1.62a	7.30±0.43a
CK	8.01±0.74a	9.00±0.59b	8.18±0.07a	2.64±0.14c

从表 13-15 可以看到，各处理中第四次样本均低于其他前三次样本。而前三次样本全钾含量之间大部分时候没有显著差异。

结果表明，与常规棉相比，转基因抗虫棉种植对土壤全钾含量没有显著差异，但在个别采样时间发现到它们提高了土壤全钾的含量，土壤全钾含量在各处理没有发现持续存在差异，所以其原因可能是偶然因素导致的。在棉花不同生长时期，其土壤全钾含量有越来越降低的趋势，说明棉花生长后期需要较多的钾肥，以致土壤中全钾的含量比前期减少，这为我们管理棉花生产提供了理论依据。

13.2.2.3.9 土壤速效钾含量的变化

各处理间不同采样时间的土壤样品速效钾含量的变化见表 13-16。从其表看到，不同取样时间在不同处理间基本上没有显著差异，只有 T-1 中第一次样本的速效钾含量为 107.12 mg/kg，远高于 CK 的土壤速效钾含量 46.51 mg/kg，它们之间达到显著差异。而 T-2 与 CK 之间的差异并没有达到显著水平，所以这差异不是转基因棉花本身特性导致的。

表 13-16　不同采样时间各棉田土壤速效钾含量的变化（M±SD）　　　单位：mg/kg

处理	苗期	蕾期	花铃期	吐絮期
T-1	107.12±29.35a	236.80±1.18a	142.12±131.93a	68.62±1.09a
T-2	96.36±14.14ab	262.70±62.14a	87.40±41.04a	111.42±35.35a
CK	46.51±0.16b	195.77±40.29a	169.48±123.12a	89.35±32.95a

从表 13-16 了解到，T-1、T-2 的第二次样本的速效钾含量显著高于第四次样本的速效钾含量。

结果说明，与常规棉相比，转基因抗虫棉种植对土壤速效钾含量没有显著差异。在常规棉不同的生长期，其土壤速效钾含量没有显著差异，在转基因抗虫棉不同的生长期，其土壤养分含量稍微有些差异，个别生长时期（棉花栽培前），土壤的速效钾含量显著高于其他时期，其原因可能上季节的棉花植株残体全部填埋在农田作为有机肥降解提高土壤速效钾含量。

13.2.2.3.10 转基因抗虫棉花对土壤酶活性的影响

在土壤物质和能量的转化中，氧化还原酶类占重要地位。它能参与土壤腐殖质组分的合成以及土壤的发生和形成过程。因此对土壤氧化还原酶类的研究，将有助于对土壤发生和有关土壤肥力实质等问题的了解。土壤中分布最广的氧化还原酶类有脱氢酶、多酚氧化酶、过氧化物酶和过氧化氢酶。而目前人们研究较多是过氧化氢酶和脱氢酶。

Stefanie（1984）等提出一个土壤肥力的生物学指标（BIF），它的计算公式为

$$BIF=(DH+kCA)/2$$

式中，DH 是脱氢酶活性；CA 是过氧化氢酶活性；k 是比例系数。

（1）土壤脱氢酶活性的变化

土壤脱氢酶参与土壤碳水化合物、有机酸等有机物质的脱氢作用。其高低标志着土壤微生物分解代谢的强弱，反映了微生物总活性。它与磷酸酶的活性呈负相关，与蛋白分解和硝化作用强度呈正相关。

各处理间不同采样时间的土样的脱氢酶活性的变化见表 13-17。从表中可以发现，在四次采用中，T-1 的土壤脱氢酶活性显著高于 T-2、CK 的，而 T-2 和 CK 间土壤脱氢酶活性没有显著差异。

影响土壤脱氢酶活性的因素有很多，主要是土壤黏粒、pH、有机质、微生物数量和施肥等（周礼恺，1987）。本实验发现 T-1 的土壤脱氢酶活性显著高于 T-2、CK 的，运用排除

法发现其主要影响因素是土壤微生物含量。崔金杰等（2005）研究发现种植转基因抗虫棉4年后的土壤中细菌、真菌和放线菌数量达到最高，也许能说明本试验的结果。不过，本实验结果与王建武和冯远娇（2005）研究不一致，种植转基因玉米和各自同源非转基因玉米的土壤脱氢酶没有显著差异。其原因可能是研究的转基因种类和土壤类型的不同所致。

表 13-17　不同采样时间各棉田土壤脱氢酶活性的变化（M±SD）

单位：μgTPF/（g 干土壤·24 h）

处理	苗期	蕾期	花铃期	吐絮期
T-1	36.76±1.34a	34.59±2.05a	33.85±1.21a	35.35±2.23a
T-2	19.10±1.93b	25.14±3.30ab	20.57±2.71b	22.86±2.25b
CK	21.52±2.08b	23.44±4.26b	20.25±2.37b	18.18±2.32b

从表 13-17 可以发现，在 T-1 和 CK 中，它们的土壤脱氢酶活性均没有显著差异。而在 T-2 中，仅只有第一次所采取的土样中土壤脱氢酶活性显著低于第二次采样。

结果表明，T-1 的土壤脱氢酶活性要显著高于常规棉和 T-2，CK 与 T-2 相比，其土壤脱氢酶活性没有显著差异。转基因抗虫棉在短期种植后会提高土壤的脱氢酶活性，说明其土壤微生物分解代谢能力较强，微生物总活性较高。在棉花生长的不同时期，其土壤脱氢酶活性没有达到显著性差异。

（2）土壤过氧化氢酶活性的变化

过氧化氢酶在土壤分布很广泛，其作用是分解土壤中对植物有害的过氧化氢。土壤过氧化氢酶是参与土壤中物质和能力转化的一种重要氧化还原酶，在一定程度上可以表征土壤生物氧化过程。所以，它的活度与土壤呼吸强度和微生物活动有关，可以反映土壤微生物过程的强度。人们很早就建议用土壤过氧化氢酶活性作为土壤肥力指标。

各处理间不同采样时间的土样的过氧化氢酶活性的变化见表 13-18。从其可以发现，在同次采样中，T-2 的土壤过氧化氢酶的活性要显著高于 T-1 和 CK。T-1 的土壤过氧化氢酶的活性与 CK 没有显著差异，除了第一次所采取的土样。

表 13-18　不同采样时间各棉田土壤过氧化氢酶活性的变化（M±SD）

单位：0.1 mol/L KMnO$_4$（ml）/ g 干土壤

处理	苗期	蕾期	花铃期	吐絮期
T-1	1.24±0.19c	1.73±0.36b	1.79±0.05b	1.59±0.22b
T-2	2.57±0.10a	2.70±0.05a	2.85±0.04a	2.74±0.07a
CK	1.92±0.22b	1.81±0.39b	2.11±0.25b	1.77±0.62b

过氧化氢酶活度与土壤有机质含量、全氮量和土壤 pH 值密切相关。随土壤 pH 值、土壤全氮量以及土壤中细菌数量的增加，过氧化氢酶活度增强（戴伟和白红英，1995）。同时，土壤过氧化氢酶活性又受生长季节、种植植物类型、灌溉和施肥等因素影响。如豆科植物（特别是三叶草和羽扇豆）根际的过氧化氢酶活性比燕麦和小麦根际的高得多；未灌溉土壤的过氧化氢酶活性显然比灌溉的低（周礼恺，1987）。有研究表明在抽穗期，转

基因水稻根际土的土壤过氧化氢酶活性与非转基因对照相比没有显著差异（袁红旭等，2005）。但在本实验中 T-2 的土壤过氧化氢酶活性显著高于 CK，而 T-2 处理与 CK 处理的土壤 pH、有机质和全氮含量等土壤化学指标基本上没有显著差异，同时，棉花管理措施也基本一样。所以，影响棉田土壤过氧化氢酶活性的最可能因素是土壤微生物数量和棉花的品种（转基因与非转基因），而 T-1 的过氧化氢酶活性与 CK 相比又没有显著差异。运用排除法其可能的影响因素就是土壤微生物数量，因本实验没有检测它们的微生物数量，以致具体确切原因还有待将来进一步确定。

从表 13-18 可以发现，在 T-1 中，只有第三次所采取的土样过氧化氢酶活性显著高于第一次采样，T-2、CK 中四次所采取的土样过氧化氢酶活性没有显著差异。

结果说明，T-2 的土壤过氧化氢酶活性要显著高于 CK 和 T-1，CK 与 T-1 相比，其土壤脱氢酶活性没有显著差异。这个结果与土壤脱氢酶活性有点不同，说明转基因抗虫棉长期的种植会提高土壤的过氧化氢酶活性。在棉花生长的不同时期，其土壤过氧化氢酶活性没有达到显著性差异。

13.2.2.3.11　小结

与常规棉相比，转基因抗虫棉对土壤黏粒含量、土壤 pH、土壤有机质、土壤氮磷钾全量和有效量等土壤肥力质量理化性质没有显著的增高或降低的影响，而 T-1 转基因抗虫棉田土壤的脱氢酶活性显著高于常规棉，T-2 转基因抗虫棉田土壤的过氧化氢酶活性显著高于常规棉，表明转基因抗虫棉对某些土壤酶活性具有促进作用。

13.3　抗生素抗性标记基因向土壤细菌发生水平基因转移的监测

农作物性状转基因化是解决农业问题、发展优质高效农业的重要方向。从 20 世纪 90 年代初中国农业科学院首次合成来自苏云金芽孢杆菌的杀虫晶体蛋白基因（*Bacillus thuringiensis* insecticidal crystal protein gene，Bt cry IA），到花粉管通道法基因转移技术的创新，转基因抗虫棉的基础研究与产业化应用方面均取得了重要进展，表现在新品种不断涌现，投资领域参与主体和非政府投资越来越多，2007 年我国转基因棉花种植面积占全国棉花种植面积的比例接近 70%。这一农业高新技术产业化的成功，不仅为增加我国植棉的经济效益、保护农业生态环境和维护棉农身体健康作出了突出贡献，而且扭转了美棉公司垄断我国转基因棉种市场的严峻局势，为保障我国棉纺业持续健康的发展起到了举足轻重的作用。

但转基因抗虫棉的大规模环境释放和产业化应用可能对生物多样性、生态环境和人体健康可能产生潜在的不利影响，转基因抗虫棉的生物安全性成为制约转基因抗虫棉大规模产业化的最主要因素。特别是由于转基因作物中的抗生素标记基因如卡那霉素抗性基因—新霉素磷酸转移酶基因 II（*npt* II）的核苷酸序列来自原核微生物，转入基因上大多还残留有构建转化载体所用的原核生物启动子，使得抗性基因更容易发生水平基因转移并扩散到土壤微生物和致病微生物中，从而引发生态风险。对抗生素抗性标记基因向土壤细菌发生水平基因转移的监测是转基因生物安全性研究的重要内容之一，应当予以关注。

评价抗生素抗性标记基因向土壤细菌发生水平基因转移的可能性及环境影响，需要从微观分子水平和宏观物种多样性的变化两个方面进行综合研究，以期得出客观的结论。微观方面，我们对大田多年连作条件下的转基因棉田土壤中的抗生素标记基因 *npt* II 残留水平进行了分子检测；并模拟高浓度的外源 DNA 分子存在的环境条件，对抗生素抗性标记基因向土壤细菌发生水平基因转移的可能性进行了研究和监测。宏观方面，由于微生物种类多、数量大、个体小、繁殖快，对于环境因素的变化有良好的敏感性，能够很好地指示生态环境的细微变化，是理想的环境影响监测指标。因而我们对转基因棉田和常规棉田土壤微生物、植物内生菌和昆虫肠道微生物以及其中所含的卡那霉素抗性微生物等与转基因棉存在紧密的空间关系的微生物数量、多样性和群落结构进行了对比研究，以揭示转基因棉花的种植对周围环境生态的影响，评估标记基因向其他微生物种群发生基因漂移的风险。

13.3.1 土壤中抗生素抗性标记基因 *npt* II 的分子检测及其细菌发生水平基因转移的模拟监测

13.3.1.1 前言

随着转基因作物的大量种植，人们对转基因植物中的抗生素抗性基因释放到环境中，使得土壤微生物和致病菌获得这些抗性基因，从而导致生态风险的担心也不断增长。不断有报道指出细菌可以获得对多种抗生素的抗性，人们担心转基因植物中的抗生素抗性标记基因会通过基因水平转移扩散到细菌中，从而削弱抗生素治疗疾病的效果（Kohli *et al.*，1999；董志峰，2001）。有研究表明，基因水平转移发生的频率极低。但是由于目前的科学技术尚无法准确预测外源基因在新的遗传背景中会产生什么样的相互作用，以及抗性基因转移到细菌中的潜在危害性，对土壤微生物中抗生素抗性标记基因的存留水平进行检测和开展抗性标记基因向土壤细菌发生水平基因转移的模拟监测研究是必要的，也是完善转基因作物的生物安全评价研究并促进其进一步推广必不可少的。

转基因棉花是我国大量种植的转基因作物，2008 年的种植面积达到了 380 000 hm^2（James，2008）。卡那霉素抗性基因－新霉素磷酸转移酶基因（*npt* II）来自大肠杆菌（*Escherichia coli*）的 *aphA*2 基因（Wang *et al.*，2002），是转基因植物研究中应用最广泛的标记基因。在转基因抗虫棉的选育中，也多以卡那霉素抗性基因作为标记基因。对转基因棉花的标记基因 *npt* II 的基因水平转移开展研究是环境风险评价和监测的重要方面，对其他转基因作物的环境风险评估和检测也有参考和借鉴意义。

13.3.1.2 材料与方法

13.3.1.2.1 转基因棉花抗生素抗性标记基因 *npt* II 在棉田土壤微生物中残留水平的分子检测

13.3.1.2.1.1 棉花品种

转基因棉花为转 *Bt* 基因抗虫棉（中棉 30），以卡那霉素抗性基因—新霉素磷酸转移酶基因 II（*npt* II）为标记基因。常规棉花为转 *Bt* 基因抗虫棉的亲本对照品系（中棉 16）。

13.3.1.2.1.2 研究区域概况与土壤样品采集

研究区域选择位于江苏省大丰市,该地区属北亚热带海洋性季风气候,年均温 14.2℃,年均降雨量 900~1 066 mm,地形为淤积平原,中心海拔 4 m,坡度平缓,一般仅为 0.02%。成土母质以其来源与沉积方式分为三种:石灰性湖相沉积物;江淮冲积物;黄淮冲积物。

采样地点位于大丰市上海农场的棉花种植地,采样时间为 2008 年 8 月下旬。选择连作种植年限在 3 年以上转基因棉花(中棉 30)和常规棉花(中棉 16)的棉田土壤。采用五点采样法采集土壤样品,采样范围为棉花根周围 5~10cm,样品用布袋装以增加其透气性。样品带回实验室除去根系、石块等杂物,再过 4 mm 筛,保存在 4℃冰箱中。取部分土样风干用于土壤理化性质的测定;土壤含水量测定、微生物计数等测定在 1~2 周内完成;其余放–70℃冰箱用于土壤微生物总 DNA 的提取。

13.3.1.2.1.3 土壤微生物总 DNA 的提取

采用直接提取方法(Zhong, *et al.*, 1996)提取转基因棉田和常规棉田的土壤微生物总 DNA。详细步骤如下:称取 5 g 土壤样品,与 13.5 ml DNA 提取缓冲液混合后迅速置于 –70℃冰箱中冰冻 30 min,随即取出于 65℃ 水浴融化,如此反复 2~3 次裂解细胞;加入 100 μl 蛋白酶 K(10 mg/ml),于 37℃摇床上振荡 30 min(225 r/min);加入 1.5 ml 20% SDS,65℃水浴 2 h,其间每隔 15~20 min 轻轻颠倒混匀;室温 6000 g 离心 10 min,收集上清,转移到 50 ml 离心管中,土壤沉淀中再加入 4.5 ml 提取液和 0.5 ml 20%的 SDS,涡旋 10 s,65℃水浴 10 min,室温 6000 g 离心 10 min,收集上清并与前次上清合并。上清用等体积的氯仿-异戊醇(体积比 24∶1)抽提,离心后吸取水相转移至另一 50 ml 离心管中,以 0.6 倍体积的异丙醇室温沉淀 1 h,室温 16000 g 离心 20 min,收集核酸沉淀,用冷的 70%乙醇洗涤沉淀,吹干,溶解于灭菌的超纯水中,最终体积为 300 μl。试剂盒纯化总 DNA。采用紫外分光光度法对土壤微生物总 DNA 进行定量(徐德昌等,1997),0.75%的琼脂糖凝胶电泳检查提取质量和片段大小。

13.3.1.2.1.4 土壤 *npt* II 基因的分子检测

以 *npt* II 基因特异性引物对纯化后的土壤微生物总 DNA 进行 PCR 扩增,引物序列如下:

上游引物:5′-CGGCTATGACTGGGCACAACAGACAAT-3′

下游引物:5′-AGCGGCGATACCGTAAAGCACGAGGAA-3′(邓欣等,2007)

扩增反应体系:Taq 聚合酶 Buffer3 μl,Mg^{2+}(25 mmol/L)2μl,dNTP(20 mmol/L)2 μl,土壤总 DNA 2 ul,引物 1 和引物 2(25pmol/L)各 1 μl,Taq 酶(5U/μl)0.5 μl,补水至 50μl。此外,以含卡那霉素抗性—新霉素磷酸转移酶基因(*npt* II)的 pBI 121 质粒模板作为阳性对照,以不含任何模板的扩增体系为阴性对照。

反应条件:94℃变性 5 min;94℃ 30s,64℃ 45s,72℃ 2.5 min,30 个循环;最后 72℃延伸 10 min,保温 10 min。

0.75%的琼脂糖凝胶电泳检查提扩增片段有无及大小。

13.3.1.2.2 抗生素抗性标记基因 *npt* II 向土壤细菌发生水平基因转移的模拟监测

土壤样品的选取及采集时间、地点和方法见 13.3.1.2.1。

13.3.1.2.2.1 受体菌系统的制备

将土壤稀释涂布于 LB 平板上,根据细菌形态,挑取 150 株菌。然后将选取菌体接种在终浓度为 50×10⁻⁶ 的卡那霉素—LB 平板上。根据其生长情况，选取不能在卡那霉素—LB 平板上生长即无卡那霉素抗性（kanʳ）的菌株，将其接种于 LB 平板上；30℃培养 3 d 后，用无菌水洗脱，洗脱液接种于 LB 液体试管中培养，培养完成将各管菌悬液混合，制成混合菌悬液。混合菌悬液保存于–70℃冰箱。以此混合菌悬液系统作为后续实验的受体菌系统。

13.3.1.2.2.2　卡那霉素抗性标记基因的制备

以含卡那霉素抗性基因—新霉素磷酸转移酶基因（*npt*Ⅱ）的 pBI 121 质粒为模板，进行 PCR 扩增。扩增产物经纯化稀释后即为卡那霉素抗性（kanʳ）基因制备液。

13.3.1.2.2.3　膜转化实验

细菌混合菌悬液稀释至 10⁹cell/ml，取 100 ml 菌液，加入 10μl 上述合成的抗生素抗性转化基因（*npt*Ⅱ）制备液，混合物转至硝酸纤维素膜上。此膜放置于 LB 平板上，28℃培养 24 h。使用 0.85% NaCl 溶液洗脱培养后的硝酸纤维素膜，洗脱液浓缩后稀释不同倍数（10¹，10⁰，10⁻¹）涂布卡那霉素—LB 平板，28℃培养 48 h，观察突变子菌落数量。同时测定自发产生的突变子的数量和转化概率，设置无菌和无受体菌对照，操作步骤同上。

13.3.1.3　主要研究结果与分析

13.3.1.3.1　转基因棉田土壤中抗生素抗性标记基因 *npt*Ⅱ 的分子检测

13.3.1.3.1.1　土壤微生物总 DNA 的提取

采用直接法对采集的棉田土壤微生物总 DNA 进行提取（图 13-24），提取片段长度大于 23kbp。并对土壤微生物总 DNA 进行定量，中棉 30 和中棉 16 的棉田土壤总 DNA 提取量分别为 3.89μg/g（干土）和 3.51μg/g（干土）。

图 13-24

M—Hind Ⅲ；1—常规棉土壤；2—转基因棉土壤

13.3.1.3.1.2　卡那霉素 npt Ⅱ 基因 PCR 检测

将提取的土壤总 DNA 进行梯度稀释，稀释浓度为 10 倍、100 倍。连同原液终浓度分别约为 600 pg/μl、60pg/μl、6pg/μl，以此为模板进行 PCR 扩增。

结果显示，在对阳性对照 CK 中（模板为含 *npt* II 基因的 pBI 121 质粒）扩增出了 *npt* II 基因条带，而在常规棉和转基因棉棉田土壤总 DNA 中均未扩增出可见条带（见图 13-25）。实验表明：转基因棉田土壤微生物宏基因组中不含 *npt* II 基因或含量极少，低于 PCR 检测限度；大田条件下 *npt* II 基因未向土壤微生物发生高频度有效转移，或者 *npt* II 基因向土壤微生物发生了水平转移，但转移频率较低，难以检出。

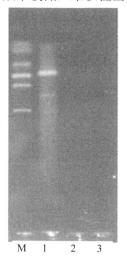

图 13-25

M—DL2000；1—CK；2—常规棉土壤；3—转基因土壤

13.3.1.3.2 抗生素抗性标记基因向土壤细菌发生水平基因转移的模拟监测

13.3.1.3.2.1 质粒 pBI 121 的提取与 *npt* II 基因的扩增

质粒 pBI 121 和 *npt* II 基因扩增产物条带电泳图见图 13-26 和图 13-27。PCR 扩增产物含 *npt* II 基因全序列。

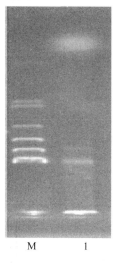

图 13-26

M—Hind Ⅲ；1—pBI 121

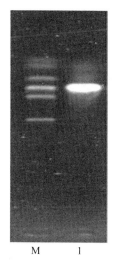

图 13-27

M—DL2000；1—*npt* II

13.3.1.3.2.2 *npt* II 基因的膜转化结果

模拟转化实验结果：在含终浓度为 50ppm 卡那霉素的 LB 平板上没有长出菌落。表明在模拟条件下，没有细菌获得卡那霉素抗性，抗性基因不能有效转化受体菌，*npt* II 基因没有发生基因水平转移。

结果在短时间内与高浓度的含 *npt* II 基因的 DNA 接触的实验条件下，没有出现卡那霉素抗性菌株，抗性基因不能有效转化受体细菌，模拟条件下没有发生基因水平转移。

图 13-28 *npt* II 基因的膜转化后平板筛选

13.3.1.4 结论与讨论

有研究表明，死亡植物残体中的 DNA 分子能够在土壤中存留数月乃至 2 年以上，为抗生素抗性基因水平转移到土壤微生物中提供了条件。但是水平转移包括多个步骤，使得发生的频率极低。当 DNA 分子从死亡的有机体释放到环境后，需要克服酶的降解和土壤颗粒的不可逆吸附；进入细胞后，还要避免限制性酶的降解和细胞修复机制，然后再经由同源重组等方式整合到基因组中；此外，该中间还需要严格的胞内胞外的感受态条件的配合。苛刻的条件限制了基因水平转移发生的频率。Key 和 Gebhard 等分别在模拟实验和大田条件下从微生物基因组检测到了转基因作物中的 *npt* II 标记基因。但 Smalla 等将转基因甜菜种在大田里，从土壤中筛选出的卡那霉素抗性菌进行 PCR 和杂交鉴定表明没有基因水平转移。Becker 等和 Paget 分别对含 *aphI* 的转基因烟草与含 *accI* 的转基因番茄种进行大田试验，结果也没有在土壤里检测到相关抗性菌。

实验结果表明，转基因作物的广泛种植导致基因水平转移以致土壤中抗生素抗性微生物大量增加的可能性很小；但是也不能完全否定基因水平转移的存在。鉴于转基因作物的大量种植以及基因水平转移是一个持续发生过程，尤其是长期种植后，发生抗生素抗性基因向土壤微生物的水平转移还是有可能发生的，因此，应该对转基因作物标记基因的水平基因转移进行长期的监测与研究。

13.3.2　转基因棉花种植对土壤微生物多样性的影响

13.3.2.1　前言

随着转基因棉花的逐年推广种植，人们对转基因植物中的抗生素抗性基因释放到环境中，使得土壤微生物和致病菌获得这些抗性基因，从而导致生态风险的担心也不断增长。特别是由于转基因作物中的筛选基因如卡那霉素抗性基因来自原核微生物（De Vries，1998），转入基因上大多还残留有构建转化载体所用的原核生物启动子，这些都使得抗性基因容易水平基因转移并扩散到土壤微生物和致病微生物中（Goldstein *et al.*，2005 and Fernando *et al.*，2008）。

另一方面，在转基因棉花环境影响监测上，环境微生物一直是一个研究热点，涉及微生物多样性、微生物抗性进化、外源基因在微生物中的基因水平转移与生态功能演化等方面。由于微生物种类多、数量大、个体小、繁殖快，且微生物对于环境因素的敏感性，能够很好地指示生态环境的细微变化，因而是环境影响的一个理想监测指标。因而，开展转基因棉花环境微生物特别是与之关系密切的土壤微生物数量、多样性和种群结构的监测评价，对评价转基因棉花的生物安全性具有重要的理论和现实意义，对于保障生物技术的健康发展、促进环境保护与农业可持续发展也均具有深远意义。

13.3.2.2　材料与方法

13.3.2.2.1　转基因棉花对土壤微生物多样性影响

13.3.2.2.1.1　棉花品种、种植区域状况及土样采集方法

土壤样品的选取及采集时间、地点、方法见前述"土壤中抗生素抗性标记基因 *npt* II 的分子检测及其细菌发生水平基因转移的模拟监测" 13.3.1.2.1.1~13.3.1.2.1.2。

13.3.2.2.1.2　土壤微生物总 DNA 的提取纯化

土壤微生物总 DNA 提取纯化见前述"土壤中抗生素抗性标记基因 *npt* II 的分子检测及其细菌发生水平基因转移的模拟监测" 13.3.1.2.1.3。

13.3.2.2.1.3　土壤细菌 16S rDNA 片段的扩增与克隆文库的构建

合并3个重复提取的土壤总 DNA，采用细菌特异性引物直接扩增总 DNA 中的细菌 16S rDNA 片段。上游引物序列为：5'-AGAGTTTGATCCTGGCTCAG-3'（*Escherichia coli* bases 8 to 27），下游引物序列为：5'-TACCTTGTTACGACTT-3'（*Escherichia coli* bases 1507 to 1492）。扩增 10 管重复，扩增产物均匀混合以消除单次扩增的偏向性。合并扩增产物用 0.75% 的琼脂糖凝胶电泳回收，通过 TA 克隆技术将扩增的 16S rDNA 片段转化到 E.coli 中，蓝白斑筛选挑取阳性克隆子，建立 16S rDNA 克隆文库。

13.3.2.2.1.4　土壤细菌 16S rDNA 克隆文库的 RFLP 分析

通过菌体PCR方法用pMD 18-T载体通用引物（BcaBEST Primer RV-M: 5'-GAGCGGATAATTTCACACAGG-3' 与 BcaBEST Primer M13-47: 5'-CGCCAGGGTTTTCCCAGTCACGA-3'）重新扩增阳性克隆子中插入的 16S rDNA 片段，PCR 产物分别用 *Hha*I 和 *Rsa*I 两种限制性内切酶消化（37℃，1 h）。酶切 DNA 片段用 8% 的聚丙烯酰胺凝胶电泳分离，经硝酸银染

色和凝胶成像系统成像后，所得 DNA 带型图谱在 GIS 凝胶分析软件辅助下用人工进行比较分析。以基因片段多态图像为基础进行聚类，根据不同图像间的相似性将所有的图像聚合成一个聚类树。通过聚类分析而被聚合到一起的具有相同的基因图像的克隆需要用第 2 种限制性内切酶进行消化与电泳分离。当第二次所获得的基因图像仍然相同时，则认为它们是相同的基因型。每一个基因型称为一个分类操作单位（OTU, Operational Taxonomic Unit）或称为唯一基因型（Moye, *et al.*, 1996）。根据 OUTs 的种类及数量，进行群落结构多样性指数等进行计算分析（Good 1953; Hill, *et al.*, 2003），选取部分有代表性的克隆测定其序列，并构建系统发育树。

13.3.2.2.2 转基因棉花种植对土壤卡那霉素抗性细菌多样性影响

13.3.2.2.2.1 棉花品种、种植区域状况及土样采集方法

土壤样品的选取及采集时间、地点和方法同上述 13.3.1.2.1.1。

13.3.2.2.2.2 土壤卡那霉素抗性细菌的筛选、分离及 PCR-RFLP 分析

土壤样品经分散后梯度稀释（沈萍等，1999），稀释液后涂布在含有 $50×10^{-6}$ 卡那霉素—LB 平板上，37℃培养 3～5 d 后进行计数。每样品随机挑取 100 株细菌，使用细菌 16S rDNA 通用引物 63F（5′-CAGGCCTAACACATGCAAGTC-3′）及 1387R（5′-GGGCGGTGTGTACAAGGC-3′）进行 PCR 扩增（Marchesi *et al.*, 1998）。PCR 产物经 Hha I 和 Rsa I 两种限制性内切酶消化（37℃，过夜）后，酶切 DNA 片段用 8%的聚丙烯酰胺凝胶电泳分离，银染显色后，得到 16S rDNA 带型图谱，并据此进行聚类分析。根据 OUT 种类及数量，对样品中卡那霉素抗性细菌的多样性指数等进行计算分析；选择部分有代表性的菌株测定其 16S rDNA 序列，并构建系统发育树。

13.3.2.3 主要研究结果与分析

13.3.2.3.1 转基因棉花对土壤微生物数量和多样性的影响

13.3.2.3.1.1 转基因棉花对土壤微生物数量的影响

从表 13-19 可以发现，转基因抗虫棉与普通棉花的棉田土壤微生物的数量没有明显差别；细菌和放线菌在转基因抗虫棉根际土壤中数量稍多于常规棉，但是维持在同一个数量级，而真菌在常规棉中稍多与转基因抗虫棉，数量也维持在同一个数量级，差异不显著。说明转基因抗虫棉的种植对土壤微生物数量的影响不大或没有影响。

表 13-19　土壤样品中细菌、真菌和放线菌的数量　　　　单位：cfu/g

	中棉 30	中棉 16
细菌	$8.3×10^7±0.77$	$7.3×10^7±0.72$
放线菌	$1.25×10^6±0.71$	$1.06×10^6±0.70$
真菌	$1.11×10^5±0.81$	$1.13×10^5±0.79$
卡那霉素抗性细菌	$6.7×10^5±0.95$	$7.5×10^5±0.73$

13.3.2.3.1.2 转基因棉花对土壤微生物多样性的影响

对转基因棉花中棉 30 和常规棉花中棉 16 的 16S rDNA 克隆文库的 RFLP 分析表明，两个文库中均含有大量独特的 OTUs 类型，但都没有出现占据相对优势的类型，见表 13-20。两个文库中都没有出现相对优势的 OTUs 类型。此外，两个文库的库容均小于 30%，库容较低，说明土壤样品中应该还含有更加丰富的微生物资源，实际多样性程度更高。

表 13-20 两个 16S rDNA 文库的克隆的 *Hha* I-*Rsa* I 酶切类型

参数	中棉 30	中棉 16
克隆数	158	156
Hha I-*Rsa* I 酶切类型数	132	133
只有一个克隆的 *Hha* I-*Rsa* I 酶切类型数	112	114
只有一个克隆的 *Hha* I-*Rsa* I 酶切类型数所占比例	70.89%	73.08%

表 13-21 比较了两个文库中的物种多样性指数。中棉 16 的丰富度（Margale 指数）为 26.139，高于中棉 30 的 25.876；而中棉 30 的均一度（Evenness 指数）为 0.949，略高于中棉 16 的 0.945，两者的差别很小。综合认为，转基因抗虫棉花对根际土壤微生物的多样性影响不大或者没有影响。

表 13-21 两个 16S rDNA 文库的群落结构多样性参数

样品	OTUs 类型	库容值（*C*）	Shannon-Weinner 指数（*H'*）	Simpson 指数（*D*）	Margale 指数（*dMa*）	Evenness 指数（*E*）
中棉 30	132	29.11%	4.802	0.991	25.88	0.949
中棉 16	133	25.64%	4.773	0.990	26.14	0.945

随机选取部分克隆子进行测序。测序结果经 RDP 数据库 CHECK-CHIMERA 程序检测无嵌合片段（chimeric fragment）后，在 NCBI 数据库中与其同源性较高的序列进行比对。将测定序列与不同类群的细菌进行比较分析并通过邻接法（neighbor-joining）生成系统进化树，根据序列在系统进化树中的位置和遗传距离判定测序克隆的系统发育地位。C7、C36、C51、C92、C137、T1、T3、T6、T21、T33、T72、T85、T88、T97、T32、T102 的序列已提交到 Genebank，登录号（Accession number）按照顺序依次为：DQ202632—DQ202647。

由系统发育树（图 13-29）可见，在测序的克隆子中未培养微生物的序列占绝大多数，表明在土壤环境中未培养的微生物占有很大比例。

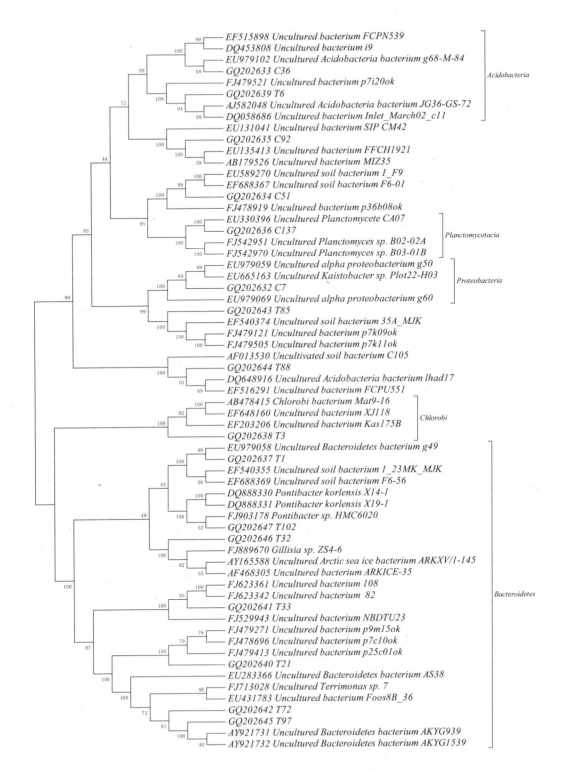

图 13-29　基于 16S rDNA 的系统发育树

13.3.2.3.2　转基因棉花种植对土壤卡那霉素抗性细菌多样性影响

13.3.2.3.2.1　转基因棉花种植对卡那霉素抗性细菌数量影响

从表 13-18 中可以看出，采样期间转基因棉花棉田土壤样品中的卡那霉素抗性细菌略低于常规棉花，两者在同一数量级，无显著差异。表明转基因棉花对土壤中卡那霉素抗性细菌的数量没有影响。

13.3.2.3.2.2　转基因棉花种植对土壤卡那霉素抗性细菌多样性影响

转基因棉花和普通棉花土壤中卡那霉素抗性细菌 16S rDNA 基因经 PCR 扩增和 *Hha* I 和 *Rsa* I 两种限制性内切酶酶切消化后，共产生 18 种 OTUs 类型，多样性较为丰富（如图 13-30、图 13-31 所示）。转基因棉花土壤中卡那霉素抗性细菌经酶切消化产生了 14 种 OTUs 类型，非转基因棉花土壤中卡那霉素抗性细菌经酶切消化产生了 12 种 OTUs 类型，其中 8 种 OTUs 类型在转基因棉花和非转基因棉花样品中都有存在。

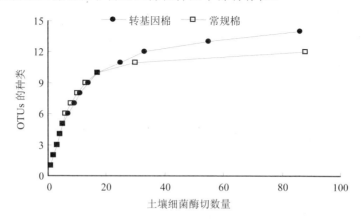

图 13-30　土壤卡那霉素抗性细菌的种系型丰度趋势线

有两种 OTUs 类型（如图 13-31 所示，分别为 TC-1 和 CC-1、TC-3 和 CC-3）在转基因棉花和非转基因棉花土壤样品都居于优势，其比例分别为 36.0%和 65.2%，25.6%和 14.6%。各 OTUs 类型及所占比例见图 13-32。

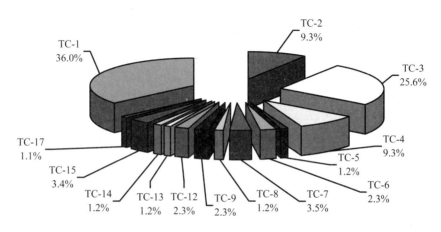

（a）转基因棉花（TC）棉田土壤样品

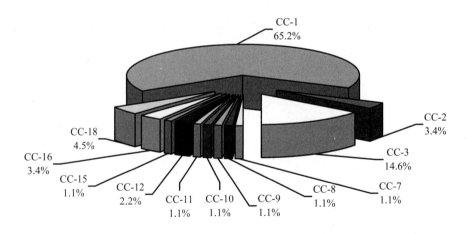

（b）常规棉花（CC）棉田土壤样品

图 13-31　棉田土壤细菌 16S rDNA *Rsa* I-*Hha* I 酶切产生的 OTUs 类型与比例

注：两图中的相同酶切类型用同种图案表示。

　　对所得的数据进行多样性指数分析，结果表明：转基因棉花中棉 30 的 Shannon-Wiener 指数、Simpson 指数和 Margalef 指数等均高于常规棉中棉 16，差异较显著（见表 13-22）。来自中棉 30 的土壤样品中卡那霉素抗性细菌的丰富度和多样性较中棉 16 都有所提高。但这一结果依据单次采样的实验数据，转基因棉花的种植对棉田土壤中的卡那霉素抗性细菌的群落结构及多样性是否存在影响以及原因仍需开展进一步的研究进行验证与分析。

表 13-22　基于 16S rDNA 的 *Hha* I-*Rsa* I RFLP 的多样性分析

样品	OTUs 类型	库容值（C）	Shannon-Weinner 指数（H'）	Simpson 指数（D）	Margalef 指数（D）	Evenness 指数（E）
中棉 30	14	94.2%	1.797	0.797	2.918	0.681
中棉 16	12	93.3%	0.548	0.548	2.451	0.530

　　通过对酶切图谱的分析，从占优势的 2 种 OUTs 以及从其他 OUT 中随机挑取 1 个克隆进行测序，测序克隆共 8 个，测定的 16s rDNA 片段长度在 900～1 200bp 之间。测定序列 TC-6，TC-4，TC-3，TC-2，TC-1，CC-2，CC-10 和 CC-3 已提交 GenBank，登录号分别为：GQ184201-GQ184205，GQ184207-GQ184209，GQ221018。

　　根据测序结果，利用 Mega4.0 构建系统发育树，如图 13-32 所示。对 16S rDNA 的分析结果表明，前述在转基因棉花和非转基因棉花土壤中占优势的两类细菌分别为（TC-1 和 CC-1）、TC-3 和 CC-3 分别为 *Phyllobacterium* 和 *Chryseobacterium* 属。

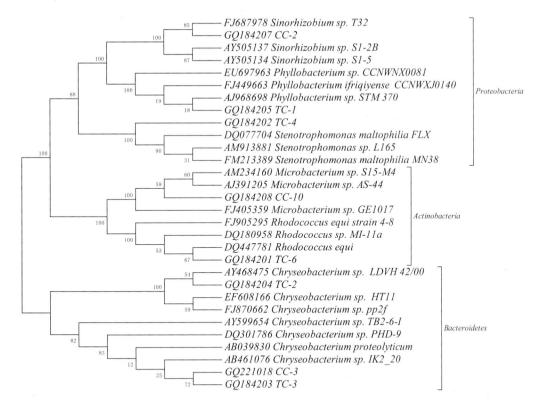

图 13-32 基于 16S rDNA 序列构建的系统发育树

13.3.2.4 结论与讨论

目前，对转基因作物对土壤微生物的数量和多样性的影响研究结论不尽相同，有待进一步的研究论证。Donegan 等（1995）对 *Bt* 抗虫棉和常规棉棉田土壤中的微生物数量、种类和组成的研究表明两者无显著差异。Fang 等（2005）对转基因玉米和非转基因玉米根际微生物的研究表明两者的微生物多样性无明显不同。Sandrine 等（2008）的研究表明连续耕种转基因玉米 10 年以上的田地中土壤微生物中具有抗生素抗性水平并没有明显增加。而沈法富等（2004）的研究表明转 *Bt* 抗虫棉的种植造成了土壤中细菌生理类群多样性的下降，邓欣等（2007）在转基因抗虫棉叶围细菌中检测到了与 *npt* II 同源性 100% 的 DNA 片段。

综上所得实验结果，我们认为转基因棉花的种植对周围环境中的普通微生物的群落结构和多样性没有影响或影响较小，但对这些环境中卡那霉素抗性细菌的种群和多样性有可能存在一定影响。本研究基于单一时段采集的土壤样品，以上研究结果及其原因仍需开展进一步的工作进行验证与分析，以便对转基因棉花的生态安全性做出全面、系统、客观的评价。

（李孝刚 刘标）

参考文献

[1] 邓欣，赵廷昌，高必达. 转基因抗虫棉叶围卡那霉素抗性细菌种群动态及 *npt* II 基因漂移研究[J]. 中国农业科学，2007，40（11）：2488-2494.

[2] 董志峰，马荣才，彭于发，等. 转基因植物中外源非目的基因片段的生物安全研究进展[J]. 植物学报，2001，43：661-672.

[3] 徐德昌，赵亚华，杜天奎. 植物总 DNA 和核 DNA 提取及其纯度的研究[J]. 宁夏农学院学报，1997，18（3）：57-61.

[4] 沈法富，韩秀兰，范术丽. 转 *Bt* 基因抗虫棉根际微生物区系和细菌生理群多样性的变化[J]. 生态学报，2004，24（3）：432-437.

[5] 沈萍，范秀荣，李广武. 微生物学实验[M]. 北京：高等教育出版社，1999：92-94.

[6] Badu R M，Sajeena A，Seetharaman K，et al. Advances in genetically engineered（transgenic）plants in pest management - an over view. Crop Protection，2003，22：1071-1086.

[7] Crecchio C，Stotzky G. Biodegradation and insecticidal activity of the toxin from *Bacillus thuringiensis* subsp. *kurstaki* bound on complexes of montmorillonite - humic acids - Al hydroxypolymers. Soll Biololy and Biochemistry，2001，33：573-581.

[8] Donegan K K，Palm C J，Fieland V J，et al. Changes in levels，species and DNA of soil microorganisms associated with cotton expressing the *Bacillus thuringiensis* var. *kurstaki* d-endotoxin. Applied Soil Ecology，1995，2：111-124.

[9] Dunfield K E，Germida J J. Impact of genetically modified crops on soil - and plant - associated microbial communities. Journal of Environmental Quality，2004，33：806-815.

[10] Fraley R T. Suataining the supply. Biotechnology，1992，10：40-43.

[11] Gasser C S，Fraley R T. Transgenic crops. Scientific American，1992，6：62-69.

[12] Lamb C J，Ryals J A，Ward E R，et al. Emerging strategies for enhancing crop resistance to microbial pathogens. Biotechnilogy，1992，10：1436-1445.

[13] Lange P. The german experience gained with field testing of genetically modified plants. Federal ministry for research and technology. Bonn Germany，1990.

[14] Lundstrun L. Monsanto develops beetle resistant plant plots show remarkable control. Potato grower of idzho，1992，36.

[15] Mackenzie D. Jumping genes confound german scientists. New Scientist，1990，15.

[16] Miller J C. Field assessment of the effects of microbial pest control agents on nontarget Lepidoptera. American Entomologist，1990，36：135-139.

[17] Palm C J，Donegan K K，Harris D L，Seidler R J. Quantitation in soil of *Bacillus thuringiensis* var *kurstaki* deltaendotoxin from transgenic plant. Molbial ecology，1994，3：145-151.

[18] Perlak F J，Deaton R W，Armstrong T A，et al. Incest resistant cotton plants. Biotechnology，1990，8：939-943.

[19] Pray C，Ma D，Huang J，et al. Impact of *Bt* cotton in China. World Development，2001，29：813-825.

[20] Rui Y., Yi G., Zhao J., et al. Changes of Bt toxin in the rhizosphere of transgenic *Bt* cotton and its influence on soil functional bacteria. World Journal of Microbiology and Biotechnology, 2005, 21: 1279-1284.

[21] Saxena D, Flores S, Stotzky G. Bt toxin is released in root exudates from 12 transgenic corn hybrids representing three transformation events. Soil Biology and Biochemistry, 2002, 34: 133-137.

[22] Saxena D, Stotzky G. Insecticidal toxin from *Bacillus thuringiensis* is released from roots of transgenic *Bt* corn in vitro and in situ. FEMS Microbioloy Ecology, 2000, 33: 35-39.

[23] Xue D, Yao H Y, Ge D Y, et al. Soil microbial community structure in diverse land use systems: A comparative study using biolog, DGGE, and PLFA analyses. Pedosphere, 2008, 18: 653-663.

[24] Yamada K. Genetic vegomatica splice and dice with weird results. Wall Street Journal, 1992, 13.

[25] Baquero F, Martínez JL, Cantón R. Antibiotics and antibiotic resistance in water environments [J]. Current Opinion in Biotechnology, 2008, 19: 260-265.

[26] De Vries J, Waekernagel W. Detection of *npt* II (kanamycin resistanee) genes in genomes of transgenie plants by marker-rescue transformation. Molecularand General Genetics, 1998, 257 (6): 1595-1605.

[27] Donegan K K, Palm J, Fieland V J. Changes in levels species and DNA fingerprints of soil microorganisms associated with cotton expressing the *Bacilluc thuringigensis* var. *kurstaki* endotoxin. Applied Soil Ecology, 1995, 2 (2): 111-117.

[28] Goldstein DA, et al. Human safety and genetically modified plants: A review of antibiotic resistance markers and future transformation selection technologies. Journal of Applied Microbiology, 2005, 99: 7-23.

[29] Good IL. The population frequencies of species and the estimation of population parameters. Biometrika, 1953, 40, 237-264.

[30] Hill TCA, Walsh KA, Harris JA, et al. Using ecological diversity measures with bacterial communities. FEMS Microbiology Ecology, 2003, 43, 1-11.

[31] Moyer C L, Tiedje J, Dobbs F C. A computer-simulated restriction fragment length polymorphism analysis of bacterial small-subunit rRNA genes: efficacy of selected tetrameric restriction enzymes for studies of microbial diversity in nature [J]. Applied and Environmental Microbiology, 1996, 62 (7): 2501-2507.

[32] Marchesi J R, Sato T, Weightman A J, et al. Design and evaluation of useful bacterium-specific PCR primers that amplify genes coding for bacterial 16S rRNA. Applied and Environmental Microbiology, 1998, 64: 795-799.

[33] Fang-M, Robert J. Kremer, Peter P. Motavalli.Bacterial diversity in rhizospheres of nontransgenic and transgenic corn[J].Applied and Environmental Microbiology, 2005, 71 (7): 4132-4136.

[34] Sandrine D et al., Antibiotic-resistant soil bacteria in transgenic plant fields [J].PNAS, 2008, 105, 3957-3962.

[35] Gebhard F, Smalla K. Transformation of *Acinetobacter* sp. strain BD413 by transgenic sugar beet DNA [J]. Appl Environ Microbiol, 1998, 64: 1550-1554.

[36] Kay E, Vogel TM, Bertolla F, et al. In situ transfer of antibiotic resistance genes from transgenic (transplastomic) tobacco plants to bacteria. Applied and Environmental Microbiology, 2002, 68: 3345-3351.

[37] Kohli A, Griffiths S, Palacios N, et al. Molecular characterization of transforming plasmidrearrangements

in transgenic rice reveals a recombination hotspot in the CaMV 35S promoter and confirms the predominance of microhomology mediated recombination. The Plant Journal，1999，17：591-601.

[38]   Smalla K，van Overbeck L S，Pukall R，et al. Prevalence of nptII and Tn5 in kanamycin-resistant bacteria from different environments. FEMS Microbiology Ecology，1993，13：47-58.

[39]   Wang G L，Fang H J. Plant Gene Engineering（the 2nd Edition）.Beijing：China Science Press，2002：527-528.（in Chinese）.

[40]   Zhou J Z，Bruns M A，Tiedje J M. DNA recovery from soils of diverse composition. Applied and Environmental Microbiology，1996，62（2）：316-322.

第14章　棉铃虫对抗虫转 *Bt* 基因棉花产生抗性的监测

14.1　转 *Bt* 基因棉花的生理生化性质

14.1.1　前言

2013 年，全球转基因作物种植面积达到 1.752 亿 hm^2，从 1996 年的 170 万 hm^2 增加到 2013 年的 1.75 亿 hm^2，全球转基因作物的种植面积增加了 100 倍以上，使转基因作物成为现代农业史上采用最为迅速的作物技术。在连续 17 年的非凡增长，特别是其中有 12 年的增长率达到两位数之后，2013 年是转基因作物种商业化的第 18 年（James，2013）。我国 1997 年由河北省开始引种美国 *Bt* 抗虫棉，到 1999 年国产抗虫棉便开始进行大规模的商业化释放（Perlak *et al.*，1991）。近几年来，转基因抗虫棉在中国的种植面积迅速扩大，占国内棉花总种植面积的比例逐年上升（Pray *et al.*，2001）。在 2001 年以前各种转基因棉花主要种植于黄河流域棉区，种植面积约 50 万 hm^2，到 2006 年已广泛种植于各个棉区，面积达 400 万 hm^2，占全国棉花种植面积的 70%（王仁祥和雷秉乾，2002；吴孔明，2007）。总之，转 *Bt* 基因棉花在现代农业生产中显示了巨大的经济、社会和环境效益（Lundstrun，1992）。它作为现代生物技术研究领域的重要成果之一，在产业化方面取得迅速发展。像任何一种新技术一样，转基因棉花在对农业发展起重要推动作用的同时，也可能产生未知的后果和风险。

Bt 基因作为外源基因，整合到棉花基因组内，其表达受基因结构、基因插入位点、受体基因上位性及环境等多种因素影响，表达较为复杂（Xue *et al.*，2008）。早期的研究发现，在进化过程中，棉花已形成了一套有利于自身发育的基因系统，当人为导入外源基因后，必将打破其自身固有的连锁群，从而会对棉花本身各种性状和生理代谢产生意想不到的影响，并可能会进一步影响植物与有害生物之间的关系（丰嵘等，1996）。也有研究表明，转 *Bt* 基因棉花的抗虫性在棉花生育过程中表现不太稳定，不同阶段抗虫性差异较大（张俊等，2002），抗虫性在时间上呈前期强、中后期弱的状况（陈松等，2000），其中主要原因之一是 Bt 蛋白表达量下降，且在棉株不同器官抗性也不一样，这说明抗虫棉 Bt 蛋白的时空分布是不一样的。因此，随着转 *Bt* 基因棉花种植时间的推迟，它的生理生化性质是否因外源基因的嵌入而出现有利或不利的影响；其 Bt 外源蛋白是否能长期持续、稳定、高效地表达；并且它的表达量能否对靶标昆虫起到明显控制效果，成为当今学者进行转基因作物研究中不可或缺的一部分内容。本研究分析和比较了大田和温室内转 *Bt* 基因棉与亲本对照棉花品种之间各种营养物质和外源蛋白含量的差异，这对认识 *Bt* 外源基因导入棉花后棉田生态系统将会产生哪些后效应具有一定的警示作用，为转基因棉的风险评

估提供重要信息，同时也为制定转基因棉田害虫综合治理策略提供一定的理论依据。

本报告的核心内容是棉铃虫对转基因棉花产生抗性的评价和监测，引用的一切文献和所有的研究内容都应该围绕这个核心内容，不能偏离主题。在叙述转基因棉花出现一些意外变化之后，应该进一步分析这些变化可能对棉铃虫抗性产生的影响。

14.1.2 材料与方法

14.1.2.1 供试材料

温室栽培转 *Cry1Ac* 基因抗虫棉中棉 30 及其亲本中棉 16，均来自中国农科院棉花研究所。

分别在苗期、蕾期、花铃期采集盐城棉田中棉 30 和中棉 16 棉叶，用冰盒保存，带回实验室–20℃储存备用。

14.1.2.2 转 *Bt* 基因棉花糖类含量的测定

14.1.2.2.1 转 *Bt* 基因棉花可溶性糖测定

采用蒽酮比色法测定。

14.1.2.2.2 转 *Bt* 基因棉花单糖和总糖含量测定

取室内新鲜棉叶，准确称量 1.000 g，分别剪碎并放入试管，加入纯净水 10 ml，扎上封口膜，沸水浴 1 h，冷却至室温过滤到离心管，浓缩至 3 ml 左右，备用。

将浓缩液过 0.45um 微空滤膜后，用分析/半制备高效液相色谱仪（HP1100，美国）测定糖类的含量。色谱条件：色谱柱：U1trahydrogel^{TM} Linear300 mm×7.8 mmid×2；流动相：0.1mol/L NaNO$_3$；流速：0.9 ml/min；柱温：45℃。

14.1.2.3 转 *Bt* 基因棉花蛋白含量的测定

14.1.2.3.1 转 *Bt* 基因棉花可溶性蛋白测定

采用考马斯亮蓝法测定。

14.1.2.3.2 转 *Bt* 基因棉花 Bt 蛋白测定

采用美国 EnviroLogix 公司生产的 CrylAb/CrylAc 酶标板试剂盒测定。具体方法为：称取采集回来的样品，加提取缓冲液 500μl 研磨，3000r/min 离心 2 min，上清液稀释两倍备用。加 50μl Cry1Ab/Cry1Ac Enzyme Conjugate 到每孔中。迅速加入 50μl 提取缓冲液作为对照，50μl Cry1Ab/Cry1Ac Positive Control 和 50μl 各样品提取液。迅速摇动 20～30s，混合均匀。用封口膜盖上孔板以防止挥发，室温放置 1～2 h。小心移除覆盖，倒出孔中溶液，用 Wash Buffer 彻底冲洗，然后甩干，重复冲洗 3 次。在滤纸上拍打以出去尽可能多的水。加 100μl Substrate 到每孔中。混匀，盖上封口膜，放置 15～30 min。加入 100μl Stop Solution 到每孔中，混匀，颜色会变黄。30 min 内 450nm 读取吸光度值。

14.1.2.4 转 *Bt* 基因棉花氨基酸的测定

称取室内棉叶（过 40 目筛，于 60～80℃烘烤 5 h 以上）200 mg 于安瓶中，充入 N_2，加入 6 mol/L HCl 2 ml，封口后于 110℃水解 24 h，取出冷却并用 NaOH 中和后过滤，将滤液过 0.45μm 微空滤膜后，用氨基酸专用高效液相色谱仪（HP1100，美国）测定氨基酸含量。分析条件：色谱柱：4.0×125 mm C18；柱温：40℃；流速：1.0 ml/min；波长：338nm，262 nm（Pro）；流动相：A：20 mmol 醋酸钠液，B：20 mmol 醋酸钠液：甲醇：乙晴=1：2：2（体积分数）。

14.1.2.5 数据分析

利用 SAS 8.2 对数据进行方差分析、多重比较和 LSD 检验。当 $p < 0.05$ 时差异显著；当 $p < 0.01$ 时差异极显著。

14.1.3 结果与分析

14.1.3.1 转 *Bt* 基因棉花糖类的成分与含量

14.1.3.1.1 转 *Bt* 基因棉花可溶性糖含量测定

表 14-1 为不同时期的室内外转 *Bt* 基因棉花可溶性糖含量。结果显示，室内两种棉花的可溶性糖含量在棉花生长不同时期内先升后降，中棉 30 的可溶性糖含量始终比中棉 16 低，并且在棉花花铃期时，中棉 30 含量显著低于亲本中棉 16（$p < 0.05$）；室外中棉 30 的可溶性糖含量在棉花生长不同时期内处于先升后降趋势，而中棉 16 一直处于上升的趋势，与室内棉花一样，中棉 30 的可溶性糖含量始终比中棉 16 低，并且在棉花花铃期时，中棉 30 含量同样显著低于亲本中棉 16（$p < 0.05$）。

表 14-1 室内外棉花叶片不同时期的可溶性糖含量　　　　　单位：mg/g

棉花品种	苗期	蕾期	花铃期
室内中棉 16	6.4814±0.3396a	7.0207±0.147a	6.8890±0.2967a
室内中棉 30	6.0823±0.2507a	6.4485±0.5827a	5.9091±0.2876b
室外中棉 16	5.8243±0.5129a	7.2391±0.3494a	7.9352±0.2956a
室外中棉 30	5.3980±0.5248a	6.7237±0.3188a	6.3381±0.3547b

注：表中 a、b 表示其在 0.05 水平上差异显著性比较。下同。

14.1.3.1.2 转基因棉花中单糖和总糖含量

采用分析/半制备高效液相色谱仪（Waters 600，美国）测定转 *Bt* 基因棉花中单糖和总糖含量（图 14-2，图 14-3）。转 *Bt* 基因棉花棉叶中糖类物质测定结果表明（图 14-1）：中棉 30 与亲本中棉 16 相比，棉叶中糖的种类和含量都有明显差异。其中，中棉 30 中检测出 5 种糖类，分别是蔗糖、未知糖、葡萄糖、目糖、阿拉伯糖；而在中棉 16 中只检测出 4

种糖，没有目糖。但中棉 16 中的未知糖、葡萄糖和阿拉伯糖含量都远高于中棉 30，且糖总量也远高于转基因棉花中棉 30。

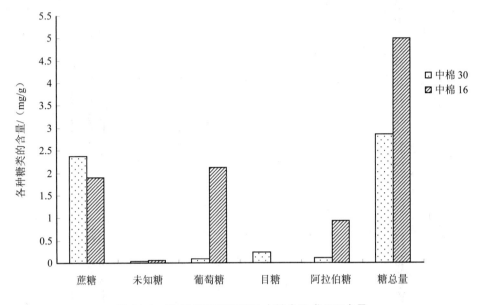

图 14-1　转 *Bt* 基因棉花棉叶中糖类的成分和含量

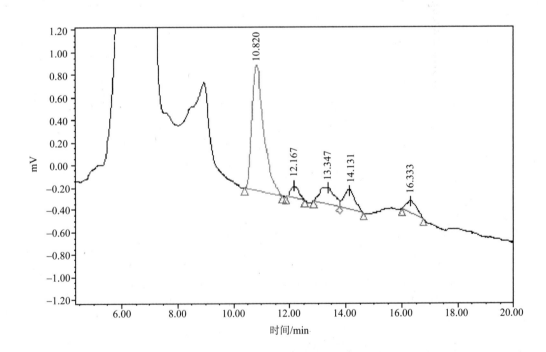

图 14-2　中棉 30 棉叶糖类的测试结果

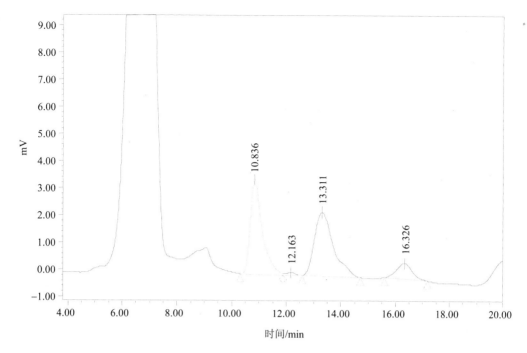

图 14-3　中棉 16 棉叶糖类的测试结果

14.1.3.2　转 *Bt* 基因棉花蛋白含量的测定

14.1.3.2.1　转基因棉花可溶性蛋白含量与变化

表 14-2 为测定不同时期的室内外转 *Bt* 基因棉花可溶性蛋白含量。结果显示，室内两种棉花叶片的可溶性蛋白含量在棉花生长时期内一直处于下降趋势，在棉花苗期和蕾期时，中棉 30 的可溶性蛋白含量比中棉 16 低，且到蕾期时，中棉 30 可溶性蛋白含量显著低于亲本中棉 16（$p<0.05$），但在棉花花铃期时，中棉 30 可溶性蛋白含量又高于中棉 16；室外两种棉花的可溶性蛋白含量在棉花生长时期内变化不明显，中棉 16 呈现先上升后下降的趋势，中棉 30 呈递减趋势；在棉花苗期时，中棉 30 的可溶性蛋白含量比亲本中棉 16 高，但到蕾期和花铃期时，中棉 16 可溶性蛋白含量又高于中棉 30。

表 14-2　室内外棉花叶片不同时期的可溶性蛋白含量　　　　　单位：mg/g

棉花品种	苗期	蕾期	花铃期
室内中棉 16	8.2358±0.3495a	7.6689±0.3559a	6.8134±0.3396a
室内中棉 30	7.6519±0.3148a	6.9300±0.1832b	7.0945±0.4881a
室外中棉 16	7.2922±0.4245a	7.3990±0.5102a	6.8215±0.3415a
室外中棉 30	7.4577±0.4430a	7.0751±0.4057a	6.5325±0.1786a

14.1.3.2.2　转基因棉花 Bt 蛋白含量与变化

表 14-3 为不同时期的室内外转 *Bt* 基因棉花 Bt 蛋白含量。结果显示，室内中棉 30 的 Bt 蛋白含量随着棉花生长时期而不断地下降，具体为苗期＞蕾期＞花铃期，而中棉 16 没有检测出 Bt 蛋白；室外中棉 30 的 Bt 蛋白含量也随着棉花生长时期呈现先上升后下降的趋势，而中棉 16 也没有检测出 Bt 蛋白。

表 14-3　室内外棉花叶片不同时期的 Bt 蛋白含量　　　　　　　　　单位：ng/mg

棉花品种	苗期	蕾期	花铃期
室内中棉 16	0.0207±0.0192A	0.0155±0.0245A	0.0200±0.0059A
室内中棉 30	1.6892±0.1402B	0.7657±0.0599B	0.3253±0.0890B
室外中棉 16	0.0167±0.0094A	0.0304±0.0345A	0.0177±0.0306A
室外中棉 30	0.9827±0.1397B	1.4431±0.0884B	0.6161±0.0844B

注：表中 A、B 表示其在 0.05 水平上差异显著性比较。下同。

14.1.3.3　转基因棉花中氨基酸的成分与含量

采用氨基酸专用高效液相色谱仪对不同棉花品种叶片中氨基酸种类及含量进行检测，结果如图 14-4 所示，详细测试图见图 14-5，图 14-6。两种棉花棉叶中都检测出 17 种氨基酸组分：天冬氨酸（Asp）、谷氨酸（Glu）、丝氨酸（Ser）、组氨酸（His）、甘氨酸（Gly）、苏氨酸（Thr）、精氨酸（Arg）、丙氨酸（Ala）、酪氨酸（Tyr）、胱氨酸（Cys-s）、缬氨酸（Val）、甲硫氨酸（Met）、苯丙氨酸（Phe）、异亮氨酸（Ile）、亮氨酸（Leu）、赖氨酸（Lys）、脯氨酸（Pro）。其中含量最大的前 3 种氨基酸为天冬氨酸、谷氨酸、亮氨酸。中棉 30 棉叶的天冬氨酸、精氨酸、胱氨酸、脯氨酸含量相对高于中棉 16，其他 13 种氨基酸明显低于中棉 16，且氨基酸总量也低于亲本中棉 16。

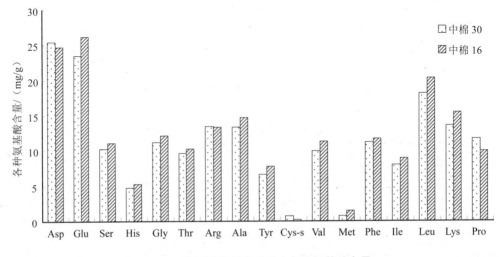

图 14-4　不同棉花品种棉叶中各种氨基酸含量

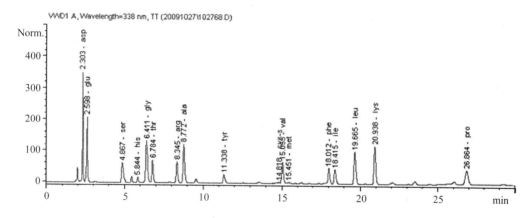

图 14-5　中棉 30 棉叶氨基酸的测试结果图

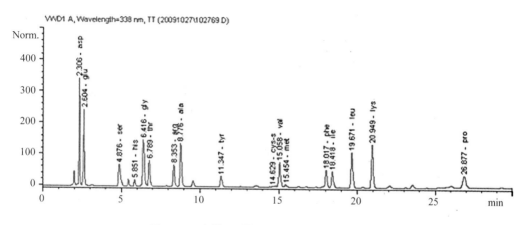

图 14-6　中棉 16 棉叶氨基酸的测试结果图

14.1.4　结论与讨论

自从转 *Bt* 基因作物推广种植以来，国内外许多学者都对转基因作物可能带来的非预期生理生化变化展开了相关研究。转基因作物在很大程度上控制了农业害虫并提高了农产品产量（Fraley，1992；Gasser and Fraley，1992；Lamb *et al*.，1992），但是外源基因的导入可能会引起植物体内与植物抗逆性相关的生理生化变化（Lange，1990），从而严重影响当前转基因棉花的长期、持续、安全应用。

因此，本实验就转 *Bt* 基因棉花与亲本对照棉花的各种生理生化指标进行了测定。实验结果表明，在大田种植模式和温室种植条件下，运用常规方法测定的转基因棉花叶片中可溶性糖含量和可溶性蛋白含量均低于相应的亲本对照棉，其中，在室内种植时，蕾期时转基因棉可溶性蛋白显著低于亲本对照棉（表 14-2）；在棉花花铃期时，室内和室外转基因棉可溶性糖均显著低于亲本对照棉（表 14-1）；而运用高效液相色谱方法测定的转基因棉花叶片中糖类和氨基酸的含量均低于相应的亲本对照棉（图 14-1、图 14-4），两种棉叶的糖类成分有明显差异，转基因棉的单糖比常规对照棉多一种目糖，而氨基酸种类一样，转基因棉花多数氨基酸含量低于亲本对照棉，而天冬氨酸、精氨酸、胱氨酸、脯氨酸含量高于亲本对照棉。这些结果表明，外源 Bt 蛋白基因的导入已明显影响到棉株体内营养物质的合成和代谢，这与已有研究结果基本一致。研究者们认为，一些植物被插入外源基因后，不但会影响植株体内原有的生理活动与代谢，甚至在某些抗性作用方面不是得到增强，就是变得削弱，以便维持植株体内的平衡（poise）（John，1999）。武予清等（2000）曾发现转基因棉花中缩合单宁含量与亲本对照棉存在很大差异。杨益众等（2005）研究表明，转基因棉花的葡萄糖、蔗糖、麦芽糖含量以及可溶性糖总量均低于相应的亲本对照棉，各种氨基酸、果糖、鼠李糖、海藻糖的平均含量以及游离氨基酸平均总量在不同类型的棉花品种间表现得也不一致。但由于外源 Bt 基因导入的方式不同以及转基因棉花品种的多样性，对转基因棉花体内各种营养物质及其他物质的测定还有待进一步研究。

此外，在大田种植模式和温室条件下，转基因棉花的外源 Bt 蛋白含量随着棉花不同生育时期也不尽相同。其中，在室内，转 Bt 基因棉花的 Bt 蛋白随着棉花生育期而出现稳步下降趋势，具体表现为苗期＞蕾期＞花铃期（表 14-3）；在大田种植模式下，转 Bt 基因棉花的 Bt 蛋白先处于上升趋势，之后又回落下去（表 14-3）。结果表明：转基因棉花的外源 Bt 蛋白随着棉花不同时期而出现不同的表达水平，这与前人结果基本一致。例如，陈鹏等（2005）报道转 Bt 基因棉 Bt 杀虫蛋白含量在棉花生育过程中呈现时空动态变化。张小四等（2000）和赵奎军等（2000）都相继报道外源蛋白在转基因棉花的表达随着不同时间和不同区域也呈现明显的动态变化，具体为前期比后期的 Bt 蛋白要高，可能是前期棉花代谢比较活跃，Bt 基因较易表达，外源蛋白含量较高；后期棉花生长衰弱，受到体内代谢影响，Bt 基因表达产生的蛋白含量降低。因此，在转基因棉花种植的后期抗性降低，很容易使存活下来的棉铃虫产生抗性，必须适当进行化学防治，从而减少抗性棉铃虫产生的潜在危险，为转基因棉花的持续应用提供有力保障。

总之，外源基因的导入引起转基因棉花生理生化的变化以及外源蛋白的时空动态表达都会影响到转基因作物的安全使用，也可能会对土壤生态系统和周围生态环境造成一定的影响，今后还需深入研究 Bt 杀虫基因导入棉花后给棉株带来的各种生理效应，并及时跟踪检测外源蛋白的表达动态，从而为抗虫转基因作物的安全、高效使用提供坚实基础。

14.2 转基因作物对棉铃虫生长发育影响的研究

14.2.1 前言

目前，转 Bt 基因棉花对棉铃虫起到很好的控制作用，但随着其种植规模和种植年限的增加，棉铃虫可能会对其产生抗性，可能导致转基因棉花的使用受到影响。因此，需要及时检查转基因棉花对棉铃虫生长发育的影响，这样不仅了解了转基因棉花对棉铃虫的控制效果如何，还对棉铃虫的抗性问题具有一定的指导作用。此外，由于棉铃虫的食物来源比较广泛，而且迁飞性强，加上随着越来越多的转基因作物进入商业化生产，其他转基因作物也可能对棉铃虫的生长发育和抗性水平产生影响。例如，大豆是棉铃虫主要食源之一，抗除草剂转基因大豆的大规模环境释放使其将会成为棉铃虫的寄主作物，从而对棉铃虫的抗性发展产生影响。因此，我们对转 Bt 基因棉花和抗除草剂转基因大豆进行了相关的研究，采集温室和大田条件下种植的转基因作物，用其叶片喂饲棉铃虫，从棉铃虫取食之后的各项指标中（死亡率、生长发育、生理生化等）判断转基因作物对靶标昆虫的控制效果，及时预防棉铃虫对转基因作物产生抗性，为害虫防治和抗性治理提供技术支持和理论指导。

14.2.2　材料与方法

14.2.2.1　供试材料

温室栽培转 *Cry1Ac* 基因抗虫棉中棉 30 和非转基因亲本中棉 16，均来自中国农科院棉花研究所，分别在苗期、蕾期、花铃期采集盐城棉田中棉 30 和中棉 16 棉叶，用冰盒保存，带回实验室 $-20^{\circ}C$ 储存备用。

温室栽培美国大豆和东北大豆，美国大豆来自环保部生物安全重点实验室，东北大豆购于南京市樱铁村农贸市场（经检测，美国大豆为转 EPSPS 基因作物，东北大豆为非转基因作物），采集苗期以后的新鲜叶片喂饲棉铃虫。

14.2.2.2　转基因棉花对棉铃虫生长发育的影响

14.2.2.2.1　转基因棉花对棉铃虫死亡率的影响

把湿润的滤纸放入培养皿中，每皿接初孵棉铃虫幼虫 5 头，重复 5 次，以未转基因的棉花品种（中棉 16）为对照。接虫后封严培养皿，防止幼虫逃逸和保持皿内湿度，置于（26±1）$^{\circ}C$、光：暗=14 h：10 h 的养虫室内，每天调查各处理幼虫死亡情况并计算死亡率、校正死亡率。

14.2.2.2.2　转基因棉花对棉铃虫体重的影响

将湿润的滤纸放入培养皿中，每皿接初孵棉铃虫幼虫 5 头，重复 5 次，以未转基因的棉花品种（中棉 16）为对照。接虫后封严培养皿，防止幼虫逃逸和保持皿内湿度，置于（26±1）$^{\circ}C$、光：暗=14 h：10 h 的养虫室内，每两天用分析天平精确称量各处理幼虫体重。

14.2.2.2.3　转基因棉花对棉铃虫中肠酶活性的影响

14.2.2.2.3.1　酶液制备

棉铃虫 4 龄幼虫每组 30 头，每 10 头为 1 个重复。用温室内蕾期 Bt 棉花和对照棉花叶片喂 72 h，0～4$^{\circ}C$ 下迅速解剖，用预冷的 0.15 mol/L 的 NaCl 溶液冲去体液，截取中肠及其内含物，$-20^{\circ}C$ 冰冻储存。

测定前取出稍溶后，NaCl（0.15 mol/L）溶液在冰浴中匀浆。匀浆液用 Heraeus 冷冻离心机在 11200 g、4$^{\circ}C$ 下离心 15 min，取上清液作为测试用的酶液。

14.2.2.2.3.2　蛋白酶活性测定

酶活性测定参照王琛柱等（1996）的方法。

总蛋白酶活性用氨苯磺胺偶氮酪蛋白为底物测定，反应缓冲液为 0.2 mol/L 的甘氨酸-NaOH 缓冲液（pH=10.50）。偶氮酪蛋白以 20 mg/ml 的浓度溶于 0.15 mol/L 的 NaCl 溶液。取该液 0.3 ml 加入含中肠酶液的 0.3 ml 反应缓冲液中。在 30℃ 反应 2 h,加入 0.6 ml 20% 的三氯乙酸终止反应，反应混合物在 4℃，11200 g 离心 15 min,取上清液在 366nm 下测定光吸收值。反应混合物 1 个吸收单位的变化定义为 1 个偶氮酪蛋白单位。

类胰蛋白酶活力测定采用两种专性底物（BAPNA 和 TAME）。BAPNA 以 20 mg/ml 溶于二甲基亚砜，取 40μl 加入含中肠酶液的 1.5 ml 0.1 mol/L 的甘氨酸-NaOH 缓冲液（pH=10.50）中。常温下反应 20 min 后，加入 0.5 ml 体积分数为 30% 的乙酸终止反应，在 OD_{405} 处测光吸收值。TAME 以 2 mmol/L 溶于 0.15 mol/L 的 NaCl 溶液中，反应缓冲液为 0.2 mol/L、pH=8.50 的 Tris-HCl 缓冲液。反应从始至终在 247nm 处测定光吸收值，每隔 30s 读数 1 次，共 10 min。

类胰凝乳蛋白酶活力以 BTEE 为反应底物测定。BTEE 以 1 mmol/L 溶于体积分数为 10% 甲醇的 0.15 mol/L 的 NaCl 溶液中，反应缓冲液为 0.2 mol/L、pH=8.50 的 Tris-HCl 缓冲液。取 BTEE 0.5 ml 加入 0.5 ml 含中肠酶液的反应缓冲液中，反应从始至终在 OD_{256} 测定光吸收值，每 30s 读数 1 次，共 8 min。

14.2.2.3 抗除草剂转基因大豆对棉铃虫生长发育的影响

14.2.2.3.1 抗除草剂转基因大豆可溶性糖与可溶性蛋白的含量

可溶性糖含量用蒽酮比色法测定（同上）；可溶性蛋白含量用考马斯亮蓝法测定（同上）。

14.2.2.3.2 抗除草剂转基因大豆对棉铃虫死亡率的影响

用美国转基因大豆和东北对照大豆，分别放入培养皿中,每皿接 1 龄棉铃虫幼虫 5 头，重复 3 次。接虫后用黑布封严培养皿，防止幼虫逃逸和保持皿内湿度，置于 28℃，光照周期为 14：10（光：暗）的养虫室内，72 h 后检查各处理幼虫死亡情况并计算死亡率，以校正死亡率比较各转 *Bt* 基因株系棉株对棉铃虫幼虫的毒杀效果（幼虫死亡标准为：用毛笔轻触虫体尾部，以幼虫完全不动视为死亡）。

14.2.2.3.3 抗除草剂转基因大豆对棉铃虫体重的影响

将美国转基因大豆和东北对照大豆放人培养皿中，每皿接初孵幼虫 1 头，单头喂养，每 10 头幼虫一组，共设 3 组，观察 30 头幼虫生长情况，3、6、10 d 后单头用分析天平称量幼虫体重，同时等到化蛹时，分别统计已经化蛹的数量，并用分析天平称其蛹重，已经化蛹的幼虫数量与总共投入幼虫数量的比值就是化蛹率。

14.2.2.4 数据分析

利用 SAS 8.2 对数据进行方差分析、多重比较和 LSD 检验。当 $p < 0.05$ 时差异显著；当 $p < 0.01$ 时差异极显著。

14.2.3　结果与分析

14.2.3.1　转基因棉花对棉铃虫生长发育的影响

14.2.3.1.1　转基因棉花对棉铃虫死亡率的影响

表 14-4 为棉铃虫取食不同棉叶后的死亡率情况。结果显示，取食室内三个时期中棉 30 棉叶的幼虫死亡率都随时间逐渐升高，表明转基因棉花对棉铃虫幼虫作用需要一段时间，之后才发挥它的毒效，直到幼虫死亡率都达到 100%，从而说明转基因棉花对棉铃虫的毒杀效果非常明显。取食室内常规棉（中棉 16）的棉铃虫幼虫死亡率很低，只有在前期部分幼虫死亡，第六天后，幼虫都能存活下去。在每一次检查中，取食苗期和蕾期的中 30 棉叶死亡率要比花铃期高，这可能是由于苗期和蕾期 Bt 蛋白相对较高的原因，与我们前一部分的研究结果一致（见表 14-3）。

取食大田三个时期中棉 30 的幼虫死亡率也都随饲喂时间延长而升高，直到幼虫死亡率接近 100%，再次说明转基因棉花对棉铃虫的毒杀效果十分明显。取食中棉 16 棉叶的死亡率很低，只是在前期部分幼虫死亡，第六天后，幼虫都能存活下去。在每一次检查中，取食苗期和蕾期的中 30 棉叶死亡率同样比花铃期高，这与取食室内棉叶结果一致。但取食大田中 16 棉叶比取食室内中 16 的幼虫死亡率普遍要高，这除了与大田棉叶的营养成分偏高以外，还可能是因为大田的棉叶采集时经过冷冻处理有关。

表 14-4　棉铃虫取食不同棉叶后的死亡率

棉花品种	幼虫死亡率/%														
	苗期棉叶					蕾期棉叶					花铃期棉叶				
	1d	2d	3d	6d	9d	1d	2d	3d	6d	9d	1d	2d	3d	6d	9d
室内中 16	3.33	3.85	5.76	0	0	0	1.65	4.84	0	0	0	2.68	7.14	0	0
室内中 30	11.54	18.67	57.14	97.64	100	7.12	19.93	53.68	90.42	100	4.17	13.86	21.74	86.26	99.23
室外中 16	4.28	7.97	8.63	0	2.39	3.33	5.27	5.42	0	0	0	4.67	6.67	7.37	0
室外中 30	7.41	12.64	41.56	89.67	100	3.45	20.65	33.33	82.49	96.94	3.33	11.25	27.27	79.75	97.49

14.2.3.1.2　转基因棉花对棉铃虫体重的影响

表 14-5 为棉铃虫取食不同棉叶后的生长发育情况，结果显示取食室内三个时期中棉 30 棉叶的棉铃虫基本上死亡或出现发育停止现象，到第三天时，取食苗期中棉 30 的幼虫体重极显著低于取食中棉 16 的幼虫体重（$p > 0.01$）；到第六天，取食苗期和花铃期中棉 30 的幼虫体重极显著低于取食中棉 16 的体重（$p > 0.01$），取食蕾期中棉 30 的幼虫体重显著低于取食中棉 16 的幼虫体重（$p > 0.05$）；到第九天时，取食三个时期中棉 30 叶片的幼虫基本死亡，从而再次验证转基因棉花对棉铃虫起了很好的控制作用。

表 14-5 棉铃虫取食不同棉叶的体重

棉花品种	幼虫体重/mg								
	苗期			蕾期			花铃期		
	3d	6d	9d	3d	6d	9d	3d	6d	9d
室内中棉16	2.61±0.46A	7.35±0.50A	24.52±2.15A	2.15±0.25a	5.47±1.25a	24.76±2.45A	2.36±0.24a	6.17±0.39A	21.98±3.86A
室内中棉30	1.35±0.09B	2.24±0.14B	0±0B	1.73±0.33a	2.69±0.54b	0±0B	1.64±0.16a	2.69±0.35B	1.67±1.46B
室外中棉16	2.66±0.51a	7.49±1.56A	22.96±4.77A	3.68±0.37A	7.93±1.48A	28.09±3.28A	2.41±0.15a	6.71±0.60A	20.76±2.42A
室外中棉30	1.45±0.38b	2.25±0.57B	0±0B	1.73±0.47B	2.48±0.47B	0.81±1.40B	1.76±0.16b	2.82±0.28B	1.70±1.50B

取食大田三个时期中棉 30 棉叶的棉铃虫基本上死亡或出现发育停止现象，到第三天，取食苗期和花铃期中棉 30 的幼虫体重显著低于取食中棉 16 的幼虫体重（$p > 0.05$），取食蕾期中棉 30 的幼虫体重极显著低于取食中棉 16 的幼虫体重（$p > 0.01$）；到第六天，取食三个时期中棉 30 的幼虫体重极显著低于取食中棉 16 的体重（$p > 0.01$）；到第九天，取食苗期中棉 30 的幼虫全部死亡，取食蕾期和花铃期中棉 30 的幼虫大部分死亡，只有极少数出现明显发育停止现象。

由于到了第 9 天取食转基因棉叶的幼虫接近全部死亡，所以接下来的统计幼虫发育历期和蛹重以及计算化蛹率无法进行下去。

14.2.3.1.3 转基因棉花对棉铃虫生理生化的影响

表 14-6 为取食温室蕾期不同棉叶的棉铃虫中肠主要酶活性比较，结果显示取食转 *Bt* 基因棉花与取食亲本对照中棉 16 相比，总蛋白酶活力差异不显著，强碱性类胰蛋白酶和弱碱性类胰蛋白酶活力也不显著，不过取食中棉 30 的中肠强碱性类胰蛋白酶略低于对照，中肠弱碱性类胰蛋白酶高于对照；但取食转基因棉叶（中棉 30）的棉铃虫中肠类胰凝乳蛋白酶显著低于取食亲本对照棉叶。

表 14-6 棉铃虫取食不同棉叶的中肠主要酶活性

棉花品种	酶活性/[μmol/(mg·min)]			
	总蛋白酶	强碱性类胰蛋白酶	弱碱性类胰蛋白酶	类胰凝乳蛋白酶
中棉30	0.193±0.071a	0.325±0.057a	3.231±0.939a	0.421±0.036a
中棉16	0.204±0.098a	0.341±0.079a	2.957±0.876a	0.549±0.027b

14.2.3.2 抗除草剂转基因大豆对棉铃虫生长发育的影响

14.2.3.2.1 抗除草剂转基因大豆可溶性糖与可溶性蛋白的含量

表 14-7 为两种大豆品种可溶性糖及蛋白含量，结果显示抗除草剂转基因大豆的可溶性

糖和可溶性蛋白含量都比东北大豆含量要低，但是均无显著性差异。

表 14-7　两种大豆品种可溶性糖及蛋白含量

品　种	可溶性糖含量/（mg/g）	可溶性蛋白含量/（mg/g）
美国大豆	8.2809±1.7198a	12.4446±0.3588a
东北大豆	9.6605±0.3829a	13.4801±0.9714a

14.2.3.2.2　抗除草剂转基因大豆对棉铃虫死亡率的影响

表 14-8 为棉铃虫取食大豆叶片的存活情况，结果显示初孵幼虫取食转基因大豆和东北大豆后的幼虫存活率基本一致，没有出现明显的死亡情况，只是部分出现 10% 的死亡率，这也有可能是初孵幼虫比较小，生命力比较脆弱的原因；二龄初幼虫取食转基因大豆和东北大豆后的幼虫存活率完全一致，均没有发现幼虫死亡情况。

表 14-8　棉铃虫取食大豆叶片的存活情况

品　种	初孵幼虫	二龄初幼虫（体重约 1 mg）
	3 d 后的幼虫存活率/%	3 d 后的幼虫存活率/%
美国大豆	90%	100%
	100%	100%
	100%	100%
东北大豆	100%	100%
	90%	100%
	100%	100%

14.2.3.2.3　抗除草剂转基因大豆对棉铃虫体重的影响

表 14-9 为棉铃虫取食大豆叶片的生长发育情况，结果显示初孵幼虫取食转基因大豆 6d 后的体重略高于取食东北大豆的幼虫体重，但没有达到显著水平。二龄初幼虫取食转基因大豆 6d 后的体重低于取食东北大豆的幼虫，并且达显著水平；取食转基因大豆 10d 后的幼虫体重同样显著低于取食东北大豆的幼虫体重；但到化蛹时，取食两种大豆的棉铃虫蛹重没有达到显著性变化，只是取食东北大豆的幼虫蛹重略高于取食转基因大豆的蛹重，且化蛹率也略高于取食转基因大豆的蛹重。造成棉铃虫幼虫取食两种大豆叶片后生长发育状况差异的原因之一可能是两种大豆叶片的营养物质（蛋白质、糖类）含量不一致（见表 14-7），也可能是转基因大豆中含有外源 EPSPS 基因合成的蛋白质所导致的，需要进一步研究。

表 14-9　取食不同大豆叶片的棉铃虫生长发育情况

大豆品种	棉铃虫幼虫生长发育指标				
	3d 后的体重/mg	6d 后的体重/mg	10d 后的体重/mg	蛹重/mg	化蛹率/%
美国大豆	8.4±2.3a	21.6±1.3a	106.8±3.6a	339.5±6.5a	88.5±8.6a
东北大豆	7.5±1.0a	29.0±2.4b	123.4±5.2b	346.2±7.9a	90.1±4.7a

14.2.4　结论与讨论

转基因棉花的大规模商业化种植后对靶标昆虫的控制效果越来越引起科学家的重视，一旦靶标昆虫对转基因棉花产生抗性，将严重影响转基因技术的安全、高效、持续应用。因此，有必要就转基因棉花对棉铃虫生长发育的影响开展深入研究。而且，随着其他转基因作物的培育和种植，棉铃虫会迁飞并取食各种转基因作物组织，可能影响棉铃虫的生长发育，从而影响转基因棉花对棉铃虫的控制效果以及棉铃虫的抗性问题。因此，本研究以转基因棉花和抗除草剂转基因大豆为对象，研究了棉铃虫取食其组织器官后的一系列生长发育指标，验证其对棉铃虫的控制效果，从而保障转基因作物的长期应用。

14.2.4.1　转基因棉花对棉铃虫生长发育的影响

转基因棉花对棉铃虫生长发育影响的研究中，棉铃虫取食棉花三个时期的室内和大田中棉 30 棉叶后的死亡率均随时间逐渐升高，但不同时期不同种植模式下，它们的死亡率略有差异，大致表现为转基因棉 Bt 蛋白含量高（表 14-3），死亡率略高（表 14-4）；棉铃虫取食棉花三个时期的室内和大田中棉 16 棉叶后的死亡率很低，只有在前期部分幼虫死亡，第六天后，幼虫都能存活下去，但不同时期不同种植模式下，它们的死亡率略有差异。棉铃虫取食棉花三个时期的室内和大田中棉 30 棉叶后的体重增长缓慢，大部分试虫都很快死亡；而棉铃虫取食棉花三个时期的室内和大田中棉 16 棉叶后的体重增长状况正常。与取食亲本对照中棉 16 相比，取食室内转 *Bt* 基因棉花叶片的棉铃虫幼虫总蛋白酶活力差异不显著，强碱性类胰蛋白酶和弱碱性类胰蛋白酶活力也不显著，但中肠类胰凝乳蛋白酶显著低于取食亲本对照棉叶，这与已有研究结果基本相同。如史艳霞等（2008）报道，Bt 抗性/敏感棉铃虫幼虫中肠总蛋白酶活力差异不显著，3 龄和 5 龄 Bt 抗性/敏感棉铃虫幼虫类胰凝乳蛋白酶活力差异极显著。由此可以看出，转基因棉花对棉铃虫控制作用十分明显，无论对幼虫的死亡率还是幼虫体重都起到明显的抑制作用，而且中肠类胰凝乳蛋白酶显著低于亲本对照。在转基因棉花表达的 Bt 蛋白起主导作用下，转基因抗虫棉及其亲本对照棉株在可溶性糖和蛋白含量的营养物质差异对幼虫影响表现不明显。总之，转基因棉花对棉铃虫起了非常稳定的控制效果，但随着转基因棉花的大范围种植和长期释放，棉铃虫对其产生抗性的风险仍然存在，还需今后继续进行对棉铃虫的抗性检测，从而为害虫防治和抗性治理提供技术支持和理论指导。

14.2.4.2　转基因抗除草剂大豆对棉铃虫生长发育的影响

抗除草剂转基因大豆对棉铃虫生长发育的影响研究中，棉铃虫幼虫取食转 EPSPS 基因大豆和非转基因东北大豆叶片后的幼虫存活率基本一致，没有出现明显的死亡情况；取食转 EPSPS 基因大豆的二龄初幼虫，第六天和第十天体重显著低于对照东北大豆，但是能正常化蛹，且化蛹率和蛹重都没有显著差异。由此可以看出，抗除草剂转基因大豆对棉铃虫的影响作用不是很大，只是在取食中期出现体重上的差异，这主要可能是由于转基因大豆的可溶性糖和蛋白含量略低，导致棉铃虫营养不良，但总体影响不大，都能正常完成化蛹。随着转基因作物品种的不断种植，在转 Bt 基因作物外源蛋白的持续高剂量表达的模式下，棉铃虫可能会选择对其影响较小的其他转基因作物上生存，从而严重威胁转基因大豆的商业化种植，也可能会对靶标昆虫的抗性变化产生影响。因此，开展转基因大豆对靶标昆虫抗性影响和环境安全性研究有着重要意义，但正确评价抗除草剂转基因大豆的相关问题仍需要大量科学数据，今后还需对抗除草剂转基因大豆的安全性和棉铃虫的抗性问题进行长期而更加深入的研究。

综上所述，与常规对照棉花相比，转基因棉花对棉铃虫起到了很好的控制作用，而转 EPSPS 基因大豆与东北大豆相比，只有取食过后的幼虫体重有变化，其他均无影响。转基因大豆在目前大规模种植下，可能会成为棉铃虫寄主的作物之一，这将有可能影响转基因棉花对棉铃虫的控制效果以及棉铃虫对抗虫转基因棉花的抗性。因此，我们要随时监测转基因作物对靶标昆虫的影响，从而确保转基因作物的长期、高效、安全应用。

14.3　棉铃虫田间种群对 Bt 毒素抗性基因频率的估算和监测

14.3.1　前言

靶标害虫对转 *Bt* 基因作物的抗性进化依赖于多种因素，包括靶标害虫种群中抗性等位基因的初始频率、害虫抗性遗传模式、抗性的显隐性度及适合度、害虫在不同寄主上的时空分布情况以及不同地理种群间的基因流等（McGaughey *et al.*，1992；Tabashnik，1994；Gould，1998）。沈晋良等（1998）首次监测到田间棉铃虫种群对苏云金芽孢杆菌的早期抗性。陈锦绣等（1998）监测田间种群抗性的结果显示，棉铃虫对 Bt 制剂的抗性还处于较低水平，其中不同地区的抗性倍数指数分别为 1.37、2.52、3.41 倍。卢美光等（2000）在 1996—1998 年对华北地区棉铃虫进行 Bt 制剂的抗性监测，结果表明，河北、山东、河南等地田间棉铃虫种群对 Bt 制剂的抗性与敏感种群相比抗性倍数为 1.3～5.3 不等。2001 年，何丹军等采用单雌系 F_2 代法检测河北邱县田间棉铃虫种群对转 *Bt* 基因棉的初始抗性等位基因频率为 0.0058（何丹军等，2001）。2002—2005 年李国平等采用 F_1 代筛选法估测了河北省和山东省 Bt 棉田棉铃虫种群的非隐性抗性等位基因频率值分别为 0.00107 和 0.0059。这些数据表明微效抗性基因（Minor Resistance Genes）或是次要抗性基因（Less Resistance Genes）可能在棉铃虫种群中有较高频率，尤其是山东省棉铃虫种群。然而，1997 年至 2000 年的剂量反应监测数据显示，类似地区的 41 个棉铃虫田间种群对 Cry1Ac 毒素依旧敏感，IC_{50}（抑制 50%3 龄幼虫生长发育的浓度）值没有显著变化（Wu，2007）。在澳大利亚，Akhurst 等（2003）将田间采集的三个棉铃虫种群与室内敏感品系交配，在含有 Cry1Ac 毒素的饲料上筛选 16 代后检测 Bt 抗性，研究结果显示对 Bt 抗性的棉铃虫能够在表达 Cry1Ac 毒素蛋白的转基因棉上完成幼虫生长发育并且羽化繁殖，这一结果表明澳大利亚棉铃虫对 Bt 棉产生抗性是有可能发生的。

转 *Bt* 基因作物因其高效杀虫且不易导致靶标害虫产生抗性而被广泛接受，已经在全世界推广种植长达近 20 年之久。但是，随着 Bt 作物种植时间的延长以及人们对害虫 Bt 抗性研究的深入，越来越多的科学家开始关注田间靶标害虫对 Bt 作物产生抗性风险的问题。多方面研究已经证实了害虫对 Bt 产生抗性的潜在风险（Tabashnik，1994；Ferré and Van Rie，2002；Meng *et al.*，2004；Griffitts and Aroian，2005），因此，靶标害虫对转 *Bt* 基因作物抗性检测和监测显得尤为重要，它能为及时实施新的治理策略和防治抗性害虫种群提供科学的依据。我们连续两年在我国长江流域盐城棉区监测田间棉铃虫种群对 Bt 毒素抗性基因频率，为转 *Bt* 基因棉花的长期发展提供第一手的数据资料。

14.3.2 材料与方法

14.3.2.1 试虫采集及单对饲养

2008—2009 年于第 3 代棉铃虫 8 月盛发时期，在江苏盐城市三龙和东台棉花种植区内随机采集数百头 4 龄棉铃虫幼虫。将幼虫放入培养皿，在室内温度（27±1）℃、光周期为光照：黑暗=14 h：10 h、相对湿度 75%～85%条件下用人工饲料饲养至化蛹并羽化。然后将羽化后的成虫放入一次性塑料杯单对交配（同一棉区一头雌虫成虫与一头雄虫成虫交配），每一个单对编号，收集每一个单对的有效卵，每一个单对独立孵化饲养，用人工饲料养到 2 龄初期、体重 1 mg 左右作为供试幼虫。

14.3.2.2 供试毒蛋白

CrylAc 活化毒素由南京农业大学昆虫重点实验室吴益东老师赠与，将活化后的 Bt 毒素溶于 0.01 mol/L 的磷酸盐缓冲液（pH=7.4），配成 0.1μg/μl 的毒蛋白溶液；对照组试剂（CK）为 pH7.4、0.01 mol/L 的磷酸盐缓冲液。

14.3.2.3 监测方法（区分剂量法）

区分剂量法是在生物测定的基础上发展起来的，其原理是用杀死 99%敏感个体的剂量作为诊断剂量，在此浓度下存活个体为抗性个体，反之则为非抗性个体。本次实验参考文献报道，采用棉铃虫 2 龄初期幼虫对活化 Cry1Ac 毒素的区分剂量为 10μg/头。具体操作步骤如下：

（1）取已冷却凝结的棉铃虫人工饲料，以切片器将之切成 3 mm 厚的薄片；然后用打孔器打成圆片状，用镊子放入 24 孔培养板底部。

（2）将 24 孔培养板每一个孔中的饲料压实，并将孔口和孔壁等可能沾有饲料的地方清理干净。

（3）将 100μl 浓度为 0.1μg/μl 的 CrylAc 活化毒素加入每个孔，培养板数量以供试幼虫数量来定。取一个 24 孔培养板作对照，只加入 100μl 磷酸盐缓冲液。

（4）待 24 孔培养板饲料表面的溶液晾干后，每孔接入 1 头体重约 1 mg 的 2 龄初期幼虫，用两层尼龙纱和一层黑布覆盖防止逃跑。置于恒温光照培养箱（26±1）℃、光照：黑暗=14 h：10 h、相对湿度 75%～85%条件下，5 d 后检查结果。

（5）完全死亡或生长发育受到限制（体重小于 5 mg）的都作为死亡。

14.3.3 结果与分析

14.3.3.1 2008 年盐城三龙田间棉铃虫的抗性个体频率

采自 2008 年盐城三龙田间的棉铃虫单对交配 14 对，交配成功 3 对，用区分剂量处理 1 mg 的 2 龄幼虫 215 头。5 d 后检查结果时，对照幼虫平均体重 66 mg 以上，发育龄期均为 4 龄；处理的 215 头幼虫中，其中有 2 头幼虫体重大于 5 mg，其余均为 2 龄幼虫或死亡，体重小于 5 mg，则其抗性个体频率为 9.3‰。具体实验结果见表 14-10。

表 14-10　盐城三龙棉区 2008 年棉铃虫抗性个体频率监测结果

品系	处理虫数	检查虫数	体重＞5 mg
4#	168	135	1
9#	12	8	0
10#	84	72	1
累计	264	215	2

由此，我们可以对抗性个体频率进行估算，盐城三龙棉区 2008 年棉铃虫抗性个体频率=2/215≈9.3×10⁻³。

14.3.3.2　2008 年盐城东台田间棉铃虫的抗性个体频率

采自 2008 年盐城东台田间的棉铃虫单对交配 75 对，交配成功 18 对，用区分剂量处理 1 mg 的 2 龄幼虫，共处理 629 头，除部分试虫逃逸，不包括在本试验内，共检查到 570 头。5 d 后检查结果时，对照幼虫平均体重为 95 mg；处理的 570 头幼虫中，其中 27 头体重大于 5 mg，其余均为 2 龄幼虫或死亡。具体实验结果见表 14-11。

表 14-11　东台棉区 2008 年棉铃虫抗性个体频率监测结果

品系	处理虫数	检查虫数	体重＞5 mg
4#	96	81	0
6#	72	67	0
12#	96	76	0
21#	24	23	0
24#	24	23	0
26#	72	70	0
47#	24	21	1
48#	24	19	2
54#	23	22	0
64#	24	24	0
74#	22	22	0
累计	501	448	3

按上述同样方法进行抗性个体频率的估算，东台棉区 2008 年棉铃虫抗性个体频率=3/448≈6.9×10⁻³。

14.3.3.3　2009 年盐城东台田间棉铃虫的抗性个体频率

采自 2009 年盐城东台田间的棉铃虫，由于试验过程中棉铃虫有逃逸现象，试虫数以最终调查时为准（活虫数和死虫数）。本试验共处理试虫 401 头，用区分剂量处理 1 mg 的

2 龄幼虫，5 d 后检查结果时，对照幼虫体重在 40~150 mg，处理幼虫体重超过 5 mg 的活虫数为 4 头，其余均死亡。具体实验结果见表 14-12。

表 14-12　东台棉区 2009 年棉铃虫抗性个体频率监测结果

	处理虫数	死亡虫数	体重>5 mg
	72	72	0
	71	71	0
	47	47	0
	163	160	3
	48	47	1
累计	401	397	4

同样按上述方法进行抗性个体频率的估算，东台棉区 2009 年棉铃虫抗性个体频率= $4/401 \approx 10 \times 10^{-3}$。

表 14-13　棉铃虫田间种群对 Bt 毒素抗性个体频率的估计

种群	处理幼虫数	检查虫数	体重>5 mg	抗性个体频率
2008 年三龙	264	215	2	9.3×10^{-3}
2008 年东台	501	448	3	6.9×10^{-3}
2009 年东台		401	4	10×10^{-3}

14.3.4　结论与讨论

害虫抗性的发展是复杂和多样化的，多种因素会对抗性产生影响，包括 Bt 棉种植的程度所产生的选择压力、抗性遗传模式、害虫对 Bt 作物的适合度、成虫迁飞的情况、当年的天气情况以及越冬的虫量等。而 Bt 抗性的监测是了解害虫抗性发展的有效途径，能够为防治抗性害虫种群提供科学的依据（Huang，2006a）。

目前对棉铃虫的抗性监测技术主要有生物测定技术和分子检测技术。生物测定技术包括诊断剂量法、F_1 代检测法和 F_2 检测法。现代分子技术检测限于室内研究，如抗性基因（R）分子检测法。其中 F_1 代检测法和 F_2 检测法是较为常用的两种方法。F_1 代检测法是 Gould 等于 1997 年提出的，该方法的前提是抗性基因是隐性的，并且实验室必须具备一个抗性品系。Andow 等（1998）提出采用 F_2 筛查法（F_2 screen）检测低频率的抗性基因，该方法既可以检测隐性抗性基因，也可以检测显性抗性基因。此方法克服了 F_1 代检测法中需要抗性品系的缺点，保持了单雌系所有的遗传变异，浓缩了全部杂合子抗性等位基因成为可检测的抗性纯合子，但是此方法的缺点是需要饲养大量的试虫，检测时间长，需要经过四个昆虫世代。而且抗性检测方法和区分剂量不容易确定。Stodola 和 Andow 于 2004 年又提出把 F_2 筛选和 F_1 结合起来，可以有效地检测多个抗性基因的频率。本章采用的方法是区分剂量法。区分剂量不要求实验室具备纯的抗性品系，也无需建立单雌系，它是在生物测定的基础上发展起来的。其主要方法是用杀死 99% 敏感个体的剂量作为诊断剂量来区分抗性个体与敏感个体。在此浓度下能存活下来的个体为抗性个体，反之则是敏感个体。诊断剂量法对隐性基因的检测并不灵敏，也检测不到抗性杂合子个体，用该方法检测到的抗性个体基因型应为显性。

转 *Bt* 基因棉长期大量种植，造成的潜在风险之一是靶标害虫对 Bt 棉的抗性进化，这将严重威胁 Bt 棉的有效持续应用。国内外研究人员一直关注害虫对 Bt 棉的抗性。Li 等（2004）通过 F_1 代筛查法检测到 2002 年采自河北安次县和山东夏津县的田间种群对 *Cry1Ac* 的抗性基因频率分别为 $1×10^{-3}$ 和 $0.6×10^{-3}$ 左右。陈海燕等（2007）采用改进的 F_1 筛查法检测了 2005 年河南安阳棉铃虫种群和河北沧县棉铃虫种群对 *Cry1Ac* 抗性基因频率分别为 $1.4×10^{-3}$ 和 $1.5×10^{-3}$。刘凤沂等（2008）采用 F_1 代法在室内用 Bt 棉叶喂饲法检测 2006 年河北省邱县 Bt 棉田棉铃虫对 Bt 棉的抗性等位基因频率。结果表明，127 头田间雄虫中 24 头携带抗性基因，估测抗性等位基因频率为 0.94（95%置信限：0.044～0.145），该值为在国内首次检测到的高抗性等位基因频率。须志平（2008）采用单雌系 F_2 代法监测河北邱县地区 2003—2005 年棉铃虫种群对转基因 *Bt* 棉的抗性等位基因频率为 0.0146（95%置信限=0.0084～0.0225），该频率值要明显高于 1999 年的监测结果。2006—2007 年采用改进的单雌系 F_2 代法，监测邱县田间棉铃虫对 Bt 作物的抗性，两年的抗性等位基因频率值较 2003—2005 年监测结果上升显著。2007 年采用 F_1 代法监测了邱县地区棉铃虫种群对 Bt 棉的抗性等位基因频率，抗性等位基因频率值 0.107（95%置信限=0.055～0.159）。

目前田间棉铃虫种群抗性监测工作主要集中在我国种植抗虫棉较早的华北棉区，而对我国另一个典型性棉区——长江流域棉区田间棉铃虫种群抗性基因频率还没有太多的报道。我们通过连续两年在长江流域典型棉区盐城地区棉铃虫田间种群对 Bt 毒素抗性基因频率的监测发现，2008 年盐城三龙地区棉铃虫抗性基因频率为 $9.3×10^{-3}$，东台地区抗性基因频率为 $6.9×10^{-3}$，2009 年继续在东台地区监测到的棉铃虫抗性基因频率为 $10×10^{-3}$。同时研究也表明，2009 年盐城抗性基因频率值较 2008 年有所上升，虽然我国种植转基因棉花地区的田间种群目前还没有出现明显的抗性上升，但是通过连续监测比较初步发现，棉铃虫对 Bt 杀虫蛋白的敏感性有逐年降低的趋势，棉铃虫抗性风险依然存在。因此，我们对此绝不能放松警惕，必须坚持连续、系统地做好棉铃虫抗性监测工作。一旦棉铃虫产生抗性，常规化学农药可以轮换使用其他类型的药剂，而抗虫棉的更换代价巨大。因此，相关政府部门必须做好两手准备，既要尽快启动全国性早期抗性检测和预警工作，又要加快研发其他转基因棉花新品种。

（郑央萍　刘标）

参考文献

[1]　陈鹏，李茹，吴征彬. 转基因抗虫棉毒蛋白含量时空变化及抗棉铃虫效果初探[J]. 浙江农业科学，2005，1：57-60.

[2]　陈松，吴敬音，周宝良. 转 *Bt* 基因棉 Bt 毒蛋白表达量时空变化[J]. 棉花学报，2000，（4）：189-193.

[3]　丰嵘，张宝红，郭香墨. 外源 *Bt* 基因对棉花产量性状及抗虫性的影响[J]. 棉花学报，1996，8（1）：10-13.

[4]　王仁祥，雷秉乾. 农业转基因生物的应用与安全性争论[J]. 湖南农业大学学报（社会科学版），2002，3（3）：26-29.

[5] 吴孔明. 我国 *Bt* 棉花商业化的环境影响与风险管理策略[J]. 农业生物技术学报，2007，15（1）：1-4.

[6] 武予清，郭予元，曾庆龄. 转 Bt 基因棉单宁及总酚含量的初步测定[J]. 河南农业大学学报，2000，34（2）：134-136.

[7] 张俊，郭香墨. 不同转基因棉抗虫性与 Bt 毒蛋白的含量关系研究[J]. 棉花学报，2002，14（3）：158-161.

[8] 张小四，李松岗，许崇任. 转 *Bt* 棉不同生育期与不同器官杀虫蛋白表达量的免疫学方法测定[J]. 北京大学学报（自然科学版），2000，36：477-484.

[9] 赵奎军，赵建周，范贤林. 我国转 Bt 抗虫基因棉杀虫活性的时间与空间动态分析[J]. 农业生物技术学报，2000，8：49-52.

[10] 王琛柱，钦俊德. 棉铃虫幼虫中肠主要蛋白酶活性的鉴定[J]. 昆虫学报，1996，39（1）：7-13.

[11] 史艳霞，张永军，王桂荣，等. Bt 抗性和敏感棉铃虫幼虫中肠主要蛋白酶活性的变化[J]. 应用与环境生物学报，2008，14（31）：394-398.

[12] 赵建周，赵奎军，卢美光. 华北地区棉铃虫与转 Bt 杀虫蛋白基因棉花间的互作研究[J]. 中国农业科学，1998，3（l5）：1-6.

[13] 陈海燕，杨亦桦，武淑文. 棉铃虫田间种群 Bt 毒素 CrylAc 抗性基因频率的估算[J]. 昆虫学报，2007，50（1）：25-30.

[14] 陈锦绣，章东方，许仲武. 棉铃虫对苏云金杆菌（Bt）的抗性监测及延缓抗性策略[J]. 安徽农业科学，1998，26：356-359.

[15] 何丹军，沈晋良，周威君. 应用单雌系 F_2 代法检测棉铃虫对转 Bt 基因棉抗性等位基因的频率[J]. 棉花学报，2001，13：105-108.

[16] 刘凤沂，朱玉成，沈晋良. F_1 代法监测田间棉铃虫对转 Bt 基因棉的抗性[J]. 昆虫学报，2008，51（9）：938-945.

[17] 卢美光，赵建周，范贤林. 华北地区棉铃虫对Bt杀虫蛋白的抗性监测[J]. 棉花学报，2000，12：180-183.

[18] 沈晋良，周威君，吴益东. 棉铃虫对 Bt 生物农药早期抗性及与转 Bt 基因棉抗虫性的关系[J]. 昆虫学报，1998，41：8-14.

[19] 须志平. 应用单雌系 F_2 代法监测田间棉铃虫种群对转 Bt 基因棉的抗性[J]. 南京农业大学，2008.

[20] Fraley R T. Suataining the supply. Biotechnology，1992，10：40-43.

[21] Gasser C S，Fraley R T. Transgenic crops. Scientific American，1992，6：62-69.

[22] James C. Global Status of Commercialized Biotech/GM Crops: ISAAA Brief No.46. ISAAA: Ithaca，NY，2013.

[23] John W. Insect-Plant Interactions and Induced Plant Defence. New York：Novartis Foundation，1999.

[24] Lamb C J，Ryals J A，Ward E R，et al. Emerging strategies for enhancing crop resistance to microbial pathogens. Biotechnology，1992，10：1436-1445.

[25] Lange P. The german experience gained with field testing of genetically modified plants. Federal ministry for research and technology. Bonn Germany，1990.

[26] Lundstrun L. Monsanto develops beetle resistant plant plots show remarkable control. Potato grower of idzho，1992，36.

[27] Perlak FJ，Fuchs RL，Dean DA，et al. Modification of the coding sequence enhances plant expression of insect control protein genes. Proc Natl Acad Sci U S A，1991，88（8）：3324-3328.

[28] Pray C，Ma D，Huang J，et al. Impact of Bt cotton in China. World Development，2001，29：813 -825.

[29] Xue D，Yao H Y，Ge D Y，et al. Soil microbial community structure in diverse land use systems：A comparative study using biolog，DGGE，and PLFA analyses. Pedosphere，2008，18：653-663.

[30] Downes S，Mahon R，Olsen K. Monitoring and adaptive resistance management in Australia for Bt-cotton：current status and future challenges. Journal of Invertebrate Pathology，2007，95：208-213.

[31] Downes S，Parker TL，Mahon RJ. Frequency of alleles conferring resistance to the *Bacillus thuringiensis* toxins Cry1Ac and Cry2Ab in Australian populations of *Helicoverpa punctigera*（Lepidoptera：Noctuidae） from 2002 to 2006. Journal of Economic Entomology，2009，102（2）：733-742.

[32] Gould F，Anderson A，Reynolds A，et al. Selection and genetic analysis of a *Heliothis virescens* （Lepidoptera：Noctuidae）strain with high levels of resistance to *Bacillus thuringiensis* toxins. Journal of Economic Entomology，1995，88：1545-1559.

[33] Huang F，Buschman LL，Higgins RA，et al. Inheritance of resistance to *Bacillus thuringiensis* toxin（Dipel ES）in the *European corn borer*. Science，1999，284：965-967.

[34] James C. Global Status of Commercialized Biotech/GM Crops. ISAAA Brief 39-2008，Ithaca，NY.http://www.isaaa.org/.

[35] Liang GM，Wu KM，Yu HK，et al. Changes of inheritance mode and fitness in *Helicoverpa armigera* （Hübner）（Lepidoptera：Noctuidae）along with its resistance evolution to Cry1Ac toxin. Journal of Invertebrate Pathology，2008，97：142-149.

[36] Tabashnik BE，Gassmann AJ，Crowder DW，et al. Insect resistance to Bt crops：evidence versus theory. Nature Biotechnology，2008，26：199-202.

[37] Wu KM，Guo YY，Head G. Resistance monitoring of *Helicoverpa armigera*（Lepidoptera：Noctuidae） to Bt insecticidal protein during 2001-2004 in China. Journal of Economic Entomology，2006，99：893-896.

[38] Andow D A，Alstad D N，Pang Y H，et al. Using an F_2 screen to search for resistance alleles to *Bacillus thuringiensis* toxin in European corn borer（Lepidoptera：Crambidae）. Journal of Economic Entomology，1998，91：579-584.

[39] Akhurst R J，James W，Bird L，et al. Resistance to the Cry1Ac-endotoxin of *Bacillus thuringiensis* in the cotton bollworm，*Helicoverpa armigera*（Lepidoptera：Noctuidae）. Journal of Economic Entomology，2003，96：1290-1299.

[40] Ferré J，VanRie J. Biochemistry and genetics of insect resistance to *Bacillus thuringiensis*. Annu. Rev. Entomol，2002，47：501-533.

[41] Gould F，Andenson A，Jones A，*et al.*. Initial frequency of alleles for resistance to *Bacillus thuringiensis* toxins in field populations of *Heliothis virescens*. Proceedings of National Academy of Sciences，USA，1997，94，3519-3523.

[42] Gould F. Sustainability of transgenic insecticidal cultivars：integrate pest genetics and ecology. Annual Review of Entomology，1998，43：701-726.

[43] Griffitts J S, Aroian R. Many roads to resistance: how invertebrates adapt to Bt toxins. BioEssays, 2005, 27, 614-624.

[44] Huang F. Detection and monitoring of insect resistance to transgenic Bt crops. Insect Science, 2006, 13, 73-84.

[45] Li G, Wu K, Gould F, et al. Frequency of Bt resistance genes in *Hellicoverpa armigera* populations from the yellow river cotton-farming region of China. Entomologia Experimentalis et Applicata, 2004, 112: 135-143.

[46] McGaughey W H, Whalon M E. Managing insect resistance to *Bacillus thuringiensis* toxins.Science, 1992, 258: 1451-1455.

[47] Meng F X, Shen J L, Zhou W J, Cen H M. Long-term selection for resistance to transgenic cotton expressing *Bacillus thuringiensis* toxin in *Helicoverpa armigera* (Hübner) (Lepidoptera: Noctuidae). PestManagement Science, 2004, 60: 167-172.

[48] Stodola T J, Andow D A. F$_2$ screen variations and associated statistics. Journal of Economic Entomology, 2004, 97: 1756-1764.

[49] Tabashnik B E. Evolution of resistance to *Bacillus thuringiensis*. Annual Review of Entomology. 1994, 39: 47-79.

[50] Wu K. Monitoring and management strategy for *Helicoverpa amigera* resistance to Bt cotton in China. Journal of Invertebrate Pathology, 2007, 95: 220-223.

第15章 中国转基因作物环境风险管理规划

15.1 转基因植物安全管理现状

15.1.1 国内外转基因植物发展状况和发展趋势

自 20 世纪 70 年代以来，以转基因技术为代表的现代生物技术产业开始蓬勃发展，为解决粮食短缺、资源匮乏、环境污染、能源危机等问题提供了契机，成为 21 世纪支柱产业（表 15-1）。随着转基因植物产业化带来了巨大的经济效益，安全性评估体系不断健全，政府和公众对转基因生物及产品的安全性和推广政策发生了明显而积极的变化，英国、德国、日本、伊朗、法国等坚决反对和抵制转基因生物的国家纷纷批准转基因植物的大田试验、商品化生产或者产品进口。可以预见，今后转基因生物在全球范围内将得到更快的发展。

表 15-1 全球转基因作物的商业化发展趋势

参数	1996 年	2008 年
面积	170 万 hm²	1.25 亿 hm²
国家	6 个（美国、中国、阿根廷、加拿大、澳大利亚、墨西哥）	25 个（美国、阿根廷、巴西、印度、加拿大、中国、巴拉圭、南非、乌拉圭、玻利维亚、菲律宾、澳大利亚、墨西哥、西班牙、智利、哥伦比亚、洪都拉斯、布基纳法索、捷克、罗马尼亚、葡萄牙、德国、波兰、斯洛伐克、埃及）
作物种类	大豆、玉米、烟草、棉花、油菜、西红柿、马铃薯	大豆、玉米、棉花、油菜、南瓜、番木瓜、紫苜蓿、甜菜、欧洲黑杨、矮牵牛、康乃馨
作物性状	耐除草剂，抗虫，抗病毒，耐除草剂和抗虫符合性状，品质改良	耐除草剂，抗虫，抗病毒，耐除草剂和抗虫符合性状，品质改良

经过 20 多年的发展，我国转基因生物技术与产业已经开始从跟踪仿制到自主创新的转变，从实验室探索到产业化的转变，从单项技术突破整体协调发展的转变。"十五"期间，我国政府进一步加大了对生物技术及其产业发展的支持力度，生物技术被列为我国十二大高技术产业工程实施专项。国家"863"计划、"973"计划、专项研究、自然科学基金等重大计划，在生物技术研发方面已经形成了相当规模和一定竞争力的研究队伍，并取得了显著的成绩。目前，已获得具有重要应用价值并拥有自主知识产权的新基因 390 多个，创制了大批转基因的抗虫、抗病、抗除草剂、抗逆、品质改良等转基因作物品种（系）。

1997—2006 年，农业部共受理国内外 192 个研究单位的安全评价申请 1525 项，经国家农业转基因生物安全委员会评审，共批准了转基因生物中间试验 456 项、环境释放 211 项、生产性试验 181 项，安全证书 176 项，转基因棉花、欧洲黑杨、甜椒、矮牵牛、西红柿、番木瓜获得商品化生产。我国于 1997 年开始种植转基因抗虫棉，其中美国抗虫棉占 95% 以上；通过自主研制转基因抗虫棉，培育了具有国际竞争力并通过商品化生产审批的转基因棉花新品种 58 个，新品种累计推广 1 亿多亩，直接经济效益 150 多亿元。据估计，转基因棉花在 1997—2005 年的推广已经累计减少了 51 万 t 农药。转基因抗虫杨树 12 号和741 分别推广与繁殖 6000 亩和 40 万株。我国在多基因转化技术方面的研究成果也达到国际领先水平。《国家中长期科学和技术发展规划纲要（2006—2020 年）》将"生物技术作为未来高技术产业迎头赶上的重点，加强生物技术在农业、工业、人口与健康等领域的应用"作为战略重点，而且已将"转基因生物新品种培育"列入 16 个国家重大科技专项之一，转基因玉米、小麦、水稻、棉花、大豆被列为第一批重点发展的转基因植物，我国转基因植物今后将迎来越来越多的发展机会。

在我国大力发展自主转基因产业的同时，我国还是世界转基因产品的最主要进口国之一，主要进口抗除草剂转基因大豆和油菜以及转基因玉米。据农业部网站报道，2013 年我国大豆进口量达到 6337.5 万 t，油菜籽 366.2 万 t，其中转基因产品占绝大多数；进口玉米326.6 万 t，其中转基因产品也占很高比例。

因此，无论国内还是国外，转基因生物技术都取得了快速发展，而且转基因植物都是转基因生物产业的主体，转基因生物安全法规的主要对象也是转基因植物。

15.1.2 国内外转基因生物安全管理现状

15.1.2.1 国际转基因生物安全管理

随着转基因生物技术的发展，生物技术对环境的安全问题日益为国际社会所重视。由联合国环境规划署组织制订的《〈生物多样性公约〉的卡塔赫纳生物安全议定书》（以下简称《议定书》）于 2003 年 9 月 11 日生效，截止到 2014 年 10 月已经有 168 个缔约国。截至 2008 年 3 月 8 日，99 个国家已经基本完成了本国的生物安全项目，并且公布了其国家生物安全框架的信息。与此同时，联合国粮食及农业组织（FAO）、世界卫生组织（WHO）等联合国机构以及经济合作与发展组织（OECD）等国际组织也发布了转基因生物安全方面的政策文件。美国、加拿大、欧盟成员国以及日本、澳大利亚等国家纷纷制定了转基因生物安全法律法规，设置了专门的管理机构，对转基因生物实施了安全管理。除了在商品化生产之前需要进行严格的风险评估外，欧盟的转基因生物安全法规还要求在商品化生产之后开展长期的环境影响监测。

15.1.2.2 我国转基因生物安全管理机制

我国在支持转基因技术发展的同时，也十分重视转基因生物的安全性问题。目前，我国已经建立了由环境保护部、农业部、国家质检总局、国家林业局等部门组成的转基因生物安全管理国家机制。

我国政府于 2000 年 8 月 8 日签署《议定书》，并于 2005 年 9 月 6 日正式成为《议定书》缔约方。环境保护部成立国家生物安全管理办公室，对外作为国家生物安全联络点和生物安全交换机制联络点，代表中国政府与《议定书》秘书处、缔约方等进行多次国际谈判与合作，组织、协调农业部、国家林业局、科技部、国家质检总局等部门履行《议定书》，编写完成《中国履行〈卡塔赫纳生物安全议定书〉第一次国家报告》，协调国家转基因生物安全交换机制和数据库的建立与维护。环境保护部对内负责协调全国生物技术的环境管理工作，包括组织有关部门制定了《中国生物安全国家框架》。

农业部、国家质检总局、国家林业局、卫生部等部门作为我国转基因生物安全管理的国家主管当局，分别在各自的职责范围内负责农业和林业转基因生物以及转基因生物及其产品进出口、食品安全的安全性管理工作。

15.1.2.3 我国转基因生物安全管理的法规和标准

在转基因生物的安全性管理方面，我国已经颁布实施了一系列转基因生物安全法律法规，使我国转基因生物的安全管理纳入了法制化轨道（见表 15-2）。为了与转基因生物安全管理法规相配套，我国相关部门先后发布了一系列转基因生物安全检测和评价技术方面的行业标准，主要包括：农业部发布的转基因生物及其产品成分检测抽样和定性 PCR 检测方法、标签标识、DNA 提取和纯化以及通用要求的行业标准，转基因大豆、油菜和玉米环境安全检测技术规范；转基因及其产品食用安全性评价导则和安全检测标准；国家林业局发布的转基因森林植物及其产品安全性评价技术规程；国家质检总局及其下属单位发布的一系列转基因生物及其产品成分检测标准。这些标准的制定和发布填补了我国转基因生物安全检测和评价技术方面的空白。

表 15-2　我国转基因生物安全管理法律法规现状

法律法规名称	颁布时间	颁布部门
《基因工程安全管理办法》	1993	科技部
《新生物制品审批办法》	1999	农业部
《农业转基因生物安全管理条例》	2001	国务院
《农业转基因生物进口安全管理办法》	2001	农业部
《农业转基因生物标识管理办法》	2001	农业部
《农业转基因生物安全评价管理办法》	2001	农业部
《农业转基因生物进口安全管理程序》	2002	农业部
《农业转基因生物标识审查认可程序》	2002	农业部
《农业转基因生物安全评价管理程序》	2002	农业部
《进出境转基因产品检验检疫管理办法》	2004	国家质检总局
《开展林木转基因工程活动审批管理办法》	2006	国家林业局
《农业转基因生物加工审批办法》	2006	农业部

15.1.3 我国转基因植物安全管理存在的问题及其成因分析

15.1.3.1 转基因生物安全管理制度不尽合理

我国现行的生物安全管理体系主要针对农业转基因生物，在管理体制上，国务院建立由环境保护部、农业部、科技部、卫生部、商务部、国家质检总局等部门负责人组成的农业转基因生物安全管理部际联席会议制度，负责研究、协调农业转基因生物安全管理工作中的重大问题。农业转基因生物安全评价由国家农业转基因生物安全委员会（以下简称安委会）负责，委员主要由国家发改委、商务部、科技部、卫生部、教育部、国家质检总局、环境保护部、中国科学院、中国工程院以及农业部推荐，涉及农业转基因生物技术研究、生产、加工、检验检疫、卫生、环境保护、贸易以及水平安全等多个领域。目前，安委会成员已达 70 人以上，绝大部分来自农业部，来自环境保护部门的委员只有 2 人。根据安委会专家的意见，由农业部单独作出是否批准转基因生物试验、环境释放、商业生产或者进出口的决定。农业部门既要负责转基因生物的育种、试验、推广，还要负责其环境影响和食品安全性的风险评估与风险管理，以及转基因食品的市场销售、标识和对人体健康的安全监督。实际上，农业部偏重转基因生物的研究开发和推广应用，对转基因生物环境安全管理重视不够。这种管理体制阻碍了环境保护部、卫生部等相关部门应该在转基因生物环境安全和食品安全管理方面发挥的作用，无法充分调动其他部门的力量，导致农业部承担了很多不应该独自承担而且实际上也无力独自承担的责任，并在客观上阻碍了我国转基因产业的健康和快速发展。

另外，我国目前的生物安全管理是按照转基因生物的用途来划分的，现行的法规体系也主要针对农业用途的转基因生物，而且农业部发布实施的农业转基因生物安全管理法规与国家林业局发布的林业转基因生物安全管理法规在管理范围上存在很多交叉和重复之处。随着非农业用途转基因生物的发展，也需要建立相应的新管理机制。

15.1.3.2 转基因生物安全法律法规体系有待完善

目前的转基因生物安全法律法规体系为我国转基因生物安全管理提供了重要的法律依据，但现行的转基因生物安全管理法规体系还不够健全，不能完全满足生物安全管理的需要。首先，用于污染物降解、重金属吸附等环境保护目的以及用于生产药物的转基因植物近年来得到了迅速发展，而我国目前的转基因生物安全法规没有覆盖到这些转基因生物的环境安全管理。其次，转基因生物的环境影响监测工作是转基因生物安全管理的重要组成部分，但是，我国目前的转基因生物安全法规体系中还缺乏转基因生物的环境影响监测方面的明确规定。

15.1.3.3 转基因生物安全技术体系有待健全

虽然目前由农业部、国家质检总局、国家林业局以及一些省份先后发布了一系列转基因生物安全检测和评价技术方面的行业标准，但是这些标准偏重于成分检测，存在专一性强、适用范围有限的问题，特别是转基因生物环境安全性评价和管理方面的标准严重不足，有待进一步改进。另外，作为我国转基因生物安全的主管部门之一，环境保护部至今尚未发布转基因生物环境安全方面的标准。

15.1.3.4　对转基因生物的环境影响监测问题重视不够

随着越来越多转基因植物获准进行大田试验以及转基因抗虫棉等转基因植物商业化环境释放的规模逐渐扩大，随着进口转基因产品数量的剧烈增加，其环境影响的监测和监管问题日益突出，并出现了转基因水稻大面积非法生产的事件，不仅违反了国家的生物安全法规，也造成了很坏的国际影响。因此，转基因生物的安全性管理不仅需要在批准商业化生产和进口之前进行严格的风险评估，还应该在商品化生产和进口之后进行环境影响监测，而目前我国对转基因生物的环境影响监测问题重视不够。

15.1.3.5　转基因生物安全信息的交流和共享渠道不畅

转基因生物安全信息的交换制度不仅是我国转基因生物安全管理的重要组成部分，也是履行《议定书》的主要内容之一。在美国、加拿大和欧洲很多国家，与转基因生物的审批和安全性管理有关的信息在政府所有相关部门的官方网站上都可以查到，可以方便地了解该国转基因生物安全的信息。我国的转基因生物安全管理涉及环境保护部、农业部、科技部、卫生部、国家林业局、国家质检总局、海关总署、国家食品药品监督管理局等多个管理部门，部门和机构之间生物安全信息的及时和充分交流是十分必要的。但是，我国目前只有农业部掌握转基因生物安全性评价和审批方面的信息，其他政府部门无法获得这些信息，致使生物安全管理信息不能及时共享，存在政出多门，多头对外以及工作上的重复、疏漏、低效，给安全带来隐患，阻碍了生物安全信息交换流通和国家生物安全管理。

15.1.3.6　公众参与和转基因生物安全的公众教育不足

《生物多样性公约》第 13 条要求各缔约国与国际组织合作制定生物多样性教育与公众教育方案。《生物安全议定书》要求确保公众意识和教育；参与生物安全决策过程；力求使公众知悉以何种方式获取生物安全信息和资料。另外，公众参与生物安全管理还可以促进公众对转基因生物的了解，提高管理、决策效率和公众对管理、决策活动的认同，获得公众对国家转基因工作和决策行动的理解和支持。建立公众参与机制，鼓励公众关注转基因生物的健康风险，检举和揭发各种破坏生物安全的行为。我国是《公约》和《议定书》的缔约国，公众参与是我国履行《公约》和《议定书》的一项重要义务。但是，我国 2001 年发布的《农业转基因生物安全管理条例》以及三个配套管理办法都没有涉及公众参与转基因生物安全的条款，导致我国大部分公众根本没有转基因生物安全意识，对转基因生物及产品普遍不信任，甚至有恐惧感。形成这些结果的主要原因是许多公众缺乏生物技术的基本知识，对转基因生物的本质不了解。这需要政府的宣传教育和知识引导。另外，目前我国的转基因生物环境释放和商业化生产的决定基本上是政府主导的专家决策，即通过生物安全专家委员会的讨论和投票，尚没有来自民间社会团体或消费者代表的声音。而且委员会讨论的结果以及行政主管部门的决策过程和结果是不公开的，被公众认为透明度相对较差。因此，需要加强转基因生物安全信息披露和公众教育，建立生物安全公众参与机制，有必要以法律的形式规定转基因生物安全信息披露机制和公众参与转基因生物安全管理的基本权利、参与决策的方式和诉诸法律的能力。

15.1.3.7　转基因生物安全能力建设

目前我国政府高度重视生物技术发展对促进农业经济发展的重要作用，在生物技术开发方面投入了大量的资金，但在生物安全方面，由于对其重要性认识仍然不足，资金投入与生物技术开发相比有天壤之别。从实质上看，我国生物安全研究技术水平较低，人员缺乏，生物安全方面的知识和能力不足以评估和管理快速发展的生物技术及其产品的安全性，缺乏转基因生物环境影响监测系统，特别是对生物多样性方面的研究、监测和重视都是远远不足的，生物安全专业人才队伍严重不足，实验室条件和设备不能满足安全检测的需求，致使我国生物安全能力严重滞后于转基因生物技术的发展。

我国目前是世界上转基因植物及其产品的最大进口国之一。随着我国对生物产业的积极扶持，越来越多的转基因植物产品投向市场，将来也有可能成为转基因植物及产品的出口国家。在现有的知识与风险评估体系无法对使用或食用转基因生物及产品导致的长期效应做出充分评价的情况下，我国应当从维护我国国家利益出发，加快转基因生物安全能力建设，包括转基因生物安全性基础研究，转基因生物安全评价、监测和检测技术能力。

15.1.4　我国转基因植物安全管理的机遇与挑战

自从重组 DNA 技术于 20 世纪 70 年代诞生以来，转基因生物产业在世人的争议声中快速发展着。从目前的形势看，虽然转基因生物仍然存在着一些安全性问题和风险，但是，其产生的经济和环境效益是巨大的，其进一步发展是不可遏止的。在这种大趋势下，我国转基因生物安全管理的重点应该是为转基因生物产业的持续、健康发展提供安全性保障。

国家中长期科技发展规划纲要将转基因新品种培育列为国家重点支持的 16 大科技专项之一，规划提出，我国将继续鼓励和支持转基因生物的发展，加大对生物安全管理的力度，保障转基因生物技术的健康发展，为我国转基因生物安全管理提供了机遇。同时，随着转基因新品种培育专项的启动，更多的转基因生物将进行环境释放甚至商业化种植，具有多个性状的转基因生物在同一地区进行环境释放可能引起更加复杂的环境风险，这也给我国转基因生物环境风险评价和安全管理带来新的挑战。

15.2　指导思想、基本原则与目标

15.2.1　规划指导思想

以构建和谐社会，落实科学发展观为指导，建立转基因植物环境影响监测网络，加强转基因植物的检测、评价与监管以及环境安全信息交流方面的能力建设，开发转基因植物环境安全评价、检测和监测的技术和设备，不断推动和强化履约能力建设与转基因植物安全管理法律法规体系和技术标准体系建设，鼓励和支持公众参与转基因植物环境的安全管理，最终达到维护我国生物多样性和生物安全，促进转基因生物技术有序健康发展，保障广大人民群众身体健康，促进我国转基因生物产业可持续发展的目标。

15.2.2　规划原则

（1）预先防范原则

预先防范原则是制定《议定书》最重要的基本原则之一，也是开展转基因生物安全管理的重要原则之一。其第 10 条"决定程序"第 6 款规定：在顾及对人类健康构成风险的情况下，即使由于在转基因生物对进口缔约方的生物多样性的保护和可持续使用所产生的潜在不利影响的程度方面未掌握充分的相关科学资料和知识，因而缺乏科学定论，亦不应妨碍该缔约方酌情就转基因生物的进口问题做出决定，以避免或尽最大限度减少潜在的不利影响；附件三第 4 条规定：缺少科学知识或科学共识（scientific knowledge or scientific consensus）不应必然地被解释为表明有一定程度的风险、没有风险或有可以接受的风险。

因此，在转基因生物安全管理方面，预防原则的要求是：为了保护环境和生物多样性，保障人体健康，应预先采取广泛的预防措施，不得以缺乏科学充分确实证据为理由，延迟采取符合成本效益的措施防止环境恶化。转基因生物在我国实施商业化生产的历史已经超过 10 年，转基因抗虫棉更是已经成为我国棉花生产的主要品种。从国内外的研究结果看，转基因生物已经对环境和生物多样性产生了某些危害，例如，棉铃虫已经越来越显著地对转基因抗虫棉产生抗性，转基因抗虫棉对寄生性天敌和棉田节肢动物群落产生了显著而持续的影响，基因漂移现象已经在转基因油菜上发生并导致了抗多种除草剂转基因油菜的出现，墨西哥的野生玉米基因库已经被转基因抗虫玉米的外源基因所污染。所以，转基因生物不仅仅在理论上可能产生很多风险，而且实际上已经产生了一些环境危害。在这种情况下，必须根据预防原则的要求，采取风险评估和风险管理等措施，防止和控制转基因生物可能产生的环境危害。

（2）科学性原则

《议定书》规定：关于转基因生物的决策必须建立在可信的科学证据（credible scientific evidence）基础之上。其第 15 条第 1 款规定：转基因生物的风险评估必须以科学上合理的方式（scientifically sound manner）进行。第 12 条"对决定的复审"规定：进口缔约方可随时根据对生物多样性的保护和可持续使用的潜在不利影响方面的最新科学资料，并顾及对人类健康构成的风险，审查并更改其已就转基因生物的有意越境转移做出的决定。随着转基因生物安全研究的不断深入，人类对转基因生物可能产生的各种风险或者危险的认识也不断深入，积累了很多转基因生物安全方面的科学信息和数据。应根据目前国内外关于转基因生物环境安全方面研究和评价的最新进展，以最新的科学信息、科学证据和科学资料为基础，开展转基因生物的安全管理。

同时，由于转基因生物安全问题的复杂性，人类目前还不能完全把握转基因生物产生的各种环境风险的科学本质，这也为实施转基因生物安全管理带来了困难。为了更好地实施安全性管理，应继续支持与生物安全管理相关的科学研究和技术开发活动，加强转基因生物安全科学研究方面的能力建设。

（3）风险和效益平衡原则

我们生活在一个充满风险的社会，对于任何高新技术来说，零风险是不存在和不可能的。转基因生物及其产品能够产生显著的经济和环境效益，但是也具有各种潜在的风险，不能因为风险而放弃发展的机会。因此，在实施转基因生物安全管理时，需要对转基因生物及其产品的效益和它可能给环境和人类健康带来的风险进行权衡，并寻找各种减轻、控制风险的手段和措施，作出关于转基因生物的各种决策，从而最终达到既有利于转基因生物产业的发展，又采取必要的管理和控制措施，将转基因生物可能产生的各种风险控制在最低的、可以接受的水平。

（4）研究开发与安全防范并举的原则

采取各种措施，鼓励、支持、推动我国现代转基因生物技术的研究及其产业化开发，防止以生物安全为借口，构筑各种技术壁垒，限制和阻碍转基因生物技术的发展。同时，充分认识到转基因生物及其产品对生物多样性、生态环境和人体健康的潜在风险，并对转基因生物及其产品可能带来的生态环境及人群健康影响采取预先防范原则，树立安全防范意识，严格实施风险评估和风险管理措施，将转基因生物可能产生的风险控制在可以接受的最低水平，为转基因生物产业的健康发展提供安全保障。

15.2.3 规划目标

15.2.3.1 总体目标

进一步完善转基因生物安全管理的法规体系，理顺管理体制，实施农业用转基因生物之外的其他转基因生物的环境安全管理；建立转基因植物环境影响监测网络，加强转基因生物环境检测与监测能力建设；建立转基因生物环境安全管理的技术标准体系，形成转基因生物安全科学管理监督机制与技术支撑体系。在促进现代生物技术的研究开发与产业化的有序健康发展的同时，将转基因生物及产品潜在风险降低到最低限度，以最大限度地保护生物多样性、生态环境和人体健康，实现社会和谐与稳定、促进经济又好又快发展、保证生态环境进一步改善。

15.2.3.2 近期目标（2010—2015 年）

在对国内外转基因生物发展和环境安全管理状况进行充分调查的基础上，提出我国的转基因生物发展政策和安全管理体制，巩固、完善并充分利用《生物安全议定书》履约机制；研究和制定《环保用转基因生物环境安全管理办法》，制定和发布 1～5 个转基因生物环境安全评价检测、监测技术标准；研究新型转基因植物以及多种同一性状转基因植物在同一地区环境释放的环境风险；开展典型地区的转基因生物环境影响监测，开发转基因检测和环境影响控制的新技术和新方法；建立内部协调、统一对外的中国转基因生物安全信息交换和共享机制，在国际上广泛宣传我国转基因生物安全的法规和技术标准，提高政府部门和公众的生物安全意识。

15.2.3.3 中长期目标（2016—2020 年）

调整和完善我国转基因生物环境安全管理体制，发布和实施《环保用转基因生物环境安全管理办法》；建立覆盖全国的转基因生物环境影响监测网络，对转基因生物研究、环境释放、商业化生产、转运、销售、使用和废物处置的各个阶段实施全方位环境监测；初步建立转基因生物环境安全评价、检测和监测技术标准体系；实施转基因生物环境安全的分区管理；开发出一系列具有我国自主知识产权的快速、高通量、精准、灵敏度高的转基因检测和环境影响控制的新技术、新方法，建立专业的转基因生物环境安全数据库体系。

15.3　重点领域与主要任务

15.3.1　巩固和推进转基因生物安全政策与法规建设

15.3.1.1　调查我国转基因生物产业的发展状况

分析、比较和研究我国与其他国家转基因生物产业发展相关政策，开展我国转基因生物技术发展和产业化现状调查，以及近年来国家大型科技发展项目（如 973、863、转基因专项、国家科技攻关、星火计划、国家自然科学基金）以及转基因生物研发的主要省份在转基因生物的研究开发方面所设立的科研项目的主要内容、投资以及主要成果的调查，分析我国发展转基因生物产业的未来需求和发展趋势，影响国内外消费者对转基因产品认可度的主要因素的调查和分析，影响我国转基因生物产业发展的政治因素、安全因素和社会经济因素研究，在综合以上研究和调查的基础上提出和制定我国转基因生物产业发展政策。

15.3.1.2　加大履行《议定书》的工作力度

履行《议定书》是环保部强化其在国内转基因生物安全管理的有力手段。我国是《议定书》的缔约方，已经编制完成履行《议定书》第一次国家报告。但是，我国在转基因生物风险评价和风险管理、环境监测等履行《议定书》的前沿科学问题上仍然存在很多技术上的困难。另外，《议定书》第 18 条（处理、运输、包装和标志）和第 27 条（赔偿责任和补救）的国际谈判已经有了初步结果，迫切需要据此提出符合我国转基因产业发展和转基因生物安全管理需要的国家对策和措施。

15.3.1.3　完善中国转基因生物安全法规体系

建立中国转基因生物安全管理的基本法，主要内容包括两个方面，首先是建立中国转基因生物安全管理基本法的立法背景和必要性研究，研究建立中国转基因生物安全基本法的科学需求、管理需求、履约需求等；其次是中国转基因生物安全管理基本法的立法可行性研究，主要内容是调查和分析中国现有生物安全法规的执行现状及其存在的差距，研究并提出基本法的主要条款及其立法说明。

根据目前我国转基因生物安全管理法规体系中存在的问题，迫切需要制定下列两方面的转基因生物安全法规。首先，我国目前的转基因生物安全法规主要针对农业用途的转基因生物，不能适应其他用途（生物反应器、复合性状、环保性状）和用其他技术开发出的转基因生物的安全管理需要。作为我国环境保护的行政主管部门，环境保护部应当主导制定针对这些转基因生物安全的环境安全管理法规，研究和制定《非农业用途转基因生物环境安全管理办法》，承担起农业用途之外的其他转基因生物的环境安全管理工作。其次，鉴于我国目前的转基因生物安全法规中没有明确规定转基因生物的环境影响监测，应该尽快制定转基因生物环境影响监测方面的法规，或者在现行的环境影响监测指标体系中加入转基因生物环境影响监测的内容。

15.3.2 开展新性状转基因植物的环境风险评价

随着转基因技术的发展和应用，更多的新基因和新方法被越来越广泛地使用，培育出了具有新性状的转基因植物，例如以环境保护为目的的、能够吸收或者降解污染物的转基因植物，以高效生产某些化学物质为主要目的的、能够产生特定药物的转基因植物。另外，随着转基因技术的不断完善，可以将更多的基因转入同一个宿主植物并表达，以及通过不同性状转基因植物之间的杂交，都可以产生含有多个外源基因、具有复合形状的转基因植物。例如，同时产生两种不同毒素蛋白的抗虫转基因植物，同时产生杀虫蛋白和抗除草剂蛋白、兼具抗虫和抗除草剂两种功能的转基因植物。

随着基因操作技术的发展，除了上述传统的转基因植物之外，一些新的基因操作技术如反义 RNA 技术已经在转基因植物的培育中得到越来越多的应用，这些转基因植物已经超出了目前转基因植物定义的范围。

上述转基因植物在产生积极效益的同时，可能产生相应的新型环境风险，需要以预先防范和科学评估为原则，开展这些新性状转基因植物的环境风险评价。

15.3.3 加强转基因植物及其产品检测的技术体系和设备研发

随着全球转基因生物产业化的迅猛发展，美国、加拿大、阿根廷和巴西等国每年都向世界农产品市场投放大量的转基因产品（玉米、棉花、大豆、油菜）。由于转基因产品与非转基因产品没有隔离措施，所以，全球范围内已经出现了大量转基因产品的非法和无意种植、扩散、加工，我国也面临着转基因产品的非法进口问题。此外，其他国家和我国也出现过转基因植物的非法生产和加工问题，如美国的 StarLink 玉米非法进入人类食物链和我国转基因水稻非法种植事件。这些非法事件的发生给我国的生态环境和人民身体健康带来了潜在的威胁。

为了避免此类事件的发生，最重要的对策就是加强转基因植物及其产品检测的能力建设，及时而准确地发现各类非法事件的发生。在转基因产品检测和标识方面，应不断发展新的精准检测技术，加强对复合性状、非法商业化转基因植物的检测和监控，并为国际贸易争端提供有力的技术支持。为更好地服务于国内转基因生物及其产品的监管执法，并在国际贸易中获得主动地位，应针对国内外已经进行商业化生产和具有商业化生产潜力的转基因生物，发展一系列具有我国自主知识产权的快速、高通量、精准、灵敏度高的转基因检测新技术、新方法以及新技术标准，包括：对外源基因和外源基因表达蛋白质的检测技术；研制转基因植物快速高效检测的前处理设备、转基因成分定性定量检测仪器、适用于现场快速检测的仪器设备等；研究转基因生物检测和监测有关计量与校准技术，降低检测过程中不确定性；探索转基因生物及其产品全程溯源技术，建立相关溯源追踪数据库和全程溯源体系。

鉴于我国转基因生物环境安全管理和监测迫切需要以环境样品为检测对象，而目前这方面的技术能力和检测设备都非常不足，因此，应特别支持针对自然水体、土壤等环境样品中转基因生物成分检测的技术和设备的研发活动。

15.3.4　开展转基因生物的环境影响监测，建立转基因植物环境影响监测网络

目前，我国每年种植的转基因作物（以转基因棉花为主）的面积都近 400 万 hm^2，进口转基因大豆、油菜、玉米近 4000 万 t 用于加工。虽然上述转基因作物在获得商品化种植之前都进行了环境风险评估，但是，目前的风险评估在方法上还存在需要改进的地方，评估的结果也存在很多不确定性，无法真实地反映转基因作物种植和进入环境后产生的实际影响。这些大规模种植的转基因植物和加工的转基因产品的环境影响，一直是未知数。根据《环境监测管理办法》和即将出台的《环境监测管理条例》规定，环境保护部有义务和权利开展环境影响监测，建立转基因植物环境影响监测网络。针对我国转基因生物安全管理中存在的突出问题以及公众关注的焦点问题，在转基因作物种植以及转基因产品环境释放、加工、运输、储存的典型地区，开展转基因生物的环境影响监测和调查，并向国务院及其有关部门通报调查结果，强化环保部的监督管理作用。不仅监测转基因作物的非靶效应、基因流、靶标害虫抗性和杂草化等预期影响，而且要监测土壤和水体的动物和微生物群落结构和优势种群对转基因作物残留和废弃物的生态毒理响应，从而确定转基因作物残留和废弃物在土壤和水体中的生态风险阈值；研究转基因产物含量与群落关键种动态或者优势种群动态的联系，从而确立能指示土壤和水体转基因作物残留和废弃物的风险水平的生物类群（微生物类群或昆虫类群）；在不同区域、不同土壤类型、不同种植模式下，研究指示生物动态与转基因作物残留和废弃物在土壤和水体中的风险水平，提出应用指示生物监测生态风险的方法体系和技术标准，并建立风险评估的专家系统，为转基因作物残留和废弃物的风险监测和预警、监管提供依据。

同时，充分利用并改造环保系统现有的覆盖全国的各级环境监测体系，并纳入农业、水利等部门现有各种监测网络，对现有各类监测网络进行整合、改造和升级，建立国家转基因生物环境影响监测网络体系。目前，可以在监测条件和设备比较好而且转基因植物大规模释放、问题突出的典型地区（如山西、吉林、广西、河北）开展试点，在积累经验后逐步向全国推广，最终建立由不同部门参加的、覆盖全国的转基因生物环境影响监测网络体系。

15.3.5　加强转基因植物环境风险管理研究，开发和建立转基因植物环境安全管理的措施、技术、方法

转基因生物的环境安全管理手段包括物理、化学、生物学和规模控制措施、技术、方法。随着国家对转基因生物研发支持力度的不断加大和"转基因生物新品种培育"重大国家专项的实施，今后将会有越来越多品种、越来越大规模的转基因生物进入商业化应用，加强转基因生物的环境安全管理是保证我国转基因生物产业持续健康发展的最重要手段。根据我国转基因生物产业发展的特点和转基因生物安全管理的需要，应从以下几个方面加强转基因植物环境安全管理措施、技术、方法的研究：

（1）多种转基因生物在同一地区环境释放的环境风险及其安全管理措施研究。从靶标害虫对抗虫转基因植物产生抗性的安全管理角度看，应禁止含有相同目的基因的转基因植物在同一地区进行大面积环境释放，并就其可能产生的环境风险开展有关预研究。例如，含有相同 *CryIAc* 基因的转基因棉花、玉米、水稻、杨树、油菜如果在同一地区进行商业

化释放，可能对生态系统中棉铃虫、螟虫等害虫的抗性发展具有重大影响。随着我国转基因技术的快速发展，今后我国可能会出现同一性状转基因生物在同一地区进行环境释放或者多种性状转基因生物在同一地区进行环境释放的现象，必须对其环境风险及其安全管理措施进行研究。

（2）转基因植物环境安全的分区管理。考虑到转基因植物是活生物体，一旦释放到自然生态系统就难以收回，而且转基因植物通过非靶效应、基因流、生态入侵性等方式对自然生态系统和生物进化可能产生的长期影响是短期内无法解决的科学问题。根据预防性原则，为防止转基因植物对自然生态系统产生不利影响，污染野生生物资源，从保护自然生态系统长期安全的角度看，应禁止转基因植物在含有重要野生资源以及具有重大经济和文化价值的自然生态系统进行环境释放，尤其应该禁止任何转基因植物在下列地区进行任何形式的环境释放：自然保护区；生物多样性保护生态功能区；天然林区；农业部批准建立的野生遗传资源保护区（如野生水稻、野生大豆等）；含有列入保护名录的重要野生动植物资源的森林公园和风景名胜区；我国生物多样性程度最高、自然生态系统最为独特、野生动植物资源最为丰富的其他自然生态系统。

（3）开发转基因植物环境安全管理和控制处置技术。随着转基因作物的种类增加、种植面积的不断扩大以及转基因大豆、玉米等产品进口量的逐渐上升，环境中的转基因残留和废弃物量也逐年增多，这些含量不同的外源基因的产品，最终会进入水体和土壤，通过地球生物化学循环回归生态系统，从而产生环境影响。虽然部分外源基因表达产物能很快分解，但是没有分解的转基因产品可能会给水体和土壤生态系统带来潜在危害。当前，除了简单的焚烧和家畜饲用以外，能迅速大量处置转基因作物残留和废弃物的新技术和方法还非常少，对于土壤和水体的风险监测当前还没有成熟的方法和技术。因此，需要研究如何处置转基因作物的大量秸秆和其他废弃物，开发转基因植物环境安全管理和控制处置技术，以减少其进入土壤和水体的总量；而对于已经进入土壤和水体中的转基因残留和废弃物，需要实时监测其生态风险水平，避免对生态系统的实质损害。开发转基因作物环境释放以及大规模商业化生产过程中废弃物控制和处理的物理学、化学和生物学技术，以及多种性状转基因作物在同一地区释放的环境风险监测技术。

鉴于我国目前转基因产品的进口量和加工量都非常大的现状，有必要以转基因棉花和大豆为例，调查转基因产品在处理和加工过程中的废弃物排放问题，并以此为基础制定转基因作物产品加工过程的废弃物环境排放标准。

（4）建立转基因生物环境安全风险预警和应急反应机制。首先，在各省级环境保护行政主管部门设立转基因生物管理机构，在转基因生物研发、环境释放和生产加工比较集中的地区，应在市级、县级环境保护行政主管部门设立转基因生物管理机构，指定专职人员负责转基因生物的环境安全管理工作，建立转基因生物环境安全风险预警和应急反应机制。其次，研究制定转基因生物环境风险预警和应急反应预案，建立突发事故报告书制度，加强应急处理突发事故的能力，设立转基因生物环境风险应急处理小组。如果转基因生物发生意外扩散，立即启动应急预警体系，封闭事故现场，迅速查清事故原因，及时采取有效措施防止转基因生物的继续扩散，并于第一时间报告地方环保部门，通过地方环保部门层层上报转基因生物环境风险应急处理小组，根据实际情况直接指示，进行处理。对已产生不良影响的扩散区，暂时隔离区域内的人员，进行医疗监护。对扩散区进行追踪监测，直至危险取消。

15.3.6　强化转基因植物环境安全管理的技术标准体系建设

我国政府十分重视转基因生物安全管理工作，不仅发布实施了一系列转基因生物安全法规，而且制定了一些转基因生物的成分检测、环境安全评价和食品安全评价的技术标准。目前，我国发布转基因生物安全标准的部门包括农业部、国家质检总局、国家烟草专卖局以及广东省、江苏省等。农业部发布的标准内容包括农产品中转基因成分的 PCR 检测、转基因植物及其产品食用安全评价、转基因植物（大豆、油菜、玉米、水稻、棉花）环境安全评价；国家质量检验检疫总局发布标准的内容为转基因植物及其加工产品中转基因成分的 PCR 检测。

转基因生物的安全性是转基因生物得以持续发展所必须解决的最关键问题，而转基因生物风险评估技术则是生物安全法规实施以及解决转基因生物安全问题的技术基础。尽管国内外在转基因生物风险评估技术标准方面已经取得了一些成绩，但也存在很多问题，主要体现在以下几个方面：

（1）转基因生物的环境安全问题是转基因生物安全的主要内容之一，而在已经发布实施的转基因生物风险评价技术标准中，关于转基因生物环境风险评价技术标准的数量还很少，比重偏小。例如，我国颁布的 60 多个转基因生物安全标准中，关于环境安全的技术标准只有 9 个。作为我国环境保护的行政主管部门以及国务院指定的国家转基因生物环境安全管理的政府部门，环境保护部至今尚未发布转基因生物的环境安全标准。

（2）我国现有转基因生物环境安全检测标准侧重于农业生产的需要，没有遵守"逐步评价"（step-by-step）的原则。根据我国转基因生物安全法规的规定，转基因生物的安全性评价应遵循"逐步评价"的原则，即按照"实验室研究－中间试验－环境释放－生产性试验－安全证书"这 5 个步骤，根据转基因生物研究开发的不同阶段分别进行安全性评价。但是，根据农业部已经发布的转基因植物环境安全性评价技术标准，转基因植物所有环境风险的评价均是在小区规模的评价。如果对于处于生产性试验或者安全证书阶段的转基因植物，农业部发布的转基因植物环境安全评价标准是适用的，但是，对于处于环境释放阶段以前的转基因植物，要求其进行小区规模的评价是不合适的。另外，我国现有的转基因植物环境安全评价标准是由农业部组织制定的，主要为农业生产服务，其中一些内容与环境安全评价的关系很小。例如，转基因抗虫玉米环境安全检测标准中含有转基因抗虫玉米对亚洲玉米螟、黏虫、棉铃虫的抗虫性测定内容，该内容对于评价抗虫转基因玉米的效能非常重要，但是并不属于环境安全的范畴。

（3）我国现有转基因植物环境安全检测标准还存在一些不够科学的内容。例如，根据农业部已经发布标准中关于转基因植物对非靶标生物（生物多样性）的影响评价部分，只要求评价转基因植物对其种植地所在的农田地上部分生态系统内的以昆虫为主的生物多样性的影响。但是，转基因植物所可能影响的非靶生物除了田间地上部分节肢动物群落之外，还应该评价转基因植物对农田地下部分土壤生物的影响，以及评价转基因植物对农田之外附近环境中其他非靶标生物的影响。

（4）农业部发布的转基因植物环境安全评价标准之间的相互关系不清楚。例如，2003年发布了"转基因植物及其产品环境安全检测——转基因玉米环境安全检测技术规范"，

2007 年发布了"转基因植物及其产品环境安全检测——抗虫玉米"和"转基因植物及其产品环境安全检测——抗除草剂玉米",2003 年的 1 个标准是适用于所有性状的转基因玉米吗？其与 2007 年发布的 2 个标准之间是什么关系？由于 2003 年和 2007 年发布的标准存在一些内容上不一致的地方,如果是某个抗虫转基因玉米进行环境安全评价,不知道该以哪个标准为准。这很容易引起混乱。

（5）转基因生物安全风险评估的标准只解决了评估方法的问题,而如何对评估结果进行判断,什么样的评估结果是可以接受和不可以接受的,即如何根据评估结果判断风险和危害的程度,评价的基准是什么,这是更为重要的问题。在转基因生物环境安全评价基准方面,国内外目前均没有开始相关研究。

（6）考虑到我国已经进行了转基因植物的大规模商业种植,而且每年进口大量的转基因产品用于加工,为了加强对转基因生物及其产品在商业化种植和加工生产过程中对环境的影响监测,有必要建立转基因植物环境影响监测技术标准体系。

为了加强我国的转基因生物安全管理,有必要从以下几个方面建立和完善我国的转基因生物安全标准体系。

（1）完善转基因大豆、棉花、水稻等抗虫、抗除草剂性状转基因植物的环境安全评价技术标准。

（2）研究建立环境保护性状、生物反应器性状等新型性状转基因植物的环境安全评价技术标准。

（3）环境基准是指环境中污染物对特定对象（人或其他生物）不产生不良或有害影响的最大剂量（无作用剂量）或浓度。应从科学性、前瞻性角度出发,积极研究和制定转基因植物的环境安全评价基准值,为指导我国制定转基因植物环境安全评价标准提供科学依据,避免出现保护不到位或保护过头的问题。目前应该以转基因大豆、油菜、棉花、水稻、小麦、玉米等转基因作物和转基因杨树等转基因植物为代表,研究确定其在非靶效应、基因流、生态适应性、靶标害虫抗性等环境风险方面的安全基准值。

（4）研究和建立转基因植物环境影响监测技术标准。

（5）鉴于我国转基因产品加工的规模越来越大,有必要研究制定转基因产品加工的废弃物排放标准。

15.3.7 健全转基因生物安全信息交换共享机制,完善转基因生物安全数据库系统

《生物安全议定书》第 20 条规定,建立生物安全信息交换所（Biosafety Clearing House,BCH）,作为《生物多样性公约》信息交换机制的一部分,协助缔约方履行本议定书。BCH 不仅是一个信息库,同时也是实施《议定书》的一个中心工具,《议定书》的许多条款要求缔约方向 BCH 提交相关信息。生物安全信息交换机制是联系国际履约事务的纽带,是履行《议定书》的重要机制,是加强国际交流沟通和合作的平台,也是转基因植物风险评估和风险管理基础信息的重要来源。

目前,为了履行《生物安全议定书》,开展生物安全管理,中国根据《议定书》的要求,在环境保护部建立了中国国家生物安全信息交换机制（http://www.biosafety.gov.cn/）,侧重于发布中国生物安全的综合信息,包括经济、社会、环境、政策、法规、制度、管理

等方面的综合信息。同时，转基因生物安全管理的其他行政主管部门也建立了相应的网站：农业部建立中国生物安全网（http：//www.stee.agri.gov.cn/biosafety/），提供农业转基因生物安全的政策法规、技术标准、办事指南等信息，并定期更新农业部批准在各省（市、区）生产应用的农业转基因生物安全证书清单和进口用作加工原料的农业转基因生物审批情况；国家质检总局通过官方网站（http：//dzwjyjgs.aqsiq.gov.cn/zjygl/）和成立转基因生物信息网（http：//www.apqchina.org/gmoindex.asp），公布中国进出境转基因产品检验检疫管理规定，解答网民关心问题，并发挥质检生物安全信息分节点的作用。但是，目前中国转基因生物安全信息交换共享方面仍然存在很多不足：

（1）国家林业局、卫生部等与转基因生物安全管理有关的政府部门尚未建立各自的转基因生物安全网站。

（2）转基因生物安全的信息分散在各个主管部门，信息交流机制尚不完善，难以实现转基因生物安全信息交换共享。

（3）目前转基因生物安全网站上发布信息的内容集中在法律法规方面，在深度和广度上都存在很大不足，缺乏转基因生物安全性评价、审批等方面实质性的信息。

自从转基因生物安全引起广泛关注以来，全球科学家已经载转基因生物安全方面开展了大量的研究和调查，取得了丰富的转基因生物安全基础信息和数据，这些信息和数据对于转基因生物安全方面的管理和研究以及公众教育都具有极其重要的价值。在目前我国生物安全信息网络上，只能查到被批准进行商业化种植的某些转基因植物审批信息的数据库，而且这些数据库缺乏更新，其对于转基因生物安全管理和公众教育的作用非常有限。

为此，需要从以下几个方面健全转基因生物安全信息交换共享机制，完善转基因生物安全数据库系统：

（1）加强环境保护部、农业部、国家质检总局、国家林业局、卫生部等政府部门之间的沟通和协调，就转基因生物安全信息交换的途径、方式、内容等达成共识，完善各部门的转基因生物安全信息系统，建立内部协调、统一对外的中国转基因生物安全信息交换和共享机制，该机制由设在《议定书》国家联络点的信息交换平台总站点和设在各行业国家生物安全主管当局的信息交换平台部门节点组成。

（2）建立转基因生物安全信息报送机制。首先，建立转基因生物安全信息报送网络，该网络由中国转基因生物安全信息交换和共享中心和各产业部门的分中心组成，明确规定各类转基因生物的研发、试验、环境释放、生产性试验、商业化生产、进口和出口等活动都必须通过该网络报送有关信息，与转基因生物安全管理有关的政府部门均可以及时、准确而全面地掌握我国转基因生物的信息，以有效开展转基因生物安全管理和监督。其次，建立转基因生物安全信息报送标准，规定报送的具体内容，以及不同层次共享（政府部门共享、国际共享、公众共享）的转基因生物安全信息共享标准。

（3）广泛收集和归纳国内外关于各种转基因生物安全的研究、评价、检测和监测信息，按照转基因动物、植物和微生物进行分类，建立专业的转基因生物安全数据库体系，包括非靶效应信息数据库、基因流数据库、靶标害虫抗性数据库、生态适应性数据库、转基因生物对社会经济影响的数据库。

15.3.8　加强履约能力建设与国际合作

当前，生物安全已成为各国日益关注的国际环境热点问题，随着全球对生物安全问题的关注，尤其是随着"转基因新品种培育"重大国家专项的实施和我国转基因产业规模的逐渐增大，我国在履行《生物安全议定书》及国际责任和义务的同时，要加强国际合作，全面宣传介绍我国生物安全管理工作以及生物安全管理优先项目，通过双边、多边、政府、民间等合作形式，全方位引进先进技术、管理经验与资金，开展生物安全优先管理项目合作。

（1）认真履行《生物多样性公约》、《生物安全议定书》等有关的生物安全国际公约，加强与联合国环境规划署（UNEP）、世界卫生组织（WHO）、经济合作与发展组织（OECD）的合作，积极探索新的合作途径和方式，扩大中国在这些国际组织的影响。

（2）我国在转基因生物安全的法律法规技术标准基础研究和评价方面都开展了大量卓有成效的工作，在积极吸收和借鉴国际组织和其他国家先进技术和经验的同时，也应该广泛宣传我国在转基因生物安全方面的工作成果和做法，努力推动国际社会建立统一的转基因生物安全风险评估和风险管理技术标准，并使这些国际标准向符合我国国家利益的方向发展，为我国转基因产品顺利进入国际市场奠定技术基础。

（3）通过政府层次和学术单位的民间层次的技术交流和合作，以举办国际学术会议和培训、邀请国外专家来华讲学等方式，鼓励和支持国内外的交流，及时掌握、吸收、借鉴国外在转基因生物安全管理法规和技术方面的最新进展，把握国际转基因生物安全管理的发展动态和趋势，以完善和改进我国的转基因生物安全管理。

15.3.9　加强转基因生物安全宣传教育与培训

转基因生物及其产品的研究者、生产者、最终使用者都是自然人，转基因生物安全也因此而关系到全社会的切身利益，不仅仅需要政府部门加强管理，更需要社会各界参与到转基因生物的安全性管理过程中。为此，需要从以下几个方面加强转基因生物安全宣传教育与培训：

（1）对环境保护、农业、林业、质检、教育等政府管理部门的有关管理人员和各级环境监测机构的技术人员进行强制性的转基因生物安全培训，使他们全面掌握和熟悉国内外转基因生物安全管理方面的必要信息和知识，增强他们对各部门开展转基因生物研究的部门开展执法和管理的能力。

（2）强化转基因生物研发人员的安全意识，确保他们在从事转基因植物的研发和试验过程中有意识地遵守国家转基因生物安全法规，杜绝无意违反转基因生物安全法规的行为。培养专业人员对转基因生物意外扩散等事故的应急处理能力，并且明确责任和分工。为保证应急措施的安全有效，建立责任追究制度，对不当措施或没有及时采取措施的个人或机构应当承担相应的责任。

农民是转基因作物的直接管理者，但是，目前绝大多数农民对转基因生物安全问题几乎处于无知状态，这成为我国转基因生物安全管理的最薄弱环节。因此，应该以他们能够接受的方式，加强对农民进行最基础和最必须的转基因生物安全教育。

（3）加强转基因生物安全信息共享建设，加大各部门转基因生物安全网络信息披露内容的深度和广度，资助出版更多的转基因生物安全图书资料，组织专家在报纸、广播和电视上开展多种形式的宣传和教育，增强公众的转基因生物安全意识和知识，为普通公众了解和参与国家转基因生物管理提供有效渠道。

另外，还应将转基因生物安全宣传与各部门已有的有关宣传教育活动结合起来，例如，环境保护部已经在每年的国际生物多样性日宣传转基因生物安全的知识和信息。

（4）鉴于我国今后将会有越来越多的转基因产品走向国际市场，因此，加强转基因生物安全的国际宣传是十分必要的，让国际社会了解我国的转基因生物安全法律法规，使国际社会相信我国转基因生物及其产品的安全性，并最终接受我国的转基因产品。

15.4　保障措施

15.4.1　理顺国家转基因生物环境安全管理机制

转基因生物安全管理具有涉及面广、跨行业、跨学科、周期长等特点，需要有关政府部门之间相互协调和通力合作，而国家转基因生物安全管理机制不顺、各部门的作用没有得到充分发挥是我国目前转基因生物安全管理面临的最大困难。在国务院的组织下，有关政府部门充分协调和沟通，从有利于我国转基因生物产业发展和转基因生物安全管理的大局出发，建立既通力合作又科学分工的国家转基因生物环境安全管理机制，成立由国家环境保护行政主管部门牵头，国家林业、农业、食品卫生、检疫检验、科技、教育等部门参加的国家转基因生物环境安全监管委员会，履行我国转基因生物环境安全管理的职责。

此外，环保部门内部不仅要建立和完善科学、高效的转基因生物安全管理体制，充分调动内部的积极性，还要主动加强与其他相关部门的协调，充分沟通，推动建立相关部门共同参与的转基因生物环境安全管理的协调机制，如积极与其他相关部门开展转基因生物环境安全联合执法检查，严厉查处各种违法行为。

15.4.2　加强对科技创新的支持

转基因生物安全问题虽然涉及科学问题和伦理道德、经济等多个方面，但是，其在本质上属于科学问题。转基因生物自诞生至今虽然已经得到了快速发展，而且产生了显著的经济和环境效益，但是，转基因生物可能对环境和人体健康的影响还存在很多科学上的不确定性，转基因生物安全问题依然是影响转基因产业持续和健康发展的最主要因素。所以，必须加强对转基因生物安全科学研究方面的支持力度，在外源基因对宿主生物基因组的影响、转基因生物对环境和生物进化的长期影响等方面开展长期研究，同时，开发转基因生物检测和监测技术以及各种风险管理技术，促进人类对转基因生物安全问题的理解和认识，增强解决和控制各种生物安全问题的能力，为转基因生物安全管理提供技术支撑，确保转基因产业的持续和健康发展。

15.4.3　加强转基因生物评价、检测和监测的能力建设

无论是转基因生物的安全性评价，还是转基因成分的检测和监测，都需要必要的技术能力和硬件设施。开展转基因生物环境安全管理，必须加强转基因生物评价、检测和监测

的能力建设，包括建立转基因生物环境安全研究和评价的实验室，开发转基因生物评价、检测、监测和处理的技术，制定转基因生物评价、检测和监测的技术标准，建立和完善转基因生物环境安全评价基地和环境安全监测网络等。

15.4.4　普及转基因生物安全知识，增强公众参与意识

通过广播、电视、报纸、网络等各种媒体和其他宣传机构，大力开展转基因生物及其产品的安全与法制宣传、教育，既让广大消费者对转基因生物及其产品的特性以及转基因生物安全问题有更科学和深入的了解和认识，使他们能够自觉地保护自身的消费权益。同时，要通过生物安全信息的社会共享、让公众参与转基因生物安全决策等方式，提高生物安全决策的透明度，为公众提供更多参与生物安全管理的渠道，增强公众参与生物安全管理的意识。

15.4.5　建立多渠道的投资体系

生物安全管理是跨部门、多学科、综合性的系统工作，因而其投入也应具有多渠道、多元化、多层次的特点。根据我国由各级政府投资开发转基因生物的国情，政府投入应该是生物安全管理和研究资金来源的主渠道，各级政府特别是转基因生物发展迅速的地区也要将生物安全管理和研究纳入国民经济与社会发展规划中，保证生物安全行动计划在全国与各地区的实施。同时，还要广泛地争取国际援助，鼓励社会各类投资主体向生物安全管理和研究投资，规范地利用社会集资、个人捐助等方式广泛吸引社会资金，建立全社会参与生物安全管理的投入机制。但是，目前我国投入生物技术开发的资金远远大于投入到转基因生物安全研究和管理的资金，无法满足转基因生物安全管理的需要。另外，转基因生物的很多安全问题不是短时期可以得到明确答案的，必须进行长期的跟踪研究。因此，建立多渠道的投资体系是开展长期转基因生物安全管理的必要条件，其优先行动主要有：

- 将生物安全管理行动计划内容列入国家国民经济发展计划和全国生态环境建设规划，为生物安全管理和研究提供稳定的资金来源。
- 将生物安全管理的具体行动内容，纳入有关政府部门的专项规划，不仅农业、林业、卫生、环境保护等产业行业部门和规划计划、科学、教育等部门都要专门规定一定比例用于转基因生物安全的资金，多渠道建立转基因生物安全研究和管理的资金。
- 各省（自治区、直辖市）在地方经济和社会发展规划中要列入生物安全管理和研究项目，保证地方生物安全管理行动的实施资金。
- 利用社会集资、个人捐助等方式吸引国内社会各界的资金，积极争取从发达国家和国际组织筹集转基因生物安全研究和管理的资金。
- 鉴于转基因生物安全问题的长期性和不确定性，也为了配合《生物安全议定书》第 27 条（赔偿责任和补救）的国际谈判，有必要就建立转基因生物安全风险基金的问题进行研究，要求向我国出口转基因产品的企业以及国内从事大规模转基因生物研发的企业，必须提供一定比例的转基因生物安全风险基金，拓展转基因生物安全研究和监测基金。

（刘标）